精 致 生 活

居家生活

张亦明 编

U0315220

中医古籍出版社
Publishing House of Ancient Chinese Medical Books

图书在版编目（CIP）数据

居家生活 / 张亦明编. — 北京 : 中医古籍出版社,
2021.12
（精致生活）
ISBN 978-7-5152-2254-7

Ⅰ. ①居… Ⅱ. ①张… Ⅲ. ①家庭生活—基本知识
Ⅳ. ①TS976.3

中国版本图书馆CIP数据核字(2021)第256911号

精致生活
居家生活
张亦明　编

策划编辑	姚强	
责任编辑	吴迪	
封面设计	李荣	
出版发行	中医古籍出版社	
社　　址	北京市东城区东直门内南小街 16 号（100700）	
电　　话	010-64089446（总编室）010-64002949（发行部）	
网　　址	www.zhongyiguji.com.cn	
印　　刷	天津海德伟业印务有限公司	
开　　本	880mm×1230mm　1/32	
印　　张	5	
字　　数	130 千字	
版　　次	2021 年 12 月第 1 版　2021 年 12 月第 1 次印刷	
书　　号	ISBN 978-7-5152-2254-7	
定　　价	298.00 元（全 8 册）	

人生最高的境界，莫过于花未全开月未圆；生活最好的状态，莫过于一半书香，一半烟火。

人们常说，爱家才能爱生活。生活，就是居家过日子。无论时代和社会如何变迁，生活都离不开衣食住行，而衣食住行又离不开物质；无论穷人还是富人，都必须要面对生活，且懂得生活。生活，不仅可以让人们体验到生命的意义，也能让人们感受到生活的幸福。生活既是一门艺术，也是一门学问。

随着生活水平的不断提高，人们越来越重视生活质量，以期在温馨舒适的环境中，享受生活带来的诸多乐趣。既然生活永远没有尽头，生活的智慧也就无穷无尽。拥有积极的生活态度，懂得生活的智慧，才能让生活变得舒适惬意。然而，在现实生活中，并非每个人都善于打理生活中的方方面面。面对纷繁复杂的生活，人们总会有束手无策的那一刻。

在日常生活中，人们总会遇到一些不知道如何处理的小麻烦，并因此影响生活质量。比如，不懂得如何选购空调、油烟机、消毒柜等家居用品，不懂得如何装修厨房、布置客厅，不懂得选择与养护家具，就连一些日常物品的妙用，也知之甚少……你会发现，如果处理不好这些小麻烦，就会给自己的生活带来诸多不便。这时候，我们就有必要掌握一些科学实用的生活技巧和窍门了。

为此，我们精心编撰了这本对广大读者的日常生活颇具指导意义的百科全书。本书立足于居家生活的方方面面，汇集了包括家居用品选购、装修布置、物品使用、清洁卫生、修补与防护、整理收纳、器物清洗与除垢等多方面内容，书中提及的这些妙招并非胡编乱造，而是人们从亲身实践中总结出来的经验，是人们在日常生活中经过验证的技巧，具有非常高的实用价值。

仔细翻阅本书，你会从中找到实用的生活良方，学到宝贵的生活经验，轻而易举地打理生活与家务。书中的每一招都实用方便，每一处都是精彩生活的闪现。更为难得的是，本书内容均以小篇幅的形式呈现，查阅起来方便又快捷，可以让您在最短的时间内掌握一些绝招和窍门，减轻日常生活中不必要的繁琐，将生活变得简单有趣。

可以说，本书集合了广大人民群众最为经典的生活智慧，可以随时随地帮助您化解生活中的难题，让您的居家生活变得多彩多趣。

第一章
家居用品选购

第二章
装修布置

第三章

修补与养护

第四章

物品使用

第五章

清洁卫生

第六章

整理收纳

第七章

器物清洗与除垢

第八章
灭蟑除虫

家居用品选购

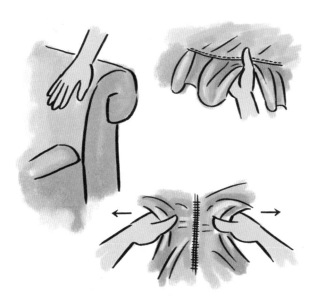

巧辨红木家具

红木与花梨木较难区分，可将木屑放入玻璃杯中，用水浸泡可见"荧光反应"者为花梨木类。另外，将浸泡液放在阳光或灯下观察，花梨木为棕色，红木则无此色，部分花梨木板面具有"蟹爪纹"。花梨木的重量、硬度、稳定性能均较红木差一些。仿红木类的家具多采用深红颜色的硬杂木，或在普通硬杂木表面涂饰红木颜色制成，易开裂、结构粗、稳定性差。

▲巧辨红木家具

选购红木家具留意含水率

木材含水率不得高于使用地区当地平衡含水率的1%，否则木材由于胀缩率大，易造成榫卯分离、家具散架，还会引起翘曲。因此，要选购干燥设备和干燥工艺好的名牌企业生产的红木家具。

买空调按面积选功率

在确定所要选购的空调匹数时，要结合房间的面积大小，比如房间在 16 平方米以下选 1 匹挂机，16 ～ 20 平方米选 1.5 匹挂机，21 ～ 37 平方米选 2 匹柜机。

避开销售旺季买空调

通常每年的 10 月至次年的 4 月为空调的销售淡季，此时价位较低，安装质量也有保证。到了旺季，供货优惠幅度减小，安装往往也很紧张，实现不了 24 小时内上门服务的承诺。

按照房间朝向选空调

购买空调时除了要考虑房间面积之外，还要考虑房间的朝向和空气流通状况。一般来说，朝阳或通风不良的房间要考虑安装功率大一些的空调。

巧算能效选空调

高能效空调虽然使用时省电，但购买时却不便宜，而低能效空调往往售价便宜，却是个"电耗子"，消费者也常常为此感到难以抉择。专家比较一致的建议是"按时间来选能效"，也就是根据自己每年使用空调的时间，选择不同能效比的空调。比如，每年使用空调的时间长达 11 ～ 12 个月，那么买一级能效的空调最省钱；每年使用 8 ～ 10 个月，买二级能效的空调最合适；每年使用 3 ~ 4 个月，买三级能效的空调比较划算。

冰箱上星级符号的意义

电冰箱上的星级符号表示该电冰箱冷冻部分储藏温度的级别，是国际标准统一采用的电冰箱冷冻室内温度的一种标记。每个星表示电冰箱冷冻室内储藏温度应达到 -6℃以下，冷冻食物的储藏时间为 1 周。例如，三星级电冰箱表示电冰箱冷冻室内储藏温度应达到 -18℃以下，并具有对一定量食品速冻的能力。

巧验高压锅密封性

用手轻轻拉一下密封胶圈，观察它是否能自动还原。弹性较差的胶圈，通常材质不符合国标要求，而且使用寿命很短。另外，密封圈上应有压力锅制造商的商标（或厂名）和规格。

买电炒锅前先查电

电炒锅的功率大都在 1000 ~ 2000 瓦。选购之前，最好检查一下家中使用的电度表，不要使电度表超载运行。方法是用欲选电炒锅的功率除以市电 220 伏，得到的电流值的安培数应小于电度表的标称安培数，或用市电 220 伏乘以电流表的标称安培数，得到的功率数应大于所购电炒锅的标称功率数。这样购回电炒锅使用时，电炒锅的用电不会导致电度表过载。

买高压锅应注意的细节

可用手指试一下，看能否碰到下手柄的紧固螺钉，若能碰到，在锅内有压力的情况下端锅，手有可能触及手柄紧固螺钉，造成烫伤甚至引发更大的伤害事故。

巧选消毒碗柜

消毒碗柜的功率不宜过大，600 瓦左右比较合适。普通的 3 口之家，可选择容积在 50 ~ 60 升的消毒碗柜，如果厨房面积受到限制，60 升以下的消毒碗柜也可以满足需要。

巧选微波炉

打开炉门，用手指按捏微波炉门体内每一处，好的微波炉门面硬度好，按捏不动。门体里面四周为防止微波泄漏的"扼流圈"的安放处，一般为黑色，质地坚韧，不松动，手指难以按动，按时无声，开关炉门"咔嚓"声清脆，不拖泥带水。低劣的微波炉材质差，门体多为有机塑料，单层密封，手指按捏松动的多，甚至能听到"咯吱"声，使用日久微波易泄漏，对人体危害很大。

购买油烟机的小窍门

❶讲究实用性，最好不要什么液晶显示，费钱又容易坏。

❷不要选触摸式开关，选传统机械式开关，不易坏且便宜，可替代性也高，坏了可修。

❸排风量是很重要的参数，带有集烟罩的深吸型比较好，出风口直径大的比较好。

❹玻璃和不锈钢面板擦洗比较方便，但比较贵。不需要自动清洗功能，基本没什么作用，而且容易坏。

纽扣电池的失效判别

商店里出售的纽扣电池，有时也会有失效的电池。购买时用两个手指摸一下电池的两个平面，就可以判别电池是否有电。若有微鼓现象，说明放电后内部气体压力增加，使壳体外鼓，电池就没电了。

巧购皮沙发

选购皮沙发时，皮面要丰润光泽，无疤痕，肌理纹路要细腻，用手指尖捏住一处往上拽一拽，应手感柔韧有力，坐后皱纹经修整能消失或不明显，这样的皮子是上等好皮。

巧购布艺沙发

买布艺沙发要选择面料经纬线细密平滑、无跳丝、无外露接头、手感有绷劲的。缝纫要看针脚是否均匀平直，两手用力扒接缝处看是否严密，牙子边是否滚圆丰满。沙发的座、背套宜为活套结构，高档布艺沙发一般有棉布内衬，其他易污部位应可以换洗。

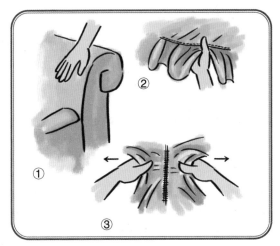

▲巧购布艺沙发

巧辨泡沫海绵选沙发

高档沙发坐垫应使用密度在 30 千克 / 立方米以上的高弹泡沫海绵，背垫应使用密度在 25 千克 / 立方米以上的高弹泡沫海绵。为提高坐卧舒适度，有些泡沫还做了软处理。一般情况下，人体坐下后沙发坐垫以凹陷 10 厘米左右为最好。

巧选冬被套

冬天宜用斜纹布做被套，因为斜纹布被套比平纹布被套让人觉得更暖和。其道理是，平纹布交织点多，质地较紧，手感较硬；而斜纹布交织点少，布面不但柔软，而且起绒毛，比平纹布更能发挥棉纤维多孔隙保暖的特点，因此冷感自然就小了。

巧选毛巾被

❶看毛圈。质量好的毛巾被，正反面毛圈多而长，丰富柔软，具有易吸水、储水等优点；而质量差的毛巾被，毛圈短而少。

❷看重量。质量好的毛巾被分量重，选购时用手掂几种比较一下即可。

❸看柔软度和坚牢度。主要辨别毛巾被是熟纱产品还是生纱产品。熟纱柔软耐用，吸汗力强；生纱手感硬，吸水力弱。如手感不明显，可取少许清水，从 30 厘米高处向毛巾被滴注，水滴立刻被毛巾被吸进的是熟纱，吸收缓慢的是生纱。

❹看织造质量。将毛巾被平铺或对着阳光透视观察，看其有无断经、断纬、露底、拉毛、稀路、毛圈不齐、毛边、卷边、齿边和跳针等织造疵点。最后还要看其是否有渗色、污痕、印斜和模糊不清等外观缺陷。

巧选婴儿床

❶婴儿床的栏杆间隙不可太大，以免宝宝的手脚、头部夹在其中，发生意外。

❷宝宝专用床垫和枕头不可太软、太松，应该紧紧地固定住，以免宝宝陷在床垫或枕头中，无法呼吸，造成窒息。

❸床不要太软，否则会影响宝宝的身体发育。应该让宝宝睡硬板床，在床面铺上 1 ~ 2 层垫子，其厚度以卧床时身体不超过正常的变化程度为宜。

巧选卫浴产品

❶在较强光线下，从侧面仔细观察卫浴产品表面的反光，表面没有或少有砂眼和麻点的为好。

❷用手在卫浴产品表面轻轻摩擦，感觉非常平整细腻的为好。还可以摸摸背面，感觉有"沙沙"的细微摩擦感为好。

❸用手敲击陶瓷表面，一般好的陶瓷材质被敲击发出的声音是比较清脆的。

巧选婴儿车

❶要有安全认证标志。

❷可以向后调整到完全平躺的角度，这样不仅婴儿能用，孩子比较大以后，也可以在推车上小睡。

❸大轮子具有较佳的操控性，有可靠的刹车功能和安全简易的安全带。

❹折叠容易，轻便（可以携带到车上），有遮阳或遮雨的顶篷。

❺折叠处不会夹住宝宝的小手指。

❻把手的高度对父母而言正合适。

❼有置物的设计。

▲巧选卫浴产品

巧选瓷器

❶看。好的瓷器瓷釉光洁润滑，瓷胎质地细密，画面鲜明、工整，对着阳光或灯光看，显示透明度好。劣质瓷器表面粗糙，不光滑，色彩不明亮。

❷听。用手指轻轻弹几下，声音清脆者为好瓷，声音沙哑者不是劣质瓷就是有破损。

巧选玻璃杯

如果选购热饮用的玻璃杯，从耐温度变化来讲，薄的比厚的好。因为薄的玻璃杯冲入沸水，热能迅速传导开，使杯身均匀膨胀，不易爆裂。

装修布置

巧选装修时间

选好装修时间，避开装修旺季，可以节省资金。通常刚买房的上班族喜欢赶着"五一""十一"、春节这样的长假期间装修，而这期间家装市场的价格会上浮较大。

巧选装修公司

选择装修公司，千万不要找"马路游击队"；也不要找大的装修公司，因为费用会比较高；新开张的装修公司装修质量和管理容易出问题；可以找一些名气不大但同事、朋友以前合作过的口碑不错的装修公司。

巧除手上的油漆

刷油漆前，先在双手上抹一层面霜。刷过油漆后，把奶油涂于沾有油漆的皮肤上，用干布擦拭，再用香皂清洗，就能把附着于皮肤上的油漆除掉。

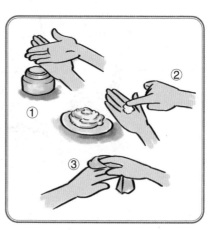

▲巧除手上的油漆

注意装修材料的防水问题

选择装修材料时，要选用含水率低的。运送装修材料时，要尽量选择晴好天气。如实在避不开雨天，应用塑料膜保护好，千万不能淋湿，更不能放在厨、卫、阳台等易潮的地方。石膏板不能直接放在地上。木线应放置在钉于墙上的三脚架上。如材料已经受潮，不能再使用，切忌晒干后再用。胶粘材料白乳液要用含水率低的。

装修注意事项

木材要注意防潮，以免变形；木工制品要及时封油，以防收缩；施工过程要注意保暖；木地板要留出 2 毫米左右的伸缩缝儿。

装修选材小窍门

在选购木龙骨一类的材料时，最好选择加工结束时间长一些，而且没有放在露天存放的，这样的龙骨比刚刚加工完的含水率会低一些；人造板材一类的木材制品，最好选购生产日期接近购买日期的，因为这样的制品在厂里基本上都经过了干燥处理，而存放时间长的板材则会吸收一定数量的水分。

此外，在运输过程中，要防止雨淋或受潮；饰面板及清油门套线等进工地后要先封油；木制品、石膏线、油漆在留缝时应适当多留一些。

雨季装修应通风

在潮湿的季节，空气流通比较缓慢，很多有害物质会存留在室内或者装饰装修材料里面。所以，在这个季节装修，为了让有害物质释放得多一些，需要增加室内外的通风，同时要尽可能保持室内干燥。

雨季装修巧上腻子

墙壁、天花板上面的墙腻子雨季很难干燥，而腻子不干透会直接影响以后涂料的涂饰，最常见的问题就是墙壁会"起鼓"。所以，如果在雨季施工，刮腻子不要放在工程接近尾声的时候再进行，最好时间间隔长一些，或者是在晴朗的日子施工。

巧算刷墙涂料用量

一般涂料刷两遍即可，故粉刷前购买涂料可用以下简便公式计算：涂刷房间的总面积（平方米）除以4，被刷墙面涂刷高度（米）除以0.4，两个数字之和便是所需涂料的数量（千克）。如涂刷的厨房是8平方米，刷墙高度为1.6米，按上述公式计算，购买6千克涂料就足够涂刷两遍了。

增强涂料附着力的妙方

用石灰水涂饰墙面，为了增强附着力，可在拌匀的石灰水中加入0.3% ~ 0.5%的食盐或明矾。应注意在涂刷过程中，不宜刷得过厚，以防止起壳脱落。

蓝墨水在粉墙中可增白

往粉墙的石灰水里掺点儿蓝墨水，干后墙壁异常洁白。

刷墙小窍门

❶被刷墙面要充分干燥，一般新建房屋要过一个夏天才能涂刷。

❷被刷墙面除清洁外，还要将墙面上所有的空隙和不平的地方用腻子嵌平，待干燥后用砂皮纸磨平。

❸涂刷时应轻刷、快刷，不得重叠刷，刷纹要上下垂直。

油漆防干法

要使桶里剩下的油漆不致干涸，在漆面上盖一层厚纸，厚纸上倒薄薄的一层机油即可。

防止油漆进指甲缝的方法

做油漆活儿时，先用指甲刮些肥皂，油漆就不会嵌进指甲缝里了，指甲若沾上油漆也容易洗掉。

防止墙面泛黄小窍门

要防止墙面泛黄，下面两法不妨一试：一是先将墙面刷一遍，然后刷地板，等地板干透后，再在墙面上刷一层，确保墙壁雪白；二是先将地板漆完，等地板完全干透后再刷墙面。要注意的是，刷完墙面和地板后，一定要通风透气，让各类化学成分尽可能地挥发，以免损害人体健康。

计算墙纸的方法

墙纸门幅各异，各家墙的窗、门亦不同，买墙纸要做到不多不少，可用（L/M+1）×（H+h）+C/M 的公式计算。L 是扣去窗、门后四壁的长度；M 是墙纸的门幅；加 1 做拼接的余量；H 是所贴墙纸的高度；h 是墙纸上两个相邻图案的距离，做纵向拼接余量；C 是窗、门上下所需墙纸的面积。计算时应以米为单位，面积为平方米。计算时整除不尽，小数点后的数只入不舍。

低矮空间天花板巧装饰

可采用石膏饰的造型，图案也应以精细巧小为好，同时注意以几组相同的图案来分割整个天花板，以消除整体图案过大而造成的压抑感。天花板上可喷涂淡蓝、淡红、淡绿等颜色，在交错变幻中给人一种蓝天、白云、彩霞、绿树的联想，而不是具体物象。天花板的灯饰以吸顶灯、射灯为首选，安装在非中央的位置，以 2 ~ 4 个对称的形式为好，这样可扩展空间，且灯光不宜太亮，暗一点儿更有高度感。

巧除墙纸气泡

墙纸干后有气泡，用刀在气泡中心画"十"字，再粘好，可消除气泡。

切、钻瓷砖妙法

若要切割瓷砖或在瓷砖上打洞，可先将瓷砖浸泡在水中 30～60 分钟，或更长时间，让其"吃"饱水。然后在瓷砖反面，用笔画出所需要的形状，再用尖头钢丝钳一小块一小块地将不需要的部分扳下，直至成型，边缘用油石磨光即可。若是打洞，可用钻头或剪刀从反面钻。

巧粘地砖

将水泥地坪清扫干净，浇水湿润，去除灰尘。在地坪上按地砖大小弹出格子标志线，作为粘贴的依据。将地砖浸水后晾干。先在水泥地坪上涂一层"107"建筑胶水，然后用铲刀或铁皮将晾干的地砖背面刮满 400 号以上的水泥浆。按地坪上的格子标志线用力将刮满水泥浆的地砖贴住，用铲刀柄敲击，使之贴紧。每当一排贴满时，即用长尺按标志线校正，务使砖面平整，纵横缝线平直，同时用干布将砖面擦净。然后将干白水泥与颜料粉调成与地砖釉面颜色相似的粉，将所有缝隙全部嵌实，深浅一致。最后用干布或回丝纱将表面擦干净，阴干即可。

厨房装修五忌

❶忌材料不防水。厨房是个潮湿易积水的场所，所以地面、操作台面的材料应不漏水、不渗水，墙面、顶棚材料应耐水、可用水擦洗。

❷忌材料不耐火。火是厨房里必不可少的能源，所以厨

房里使用的表面装饰必须注意防火要求，尤其是炉灶周围更要注意材料的阻燃性能。

❸忌餐具暴露在外。厨房里锅碗瓢盆、瓶瓶罐罐等物品既多又杂，如果暴露在外，易沾油污又难清洗。

❹忌夹缝多。厨房是个容易藏污纳垢的地方，应尽量避免其有夹缝。例如，吊柜与天花板之间的夹缝就应尽力避免，因为天花板容易凝聚水蒸气或油渍，柜顶又易积尘垢，这样一来，它们之间的夹缝日后就会成为日常保洁的难点。水池下边的管道缝隙也不易保洁，应用门封上，里边还可利用起来放垃圾桶或其他杂物。

❺忌使用马赛克铺地。马赛克耐水防滑，但是马赛克块面积较小，缝隙较多，易藏污垢，且又不易清洁，使用久了还容易产生局部块面脱落，难以修补，因此厨房里最好不要使用。

扩大空间小窍门

❶镜子：在家中狭小的墙面上，贴上整面的镜子，可以制造延伸空间的假象；或者在小的空间里，贴上几片拼贴的小镜子。

❷镂空：对于楼中楼的房屋，采用镂空的楼梯，可以制造空间的穿透感，让楼上楼下连接起来又不感到压抑。

❸采光：利用自然光或灯光，可以将家中的空间拓宽。如大片的落地窗引进自然光线，可让空间扩大不少。

❹屏风：利用屏风做活动间隔以替代墙面，是活化空间、减少视觉阻碍的良好方法。

客厅装饰小窍门

❶轻家具重装饰。客厅中的家具通常会占很大的预算，可以买一些简单的家具，然后靠饰物美化客厅。

❷轻墙面重细节。让墙回归它本身的颜色，靠墙面的配饰完全可以蓬荜生辉。

卧室装饰小窍门

❶轻床屉重床垫。床屉只要牢固耐用就可以了，颜色款式不必张扬，但一定要力所能及地买一个好的床垫，它可以使主人的身心得到充分的休息，每日精神百倍。

❷轻家具重布艺。更多的家具和装饰会使人烦躁，而卧室的布艺会使家变得温馨，卧室的窗帘、床单、抱枕，甚至脚踏、坐凳，如果色彩协调统一，会使人心旷神怡。

厨房装饰小窍门

❶轻餐桌重餐具。餐桌是用于支撑而不是直接使用的物品，不用花费太多心思，而餐具和桌布是要仔细挑选、精心搭配的，桌布和餐巾要搭配协调。

❷轻橱柜重电器。橱柜中实用的工具是电器和灶具，电器配置合理，工具得心应手，繁重的烹饪劳动就会变得简单轻松而愉快。

厨房最好不做开放式

中国饮食以炒为主，油烟味比较大，厨房敞开后，很容易使油烟飘入客厅及室内，腐蚀家中的彩电、冰箱等电器，并且污染室内空气，危害人体健康，即使用排风扇强制排风，也容易留下隐患。而且将厨房装修成敞开式，还需要拆除墙体，麻烦很多。

厨房家具的最佳高度

❶桌子。应以身体直立、两手掌平放于桌面不必弯腰或弯曲肘关节为佳，一般为 75 ~ 80 厘米高。

❷座椅。椅面距地面高度应低于小腿长度 1 厘米左右，一般为 42 ~ 45 厘米高。

❸水池。一般池口应高于桌面 5 厘米左右。

❹水龙头。一般应距地面 90 厘米左右。

❺燃气灶。燃气灶面应距地面 80 厘米左右。

❻照明。白炽灯距桌面的距离: 60 瓦为 1 米; 40 瓦为 0.5 米; 15 瓦为 0.3 米。日光灯距桌面的距离: 40 瓦为 1.5 米; 30 瓦为 1.4 米; 20 瓦为 1.1 米。

卫浴间装饰小窍门

❶重收纳柜轻挂钩。卫浴间尽可能地选择收纳柜，不仅能整齐地陈列卫浴用品，让空间更加清爽整洁，而且还能保证用品的洁净; 而用各式挂钩会使空间显得凌乱。

❷重龙头轻面盆。洗面盆和龙头相比，功能简单也不具手感，不必下太多功夫; 而使用优质的水龙头是一种享受，也经得起时间的考验，不易损坏。同样，洁具的选择要多关注其质量，而在款式和花色上省些力气，因为洁具在卫生间中所占的比例较小，只要墙面、地面做得出色，洁具就会淹

没在瓷砖的图案和颜色中。

装修卫生间门框的小窍门

卫生间的门经常处在有水或潮湿的环境中，其门框下方时间长了会腐朽。因此可在门框下方嵌上不锈钢片，以防止腐朽。如果门框已经损坏，可将下方损坏的部位取下，做一番妥善修理，然后在门框四周嵌上不锈钢片，以减缓或防止门框腐朽。

卫生间安装镜子的小窍门

为了贮藏一些卫生用品，卫生间常常做壁柜。如果在柜橱门面上安装一面镜子，不仅能使卫生间空间更宽敞、明亮，而且豪华美观，费用也不贵。更可以与梳妆台结合起来，作为梳妆镜使用。

巧装莲蓬头

人们习惯于晚上洗头洗澡，但是睡一觉后常把头发弄得很乱，于是在早晨洗头的人尤其是女士渐渐多起来。由于每次洗头动用淋浴设备较麻烦，可在洗脸盆上安装莲蓬头。

合理利用洗脸盆周围空间

洗脸盆上放许多清洁卫生用品会显得杂乱无章，而且容易碰倒，因此，不妨在洗脸盆周围钉上10厘米的搁板，只要能放得下化妆瓶、刷子、洗漱杯等就可以了。搁板高度以不妨碍水龙头使用为宜，搁板材料可用木板、塑胶板等。

巧用浴缸周围的墙壁

在浴缸周围的墙壁上打一个7~8厘米深的凹洞，再铺上与墙壁相同的瓷砖，此洞可用来放洗浴用品。这样不仅扩大了使用空间，使用起来也方便自如。

利用冲水槽上方空间

抽水马桶的冲水槽上方是用厕时达不到的地方，可以利用此空间做一个吊柜，柜内放置卫生纸、手巾、洗洁剂、女性卫生用品等；也可在下部做成开放式，放些绿色植物装饰。

巧粘玻璃拉手

先把要粘拉手的玻璃用食醋擦洗干净，再将玻璃拉手用食醋洗净、晾干。然后将鸡蛋清分别涂在玻璃和拉手上，压紧晾干后，简便的玻璃拉手就很坚固耐用了。

自制毛玻璃

取半盆清水，将数张铁砂布（砂布号数可按毛玻璃粗细要求而定）放入水中浸几分钟，然后揉搓洗下砂布上的砂粒，轻轻倒去清水。将砂糊置于待磨的玻璃上，取另一块待磨玻璃压在上面，再用手压住做环形研磨。数分钟后，便能得到两块磨好的毛玻璃。

陶瓷片、卵石片可划玻璃

划割玻璃时若无金刚钻玻璃刀，可找一块碎陶瓷片，或把鹅卵石敲碎，利用它的尖角，用尺子比着在玻璃上用力划出痕迹后，再用力就能将玻璃割开。这是因为陶瓷和卵石的硬度都比玻璃大。

巧用胶带纸钉钉

在房间内的墙上钉钉子，墙壁表面有时会出现裂痕，如能将胶带纸先粘在要钉钉子的墙壁上，再钉钉子，钉好后撕下胶带纸，这样墙壁上就不会留下裂痕。这种方法也适用于已经使用很久的油漆墙壁，可预防在钉钉子时，因震动而致使油漆脱落。

墙上钉子松后的处理

墙上的钉子松动后，可以用稠糨糊或胶水浸透棉花绕在钉子上，再将钉子插入原洞，压紧，这样钉子就牢固了。

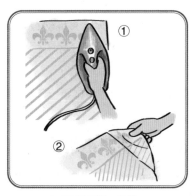

巧法揭胶纸、胶带

贴在墙上的胶纸或胶带，如果硬去揭，往往会受损坏，可用蒸汽熨斗熨一下，就很容易揭去了。

▲巧法揭胶纸、胶带

旋螺丝钉省力法

旋螺丝钉之前，将螺丝钉头在肥皂上点一下，就很容易旋进木头中了。

家具钉钉子防裂法

在木制家具上钉钉子，要避开木料端头是直线木纹的部位，以免木料劈裂。

关门太紧的处理

地板不平，影响门的开关时，可在地板上粘一块砂纸，将门来回推动几次，门被打磨后，便能开关自如了。

门自动开的处理

当人们搬进新居时，会遇到有的门关上之后又自动开启的现象。这是因为门在上合页时安得太紧，而门和门框之间的间隙又大，所以会自动打开。对此，可用羊角锤头垫在门和合页之间，然后轻轻关门，这么一别，合页栓就会略微弯一些，门和框就贴上了。但在别的时候，用力不要过猛，要轻轻地做，一次不行，两次。这样就能解决其轻微的毛病。

装饰贴面鼓泡消除法

处理时，可先用锋利刀片在"泡"的中部顺木纹方向割一刀，然后用注射器将胶水注入缝中，用手指轻轻地按压

"泡"的上部，将溢出的胶水用湿布揩净，再用一个底面平滑并大于鼓泡面积的重物压在上面。为防止加压后有少量胶水溢出而粘坏鼓泡周边表面，可在"泡"上覆盖塑料薄膜隔开。这样，装饰贴面就平整了。

低矮房间的布置

低矮房间内可置放一个曲格式的"博物架"，在其大小不同的格子中放些微型山水盆景、微型花草，以反衬出居室的"宏大"。同时，低矮居室中忌挂大画、大字，忌摆大型工艺品。反衬对比法最适用于面积较大的房间，如客厅。在沙发的一侧，竖起一架高度接近房顶的艺术"屏风"，隔离出小空间，相对便有了高度空间感，同时还有了谈话的"私密性"气氛，可谓一举两得。此外，屏风的"超高"还有一种"喧宾夺主"的吸引视觉效果，让人忘了房间的"低"。

巧招补救背阴客厅

补充人工光源；厅内色调应统一，忌沉闷；选白桦、枫木饰面亚光漆家具并合理摆放；地面砖宜用亮色，如浅米黄色光面地砖。

餐厅色彩布置小窍门

餐厅色彩宜以明朗轻快的色调为主，最适合用的是橙色以及相同色相的姐妹色，这两种色彩都有刺激食欲的作用。整体色彩搭配时，还应注意地面色调宜深，墙面可用中间色调，天花板色调则宜浅，以增加稳重感。在不同的时间、季节及心理状态下，人们对色彩的感受会有所变化，这时可利用灯光来调节室内色彩气氛，以达到利于饮食的目的。家具颜色较深时，可通过明快清新的淡色或蓝白、绿白、红白相间的台布来衬托。桌面配以绒白餐具，可更具魅力。

巧搬衣柜

在搬家或布置室内家具时，衣柜、书柜等大件家具搬运挪动比较困难。如果用一根粗绳兜住柜或橱的底部，人不仅能站着搬运，而且能较方便地摆放在墙角处，搬起来也较安全。

以手为尺

布置家庭，外出采购，常会因尺寸拿不准而犹豫不决。在平时，最好记住自己手掌张开，拇指和小指两顶端之间的最大长度，以便在必要时，权且以手当尺。

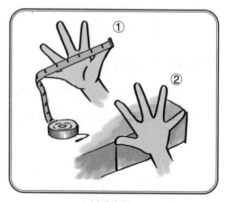

▲以手为尺

室内家具搬动妙法

居室搞卫生或调整室内布局需要搬抬家具时，先用淡洗衣粉水浸湿的墩布拖一遍地，水分稍多些，拖不到的地方泼洒 点儿水。这样， 般家具如床、沙发等只要稍加用力即可推动。

防止木地板发声的小窍门

为了不让木制地板在人走动时发出"咯吱"声，可在地板缝里嵌点儿肥皂。

巧用墙壁隔音

墙壁不宜过于光滑。如果墙壁过于光滑，声音就会在接触光滑的墙壁时产生回声，从而增加噪声的音量。因此，可选用壁纸等吸音效果较好的装饰材料。另外，还可利用文化石等装修材料，将墙壁表面弄得粗糙一些。

巧用木质家具隔音

木质家具有纤维多孔性的特征，能吸收噪声。同时，还应多购置一些家具，因为家具过少会使声音在室内共鸣回旋，增加噪声。

巧用装饰品隔音

布艺装饰品有不错的吸音效果，悬垂与平铺的织物，其吸音作用和效果是一样的，如窗帘、地毯等。其中以窗帘的隔音作用最为明显，既能吸音，又有很好的装饰效果，是不错的选择。

巧法美化壁角

❶在客厅的壁角，可自制一个落地衣架，顶部镶嵌一些动物或抽象艺术头像，既实用又美观，还颇具艺术性。

❷过道的转角或壁角，可以暗装一些鞋箱或储藏柜，将家中一些物品放在隐蔽处，使用十分方便。

巧法美化阳台

在阳台一侧设计成"立体式"花架，摆放几盆耐光照的花卉，在另一个侧墙上，沿墙安放一个"嵌入式"的书架，摆放一个小书桌，台面隐蔽在内，再配上一个转椅，在柔和的灯光下看书阅读，别有一番情趣。

巧放婴儿床

❶婴儿床可以紧挨着墙放，如果离开墙放置的话，距离要超过 50 厘米，以免孩子跌落时夹在床和墙壁之间发生窒息事故。

❷婴儿床下最好能铺上比床的面积更大的绒毯或地毡，这样孩子跌落时，就不会碰伤头部。

❸不要把婴儿床放置在阳光直晒的位置，孩子需要阳光，但过于暴露在阳光下会使孩子的眼睛和皮肤受伤。

❹不要把孩子的床放置在能接触到绳索的地方，比如百叶窗，或有穗子的窗帘下，以免孩子玩耍绳子或窗帘时发生

缠绕的危险。

小居室巧配书架

❶多层滚轮式书架：如果常用的书刊数量不多，可制作一个方形带滚轮的多层小书架。这种书架可根据需要在房间内自由移动，不常用的书就用箱子或袋子装起来，放在不显眼的地方。

❷床头式书架：在靠墙的床头上改作书架，并装上带罩的灯，这样既可以放置常用书籍，又便于睡前阅读，比较适合厅房一体的家庭。

❸屏风式书架：对于厅房一体户，还可以利用书架代替屏风将居室一分为二，外为厅，里为房。书架上再巧妙地摆些小盆景、艺术品之类，便有较好的美感效果。

电视机摆放的最佳位置

安放彩电应该把荧光屏的方向朝南或朝北，因为彩电显像色彩的好坏与地球磁场的影响有关，只有放在朝南或朝北方向时，显像管内电子束的扫描方向才与地球磁场方向相一致，收看的效果才最佳。同时应注意不要经常改变方向，因为每调换一次方向，机内的自动消磁电路就会长时间不能稳定，反而会造成色彩反复无常。

放置电冰箱小窍门

放置电冰箱的室内环境应通风良好、干燥、灰尘少，顶部离天花板在50厘米以上，左右两侧离其他物件20厘米以上，开箱门时能做 90 度以上的转动。放置电冰箱的地面要牢固，电冰箱要放平稳。

巧法避免沙发碰损墙壁

沙发一般都靠墙放置，这容易使墙壁留下一条条伤痕。为避免这种情况的发生，只要在沙发椅的后脚上加一条长方形的木棒，抵住墙脚，使椅背不能靠上墙壁即可。

第三章

修补与养护

防玻璃杯破裂

冬季往玻璃杯里倒开水时，为防止杯子突然破裂，可先取一把金属勺放在杯中，然后再倒开水。这样杯子就不会破裂了。

治"长流水"小窍门

到五金商店买个合适的密封圈，用扳手拧下阀盖，取出阀杆下端活瓣上磨损的密封圈，换上新的，然后复位，拧紧阀盖即可。如果手头有青霉素之类的橡皮瓶盖，亦可代替密封圈，只是耐用性差些。

防止门锁自撞的方法

生活中常常会发生这样的事情：门被随手带上或被风吹撞上了，而钥匙却在里面。只要将门锁做些小小改动，就可解除后顾之忧。做法是：将锁舌倒角的斜面上用锉刀锉成一个"平台"。这样改造后，门就不能自动关上了，外出必须用钥匙才能将门关上。

排除水龙头喘振

拧下水嘴整体的上半部，取出旋塞压板，将橡胶垫取下，按压板直径用自行车内胎剪一个比其大出 1.5 毫米的阻振片，再将其装在压板与橡胶垫之间，按逆次序装好即可。

指甲油防金属拉手生锈

家具上的金属拉手刚安时光洁照人，但时间长了就会锈迹斑斑，影响美观。定期在拉手上涂一层无色指甲油，可保持长期不锈。

巧用铅块治水管漏水

将一点儿铅块或铅丝放在水管漏水的砂眼处，再用小锤把铅块或铅丝砸实在管缝或砂眼里，使其和水管表面持平。

刀把松动的处理

将烧化的松香滴入松动的刀柄把中，冷却后，松动的刀把就紧固了。

巧法延长日光灯寿命

日光灯管使用数月后会两端发黑，照明度降低。这时把灯管取下，颠倒一下其两端接触极，日光灯管的寿命就可延长 1 倍，还可提高照明度。同时，应尽量减少日光灯管的开关次数，因为每开关一次，对灯管的影响相当于点亮 3 ~ 6 小时。

巧防钟表遭电池腐蚀

为防止钟表电池用久渗出腐蚀性液体损坏电路，在更换新电池的时候，可用一点儿凡士林或润滑油脂涂在电池的两端，这样可抑制腐蚀液溢出。

电视机防尘小窍门

❶打开电视之后不要扫地或做其他让尘土飞扬的工作。

❷做一个既通气防尘，又能防止阳光直射荧光屏的深色布罩，在节目收看完后关机断电半小时，再将电视机罩上。

❸定期对电视机进行除尘去灰的保养，可以用软布沾酒精由内而外打圈擦拭荧光屏去尘。

延长电视机寿命小窍门

❶亮度和对比度旋钮不要长期放在最亮和最暗两个极端点，否则会降低显像管使用年限。

❷音量不要开得过大，有条件最好外接扬声器。音量太大不仅消功耗，而且机壳和机内组件受震强烈，时间长了可能发生故障。

❸不宜频繁开关，因为开机瞬间的冲击电流将加速显像管老化；但也不能不关电视机开关，而只关遥控器或者通过拔电源插头来关电视机，这样对电视机也有损害。

❹冬季注意骤冷骤热。比如，要把电视搬到室外，最好罩上布罩放进箱里。搬进室内时，不要马上开箱启罩，应等电视机的温度与室内温度相近时再取出，以防温度的骤变使

电视机内外蒙上一层水汽，损坏电子组件绝缘。

拉链修复法

拉链用久了，两侧的铁边易脱落，可将一枚钉书钉的一头向内折，使之与针杆平行，而把另一头折直。根据拉链铁边脱落的长度，把书钉多余部分从伸直的一头截掉。截好后的书钉安放在原铁边的位置上，折回的那一头放在下面，与拉链的底边平齐，另一头折至同一点。然后用缝衣针以锁扣眼的针法密密实实地来回缝两遍，将书钉严严实实地包在里面，但缝时要注意，宽度要与原来铁边相等；底边书钉用线缝严，缝平整，再用蜡抹一下。这样效果如同原来的铁边一样，开拉自如。

红木家具的养护

红木家具宜阴湿，忌干燥，不宜曝晒，切忌空调对着家具吹；每3个月用少许蜡擦一次；用轻度肥皂水清除表面的油垢，忌用汽油、煤油。

家具漆面擦伤的处理

擦伤但未伤及漆膜下的木质，可用软布蘸少许熔化的蜡液覆盖伤痕。待蜡质变硬后，再涂一层，如此反复涂几次，即可将漆膜伤痕掩盖。

家具表面烧痕的处理

灼烧而未烧焦膜下的木质，只留下焦痕，可用一小块细纹硬布包一根筷子头，轻轻擦抹灼烧的痕迹，然后涂上一层薄蜡液即可。

巧除家具表面烫痕

家具放置盛有热水、热汤的茶杯、汤盘，有时会出现白色的圆疤。一般只要及时擦抹就会除去。但若烫痕过深，可用碘酒、酒精、花露水、煤油、茶水擦拭，或在烫痕上涂上凡士林，过两天后，用软布擦抹，即可将烫痕除去。

巧除家具表面水印

家具漆膜泛起"水印"时，可在水渍印痕上盖上块干净湿布，然后小心地用熨斗压熨湿布。这样聚集在水印里的水会被蒸发出来，水印也就消失了。

家具蜡痕消除法

蜡油滴在家具漆面上，千万不要用利刃或指甲刮剔，应等到白天光线良好时，双手紧握一塑料薄片，向前倾斜，将蜡油从身体前方向后慢慢刮除，然后用细布擦净。

白色家具变黄的处理

漂亮而洁白的家具一旦泛黄，就会显得很难看。这时用牙膏来擦拭，便可改观。但是要注意，操作时不宜用力太大，否则会损伤漆膜而适得其反。

巧防新木器脱漆

在刚漆过油漆的家具上，用茶叶水或淘米水轻轻擦拭一遍，家具会变得更光亮，且不易脱漆。

巧为旧家具脱漆

一般油漆家具使用 5 年左右须重新油饰一次。在对旧家具的漆膜进行处理时，可买一袋洗照片的显影粉，按说明配成液体后，再适量加一些水，涂在家具上，待旧漆变软后，用布擦净，清水冲洗即可。

桐木家具碰伤的处理

桐木家具质地较软，碰撞后易留下凹痕。可先用湿毛巾放在凹陷部，再用熨斗加热熨压，即可恢复原状。如果凹陷较深，则须黏合充填物。

巧法修复地毯凹痕

地毯因家具等的重压，会形成凹痕，可将浸过热水的毛巾拧干，敷在凹痕处 7~8 分钟，然后移去毛巾，用吹风机和细毛刷边吹边刷，即可恢复原状。

地毯巧防潮

　　地毯最怕潮湿。塑胶及木质地面不易受潮，地毯可直接铺在上面。如果是水泥地板，铺设前可先糊上一层柔软的纸，再把地毯铺上，这样就能起到防潮作用，防止发霉，延长地毯的使用寿命。

床垫保养小窍门

　　❶使用时去掉塑料包装袋，以保持环境通风干爽，避免床垫受潮。切勿让床垫曝晒过久，以免使面料褪色。

　　❷定期翻转。新床垫在购买使用的第一年，每2～3月正反、左右或头脚翻转一次，以使床垫的弹簧受力平均，之后每半年翻转一次即可。

　　❸用品质较佳的床单，不只吸汗，还能保持布面干净。

　　❹定期用吸尘器清理床垫，但不可用水或清洁剂直接洗涤。同时避免洗完澡后或流汗时立即躺卧其上，更不要在床上使用电器或吸烟。

　　❺不要经常坐在床的边缘，因为床垫的4个角最为脆弱，长期在床的边缘坐卧，易使护边弹簧损坏。也不要在床上跳跃。

巧晒被子

　　❶晒被子时间不宜太长。一般来说，冬天棉被在阳光下晒3~4个小时，合成棉被晒1~2个小时就可以了。

　　❷不宜暴晒。以化纤维面料为被里、被面的棉被不宜暴晒，以防温度过高烤坏化学纤维；羽绒被的吸湿性能和排湿性能

都十分好，也不需暴晒。在阳光充足时，可以在被子上盖一块布，这样既可达到晒被子的目的，又可保护被面不受损坏。另外，注意不宜频繁晾晒被子。

❸切忌拍打。棉花的纤维粗而短，易脱落，用棍子拍打棉被会使棉纤维断裂成灰尘状的棉尘跑出来。合成棉被的合成纤维一般细而长，一经拍打较容易变形。一般只需在收被子时，用笤帚将表面尘土扫一下就可以了。

巧除底片指纹印

底片上有指纹印，轻微的可放在清水中泡洗，重的可用干净的软布蘸上四氯化碳擦洗。

巧除底片尘土

底片若沾上尘土或纸片，可把底片浸入清水中，待药膜潮湿发软时，洗去底片上的杂物，取出晾干。

巧除底片擦伤

底片上有轻微擦伤时，可将底片放入 10% 的醋酸溶液中浸透，取出晾干。

巧法防底片变色

底片发黄、变色时，把底片放入 25% 的柠檬酸、硫脲的混合溶液中漂洗 3 ~ 5 分钟，取出即可复原。

巧用牙膏修护表面

手表蒙上如果划出了很多道纹，可在表蒙上滴几滴清水，再挤一点儿牙膏擦涂，就可将划纹擦净。

巧妙保养新手表

新买的镀金手表在佩戴前，先将表壳用软布拭净，再均匀地涂上一层无色指甲油，晾干后再戴，不但能使手表光泽持久，不易被磨损，还能增加其外表光度。

巧使手表消磁

手表受磁，会影响走时准确。消除方法很简单，只要找一个未受磁的铁环，将表放在环中，慢慢穿来穿去，几分钟后，手表就会退磁复原。

巧用硅胶消除手表积水

手表内不小心进水，可用一种叫硅胶的颗粒状物质与手表一起放入密闭的容器内，数小时后取出，表中的积水即可消失。硅胶可反复使用。

巧用电灯消除手表积水

手表被水浸湿后，可用几层卫生纸或易吸潮的绒布将表严密包紧，放在40瓦的电灯泡附近约15厘米处，烘烤约30

分钟，表内水汽即可消除。

巧除书籍霉斑

可用棉球蘸明矾溶液擦洗，或者用棉花蘸上氨水轻轻擦拭，最后用吸水纸吸干水分。

巧除书籍苍蝇便迹

用棉花蘸上醋液或酒精擦拭，直至擦净为止。

水湿书的处理

一本好书不小心被水弄湿了，如果采用晒干法，干后的书会又皱又黄。其实，只要把书抚平，放入冰箱冷冻室内，过两天取出，书就会既干燥又平整。

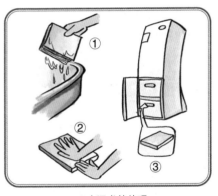

▲水湿书的处理

巧用口香糖"洗"图章

图章用久了会积很多油渍，影响盖印效果。可将充分咀嚼后准备扔掉的口香糖放在图章上用手捏住，利用其黏性将图章字缝中的油渍粘掉，使图章完好如新。

巧除印章印泥渣

印章用久了，就会被印泥渣子糊住，使用时章迹就很难辨认清楚。可以取一根蜡烛点着，将熔化的蜡水滴入印章表面，待蜡水凝固，取下蜡块，反复两次即可。

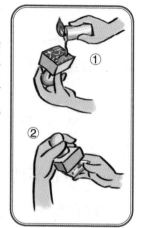

▲巧除印章印泥渣

巧铺塑料棋盘

现在的棋盘多为塑料薄膜制成，长期折叠后不易铺开。如果棋子很轻，就很难在棋盘上站稳。其实，只要用湿布擦一下桌子，就可将塑料薄膜棋盘平展地贴在桌面上。

巧用醋擦眼镜

滴点儿醋在眼镜片上，然后轻轻揩拭，不仅镜面干净，而且上面不留纹印。

新菜板防裂小窍门

按 1500 克水放 50 克食盐的比例配成盐水，将新菜板浸入其中，1 周左右取出。这样处理过的菜板不易开裂。

延长高压锅圈寿命小窍门

高压锅胶圈用过一段时间后，就会失去原有的弹性而起不到密封作用。可将一段与高压锅圈周长相等的做衣服用的圆松紧带夹在高压锅圈的缝中，其效果不亚于新高压锅圈。

冰箱密封条的修理

冰箱门上的磁性密封条与箱体之间会出现缝隙，致使冷气外漏，降低制冷效果，增加耗电量。可把一个开着的手电筒放入冰箱，关上箱门，仔细观察箱门四周的密封圈有没有漏光处。如果有，可用洗衣粉水把磁性密封圈擦洗干净，把漏光处的磁性密封圈扒开，取一些干净棉花填入密封圈的漏光部位，棉花数量视漏光情况而定，以关严为宜。最后，再用手电筒检验一遍，若还有漏光处，可反复"对症下药"，直到没有漏光为止。

冬季巧防自行车慢撒气

冬季车胎常常跑气，大多是气门芯受冻丧失弹性所致。用呢料头缝制一个气门套套在上面，可防止气门芯被冻。

如何保养手机电池

❶为了延长电池的使用寿命，其充电时间不可超过必要的充电期（5~7小时）。

❷电池的触点不要与金属或带油污的配件接触。

❸电池切勿浸在水中，注意防潮，切勿放在低温的冰箱里或高温的炉子旁。

❹对于有记忆效应的电池，每次应把电量使用完毕再充电，否则电池会出现记忆效应，大大缩短电池寿命。

电池保存小窍门

❶在电池的负极上涂一层薄薄的蜡烛油，然后搁置在干燥通风处，可有效地防止漏电。

❷把干电池放在电冰箱里保存，可延长其使用寿命。

❸手电筒不用时，可将后一节电池反转过来放入手电筒内，以减慢电池自然放电，延长电池使用时间，同时还可避免因遗忘致使电池放电完毕，电池变软，锈蚀手电筒内壁。

第四章

物品使用

牙膏巧做涂改液

写钢笔字时，如写了错别字，抹点儿牙膏，一擦就净。

巧用肥皂

❶液化气减压阀口，有时皮管很难塞进去，如在阀口涂点儿肥皂，皮管就很容易塞进去了。

▲牙膏巧做涂改液

❷用油漆涂刷厨房门窗时，可先在把手和开关插销上涂点儿肥皂，这样沾上油漆后就容易洗掉了。

肥皂头的妙用

❶将肥皂头化在热水里，待水冷却后可倒入洗衣机内代替洗衣粉，效果颇佳。

❷用细布或纱布缝制一个大小适当的小口袋，装进肥皂头，用橡皮筋系住，使用时，用手搓几下布袋就行了。

❸将肥皂头用水浸软，放在掌心，两手合上，用力挤压

成团，稍微晾干即可使用。

使软化肥皂变硬的妙方

因受潮而软化的肥皂，放在冰箱中，就可恢复坚硬。

肥皂可润滑抽屉

在夏季，空气中水分多，家具的门、写字台的抽屉往往紧得拉不动。可在家具的门边上、抽屉边上涂一些肥皂，这样推拉起来会变得非常容易。

蜡烛头可润滑铁窗

如房间里安装的是铁窗，可将蜡烛头或肥皂头涂在铁窗轨道上，当润滑剂使用，可使铁窗开关自如。

巧拧瓶子盖

❶瓶子上的塑料盖有时因拧得太紧而打不开，此时可将整个瓶子放入冰箱中（冬季可放在室外）冷冻一会儿，然后再拧，很容易就能拧开。

❷装酱油、醋的瓶盖如果是铁制的，往往容易生锈。盖子锈住了或拧得太紧而打不开时，可在火上烘一下，再用布将瓶盖包紧，一拧就开。

轻启玻璃罐头

取宽 3 厘米、厚 1 厘米、长约 16 厘米的木板条 1 根，2 厘米长的圆钉 1 颗。将圆钉钉在木条一端靠里 0.5 厘米处中央，钉头对准罐头铁盖周围凹缝处，木条顶住罐头瓶颈，往下轻压，如此多压几个地方，整个铁盖就会松动，打开就不难了。

如何解决香皂在皂盒中被泡软的问题

香皂和肥皂都是日常生活中不可缺少的清洁用具。家里的香皂和肥皂虽然放置在皂盒之中，但香皂、肥皂的底部还是常常会被水泡软，很影响使用，同时也造成了一定程度的浪费。那么，有没有什么窍门可以避免这种浪费呢？

窍门1：水果网套帮助香皂保持干燥

材料：水果网套√

操作方法

❶将水果网套参照香皂盒的大小剪裁成合适的大小。

❷将修剪好的水果网套垫在香皂盒中。

❸最后把香皂放在水果网套上，这样就能保持香皂的干爽了。

窍门2：妙用橡皮筋保持香皂干燥

材料：橡皮筋√

操作方法

❶准备几根橡皮筋,将这些橡皮筋一一套在香皂盒上,橡皮筋与橡皮筋之间应该保持一定的距离。

❷将香皂放在改造好的香皂盒中,就不用担心被泡软了。

如何存放洗衣粉不受潮

袋装的洗衣粉拆开之后,由于溅入水滴或者吸入潮气而产生结块的情况,让很多人为之头疼。要想让拆开的袋装洗衣粉不至于受潮,只要一个简单的方法就可以办到,有了下面的小窍门,拆开的袋装洗衣粉想要存放多久都没有问题。

窍门:饮料瓶帮助洗衣粉不受潮

材料:饮料瓶、剪刀、皮筋√

操作方法

❶将饮料瓶洗干净擦干,把饮料瓶上的瓶口连着瓶身的一小段一起剪下来。

❷把洗衣粉袋子的口沿斜线剪开,开口大小以能塞进刚剪下的塑料瓶口为宜。

❸将剪下的瓶口塞进洗衣粉袋的开口处。

❹用一根皮筋或者结实的线绳将洗衣粉袋和剪下的瓶口牢牢地捆上，系紧。

❺要使用洗衣粉时，只需要将瓶盖拧开就能将洗衣粉倒出。不用时拧紧盖子，可以防潮、防撒。

巧开葡萄酒软木塞

将酒瓶握在手中，用瓶底轻撞墙壁，木塞会慢慢向外顶，当顶出近一半时，停下来，待瓶中气泡消失后，木塞一拔即起。

巧用橡皮盖

❶将废弃无用的橡皮盖子用双面胶固定在房门的后面，可防止门在开关时与墙发生碰撞，从而起到保护房门的作用。

❷将废药瓶上的橡皮盖子收集起来，按纵横交错位置，一排排钉在一块长方形木板上（钉子须钉在盖子凹陷处），

就成为一块很实用的搓衣板。

盐水可除毛巾异味

❶洗脸的毛巾用久了，常有怪味、发黏，如果先用盐水来搓洗，再用清水冲净，不仅可清除异味，而且还能延长毛巾的使用寿命。

❷有些人习惯用肥皂擦在毛巾上洗脸，毛巾表面非常粗糙，在上面打肥皂会使过多的皂液质沾在毛巾上，使毛巾产生一种难闻的气味，既造成浪费，又会缩短毛巾的使用时间。

巧用碱水软化毛巾

毛巾用久了会发硬，可以把毛巾浸入2%～3%的食用碱水溶液内，用搪瓷脸盆放在小火上煮15分钟，然后取出用清水洗净，毛巾就变得白而柔软了。

开锁断钥匙的处理

如果在开锁时因用力过猛而使钥匙折断在锁孔中，先不用慌张，可将折断的匙柄插入锁孔，使之与断在锁孔内的另一端断面完全吻合，然后用力往里推，再轻轻转动匙柄，锁便可打开。

巧用玻璃瓶制漏斗

可将弃置不用的玻璃瓶（如啤酒瓶），做一个实用的小漏斗。做法是拿一根棉纱带，放进汽油、煤油或酒精里浸透，然后把它紧围在瓶体粗处点燃，待棉纱燃完，立即将瓶子投入凉水中，玻璃瓶就会裂成两段，破口平齐，用连通瓶口的那段做漏斗。

烧开水水壶把不烫手

烧开水时，水壶把往往放倒靠在水壶上，水开时，壶把很烫，不小心就可能烫伤。可将小铝片（或铁丝）用万能胶水粘在壶把侧方向做一个小卡子，烧水时壶把靠在上面成直立状即可，这样壶把就不烫了。

巧除塑料容器怪味

塑料容器，尤其是未用过的塑料容器，常常有一种怪味。遇到这种情况，可用肥皂水加洗涤剂浸泡 1 ～ 2 小时后清洗，然后再用温开水冲洗几遍，怪味即可消除。

巧用透明胶带

透明胶带很薄，颜色浅，每次使用时常常很难找到胶带的起头处。在每次使用后，在胶带的起头处粘上一块儿纸（1 厘米即可），或将胶带对粘一小截儿，胶带的起头处就不会粘上了。

巧磨指甲刀

将一个废钢锯条掰出一个新断口，把用钝的指甲刀两刃合拢，然后用锯条锋利的断口处在指甲刀两刃口上来回反复刮 10 下，指甲刀就会锋利如新了。

钝刀片变锋利法

在刮脸前，把钝刀片放进 50℃以上的热水里烫一下，然后再用，就会和新的一样锋利。

钝剪刀快磨法

用钝了的剪刀来剪标号较高的细砂纸，随着剪砂纸次数的增多，钝剪刀会慢慢变得锋利。一般剪 20 多下就可以了。

拉链发涩的处理

❶拉链发涩，可涂点儿蜡，或者用铅笔擦一下滞涩的拉链，轻轻拉几下即可。

❷带拉链的衣服每次洗过后，若在拉链上涂点儿凡士林，拉链不仅不易卡住，还能延长其使用寿命。

调节剪刀松紧法

剪刀松了，找一个铁块垫在剪刀铆钉处，用锤子轻轻砸一下铆钉，即可调紧，如果还嫌松，可多砸几下；如果剪刀紧了，可找一个内孔比剪刀上铆钉稍大一些的螺母，垫在剪刀铆钉处，用锤子敲一个铆钉，剪刀即可变松。

蛋清可黏合玻璃

　　玻璃制品摔断后，可用蛋清涂满两个断面，合缝后擦去四周溢出的蛋清，半小时后就可完全黏合，再放置一两天就可以用了，即使受到较大外力的作用，黏合处也不会断裂。此法也可用来黏合断裂的小瓷器。

洗浴时巧用镜子

　　洗浴时，浴室中的镜子时常被蒸气熏得模糊不清。可用肥皂涂抹镜面，再用干布擦拭，镜面上即形成一层皂液膜，可防止镜面模糊。使用收敛性的化妆水或洗洁精，亦可收到相同的效果。

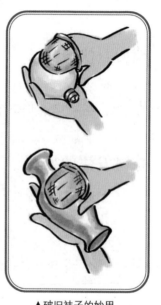

破旧袜子的妙用

　　将破旧纱袜套在手上，用来擦拭灯泡、凸凹花瓶、贝雕工艺品等物体，既方便，效果又好。

▲破旧袜子的妙用

防眼镜生"雾"

　　冬季，眼镜片遇到热气时容易生"雾"，使人看不清东西，可用风干的肥皂涂擦镜片两面，然后抹匀擦亮即可。

不戴花镜怎样看清小字

　　老年人外出时若忘了带老花镜，而又特别需要看清小字，如药品说明书等，可以用曲别针在一张纸片上戳个小圆孔，然后把眼睛对准小孔，从小孔中看便可以看清。

保持折伞开关灵活法

　　可以不时地把伞打开淋上一点儿热水，在热水的作用下，伞布便会顺着伞骨均匀地伸张。这样就可以保持伞的开关灵活，干燥后也不会变形。

旧网球包桌椅

　　网球很适合做减压消音的材料，用旧网球包桌椅，不仅可以帮助减少桌椅脚与地面的摩擦，而且拖动时也不会再发出声音。

❶准备一个网球和一把刀，将网球和刀擦干净。　❷按照桌椅脚底部面积的大小，在网球中间割一个约 3/4 厘米的"十"字。　❸将桌椅脚擦干净，然后插入网球开口中即可。

废旧筷子做隔热垫

　　筷子用久了以后，上面细小的凹槽里就容易滋生细菌，继续使用容易引发疾病。其实变换一下思路,废筷子还能再利用。

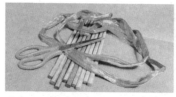

❶准备好长度适合的筷子、剪刀、一段绳子。

❷用绳子套住一根筷子,双手用力,用绳子将筷子绑牢。

❸接着再按上面的方法将筷子一根根并排固定在一起。

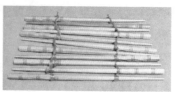

❹固定好后,进行调整,直到其大小、尺寸都符合要求为止。

过期洗甲水除贴纸

　　洗甲水对一些黏性极强的污渍,多擦几下便能除去。家具被贴上贴纸后很难去除,用过期的洗甲水清洗不失为一个好办法。

❶先用化妆棉蘸适量的清水擦洗贴纸周边,使贴纸被水浸湿。

❷再用化妆棉蘸取过期的洗甲水放在贴纸上,静置2分钟左右。

❸取下化妆棉,然后就可以轻松斯下贴纸了。

旧牙刷变身万能刷

　　想要轻松迅速地做家务，就要在打扫工具上下功夫。用旧牙刷做成的万能刷，可配合清洗场所自由改变握法，在清洁时更省时、省力。

❶准备 4 把旧牙刷和 1 卷胶带。

❷用胶带将牙刷以 5 厘米的间隔固定，避免紧贴，否则不能改变握法。

❸用牙刷做成的万能刷清洗脸盆的小排水口，能同时做 360 度的清洗。

❹洗碗槽排水口等大型排水口，也能用万能刷清洗干净。

旧伞衣的利用

　　无修理价值的旧尼龙伞，其伞衣大都很牢固，因而可将伞衣拆下，改制成图案花色各异的大小号尼龙手提袋。先将旧伞衣沿缝合处拆成小片（共 8 片），洗净、晒干、烫平。然后用其中 6 片颠倒拼接成长方形，2 片做提带或背带。拼接时，可根据个人爱好和伞衣图案，制成各种各样的提式尼龙袋。最后装上提带或背带，装饰各式扣件即成。

巧用保温瓶

许多人在向保温瓶里冲开水时，往往会冲得水溢出来，然后再塞上塞子，以为这样更有利于保温，其实不然，要使保温瓶保温效果更好，必须注意在热水和瓶塞之间保持适当的空间。因为水的传热系数是空气的 4 倍，热水瓶中水装得过满，热量就会以水为媒介传到瓶外。若瓶内保留适当的空气，热量散发就会慢些。

巧用电源插座

家用电源插座一般都会标明电流和电压，由此可算出该电源插座的功率＝电流 × 电压。如电器使用的最大功率超过电源插座的功率，就会使插座因电流过大而发热烧坏。如同时使用有 3 对以上插孔的插座，应先算一下这些电器的功率总和是否超过插座的功率。

夏日巧用灯

盛夏用白炽灯不如用节能灯，节能灯可节电 75%，8 瓦节能灯的亮度与 40 瓦白炽灯相当，而白炽灯还会将 80% 的电能转化为热能，耗电又生热。

盐水可使竹衣架耐用

竹衣架买回后，可用浓盐水擦在衣架上（一般以 3 匙盐冲小半碗水为宜），再放于室内 2 ~ 3 天，然后用清水洗净竹上盐花即可。这样处理过的竹衣架越用越红，不会开裂和虫蛀。

自制简易针线轴

用完卫生纸的纸芯可以直接用来做一个简易针线轴，不用加工，方便实用。

防雨伞上翻的小窍门

雨伞是家庭必备之物。目前，各种折叠自动伞花样繁多，但这些伞都存在着一个弊病，那就是在刮风天容易被吹翻，有一个好方法可以解决这个问题。

把雨伞打开，在雨伞伞骨的圆托上，按伞骨数拴上较结实的小细绳，细绳的另一头分别系在伞骨的端部小眼里。这样无论风怎样刮，雨伞也不会上翻了，并且丝毫不影响它的收放及外观。

自制水果盘

已废旧的塑料唱片，可在炉上烤软，用手轻轻地捏成荷叶状，这样就成了一个别致的水果盘。也可以随心所欲地捏成各种样式，或用来盛装物品，或作摆设装饰，都别具特色。

巧手做花瓶

用废旧挂历或稍硬的纸做室内壁花花瓶，颜色可多种多样，任意选择自己喜爱的花色，把它折成约25厘米长、15厘米宽，再卷成圆筒，上大下小。然后用小夹子夹住折缝的地方，挂在室内墙上，最好是在墙角，再插上自己喜欢的花。如果怕花瓶晃动，底下可用图钉固定。

这种花瓶制作起来十分简单方便，也很美观大方，尤其是在卧室和客厅，显得十分别致，而且可以随时更换。

绿茶渣有妙用

植物最需要的就是氮气，而日常生活中经常被我们当作垃圾倒掉的绿茶渣，含有丰富的氮，是滋养植物的优质"肥料"。

❶取适量的绿茶，冲入适量开水，浸泡一会儿。

❷然后将茶杯中的绿茶水滤掉。

❸过滤后将绿茶渣收集起来备用。

❹将绿茶渣撒在植物的根部，会使植物长得非常茂盛。

修复断掉的口红

口红不小心断了怎么办？丢掉太可惜，可是又不知如何继续使用断掉的那部分，那就试试下面这个方法吧！

 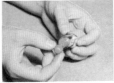 

❶将口红管内的口红用打火机稍微加热约1分钟，待口红表面开始熔化。　❷再迅速将断掉的口红接到加热过的口红管内粘紧。　❸将接上的口红拿到冰箱冷藏片刻，拿出来时就可以重新使用了。

泡棉的二次利用

在易碰伤的水果外部都包有一层泡棉，泡棉是污染环境的白色垃圾，不如在扔掉前对它进行一次再利用吧！

❶将泡棉卷起来后，用橡皮筋进行固定。　❷取适量鞋油，挤在泡棉上待用。

❸用泡棉轻轻擦拭皮鞋，可清洁皮鞋表面的灰尘和杂质。　❹还可以用泡棉蘸少量牙膏擦拭皮包，即可轻松地去除污垢。

节省蚊香法

用一只铁夹子将不准备点燃的部位夹住，人入睡以后，让蚊香自然熄灭。这样，一盘蚊香可分 3 ~ 4 次使用。

▲节省蚊香法

蚊香灰的妙用

很多人都是将蚊香灰当作垃圾清理掉，其实蚊香灰有很好的再利用价值。蚊香灰含钾，是理想的盆栽肥料，还可用来清洁日常用具。

❶将蚊香灰撒在需要清洁的刀具上。

❷准备一块干净的抹布，用力地摩擦，可使刀面变得光亮。

❸用湿布蘸一些蚊香灰，擦拭脏茶杯，能使茶杯光亮如新。

旧丝袜制作方便梳

用旧丝袜制成的方便梳，可以把断发都吸附到丝袜上，免去了梳头后头发乱飞的烦恼。从旧丝袜的上端剪下一块比梳子大一点儿的丝袜块，将丝袜块套在梳子上，只要稍稍用力即可。用这个梳子梳头，头发会粘在丝袜上。清洁时只需随手将丝袜块丢弃即可。

过期面霜可保养皮鞋

新鞋在穿之前，都会涂一层鞋油，但是鞋油涂得太厚，会使鞋子不透气。使用过期的油性面霜代替鞋油擦鞋，会让鞋子穿起来更舒服。将过期的油性面霜抹在擦鞋布上，然后均匀地擦在鞋面上，把擦过面霜的鞋子放在通风处晾干，用干抹布轻轻擦拭一下鞋面上多余的油脂即可。

凉席使用前的处理

新买的凉席或者旧凉席在每年首次使用之前，要先用热开水反复擦洗几遍，然后再放到阳光下暴晒数小时，这样能将肉眼不易见到的细菌、螨虫及其虫卵杀死。秋季天气转凉后，在存放凉席之前，也按上述方法进行处理，并在凉席里面放入防蛀、防霉用品，以抑制螨虫的生长，同时避免凉席发霉。

自织小地毯

用粗棒针将废旧毛线织成20针宽的长条，然后用缝毛衣用的针将织好的长条缝成像洗衣机出水管那样粗的线管，边缝合边把碎布头塞入线管，最后将毛线管按所需要的形状盘起来，用针缝好定型，这样就成为小地毯了。

电热毯再使用小窍门

使用过的电热毯，其毯内的皮线可能会老化、电热丝变脆，再次使用之前，不要急于把叠着的电热毯打开，避免折断皮线和电热丝。

正确的使用方法是：把电热毯先通电加热一下，然后再打开铺在床上。

▲电热毯再使用小窍门

提高煤气利用率的妙方

在平底饭锅外面加一个与锅壁保持 5 毫米空隙的金属圈（金属圈的直径比锅壶最大直径大 1 厘米），金属圈的高度为 3 ~ 5 厘米。煮饭时，将饭锅放在金属圈内，这样就能迫使煤气燃烧时的高温气体除对锅底加热外，还能沿锅壁上升，使热量得到充分利用。

巧烧水节省煤气

烧开水时，火焰要大一点儿，有些人以为把火焰调得较小省气，其实不然。因为这样烧水，向周围散失的热量多，烧水时间长，反而要多用气。

巧为冰箱除霜

按冷冻室的尺寸剪一块塑料薄膜（稍厚一点儿的，以免撕破），贴在冷冻室内壁上，贴时不必涂黏合剂，冰箱内的水汽即可将塑料膜粘住。需除霜时，将食物取出，把塑料膜揭下来轻轻抖动，冰霜即可脱落。然后把塑料膜重新粘贴，继续使用。

冰箱停电的对策

电冰箱正常供电使用时，可在冷冻室里多制些冰块，装入塑料袋中储存。一旦停电，及时将袋装冰块移到冷藏室的上方，并尽量减少开门取物的次数。当来电时，再及时将冰块移回冷冻室，使压缩机尽快启动制冷。

冰箱快速化霜小窍门

电冰箱每次化霜都需要较长时间。若打开电冰箱冷冻室的门，用电吹风向里面吹热风，就可大大缩短化霜时间。

电冰箱各间室的使用

❶冷冻室内温度约 –18℃，可存放新鲜的或已冻结的肉类、鱼类、家禽类，也可存放已烹调好的食品，存放期3个月。

❷冷藏室温度约5℃，可冷藏生熟食品，存放期限一星期，水果、蔬菜应存放在果菜盒内（温度8℃），并用保鲜纸包装好。

❸位于冷藏室上部的冰温保鲜室，温度约0℃，可存放鲜肉、鱼、贝类、乳制品等食品，既能保鲜，又不会冻结，可随时取用，存放期为3天左右。

食物化冻小窍门

鲜鱼、鸡、肉类等一般存放在冷冻室，如第二天准备食用，可在头天晚上将其转入冷藏室，一来可慢慢化冻，二来可减少冰箱启动次数。

冬季巧为冰箱节电

准备两个饭盒，晚上睡前装 3/4 的水，盖上盖放到屋外窗台上，第二天早上即可结成冰。将其放入冰箱冷藏室，利用冰化成水时吸热的原理保持冷藏低温，减少压缩机启动次数。两个饭盒可每天轮流使用。

加长洗衣机排水管

若洗衣机的排水管太短，使用不便时，可找一只废旧而不破漏的自行车内胎，在气门嘴处剪断，去掉气门嘴。这样自行车内胎就变成了管子，把它套在洗衣机排水管上即可。

如何减小洗衣机噪声

洗衣机已经成为家庭中必备的家用电器，但是电器随着使用时间的增长，会出现各种问题，其中最常见的问题就是噪声问题，下面就来教大家一个减小洗衣机噪声的小窍门。

用汽车的废内胎，剪 4 块 400×150 毫米大小的胶皮，擦干净表面，涂上万能胶，把洗衣机放平后，将胶皮贴在底部的四角处，用沙袋或其他有平面的重物压住，过 24 小时，胶皮粘牢后即可使用。如用泡沫塑料代替胶皮，效果更好。

电饭锅省电法

❶做饭前先把米在水中浸泡一会儿，这样做出的米饭既好吃，又省电。

❷最好用热水做饭，这样不但可保持米饭的营养，还能达到节电的目的。

❸电饭锅通电后用毛巾或特制的棉布套盖住锅盖，不让其热量散发掉，在米饭开锅将要溢出时，关闭电源，过5~10分钟后再接通电源，直到自动关闭，然后继续让饭在锅内焖10分钟左右再揭盖。这样做不仅能省电，还可以避免米汤溢出弄脏锅身。

电话减噪小窍门

电话机的铃声叫起来很刺耳，如果能在电话机的下面垫上一块泡沫塑料，就可减少铃声的吵闹。

电视节能

收看电视，电视机亮度不宜开得很亮。如51厘米彩电最亮时功耗为90瓦左右，最暗时功耗只有50瓦左右。所以调整适宜的亮度不仅可节电，还可延长显像管的寿命，保护视力，可谓一举三得。开启电视时，音量不要过大，因为每增加1瓦音频功率，就要增加4 ~ 5瓦电功耗。

电热水器使用诀窍

使用电热水器时，电源插头要尽可能插紧。如果是第一次使用电热水器，必须先注满水，然后再通电。节水阀芯片一般是铜制的，易磨损，拧动时不要用力过猛。水箱里的水应定期更换。冬天，积存在器具内的水结冰易使器具损坏，所以每次使用后要注意排水。在不用电热水器时，应注意通风，保持电热水器干燥。要严格按照使用说明书的要求操作，未成年人、外来亲朋使用电热水器时，应特别注意安全指导。每半年或一年，要请专业人员对电热水器做一次全面的维修保养。

用玻璃弹珠消除疲劳

把 20~30 个玻璃弹珠装入旧丝袜，每隔 15 厘米处打两个结，剪去多余处。以赤脚踩踏刺激脚底的穴道，如此能改善血液循环，轻松消除一天的疲劳。

巧用圆珠笔五法

❶圆珠笔芯出油不畅，可从笔芯尾部注射少量 95% 的酒精，书写起来就会流畅很多。

❷圆珠笔头漏油，可找一支用完笔油的笔芯，调换使用，就可制止漏油。

❸圆珠笔书写不流畅时，可将笔尖插在香烟的过滤嘴海绵中转一转，这样便能流畅很多。

❹圆珠笔的笔油中如果含有颗粒状的结晶体物质，就会

堵塞出油的孔道，这时把笔芯放在热水中浸泡一会儿，等结晶体熔化了，书写时油就会顺利流出。

⑤笔芯内如果有肉眼看不见的小气泡，可用嘴从末端使劲向里吹气，这样很快便可写出字来。

如何晾晒泡沫地垫

在有小孩子的家庭里，通常都铺有泡沫地垫。泡沫地垫能够在幼儿学步、爬行、玩耍时，减少幼儿可能受到的损伤，同时保暖、耐磨，为幼儿提供了一个较好的活动环境。地毯虽然也有类似的作用，但不如地垫方便清洗和便于铺设。地垫需要经常清洗，而经过清洗的地垫如何晾晒是困扰很多父母的难题，不论是平铺晾晒还是靠墙晾晒，都会占用很大空间，那么，怎样解决这一难题呢？

窍门：塑料绳晾晒泡沫地垫

材料：塑料绳√

操作方法

❶准备一根长度合适的塑料绳，其长度应该长于泡沫地垫的锯齿宽度的二倍乘以地垫个数。

❷在距塑料绳一头一段距离处系一个结,从这一头起,向另一头依次打结,结与结之间的距离应为地垫锯齿棱的宽度,所系绳结的个数至少要比地垫个数多一个。

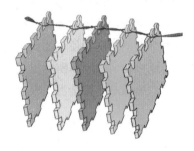

❸将绳子抻直固定住两端,把泡沫地垫任意一侧的锯齿套进绳圈,然后将地垫拧转90度,就能牢固地挂在上面了。

第五章

清洁卫生

巧除室内异味

室内通风不畅时，经常有碳酸怪味儿，可在灯泡上滴几滴香水或花露水，待遇热后慢慢散发出香味，室内就清香扑鼻了。

▲巧除室内异味

活性炭巧除室内甲醛味

购买800克颗粒状活性炭，将活性炭分成8份，放入盘中，每个房间放2~3盘，72小时可基本除尽室内异味。

家养吊兰除甲醛

吊兰在众多吸收有毒物质的植物中，功效位居第一。一般而言，一盆吊兰能吸收1立方米空气中96%的一氧化碳和86%的甲醛，还能分解由复印机等排放的苯，这是其他植物所不能替代的。特别是吊兰在微弱的光线下，也能进行光合作用，吸收有毒气体。吊兰喜阴，更适合在室内放置。

巧用芦荟除甲醛

据测试，一盆芦荟大约能吸收 1 立方米空气中 90% 的甲醛。芦荟喜阳，尽量放置在明亮的地方，才能发挥其最大功效。

巧用红茶除室内甲醛味

用 300 克红茶在两只脸盆中泡热茶，放入室内，并开窗透气，48 小时内室内甲醛含量将剧降，刺激性气味基本消除。

食醋可除室内油漆味

在室内放一碗醋，2 ~ 3 天后，室内油漆味便可消失。

巧用盐水除室内油漆味

在室内放几桶冷水或盐水，室内油漆味很快就可除掉。

巧用干草除室内油漆味

在室内放一桶热水，并在热水中放一把干草，一夜之后，油漆味就可消除。

巧用洋葱除室内油漆味

将洋葱切成碎块，泡入一个大水盆内，放在室内几天，即可消除油漆味。

牛奶消除家具油漆味

把煮开的牛奶倒在盘子里，然后将盘子放在新漆过的家具内，关紧家具的门，过 5 个小时左右，油漆味便可消除。

食醋可除室内烟味

用食醋将毛巾浸湿，稍稍一拧，在居室中轻轻甩动，可去除室内烟味。如果用喷雾器来喷洒稀释后的醋溶液，效果会更好。

巧用柠檬除烟味

将含果肉的柠檬切成块放入锅里，加少许水煮成柠檬汁，然后装入喷雾器，喷洒在屋子里，就能去除屋内烟味。

咖啡渣除烟味

在烟灰缸底部铺上一层咖啡渣，就可以消除烟蒂所带来的烟味。

巧除厨房异味

❶ 在锅内适当放些食醋，加热蒸发，厨房异味即可消除。
❷ 在炉灶旁烤些湿橘皮，效果也很好。

巧用香水除厕所臭味

❶把香水或风油精滴在小块海绵上，用绳子拴住挂在厕

所门上，不仅除臭效果好，而且每 15 天往海绵上滴几滴就可以，比较省事。

❷挂清凉油虽然除臭效果也不错，但需 5 天左右就要抹去上边一层才可继续起到除臭作用。

巧用食醋除厕所臭味

室内厕所即使冲洗得再干净，也常会留下一股臭味，只要在厕所内放置一小杯香醋，臭味便会消失。其有效期为 6~7 天，可每周换 1 次。

点蜡烛除厕所异味

在厕所里燃烧火柴或者点燃蜡烛，随着燃烧可改变室内空气。

燃废茶叶除厕所臭味

将晒干的残茶叶在卫生间燃烧熏烟，能除去污秽处的恶臭。

巧用洁厕灵疏通马桶

隔三岔五地将适量洁厕灵倒入马桶，盖上马桶盖闷一会儿，再用水冲洗，能保持马桶通畅。

巧用可乐清洁马桶

喝剩的可乐倒掉十分可惜，可将之倒入马桶中，浸泡10分钟左右，污垢一般便能被清除。若清除不彻底，可进一步用刷子刷除。

塑料袋除下水道异味

一般楼房住户，厨房、卫生间都有下水道，每到夏季，会散发出难闻的气味。为此，可找一个细长的塑料口袋，上口套在下水管上扎紧，下底用剪刀剪几个小口，然后把它放进下水管道里，上面再用一块塑料布蒙上，最后盖上铁栅栏，这样便能保证厨房或卫生间的空气清新。

巧用丝袜除下水道异味

把丝袜套在排水孔上，减少毛发堵塞排水孔的机会，水管自然可以保持洁净，排水孔发出的臭味就可去除。

巧用橘皮解煤气异味

煤火中放几片风干的橘子皮，可解煤气异味。

巧除衣柜霉味

抽屉、壁橱、衣箱里有霉味时，在里面放块肥皂，即可去除；衣柜里可喷些普通香水，去除霉味。

巧用植物净化室内空气

❶仙人掌、文竹、常青藤、秋海棠的芳香有杀菌抗菌成分，可以清除室内空气中的细菌和病毒，具有保健功能。

❷芦荟、菊花等可减少居室内苯的污染。

❸月季、蔷薇等可吸收硫化氢、苯、苯酚、乙醚等有害气体。

❹虎尾兰、龟背竹、一叶兰等叶片硕大的观叶植物，能吸收 80% 以上的多种有害气体。

巧用洋葱擦玻璃

将洋葱一切两半，用切面来擦玻璃表面。趁葱汁还未干时，迅速用干布擦拭，玻璃就会非常明亮。

巧除玻璃上的石灰

粉刷墙壁时玻璃窗会沾上石灰水，要清除这些石灰痕迹，用一般的清水擦洗是比较困难的。用湿布蘸细沙子擦洗玻璃窗，便可轻而易举地使石灰斑点脱落。

粉笔灰可使玻璃变亮

把粉笔灰蘸水涂在玻璃上，干后用布擦净，可使玻璃光洁明亮。

牙膏可使玻璃变亮

玻璃日久发黑，用细布蘸牙膏擦拭，可使玻璃光亮如新。

巧用蛋壳擦玻璃

鲜蛋壳用水洗刷后，可得一种蛋白与水的混合溶液，用它擦拭玻璃或家具，会增加光泽。

用啤酒擦玻璃

在抹布上蘸上些啤酒，把玻璃里外擦一遍，再用干净的抹布擦一遍，即可把玻璃擦得十分明亮。

巧除玻璃油迹

窗户玻璃有陈迹或沾有油迹时，用湿布滴上少许煤油或白酒，轻轻擦拭，玻璃很快就会光洁明亮。

巧除玻璃上的油漆

玻璃上沾了油漆，可用绒布蘸少许食醋将它拭净。

巧用软布擦镜子

小镜子或大橱镜、梳妆台镜等镜面有了污垢，可用软布（或纱布）蘸上煤油或蜡擦拭，切不可用湿布擦拭，否则镜面会模糊不清，玻璃易腐蚀。

巧用牛奶擦镜子

用蘸牛奶的抹布擦拭镜子、镜框，可使其清晰、光亮。

塑钢窗滑槽排水法

在滑槽和排水孔里穿上几根毛线或棉线绳，其外侧要探出阳台或窗台，滑槽里再平放几根长 10 厘米左右的毛线或棉线绳，与排水孔里侧的毛线或棉线绳连在一起，形成"T"字形。当滑槽出现积水时，积水便会顺着毛线或棉线绳顺畅地流出。

巧用牛奶擦地板

擦地板时，在水中加发酵的牛奶，既可以去污，又能使地板溜光发亮。

巧用橘皮擦地板

鲜橘皮和水按 1:20 的比例熬成橘皮汁，待冷却后擦拭家具或地板，可使其光洁；若将它涂在草席上，不但能使草席光滑，而且还能防霉。

巧去木地板污垢

地板上有了污垢，可用加了少量乙醇的弱碱性洗涤混合液拭除。因为加了乙醇，除污力会增强。胶木地板也可用此法去除污垢。由于乙醇可使木地板变色，应该先用抹布蘸少量混合液涂于污垢处，用湿抹布拭净。若木地板没有变色，便可放心使用。

巧用漂白水为地板消毒

用漂白水为地板消毒，能杀死多种细菌，消毒功效颇为显著。使用时，漂白水跟清水的比例应为 1：49，因其味道较浓烈，如果稀释分量控制不当的话，其中所含的毒性可能会对抵抗力较弱的小孩造成伤害，而且会损害地板，导致地板褪色。

巧除墙面蜡笔污渍

墙面被孩子涂上蜡笔渍后十分不雅，可用布（绒布最佳）遮住污渍处，用熨斗熨烫一下，蜡笔油遇热就会熔化，此时迅速用布将污垢擦净即可。

地砖的清洁与保养

日常清洁地砖，可先用普通的墩布像擦水泥地面一样混擦，再用干布将水擦干。一般每隔 3～6 个月上一次上光剂。

巧除地砖斑痕

地砖表面因灼烧产生斑痕时，可用细砂纸轻轻打磨，然后涂擦封底剂和上光剂，即可恢复原状。

巧除家具表面油污

家具漆膜被油类玷污，可沏一壶浓茶，待茶水温凉时，用软布蘸些茶水擦洗漆面，反复擦洗几次即可。

冬季撒雪扫地好处多

冬季扫地时，若把洁白的雪撒在地板上，扫得既干净，又能避免扬起灰尘。

巧用旧毛巾擦地板

用墩布拖地很沉，且容易腰酸背痛，地面也要很长时间才能干。用旧毛巾当抹布擦地，干净、干得快、省时间，用旧化纤料效果更好。

塑料地板去污法

塑料地板上若沾了墨水、汤汁、油腻等污迹，一般可用稀肥皂水擦拭，如不易擦净，也可用少量汽油轻轻擦拭，直至污迹消除。

巧除水泥地上的墨迹

将50毫升食醋倒在水泥地上的墨迹处，过20分钟后，用湿布擦洗，地就会光洁如新。

巧洗脏油刷

将脏油刷浸在装有苏打水的容器中（一杯水加25克苏

打），不要让刷子碰着容器的底部，将容器放在火上加热到 60℃ ~ 80℃，放置约 15 小时后油刷即可软化。软化后，先把刷子放在肥皂水里洗，然后再用清水洗净。

毛头刷除藤制家具灰尘

藤制家具用久了会积污聚尘，可用毛头柔和的刷子自网眼里由内向外拂去灰尘。若污迹严重，可用家用洗涤剂清洗，最后再干擦一遍即可。

绒面沙发除尘法

把沙发搬到室外，用一根木棍轻轻敲打，把落在沙发上的尘土打出，让风吹走。也可在室内进行。其方法是：把毛巾或沙发巾浸湿后拧干，铺在沙发上，再用木棍轻轻抽打，尘土就会吸附在湿毛巾或沙发巾上。一次不行，可洗净毛巾或沙发巾，重复抽打。

除床上浮灰法

床上常落有浮灰，用笤帚扫会使其四处飞扬，而后又落于室内，且对人有害。可将旧腈纶衣物洗净晾干，要除尘时拿它在床上依次向一个方向迅速抹擦，由于产生强烈静电，将浮尘吸附其上，抹擦后可用水洗净晾干复用。如用两三块布擦两三次，如同干洗一次，效果极佳。

巧除家电缝隙的灰尘

家用电器的缝隙里常常会积藏很多灰尘，且用布不宜擦净，可用废旧的毛笔来清除缝隙里的灰尘，非常方便。或者用一只打气筒来吹尘，既方便安全，又可清除死角的灰尘。

巧给荧光屏除尘

给荧光屏去污千万不能用手拍，最好用细软的绒布或药棉，蘸点儿酒精，擦时从屏幕的中心开始，轻轻地逐渐向外打圈，直到屏幕的四周。这样既不会损坏屏幕玻璃，又能擦得干干净净。

巧除钟内灰尘

清除座钟或挂钟内的尘埃，可用一团棉花浸上煤油放在钟里面，将钟门关紧，几天后棉球上就会沾满灰尘，钟内的零件即可基本干净。

冬季室内增湿法

春冬季室内过分干燥，对健康不利。可以用易拉罐装上水，放在暖气上（或炉上）。每间房用 6~7 个易拉罐即可，注意及时灌水。

自制加湿器

冬季暖气取暖会使室内干燥，可在洗涤剂瓶子的中部用小铁钉烫个孔，装满水盖好，下垫旧口罩或软布放在暖气上，每个暖气放 1 ~ 3 个就可改善室内小气候。在瓶内放些醋还可预防感冒。

自制房屋吸湿剂

用锅把砂糖炒一炒，再装入纸袋，放在潮湿处即可。

地面返潮缓解法

没有地下室的一楼房间以及平房，夏季地面返潮厉害。可关闭门窗，拉上窗帘，地上铺满报纸，经两三个小时后，地下的潮气就会返上来。这时把报纸收走，打开门窗通气，干燥空气进来，潮气吹走，房间里就会舒服多了。

除干花和人造花灰尘

干花和人造花上的灰尘可以直接用吹风机吹除。需要注意的是，为避免积尘严重、无法吹净的情况，最好经常使用该法对干花和人造花进行清洁。

第六章

整理收纳

T 恤衫巧折叠

　　折叠 T 恤衫时，要避免褶皱，尤其是衣领的周围不要有褶痕。折叠时，根据放置场所的大小决定宽度。

❶将 T 恤衫摊开，左侧向后身重叠，再将袖子折回来。

❷将相对的一侧同样折叠，左右折叠的大小要均等。

❸从下摆开始向上对折，整理形状和褶皱。

❹再将上部折叠放起来，需竖起收藏的时候，进一步对折。

衬衫防皱折叠法

　　根据摆放位置的大小，确定衬衫折叠的尺寸。在领口放入衬垫物，将上下两件衬衫交错放置，可保持厚度一致，节省空间。

❶扣上第1、2个纽扣，把衬衫弄整齐，在衣领下方中间放置厚纸板。

❷将衣服向后折叠，再根据折叠后的宽度将袖子折叠，使左右相同。

❸然后根据厚纸板的长度，把折叠好的衬衫对折。

❹最后在领口处放入填充物就可以了。

对襟衣物折法

　　将衣物正面向上，即使不系纽扣，也可很好地折叠。若将前面有扣眼的一侧叠放在有纽扣的一侧上，叠起来会很容易。

❶将有扣眼的一侧放置在上面，将衣服的左侧折起。

❷将袖子折回，右侧用相同方法，注意使左右对折的宽度均等。

❸从下摆向上折回约1/3的长度，并依照放置场所调整宽度。

❹最后将衣服从下摆再对折一次即可。

厚毛衣折叠法

冬天过后，我们一般都会将厚厚的毛衣收好。厚毛衣不放好，就很容易占空间位置，将其折叠好既省空间也方便拿取。

❶首先将毛衣背朝上平铺，抚平，把右边袖子折进去。

❷然后将左边袖子同样对折，把袖子整理好。

❸再将毛衣两等分对折。

❹最后由下而上将毛衣再对折即可。

背心对折法

不管是男士背心还是女士背心，布料一般都比较软，摆放时比较容易，折叠起来也比较省事。

❶首先将需要折叠的背心摊开，用手抚平，然后左右对折。

❷再将背心上下对折一次即可。

夹克折叠法

几乎每个人都拥有夹克，但夹克不好折叠，其折叠主要是为了保持衣领的原样，不让其变形。

❶首先将夹克的扣子扣好，正面朝上，用手将其抚平，袖子折向前襟。

❷然后将夹克上下对折一次即可。

长外套折叠法

长外套比较保暖，我们在折叠长外套时，一定要注意维持外套的领口不变形，收纳时千万不要重压或拉扯。

❶把外套摊开铺平，先把内层的褶皱抚平，扣好扣子。

❷把衣服的正面朝上，领子部分利用毛巾撑住，以保持形状。

❸把袖子向内折好，在中间对半的部分放上另一条折成长条的毛巾。

❹最后将外套对折，把毛巾塞入折叠层之间即可。

短裤折叠法

天气炎热时，很多人都喜欢穿短裤，但短裤如果产生了折痕就很不好看，因此，在折叠时最好放入一些缓冲物，这样就不易产生褶皱。

❶首先按照短裤的裤线，将短裤左右的裤线对齐进行折叠。

❷然后在上下对折处，放上保鲜膜的芯。

❸最后将短裤从放保鲜膜芯的上方对折，这样就不易产生折痕了。

胸罩对折法

胸罩如果折叠不当，会缩短其穿着时间。如果将胸罩朝同一个方向并列放置，不仅能增加收藏量，而且方便拿出。

❶首先将胸罩正面向下，将两侧罩杯旁的挂钩部分重叠在一起。

❷从中间对折，将右罩杯嵌入左罩杯中，肩带悬挂在手背上。

❸然后将手背上的肩带顺势套在罩杯上。

❹最后将折好的胸罩朝同一方向放置，排列整齐，可节省空间。

衬裙折叠法

衬裙的质地一般比较光滑，因此整理起来有一定的困难。折叠衬裙时要注意将蕾丝花边和肩带折叠到衬裙里面，使其变小。

❶首先将正面朝上摊开，底边对齐，把肩带部分往下折，再对折。

❷然后将对折后多出的两边往里折。

❸再对折，然后叠成长方形。

❹最后将折叠成的长方形再对折即可。

丝袜叠放法

摆放丝袜需要的空间很小，但随便放置又很凌乱。其实，丝袜的叠放方法很简单，只要稍微动动脑筋就可以了。

❶首先将丝袜铺平。

❷左右两只脚重叠后对折 1 次，变成原来长度的 1/2。

❸然后将折好的丝袜再对折，变成原来长度的 1/4。

❹再将袜头的松紧带部分打开，最后翻面将丝袜反向套入，这样折叠丝袜在取用时也比较方便。

睡衣折叠法

睡衣是晚间休息时的必备用品之一，但折叠睡衣却不是一件容易的事情。折叠睡衣时不要将纽扣扣紧，上衣和裤子要叠放在一起，以便于存取。

❶首先根据放置场所的宽度，把睡衣的左侧重叠到前身，把袖子折叠回来。

❷相应的一侧也同样如此，并将袖子折叠回来，注意左右均等。

❸然后将裤子沿中线重叠在一起。

❹再将褶皱抚平，从裤管处向上对折。

❺再对折 1 次，为最初裤长的 1/4 长度。将叠好的裤子放在上衣上面。

❻按照裤子的尺寸对折，对折两次，这样即使竖立放置也没有问题。

皮带的收纳

　　爱美人士的皮带很多，尤其是男士，皮带往往是个人必备用品之一，但皮带的收藏却成了问题。简单动动手，让你的皮带收纳有方。

❶首先准备剪刀、束线带。

❷把皮带从金属头开始卷成卷状，再用束线带将皮带固定。

❸最后用剪刀剪去多余的束线带，这样就能将皮带好好固定了。

自制手表保护筒

　　手表的实用价值高，如果随便将手表平放在盒子中，表面就很容易划伤。如果自制一个手表保护筒，就可以轻松解决这个问题。

❶首先将一些不用的废杂志卷成圆筒状。用胶带粘好。

❷然后在卷好的圆筒上包上一层毛巾。

❸再将手表依次固定在圆筒上，这样既美观又方便取用。

裙装的收纳

　　裙装穿起来很美，但收纳时要注意防止产生褶皱，因此裙装要挂起来，让其自然下垂。

❶首先必须清楚裙装的吊挂原则，是以衣物的长短加以分类。

❷然后利用衣架将裙装折半吊挂，平整放入衣柜即可。

用衣架收纳丝巾

女性一般都有十几条丝巾，折叠起来很容易产生褶痕，造成使用时不美观。

❶首先把束线带穿过晾衣夹，在衣架上固定。

❷然后用剪刀剪掉束线带的多余部分，用晾衣夹夹住丝巾即可。

怎样收存丝巾干净整齐

对于拥有多条丝巾的女性来说，丝巾的收纳可不是件容易的事。一则丝巾的材质特殊，稍有不慎就会受到损坏；二则多条丝巾叠放在一起，想要找到一条配合穿着服饰的丝巾十分困难，有时越是着急就越找不到想要戴的那一条。面对这种情况，你可能需要变换一个丝巾收纳方式了。

窍门1：饮料瓶收纳丝巾

材料： 饮料瓶、胶带、剪刀√

操作方法 〰〰〰〰〰〰〰〰〰〰〰〰〰〰〰〰〰〰〰〰

❶准备与丝巾数量相同的空饮料瓶，将这些饮料瓶都裁至合适的高度。

❷将饮料瓶剪过的边修剪一下，粘上胶带，以防划破丝巾。

❸将这些饮料瓶排成一排，用透明胶带粘在一起，用绳子将这些饮料瓶系在一起，在饮料瓶的一端系一个能挂挂钩的绳圈。

❹将丝巾叠好，依次放入收纳盒中，把收纳盒挂在衣柜里或者放在抽屉里，取用十分方便。

窍门2：卫生纸筒芯收纳丝巾

材料：卫生纸筒芯√

操作方法 〰〰〰〰〰〰〰〰〰〰〰〰〰〰〰〰〰〰〰〰〰

❶依照卫生纸筒芯的长度，将丝巾折成合适的宽度。

❷将折叠好的丝巾一层一层地缠绕在卫生纸筒芯上。

❸将缠了丝巾的卫生纸筒芯放在抽屉里码放整齐。

鞋盒放蓬松的衣物

　　利用鞋盒放围巾或帽子等体积比较大且蓬松的物品，不但好找，而且节省空间。将鞋盒置于抽屉中，分类摆放贴身衣物也不错。

❶首先将衣物对折后，再将侧边突出的部分向内折。

❷由上往下卷起来，使之成为筒状，然后把衣物在鞋盒中放好。

❸最后把鞋盒放进抽屉，取用、收纳都很方便。

巧用竖立式隔板

　　用来装小件服饰的抽屉，可以采用竖立式隔板把袜子和内衣等分开来，既可以充分利用抽屉的空间，又可以让你寻找起来更方便。

❶在硬纸板上依抽屉深度画出展开图，两侧各留5厘米做支架。

❷准备一张比硬纸板大的包装纸，用胶布粘在硬纸壳上。

❸然后避开支架部分，在硬纸板的内侧贴上双面胶。

❹最后从中央位置对折黏合后，把支架展开即可。

饼干盒变成首饰盒

吃完饼干后，不要随手将空盒扔掉，其实，空的饼干盒也有很多用处，它摇身一变就可以变成首饰收纳盒。

❶首先按照饼干盒的实际尺寸，用纸板做成几个隔间的隔板。

❷然后将做好的纸板组合起来。

❸在饼干盒下面垫上一层薄薄的纸或布，把做好的隔板放进盒子。

❹再将首饰放进盒子里。

❺在包装纸上，按照盒盖的尺寸，用铅笔画出适当的大小。

❻把剪裁好的包装纸用胶带粘在盒盖上，让盒子看起来更美观。

凉被的收纳法

夏季过了，凉被也该收起来了。这里有个换季绝招，既能让凉被收纳有方，又能把它变成沙发靠垫，真是一举两得。

❶首先，将凉被叠成适当的长方形，然后抓起一端紧密往前卷。

❷把卷好的被子放在另一块布中间偏上的地方，有点儿像包馄饨的情形。

❸用布下端包住被卷，把一些布塞进卷里。

❹再继续将卷好的凉被往前滚。

❺卷好之后，将凉被包好，然后用力地扭转。

❻将扭紧的凉被打一个结，另一端也如法炮制。

大抽屉总是卡住，怎么办

铅笔刀、橡皮、透明胶、固体胶，这些零碎的小玩意儿散落在书桌上，看起来乱七八糟的。自从有了收纳这些零散物件的塑料小抽屉，书桌上就整齐多了。可是这样也会产生一个新的问题，这就是小抽屉中的东西有可能冒出抽屉从而导致拉抽屉时卡住。面对这样的难题，到底应该如何解决呢？

窍门：铺塑料布防止抽屉卡住

材料：塑料布、剪刀√

操作方法 〰〰〰〰〰〰〰〰〰〰〰〰〰〰〰〰〰〰〰〰〰〰〰〰〰〰〰〰〰〰〰〰〰〰

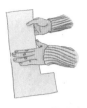

❶依据抽屉的尺寸将塑料布裁剪成一个L形的宽条，L形的底边长度不能大于抽屉的长度。

❷将抽屉中的东西取出，把裁剪好的L形塑料布的长边铺在抽屉的底部，使L形的两端露出抽屉之外。

❸将抽屉中的杂物放回抽屉中，用两侧露出的塑料布将之盖住。

❹整理一下塑料布，以防有塑料布露在外边，推拉一下，你会发现抽屉顺滑好拉多了。

书架上的书总是倒怎么办

书架上的书如果放得不满，出现空当，就会变得东倒西歪，每次将它们扶正之后，不久又恢复成原样。用书挡看似可以将这一问题解决，但当你从书架上抽走一本书的时候，就要移动一次书挡，当你再次将这本书放回去的时候，又要将书挡移回去，如此反反复复，让读书也变成了一件麻烦事。其实，你只需要对书架进行简单的改造，就能解决这一棘手的问题。

窍门： 旧毛巾制作防倒书架

材料： 毛巾、图钉√

操作方法

 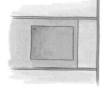 

❶准备一块旧毛巾，将毛巾依据书架的尺寸裁剪成合适的大小。

❷将毛巾展平紧贴在书架紧贴侧壁的背板上，先用一个图钉固定毛巾的一角。

❸再用图钉将毛巾其他的三个角固定住，就可以将书籍依次摆放上去了。这回无论书架是否放满，书籍都不会倒下来了。

针线盒中的线总是纠缠在一起怎么办

针线盒是每个家庭必不可少的物品之一。一个针线盒中可能装着许多捆不同颜色的线轴和不同尺寸的缝衣针，或许还有一些大大小小的扣子和缝衣服用的顶针，这些零碎的物件会使针线盒显得十分凌乱。更糟糕的是，针线盒里的线轴还总是缠绕在一起，难以分离。这个问题该怎样解决呢？

窍门：巧做针线盒防缠绕

材料：纸盒、塑料泡沫、牙签、剪刀√

操作方法

  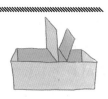

❶准备一个纸盒，找到纸盒较长的一条侧边，在距离侧边一端2厘米处画一条线作为标记，在距离侧边另一端3厘米处也画一条线作为标记。

❷沿纸盒的侧边将纸盒裁开，但保留做标记的两条线之间的部分。

❸把裁好的部分按照标记好的两条线向上折一下。以盒子折起的一面的相对面作为针线盒的底面，以折起的两块纸板将盒子分为长、短两个空间。

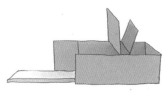 

❹将准备好的塑料泡沫裁切成与纸盒底面大小相同、厚度约为1厘米的泡沫块，将泡沫块塞进盒子底部。

❺将几根牙签插在盒子底面的塑料泡沫上，牙签不需要插得太密。把线轴套在插好的牙签上，短的一侧可以用来插针。

怎样整理乱七八糟的电线

　　科技的发展让我们今天有更多的电器可以使用。从大件的电视机、电冰箱、洗衣机到小件的台灯、电脑、手机，这些先进的电器给我们的生活带来了很多方便，极大地丰富和便利了我们的生活，它们都有一个共同的特点，那就是要用电。要用电就要有电线，而在有限的空间之内，常常要放置很多的电线，这些长的、短的电线弯曲缠绕在一起，十分不美观，让房间显得十分杂乱。那么，有没有好的整理电线的方法呢？

窍门1：塑料软管收纳电线

材料：塑料软管、剪刀√

操作方法

❶根据电线的长度，将塑料软管裁成合适的长度。

❷把塑料软管从侧面裁开。

❸将杂乱的电线一根一根放入塑料软管中。

❹将装好的塑料软管整理好用绳子固定住，也可以将这些软管固定在墙边。

窍门2：薯片筒整理电线

材料：薯片筒、剪刀√

操作方法

❶将薯片筒清理干净，在薯片筒上下部的中心位置各剪一个大小适中的洞。

❷将电线一根一根穿过薯片筒即可。

如何存放塑料袋整洁又方便

塑料袋给人们带来了很多便利，但是由于难以降解，也给环境造成了一定程度的污染。因此，对于塑料袋，我们应该尽量重复使用。当购物回来，我们手里总少不了各种各样的塑料袋，这些塑料袋多半还会用得到，或者盛垃圾，或者装日用品，这样也能更加环保一些。但数量众多、品种杂乱的塑料袋，我们该如何收纳储存呢?

窍门1：空薯片筒收纳塑料袋

材料：薯片筒、剪刀、绳子√

操作方法

❶将空薯片筒清理干净，剪掉薯片筒的筒底。

❷在薯片筒的筒身上贴一块双面胶，把薯片筒粘在墙上。

❸将塑料袋揉成一团从上方一个一个塞进去，当需要使用的时候，从薯片筒的底部抽出就可以了。

窍门2：纸巾盒存放塑料袋

材料：纸巾盒√

操作方法

❶将要整理的塑料袋一张张展平，叠放在一起。

❷将整理好的塑料袋放到纸巾盒中。

❸需要用的时候将塑料袋从纸巾盒中像抽纸巾一样抽出来。

收纳保鲜袋有什么妙招

除了放置食物之外，保鲜袋的作用还有很多，比如收纳零碎物品、放置一些贴身衣物等。成卷的保鲜袋拆开包装之后很难找到一个合适的地方存放，如果收存在密封的盒子里，又不方便使用。那么，有没有什么办法能够更好地收存保鲜袋，同时保证取用方便呢？

窍门：薯片筒收纳保鲜袋

材料： 薯片筒、小刀√

操作方法

❶准备一个空的薯片筒，将薯片筒清理干净。

❷在薯片筒的合适位置扎一个小孔做标记，从小孔开始沿着筒身画一条直线。

❸沿着画出的直线用小刀将薯片筒划开，修整一下开口处。

❹将成卷的保鲜袋放入薯片筒，盖上桶盖，把保鲜袋的一头从薯片筒的开口处抽出来。当要使用时，只要把保鲜袋从收纳盒的开口处拉出撕下就行了。

如何叠衣服省时又省力

你会叠衣服吗？也许有人会说这是一个毫无意义的问题，叠衣服只是一个简单的家务活，谁不会呢？普通的叠衣服方法自然没有人不会，但省时又省力的叠衣窍门却是需要学习的，要想了解这种轻松的叠衣方式，不妨看看下面吧。

窍门：找中心线快速折衣服

材料：√

操作方法 〉〉〉

❶先将衣服铺在一个平整的平面上，正面朝上将衣服弄平整了。

❷在衣服上用手比量，找到大致的衣长中心线。

❸在衣领旁大约 2 厘米处找到一个点和这一点与衣长中心线的垂直交点，右手抓住衣领旁的点，左手抓住前面找出的交点，稍稍提起。

❹将右手从左手上边绕出，抓住衣服下摆。

❺抓好衣服各点之后，将衣服抖一抖，再折回去放在平面上就可以了。

如何收纳厚棉衣最节省空间

夏天来临，我们就要将厚衣服、厚被子收进衣柜里去，可是厚厚的衣服、被子占的空间很大，只要几件衣服、两三床被子就会把衣柜塞得满满的，再也塞不进别的衣物去。有没有什么办法可以把这些厚衣服、被子压缩一下，节省更多的空间呢？这里就教你一个简单的方法，可以帮你的衣柜减轻负担，让其他衣服能获得更大的存放空间。

窍门：真空法收纳厚棉衣

材料：塑料袋、吸尘器、线绳√

操作方法 ▰▰▰▰▰▰▰▰▰▰▰▰▰▰▰▰▰▰▰▰▰▰▰▰▰▰▰▰▰

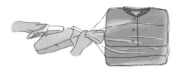

❶ 准备一个容量足够大的大塑料袋，将要收纳的棉衣折叠整齐，放到塑料袋中。需要注意的是，塑料袋一定不能漏气，否则无法达到密封的效果。

❷ 将装有厚棉衣的塑料袋袋口套在吸尘器的吸尘口上，用手握住被塑料袋包裹的吸尘口，注意不要漏气。

❸ 打开吸尘器的开关，抽出塑料袋里的空气，塑料袋的体积会随着空气的抽出慢慢变小。

❹ 当塑料袋中的空气被抽尽的时候，把吸尘器关掉。紧握袋口将吸尘器管拔出，将袋口用线绳紧紧系住。将用此方法压缩好的棉衣和棉被整齐摆放在柜子中。

单层隔板鞋柜，如何扩大容积

对于一个家庭来说，每个成员都会有不止一双鞋子，皮鞋、凉鞋、运动鞋，一个家庭中有几十双鞋子是常事，但家中的鞋柜往往只有一个。为了能够存放鞋帮比较高的鞋子，鞋柜的每一层通常都会很高，导致鞋柜虽然还有剩余空间却放不下所有的鞋子。那么，有没有什么简单的方法可以让鞋柜的空间得到合理的利用呢？

窍门：巧用鞋盒扩充鞋柜

材料：鞋盒、剪刀√

操作方法

❶准备一些鞋盒，将这些鞋盒都剪去一个底面和面积较大的侧面。

❷将剪去底面和侧面的鞋盒整齐地码放在鞋架上。

❸最后将鞋子依次摆放在鞋架上和鞋盒制成的隔板上就可以了。看，经过改造的鞋架是不是能够存放更多鞋子了？

不穿的长筒靴该怎样存放

长筒靴是一种穿着时鞋帮达到大腿的靴子，作为一种时尚的潮流，很得现代女性的青睐。在穿裙子或者短裤时，搭配一双长筒靴是不错的选择。在寒冷的冬天穿着长筒靴，更是时尚又保暖。一双好的长筒靴由于设计和用料都比较考究，往往价格不菲。因此在天气比较炎热，不必穿长筒靴的时候，就应该注意长筒靴的收纳和保养。长筒靴的鞋帮比较长，没有支架就会东倒西歪，长久下去会造成长筒靴的损伤。那么，该怎么存放长筒靴比较好呢？

窍门：废报纸制作长筒靴支架

材料：丝袜、废报纸√

操作方法

❶准备一些废旧报纸，将几张废报纸摞在一起，卷成一个卷，纸卷的粗细根据长筒靴的大小而定，并且要保持一定的硬度。依照同样的方法制作两个报纸卷。

❷把卷好的报纸卷分别放入两条丝袜中。

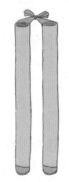

❸将两条丝袜的两头合在一起系好。

❹使用长筒靴支架的时候，把丝袜包裹的两卷报纸分别放入长筒靴的两个靴筒中即可。

如何收纳高跟鞋

对于喜欢穿高跟鞋的女人来说，几双高跟鞋是远远不能满足要求的，能够搭配各式衣服和适合不同天气的高跟鞋会占去很大的房间空间，同时显得十分散乱。那么，如何收纳高跟鞋才能解决这一问题呢？

窍门：绳系法收存高跟鞋

材料：绳子√

操作方法 ▶▶▶▶▶▶▶▶▶▶▶▶▶▶▶▶▶▶▶▶▶▶▶▶▶▶▶▶▶▶▶▶▶▶▶▶▶▶▶

❶把绳子折叠一下，使绳子成为双股绳，折叠后的绳子长度应该比预计挂鞋的位置到地面的距离稍长一些。

❷将绳子从上至下依次打结，结与结之间的距离根据高跟鞋鞋跟的粗细而定，如果是比较细的普通鞋跟，结之间的距离以3厘米为宜，如果高跟鞋鞋跟比较粗，结之间的距离可以增大到6厘米。

❸在墙面预计要挂鞋处贴一个粘钩，待粘钩挂牢固之后，将系好绳结的绳子的一端挂在挂钩上。将高跟鞋的一侧朝墙，另一侧朝前，鞋跟相对，依次挂在绳子上。

❹最后，可以在挂钩上挂一块塑料布来遮挡灰尘。

怎样收存领带最整齐

领带是男性日常生活中最常见的饰品。相对女性来说，男性的服装样式本来就比较单调，领带是少数能体现一位男性穿着品位的服饰之一。在正式场合中，男性通常会穿着西服，系上领带。当然不同的套装也需要搭配不同颜色、花纹的领带。那么，这么多的领带该如何收存呢？怎样收存才能达到整齐、不伤领带，又一目了然、可以随时取用的目的呢？

窍门1：保鲜膜筒芯制作领带架

材料：保鲜膜筒芯、塑料绳√

操作方法

❶将准备好的塑料绳穿过一个保鲜膜的筒芯，让筒芯两边的绳子保持相同的长度。

❷将一侧的绳子从左至右穿过另一个保鲜膜筒芯，将另一侧的绳子从右至左穿过同一个保鲜膜筒芯，最后把绳子拉紧。

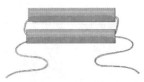

❸依照需要收纳领带的多少决定筒芯的多少，穿筒芯的方式与上一步相同。穿好所有筒芯之后，将两端的绳头系上一个死结固定。

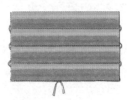

❹将做好的领带架挂在合适的地方，将领带挂在筒芯之间的缝隙中即可。

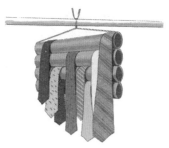

窍门2：卫生纸筒芯收存领带

材料：卫生纸筒芯√

操作方法 〰〰〰〰〰〰〰〰〰〰〰〰〰〰〰〰〰〰〰〰〰〰〰〰〰〰〰〰〰〰〰〰〰〰〰〰

❶在卫生纸筒芯上竖直开一个小槽，槽的大小以能插进领带的窄端为宜。

❷将领带较细的一端插进卫生纸筒芯上的小槽中，将领带一圈一圈紧紧缠在筒芯上。

❸在缠好的领带中缝处套上一个皮筋固定领带，将这些缠着领带的筒芯放入抽屉中。

怎样晾帽子不变形

　　帽子长时间戴着，不仅外表会沾染上一些脏东西，帽子内侧靠近额头边缘的地方，往往也会出现一些油渍、汗渍，难以用一般的方法清洁干净，这时候就不得不把帽子清洗一下了。然而，清洗帽子特别是晾晒帽子的时候常常会让帽子变形，影响使用。清洗后的帽子失去原来的形状，变得很扁，虽然干净，却也无法佩戴了。那么，如何晾帽子才能保持帽子原来的形状呢？

窍门： 气球晾帽子，易干又定型

材料： 气球、绳子√

操作方法 〰〰〰〰〰〰〰〰〰〰〰〰〰〰

❶依据要晾晒的帽子的数量，准备几个气球，将这些气球的表面擦拭干净。

❷ 按照要晾晒的帽子的大小，把气球吹成合适的大小。

❸ 气球吹好以后，用绳子在气球的开口处缠绕几圈并系紧。

❹ 将需要晾晒的帽子套在气球上，将帽子夹在夹子上晾晒即可。

怎样晾床单最节省空间

清洗后的床单和被罩直接搭在晾衣绳上会占据很大空间，影响其他衣服的晾晒。那么，如何做才能使床单和被罩容易晾干又节省空间呢？

窍门1：巧用锅屉晾床单

材料：锅屉、长绳子、S形挂钩、夹子√

操作方法 〰〰〰〰〰〰〰〰〰〰〰〰〰〰〰〰〰〰〰〰〰〰〰〰〰

❶ 准备一个锅屉，将之冲洗干净。

❷ 将一根绳子对折剪开，然后将绳子剪成的两段交叉成十字形系在锅屉上，系的过程中，两段绳子的两头要分别穿过锅屉最外圈的孔并系好，使锅屉受力均匀。

❸ 用一个S形钩钩在绳子的交叉处挂起来。

❹ 把洗好的床单对折，将折好的床单一侧绕锅屉围好，再用夹子将床单夹在锅屉上，就可以方便地晾晒床单了。需要注意的是，夹床单的夹子之间的距离应该均匀些。

第七章

器物清洗与除垢

巧用烟头洗纱窗

　　将洗衣粉、吸烟剩下的烟头一起放在水里，待溶解后，拿来擦玻璃窗、纱窗，效果均不错。原因是烟头中含有一定量的尼古丁，对玻璃，尤其是纱窗上粘的一些细菌能起到杀菌作用。

巧除纱窗油渍

　　❶厨房的纱窗因油烟熏附，不易清洗。可将纱窗卸下，在炉子上（煤气或煤炉）均匀加热，然后将纱窗平放地上冷却后，用扫帚将两面的脏物扫掉，纱窗就洁净如初了。

　　❷将100克面粉加水打成稀面糊，趁热刷在纱窗的两面并抹匀，过10分钟后用刷子反复刷几次，再用水冲洗，油腻即除。

▲巧除纱窗油渍

巧用碱水洗纱窗

把纱窗放在碱水中，用不易起毛的毛布反复擦洗，然后把碱水倒掉，用干净的热水把纱窗冲洗一遍，这样纱窗就可干净如初。

巧用牛奶洗纱窗帘

在洗纱窗帘时，可在洗衣粉溶液中加入少许牛奶，这样能使纱窗帘焕然一新。

巧用手套清洗百叶窗

先戴上橡皮手套，外面再戴上棉纱手套，接着将手浸入家庭用清洁剂的稀释溶液中，再把双手拧干。将手指插入全开的百叶窗叶片中，夹紧手指用力滑动，这样便能轻易清除叶片上的污垢了。

去除床垫污渍小窍门

❶万一茶或咖啡等打翻在床，应立刻用毛巾或卫生纸以重压方式用力吸干，再用吹风机吹干。

❷当床垫不小心沾染污垢时，可用肥皂及清水清洗，切勿使用强酸、强碱性的清洁剂，以免造成床垫褪色及受损。

巧除双手异味

❶用咖啡渣洗手可去掉手上的大蒜味。

②用香菜擦手可去掉洋葱味。

③洗手前用盐擦手可去掉鱼腥味。

④水中放点醋可洗去手上的漂白粉味。

巧洗椅垫

海绵椅垫用久了会吸收灰尘而变硬，清洗时将整个垫子放入水中挤压，把脏物挤出，洗净后不可晒太阳，要放在阴凉处风干，这样才能恢复柔软。

家庭洗涤地毯妙招

准备 300 克面粉、50 克精盐和 50 克石膏粉，用水调和成糊，再加少许白酒，在炉上加温调和，冷却成干状后，撒在地毯脏处，再用毛刷或绒布擦拭，直到干糊成粉状，地毯见净，然后用吸尘器除去粉渣，地毯就干净了。

酒精清洗毛绒沙发

毛绒布料的沙发可用毛刷蘸少许稀释的酒精扫刷一遍，再用电吹风吹干。如遇上果汁污渍，可用 1 茶匙苏打粉与清水调匀，再用布蘸着擦抹，污渍很快就会去除。

剩茶水可清洁家具

用一块软布沾残茶水擦洗家具，可使之光洁。

锡箔纸除茶迹

在贴防火板的茶具桌上泡茶，天长日久会在茶具桌上留下片片污迹。对此，可在茶具桌上洒点儿水，用香烟盒里的锡箔纸来回擦拭，再用水洗刷，就能把茶迹洗掉。用此法洗擦茶具（茶杯、茶壶、茶盘）也有同样效果。

巧法清洁钢琴

❶钢琴的键盘、琴弦表面有灰尘时，切忌用湿布擦或用嘴吹，可用吸尘器将尘土吸去，也可用干净的绒布轻擦。

❷用柠檬汁加盐调成清洁剂，也可把琴键擦得洁净如新。

❸琴键发了黄，用软布蘸1∶1的水与酒精溶液轻拭即可。

巧用茶袋清洗塑料制品

把喝茶剩下的茶袋晾干，在用过的油里浸泡后，用它来擦拭塑料制品上的污垢，不但可以去除表面平滑的塑料器皿上的污垢，还能清除表面凹凸容器上的污垢。然后用一块比较柔软的布，倒上少量的洗涤剂擦拭，就可以清洗干净，并且没有油的味道。这个方法对于清洗浴池和洗脸池也非常适用。

巧用面汤洗碗

如果手头没有洗涤剂，那么面汤或饺子汤便是很好的代用品，用它们洗碗，洗完后再用清水冲一下，去污效果不亚于洗涤剂。

巧洗装牛奶的餐具

装过牛奶、面糊、鸡蛋的食具，应该先用冷水浸泡，再用热水洗涤。如先用热水洗涤，残留的食物就会黏附在食具上，难以洗净。

巧洗糖汁锅

刷洗熬制糖汁的锅，用肥皂水边煮边洗，很容易洗净。

巧洗瓦罐、砂锅

瓦罐、砂锅结了污垢，可用淘米水泡浸烧热，用刷子刷净，再用清水冲洗即可。

巧洗银制餐具

银制餐具如银筷子、银汤匙等，用久了易变黑或生锈。可用醋洗涤或用牙膏擦拭，均能使其恢复原貌，洁净光亮。

巧除电饭锅底焦

在锅中加一点儿清水，水刚浸过焦面少许即可，然后插上电源煮几分钟，水沸后待焦饭发泡，停电洗刷便很容易洗干净。

玻璃制品及陶器的清洗

用少许食盐和醋，兑成醋盐溶液，用它洗刷这些器具，即可去除积垢。

清除雨伞污垢

雨伞用久了，伞面会产生很多污垢，清洁起来很费力。特别是伞布折痕的地方，往往会出现一道难看的黑色印痕。如何才能有效地清除呢?

❶准备1小块橡皮，1个软刷和肥皂。

❷将雨伞打开放好。

❸将肥皂浸在水中，然后将肥皂调成混合洗涤液。

❹用软刷蘸上洗涤液轻轻刷洗雨伞布，最好是两面都清洗。

❺用橡皮擦拭伞布折痕处的黑色印痕，雨伞便彻底清洁干净了。

❻用清水将雨伞冲洗干净，用干抹布擦干并放在通风处晾干。

毛发一扫而光

地板上总会掉落很多毛发，看着碍眼，打扫起来也不方便。其实，只要将透明胶带贴在扫把上，扫地的时候就能解决这个烦恼。

❶首先准备一卷宽的透明胶带，用剪刀剪出几块和扫把同样大小的样子。

❷然后将透明胶带反贴在扫把上，多贴几条，固定牢固。

❸用扫地的动作，就可以将地板上的毛发和一些微小的杂物清除。

橘子皮除异味

　　家里有异味怎么办？这里教你用橘子皮自制空气清新剂清除空气中的异味，简单易行，还能让你有成就感。

 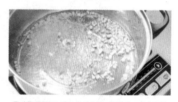

❶准备几个新鲜橘子，剥皮待用。也可收集一些干燥的橘子皮切末。

❷将橘子皮末放入锅中，加入400毫升左右的水，一起煮15分钟。

❸煮好后，冷却5分钟左右，再以纱布进行过滤，留下橘子水备用。

❹将滤出的橘子水装入喷壶，直接喷洒在家中有异味的地方即可。

塑料餐具的清洗

塑料餐具只能用布蘸碱、醋或肥皂擦洗，不宜用去污粉，以免磨去表面的光泽。

苹果皮可使铝锅光亮

铝锅用的时间长了，锅内会变黑。将新鲜的苹果皮放入锅中，加水适量，煮沸 15 分钟，然后用清水冲洗，"黑锅"会变得光亮如新。

巧去锅底外部煤烟污物

在用锅之前，在锅底外部涂上一层肥皂，用锅之后再加以清洗，往往会收到良好的除污效果。

巧洗煤气灶

面汤是清洗煤气罐、煤气灶污垢的"良药"，也可以用来擦拭厨房内的污垢。方法是：将面汤涂在污处，多涂两遍，浸 5 分钟左右，用刷子刷，然后用清水冲洗即可。

白萝卜擦料理台

切开的白萝卜搭配清洁剂擦洗厨房台面，会产生意想不到的清洁效果，也可以用切片的小黄瓜和胡萝卜代替，不过，白萝卜的效果最佳。

巧用保鲜膜清洁墙面

在厨房临近灶台的墙面上张贴保鲜膜。由于保鲜膜容易附着的特点，加上呈透明状，肉眼不易察觉，数星期后待保鲜膜上沾满油污，只需轻轻将保鲜膜撕下，重新再贴上一层即可，丝毫不费力。

瓷砖去污妙招

❶白瓷砖有了黄渍，用布蘸盐，每天擦2次，连擦两三天，再用湿布擦几次，即可洁白如初。

❷厨房灶面瓷砖粘了污物后，抹布往往擦不掉，肥皂水也洗不干净。这时，可用一把鸡毛蘸温水擦拭，一擦就干净，效果颇佳。

巧用乱发擦拭脸盆

脸盆边上很容易积污垢，通常都用肥皂擦拭，但不太容易擦掉。对此，可用乱头发一小撮，蘸点儿水擦拭，很快就能除去。

巧去铝制品污渍

铝锅、铝壶用久后，外壳常常有一层黑烟灰，去污粉、洗涤剂都对它无能为力。如果用少许食醋或墨鱼骨头研成粉末，然后用布蘸着来回擦拭，烟灰很容易就被擦掉了。

巧除热水瓶水垢

热水瓶用久了，瓶胆里会产生一层水垢。可往瓶胆中倒点儿热醋，盖紧盖，轻轻摇晃后放置半个钟头，再用清水洗净，水垢即除。

清洁烟灰缸的烟垢

烟灰缸用久了，就会产生一层烟垢，一般很难清除。有没有简单的除烟垢的方法呢？

▲巧除热水瓶水垢

❶将食醋倒出一些装在盘内，然后将一小块海绵浸泡在醋中。

❷用海绵用力擦洗烟灰缸，尤其是有烟垢的地方，然后用清水冲净即可。

用盐去除茶垢

茶壶和茶杯使用久了，就会出现茶垢，茶垢不仅看起来脏，还会直接影响人体的健康。

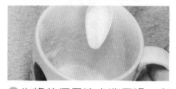 

❶先将茶杯用清水洗干净，在内侧涂上食用盐，特别是有茶垢的地方。

❷然后用牙刷用力地刷洗茶杯，最后再用清水冲洗干净即可。

去除电热水瓶水垢

电热水瓶使用一段时间后，底部就会沉积一层水垢，要快速有效地去除水垢，就巧妙地用醋吧！

❶先在电热水瓶内倒入八九分满的冷水。

❷将适量的醋倒入热水瓶中，然后将水煮沸，醋中含有的醋酸能有效去除水垢。

❸切断电源后，放置1小时左右，然后把电热水瓶里面的水倒出。

❹最后用海绵刷进行擦拭即可轻松擦掉水垢，彻底清洁电热水瓶。

清洁花瓶的妙法

　　花瓶用久了，不仅外部会沾上灰尘，里面也会产生一些滑腻的污渍，影响美观。如何对其进行有效的清洁呢？可以采用以下方法。

❶将少量漂白水加入温水中，搅拌均匀，制成混合溶液待用。　❷将花瓶直接浸泡在溶液中，约40分钟后用清水洗净即可。　❸如果是雕花的花瓶，可用小刷子蘸柠檬汁刷洗雕刻的部分。

橘子皮擦不锈钢制品

　　橘子皮在日常生活中用途很广，用橘子皮来擦洗不锈钢制品，不仅可防止出现擦伤伤痕，还能使不锈钢制品显得格外干净明亮。

❶准备几个新鲜的橘子，剥下橘子皮待用。　❷橘子皮蘸少许去污粉擦拭不锈钢制品，若橘子皮碎裂，可更换新橘子皮。

 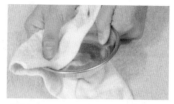

❸擦完后用清水冲干净，如果还有残留污渍，反复擦拭直到擦净为止。

❹最后用一块干抹布将器具擦干净，不锈钢制品就会光亮如新。

去除马桶的顽垢

马桶使用时间长了，马桶壁上就会积存污垢，清除起来麻烦又费时。其实只要使用醋和小苏打粉，就可轻松去除污垢以及排泄物造成的黄垢。

❶准备2大匙小苏打粉、1杯醋。将醋倒入马桶中，静置2~3小时。

❷然后在马桶的周围撒入适量的小苏打粉，用马桶刷刷洗干净。

❸最后再用清水冲洗，马桶就变得很干净了。

小苏打粉清洁铁窗

在清洁铁窗时，直接用布进行擦拭很难清除铁窗内的污垢。若在擦拭时加入一些小苏打粉，能很快将污垢清除。

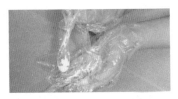

❶戴上塑料手套后，在手掌中倒入适量的小苏打粉。

❷将沾有小苏打粉的手指伸入窗缝内，并且来回地进行擦拭。

❸脱去手套后，再用抹布用力地将窗子缝隙擦拭一遍。

❹擦好后用水将窗子缝隙冲洗干净，再用棉布擦干即可。

巧用水垢除油污

　　将水壶里的水垢取出研细，蘸在湿布上擦拭器皿，去污力很强，可以轻而易举地擦掉陶瓷、搪瓷器皿上的油污，还可以把铜、铝炊具制品擦得明光锃亮，效果极佳。

巧用废报纸除油污

　　容器上的油污可先用废报纸擦拭，再用碱水刷洗，最后用清水冲净。

巧用黄酒除油污

　　器具被煤油污染后，可先用黄酒擦洗，再用清水冲净，即可除味去渍。

巧用菜叶除油污

漆器有了油污时，可用青菜叶擦洗掉。

巧用鲜梨皮除焦油污

炒菜锅用久了，会积聚烧焦了的油垢，用碱或洗涤剂难以洗刷干净。可用新鲜梨皮放在锅里用水煮，烧焦油垢很快会脱落。

巧用白酒除餐桌油污

吃完饭后，餐桌上总免不了沾有油迹，用热抹布也难以拭净。将少许白酒倒在桌上，用干净的抹布来回擦几遍，油污即可除尽。

食醋除厨房灯泡油污

厨房里的灯泡很容易被油熏积垢，影响照明度。用抹布蘸温热醋进行擦拭，可使灯泡透亮如新。

食醋除排气扇油污

厨房里的排气扇被油烟熏脏后，既影响美观，又不易清洗。用抹布蘸食醋擦拭，油污很容易被擦掉。

灭蟑除虫

巧用夹竹桃叶驱蟑螂

夹竹桃的叶、花、树皮里含有强心苷，蟑螂对含有这种有毒物质的东西极为敏感。所以，在厨房的食品橱、抽屉角落等处放一些新鲜的夹竹桃叶，蟑螂就不敢近前。

巧用黄瓜驱蟑螂

把黄瓜切成小片，放在蟑螂出没处，蟑螂就会避而远之。

巧用橘皮驱蟑螂

把吃剩的橘子皮放在蟑螂经常出没的地方，特别是暖气片、碗柜及厨房内的死角，可有效去除蟑螂，橘皮放干了也没关系。

巧捕蟑螂

蟑螂的尾须是个空气振动感受器，能辨别敌人的方向。所以在捕杀蟑螂时，应在口中发出"嘘"声，以此作掩护，然后出其不意地向它扑打，这种方法能将蟑螂打死或捕获。

巧用洋葱驱蟑螂

在室内放一盘切好的洋葱片，蟑螂闻其味便会立即逃走，同时还可延缓室内其他食物变质。

巧用盖帘除蟑螂

将同样大小的两个盖帘（盛饺子用的）合在一起，晚上放到厨房里，平放在菜板上或用绳吊在墙壁上蟑螂经常出入的地方。次日早晨用双手捏紧盖帘，对准预先备好的热水盆，将盖帘打开，把蟑螂倒入盆内烫死。每次可捕数十只，连续数天后，蟑螂就渐渐无踪迹了。在盖帘夹层内涂些诱饵，效果会更好。

巧用抽油烟机废油灭蟑螂

抽油烟机内的废油黏度极大，可做诱饵，粘住蟑螂。方法是：找一个塑料盒，装满取下来的废油，放在蟑螂出没的地方，不久即可发现里面有不少死蟑螂。

桐油捕蟑螂

取 100 ~ 150 克桐油，加温熬成黏性胶体，涂在一块 15 厘米见方的木板或纸板周围，中间放上带油腻带香味的食物做诱饵，其他食物收好，避免蟑螂偷食。在蟑螂觅食时，只要爬到有桐油的地方，就可被粘住。

巧用胶带灭蟑螂

买一卷封纸箱用的黄色宽胶带，剪成一条一条的，长度自定，放在蟑螂经常出没的地方。第二天便会发现很多自投罗网的蟑螂。用不了多久就可消灭干净。

巧用灭蝇纸除蟑螂

买几张灭蝇纸，将纸面部撕掉，将带有黏性的灭蝇纸挂放在蟑螂出没的地方即可。当粘上蟑螂后，不要管它，这时蟑螂是跑不了的，待纸上都是蟑螂后，将纸取下用火点燃，这种方法既安全又卫生。

自制灭蟑药

取一些面粉、硼酸、洋葱、牛奶做原料。把洋葱切碎，挤压取汁，把它一点儿一点儿加入同量的面粉和硼酸里，再添加一点儿牛奶，用手揉成直径约1厘米的小团子，放在蟑螂经常出没的菜橱、厨房角落等处，只要蟑螂咬一口就会被毒死。放几天后，虽然硼酸团子会变硬，但效果不变。

硼酸灭蟑螂

把一茶匙硼酸放在一杯热水中溶化，再用一个煮熟的土豆与硼酸水捣成泥状，加点儿糖，置于蟑螂出没的地方。蟑螂吃后，硼酸的结晶体可使其内脏硬化，几小时后便死亡。

冬日巧灭蟑螂

　　蟑螂喜热怕冷，在冬天的夜晚，可将碗柜搬离暖气管，然后打开窗户，闭紧厨房门，让冷空气对整个厨房进行冷冻，连着冷冻 2～3 天，蟑螂就会全被冻死。

旧居装修巧灭蟑螂

　　旧房子装修时，有必要进行一次灭蟑。取 3 立方米左右锯末与 100 克左右"敌敌畏"乳油拌和待用。另取干净锯末若干，以 1 厘米左右的厚度平铺在厨房、卫生间地面与管道相交处以及房角等蟑螂或小红蚁经常出没之处，然后将含药锯末平铺于干净锯末之上，最后再铺一层 1～2 厘米厚的干净锯末（此层一定要盖住拌和物）。这样过几日后，就不会再见到蟑螂等害虫了。

果酱瓶灭蟑螂

　　买一瓶收口矮的什锦果酱，吃完果酱后，将瓶子稍微冲一下，瓶中放 1/3 的水后，把瓶盖轻轻放在瓶口上，不要拧紧，然后把它放在蟑螂经常出没的地方。晚上陆续会有蟑螂爬到瓶里偷吃果酱，结果统统被淹死在里面。

蛋壳灭蚁

　　将蛋壳烧焦研成粉末，撒在墙角或蚁穴处，可杀死蚂蚁。

香烟丝驱蚁

买一盒最便宜的香烟，将烟丝泡的水（泡两天即可）或香烟丝洒在蚂蚁出没的地方（如蚁洞口或门口、窗台），连洒几天蚂蚁就不会再来了。但这种方法只能使蚂蚁不再来，并不能杀死蚂蚁。

巧用电吹风驱蚁

将电吹风开到最高档，用热风对着蚂蚁经常出没的地方吹上十几分钟，即可驱散蚂蚁。

巧用醪糟灭蚁

将没吃完的醪糟连瓶放在厨房、卫生间、卧室等地，第二天便会发现瓶内满是死蚂蚁，连续几次，可根除蚂蚁。

巧用玉米面灭蚁

将玉米面撒在蚂蚁经常出没的地方，蚂蚁便会大量死亡，直至根除。

糖罐防蚁小窍门

家中的糖罐常有蚂蚁光顾时，可在糖罐内放一粒大料，盖好盖，不但可驱蚁，且糖中还有股清香味。

恶治蚂蚁

每当发现蚂蚁时，迅速将其碾死，但不要把蚁尸扫除，这样蚁尸就会被再来寻食的蚂蚁发现带走，从而给群蚁造成死亡的恐怖。如此坚持一段时间，就不会看到蚂蚁了。

鲜茴香诱杀蚂蚁

将鲜茴香放在蚂蚁经常出入的地方，第二天便会发现茴香诱来很多蚂蚁，立刻用沸水将它们烫死即可。

甜食诱杀蚂蚁

将带甜味的面包、饼干、湿白糖等，放在蚂蚁经常出没的地方。几小时后，蚂蚁会排着队密密麻麻地爬到这些食品上，此时可用开水将它们烫死。然后重新放置，蚂蚁又会爬来，几次后室内就再也看不见蚂蚁了。

蜡封蚁洞除蚂蚁

将蜡烛油一滴一滴浇在蚂蚁洞口，冷却后的蜡会将蚂蚁洞口封死。如果有个别洞穴被蚂蚁咬开，再浇一次蜡烛油，即可彻底根除。

巧用肥肉除蚁

蚂蚁多在厨房有油物食品处，可利用这一特点将其消灭。

晚上睡觉前先将所有食物移至蚂蚁去不到的地方，再将一片肥猪肉放在地上，并准备好一暖瓶开水。第二天早上，蚂蚁聚集在肥肉上吃得正香，不要惊散它们，立即用开水烫死。这样几次即可消灭干净。

▲巧用肥肉除蚁

巧用橡皮条驱蚂蚁

可将报废的自行车内胎或胶皮手套，环形剪成约1厘米宽的长橡皮条，用鞋钉或大头针把它们钉在门框上和玻璃窗与纱窗之间的窗框上。或者干脆用橡皮筋堵住蚂蚁洞口，同样有效。

精 致 生 活

生活窍门

张亦明 编

中医古籍出版社
Publishing House of Ancient Chinese Medical Books

图书在版编目（CIP）数据

生活窍门 / 张亦明编. — 北京：中医古籍出版社，
2021.12
（精致生活）
ISBN 978-7-5152-2254-7

Ⅰ.①生… Ⅱ.①张… Ⅲ.①生活－知识 Ⅳ.
①TS976.3

中国版本图书馆CIP数据核字(2021)第256910号

精致生活
生活窍门
张亦明　编

策划编辑　姚强
责任编辑　吴迪
封面设计　李荣
出版发行　中医古籍出版社
社　　址　北京市东城区东直门内南小街 16 号（100700）
电　　话　010-64089446（总编室）010-64002949（发行部）
网　　址　www.zhongyiguji.com.cn
印　　刷　天津海德伟业印务有限公司
开　　本　880mm×1230mm　1/32
印　　张　5
字　　数　130 千字
版　　次　2021 年 12 月第 1 版　2021 年 12 月第 1 次印刷
书　　号　ISBN 978-7-5152-2254-7
定　　价　298.00 元（全 8 册）

前言

日常生活中，我们经常会遇到一些小麻烦不知道如何处理，并因此影响生活质量，比如衣服上的污渍怎么洗都洗不掉，买回家的大米总爱生虫子，厨房中的油烟很难清洗干净，柜子里已经堆得很满却还有不少东西没地方放置，新装修的房子甲醛味重没法居住，出门旅游晕车晕船很难受……这些小麻烦往往会给生活带来诸多不便，处理起来费时费力又令人头疼。这时候，你不妨学习一些实用的生活窍门来解决这些问题。

窍门就是解决问题的巧招、妙招。窍门是从生活实践中来的，是人们在日常生活中经过摸索或验证的宝贵技巧和经验，具有很高的实用价值，可以说集合了民间大众的生活智慧，可随时随地帮助你化解生活中的难题，协助你巧妙持家、智慧生活。这些窍门看似不起眼，却能轻松解决困扰你许久的麻烦，比如利用松节油可以轻松去除衣物上的油渍，用开水冲烫可以快速去除土豆皮等。小窍门贵在巧妙、快速、简便，可以让我们少走弯路，巧妙将繁杂琐碎的事物简单化，省时、省力、省心、又省钱。更为可贵的是，一些治病窍门还能帮我们减轻小病小痛的折磨，在一些诸如食物中毒、窒息等紧急情况下，采用适当的急救窍门还能帮我们实施自救或他救，从而化险为夷，挽救生命。

为满足现代家庭生活的需要，让更多的人轻松应对生活，不再为日常生活中的问题而烦恼，我们编撰了这本《生活窍门》。"饮食烹饪小窍门"针对食物的清洗加工、储存保鲜、烹调等方面提供了大量窍门，可使你轻松烹饪一日三餐；"居家生活小窍门"可解决你在物品清洗、衣物保养收藏、节能环保、创意生活等方面的问题。书中的窍门分类清晰简洁，即查即用，可随时随地帮助读者快速找到自己所需要的信息。各种窍门简单易行，方便有效，一般人都可掌握，并不需要专门的技巧。而且，窍门中使用的材料随手可得，都是生活中常见常用的，花费也不多。掌握了这些生活小窍门，每个人都能成为居家生活的"百事通"。

目 录

第一章　饮食烹饪小窍门

食物清洗和加工

食物烹饪制作

第二章　居家生活小窍门

物品清洗

衣物保养与收藏

第一章

饮食烹饪小窍门

食物清洗和加工

农药残留多，怎样洗菜更干净 >>>

蔬菜是我们餐桌上必不可少的食物，它能给我们提供人体所必需的多种维生素和矿物质。但由于现代农业的发展，很多蔬菜在种植的时候为了防治虫害都被喷洒了农药，而农药在消灭虫害的同时，也会对人的身体造成一定的损害。因此，我们在烧制菜肴之前要对蔬菜进行仔细的清洗，但反复地清洗蔬菜不仅费时费力，更会造成蔬菜营养的流失，那么，有没有什么清洗蔬菜的小窍门呢？

窍门1：淘米水洗菜更干净

材料：淘米水√

操作方法

❶将要洗的蔬菜择去不能吃的部分后放入洗菜的盆中。

❷将淘米用过的水倒入盆中，水没过蔬菜即可，让蔬菜在淘米水里浸泡一段时间。

❸将浸泡过一段时间的蔬菜在淘米水里揉搓一下，最后再用清水冲洗干净即可。

窍门2：水中加碱洗菜更干净

材料：食用碱√

（操作方法）

❶接一盆清水，在水中加入一些食用碱，水和食用碱的比例大约是100：1。

❷将需要洗的蔬菜放在配好的碱水中浸泡10分钟左右。

❸将蔬菜从碱水中拿出，用清水冲洗干净。

洗平菇有什么小窍门吗 >>>

　　平菇又叫侧耳，是一种相当常见的灰色食用菇，平菇不仅味道好，还具有祛风散寒、舒筋活络的功效，能够防癌抗癌、提高免疫力。经常食用平菇可以缓解腰腿疼痛、手足麻木、筋络不通等症状。但食用平菇总会碰上一件麻烦事，那就是平菇的清洗问题，因为平菇需要一朵一朵仔细清洗，很是麻烦。那么，有没有什么技巧能让清洗平菇变成一件简单省力的事情呢？

窍门：搅水法洗净平菇

材料：清水√

（操作方法）

❶将大朵的平菇掰成小朵放入盆中，在盆中接上适量清水。

❷用手把漂浮在水面上的平菇按到水底，让其浸泡一段时间。

❸手放在水中，先顺时针搅动几圈，再逆时针搅动几圈。

❹手停止搅动，让平菇中滤出的杂质慢慢沉积在水底。

❺将脏水倒掉，将平菇用清水冲洗干净。

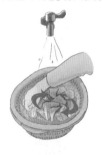

小粒的芝麻该如何清洗 >>>

芝麻是胡麻科植物脂麻的种子，这种食物所含营养十分丰富，尤其是铁的含量很高，具有补脑补血、延年益寿的功效，用芝麻可以制成多种可口的点心和其他食品。刚买回来的芝麻，要经过清洗才能食用，但芝麻的颗粒那么小，要是一粒一粒洗实在是太费事了。接下来，我们就学习一个清洗小粒芝麻的窍门吧。

窍门：巧用屉布洗芝麻

材料：屉布√

（操作方法）

❶准备一块干净的屉布，将需要清洗的芝麻放在屉布的中心位置。

❷将屉布的四个角系在一起，打一个结实的结，保证在洗芝麻的时候芝麻不会从屉布中掉落出来。

❸将包有芝麻的屉布包放在装有清水的盆子中，反复揉搓，洗出脏水。

❹最后将屉布包从水盆中拿出，放在水龙头下冲洗干净。

怎样清洗才能去除水果上的果蜡 >>>

随着生活水平的提高，一年四季我们都能吃到想吃的水果和蔬菜。这其中，很多水果都是经过长途运输从外地运来的。在长途运输的过程中，为了保护水果中的水分不至于过度流失，常常会在水果的表层涂上一层蜡加以保护，很多进口水果的表面都可能被打上蜡。而水果表皮上的这层蜡是不宜食用的。那么，怎样才能将水果表皮上的这层蜡清除掉呢？

窍门： 盐搓法去除果蜡

材料：食盐√

（操作方法）

❶在手心中倒入大约半勺食盐。

❷两只手掌相对轻搓一阵，让手心上均匀沾满盐粒。

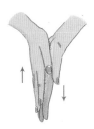

❸双手拿起要洗的水果，用力反复揉搓水果的表皮，要将每一块地方都揉搓到。

❹将揉搓过的水果用清水洗净。

❺用勺子轻轻刮一下水果的果皮，检验一下是否还有果蜡残留，如果没有洗净，就按照上面的方法再洗一次。

洗桃子有什么好办法 >>>

　　对于喜爱吃桃子的人来说，每年当桃子成熟的季节来临，咬上一大口桃子，让酸甜的汁水流连在唇齿之间，真是一件享受的事情。但洗桃子这活儿，可就没那么享受了。桃子上的细小茸毛，很不容易洗干净，如果吃到嘴里，就会影响桃子的口感。在清洗桃子的时候，手碰到桃子的细小茸毛，还会发痒，这些都让我们对鲜美的桃子望而却步。那么有什么方法可以让我们的皮肤不接触桃子，还能把桃子清洗干净呢？

窍门：揉袋法洗桃子

材料：塑料袋、果蔬洗涤剂√

（操作方法）

❶准备一个干净的塑料袋，将要洗的桃子都放入塑料袋中，需要注意的是，所准备的塑料袋不能漏水。

❷在塑料袋中接入适量清水，清水要能够没过所有的桃子，再往清水中加入少量的果蔬洗涤剂。

❸系上塑料袋，手心向下，在虎口处夹住袋口，依次按照顺时针方向和逆时针方向隔着塑料袋揉洗桃子。

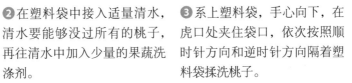

❹等到摩擦力使桃子差不多被洗干净了，用空闲的那只手提起袋子底端，松开夹住袋口的手，让桃毛和脏水一起流出。

❺最后用清水把桃子冲洗干净即可。

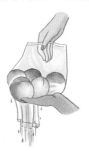

如何洗葡萄才能又快又干净 >>>

　　经常洗水果的人都知道，洗葡萄可是件麻烦事。有些人喜欢将葡萄一粒一粒拔下来然后逐个洗净，这样不仅费时费力还浪费水，在拔葡萄的过程中，更可能将葡萄破坏。但不一粒一粒清洗的话，又唯恐葡萄洗不干净。其实，只要一个简单的窍门就能让你把葡萄洗得又快又干净。

窍门：巧用淀粉洗葡萄

材料：淀粉√

【操作方法】

❶ 在盆中接入适量的清水。

❷ 在清水中加入适量淀粉，搅拌一下。一般来说，一盆清水加入一勺淀粉就可以了。

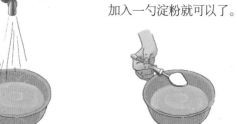

❸ 手拿住葡萄柄，将葡萄浸入淀粉水中，反复涮洗。

❹ 等到葡萄上的杂质差不多都被洗掉了，把葡萄从水中取出再用清水洗一遍即可。

怎样快速泡发海带 >>>

海带是一种生长在海底岩石上的褐藻，因为其叶片又长又厚，就像带子一样，故而得名海带。海带中含有丰富的维生素和矿物质，其中碘的含量更是十分丰富，无论是用来凉拌还是做汤，味道都相当不错。但我们能在市场上买到的，大多数是干制的海带。干海带在食用之前要经过泡发，而泡发的程度会直接影响到海带的口感。那么，心急的你，不妨来学习一下快速泡发海带的小窍门吧。

窍门1：淘米水泡发海带

材料：淘米水√

（操作方法）

❶ 淘米时将第一遍比较脏的水倒掉，留下第二遍比较干净的水，将之倒在一个盆中。

❷ 将待泡发的干海带放在淘米水中，浸泡大约半个小时，海带就泡好了。

窍门2：微波炉泡发海带

材料：微波炉、醋√

（操作方法）

❶ 将干海带放入可以放进微波炉加热的容器中，在容器中加入适量凉开水。

❷ 在泡海带的水中加入少量的醋。

❸ 将海带放入微波炉中，高温加热一分钟左右，取出后海带就泡发好了。

泡发香菇有何妙招 >>>

　　香菇含有丰富的 B 族维生素、维生素 D、铁、钾等营养元素，具有提高食欲、降脂防癌的神奇功效。新鲜的香菇经过烤制之后可以做成干香菇，而干制之后香菇中的核糖核酸更容易释放出来，这种物质能让香菇吃起来更加鲜美，有很多人觉得干香菇的香味要比新鲜的香菇更加浓郁，吃起来味道也更好。但干香菇在食用之前必须经过泡发，而泡发的时间一般长达好几个小时，着实让人心急，这里就介绍一个快速泡发香菇以及让泡发出的香菇味道更鲜美的方法。

窍门 1：摇晃法快速泡发香菇

材料：瓶子√

`操作方法`

❶ 将干香菇清洗一下，放在一个瓶子中，在瓶子中加入适量温水，温水能够没过瓶子中的香菇即可。

❷ 将盛放香菇的瓶子盖紧盖子，用力摇晃瓶子 1 分钟左右。如果香菇较多或者尚未被泡发好，可多摇晃一会儿。

❸ 打开瓶盖将香菇取出，这时的香菇已经被泡发好了。

窍门2: 白糖水泡发香菇味道更鲜美

材料: 白糖√

（操作方法）

❶ 准备一盆温水，水温大约30℃。按照水和白糖100 : 1的比例加入适量白糖。

❷ 将洗过的香菇放入白糖水中，搅拌一下，再浸泡一段时间即可。用这种方法泡发的香菇吃起来味道会更加鲜美。

切洋葱不流泪有什么小窍门 >>>

　　洋葱因为味道独特并且营养价值很高，成为很多人青睐的食品，常吃洋葱能够健胃润肠、解毒杀虫、降低血压、提高食欲。常见的洋葱一般可分为红皮、黄皮、白皮三种，四季都能吃到。尽管洋葱美味又营养，但也可能给你带来一些烦恼。在剥洋葱、切洋葱的时候，鼻子发呛、眼睛流泪的情况估计很多人都遇到过。那么，有没有什么窍门，让我们可以既享受美食，又免于受罪呢?

窍门1: 点蜡烛切洋葱不流泪

材料: 蜡烛√

（操作方法）

❶ 准备两根蜡烛，将两根蜡烛分别放在距案板10厘米左右的前方两侧。

❷点燃两根蜡烛，等待半分钟左右。

❸开始切洋葱。用这种方法可以有效缓解切洋葱流泪的问题。

窍门2：冷水浸刀切洋葱不流泪

材料：冷水√

（操作方法）

❶将准备切洋葱的刀放在冷水中浸泡一段时间。

❷用浸泡好的刀切洋葱，这样你就不会被呛得流泪了。

如何方便去果核 >>>

吃水果的时候不小心被水果核硌到牙真是一件扫兴的事，如果是被坚硬的枣核或者山楂核硌到，还可能会对牙齿造成一定的伤害。在这里，我们就介绍几个去果核的小窍门，让你在吃水果的时候，不必再担心坚硬的果核。如果你想要自己制作枣泥或者水果酱的话，这些窍门恰好可以派上用场！

窍门1：穿孔法去除枣核

材料：筷子、锅屉、盆√

（操作方法）

❶ 准备一个人小合适的盆，盆口要比锅屉稍小些。把锅屉架在盆上，将洗干净的大枣放在锅屉上，让大枣顶部中心的位置对准锅屉的一个孔。

❷ 将筷子比较粗的一端钉在大枣上端的中心处，用力将筷子穿过大枣，大枣的核就会通过锅屉上的孔被顶到盆里。

窍门2：硬质吸管去除山楂核

材料：硬质吸管√

（操作方法）

❶ 将山楂洗干净，准备一个清洁过的硬质吸管，将吸管对准山楂的中心处。

❷ 用力将硬质吸管穿过山楂中心的位置，山楂核就会被戳进吸管中。如果一次没有将山楂核去除掉，可以反复多戳几次。

如何切菜不沾刀 >>>

很多人在切菜的时候都会遇到一件麻烦事，那就是在切菜的时候，切好的丝状或者片状的菜总是会沾在菜刀的一侧，因此一边切菜一边还要用手将这些菜抹掉，十分麻烦。如果赶着将菜下锅的话，还可能一不留神就割伤手指。那么，有没有什么窍门能防止切下的菜沾到刀上呢？

窍门：改造菜刀切菜不沾刀

材料：牙签、透明胶√

操作方法

❶准备一个干净的牙签，将牙签放在菜刀右侧距离刀刃大约 2 厘米的地方。需要注意的是，此法适用于从右向左切菜。如果从左向右切菜的话，就把牙签放在菜刀左侧。

❷剪下两段长度合适的透明胶，粘在牙签的两端，使牙签固定住。

❸用改造好的菜刀来切菜，切到粘牙签的地方时，菜就会自动掉下，不会再沾在菜刀上。

怎样切肉更轻松 >>>

很多人在切鲜肉的时候都会遇到一件麻烦事，那就是不管切肉的刀如何锋利，切在绵软的肉块上总是发挥不出应有的效果，更糟糕的是，切肉的时候，黏黏糊糊的肉总会沾在刀面上，更增加了切肉时的阻力，让你想快都快不起来。如果你想让切肉这活儿变得更轻松一些，不妨试试下面两个小窍门吧。

窍门1：包锡箔纸冷冻切肉更轻松

材料：锡箔纸、冰箱✓

操作方法

❶ 准备一块大小合适的锡箔纸，将要切的鲜肉包在锡箔纸中。

❷ 将锡箔纸包好的肉放入冰箱中冷冻一段时间拿出，再切就容易多了。冷冻的时间根据肉的多少来做适当调整，一般100克鲜肉冷冻半小时左右就可以了。

窍门2：抹油切肉更轻松

材料：食用油✓

操作方法

❶ 在手掌上倒上一点儿食用油，将这些油均匀地抹在肉块的表面。

❷ 用刀开始切抹好油的肉块，这样切肉就变得容易多了。

怎样剥开坚硬的坚果壳 >>>

坚果不仅营养丰富，还十分美味，因此很多人都喜欢吃坚果。但想要吃到坚果壳中包裹的果肉，就要先将坚果壳剥下。面对坚硬的坚果核，很多人一筹莫展，其实只要几个简单的窍门就能解决大问题。

窍门1：冷热法剥生栗子壳

材料：锅、冰块√

(操作方法)

❶ 将清洗过的栗子放到装有沸水的锅里煮 2 ~ 3 分钟。

❷ 将煮过的栗子放入加有冰块的冷水中直至冰块融化。

❸ 将栗子从水中捞出，经过上述两道工序处理的栗子壳已经凹陷下去，这时只要用剪刀在栗子壳上剪出一个口，栗子壳就能轻松剥落了。

窍门2：巧用剪刀开核桃

材料：剪刀√

(操作方法)

❶ 把核桃拿在手中，找到核桃圆头处的小孔，用剪刀的尖端或者勺子柄的尖端或者锥子头插进去。

❷用力旋转手中的工具，同时向前推送，核桃壳就被轻松撬开了，这时就可以将完整的果肉取出来吃了。

怎样才能剥出完整的石榴果肉 >>>

　　酸甜多汁的石榴是很多人喜欢吃的水果，剥开石榴果皮，露出一颗颗红宝石般的石榴果肉，光是看着就忍不住流口水。但是一些人在剥石榴果皮的时候，总是不得其法，剥不出完整的石榴果肉不说，还弄得手上都是淋漓的汁水，既浪费又不卫生。下面这个小窍门能让你剥出完整的石榴果肉，避免上述问题的发生。

窍门：去石榴花剥离完整石榴果肉

材料：**小刀**√

（**操作方法**）

❶用小刀在石榴花部分的果皮处划一圈。下刀处在整个石榴顶部的五分之一处即可，不需要切得太深。

❷沿着刀切的痕迹，将连着石榴花的那部分石榴皮剥下。

❸去掉石榴顶部的石榴皮后，可以在石榴的横切面上看到几道薄膜，顺着这些薄膜在石榴皮上一刀一刀纵向划下去。

❹顺着刀痕，就可以很轻松地将石榴掰成小瓣。这样就能吃到完整的石榴果肉了。

怎样将未煮熟的虾剥壳 >>>

　　有些人吃虾的时候，喜欢连着虾壳一起吃，有些人却只喜欢吃虾仁。煮熟的虾要剥去壳很容易，但未煮熟的鲜虾要剥壳却并不容易。人们剥生虾的时候，常常将虾肉剥得支离破碎、体无完肤，其实只要掌握了剥生虾虾壳的技巧，就能将生虾的虾仁完整地剥出来了。

窍门：找准部位剥虾壳

材料：无√

（操作方法）

❶ 将准备剥壳的生虾清洗一遍。

❷ 将鲜虾的头部小心地摘掉，注意不要让虾壳上的尖刺扎到手。

❸ 从上至下，找到虾身体部分的第二节和第三节相连的地方，将其抠开。

第二节和第三节相连接的地方

❹ 抓住这抠开的两节虾壳，用力向两边拉，虾壳就会被轻松去掉。

怎样轻松去除鱼内脏 >>>

新鲜的鱼买回家，要经过刮鳞、掏出内脏等工序才能下锅烹制，但剖开鱼腹取出内脏可不是件简单的事儿。其实，不用破坏鱼的身体表面也能将鱼的内脏掏得干干净净，只要一个简单的窍门，就能帮你轻松去除鱼内脏。

窍门：巧用筷子掏除鱼内脏

材料：筷子√

（操作方法）

❶ 在鱼的肛门处切一刀，下刀的深度达到大约一指深就可以。

❷ 把鱼嘴捏开，拿一支筷子贴鱼嘴右侧插入，再从右侧鱼鳃处穿出来，按住鱼鳃，让筷子深入鱼腹中。

❸ 用相同的办法将另一支筷子从鱼嘴的左侧插进去，深度和第一支筷子一样即可。

❹ 一只手将鱼固定住，另一只手握住两支筷子，顺时针旋转几圈。

❺ 当感觉筷子在鱼腹中转圈不再费力时，将筷子抽出，鱼的腮和内脏就会被筷子连带着拔出了。

剔除鱼刺有什么好办法 >>>

　　相信很多喜欢吃鱼的人都有过不慎被鱼刺卡住的经历，如果鱼刺比较小，能够随着吞咽滑下喉咙还算比较好的情况；如果鱼刺比较大，卡在喉咙中无法取出，轻则喉咙发炎，严重的甚至可能会刺破食道和动脉从而危及生命，遇到此种情况，应该及时去医院就医。那么，有没有什么方法，可以让我们在吃鱼之前就去掉一部分鱼刺，最大限度地减少鱼刺卡喉情况的发生呢？

窍门： 刀划法去除鱼刺

材料：刀√

（操作方法）

❶ 将准备烹饪的鱼洗好，放在案板上。从鱼头部分开始，用刀在鱼背上划一刀，下刀要深一点儿，以能感觉到鱼的脊柱为宜。

❷ 在鱼头的根部浅浅地划一刀，不要让鱼头和鱼身断开。

❸ 将鱼翻转过去，在鱼头另外一侧的相同位置也划一刀。

❹ 最后将鱼的尾巴切掉就可以进行烹饪了。

❺ 将烹饪好的鱼盛放在盘子中，一只手按住鱼身，另一只手抓住鱼尾处露出的大骨头，轻轻向外一拉，就能在不破坏鱼完整形状的情况下将鱼刺拉出。

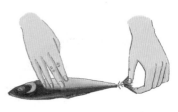

刮鱼鳞有什么小窍门吗 >>>

　　对于喜欢吃鱼的人来说，烹饪之前对鱼的处理可是一件耗费精力的事儿，其中尤以刮鱼鳞为甚。那么，有没有什么方法可以方便快速地刮鱼鳞呢？下面就来一起学习一下吧。

窍门1：自制刮鱼鳞器轻松刮鱼鳞

材料：木板、瓶盖、钉子√

（操作方法）

❶ 准备一块长条形的木板，如家中废弃不用的刷子的刷把，依据木板的长度，将啤酒瓶的瓶盖依次钉在木板上。

❷ 用做好的刮鱼鳞器来刮除鱼鳞。

窍门2：大拇指指甲刮鱼鳞

材料：案板√

（操作方法）

❶ 将鱼洗净之后平放在案板上。

❷ 用大拇指指甲从鱼尾处开始刮鱼鳞，注意大拇指的指甲应该稍稍侧一点儿，刮鱼鳞的时候只要逆着鱼鳞往前推，鱼鳞就会一片一片掉下来了。

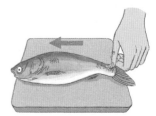

鱼太腥怎么处理 >>>

鱼是我们餐桌上的常见菜，但鱼的腥味也让很多人感到不适。在烹饪时加入料酒或醋，或者将鱼用盐水泡上一段时间，都可以减少鱼腥味，但效果都不太彻底。其实，鱼的腥味来自鱼身上的鱼腥线，将鱼腥线剔除，就可以大大减少鱼的腥味。下面我们就来看看如何去除鱼腥线。

窍门：去除鱼腥线减轻鱼腥味

材料：刀√

（操作方法）

❶ 在鱼头下一指的部位切一刀，下刀深度保持在鱼厚度的四分之一即可。如果做鱼时不需要鱼头，在此步骤将鱼头切掉亦可。

❷ 用两手分开刀口处，能够看到一个白点，这就是鱼腥线。

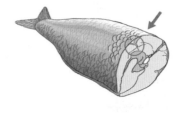

❸ 一手固定住鱼，另一只手抓住鱼腥线，慢慢向外抽出，注意不要将鱼腥线拉断，如果拉不出来，就轻轻拍几下鱼的脊背处。抽出一侧的鱼腥线后，用同样的方法将鱼另一侧的鱼腥线抽出。

怎样轻松剥鸡蛋 >>>

很多人喜欢在早餐的时候吃一颗煮鸡蛋，认为这样营养又健康，但不管是前一天晚上已经煮好的鸡蛋还是早上刚刚煮的鸡蛋，在吃之前都要将鸡蛋壳剥下。如果早上比较赶时间的话，往往会把鸡蛋剥得残缺不全。那么，不妨来看一下轻松剥鸡蛋的妙法吧，它能帮助你省时又省力地剥出完整的鸡蛋。

窍门：快速晃动剥鸡蛋

材料：塑料饭盒√

（操作方法）

❶ 将煮好的鸡蛋放在准备好的塑料饭盒里。

❷ 向塑料饭盒中注入凉开水直到凉开水快要没过鸡蛋。

❸ 将饭盒的盖儿盖紧，两只手拿起饭盒，将饭盒持续快速地左右晃动，晃动一阵儿之后将蛋壳已经破碎的鸡蛋从饭盒中取出，再剥鸡蛋壳就容易多了。

怎样剥出完整的松花蛋 >>>

松花蛋又叫皮蛋，是一种独具特色的食品，它的独特味道不仅受到中国人的喜爱，也越来越为世界人民所接受。松花蛋能去热、醒酒、润喉，加上一点儿醋拌上一拌，当作下酒的小菜，真是再适合不过了。松花蛋味道鲜美，可是松花蛋的皮却不太好剥，剥皮时要么不小心把松花蛋弄碎，要么蛋壳粘在蛋上剥不下来。那么，有没有什么窍门能够轻松地剥出完整的松花蛋呢？

窍门：吹出完整松花蛋

材料：无√

操作方法

❶ 找到松花蛋的圆头部分，在圆头部分磕一个口，从这个开口剥掉松花蛋蛋壳的四分之一。

❷ 在松花蛋的另外一头，也就是尖头部分磕一个口，注意，尖头部分的开口一定不能太大。

❸ 用嘴对准松花蛋尖头的小口轻轻吹气，完整无损的松花蛋就被轻松吹出来了。

❹ 将吹出的松花蛋用清水清洗一下就可以食用了。

如何轻松去蒜皮 >>>

别看大蒜味道刺鼻，它可是个宝贝。大蒜具有降血压、降血脂、解毒、杀虫等多种功效，可谓保健养生的佳品。在平时生活中，即使不直接食用大蒜，我们也常常会使用大蒜来爆锅和提味，但剥蒜实在是一件让人烦恼的事儿，剥蒜时要一瓣一瓣地剥，花了很长时间没剥多少不说，还弄得满手都是蒜味，洗都洗不掉。那么，有什么窍门可以轻松地剥去蒜皮呢？

窍门1：刀拍法轻松剥蒜皮

材料：菜刀√

（操作方法）

❶取一头大蒜，将蒜的外皮剥去，掰成蒜瓣。将掰开的蒜瓣平放在案板上，用菜刀的侧边用力将蒜瓣拍扁。

❷这时蒜皮已经破裂，再剥起来就容易多了。

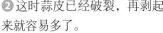

窍门2：泡开水轻松剥蒜皮

材料：热水√

（操作方法）

❶准备一个盆，在盆中倒入适量的开水。

❷将掰好未去皮的蒜瓣泡在开水中1~2小时，拿出时再剥蒜皮就容易多了。

如何取下杧果果肉 >>>

　　杧果作为一种热带水果，如今在我们的生活里越来越常见了。杧果中富含维生素 C 和胡萝卜素，在炎热的夏季吃上几个，还能起到解渴消暑的作用。由于杧果核的个头比较大，形状也算不上规则，很多人吃杧果的时候都是剥去果皮后直接吃，这样很容易让杧果汁滴在衣服上，吃相也不太雅观。如果将杧果肉削下食用，又容易削不干净造成浪费。那么，有没有什么窍门能将杧果肉轻松取下，吃到嘴中又不浪费呢？

窍门： 剖出果核吃杧果

材料：刀√

（操作方法）

❶ 将杧果用水洗净。在杧果顶部的三分之一处下刀，从上至下，紧贴着杧果核切下一片果肉。

❷ 在杧果的另外一侧以同样的方法也切下一片果肉。

❸ 将杧果果核上的果肉用刀剔下来或者直接食用。

❹ 用刀在杧果果肉的切面上纵、横各划几刀，果粒的大小根据自己的喜好来决定。

❺ 将划有刀痕的杧果肉拿在手中，向上一翻，再轻轻一顶，杧果肉就自然而然地鼓出来了。

剥橙子有什么窍门 >>>

　　橙子果肉好吃，可橙子皮又厚又硬又难剥，想要将橙子果肉吃到嘴可不容易。假如你出行在外，手边又没有称手的工具，不妨发挥你的才智，把一切可以利用的东西都利用起来剥橙皮吧。

窍门1：硬质卡片剥橙子

材料：硬质卡片√

（操作方法）

❶ 准备一张废弃不用的过期会员卡，将会员卡和橙子都清洁干净。用会员卡的一角在橙子的表皮上纵向划几下，直到橙子的表皮被划破为止。

❷ 将会员卡沿着橙子表皮上被划开的划痕插入橙子的果皮内侧和果肉之间，再用会员卡向外一撬，橙子皮就剥下来了。

窍门2：餐勺剥橙子

材料：餐勺√

（操作方法）

❶ 手按橙子，将橙子在桌子上搓揉一段时间，使果皮与果肉尽量分离。

❷ 用勺子在橙子表皮上划出一个横向的口子，将勺子插入橙子皮肉之间，一点儿一点儿将橙子的表皮撬开。

剥掉芋头皮有什么便捷方法 >>>

芋艿俗称芋头，是一种营养丰富的蔬菜，具有保护牙齿、美容乌发的功效，经常食用可以增强人体免疫力。蒸、煮、烤、炒、烧，芋头的食用方法非常多，但一般情况下，人们喜欢把芋头蒸熟或者煮熟食用。但在食用芋头之前，先要将芋头的皮剥掉。很多人剥芋头皮要费很大力气才能把皮全都剥下。其实只要掌握一个窍门，就能让剥芋头皮变成一件轻松事。

窍门： 妙用牙签剥芋头

材料：牙签、刀√

（操作方法）

❶ 将芋头清洗干净，放在锅中蒸熟或者煮熟。做熟的芋头出锅之后凉凉，用刀切掉芋头的两端。

❷ 根据芋头和牙签的长短，将芋头切成大小合适的几段。一般来说，一根普通的芋头切成两段就可以了。

❸ 将准备好的牙签插入芋头皮和芋头肉之间，轻轻划一圈。

❹ 拔出牙签，从芋头根部将芋头肉从芋头皮之间挤出来。

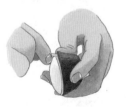

快速剁肉馅的窍门是什么 >>>

包子、饺子都是中国人爱吃的食物，但是包包子、包饺子就要和肉馅，要将一整块肉剁成碎碎的肉馅，还真不是件容易的事。超市里虽然一般都会出售现成的肉馅，但机器绞出的肉馅总是没有剁出的肉馅口感好，肉馅的新鲜程度也得不到保证。那么，有没有将一块肉快速剁成肉馅的窍门呢？

窍门：多角度快速剁肉馅

材料：刀√

（操作方法）

❶ 把要切的肉放在案板上摆好，纵向将肉切成 3 毫米左右的薄片，肉块的下面部分要留下 3 毫米左右连着，不要切断。

❷ 将肉翻转到另外一面，横向切片，按照上一步的方式，不要切断。

❸ 再将肉翻回到原来的一面，刀刃与肉块竖直的一边成 45°角切肉，不要把底切断。

❹ 再将肉翻到背面，同样以 45°角斜切，这一步要将肉块下面的部分切断。

❺ 这时候的肉已经被切成碎碎的肉块了，只要再用刀稍稍剁一会儿，就变成可以用来调和包子、饺子馅的肉馅了。

怎样取出完整的盒装豆腐 >>>

　　传统的豆腐储存时间比较短，买回去即使放在冰箱里也不能保存很久，自从有了盒装豆腐，这个问题就得到了解决。盒装豆腐口味众多，方便储藏，买一盒盒装豆腐放在家中的冰箱里，想什么时候吃就什么时候吃，再也不用担心浪费了。但盒装豆腐也有自身的弱点，那就是盒装豆腐一般比较嫩、软，按照平常的方法开盒取出往往会将其弄碎，那么，有没有什么办法能取出完整的盒装豆腐呢？

窍门：倒扣盒子取完整盒装豆腐

材料：刀、盘子√

（操作方法）

❶ 用刀或者剪刀在豆腐盒子的塑料薄膜封盖上划开一个口子，将塑料膜揭掉，注意一定要揭完整。

❷ 把盘子扣在揭了塑料薄膜的豆腐盒子上，再将盘子连着豆腐盒子一起翻转过来。

❸ 用刀沿着豆腐盒子的边角处划两道口子，轻轻捏一下盒子的边缘，让盒子上的口张开。

❹ 捏住豆腐盒提起，完整的豆腐就被盛在盘子中了。

怎样巧打海带结 >>>

海带很有营养，味道也不错，不管是煲汤，还是炒菜都很适宜。但海带的叶片又长又厚，买来之后常常要做成海带结以方便烹饪。那么，要将这些长长的滑溜溜的海带叶片制成海带结该怎么做呢？

窍门： 缠绕法打海带结

材料：刀√

> **操作方法**

❶ 将泡发好的海带切掉根部，卷好，整齐铺放在案板上。

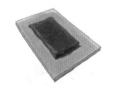

❷ 纵向下刀，将成卷的海带切成细条，每一条海带的宽度在2厘米左右即可。

❸ 用一只手的食指和中指夹住海带条的一端，将海带条一圈一圈地缠绕在手指上。

❹ 一般长度的海带条，缠五圈左右就可以了。

❺ 把缠好的海带圈从手上拿下来，将海带条被夹在食指和中指间的部分从海带圈中穿过去再拉出来，就能得到一串海带结。

❻ 将打好的一串海带结切成一个一个单独的海带结。

煮饭夹生了怎么办 >>>

　　蒸米饭的时候没有掌握好放水的量，就可能会蒸出一锅夹生饭，夹生饭即使继续加热蒸，也很难蒸熟，但要把一大锅还没吃过的米饭直接扔掉，又太过浪费。其实，只要掌握几个小小的窍门，就能补救被蒸夹生的米饭。

窍门1：筷子扎洞煮熟夹生饭

材料：筷子√

（操作方法）

❶ 用筷子在盛有米饭的锅中扎几个直通锅底的孔。

❷ 将适量的温水倒入锅中重新焖一会儿。

窍门2：妙用黄酒煮熟夹生饭

材料：黄酒√

（操作方法）

❶ 将饭锅中的夹生饭用饭铲铲散。

❷ 在米饭中加入适量的黄酒，将米饭重新再煮一会儿。

煎鸡蛋时总是溅油怎么办 >>>

鸡蛋除了煮着吃之外，最常见的方法还有煎着吃，香喷喷的煎鸡蛋想起来就叫人流口水。可是煎鸡蛋的时候常常会遇到一个问题，那就是煎鸡蛋的时候锅里的油点常常迸溅出来。油点溅到皮肤上会让人感到疼痛，严重的还可能会起疱，如果油点溅到衣服上，也很难将之洗掉。那么，有没有什么煎鸡蛋的方法可以避免溅油呢？

窍门1：冷冻法煎鸡蛋不溅油

材料：冰箱√

（操作方法）

❶ 将准备要煎的鸡蛋放入冰箱冷冻室中冷冻。由于将鸡蛋冻透需要的时间较长，所以鸡蛋应该提前放入冰箱冷冻。

❷ 将冻好的鸡蛋取出，打碎鸡蛋壳倒入锅中，再按照正常的方法煎好即可。

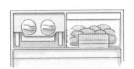

窍门2：微波炉煎鸡蛋不溅油

材料：微波炉、保鲜盒√

（操作方法）

❶ 将保鲜盒里刷上一层薄薄的油，将鸡蛋打到保鲜盒中，用牙签在蛋黄上扎几个小孔。

❷ 盖上保鲜盒的盖子，把盒子放进微波炉里，加热30秒左右就可以吃了。

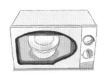

如何一锅煮出不同火候的鸡蛋 >>>

即使是一家人在一起吃饭，口味也可能各不相同。就拿煮鸡蛋来说吧，家里有的人喜欢吃十成熟的鸡蛋，有的人却喜欢吃六成熟的"溏心鸡蛋"，要煮两锅鸡蛋实在太麻烦，最后只得是一方迁就另一方。其实，只要掌握了下面的小窍门，就能让你一锅煮出两种鸡蛋！这样，无论你想吃哪种，都没有问题，再也不用为了煮鸡蛋的火候问题争论不休。

窍门： 巧用塑料盒一锅煮出两种蛋

材料： 锅、塑料盒√

操作方法

❶ 将需要煮成半熟的鸡蛋放在塑料盒中，在塑料盒中加入适量的水，塑料盒中的水能够没过鸡蛋即可。

❷ 将装有鸡蛋的塑料盒放在锅中，将要煮成全熟的鸡蛋放入锅中，在锅中接入适量的水，水量同样以没过锅中的鸡蛋为宜。

❸ 将锅架在火上，用中火煮大约 10 分钟，两种不同熟度的鸡蛋就都可以取出来吃了。

怎样制作低热量蛋黄沙拉酱 >>>

用蛋黄沙拉酱可以调制出多种美味的蔬菜、水果沙拉，它还是制作多款西餐、面点的基本原料。但蛋黄沙拉酱中所含的热量极大，经常食用会给人体带来很多危害。当美味和健康产生冲突的时候，我们当然应该选择健康，但嘴馋的时候实在忍不住，怎么办？其实你可以试着用盒装鸡蛋豆腐为原料来制作一款热量远低于蛋黄酱，美味却不输蛋黄酱的自制"蛋黄沙拉酱"。

窍门：用盒装鸡蛋豆腐制作沙拉酱

材料：豆腐、白醋、白糖、盐、芥末√

（操作方法）

❶ 将准备好的盒装鸡蛋豆腐拆开包装，将盒中的鸡蛋豆腐用勺子装到事先准备好的保鲜袋中。

❷ 在保鲜袋中加入一大勺白醋以及少量的白糖、盐和芥末，这些配料的量可以根据豆腐的多少和自己的口味稍做调整。

❸ 排出保鲜袋中的空气，将保鲜袋的袋口封住，防止豆腐在下一步加工过程中从袋中被挤出。用擀面杖或者其他工具将保鲜袋中的鸡蛋豆腐碾碎挤压成糊状。

❹ 将被挤压成糊状的鸡蛋豆腐倒入一个干净的容器中，再搅拌一下就可以吃了。

解冻冻肉的小窍门都有哪些 >>>

有些人炒菜时习惯放点儿肉，可把冻肉从冰箱里拿出来放半天，还是不见冻肉变软，把冻肉放进微波炉解冻吧，又总是化得不均匀，有些地方已经软了，有些地方却依然坚硬，让人无法下刀，真是件头疼的事。如果你也经常遇到这样的问题，不妨学习一下下面的两个小窍门，无论你家里有没有微波炉，都能从中获得一些灵感。

窍门 1：盖盆子均匀解冻冻肉

材料：铝盆√

（操作方法）

❶将一个铝盆倒扣在一个平面上，将用保鲜膜或者塑料袋包裹着的冻肉放在铝盆底上的中心位置。

❷将另外一个铝盆口朝上放在冻肉上，要保证两个铝盆都紧贴着冻肉，冻肉就能很快解冻了。

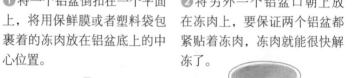

窍门 2：盖盘子解冻冻肉更均匀

材料：盘子、微波炉√

（操作方法）

❶将准备解冻的冻肉放在一个盘子中，拿另外一个盘子盖在冻肉上。盖在冻肉上的盘子应该略大于装冻肉的盘子。

❷ 将盘子和冻肉一起放进微波炉，将微波炉调到解冻一档上，加热一段时间即可。用这一方法解冻好的冻肉，里面部分和表面部分被解冻的程度都是一样的。

有什么窍门能将蛋清、蛋黄分离 >>>

　　鸡蛋黄指的是鸡蛋内发黄的那一部分，含有大量的蛋白质以及脂溶性维生素；鸡蛋清又叫鸡子白，是鸡蛋中包裹着蛋黄的那一部分，可以用来美容。因为鸡蛋黄和鸡蛋清所含的营养成分不同，用途也大不相同，所以，人们常常需要将二者分离，虽然有人推荐用专门的蛋清、蛋黄分离器，可这种工具并不是处处都能买到，即使能够买到，分离蛋清和蛋黄也需要一定的时间。那么，有没有什么方法能在不损坏鸡蛋清和鸡蛋黄的情况下将两者快速分离呢？

窍门： 妙用矿泉水瓶分离蛋清、蛋黄

材料： 矿泉水瓶√

(操作方法)

❶ 将鸡蛋打在洗干净的碗中。

❷ 准备一个干净的矿泉水瓶，将矿泉水瓶中的空气挤出来，把瓶口对准碗里的蛋黄。

❸ 松开手，蛋黄就被吸进矿泉水瓶中了。再将矿泉水瓶轻轻一挤，就可以把蛋黄挤出来。

如何自制果酱 >>>

一些人喜欢在早餐的时候吃几片吐司面包加点儿果酱，方便又节省时间，但果酱中的色素和防腐剂又让人望而却步。想吃到酸甜适口的果酱，又担心在市场上买的果酱不够健康，那你不妨试试自己动手制作果酱，将家中吃不完的水果做成果酱，既杜绝了浪费又保证了健康，真是一举两得。

窍门：自制苹果果酱

材料：刀、榨汁机、白糖、微波炉√

（操作方法）

❶取几个苹果，将苹果洗干净，削掉苹果皮，再切成小块。

❷将切好的苹果块放入榨汁机中，加少量水，启动机器打成苹果泥。

❸将榨汁机中的苹果泥倒出，加入适量的白糖，再加入一小勺白醋，搅拌好之后放入微波炉中高火加热几分钟即可，加热的时间根据苹果泥的稀稠程度和自己的喜好而定。

食物储存与保鲜

大米巧防虫 >>>

❶ 按 120 : 1 的比例取花椒、大料，包成若干纱布包，混放在米缸内，加盖密封，可以防虫。

❷ 取大蒜、姜片适量，混放在米缸内，可以防蛀虫、驱虫。

❸ 将大米打成塑料小包，放冰柜中冷冻，取出后绝不生虫；米多时可轮流冷冻。

大米巧防潮 >>>

用 500 克干海带与 15 千克大米共同储存，可以防潮，海带拿出仍可食用。

米与水果不宜一起存放 >>>

米易发热，水果受热后容易蒸发水分而干枯，而米吸收水分后亦会发生霉变或生虫。

巧存剩米饭 >>>

将剩米饭放入高压锅中加热，上气、加阀后用旺火烧 5 分钟；或放入一般蒸锅中，上气后 8 分钟再关火，千万别再开盖，以免空气中的微生物落入。这样处理过的米饭，既可在室温下安全存放 24 小时以上，又不会变得干硬粗糙，再吃时风味虽不及新鲜时，但基本上不会损害营养价值。

巧存面粉 >>>

口袋要清洁，装入面粉后要放在阴凉、通风、干燥处，减温散热，避免发霉。如生虫，将面粉密封在袋子里，放冰箱冷冻室 10 小时就可杀死虫子，之后筛出小虫再密封保存。

巧存馒头、包子 >>>

将新制成的馒头或包子趁热放入冰箱迅速冷却。没有条件的家庭，可放置在橱柜里或阴凉处，也可放在蒸笼里密封贮存，或放在食品篓中，上蒙一块湿润的盖布，用油纸包裹起来。这些办法只能减缓面食变硬的速度，只要时间不是过长，都能收到一定的效果。

巧存面包 >>>

❶ 先将隔夜面包放在蒸屉里，然后往锅内倒小半锅温开水，再放点儿醋，把面包稍蒸即可。

❷ 把面包用原来的包装蜡纸包好，再用几张浸湿冷水的纸包在包装纸外层，放进一个塑料袋里，将袋口扎牢。这种方法适宜外出旅游时面包保鲜用。

❸ 在装有面包的塑料袋中放一根鲜芹菜，可以使面包保持新鲜滋味。

分类存放汤圆 >>>

速冻汤圆买回家后，应做到分类存放：甜汤圆放入冰箱的速冻层内；叉烧、腊味等肉类的咸汤圆最好放入冷藏层内，以免低温破坏馅料的肉质纤维结构。

巧存蔬菜 >>>

从营养价值看，垂直放的蔬菜所保存的叶绿素含量比水平放的蔬菜要多，且经过时间越长，差异越大。叶绿素中的造血成分对人体有很高的营养价值，因此蔬菜购买回来应将其竖放。

巧存小白菜 >>>

小白菜包裹后冷藏只能维持 2 ~ 3 天，如连根一起贮藏，可延长 1 ~ 2 天。

巧存西红柿 >>>

西红柿大量上市时，质优价廉，选些半红或青熟的放进食品袋，然后扎紧袋口，放在阴凉通风处，每隔 1 天打开袋口 1 次，并倒掉袋内的水珠，5 分钟后再扎紧袋口。待西红柿熟红后即可取出食用。需要注意的是，西红柿全部转红后，就不要再扎袋口了。此法可贮存 1 个月。

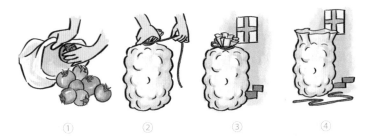

盐水浸泡鲜蘑菇 >>>

将鲜蘑菇根部的杂物除净，放入 1% 的盐水中浸泡 10 ~ 15 分钟，捞出后沥干，装入塑料袋中，可保鲜 3 ~ 5 天。

巧用纸箱存苹果 >>>

要求箱子清洁无味，箱底和四周放两层纸。将苹果每5～10个装一小塑料袋。早晨低温时，将装满袋的苹果两袋口对口挤放在箱内，逐层将箱装满，上面先盖2～3层软纸，再覆上一层塑料布，然后封盖。放在阴凉处，一般可储存半年以上。

巧用苹果存香蕉 >>>

把香蕉放进塑料袋里，再放一个苹果，然后尽量排出袋子里的空气，扎紧袋口，放在家里不靠近暖气的地方。这样可以保存1个星期。

巧存柑橘 >>>

把柑橘放在小苏打水里浸泡1分钟，捞出沥干，装进塑料袋里把口扎紧，放进冰箱，可保持柑橘1～2个月新鲜好吃。

巧存荔枝 >>>

荔枝的保鲜期很短，可将荔枝放在密封的容器里，由于其吸氧呼出二氧化碳的作用，会使容器形成一个低氧、高二氧化碳的环境，采取此法存放荔枝，在1℃～5℃的低温条件下，可存放30～40天，常温下可存放6～7天，而且风味不变。

茶水浸泡猪肉可保鲜 >>>

用茶叶加水泡成浓度为5%的茶汁，把鲜肉浸泡在茶汁中，过些时候取出冷藏。经过这样处理的鲜肉，可以减少70%～80%的过氧化合物。因为茶叶中含有鞣酸和黄酮类物质，能减少肉类中过氧化物的产生，从而达到保鲜效果。

巧存腊肉 >>>

存放腊肉时，应先将腊肉晒干或烤干，放在小口坛子里，上面撒少量食盐，再用塑料薄膜把坛口扎紧。随用随取，取后封严。这样保存的腊肉到来年秋天也不会变质变味。

巧用白酒存香肠 >>>

储藏前，在香肠上涂一层白酒，然后将香肠放入密封性能良好的容器内，将盖子盖严，置于阴凉干燥通风处。

巧用熟油存肉馅 >>>

肉馅如短时间不用，可将其盛在碗里，将表面抹平，再浇一层熟食油，可以隔绝空气，存放不易变质。

鸡蛋竖放可保鲜 >>>

刚生下来的鸡蛋，蛋白很浓稠，能有效地固定蛋黄的位置。但随着存放时间的延长，尤其是外界温度比较高的时候，在蛋白酶的作用下，蛋白中的黏液素就会脱水，慢慢变稀，失去固定蛋黄的作用。这时，如果把鲜蛋横放，蛋黄就会上浮，靠近蛋壳，变成贴壳蛋。如果把蛋的大头向上，即使蛋黄上浮，也不会贴近蛋壳。

蛋黄蛋清的保鲜 >>>

❶蛋黄的保鲜：蛋黄从蛋白中分离出来后，浸在麻油里，可保鲜 2 ~ 3 天。

❷蛋清的保鲜：把蛋清盛在碗里，浇上冷开水，可保留数天不坏。要使蛋清变稠，可在蛋清里放一些糖，或滴上几滴柠檬，或放上少许盐均可。

巧存鲜虾 >>>

冷冻新鲜的河虾或海虾，可先用水将其洗净后，放入金属盒中，注入冷水，将虾浸没，再放入冷冻室内冻结。待冻结后将金属盒取出，在外面稍放一会儿，倒出冻结的虾块，再用保鲜袋或塑料食品袋密封包装，放入冷冻室内储藏。

鲜鱼保鲜法 >>>

❶ 将鲜鱼放入 88℃的水中浸泡 2 秒钟，体表变白后即放入冰箱；或将鱼切好经热水消毒杀菌后，装在一个 34℃左右的塑料袋里保存；或放在有漂白粉的热水中浸泡 2 秒钟。

❷ 活鱼剖杀后，不要刮鳞，不要用水洗，用布去血污后，放在凉盐水中泡 4 小时后，取出晒干，再涂上点儿油，挂在阴凉处，可存放多日，味道如初。

❸ 将鱼剖开，取掉内脏，洗净后，放在盛有盐水的塑料袋中冷冻，鱼肚中再放几粒花椒，鱼不发干，味道鲜美。

巧存海参 >>>

将海参晒得干透，装入双层食品塑料袋中，加几头蒜，然后扎紧袋口，悬挂在高处，不会变质生虫。

巧存虾仁 >>>

虾仁是去掉了头和壳的鲜虾肉。鲜虾仁入冰箱贮藏前，要先用水焯或油氽至断生，这样可使红色固定，鲜味恒长。如需要剥仁备用，可在虾仁中加适量清水，再入冰箱冻存。这样即使存放时间稍长一些，也不会影响鲜虾的质、味、量，更不会出现难看的颜色。

巧存虾米 >>>

❶淡质虾米可摊在太阳光下，待其干后，装入瓶内，保存起来。

❷咸质虾米，切忌在阳光下晾晒，只能将其摊在阴凉处风干，再装进瓶中。

❸无论是保存淡质虾米，还是保存咸质虾米，都可在瓶中放入适量大蒜，以避免虫蛀。

巧存泥鳅 >>>

把活泥鳅用清水洗一下，捞出后放进一个塑料袋里，袋内装适量的水，将袋口用细绳扎紧，放进冰箱的冷冻室里冷冻，泥鳅就会进入冬眠状态。需要烹制时，取出泥鳅，放进一盆干净的冷水里，待冰块融化后，泥鳅很快就会复活。

巧存活蟹 >>>

买来的活蟹如想暂放几天再吃，可用大口瓮、坛等器皿，底部铺一层泥，稍放些水，将蟹放入其中，然后移放到阴凉处。如器皿浅，上面要加透气的盖压住，以防蟹爬出。

巧使活蟹变肥 >>>

如买来的蟹较瘦，想把它养肥一点儿再吃，或暂时储存着怕瘦下去，可用糙米加入两个打碎壳的鸡蛋，再撒上两把黑芝麻，放到缸里。这样养3天左右取出。由于螃蟹吸收了米、蛋中的营养，变得壮实丰满，重量明显增加，吃起来肥鲜香美。但是不能放得太多，以防蟹吃得太多而胀死。

巧存蛏、蛤 >>>

要使蛏（chēng）、蛤（gé）等数天不死，在需要烹调时保持新鲜味美，可在养殖蛏、蛤的清水中加入食盐，盐量要达到近似海水的咸度，蛏、蛤在这种近似海水的淡水中，可存活数天。

巧存活蚶 >>>

蚶（hān）是一种水生软体动物，离水后不久就会死掉。如果保留蚶外壳的泥质，并将其装入蒲包，在蒲包中放一些小冰块，可使蚶半月不死。

巧用面包存糕点 >>>

在贮藏糕点的密封容器里加一片新鲜面包，当面包发硬时，再及时更换一块新鲜的，这样糕点就能较长时间保鲜。

巧用苹果和白酒存点心 >>>

准备一个大口的容器，一个削了皮的苹果和一小杯白酒。首先在容器底部摆放一些点心，然后把削好的苹果放在中间，再在苹果周围和上面摆放点心，最后在点心的最上面放一小杯白酒；然后把容器的盖子盖好，就可以随吃随拿了。用这种方法保存点心，可以使糕点保持半年不坏，而且还特别松软。

巧用微波炉加热潮饼干 >>>

把受潮的饼干装到盘子里，然后放到微波炉内，用中火加热 1 分钟左右后取出。如果饼干已经酥脆，便可不必继续加热；如果还没有，那就需要再加热 30 秒的时间。使用微波炉的方法很简便，但是一不小心饼干就会变煳。

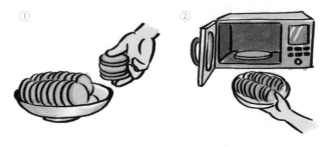

巧存食盐 >>>

❶炒热储存法：夏天，食盐会因吸收了空气中的水分而返潮，只要将食盐放到锅里炒热，使食盐中吸收潮气的氯化镁分解成氧化镁，食盐就不会返潮了。

❷加玉米面储存法：在食盐中放些玉米面粉，食盐就能保持干燥，不易返潮，也不影响食用。

巧存酱油、醋 >>>

❶购买前，先把容器中残留的酱油、醋倒掉，然后用水洗刷干净，再用开水烫一下。

❷酱油、醋买回后，最好先烧开一下，待凉后再装瓶，并且将瓶盖盖严。

❸在瓶中倒点儿清生油或香油，把酱油、醋和空气隔开。在酱油、醋中放几瓣大蒜或倒入几滴白酒，均可防止发霉。

❹醋最好用玻璃、陶瓷器皿贮藏，凡是带酸性的食物都不要用金属容器贮藏。

❺醋里滴几滴白酒，再略加点儿盐，醋就会更加香气浓郁，且长久不坏。

巧存料酒 >>>

料酒存放久了，会产生酸味。如果在酒里放几颗黑枣或红枣（500毫升黄酒放 5 ~ 10颗），就能使料酒保持较长时间不变酸，而且使酒味更醇。

巧存香油 >>>

把香油装进一小口玻璃瓶内，每500克油加入精盐1克，将瓶口塞紧不断地摇动，使食盐溶化，放在暗处3日左右，再将沉淀后的香油倒入洗净的棕色玻璃瓶中，拧紧瓶盖，置于避光处保存，随吃随取。需要注意的是，装油的瓶子切勿用橡皮塞等有异味的瓶塞。

巧法保存花生油 >>>

将花生油（或豆油）入锅加热，放入少许花椒、茴香，待油冷后倒进搪瓷或陶瓷容器中存放，不但久不变质，做菜用味道也特别香。

巧选容器保存食用油 >>>

用不同的容器存放，食用油的保质期也不相同。用金属容器存放最安全，既不进氧，也不进光，油很难被氧化，一般采用金属桶装油可保存 2 年。而玻璃瓶、塑料桶在这些方面都有欠缺，尤其是用塑料桶装，非常容易被氧化。采用玻璃瓶可保存 1 ~ 2 年，塑料桶仅可保存半年至一年。

巧存猪油 >>>

❶猪油热天易变坏，炼油时可放少许茴香，盛油时放一片萝卜或几颗黄豆，油中加一点儿白糖、食盐或豆油，可久存无怪味。

❷在刚炼好的猪油中加入几粒花椒，搅拌并密封，可使猪油长时间不变味。

巧存老汤 >>>

❶保存老汤时，一定要先除去汤中的杂质，等汤凉透后再放进冰箱里。

❷盛汤的容器最好是大搪瓷杯，一是占空间小，二是保证汤汁不与容器发生化学反应。

❸容器要有盖，外面再套上塑料袋，即使放在冷藏室内，

5 天之后也不会变质。

❹ 如果较长时间不用老汤，则可将老汤放在冰箱的冷冻室里，3 周之内不会变质。

巧法融解蜂蜜 >>>

蜂蜜存放日久，会沉淀在瓶底，食用时很不方便。这时可将蜂蜜罐放入加有冷水的锅中，徐徐加热，当水温升到 70℃ ~ 80℃时，沉淀物即可溶化，且不会再沉淀。

巧解白糖板结 >>>

❶ 可取一个不大的青苹果，切成几块放在糖罐内盖好，过 1 ~ 2 天后，板结的白糖便自然松散了，这时可将苹果取出。

❷ 在食糖上面敷上一块湿布，使表面重新受潮，使之散开。

❸ 将砂糖块放入盘中，用微波炉加热 5 分钟。根据砂糖量的不同，加热时间不同，所以在加热时应在微波炉旁观察。加热时间不宜过长，否则砂糖将会融化。

食物烹饪制作

巧做陈米 >>>

淘过米之后，多浸泡一段时间。在往米中加水的同时，加入少量啤酒或食用油，这样蒸出来的米饭香甜，且有光泽，如同新米一样。

巧焖米饭不粘锅 >>>

米饭焖好后，马上把饭锅在水盆或水池中放一会儿，热锅底遇到冷水后迅速冷却，米饭就不会粘在锅上了。

节约法煮米饭 >>>

将大米用水淘洗干净，放入普通锅中，加入适量的凉水，浸泡2～4小时。等米吃透水后，倒出所剩的水，再加入等量的开水，然后用大火烧开锅，2分钟后改成微火，将锅不断转动，轮流烧锅的边缘，8分钟后米饭即熟。用此法焖制米饭，省时省火，大米营养流失极少，口感也很好。

巧热剩饭 >>>

热过的剩饭吃起来总有一股异味，在热剩饭时，可在蒸锅水中兑入少量盐水，即可除去剩饭的异味。

炒米饭前洒点儿水 >>>

冷饭在存放过程中水分容易流失，加热时先洒一点儿水，焖一下，让米饭中的水分饱和，炒饭时才容易吸收其他配料的味道，饭粒的口感也不至于干硬难嚼。

巧除米饭煳味 >>>

❶ 米饭不小心被烧煳以后，应立即停火，倒一杯冷水置于饭锅中，盖上锅盖，煳饭的焦味就会被水吸收掉。

❷ 不要搅动它，把饭锅放置在潮湿处 10 分钟，烟熏气味就没有了。

❸ 将 8 ~ 10 厘米长的葱洗净，插入饭中，盖严锅盖，片刻煳味即除。

❹ 在米饭上面放一块面包皮，盖上锅盖，5 分钟后，面包皮即可把煳味吸收。

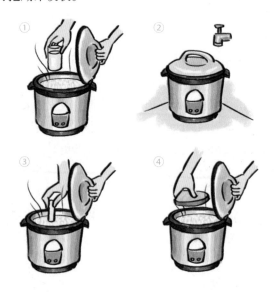

煮汤圆不粘锅 >>>

汤圆下锅之前先在凉水里蘸一蘸，然后再下到锅里，这样煮出来的汤圆，个是个，汤是汤，不会粘连。

巧做饺子面 >>>

制作饺子时，在每 500 克面粉中打入两个鸡蛋，加适量水，将面粉和鸡蛋调匀和好，待 5 分钟后再制作，这样饺子煮出后既美观，又不破肚，也不粘连。

巧煮饺子 >>>

❶ 煮饺子时要添足水，待水开后加入一棵大葱或 2% 的食盐，溶解后再下饺子，能增加面筋的韧性，饺子不会粘皮、粘底，饺子的色泽会变白，汤清饺香。

❷ 饺子煮熟以后，先用笊篱把饺子捞出，随即放入温开水中浸涮一下，然后再装盘，饺子就不会互相粘在一起了。

巧蒸食物 >>>

❶ 蒸食物时，蒸锅水不要放得太多，一般以蒸好后锅内剩半碗水为宜，这样做可最大限度节约煤气。

❷ 打开蒸锅锅盖，用划燃的火柴凑近热蒸汽，若火焰奄奄一息甚至熄灭了，就说明食物基本熟了。

巧煮面条 >>>

❶ 煮面条时加一小汤匙食油，面条不会粘连，面汤也不会起泡沫、溢出锅外。

❷ 煮面条时，在锅中加少许食盐，煮出的面条不易烂糊。

❸煮挂面时，不要等水沸后下面，当锅底有小气泡往上冒时就下，下后搅动几下，盖锅煮沸，沸后加适量冷水，再盖锅煮沸就变熟了。这样煮面，热量慢慢向面条内部渗透，面柔而汤清。

蒸馒头碱大的处理 >>>

蒸馒头碱放多了起黄，如在原蒸锅水里加醋 2 ~ 3 汤匙，再蒸 10 ~ 15 分钟，馒头可变白。

巧热陈馒头 >>>

馒头放久了变得又干又硬，回锅加热很难蒸透，而且蒸出的馒头硬瘪难吃。如在重新加热前，在馒头的表皮淋上一点儿水，蒸出的馒头就会松软可口。

巧炸馒头片 >>>

炸馒头片时，先将馒头片在冷水（或冷盐水）里稍浸一下，然后再入锅炸，这样炸好的馒头片焦黄酥脆，既好吃又省油。

炸春卷不煳锅 >>>

炸春卷时，如果汤汁流出，就会煳锅底，并使油变黑，成品色、味均受影响。可在拌馅时适量加些淀粉或面粉，馅内的菜汁就不容易流出来了。

炒菜省油法 >>>

炒菜时先放少许油炒，待快炒熟时，再放一些熟油在里面炒，直至炒熟。这样，菜汤减少，油也渗透进菜里，油用得不多，但是油味浓郁，菜味很香。

油锅巧防溅 >>>

炒菜时，在油里先略撒点儿盐，既可防止倒入蔬菜时热油四溅，又能破坏油中残存的黄曲霉毒素。

油炸巧防溢 >>>

油炸东西的时候，有时被炸的食物含有水分，会使油的体积快速增大，甚至从锅里溢出来。遇到这种情况，只要拿几粒花椒投入油里，胀起来的油就会很快地消下去。

热油巧消沫 >>>

油脂在炼制过程中，不可避免地会混入一些蛋白质、色素和磷脂等。当食油加热时，这些物质就会产生泡沫。如果在热油泛沫时，用手指轻弹一点儿水进去，一阵轻微爆锅后，油沫就没了。要注意切勿多弹或带水进锅，以防热油爆溅，烫伤皮肤。

巧用回锅油 >>>

❶ 炸过食品的油，往往会发黑。可在贮油的容器里放几块鸡蛋壳，由于鸡蛋壳有吸附作用，能把油中的炭粒吸附过去，油就不会发黑了。

❷ 可用现成的咖啡滤纸代替滤油纸，在滤过的油容器中各放一片大蒜和生姜，这样不仅气味没了，还可使油更为香浓可口。

❸ 炸过鱼、虾的花生油用来炒菜时，常会影响菜肴的清香，只要用此油炸一次茄子，即可使油变得清爽，而吸收了

鱼虾味的茄子也格外好吃。

巧热袋装牛奶 >>>

❶ 先将水烧开，然后把火关掉，将袋装牛奶放入锅中，几分钟后将牛奶取出。千万不要把袋装牛奶放入水中再点火加热，因为其包装材料在 120℃时会产生化学反应，形成一种危害人体健康的有毒物质。

❷ 袋装牛奶冬季或冰箱放置后，其油脂会凝结附着在袋壁上，不易刮下，可在煮之前将其放在暖气片上或火炉旁预热片刻，油脂即熔。

手撕包菜味道好 >>>

包菜最好不要用菜刀切，用手撕比较好吃。因为用菜刀切会切断细胞膜，咬起来口感就没那么好了，而用手撕就不会破坏细胞膜。再者，细胞中所含的各种维生素，可能会从菜刀切断的地方流失掉。

做四棱豆先焯水 >>>

烹饪四棱豆需要用水焯透，然后用淡盐水浸泡一会儿再烹饪，这样口感会更好。

炒青菜巧放盐 >>>

在炒黄瓜、莴笋等青菜时，洗净切好后，撒少许盐拌和，腌渍几分钟，控去水分后再炒，能保持脆嫩清鲜。

烧茄子巧省油 >>>

❶ 烧茄子时，先将切好的茄块放在太阳光下晒一会儿

（等茄块有些发蔫即可），过油时就容易上色而且省油。

❷烧茄子时，把加工好的茄子（片或块）先用盐腌一下，当茄子渗出水分时，把它挤掉，然后再加油烹调，味道好还可以省油。

巧炒土豆丝 >>>

将切好的土豆丝先在清水中泡洗一下，将淀粉洗掉一些，这样炒出的土豆丝脆滑爽口。

白酒去黄豆腥味 >>>

在炒黄豆或黄豆芽时，滴几滴白酒，再放少许盐，这样豆腥味会少得多。或者在炒之前用凉盐水洗一下，也可达到同样的效果。

巧煮土豆 >>>

❶为使土豆熟得快一些，可往煮土豆的水里加进1汤匙人造黄油。

❷为使土豆味更鲜，可往汤里加进少许茴香。

❸为使带皮的土豆煮熟后不开裂、不发黑，可往水里加点儿醋。

洋葱不炒焦的小窍门 >>>

炒洋葱时，加少许葡萄酒，洋葱不易炒焦。

糖拌西红柿加盐味道好 >>>

糖凉拌西红柿时，放少许盐会更甜，因为盐能改变其酸糖比。

炒菜时适当加醋好 >>>

醋对于蔬菜中的维生素 C 有保护作用，而且加醋后，菜味更鲜美可口。

巧治咸菜过咸 >>>

❶如果腌制的咸菜过咸了，在水中掺些白酒浸泡咸菜，就可以去掉一些咸味。

❷用热盐水浸泡咸菜，不仅能迅速减除咸味，而且还不失其香味。

巧去腌菜白膜 >>>

家庭腌制冬菜，表面容易产生一层白膜，从而使腌菜腐烂变质。把菜缸、菜罐放在气温低的地方，在腌菜表面洒些白酒，或加上一些洗净切碎的葱头、生姜，把腌菜缸或罐密闭 3 ~ 5 天，白膜即可消失。

巧炸干果 >>>

先将干果用清水泡软或放入滚水中焯透，晾干水，然后用冻油、文武火炸，这样炸出的干果较为酥脆。

巧煮花生米 >>>

煮花生时，关火后不要立即揭开锅盖捞花生，而应让花生米有一个入味的过程，约半个小时后吃味道才好。

花生米酥脆法 >>>

❶炒时用冷锅冷油，将油和花生米同时入锅，逐渐升

温，炸出的花生米内外受热均匀，酥脆一致，色泽美观，香味可口。

❷炒好盛入盘中后，趁热洒上少许白酒，并搅拌均匀，同时可听到花生米"啪啪"的爆裂声，稍凉后立刻撒上少许食盐。经过这样处理的花生米，放上几天几夜再吃都酥脆如初。

巧炒猪肉 >>>

❶将切好的猪肉片放在漏勺里，在开水中晃动几下，待肉刚变色时就起水，沥去水分，再下炒锅，这样只需 3 ~ 4 分钟就能熟，并且鲜嫩可口。

❷猪肉丝切好后放在小苏打溶液里浸一下再炒，会特别疏松可口。

做肉馅"三肥七瘦" >>>

配制肉馅时，肥瘦肉的搭配比例非常重要。如果瘦肉过多，烹制出的菜肴成品就会出现干、老、柴、硬等现象，滋味欠美，质感不佳，达不到外酥、内软的效果。如果肥肉过多，菜肴的油腻就会过大，加热时脂肪容易熔化，菜肴会松散变形，外表失去光滑。实践表明，按三肥七瘦的比例配制最合适。

腌肉放白糖 >>>

腌肉时，除加入盐和其他调味料外，还应加入白糖。在腌渍过程中，因糖溶液具有抗氧化性，可防肉质褪色。当用亚硝酸盐腌渍时，白糖也能起到保色和助色的作用。糖溶液有一定的渗透压，与盐配合得好，可阻止微生物生长，增加腌肉的防腐性。

腌香肠放红葡萄酒 >>>

为使腌制的香肠味道鲜美，形色美观，可在腌制过程中，往里加入一点儿红葡萄酒，这样制成的香肠就呈红色，能增强人的食欲。

炖牛肉快烂法 >>>

❶ 炖牛肉时，可往锅里加几片山楂、橘皮或一小撮茶叶，然后用文火慢慢炖煮，这样炖出来的牛肉酥烂且味美。

❷ 头天晚上将牛肉涂上一层芥末，第二天洗净后加少许醋和料酒再炖，可使牛肉易熟快烂。

❸ 炖牛肉时，加入一小布袋茶叶同牛肉一起炖，牛肉会熟得快，味道也更清香。

第二章

居家生活小窍门

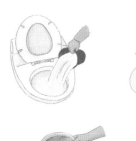

物品清洗

衣服沾上口红印，怎样去除 >>>

　　无论是男士还是女士，都可能会碰到衣服沾上口红的困扰。对于一些女士来说，出门涂口红就像出门要洗脸一样重要，不同颜色的口红更是能彰显女性的不同性格，但在穿着套头衫或者其他衣服时，很容易不小心将口红沾在衣服上，如果不加清理，就会影响形象。那么，衣服上沾了口红，到底该如何清洗呢？

窍门：汽油除口红

材料：刷子、汽油、洗涤剂√

（操作方法）

❶准备一把小刷子和少量的汽油，将刷子蘸上一点儿汽油。

❷用蘸有汽油的刷子轻轻刷衣服上被口红沾到的地方，直到口红的油脂被除尽。

❸将口红的油脂除尽后，再用温性洗涤剂仔细洗一洗沾有口红的地方，最后用清水将衣服漂洗干净就可以了。

如何清洗衣服上的酱油渍 >>>

　　人们做饭炒菜的时候，衣服常常会溅上酱油点，这些酱油点在一些浅色衣服上看起来特别明显，让人十分烦恼。尽管有围裙的遮挡，可这种情况还是免不了发生。那么，溅上酱油的衣服到底该怎样洗呢？下面就介绍一个洗掉衣服上酱油的好办法。

窍门：巧用白糖去除酱油污迹

材料：白糖√

（操作方法）

❶将沾上酱油污迹的衣服浸泡在水中，或仅将衣服沾有酱油的部分沾湿。

❷将衣服沾有酱油污渍的部分撒上一些白糖。

❸用手细细揉搓衣服撒上白糖的部分，揉搓一段时间之后，可以看到衣服上的酱油污渍已经有一部分渗透进白糖里。

❹继续揉搓衣服沾上酱油的部分，将衣服上的酱油污渍尽量除去，这期间可以继续向衣服上沾有酱油的部分撒一点儿白糖。最后用正常的洗衣方法将衣服洗净即可。

衣服沾上锈迹，怎样去除 >>>

　　冬季北方的暖气烧得很旺，有些人喜欢将刚刚洗好的衣服直接晾在暖气管上，一是能利用暖气管的热气使衣服加速变干，二是能让空气变得潮湿一些，起到加湿器的作用。可暖气管由于长期受潮，常常会有锈迹产生，导致衣服沾上锈迹。那么，衣服上的锈迹该如何去除呢？

窍门： 维生素 C 去除衣服锈迹

材料：维生素 C 药片√

（操作方法）

❶ 准备几粒维生素 C 药片，将其碾成细细的粉末。

❷ 将维生素 C 碾成的粉末撒在衣服沾染锈迹处。

❸ 用水反复搓洗衣服上沾有锈迹处，直至除去衣服上的锈迹。

❹ 最后将衣服用清水冲洗干净。

衣服粘上口香糖怎么办 >>>

口香糖能够保持口气清新，是不少年轻人的最爱，但也是环境的污染源。有一些人嚼过口香糖之后无处存放，就将它们粘在公园长椅、地铁座椅、教室课桌等公共设施上，其他的人再坐上去时，往往被口香糖粘个正着。而粘在衣裤上的口香糖往往很难清洁，让很多人心烦气躁。有了下面的办法，就可以不再担心。

窍门：冰箱冷冻去除口香糖

材料：冰箱、塑料袋√

`操作方法`

❶ 把粘上口香糖的衣服放在塑料袋中，注意不要让口香糖再粘到衣服的其他部分。

❷ 将装有衣服的塑料袋直接放进冰箱冷冻层里冷冻一段时间。

❸ 等口香糖被冻硬之后将衣服取出，用小刀轻轻刮一下衣服上粘有口香糖的位置，口香糖就轻松掉下来了。

衣服上的黄渍如何清理 >>>

白色衣服让人显得青春阳光，但是特别容易脏。经过长时间汗水的浸泡和日晒，白色衣物很容易发黄。如何让白色衣物恢复原来的亮丽呢？跟着下面的方法做吧。

窍门：特殊光照法让衣服洁白

材料：肥皂、塑料袋√

操作方法

❶ 把衣服浸湿后，用肥皂涂抹一遍，清洗干净。

❷ 接下来，再往衣服上涂抹一遍肥皂，搓揉几下，使衣服上均匀地沾上肥皂水。

❸ 把沾有肥皂水的衣服放入一个透明的塑料袋，放在有阳光的地方晒上一个小时，中途翻一下面，使塑料袋里的衣服能够充分地被阳光照射到。

❹ 最后将衣服清洗干净就可以了。晾干后的衣服会比原来洁白很多。

衣服沾上机油如何清洗 >>>

对于一些经常与大型机械接触的工人来说，工作时衣服沾上机油真是再平常不过的事情了。有时候不单单是工作服，就连日常穿着的衣服也难以幸免，这该如何是好呢？

窍门：巧用汽油清除机油

材料：汽油、熨斗√

（操作方法）

❶ 先将衣服沾有机油的部分用汽油洗擦一下。

❷ 在衣服沾上油污部分的两侧各垫上一块布，用熨斗反复烫熨，使油完全蒸发，被吸附在布面上。

❸ 等到衣服上的油渍去除得差不多的时候，用洗涤剂将衣服洗涤一遍。

❹ 最后用清水将衣服洗干净即可。

怎样清洗新文胸 >>>

　　一件好的文胸对女性朋友来说十分重要。当购买了一件新文胸时，总要洗一洗才能穿着。一般来说，新文胸只要用清水浸泡一段时间就可以达到清洗效果了，但总有一些人不放心，想要洗一洗。那么，怎样清洗新文胸才能保证洗得干净又不变形呢？

窍门：手洗文胸好处多

材料：清洁剂√

（操作方法）

❶ 准备一盆清水，加入适量衣物清洁剂。

❷ 将文胸浸泡在放有衣物清洁剂的清水中一段时间。

❸ 将浸泡过一段时间的文胸拿出，采取轻压拍打或者抓洗的方式洗涤。

❹ 最后用清水将文胸洗涤干净，晾晒。

如何清洗衣服上的墨迹 >>>

写毛笔字是一种很多人喜爱的文娱活动，孩子通过练习毛笔字来提高修养，老人通过练习毛笔字来陶冶性情。那么当黑黑的墨汁沾染在衣服上的时候，该如何清洗呢？

窍门：饭粒、糨糊清洗衣服上的墨迹

材料：饭粒或糨糊、洗涤剂√

操作方法

① 将一些饭粒或者糨糊与洗涤剂混合一下。

② 以手指蘸上一些上一步调和成的混合物，直接在衣服沾上墨迹的部分反复涂抹直到将墨汁除净。

③ 将衣物浸于含酶洗涤剂溶液中约30分钟。

④ 将浸泡好的衣物取出再洗干净。

电热毯怎么洗 >>>

　　电热毯是我们都很熟悉的一种电器，但你知道该如何洗涤它吗？一般来说，电热毯是不用水洗的，但如果电热毯实在太脏，也可以用水洗涤，但一定要掌握正确的方法。那么，如何洗涤电热毯才算正确呢？

窍门：用正确方法洗涤电热毯

材料：洗衣液或肥皂√

【操作方法】

❶ 先将毯面放到清水中浸泡一段时间，但要注意不要让电热毯自身的开关、插头、调温器等沾上水。

❷ 将浸湿的电热毯平放在干净的地方，将电热毯布料一面沾上肥皂水或洗衣液，刷洗干净。

❸ 用手搓洗电热毯的棉毯一面，搓时要避免损伤电热线。

❹ 将电热毯用清水洗涤干净，并从水中拿出，舒展成原本的形状。

❺ 晾晒电热毯的过程中要注意保持电热毯的形状。

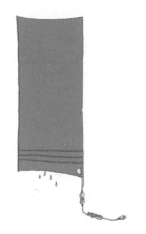

如何彻底清洗饮水机 >>>

　　由于饮水机使用方便，现代拥有饮水机的家庭越来越多。很多人认为，桶装的饮用水纯净无杂质，比烧出来的水要干净很多，其实这是一个认识的误区。如果你不经常清洗饮水机的话，那么饮水机绝对是个藏污纳垢、滋生细菌的好地方。那么，到底如何彻底清洗饮水机呢？

窍门： 分步骤彻底清洗饮水机

材料：清洗消毒液、开水√

（操作方法）

❶将饮水机的电源切断。

❷打开所有饮水开关放水，将饮水机中的水放空，拿下纯净水桶。

❸将可用于饮水机的清洗消毒液如次氯酸钠等倒入饮水机的贮水罐。

❹过一段时间之后，开启饮水机的水龙头将消毒液放掉。然后打开饮水机放水阀让消毒液排尽。

❺用开水反复冲洗饮水机。等饮水机中的水都排净以后，关闭饮水机的放水阀。

71

衣服如何进行局部清洗 >>>

无论在生活中还是工作中，保持整洁的形象都是极为重要的。衣服可以旧，但绝不能脏，相信这是大多数人的共识。但日常生活中往往会遇到意想不到的情况，有时候刚刚洗好的衣服却溅上小小的污点，这时候衣服要不要重新清洗呢？又比如正穿着的衣服上有了污迹，手边却没有其他衣服可供换洗，这时候又该怎么办？只要掌握了局部清洗的妙招，这些问题就都解决了。

窍门： 胶卷盒、小石子清洗衣服局部

材料：胶卷盒、小石子、洗衣液√

（操作方法）

❶ 在胶卷盒中加入半盒清水，再加入一点儿洗衣液。

❷ 将准备好的小石子放入胶卷盒。

❸ 将衣服有污迹的地方对准胶卷盒，从另一面用盖子盖上。

❹ 用力摇动胶卷盒，让小石子和衣服来回碰撞。

❺ 摇动一段时间后，取下胶卷盒，把盒中的水换成清水再按上述程序操作一遍即可。

怎样清除衣服上沾上的头发丝 >>>

衣服、床单上经常会沾上头发丝、小颗粒之类的东西，用手根本拣不干净，虽然可以用超市里卖的那种带胶纸的滚子来去除，但用这种方法去除头发丝费时又麻烦。那么，还有什么好办法能够清除衣服上的头发丝呢？

窍门：橡皮筋清除衣服上沾上的头发丝

材料：橡皮筋、保鲜膜纸筒∨

操作方法

❶ 在一个用完的保鲜膜纸筒的一端缠上两根普通的橡皮筋。

❷ 手持纸筒的另一端，在需要的地方横着橡皮筋的方向来回擦拭，利用橡皮筋的摩擦力，即可把头发等杂物缠绕在橡皮筋上。

❸ 将衣服清理完之后把橡皮筋取下来，放在水里洗净即可继续使用。

甩干衣服时如何防止衣服被磨损 >>>

洗衣机给人们的生活带来了很多的方便，但机洗衣服时常会让衣服遭到这样、那样的损伤。尤其是在甩干的过程中，衣物上的亮片、珠串等小饰物很容易掉落，衣服也很容易遭到磨损，有没有什么好办法解决这一问题呢？

窍门：包浴巾法防止衣物磨损

材料：浴巾√

操作方法

❶ 准备一块比衣服稍大的浴巾，把要甩干的衣服平铺在浴巾上。

❷ 将浴巾的一条边向放有衣服的一面折，再沿着折叠处将浴巾紧紧卷成一个毛巾卷。

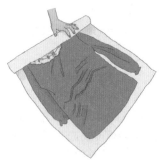

❸ 在毛巾卷的两头扎上橡皮筋或者用绳子固定。

❹ 把包裹好的毛巾卷放进洗衣机中甩干。

甩衣服时衬衫领变形怎么办 >>>

　　用洗衣机洗衬衫虽然方便，但可能会给衬衫造成一定的损害，特别是在甩干衬衫的过程中，衬衫领子经常会变形，好好的一件衬衫就不能穿了，怎样才能解决这一问题呢？

窍门：巧叠衬衫甩干不变皱

材料：无√

操作方法

❶ 将洗过的衬衫拧干，整理平整，把衬衫的领子竖起来。

❷ 将衬衫最上面一颗扣子和最下面一颗扣子分别扣好。

❸ 把衬衫的两个袖子往衣服的正面折叠，再将衬衫纵向对折。

❹ 将衬衫下摆处向上折叠一下，再从折叠处开始向上卷衬衫。

❺ 将衬衫卷好之后，把衬衫的领子从里往外翻出来，用领子包住卷好的衣服。

❻ 将处理好的衬衫放进洗衣机里甩干。

如何刷洗白球鞋 >>>

　　有很多人喜欢穿白色的球鞋，但白球鞋是很容易脏的，脏了的白球鞋无论怎么刷，还是会有点儿发黄，有没有解决这一问题的方法呢?

窍门: 妙用蓝墨水洗刷白球鞋

材料: 蓝墨水√

（操作方法）

❶把白球鞋先用洗衣粉或洗衣液按照普通的办法刷洗一遍。

❷将刷洗过的白球鞋用清水反复漂洗。

❸在一盆清水中滴几滴蓝墨水。

❹将白球鞋放入滴有蓝墨水的水中浸泡一段时间。

❺最后将白球鞋从水中取出，控水，再拿到阳台，放在阴凉处晾干。

如何清洗毛绒玩具 >>>

　　毛绒玩具不仅是小朋友的最爱，很多成年女孩同样有浓厚的毛绒玩具情结。的确，毛绒玩具柔软的触感、可爱的造型总能令人爱不释手。那么，现在就来给你心爱的毛绒玩具洗个澡吧，这样你和它都会变得更健康哦。

窍门1：粗盐清洁毛绒玩具

材料：塑料袋、粗盐√

操作方法

❶将适量粗盐倒入一个塑料袋中。

❷将要清洁的毛绒玩具放入装有粗盐的塑料袋，将塑料袋口封闭。

❸来回晃动塑料袋，让粗盐与毛绒玩具充分接触，毛绒玩具就能变干净了。

窍门2：揉袋法清洁毛绒玩具

材料：塑料袋、清洁剂√

操作方法

❶将毛绒玩具装入大小合适的塑料袋中，在塑料袋中装入适量清水。

❷在清水中加入适量的清洁剂，将塑料袋封闭。

❸反复揉捏塑料袋，使毛绒玩具得到清洁，最后用清水漂洗即可。

怎样快速消除烟味 >>>

香烟燃烧后产生的烟雾中含有许多对人体健康有危害的成分，尼古丁就是其中之一。尽管所有香烟的包装上都印有吸烟有害健康的标识，但是烟民仍然不在少数。不管是你自己吸烟，还是家中有其他人吸烟，室内的烟味总会久久不散。这无疑会让许多不吸烟的人产生反感。那么，有没有办法快速消除烟味呢？

窍门：挥舞湿毛巾快速除烟味

材料：清水、醋、毛巾√

（操作方法）

❶ 准备一盆清水，在清水中按照清水和白醋 20 ：1 的比例加入白醋。

❷ 将一条毛巾浸泡在水和白醋的混合溶液之中。

❸ 浸泡一段时间后，将毛巾拿出，拧干。

❹ 将浸过醋的毛巾在充满烟味的屋子里快速挥舞直到烟味被除去。

下水道总是堵怎么办 >>>

　　家里的下水道堵塞了，这可是件烦心事。污水聚积在地漏附近，让人难以忍受。尽管有地漏铁盖的阻挡，流进下水道的杂物尤其是洗发、洗澡时脱落的长发还是会造成下水道的堵塞。对此感到烦恼的朋友也不用发愁，可以试一试下面的窍门来防止下水道堵塞。如果你家的下水道已经堵了，也不用发愁，只要掌握了下面的窍门，你就可以自己轻松疏通下水道，不必找专业疏通下水道的师傅了。

窍门： 自制地漏防止下水道堵塞

材料：铁丝、丝袜、圆筒√

操作方法

❶ 找一个底面直径和家里地漏大小差不多的圆筒，将事先准备好的铁丝在圆筒上绕几圈，将剩下的那段铁丝用力拧成麻花状作为自制地漏的把手。

❷ 将废旧不穿的旧丝袜套在做好的铁丝支架上，将丝袜多余的部分缠绕在铁丝把手上，用胶带固定住。将自制的地漏放在下水道口，就不用怕下水道被杂物堵塞了。

餐具油污难洗净，怎么办 >>>

　　装过油腻菜品的盘子，总是特别难以清洗，有时候即使用很多洗洁精，也难以清洗干净，看上去油腻腻的，心里总是感到不太舒服。面对这种情况，该如何解决呢？

窍门1：胡萝卜清洁油腻餐具

材料：胡萝卜√

【操作方法】

❶ 将胡萝卜切下头，胡萝卜头的大小有2厘米左右即可。

❷ 将切下的胡萝卜头穿在筷子上，用火烤软。要时不时把胡萝卜头在火上转一转，让胡萝卜头保持均匀受热。

❸ 等到胡萝卜头烤至表层有一点儿变颜色了，就可以用烤软的胡萝卜擦拭油腻的餐具来去除餐具上的油污了。

窍门2：烟灰清洁餐具

材料：烟灰√

【操作方法】

❶ 将烟灰倒在餐具中，用洗碗布蘸着烟灰将餐具擦拭一遍。

❷ 用清水将餐具冲洗干净即可。

如何保持菜板清洁 >>>

在菜板上切菜、肉是我们每天烧菜做饭过程中不可或缺的一步，因此，保持菜板的洁净是保持我们身体健康的措施之一。研究显示，使用 7 天的菜板表面每平方厘米病菌多达20 万个。因此，菜板消毒是非常必要的。那么，到底怎样才能保持菜板的清洁呢？

窍门 1：撒盐法清洁菜板

材料：盐、刷子√

（操作方法）

❶ 撒 一 些 盐 在 菜板上。

❷ 用刷子用力刷撒过盐的菜板。

❸ 当盐粒的颜色变深，将之从菜板上扫下即可。

窍门 2：制作防护垫保持菜板清洁

材料：果汁盒√

（操作方法）

❶ 准备一个空的果汁纸质包装盒，用剪刀将果汁盒上的开口处剪掉。

❷ 沿着果汁包装盒的边缘将果汁盒纵向剪开。

 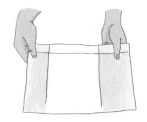

❸ 将剪好的果汁盒平铺在菜板上，就可以在上面切菜了。这样就能让菜板保持清洁了，果汁包装盒制成的菜板防护垫不仅容易清洁，更换起来也十分方便。

打碎的鸡蛋怎样快速清理 >>>

　　鸡蛋是我们日常生活中经常使用的食材，一不小心将鸡蛋打碎在地，也是很常见的事情，打碎在地的鸡蛋清理起来比较费劲，常常擦得满头大汗也不能将地上的鸡蛋痕迹彻底清理干净，这不免让人感到沮丧。有没有什么窍门能解决这一棘手的问题呢？

窍门：撒盐清理碎鸡蛋

材料：盐、卫生纸√

（操作方法）

❶ 在碎鸡蛋上撒一点儿盐。

❷ 过一段时间后检查一下撒过盐的鸡蛋是否变硬。

❸ 将已经变硬的鸡蛋用抹布或卫生纸拾起丢掉。

❹ 将地上剩下的残迹用抹布或卫生纸擦干净。

怎样刷马桶省时又省力 >>>

对使用马桶的家庭来说，刷马桶是日常家务中不可忽视的一项，马桶经过长时间的使用就会发黄、产生异味，更会滋生细菌，如果不加清洁，将严重危害我们的健康。那么，刷马桶有没有什么简便的方法呢？

窍门：铺卫生纸刷马桶省时省力

材料：卫生纸、洁厕灵√

（操作方法）

❶ 先用水冲一下马桶。

❷ 将卫生纸一层层铺在马桶壁上。

❸ 在卫生纸上均匀淋洒上洁厕灵，使卫生纸与马桶壁充分接触。

❹ 过一段时间后再来刷洗马桶就容易将马桶刷洗干净了。

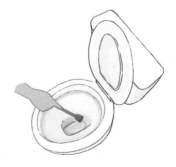

清理难以擦拭的门窗凹槽有什么好办法 >>>

推拉门窗是很多现代家庭的选择，这些门窗开关方便、节省空间，给人们带来了不少便利，但同时也产生了一些不便，其中门窗凹槽的清理问题尤为突出。传统的清理方式很难将凹槽里的灰尘、杂物清理干净，有什么办法能解决这一问题呢？

窍门： 妙用酸奶盒清洁门窗凹槽

材料：酸奶盒、剪刀√

`操作方法`

❶ 准备一个喝空的酸奶盒，剪掉酸奶盒的盒盖，其他部分根据门窗凹槽的大小撕成长条。

❷ 将撕好的长条按照酸奶盒原有的折印提好，放在要清理的门窗凹槽中。

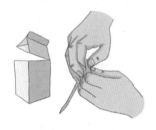

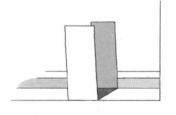

❸ 慢慢向前推酸奶盒撕成的纸条。

❹ 将酸奶盒撕成的纸条推到凹槽尽头，再把装满灰尘的纸条提出来即可。

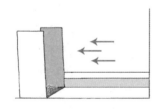

地毯撒了液体污渍，该如何清理 >>>

有许多人喜欢在家里铺上一块地毯，踩在柔软、温暖的地毯上面，常常让人产生一种回到了家的感觉。但与地板相比，地毯的清洁难度无疑更大，无论是意外洒上的汤汁还是地毯上附着的毛絮或人和宠物的毛发，都极难处理。毛发、灰尘还可以用刷子清理，液体污渍该怎么办呢？除了用水洗刷就没有别的好办法了吗？

窍门1：干毛巾除地毯液体污渍

材料：干毛巾、吸尘器、清水√

（操作方法）

❶ 将适量清水倒在地毯沾染液体污渍的地方。

❷ 将一条干毛巾折成约1厘米的厚度，放在洒过清水的地毯污渍处。

❸ 用吸尘器在铺上毛巾的地毯污渍处反复吸，过一段时间之后揭去毛巾就能将地毯上的液体污渍轻松去除。

窍门2：撒粉末去除地毯污渍

材料：面粉、精盐、滑石粉、白酒、干毛刷、绒布√

（操作方法）

❶ 用600克面粉、100克精盐、100克滑石粉加水调和后，再倒入30毫升的白酒。

❷ 将混合物加热，调成糊状。

❸ 待混合物冷却后切成碎块均匀地撒在地毯上，然后用干毛刷和绒布刷拭，地毯上的污渍即可去除。

水湿书的处理 >>>

　　阅读是人生的一大乐事，即使你不是一个喜欢买书、藏书的人，从小到大上学用过的教材也一定有不少。总而言之，你的家里一定有那么几本书。在阅读书籍的过程中，书本不小心被洒上水或者溅上其他液体的情况是很可能发生的，那么，有什么小窍门能让"饱受蹂躏"的旧书获得新生呢？

窍门1：冷冻法复原湿皱书本

材料：冰箱√

（操作方法）

❶ 将洒上水的湿皱书本放进冰箱的冷冻室里进行冷冻。

❷ 将冷冻过一段时间的书本从冰箱中取出，湿皱的旧书就可以平整如新了。

窍门2：吸水纸清除书本油渍

材料：吸水纸、熨斗√

（操作方法）

❶ 先在书本沾染油渍的地方放一张吸水纸吸取。

❷ 再用熨斗在放有吸水纸的地方轻轻熨烫几遍，书页就可恢复平整干净。

如何保持遥控器的清洁 >>>

遥控器几乎满足了一个"懒人"的所有梦想，使人们能够在床上或者沙发上实现对电器的遥控。电视机、空调、音响、汽车，人们似乎可以遥控一切，但如此的便利也带来了一个新的问题，即布满按钮的遥控器是非常不容易清洁的。遥控器的按钮之间常常布满灰尘和皮屑，看起来很脏，但偏偏按钮之间狭窄的间距又无法用布擦干净，这一问题该如何解决呢？

窍门：保鲜膜保持遥控器清洁

材料：保鲜膜、透明胶、剪刀√

（操作方法）

❶ 根据要保洁的遥控器尺寸剪下一块大小合适的保鲜膜。

❷ 将剪好的保鲜膜包裹在遥控器上，使其伏贴平整，在遥控器背面用透明胶进行固定。

衣物保养与收藏

大领衣服挂不住，怎么办 >>>

很多人都会有几件大领衣服，大领衣服由于领口比较大，一般尺寸的晾衣架都无法将之挂牢，往往遇到一阵微风，它们就会从衣架上滑落下来，刚洗好的衣服就这样白洗了。面对这种情况，该怎么办呢？

窍门：巧用皮筋防止大领衣服滑落

材料：皮筋、衣架√

（操作方法）

❶ 选择一个大小比大领衣服领口大一些的衣架。

❷ 将两个皮筋分别撑开套在衣架两侧的中间位置。

❸ 将大领衣服挂在衣架上。

❹拉起皮筋的一端将之压在大领
衣服肩膀上的衣服压线处，使大
领衣服被固定在衣架上。取衣服
的时候将皮筋提起就可以把衣服
取下来。

怎样叠 T 恤不会有褶皱 >>>

炎热的夏季，T 恤衫是每个人都要准备的避暑装备。T
恤衫有多种不同的款式，如 V 领、圆领、长款、短款等，可
谓各显风采。由于夏季人体比较容易出汗，为了保证能够经
常更换，每个人都会多准备几件 T 恤衫，好不容易将这些 T
恤衫收纳到衣柜里或者抽屉里，可拿出来穿的时候又遇到了
新的难题，这就是被集中叠放的 T 恤衫上布满了褶子，直
接穿出去很不美观，用熨斗熨又要花费很多时间。这该怎么
办呢？

窍门： 卷起 T 恤防褶皱

材料： T 恤√

（操作方法）

❶将 T 恤衫铺在一个平面上，
将 T 恤衫的两只袖子沿着衣服
正面与袖子缝合的那条线向 T
恤的正面折叠。

❷将折好袖子的 T 恤衫沿衣服
中间纵向对折一下，将对折过
的衣服整理平整。

❸将 T 恤衫从领口向下紧紧卷成一卷。

❹将卷成卷的 T 恤衫依次放入抽屉中整齐排列好。

怎样挂裤子不会掉 >>>

很多人在生活中都会遇到这样的问题，虽然把叠好的裤子用衣架整整齐齐地挂好了，但过一段时间后再看，裤子已经掉落在地了。其实，裤子从衣架上滑落在地只是摩擦力太小的缘故，你只需要掌握下面这种挂裤子的方法，就能有效地解决这一问题。

窍门： 妙招挂裤子增大摩擦力

材料：衣架√

（操作方法）

❶把要挂起的裤子铺在一个平面上，沿着裤子的中间对折，使裤子的两条裤腿重合。

❷将上层的裤腿沿着膝盖处向上折起，露出下面的裤腿。

❸ 准备一个衣架,将衣架放在
下面的裤腿上。

❹ 将下面的裤腿穿过衣架,再
把上面的裤腿从衣架上穿过去,
之后就可以将裤子挂起来了。

衣服太多,衣柜不够大怎么办 >>>

　　家里的衣服太多,衣柜里挂不下了该怎么办呢?遇到这
样的情况,你不一定要购买新的衣柜,其实,只要一个简单
的窍门就能帮你解决这一问题。

窍门:钥匙扣让衣柜里的衣服挂得更多

材料: S 钩√

（操作方法）

❶ 将衣柜里一个衣架上的衣服
摘下来。

❷ 准备一些 S 钩,将一个 S 钩
挂在衣架上,将另外一个衣架
挂在 S 钩上。

❸再在第二个衣架上挂上另外一个S钩，下面也挂上衣架，以此类推，让这些衣架形成一排。将S钩上挂着的一排衣架上依次挂上衣服。

贴身衣物如何收存才能不散乱 >>>

有些人经常会遇到这样的情况：早晨起来想换袜子的时候，只看到其中一只，另一只却怎么也找不到了，只好随便拿起另外一双。要避免这样的情况出现，就需要好好收拾一下衣柜了。那么，如何才能把那些内衣、袜子之类的小物品好好地做个归纳呢？

窍门：纸芯筒收存贴身衣物

材料：纸芯筒√

(操作方法)

❶根据卫生纸筒的长度把内裤、吊带、袜子等折成合适的长度。折好的小衣物宽度不宜超过纸筒的长度。

❷将折好的贴身衣物从一边开始紧紧地卷成一个卷。

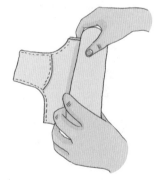

❸ 将卷好的衣物卷塞进准备好的纸芯筒。

❹ 将塞有衣物的纸芯筒整齐排列在收存内衣的抽屉中，这样下次要找的时候就会好找许多。

如何叠衣服省时又省力 >>>

你会叠衣服吗？也许有人会说这是一个毫无意义的问题，叠衣服只是一个简单的家务活，谁不会呢？普通的叠衣服方法自然没有人不会，但省时又省力的叠衣窍门却是需要学习的，要想了解这种轻松的叠衣方式，不妨看看下面吧。

窍门：找中心线快速折衣服

材料：衣服√

（操作方法）

❶ 先将衣服铺在一个平整的平面上，正面朝上将衣服弄平整了。

❷ 在衣服上用手比量，找到大致的衣长中心线。

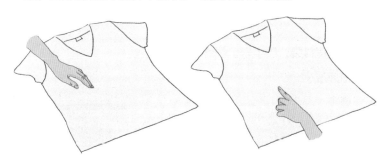

93

❸ 在衣领旁大约2厘米处找到一个点和这一点与衣长中心线的垂直交点，右手抓住衣领旁的点，左手抓住前面找出的交点，稍稍提起。

❹ 将右手从左手上边绕出，抓住衣服下摆。

❺ 抓好衣服各点之后，将衣服抖一抖，再折回去放在平面上就可以了。

如何收纳厚棉衣最节省空间 >>>

　　夏天来临，我们就要将厚衣服、厚被子收进衣柜里去，可是厚厚的衣服、被子占的空间很大，只要几件衣服、两三床被子就会把衣柜塞得满满的，再也塞不进别的衣物了。有没有什么办法可以把这些厚衣服、被子压缩一下，节省更多的空间呢？这里就教你一个简单的方法，可以帮你的衣柜减轻负担，让其他衣服能够获得更大的存放空间。

窍门：真空法收纳厚棉衣

材料：塑料袋、吸尘器、线绳✓

（操作方法）

❶ 准备一个容量足够大的大塑料袋，将要收纳的棉衣折叠整齐，放到塑料袋中。需要注意的是，塑料袋一定不能漏气，否则无法达到密封的效果。

❷将装有厚棉衣的塑料袋袋口套在吸尘器的吸尘口上，用手握住被塑料袋包裹的吸尘口，注意不要漏气。

❸打开吸尘器的开关，抽出塑料袋里的空气，塑料袋的体积会随着空气的抽出慢慢变小。

❹当塑料袋中的空气被抽尽的时候，把吸尘器关掉。紧握袋口将吸尘器管拔出，将袋口用线绳紧紧系住。将用此方法压缩好的棉衣和棉被整齐摆放在柜子中。

单层隔板鞋柜，如何扩大容积 >>>

　　对于一个家庭来说，每个成员都不止有一双鞋子，皮鞋、凉鞋、运动鞋，一个家庭中有几十双鞋子是常事，但家中的鞋柜往往只有一个。为了能够存放鞋帮比较高的鞋子，鞋柜的每一层通常都会很高，导致鞋柜虽然还有剩余空间却放不下所有的鞋子。那么，有没有什么简单的方法可以让鞋柜的空间得到合理的利用呢？

窍门：巧用鞋盒扩充鞋柜

材料：鞋盒、剪刀√

（操作方法）

❶准备一些鞋盒，将这些鞋盒都剪去一个底面和面积较大的侧面。

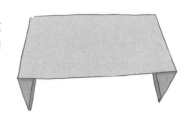

❷将剪去底面和侧面的鞋盒整齐地码放在鞋架上。

❸最后将鞋子依次摆放在鞋架上和鞋盒制成的隔板上就可以了。看，经过改造的鞋架是不是能够存放更多双鞋子了？

不穿的长筒靴该怎样存放 >>>

长筒靴是一种穿着时鞋帮达到大腿的靴子，作为一种时尚的潮流，颇得现代女性的青睐。在穿裙子或者短裤时，搭配一双长筒靴是不错的选择。在寒冷的冬天穿着长筒靴，更是时尚又保暖。一双好的长筒靴由于设计和用料都比较考究，往往价格不菲。因此在天气比较炎热，不必穿长筒靴的时候，就应该注意长筒靴的收纳和保养。长筒靴的鞋帮比较长，没有支架就会东倒西歪，长久下去会造成长筒靴的损伤。那么，该怎么存放长筒靴比较好呢？

窍门：废报纸制作长筒靴支架

材料：丝袜、废报纸√

（操作方法）

❶将几张废报纸摞在一起，卷成一个卷，纸卷的粗细根据长筒靴的大小而定，并且要保持一定的硬度。依照同样的方法制作两个报纸卷。

②把卷好的报纸卷分别放入两条丝袜中。

③将两条丝袜的两头合在一起系好。

④使用长筒靴支架的时候，把丝袜包裹的两卷报纸分别放入长筒靴的靴筒中即可。

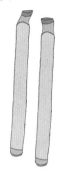

怎样收存丝巾干净整齐 >>>

对于拥有多条丝巾的女性来说，丝巾的收纳可不是件容易的事。一则丝巾的材质特殊，稍有不慎就会受到损坏；二则多条丝巾叠放在一起，想要找到一条配合穿着服饰的丝巾十分困难，有时越是着急就越找不到想要戴的那一条。面对这种情况，你可能需要变换一个丝巾收纳方式了。

窍门1：饮料瓶收纳丝巾

材料：饮料瓶、胶带、剪刀√

（操作方法）

①准备与丝巾数量相同的空饮料瓶，将这些饮料瓶都剪至合适的高度。

②将饮料瓶剪过的边修剪一下，粘上胶带，以防划破丝巾。

❸ 将这些饮料瓶排成一排，用透明胶带粘在一起，用绳子将这些饮料瓶系在一起，在饮料瓶的一端系一个能挂挂钩的绳圈。

❹ 将丝巾叠好，依次放入收纳盒中，把收纳盒挂在衣柜里或者放在抽屉里，取用十分方便。

窍门 2：卫生纸筒芯收纳丝巾

材料：卫生纸筒芯√

（操作方法）

❶ 依照卫生纸筒芯的长度，将丝巾折成合适的宽度。

❷ 将折叠好的丝巾一层一层地缠绕在卫生纸筒芯上。

❸ 将缠了丝巾的卫生纸筒芯放在抽屉里码放整齐。

怎样收存领带最整齐 >>>

领带是男性日常生活中最常见的饰品。相对女性来说，男性的服装样式本来就比较单调，领带是少数能体现男性穿着品位的服饰之一。在正式的场合中，男性通常会穿着西服，系上领带。当然不同的套装也需要搭配不同颜色、花纹的领带。那么，这么多的领带该如何收存呢？怎样收存才能达到整齐、不伤领带，又一目了然、可以随时取用的目的呢？

窍门： 保鲜膜筒芯制作领带架

材料：保鲜膜筒芯、塑料绳√

操作方法

❶ 将准备好的塑料绳穿过一个保鲜膜的筒芯，让筒芯两边的绳子保持相同的长度。

❷ 将一侧的绳子从左至右穿过另一个保鲜膜筒芯，将另一侧的绳子从右至左穿过同一个保鲜膜筒芯，最后把绳子拉紧。

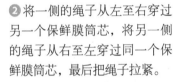

❸ 依照需要收纳领带的多少决定筒芯的多少，穿筒芯的方式与上一步相同。穿好所有筒芯之后将两端的绳头系上一个死结固定。

❹ 将做好的领带架挂在合适的地方，将领带挂在筒芯之间的缝隙中即可。

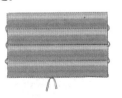

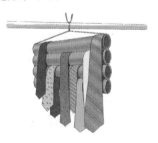

怎样晾帽子不变形 >>>

　　帽子长时间戴着，不仅外表会沾染上一些脏东西，帽子内侧靠近额头边缘的地方，也会出现一些油渍、汗渍，很难用一般的方法清洁干净，这时候就不得不把帽子清洗一下了。然而，清洗帽子特别是晾晒帽子的时候常常会让帽子变形，影响使用。清洗后的帽子失去原来的形状，变得很扁，虽然干净却也无法佩戴了。那么，如何晾晒帽子才能保持帽子原来的形状呢？

窍门：气球晾帽子，易干又定型

材料：气球、绳子√

（操作方法）

❶依据要晾晒的帽子的数量，准备几个气球，将这些气球的表面擦拭干净。

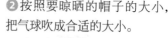

❷按照要晾晒的帽子的大小，把气球吹成合适的大小。

❸气球吹好以后，用绳子在气球的开口处系紧并缠绕几圈。

❹将需要晾晒的帽子套在气球上，将帽子夹在夹子上晾晒即可。

怎样晾床单最节省空间 >>>

　　清洗后的床单和被罩直接搭在晾衣绳上会占据很大空间，影响其他衣服的晾晒。那么，如何做才能使床单和被罩容易晾干又节省空间呢?

窍门1: 巧用锅屉晾床单

材料: 锅屉、长绳子、S形挂钩、夹子√

（操作方法）

❶准备一个锅屉，将之冲洗干净。

❷将一根绳子对折剪开，然后将两段绳子交叉成十字形系在锅屉上，系的过程中，两段绳子的两头要分别穿过锅屉最外圈的孔并系好，使锅屉受力均匀。

❸用一个S形挂钩钩在绳子的交叉处挂起来。

❹把洗好的床单对折，将折好的床单一侧绕锅屉围好，再用夹子将床单夹在锅屉上，就可以方便地晾晒床单了。需要注意的是，夹床单的夹子之间的距离应该均匀些。

节能环保

怎样利用冰箱空间减少耗能 >>>

随着现代社会的发展，越来越多的家庭都有了冰箱。拥有一个大冰箱通常是"爱吃的人"的终极梦想，但超大容量的冰箱是否适合你的家庭呢？也许你家的冰箱里没有那么多食物，冰箱却依旧要为那么大的空间制冷，平白消耗掉很多电量，十分不环保，这时你该怎么办呢？

窍门：填充泡沫减少冰箱耗电

材料：塑料泡沫√

（操作方法）

❶ 将冰箱里的食品整理一下，使其尽量集中。

❷ 找到家里不用的塑料泡沫，将这些塑料泡沫裁剪成适合冰箱空间的大小和形状。

❸ 将裁剪好的塑料泡沫填充到冰箱的空余空间里，这样就减少了冰箱多余的空间，冰箱的耗电量就会小很多了。

怎样烧水更节能 >>>

虽然有一些现代家庭选择使用饮水机来解决喝水的问题，但还是有很多家庭选择更为传统的方式来获得饮用水，那就是烧水。当烧水成为每天都要做的事情时，若在烧水方式上总结出一些节省能源的窍门，日积月累之下，就能节省一笔不小的开支。那么，怎样烧水才更加节能呢？

窍门 1：清除水垢提高电水壶使用效率

材料：醋√

（操作方法）

❶将电水壶装上水，在水中加入适量的醋。

❷打开电源，烧水 1 ~ 2 小时，就可以将电水壶中的水垢除去。用除过水垢的电水壶烧水，可以大大提高电水壶的使用效率。

窍门 2：分两次烧水加快烧水速度

材料：水壶√

（操作方法）

❶将水壶中倒入大约 1/5 的冷水，放在火上烧。

❷当壶中的水快要烧开时，将水壶中加满冷水，再放到火上烧开。这样就能减短烧水的时间，从而节约能源。

煮饭省电有什么窍门 >>>

　　电饭锅是我们经常要用的电器，有了它，我们可以用最简单的方式煮饭、煮粥甚至煲汤、炖菜，但是在我们享受这些便利的同时，也应该思考一下怎样使用电饭锅煮饭更省电。

窍门：牢记四点帮助煮饭节电

材料：热水、毛巾√

（操作方法）

❶ 用电饭锅煮饭前，最好将米浸泡 30 分钟左右，这样做出的米饭既好吃，又省电。

❷ 应使用热水做饭，这样煮饭可节电 30% 以上，还可以保持米饭的营养。

❸ 用电饭锅煮饭煮一段时间后，使其从加热键调到保温键，利用余热将水吸干，再按下加热键，这样既可以省电，还可以防止米饭结块。

❹ 在电饭锅通电后用毛巾或特制的棉布套盖住锅盖，以减少热量散失。

怎样做绿豆汤方便又节能 >>>

　　绿豆汤作为祛湿解暑的佳品，最适宜在夏天饮用。炎热的夏日不仅气温比较高，还时常阴雨连绵，在这种时候，来一碗加了冰糖的绿豆汤，真是太享受了。可是做绿豆汤的时候往往要用小火熬制很久，既花费时间又消耗能源，那么，有没有什么方法能让制作绿豆汤方便又节能呢？

窍门：先炒再煮做绿豆汤方便节能

材料：锅、锅铲√

（操作方法）

❶ 把要用的绿豆用水洗干净。

❷ 将洗好的绿豆倒入锅中，用小火翻炒几分钟。

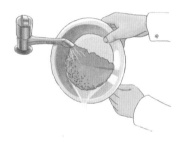

❸ 当绿豆被炒至变色时，开始用锅铲碾压绿豆。

❹ 将经过上述步骤处理的绿豆倒入熬绿豆汤的锅内煮熟即可。

怎样煮腊八粥更省电 >>>

腊八粥是一种传统的中华美食，它不仅是一种食物，更是一种文化。腊八粥又叫作七宝五味粥，在每年的农历腊月初八，很多中国人都要喝这种粥。关于腊八粥的传说有很多，在不同的地区，制作腊八粥的食材也不尽相同，黄米、白米、江米、小米、菱角米、栗子、红豇豆、杏仁、瓜子、花生、榛穰、松子等都可以作为熬制腊八粥的材料。熬制腊八粥要用到很多种豆子，因此要耗费大量时间和电力，那么，怎样煮腊八粥更省电呢？

窍门：巧用暖水瓶煮粥更省电

材料：暖水瓶√

（操作方法）

❶ 将煮制腊八粥需要用到的食材洗干净，倒进装有热水的暖水瓶中，其中豆子与热水的比例大约是 1 ∶ 3，将盖子盖严，闷一晚上。

❷ 第二天，将暖水瓶中的食材和水一同倒入电饭锅中。

❸ 接通电饭锅的电源再煮一段时间就可以吃了。用这个窍门煮制的腊八粥不仅更加绵软可口，还能节省时间和能源。

怎样做蛋炒饭更省燃气 >>>

蛋炒饭以其营养、美味、制作方便的优点而成为很多人钟爱的美食。制作蛋炒饭的食材和方法千变万化，几乎你手边的任何食材都可以加入其中。你可以根据个人爱好的不同在蛋炒饭中加入不同的食材，但必不可少的是米饭和鸡蛋。在这里，给大家介绍一个更省燃气的蛋炒饭做法，试着做一做，味道还不错呢。

窍门： 鸡蛋、米饭一起炒省时省燃气

材料：米饭、鸡蛋、其他食材√

操作方法

❶ 准备几个鸡蛋，将蛋液打在碗中，搅拌均匀备用，鸡蛋的多少可以按照个人的喜好决定。

❷ 把要炒的米饭放在一个大小合适的容器中，用勺子将米饭铲开，防止米饭结块。

❸ 将搅拌好的蛋液倒入米饭中，充分搅拌。

❹ 在烧好的油锅中加入葱花爆锅，再倒入搅拌好的蛋液米饭，进行翻炒，最后加入其他食材和调料即可出锅。

灯光太暗，如何提亮 >>>

人类的生活离不开光亮。白天我们可以依靠阳光来获得光亮，晚上就需要依靠电灯了。但有些时候，我们会觉得灯光不够亮，如果把灯泡换掉，又觉得现在的灯泡虽然不够亮，但毕竟没有坏掉，十分可惜，况且换一个度数更大的灯泡也会耗费更多的电量。那么，有什么办法能在不换灯泡的情况下让灯光更亮呢?

窍门： 妙用锡箔纸提高灯光亮度

材料：锡箔纸、剪刀、双面胶√

【操作方法】

❶ 比照台灯灯罩的大小选择一块大小合适的锡箔纸，将之对折。

❷ 将折好的锡箔纸剪成一个半圆，在中间再剪一个小一些的半圆，展开。锡箔纸中间剪出的圆洞大小以灯泡能通过为宜。

❸ 将灯罩内侧贴上双面胶，再把剪好的锡箔纸粘上，使之牢固平整即可。

怎样煮元宵能省电 >>>

在中国，每到正月十五元宵节，一家人就要聚在一起吃元宵，据说元宵寓意着合家团圆、吉祥如意。吃了元宵，新的一年里全家人就会合家幸福、万事如意。在南方，元宵又被叫作汤圆或圆了，它是一种由糯米等原料制成的圆形食品，糯米粉制成的元宵里，可以包上白糖、芝麻、豆沙、枣泥等不同的馅。在现代，不仅仅是过节的时候，在平常的日子里也有很多人会食用元宵。要让煮出来的元宵不粘连和更省电，可是需要窍门的，这里就来介绍一个。

窍门：电饭锅煮元宵更省电

材料：电饭锅√

操作方法

❶ 在电饭锅中加入适量的水，接通电源，按下开关，将水烧沸。

❷ 把元宵放入烧沸的水中，盖上盖子继续煮。

❸ 当听到电饭锅里的水再次沸腾时，把电源关掉，不要打开电饭锅的盖子，让元宵在热水中再闷几分钟。

❹ 估计元宵差不多焖好了，打开盖子，就可以将元宵盛出来食用了。

空调冷凝水都有什么妙用 >>>

空调是很多人夏天的福星，在炎热的夏日里，它将一丝清凉带给被暑热困扰的人们。但是众所周知，空调是一种耗电量很大的电器，所以关于空调节电的窍门更容易受到人们的关注。你知道吗，空调节水也是有窍门的，那就是合理利用空调的冷凝水。

窍门：空调冷凝水妙用多

材料：空调冷凝水√

（操作方法）

❶冷凝水是空气中的气态水遇到冷凝器时转化成的液态水，虽然不宜饮用，但用来冲马桶再合适不过了。

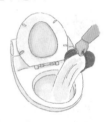

❷空调冷凝水一般是中性软水，十分适合用来养鱼。

❸空调冷凝水的 pH 值为中性，用它来浇花养盆景不易出碱。

❹空调冷凝水是无毒性的，可以用来做生活洗涤用水，用它来洗拖布当然也没有问题。

怎样节约马桶冲水的耗水量 >>>

水资源的缺乏如今成了很多大城市面临的难题之一，日益提高的环保意识使节水成了人们感兴趣的话题，而节约冲马桶的水正是人们日常节水的重要方面。在平时生活中，我们可能不需要很多水就可以将马桶冲净，但我们往往没有办法控制冲水量，这就造成了水资源的极大浪费。面对这种情况，我们该用什么办法来解决呢？

窍门：水槽放可乐瓶节省冲马桶耗水量

材料：可乐瓶√

操作方法

❶找一个废弃不用的大可乐饮料瓶，将其装满水。

❷把马桶水槽的盖子打开，放到一边。

❸将装满水的大可乐饮料瓶放入水槽中，注意不要堵住水槽的进出水位置。

  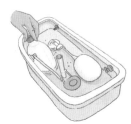

水龙头的水四处喷溅浪费水怎么办 >>>

家里的水龙头和淋浴喷头往往会出现这样的情况，打开水龙头之后，水花四溅，将不需要淋湿的地方溅满了水不说，想要沾湿的地方却无法沾湿，最后常常是浪费了水，又弄湿了衣服。面对这样的情况，该如何是好？

窍门：水龙头缠棉袜防止水花四溅

材料：棉袜、皮筋√

操作方法

❶废旧不用或者丢了另一只的棉袜一只，将其套在水龙头上。

❷用皮筋或者绳子在水龙头的管嘴处缠两圈，将棉袜固定。

❸这时再打开水龙头试试水流，就不会水花乱溅了。

水管漏水了怎么办 >>>

　　水管漏水可算是家居生活中的大难题了，工作了一天回到家中，听着滴滴答答的水声，心情就不由得焦躁起来，找修管道的师傅来修理，还要预约，十分麻烦。如果对水管问题视而不见，又不免浪费了水，住得也不是那么舒坦。这样看来，学几招修理水管的简单方法还是很必要的，只要几个小窍门，就能让你轻松解决问题。

窍门1：自制混合物修补下水管

材料：水泥、石膏√

操作方法

❶将水泥与石膏按 100 ∶ 5 的比例调和，再加入适量水搅拌均匀。

❷将搅拌好的混合物涂抹在水管漏水处。

❸等待3小时左右涂抹在水管漏水处的混合物即可凝固。这期间水管要停用，避免沾水。

窍门2：妙用自行车胎修补下水管

材料：自行车内胎、绳子、铁丝√

（操作方法）

❶将旧的自行车内胎剪成大小适合的长条，剪下的长度要根据水管的粗细而定。

❷将剪好的长条紧紧缠绕在水管漏水处，用绳子和铁线包扎捆紧即可。

窍门3：堵木塞修补下水管

材料：木塞、锤子√

（操作方法）

❶准备一个大小合适的木塞，将之堵在水管漏水的洞眼上。

❷将木塞用锤子打实，直到洞眼不再漏水。

如何延长毛刷的使用寿命 >>>

尼龙毛刷是很多家庭的必备工具，刷鞋、刷地毯、清理砖缝等很多家务活都要用到尼龙毛刷。而使用尼龙毛刷用力过大，或者使用时间过长，就会造成尼龙毛刷的刷毛东倒西歪，致使尼龙毛刷难以再使用。那么已经老化的尼龙毛刷是不是只能扔掉了呢？有什么办法可以延长尼龙毛刷的使用寿命？

窍门：妙用铁丝延长毛刷寿命

材料：金属包装线√

操作方法

❶ 剪下一根金属包装线，将之缠绕在尼龙毛刷刷毛根部的周围，将剪下的金属包装线两端拧成一股。

❷ 将缠好金属包装线的毛刷放入热水中浸泡一段时间。

❸ 将毛刷从热水中取出，再放入冷水中浸泡。最后取下金属线，尼龙毛刷的刷毛就恢复整齐了。

擦车节水的小窍门 >>>

随着生活水平的提高，越来越多的人喜欢以车代步，越来越多的家庭拥有了汽车。汽车对于他们来说，就像家中的一分子，擦车、洗车也成为有车族生活中不可缺少的一部分，但在汽车的清洁过程中，却会浪费大量的水。那么，擦车洗车时有什么节水的好办法呢？

窍门：用桶接水刷车更节水

材料：水桶、水盆、抹布√

(操作方法)

❶ 提一大桶水，先把干净的抹布泡在水里，抹布一定要是干净的，无沙砾的。

❷ 用擦车的干布掸子把车上面的灰土轻轻掸掉。

❸ 用一个小盆往车上淋水，以把车各部位淋湿为宜。

❹ 从玻璃开始，用泡好的抹布将车擦干净。

❺ 最后，用一块干棉布擦掉车身上的水。最后计算一下，这样洗车可比用水管冲洗节水200升左右。

破洞的毛绒坐垫如何修补 >>>

天气转冷的时候，准备一个毛绒坐垫无疑是一个保暖的好办法。原本冰凉的座椅放上了软软的毛绒坐垫，也舒服多了。但毛绒坐垫磨来磨去容易损坏，如果漏了洞，就不那么好看了。那么破洞的毛绒坐垫应该如何修补呢？

窍门：强力胶修补毛绒坐垫

材料：强力胶、剃须刀、牙签、小牙刷√

操作方法

❶ 用剃须刀在要修补的垫子上轻轻地将毛刮顺，再根据要修补的洞的大小，从垫子上刮下少许毛，备用。

❷ 用棉签蘸一些强力胶，轻轻地在破洞上均匀地抹上一层。

❸ 将刮下来的毛铺在破洞上，再将绒毛根部粘在强力胶上。

❹ 最后用牙签或小牙刷把这些毛整理好。看，坐垫就跟原来一样了，一点儿也看不出修补的痕迹。

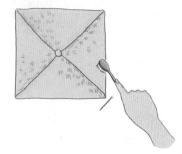

如何对付难穿的旧鞋带 >>>

　　鞋带旧了，鞋带头上的两层硬膜脱落下来，让穿鞋带变成了一件无比困难的事情，尽管买一副新鞋带并不贵，可旧鞋带扔了也十分可惜，并且找一副与鞋子颜色搭调的鞋带并不容易。不如学学下面的小窍门，来解决这个难题吧。

窍门：锡箔纸翻新旧鞋带

材料：剪刀、锡箔纸√

（操作方法）

❶ 准备一张锡箔纸，按照鞋带头的长短在上面做好标记。

❷ 根据标记剪两条锡箔纸，每条宽 1 ～ 1.5 厘米。

❸ 将旧鞋带的头捻紧，将锡箔纸条在鞋带头上紧紧缠绕几圈。

❹ 将缠好的锡箔纸捏紧固定住，再缠另一条鞋带。

卷笔刀该如何翻新 >>>

有很多人认为卷笔刀钝了就没办法再用了，只能再买一个。其实卷笔刀钝了也是能够翻新的，它和普通的削铅笔刀一样，是可以打磨得更加锋利的，只不过和一般的刀磨法不同而已。掌握了下面的小窍门，你就可以让自己的卷笔刀变得锋利如新了。

窍门：砂纸打磨翻新卷笔刀

材料：砂纸、铅笔√

(操作方法)

❶ 从一张砂纸上剪下大小合适的一块。

❷ 准备一根铅笔，将剪下的砂纸紧紧包裹在铅笔之上。

❸ 将包裹着砂纸的铅笔放入卷笔刀中，像平时削铅笔那样旋转，只要一会儿的工夫，卷笔刀就能锋利如新了。

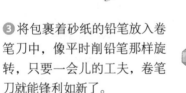

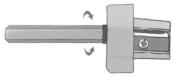

节约洗手液有什么方法 >>>

　　现在的洗手液大都会被装在一个装有压力嘴的瓶子里，以方便人们取用。但很多人取用洗手液时，都会将压力嘴按压到底，挤出很多洗手液来，导致要用很多水才能将手冲洗干净。如此一来，既浪费了水，又浪费了洗手液，十分不环保。那么，有什么小窍门可以解决这一问题呢？

窍门：妙用吸管节约洗手液

材料：吸管、剪刀√

操作方法

❶ 准备一根粗一些的吸管和剪刀，将吸管和洗手液出口处的管子比照一下，在出口处管子的一半处做一个标记。

❷ 按量好的尺寸剪下一截吸管。

❸ 再用小刀将吸管纵向剖开。

❹ 将做好的吸管套在洗手液的出口管子上，往下一按，可以发现吸管有效控制了压力嘴按压的幅度，这样就可以节省使用洗手液了。

119

创意生活

有什么妙法可以轻松揭胶带 >>>

在修补书页、粘贴装饰画、密封纸箱时，透明胶带是少不得的物件。但是，使用透明胶带时，也会遇到一些不方便，比如总是找不到胶头，尤其是使用宽胶带时，连普通人找胶带头都要费半天劲，更别提那些眼睛不好的老年人了。怎样才能很快找到胶带头并揭开胶带呢？其实方法很简单。

窍门：妙用曲别针轻松揭胶带

材料：曲别针、小钳子√

（操作方法）

❶ 拿出一个曲别针，用手将曲别针的一头拉开，将其卡在胶带上。

❷ 按照胶带的宽度，用钳子把曲别针的另一头用力拉直。

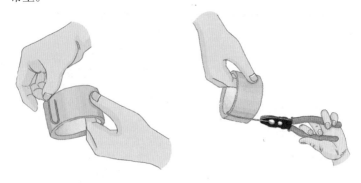

❸把曲别针长出来的部分弯进去，使曲别针成为一个小卡子。

❹整理一下曲别针的形状，使曲别针做成的卡子紧紧卡在胶带上。

❺最后找到胶带的接头，将胶带头粘在卡子上。下次使用的时候只要推一下卡子，胶带就可以被揭开了。

锁头锈住了打不开，怎么办 >>>

　　家里的锁锈住打不开了，你会怎么办？找把斧头砸开似乎不太现实，找个锁匠来开似乎又过于小题大做，况且也很麻烦，但是锁头锁住的东西却是你迫切需要的，这时候你该如何是好呢？别着急，看看下面的小窍门这个问题就能解决了。

窍门：铅笔末巧开锈锁

材料：铅笔、小刀√

（操作方法）

❶找一张结实的纸片平铺在桌子上，用小刀刮一些铅笔末，使铅笔末落在置于桌面的纸片上。

❷轻轻折起纸片,使铅笔末都落到纸片的折痕处。将纸片中的铅笔末小心地倒入生锈锁头的锁孔中。

❸将钥匙插进锁孔中,反复转动几次,使生锈的锁孔得到充分的润滑,再向开锁的方向转动钥匙,锈锁就被轻松打开了。

怎样打结牢固又易解 >>>

在日常生活中,我们经常会遇到要捆绑东西的时候,捆好东西之后,往往要系一个结。如果这个绳结系得松了,就可能会导致东西捆得不结实,绳结总是散开;如果将绳结系得过紧,又容易在解绳结的时候费半天劲儿也解不开,真是松也不是,紧也不是,麻烦极了。如果你也被这个问题困扰过的话,不妨来学学下面窍门中的打绳结方法,以后再遇到类似问题就不用愁了。

窍门:妙招打结牢固又易解

材料:绳子√

（操作方法）

❶将一条绳子拿在手中,为了方便演示,左手一端的绳子用红色标示,右手一端的绳子用蓝色标示。将绳子的两头交叉,左手一端置于右手一端之上。

❷将右手中的蓝色绳端绕一圈，从上端两绳端的交叉处拉过来。

❸把左手中的红色绳端从蓝色绳端绕成的圈子中穿出，压住大拇指下方。

❹将下方的蓝色绳端拉紧，这个牢固又易解的绳结就打好了。想要把这个绳结解开，只需要分别拉住红蓝绳交叉的位置轻轻一拉就可以了。

怎样把叠在一起的玻璃杯快速分离 >>>

　　家里来了客人，可能要把刚刚洗好、摆好的玻璃杯拿出来倒水、倒茶，但这些叠在一起的玻璃杯往往套得很紧，难以分开。想要把一个玻璃杯从另一个玻璃杯中拔出来，很可能用尽了力气也办不到，而那边客人还等着喝茶呢。如果是这样，不妨试试下面省力又好用的分离玻璃杯小妙招吧。

窍门：冷热法分离玻璃杯

材料：热水、冷水√

（操作方法）

❶向处于内侧难以拔出的玻璃杯中倒入适量的冷水。

❷将外侧的玻璃杯浸在倒有热水的容器中，需要注意的是，所用的热水温度不能太高，否则容易受热炸裂，造成危险。

❸利用热胀冷缩的原理，将套在一起的杯子迅速分开。

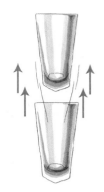

拧紧的螺丝总是松，怎么办 >>>

　　无论是眼镜上的小螺丝还是固定家具等大物件的大个头螺丝，明明拧得很紧，过一阵子还是会变松，用螺丝固定的东西就又变得摇摇晃晃，不再结实。如果你厌倦了每隔一段时间就要对家里的螺丝检查、拧紧一下的生活，就来看看下面的小窍门吧，无论是小螺丝还是大螺丝变松，在这里都能找到妥善的解决方案。

窍门：指甲油固定眼镜螺丝

材料：小螺丝刀、指甲油√

（操作方法）

❶将眼镜摘下，用尺寸适合的小螺丝刀将眼镜上松动的小螺丝钉拧紧。

❷ 在拧紧的螺丝上面涂抹上适量的透明指甲油，待透明指甲油干透就可以戴上眼镜了。这个方法可以让螺丝钉在较长一段时间内不松动。

如何解决挂钩粘不牢固的难题 >>>

　　在墙上或者家具的表面粘上一个挂钩，是让家看起来更整洁、放置东西更方便的好办法。但挂钩的承重能力都是有限的，有时候即使是挂上很轻的东西，也会使挂钩掉落。不管是吸盘挂钩还是双面胶挂钩，通过下面的小窍门，你都能让它们粘得更牢固。

窍门1：电吹风帮助双面胶挂钩粘得更牢

材料：电吹风√

(操作方法)

❶ 粘双面胶挂钩时，先用电吹风对着墙壁吹一会儿。

❷ 摸一下墙壁，等吹到感觉烫手的程度，迅速将双面胶挂钩粘到墙壁上，紧紧压实，待放置一段时间之后就可以挂东西了。

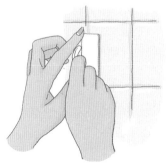

窍门2：鸡蛋清让吸盘挂钩粘得更牢

材料：鸡蛋清√

（操作方法）

❶在吸盘挂钩的吸盘上均匀涂抹上适量的鸡蛋清。

❷将涂抹过鸡蛋清的吸盘挂钩紧紧贴在墙上，尽量排出吸盘中的空气。挂钩放置一段时间，待挂钩上的鸡蛋清干透之后，就可以用来挂东西了。

遥控器反应迟钝，有什么办法能恢复灵敏 >>>

你是否有过这样的经历，明明是舒舒服服地躺在床上看电视，想要换个电视台，结果按了半天遥控器电视也没有反应，于是你不得不无奈地爬下床来，按下电视机上的换台按钮。遇到这样的情况，一定是你家的遥控器不好用了。这时候，你应该先看一下是不是遥控器电池的问题，如果不是，那可能就是使用时间长，内部接触不良造成的。怎样让遥控器像以前那样灵敏呢？试试下面的办法吧。

窍门1：贴锡箔纸让遥控器恢复灵敏

材料：锡箔纸√

（操作方法）

❶将遥控器的外壳打开，用软毛刷或者其他器具将遥控器内部清洁干净。

❷ 准备一张锡箔纸，将锡箔纸裁剪至和遥控器相符的大小，锡箔纸最好是两面都有锡箔的。

❸ 把剪裁过的锡箔纸铺放在遥控器的按键和电路板之间，如果锡箔纸是单面的，就将有锡箔的一面朝向电路板，铺好锡箔纸后，将遥控器外盖扣好，就可以再次使用了。

窍门2：涂铅笔法恢复遥控器灵敏

材料：铅笔√

（操作方法）

❶ 将遥控器的外壳打开。

❷ 用软毛刷将遥控器内部清洁干净，用棉签将遥控器按键上的导电橡胶擦拭干净。

❸ 用 B 型铅笔将遥控器按键上的导电橡胶均匀涂满，再将遥控器的盖子盖上，就能使用了。

防止自行车胎漏气有什么诀窍 >>>

对于早晚都骑自行车上班下班、上学放学的人来说，自行车胎缓慢漏气并不是什么陌生的问题，到了冬天，这一问题还会变得更加严重。很多人选择用增加自行车胎的打气频率来解决问题，但这么做会浪费很多不必要的时间和精力。下面这个小窍门有助于改善自行车胎缓慢漏气的问题。

窍门：涂胶水防止自行车漏气

材料：胶水√

（操作方法）

❶ 先将自行车胎的气针拔出，把胶水均匀涂抹在自行车气门芯上，但不要让胶水堵住气孔。

❷ 用打气筒给自行车胎打足气。

❸ 打好气后立即把气门芯安装到自行车上，这样就可以防止自行车胎缓慢漏气了。

连衣裙背后的拉链总是很难拉，怎么办 >>>

连衣裙是女性最常见的服装样式之一，而很多连衣裙的拉链都设计在连衣裙的后背部分，这给独自在家穿连衣裙的女性造成了一定的不便。倘若穿连衣裙时有人在侧，寻求他人的帮助固然是最好，但没有旁人在侧的时候就没法穿脱连衣裙了吗？这显然需要有点儿创意的解决方式，下面的小窍门会告诉你该如何做。

窍门：巧用曲别针裙子拉链自己拉

材料：曲别针√

【操作方法】

❶ 准备一条废旧不用的布条，将布条折过来缝上，形成一个拉手圈。将布条缝制成的拉手圈穿进准备好的曲别针中。

❷ 当需要自己拉连衣裙的背后拉链时，先将曲别针外侧一头穿过连衣裙拉链上的小孔。

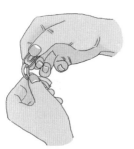

❸ 用手提着曲别针另一侧上的拉手圈向上拉，直到拉链拉到头为止。

❹ 拉好拉链之后，将曲别针从连衣裙拉链上退出来即可。

防止鞋底打滑有什么妙招吗 >>>

众所周知，拖鞋鞋底上设计的各种不同纹路是用来增加摩擦力，防止拖鞋打滑的。但拖鞋穿着的时间过长，鞋底的纹路就容易被磨平。当我们穿着不再防滑的拖鞋走在地板上或者瓷砖上时，常常会不小心摔倒，这种情况下，擦伤、碰伤也是常有的事。其实遇到这种情况，拖鞋不一定要换一双新的，只要做一些简单的处理，拖鞋就又变得防滑了。

窍门1：贴胶布防止鞋底打滑

材料：电工胶布√

(操作方法)

❶ 准备一卷电工胶布，按照拖鞋的宽度剪下长短合适的一段。

❷ 将拖鞋鞋底的前掌贴上一段电工胶布。

❸ 将拖鞋鞋底的后跟部位也贴上一段电工胶布。

❹ 将另一只拖鞋也如此处理。

130

窍门2：马铃薯摩擦鞋底帮鞋底防滑

材料：马铃薯√

【操作方法】

❶ 准备一个生马铃薯，将马铃薯切成两半。　❷ 用生马铃薯的横切面来摩擦鞋底，鞋底就不会滑了。

出远门没人浇花怎么办 >>>

　　将一些绿色植物养在家中，不仅可以让家变得更加赏心悦目，也有益于家庭成员的身体健康。在家的时候，你也许会记得每过一段时间就给家中的绿色植物浇一次水，但假如你要出远门旅行或者探亲，一时半会儿无法回来，家中又没有别人，这些绿色植物该怎么办呢？下面这个富有创意的小窍门，将会帮你解决出远门没人帮忙浇花的难题。

窍门1：塑料袋做定时浇花器

材料：塑料袋√

【操作方法】

❶ 准备一个密封的塑料袋，将之装满水。　❷ 将密封塑料袋的口扎紧。

❸在塑料袋的下端扎一个大小适当的眼，注意眼不能扎得太大，否则密封袋里的水流失得太快，达不到多天浇花的目的。

❹把处理好的塑料袋放到花盆里，你就可以放心大胆地出远门，不用担心没人浇花了。

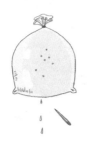

如何提重物不觉得勒手 >>>

外出买菜或者购物，当买的东西又多又沉时，往往会让人累得气喘吁吁，拎着重物的手更是常常被购物袋的提手勒得又麻又红，事后要过很久才能恢复过来。东西太沉是没有办法变轻的，但拎重物勒手这一问题却可以通过小窍门来解决。

窍门1：巧用奶箱提手拎重物不勒手

材料：奶箱提手√

（操作方法）

❶从平时装牛奶的奶箱上将奶箱拎手拆下来。

❷拎重物时将奶箱提手从塑料袋的提手中穿过去，并将另一头固定住。然后用奶箱提手拎着重物，就不感觉勒手了。

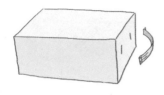

窍门2：卫生纸纸芯让重物不再勒手

材料：卫生纸纸芯、橡皮筋√

（操作方法）

❶准备一个废弃不用的卫生纸纸芯，将卫生纸纸芯的两端分别缠绕上一个橡皮筋。

❷拎重物时将塑料袋的拎手挂在纸芯上，人只要抓住卫生纸纸芯就可以达到拎重物不勒手的目的了。

怎样佩戴胸针不会留下褶皱 >>>

　　在衣服的胸口别上一个别致的胸针，是不少女性朋友喜欢的装扮方式。但别胸针常常会使衣服受到损害，有时取下胸针之后，衣服上的针眼痕迹会特别明显，同时，别过胸针的衣服胸口处还会出现难以抚平的褶皱。那么，有没有什么办法能在别胸针的同时解决这两个问题呢?

窍门：贴胶布佩戴胸针无褶皱

材料：胶布、剪刀√

（操作方法）

❶比照胸针的大小剪一块胶布，胶布的大小应略大于胸针。

❷看准衣服上准备别胸针的位置，将衣服翻过来。

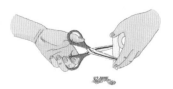

❸比好位置，将胶布贴在衣服
要别胸针的位置。

❹将衣服翻到正面来，把胸针穿
过衣服上所贴胶布佩戴上即可。

外出洗手成难题，如何解决 >>>

当我们出行在外，很多时候都需要清洁手部。然而有些
公共场所或者山林野外，常常只有水而没有用来清洁的洗手
液或者香皂等物品，只用水冲一下手，清洁效果往往不是很
好。面对这样的问题，我们不如照着下面的小窍门，试着自
己动手制造一些肥皂纸来解决外出洗手的难题吧。

窍门： 自制肥皂纸解决外出洗手问题

材料：纸片、香皂√

(操作方法)

❶准备一张质地比较厚的纸
张，将之剪裁成适当大小的小
纸片，纸片的大小以火柴盒大
小为宜。

❷准备一个能够盛水的容器，
将平日里用剩下的香皂小块放
入容器中，再向容器中注入热
水，放入香皂和热水的比例大
约是 1：3。

❸不断搅拌容器里的香皂水，使香皂完全溶化在热水中。

❹将剪裁好的小纸片一一放入香皂水中，使之彻底浸透。

❺将浸好香皂水的小纸片从容器中取出，将之晒干，就能随时使用了。

眼镜总是从鼻梁上滑落该怎样解决 >>>

　　眼镜总是从鼻梁上滑落，这是戴眼镜的人都会遇到的问题。当脸上出了点儿汗或者脸部油脂分泌得比较多，而你又没有空闲的手来扶眼镜的时候，麻烦的事情就来了，你的眼前将会变得模糊一片。其实，只要在眼镜上动点儿"小手脚"，眼镜滑落的问题就能迎刃而解了。

窍门1：缠保鲜膜防止眼镜滑落

材料：保鲜膜√

（操作方法）

❶将眼镜摘下，撕一块大小合适的保鲜膜，将之缠绕在眼镜腿的弯折处。

❷ 缠好之后再把保鲜膜捏紧一些。

❸ 将另外一只眼镜腿也做同样处理。两边的保鲜膜都缠好之后就可以重新戴上眼镜了。戴上经过如此处理的眼镜，眼镜就不会那么容易滑落了。

窍门2：巧用牙签防止眼镜滑落

材料：小刀、牙签、胶水√

（操作方法）

❶ 将眼镜摘下，在镜腿与镜架交接处的两截面用小刀轻轻刮几下。

❷ 取扁形牙签2根，将牙签单面抹上胶水，然后将牙签有胶水一面贴靠在镜架端一面。

❸ 打开镜腿将牙签压紧，并用刀片切去牙签多余的长度。两端都这样做，眼镜的镜腿就能够夹得更紧，从而不再从鼻梁上滑落了。

有什么方法能够轻松打领带 >>>

　　打领带是一个成功男性和一个优秀妻子的必修课，这就是说，无论是男性还是女性，都应该学会打领带，那么掌握一个轻松简单的领带系法就是十分必要的了。下面就介绍一种简单易学的打领带方法。

窍门：轻松学会打领带

材料：领带√

操作方法

❶右手握住领带的大端，左手握住领带的小端，把领带两端交叉，大端在前，小端在后。

❷将领带大端绕到小端之后。

❸将领带大端从正面绕领带小端一圈，形成一个环。

❹把领带大端翻到领带结之下，并从领口位置翻出。

⑤再将领带大端插入先前形成的环中。

⑥最后把穿入领带环的大端下拉系紧，将领带结整理平整。

自己贴膏药有何妙招 >>>

肌肉扭伤、风湿关节疼痛等很多种疾病，都可以用贴膏药的方式来减缓或者治愈。自己贴膏药听起来并不是什么难事，如果伤患处在你的四肢或者身体前面的部分自然是没问题，但如果伤患处在你的后背、后脖颈等自身难以触及的位置，就比较难办了。当身旁没有别人的时候，不妨试试下面的小窍门，来将膏药贴到平时自己难以触及的身体部位。

窍门：妙用洗碗绵自己贴膏药

材料：膏药、洗碗绵、竹签√

（操作方法）

❶将一根长度适当的竹签叉在洗碗绵中，按照自己想要贴膏药的位置选择竹签的长度。

❷将要贴的膏药揭开，等揭到只剩下一条边的时候，顺着洗碗绵把膏药铺在洗碗绵上。使膏药胶面朝上，布面紧贴洗碗绵。

❸用制作好的器具将膏药贴在需要的部位。

裹浴巾总是滑落怎么办 >>>

很多人洗完澡之后不喜欢直接穿上衣服，而是习惯裹上浴巾。但裹好的浴巾却很容易滑落。往往裹浴巾的人还没有反应过来，浴巾已经滑落到脚边了，为了避免这种尴尬情况的出现，就应该掌握正确的裹浴巾方法。掌握了这一方法，你就可以大胆地裹着浴巾走出浴室了。

窍门：翻边防止浴巾滑落

材料：浴巾√

（操作方法）

❶将浴巾展开，从背后往前裹，两只手分别提住浴巾的两端，要保证浴巾两端的长度相等。

❷将浴巾的左端先向右裹，再将浴巾的右端向左裹，尽量裹紧一些。

❸ 把胸前裹紧的两层浴巾的边向外翻出几厘米。

❹ 最后把剩下的浴巾角和里层的边一同翻出就可以了。

保鲜膜总是被拽出来怎么办 >>>

家里的保鲜膜拆包装了，放在盒子里，每次要用的时候只要扯出长度合适的保鲜膜来就可以了。但是在扯保鲜膜的时候总会不经意地扯出一大段，有时还会把保鲜膜卷筒直接从盒子里拽出来。其实要解决这个问题，只要照着下面的窍门做就可以了。

窍门： 保鲜膜盒插竹签取用更方便

材料：竹签√

（操作方法）

❶ 准备一根竹签，将竹签削成比保鲜膜盒子略长的长度。

❷ 在保鲜膜盒子两侧的中心处分别用牙签扎出小孔。

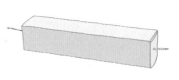

❸ 将保鲜膜放到保鲜膜盒子中，把竹签从保鲜膜盒子一端的小孔穿过去，从另一端的小孔中穿出来，注意竹签一定要穿过保鲜膜的桶芯。

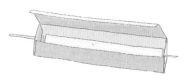

❹ 用皮筋将竹签的两端缠紧，使之固定。

❺ 做好了这些，再从保鲜膜盒子中抽取保鲜膜就不会发生把整卷保鲜膜拽出来的情况了。

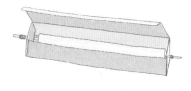

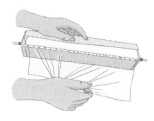

防止拉链下滑有什么妙招吗 >>>

穿着带有拉链的裤子时，如果裤子的拉链不知不觉滑到了底部，不免让人感到十分尴尬。怎样才能避免这一尴尬情景的出现呢？下面就介绍一个给你的裤子拉链"上锁"的小窍门。

窍门：橡皮筋防止拉链下滑

材料：橡皮筋√

（操作方法）

❶ 准备一根皮筋，将皮筋穿入牛仔裤拉链的孔，打一个结。

❷ 将拉链拉上后，把双股皮筋套在裤扣上，再将裤扣扣上就可以了。

运动后如何能保持衣服干爽 >>>

很多人运动完之后，都会出一身的大汗。这些汗水把衣服打湿，贴在身上，十分难受，手边又没有干爽的衣服可供替换，只好暂且忍受着。其实要解决这个问题，一点儿也不难，只要稍稍动动脑子，动动手就能解决问题。

窍门： 妙用旧 T 恤保持衣服干爽

材料： T 恤、剪刀√

（操作方法）

❶ 准备一件不穿的旧 T 恤，将   ❷ 将旧 T 恤的两侧分别剪开。
T 恤的两个袖子剪掉。

❸ 剧烈运动之前，将改造过的   ❹ 运动过后出了一身大汗，这
旧 T 恤穿在衣服的里面。   时只要将贴身穿在里面的旧 T
                              恤从领口处拉出来，身上就又
                              能恢复干爽了。

怎样轻松拉断塑料绳 >>>

日常生活中，我们很多时候都要用到塑料绳，塑料绳结实又耐拉，能够承受住很重的重量。然而，塑料绳的不方便之处也在于此，在没有剪刀的情况下，一捆塑料绳要获得长度合适的一段是很困难的，因为塑料绳很难被拽断。但看了下面的窍门，你就能学会如何在没有剪刀的情况下徒手拉断塑料绳了。

窍门：徒手拉断塑料绳

材料：塑料绳√

（操作方法）

① 将手掌平伸，将塑料绳从手掌的虎口处穿过，让塑料绳较短的一端停留在虎口处。

② 将塑料绳的长端绕过手掌，与短端在手心处交叉。

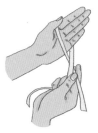

③ 将塑料绳的短端绕回虎口，大拇指紧紧捏住塑料绳短端，用手将塑料绳攥紧。

④ 用另外一只手抓住塑料绳的长端，使劲一拉，就可以将塑料绳拉断了。

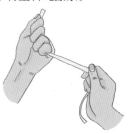

怎样打一个可以调整长度的饰品绳结 >>>

人们总喜欢在颈项上挂各种式样的吊坠，而这些吊坠一般都价值不菲，如果丢了着实让人心疼。另外，佩戴这些吊坠还带来了一个问题，那就是如果系吊坠的绳子太松，则显得不太美观，如果系吊坠的绳子太紧，又难于佩戴。那么，如何系出一个既可以方便地调节长短，又可以牢固地挂住吊坠，使之不易丢失的绳结呢？

窍门：活动绳结调松紧

材料：绳子√

操作方法

❶在系绳结之前先根据自己的颈部选择一段长度合适的绳子，以绳子两端绳头对接后能套进头部为宜。将绳子一端穿过挂坠。

❷一根绳子固定不动，以此为轴，将另一根绳子的绳头在上面绕一圈，再从绕出的环里穿出来拉紧，如果觉得一个绳结不够牢固，可以再打一个。

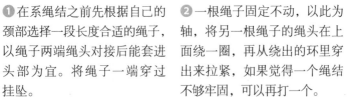

❸再以刚刚在动的绳子为轴，将上一步中作为轴的绳子按照上一步中的方法打结。

❹最后将两端多出的绳子剪短，一个美观又实用的活动绳结就系好了。想要调节绳圈的长度，你只要拉动两个绳结就可以办到了。

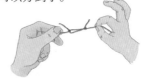

塑料瓶有什么妙用 >>>

　　家里积攒了很多的空瓶子，你是将它们一股脑儿卖给收废品的呢，还是好好地利用它们，为生活增添几丝情趣？下面就告诉你答案。

窍门1：废饮料瓶巧存水杯

材料：饮料瓶、剪刀、透明胶√

（操作方法）

❶将废塑料瓶的瓶口部分剪掉。

❷在塑料瓶的侧面剪出一条宽度合适的口，口的宽度比水杯的把手略宽即可。

❸将剪出的塑料开口两边贴上透明胶带，以防饮料瓶将手划伤。

❹将杯子一个一个倒扣在塑料瓶中。

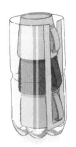

窍门2：废饮料瓶制作捡球器

材料：饮料瓶、锥子、橡皮筋、保鲜膜芯筒√

操作方法

❶剪去饮料瓶的底部，用锥子在饮料瓶靠下面的位置扎一圈小孔，小孔间间隔的距离应该均匀一些。

❷将橡皮筋连接起来，穿过小孔，在饮料瓶的底部形成网状。

❸在饮料瓶的瓶口附近剪一个洞，洞的大小要能够让要捡的球穿过。

❹剪开保鲜膜芯筒，将之用502胶水粘在饮料瓶的瓶盖上作为捡球器的把手。用做好的捡球器来捡网球或者乒乓球你就不用再弯腰了。

如何制作应急漏斗 >>>

要把袋装的酱油、醋、料酒等灌到瓶子里面，没有漏斗可是不行。但家里一时找不到能用的漏斗，已经开口的袋装液体调料又不好放置，该如何是好呢？其实，只要自己动手制作一个简易的漏斗就能解决问题。

窍门：鸡蛋壳制作应急漏斗

材料：鸡蛋壳、牙签√

(操作方法)

❶ 取一个鸡蛋，将鸡蛋的外壳冲洗干净。

❷ 将鸡蛋磕破，让蛋液流入碗中。

❸ 选取鸡蛋壳的一半，将鸡蛋壳内侧的蛋液清洗干净。

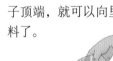

❹ 在鸡蛋壳的尖端用牙签打一个小孔，把孔逐步扩大，注意不要弄碎鸡蛋壳。

❺ 将经过处理的鸡蛋壳放在瓶子顶端，就可以向里面倒入调料了。

如何用旧领带做伞套 >>>

　　雨伞套不小心弄丢了，雨伞没有了"衣服"，很容易变脏，使用和存放起来也不是那么方便了，市面上很少有单卖伞套的，即使能够找到，大小尺寸也不一定合适。既然如此，不如自己动手做个雨伞套吧，简单地裁裁缝缝就能解决问题了。

窍门：旧领带制作雨伞套

材料：旧领带、剪刀、针线√

（操作方法）

❶ 拆开领带中缝，把伞放在拆开的领带上量一下尺寸并做一个记号。

❷ 按照所做记号，将领带剪裁成合适的长短，并按照雨伞的宽度由窄而宽缝合起来。

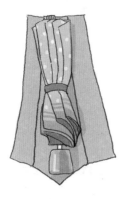

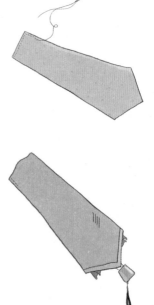

❸ 把做好的伞套内里翻出来，套入伞。

养花种菜

张亦明 编

中医古籍出版社
Publishing House of Ancient Chinese Medical Books

图书在版编目（CIP）数据

养花种菜 / 张亦明编. — 北京：中医古籍出版社，
2021.12
（精致生活）
ISBN 978-7-5152-2254-7

Ⅰ.①养… Ⅱ.①张… Ⅲ.①花卉－观赏园艺②蔬菜
园艺 Ⅳ.①S68②S63

中国版本图书馆CIP数据核字(2021)第255351号

精致生活
养花种菜
张亦明　编

策划编辑　姚强
责任编辑　吴迪
封面设计　李荣
出版发行　中医古籍出版社
社　　址　北京市东城区东直门内南小街 16 号（100700）
电　　话　010-64089446（总编室）010-64002949（发行部）
网　　址　www.zhongyiguji.com.cn
印　　刷　天津海德伟业印务有限公司
开　　本　880mm×1230mm　1/32
印　　张　5
字　　数　130 千字
版　　次　2021 年 12 月第 1 版　2021 年 12 月第 1 次印刷
书　　号　ISBN 978-7-5152-2254-7
定　　价　298.00 元（全 8 册）

现代生活紧张而忙碌，工作之余人们需要一个释放压力、平静心灵的空间，对自然的向往便成了现代人一个共同的追求。其实，想亲近自然在家里也能做到——居室和阳台经过精心的打理，就可以变成一个充满欢乐与健康的花园甚至菜园！

花草或艳丽妖媚，或娇小清丽，或素雅高洁，都能带给人美的享受。浪漫的玫瑰、缤纷的月季、清雅的兰花、高贵的牡丹、宁静的百合，用它们装点我们的居室或阳台，可以为生活注入生机与活力，使人心情愉悦、轻松舒适。

而花草的魅力不仅在于美化我们的生活环境，还有各种各样的健康功效。有些花草能吸附空气中的烟尘，如垂叶榕、网纹草等；有些能吸收空气中的甲醛、苯、氨气等有害气体，减轻空气污染，如金琥、吊兰等；有些能散发出具有杀菌作用的挥发油，如大丽花、石竹等；有些能散发出独特的香味，或芬芳袭人，或清幽淡雅，能安神怡情，如栀子花、水仙、薰衣草等；有些具一定的药用价值，如百日草、金银花等；有些是可食用的，如黄花菜、菊花、桂花等；有些则是天然的美容养颜佳品……

在了解了花草植物的诸多好处后，对大多数忙碌的现代人来说，更希望能有一个简单直观的栽培教程，以便在业余时间实际操作一把，体验一下在自己的精心培育下，花草果蔬从种子到幼苗，再从幼苗变成一棵苗壮的植株，最后开花、结果的过程，从而见证生命的奇妙。在这个过程中，可以尽情领略嫩芽冒出时的惊喜，抽枝展叶时的愉悦，采摘收获时的满足，让生活更加美好充实。

本书分"家庭养花"和"阳台种菜"两部分。上篇先系统介绍养花种草的基础知识和美丽健康指南，然后针对不同侧重点，详细介绍多种四季代表性花草、居家健康类花草、旺家类花草的生活习性、种植要点、功能效用及花卉的内涵、花语等，并配以百余幅精美彩图，让你在增长知识的同时获得美的享受，全方位了解养花之道。下篇教你如何打造私人菜园，从选种、选土、选工具到施肥、除虫、浇水，从播种、间苗、培土到搭架、摘心、收获，手把手地教你在阳台栽培植物的基本要点。具体到种植每种植物的分步操作，从适合种植的季节、光照条件、浇水量，到种苗选育、种植、培育、收获四个阶段的详细过程，都会事无巨细地予以全程指导。全书采用手绘插图和实物照片结合的方式详细讲解，直观明了、简单易学，既能作为普通园艺爱好者的入门指南，又是资深园艺达人的必备工具书。

当进入家门，姹紫嫣红的色彩映入眼帘，醉人的花香扑面而来，你心中的烦恼与压力定会随之一扫而空吧？当每天看着阳台上自己种的菜不断地长高、长大，定会有一种妙不可言的喜悦与激动吧？家庭养花种菜，收获更多的是一种恬淡的心境，一种乐观积极的生活态度，一种生活品质的提升。感受拥抱大自然的快乐，在快节奏的生活中呼吸独有的清新，这样的生活就在眼前，你还在等什么！

上篇　家庭养花

下篇　阳台种菜

上篇
家庭养花

第一章
从零开始学养花

花草的日常养护

➡ 为花草创造合适的生长环境

我们无法在家中创造出南美洲热带雨林或半沙漠荒漠草原这样的环境，但是你又希望既能种植兰科和凤梨科植物，又能种植来自热带的仙人掌等多浆植物，同时还能种植常春藤或桃叶珊瑚属的植物。该怎么办呢？其实只要你心灵手巧，再加上一些折中的处理办法，就能为各种不同的植物创造适宜的生长环境，而且不会破坏家里原有的舒适。

栽种植物时，你可以采纳标签上的种植说明或本书中的一些建议。实际操作时，往往很难满足植物所需的所有条件，不过依照我们的建议行事，即使不能让所有植物都茂盛生长，但让它们存活肯定没有问题。最重要的是植物对湿度的要求：若植物需要较高的湿度，空气干燥很可能导致植物死亡。植物对光照和温度的要求也比较重要，若处理不当，即使不会引起植物死亡，也可能导致植物茎干细长或者叶子出现类似灼伤的斑点。这些情况是摆放不当造成的，适当移位或许能解决这些问题。

温度

温度是最为灵活的条件，偏高或偏低对大部分植物的长势并不会有太大的影响。

应特别注意标签或园艺书中标明的植物生长所需的最适宜温度，多数植物在低于最佳温度时仍能存活。冬季光照不足的情况下，可以用空调适当提高温度促进植物生长。夏季不使用空调的话，环境温度一般都会超过大多数植物所需的适宜温度，此时只要将植物置于阴凉处，并保证较高的湿度，植物生长就不会受到太大影响。

0℃以下的低温会严重影响植物生长，即使家里有供暖设施，晚上关掉暖气后温度仍然会降得比较低，这一点必须引起注意。

光照

最好将植物置于光照充足但无阳光直射的地方。即使是在室外阳光下能茂盛生长的植物，也不喜欢透过玻璃直射的阳光，因为这样通常会灼伤叶子。阳光较强时，需特别注意勿将植物放在雕花玻璃后面，因为雕花玻璃会增强光照强度，对植物造成更大的伤害。

生长在沙漠、草原、高山或沼泽等环境中的植物才能种植在有阳光直射的地方，但是，即使是这些植物，也不喜欢被窗玻璃增强了杀伤力的阳光。一天中阳光最

光照充足的潮湿环境，能令蛾蝶花、瓜叶菊等植物熠熠生辉。

强的时候最好给植物遮阴，网状的窗帘就能阻挡部分强烈的阳光。

虽然喜阴植物忌直射光，但并不意味着这些植物不需要光照。肉眼很难正确判断光照强度，当使用能显示曝光度的相机测量房间不同位置的光照强度时，你可能会发现窗户附近的光照强度其实和房间中央相差无几。如果要将植物摆在较高窗户旁的低矮座墩或桌子上，就必须解决植物如何更好地采光的问题。

湿度

湿度，即某一温度下空气中的含水量，对植物的生长至关重要。叶片纤薄娇嫩的植物，如蕨类植物、卷柏、花叶芋等，需要潮湿的生长环境，可以种在花箱或暖箱中，或常喷水雾（至少每天一次）。

需要较高湿度但要求没那么苛刻的植物，可以种在一起创造局部小气候，也可以将种有这些植物的花盆放在盛有水和沙砾、鹅卵石或大理石的托盘上。盆栽土不和盘内的水直接接触，既能保证空气湿度，又能防止盆栽土存水。除了做到这一点之外，还需要定期喷水雾。若植物处于花期，喷水雾时要注意避开花朵，因为花瓣一旦碰到水，很可能会出现斑点甚至腐烂。

还可以在散热器上放一个盛水的托盘，增加湿度，经济实用，为盆栽植物创造较好的生存环境。

浇水

植物生长离不开水，但有些植物浇水过多比缺水更危险。要做好植物的养护工作，你必须先了解一些浇水的相关知识。

将测量仪插入盆栽土中，可以检测盆栽土的湿度。但是如果盆栽植物较多的话，这种方法就不太适用了。因为要将测量仪插到每个盆栽中，然后一一读取数据，太麻烦了。不过对于刚开始种植室内盆栽的人来说却非常实用。

应该给植物浇多少水

其实该给植物浇多少水并没有既定的标准。植物的需水量以及浇水频率不仅取决于植物的特性，还取决于花盆的种类（种在陶制花盆中的植物需水量比种在塑料花盆中的多）、盆栽土的种类（泥炭打底的基质比肥土打底的基质蓄水能力更好）、周边环境的温度以及湿度。

只有亲身实践才能获得浇水的经验，懒得自己摸索的话，最好选择能自动浇水的花盆或用培养液栽培的植物。

检测盆栽土湿度的实用技巧

你可以从以下方法中选择最合适的方法检测盆栽土湿度，条件允许的话最好每天检测一次。

* 肉眼观察。干燥的盆栽土往往比湿润的盆栽土颜色浅，但是表面干燥并不意味着底层同样干燥。如果表层土壤湿润，则无须浇水。对于花盆下还有盛水托盘的植物，只需确保托盘内有水即可，盘内无水时再浇水。

* 触摸法。手指轻轻按压土壤表层，就可以感知土壤到底是湿润的还是干燥的。

* 声音测试。适用于陶制花盆，尤其是那些种有大型植株、盆栽土较多的花盆。在园艺杖上插上棉线团，敲打花盆：声音沉闷说明土壤湿润（也可能是花盆有裂纹），声音清脆说明土壤干燥。用这种方法检测泥炭土湿度不太准确，也不适用于塑料花盆。

经过不断的实践和摸索，经验丰富的人只要提一提花盆就能知道土壤干燥与否：土壤干燥的花盆往往比土壤湿润的

盆栽土检测

在园艺杖或铅笔上插上棉线团，敲打陶制花盆：声音清脆说明土壤干燥，声音沉闷说明土壤湿润，有一定经验后能明显感觉到声音的差异。

花盆轻很多。

如何正确浇水

浇水时要浇透——仅仅湿润表层土是不够的。若盆栽土已经干硬板结，浇入的水很可能直接渗进花盆里，此时可以将花盆浸在水桶中，直到水中不再冒气泡为止。

浇水后一般应检查盆底托盘上是否有残留的水，若有，则需要将残留的水倒掉。若盘内有鹅卵石或大理石避免水与盆栽土直接接触，则不检查问题也不大。托盘内残留的水是导致植物死亡最常见的因素。除了一些特殊植物，其他植物长期置于水中都会死亡。

多数植物用长颈洒水壶浇水最为方便，长颈可以伸入叶丛，细长的喷嘴容易控制水流，避免水流太大冲走盆栽土。

非洲紫罗兰等叶片向地生长的植物，用洒水壶浇水可能会淋湿叶子和花冠，造成叶子腐烂。因此最好将这种植物的花盆墩在水盘中，一旦盆栽土表面变湿，就立即将花盆移出，这种方法比较稳妥。不过，如果能将喷嘴伸到叶子下面浇水，使用长颈洒水壶也未尝不可。

部分植物对水的特殊需求

自来水并不是浇灌植物最理想的水，但多数植物都可以接受。有些植物不适合生长在碱性土壤中，若自来水硬度较高（钙或镁含量较高），就需要进行特殊处理。这类植物包括单药花属植物、杜鹃花、绣球属植物、兰花，以及非洲紫罗兰。最好能用雨水浇灌这类植物，不过很难随时随地得到水质好的雨水，而且有些地区的雨水也存在污染问题。

硬度不高的自来水也不要随接随用，最好能搁置一夜再用。硬度较高的自来水可以煮沸冷却后使用，因为沸腾过程能降低水的硬度。

施肥

不施肥，植物就会显得死气沉沉，只有正确施肥，植物才能茂盛生长，生机盎然。现代肥料让施肥变得很简单且肥效更长，因而不需要经常添加。

花盆并不是植物生长的有利环境，因为盆栽土远远不能满足植物根部对营养的需求，小型盆栽尚且如此，大型植物能从盆栽土中获得的养分更是少得可怜。

施肥有利于植物生长，不同的植物可以使用不同的肥料，如果不想这么复杂的话，可以使用同一种肥料，毕竟施肥总比不施好。

施肥时间

无法确定施肥时间的话，可以查看购买植物时附带的标签或相关的书籍。通常情况下，植物处于生长旺盛期或光照及温度条件能促进植物吸收肥料时，才需要施肥。一般是春季中期到夏季中期这段时间，当然也有例外，尤其是冬季开花的植物。

仙客来常在冬季施肥，冬春两季开花的林中仙人掌也在冬季施肥，夏季不施。其实关键并不是何时施肥，而是何时植物生长最为旺盛。

缓释肥料适用于室内盆栽，不过这些肥料的肥效受温度影响。冬季室外的肥料肥效很差，室内相对而言要好一些。

施肥频率

只有通过反复尝试摸索，才能掌握合理的施肥频率。相关书籍或植物标签上可能会说明"每两周施肥一次"或"每周施肥一次"，但这并不适用于所有植物，因为此类说明主要针对液体施肥法。用其他方式施肥的话，要具体问题具体分析。

缓释肥料

这种肥料现在已经推广开来了，主要用于室外盆栽植物的种植，或用于长期供应盆栽植物所需养分。与普通肥料不同，这种肥料能在几个月内缓慢而持续地发挥效力，多数植物一年只需施一两次肥即可。

这种肥料适用于室外盆栽植物，但只有在土壤温度能促进植物吸收养料的情况下，肥料才会发挥效力。

移植盆栽植物时，可以将这种肥料添加到盆栽土中。

液体肥料

液体肥料见效快，植物急需肥料时非常适用。不同肥料的浓度和需要稀释的程度有所不同，通常情况下应该采用厂家的建议，使用浓度恰当的肥料并保证合理的施肥频率。有些肥料浓度较低，可在浇水时同时使用，有些肥料浓度很高，不能经常使用。

固体肥料

目前，各式各样的固体肥料大大减轻了施肥的负担，从长远来看，使用这些肥料成本相对较高，但过程不像使用液体肥料那么麻烦，而且可以节省时间。这些肥料形状各异，主要有片状和条状两种，但使用方法大致相同：在盆栽土上挖一个小孔，埋入肥料条或肥料片，肥效大约能持续一个月

（持续时间应参考使用说明）。

小包装缓释肥料

目前市面上还有小包装的缓释肥料，可以整包直接放在盆栽土底部。这种肥料移植植物时很适用。

可溶性肥料粉

可溶性肥料粉和液体肥料作用原理相同，只需用水将粉末溶解即可，操作简单，而且价格也比液体肥料便宜。

选择合适的盆栽土

有了质量较好的盆栽土，植物才能长势良好。施肥能解决植物营养缺失的问题，盆栽土土壤结构能平衡植物根部对水分和空气的需求，对植物的健康生长同样重要。商家采用的盆栽土通常质量较轻，便于搬动，有利于毛细浇水法的实施，但并不利于室内盆栽苗壮成长。

盆栽土应既能起到固定植物的作用，又能积蓄营养，结构合理的盆栽土能满足植物根部对水分和空气的需求。另外，盆栽土中还含有大量微生物，有利于植物生长。

早期的花农会给不同盆栽植物使用不同的盆栽土，如煤渣、砂砾、珍珠岩、火山石、泥炭土、堆肥土和椰糠等。如今为了省事多数植物都用同样的盆栽土，只有少数植物对盆栽土有特殊要求。

砂砾

珍珠岩

最常见的盆栽土有堆肥土和泥炭土，除了少许特殊植物，这两种盆栽土适合多数植物生长。

以堆肥为基质的堆肥土：主要成分为各种植物的残枝落叶和易腐烂的垃圾废物等，可加入砂和泥炭藓改善土壤的营养结构。

堆肥土较重，能增加花盆的稳定性，适合大型植株，尤其是茎叶较多的植物，如大型棕榈。

以泥炭藓为基质的泥炭土：质量轻，便于搬动，适合多数植物。有时会添加砂或磷、钾等营养元素，这主要取决于植物的需求。若盆栽土中养分流失很快，不及时施肥的话会影响植物生长。

商家常使用自动浇水系统养护植物，泥炭土比较能适应这种养护方式。而自己种植，最好选择堆肥土，因为泥炭土很容易干硬板结，之后就很难再浇透水，而且还容易出现浇水过多的现象。

随着生长泥炭藓的湿地面积大大减少，有些花农不再使用泥炭土。目前有很多代替泥炭土的盆栽土，比如用椰糠（椰子果实加工后的废料）和树皮碎末做栽培基质的盆栽土，有时也用这些物质的混合土。根据制作方式和组成成分的不同，盆栽土的效果参差不齐，你可以尝试使用不同基质的盆栽土分别种植几株同样的植物，然后哪种基质的盆栽土最好就一目了然了。

选择合适的花盆

选择花盆时，实用只是其中一个要求，漂亮有趣也可以成为选择花盆的标准。不管如何选择，花盆的大小必须和所种植物协调一致，因为植物和花盆的比例会影响盆栽的整体形象。大小合适的花盆会令盆栽熠熠生辉，反之则可能破坏盆栽的整体美感。

普通的瓦盆（又称陶盆）或塑料花盆外观不怎么漂亮，因此很多人喜欢在这些花盆外面套一个稍大的装饰性托盆。使用装饰性托盆时，最好

图中的镀锌容器有一种老式厨房的情调。较大的容器可容纳两三种可共生的植物，如图中的铁线蕨和钮扣蕨。

能在托盆里放些砂砾、黏土粒或鹅卵石，防止花盆底部和托盆中积留的水直接接触。也可以在花盆和托盆之间填入泥炭藓块吸收多余的水分，这样还有助于在植物周围形成湿润的局部环境。采用第二种方法时一定要先浇水，因为一旦填入泥炭藓块，就很难看出花盆和托盆之间是否有积水了，也很难将多余的水倒出。

瓦盆用来种植仙人掌和部分多浆植物比较合适，但有一种较浅的花盆更适合种植仙人掌，因为仙人掌根系不发达，较浅的花盆就足够了。浅盆直径和普通花盆相同，但高度只有普通花盆的一半左右。育种盆和浅盆相似，但更浅一些，如今已不常见到了，育种盆原本用于育苗，也可以用来种植植株矮小或匍匐生长的植物。

还有很多植物适合种在浅盆中，如杜鹃花、多数秋海棠属植物、非洲紫罗兰以及多数凤梨科植物。你可以根据植物买回时所用的容器来选择合适的花盆，原来的容器较浅的话，移植时就可以使用浅盆。

有些比较高档的塑料花盆经过上色，还带有垫盘，外观和工艺花盆一样漂亮，特别是那些颜色和房间色调协调的塑料花盆，装饰性就更强了。

普通的瓦盆或塑料花盆可以自己动手画上一些图案，增加花盆的美观性。瓦盆可以选用涂料（涂料颜色有限，因而可以设计比较抢眼的图案来弥补不足），塑料花盆可以选用油画颜料。

相对于室内盆栽而言，方形花盆更适合摆在温室。大量种植像仙人掌这样的小型植物，方形花盆比较节省空间。

移植花草

植物一般都需要移植，移植能让生长状况不良的植物重新变得生机勃勃。但并非所有植物都需要经常移植，而且有的植物移植后适合种在较小的花盆中。通过不断地实践和摸索，就能掌握移植的正确时机，以及移植时该使用多大的花盆。

不必过早将植物移植到较大的花盆中，因为频繁移动可能导致根部损伤，影响植物生长。

每年都要考虑植物是否需要移植，但这并不是说每年都要进行移植，移植与否应视植物的需要而定。

植物幼株比成熟植株移植频率要高。移植时最好选用大小合适的花盆，移植后要进行追肥或简单施肥。

什么时候进行移植

植物根须伸出花盆底部并不意味着必须进行移植，因为通过毛细衬垫浇水或使用托盘的花盆都会有少数根伸出花盆底部吸收水分。

不确定是否需要移植的话，可以取出植株查看植物根部。将花盆倒置并轻轻敲打花盆壁，可轻易将植物连同盆栽土取出。植物有少量根沿花盆内壁生长属于正常现象，如果有较多根都是这样的话，就必须进行移植。

　　移植的方法很多，这里介绍两种最常用的方法。一种是传统方法移植，将植物连同盆栽土一起取出移入新盆。一种是盆套盆法移植，在新盆中嵌入旧花盆（或空盆），在两盆之间的空隙中填入盆栽土，将植物移入新盆。

花草的简单繁育法

播种繁殖

　　家中有自己播种繁殖的盆栽，着实能为你迎来朋友们艳羡的目光。多年生植物很难通过播种繁殖，而且实验证明，并非所有多年生植物都适合播种繁殖，而一年生植物播种繁殖基本都很容易。

　　如果你从未试过自己播种繁殖，最好先选择易成活的一年生植物，这样比较容易成功。但很多人都想尝试那些不易成活但充满趣味性的植物，如仙人掌、苏铁、蕨类植物（蕨类植物其实是通过孢子繁殖的，并非真正的种子），以及特别受人喜爱的非洲紫罗兰。这些种子较难发芽，但或许正是由于具有挑战性，许多盆栽爱好者才会乐此不疲。

　　有些多年生植物生长缓慢，通过播种繁殖可能要等数年才能长成一定大小的植株。有温室或暖房的话，可以将多年生植物放在里面，等到长成大小合适的植株，再搬进室内做装饰。

　　种植大量植物可以使用育种盘播种，种植量小的话只需用花盆播种即可，因为花盆所占的空间较小。

幼苗长到一定大小，就可以移栽到其他花盆或育种盘中，待大小合适时再单独种到花盆中。

移栽幼苗时用手提住叶子，不要提脆弱的茎干。移栽后可使用一般的盆栽土。

扦插枝条

大部分室内盆栽都可以通过扦插枝条进行繁殖，有些植物放在水中就能生根，有些植物较难生根，需要使用生长素和栽培箱。

多数室内盆栽可以在春季通过扦插幼枝进行繁殖，而多数木本花卉可以迟些时候通过扦插已长成的枝条进行繁殖。

幼枝扦插

选择春季新抽芽的枝条，在变硬之前，将梢部剪下扦插。成熟枝条扦插步骤大致相同。

水中生根的枝条

幼枝通常都能在水中生根，尤其是较易扦插的植物，如

适合扦插的天竺葵属植物

天竺葵属植物的插条很容易生根。马蹄纹天竺葵、菊叶天竺葵以及香叶天竺葵均可以通过扦插幼枝进行繁殖。

鞘蕊花属和凤仙花属植物。

在果酱罐等容器中装满水，瓶口蒙上铁丝网或钻有洞的铝箔。将剪下的幼枝直接通过铁丝网或铝箔上的洞插入水中。

要保证容器中有足够多的水，待插条生根后，就可移入花盆，使用普通盆栽土种植了，但应至少一周内避免阳光直射，保证插条在盆中稳定生长。

扦插叶子

扦插叶子通常比扦插枝条更有趣，多数植物都可以通过这种方法繁殖，操作简单方便，下面就介绍几种常见的扦插方法。最常见的通过扦插叶子繁殖的植物有非洲紫罗兰、观叶秋海棠属、扭果苣苔属以及虎尾兰属植物。

扦插叶子时要注意以下几点：有些叶子需要保留合适长度的叶柄便于扦插，有些叶子的叶片特别是叶脉受损处会长出新植株，有些叶片不必整张扦插到盆栽土（含防腐剂）上，将叶片切成方形的小块，单独扦插就可以成活。扭果苣苔属等植物的叶子又细又长，可以将叶片切成几段进行扦插。

分株繁殖

分株繁殖是培育新植株最为迅速、简单的方法。该方法成活率高，适用范围广，枝叶茂密或成簇生长的植物都可以进行分株繁殖。

很多蕨类植物都能进行分株繁殖，如铁线蕨属、对开蕨属植物以及大叶凤尾蕨。竹芋属植物以及同类的肖竹芋属植物如枝叶茂密，也可以进行分株繁殖，其他能进行分株繁殖的还有花烛属和蜘蛛抱蛋属植物。

分离植物一小时前要先给植物浇水。根系发达的植物可以用锋利的小刀分离根团。

⟳ 压条繁殖

压条适用于培育少量植物，普通压条法只适用于部分植物，要繁育主干底部枝叶所剩无几的菩提树，最好使用空中压条法。

普通压条法适用于枝条细长柔韧的攀缘植物或蔓生植物。可以在母株附近放上花盆，直接将枝条压到新盆盆栽土中，这种方法常用于培育常春藤和喜林芋属的新植株。

空中压条法常用于大型桑科植物，如橡皮树，当然也可以用于其他植物，如龙血树属植物。通常在枝条下方不长叶的部位进行压条，若枝条有部分老叶，可将老叶剪去。

养花常见问题及解决方法

⟳ 植物虫害

无论是刚开始种植室内盆栽的新手，还是经验丰富的老手，甚至是专业人员，都不能保证所种的植物永远不发生虫害。蚜虫等害虫会对各种植物带来危害，有些害虫则更具针对性，是某些植物的大敌，或者在特定环境下才会侵害植物。一旦虫害发生，应该迅速采取有效措施消除虫害。

绿植害虫大致可以分为吸汁害虫、食叶害虫、根部害虫三类。还有一类枝干害虫，对绿植相对危害较少。发现虫害时如果你不能马上识别是什么害虫，可以先根据以下内容判断害虫属于哪一类，再采取相应的措施除虫。

吸汁害虫

蚜虫是最常见也最令人头痛的害虫，它们通常多批轮番上阵侵害植物，因此成功消灭一批蚜虫后仍然不能放松警惕。

蚜虫等吸汁害虫不仅会对植物造成直接损害，还会影响植物将来的生长。植物花苞或芽苞一旦受到蚜虫之害，长出的花或叶就会变形。蚜虫吸食叶脉中相当于植

智利小植绥螨可用来控制红蜘蛛。如图所示，将寄生有智利小植绥螨的叶片放到室内盆栽上。

物"血液"的汁液时，可能会将病毒传染给其他植物。因此需要认真对付，最好在蚜虫大量繁殖前采取措施。

粉虱看上去像小飞蛾，一碰到就会扬起一阵粉尘。粉虱的蛹（幼虫）绿色偏白，形似鳞片，在孵化前转为黄色。

红蜘蛛不容易察觉，通常只能看到它们所结的精细的网，或者只能发现受害的植物叶子变黄、出现斑点。

防治方法：几乎所有用于室内盆栽的杀虫剂都能控制蚜虫，可以选择操作方便、药效时间合适的杀虫剂。也可以购买专杀蚜虫的杀虫剂，这种杀虫剂对益虫无害，因此你不必担心会影响授粉昆虫或一些害虫天敌的生长。多数药性强的杀虫剂不适合在室内使用，可以将植物搬到室外喷洒。也可以经常使用药性较弱、药效较短的杀虫剂——这些杀虫剂常以除虫菊酯等天然杀虫物质为主要成分。

内吸式杀虫剂药效长达数周，在室内使用很方便，可以用水稀释后浇到盆栽土中，也可以装在渗漏器中插入盆栽土使用。

粉虱等害虫需要重复使用普通的触杀式杀虫剂，千万不能使用一两次就觉得万事大吉了。

红蜘蛛不喜欢潮湿的环境，杀虫后可以经常给植物喷雾，这样既有助于植物生长，又能防止红蜘蛛再生。

粉蚧和其他较难杀灭的吸汁害虫，可以用棉签蘸取酒精，擦拭害虫感染的叶片表面。因为这类害虫具有能抵挡多数触杀式杀虫剂的蜡制外壳，而酒精能破坏这层外壳。除此之外，也可以使用能进入植物汁液的内吸式杀虫剂。

食叶害虫

一旦叶子出现虫洞，食叶害虫就暴露无遗了。食叶害虫体形普遍较大，容易看到，要控制也相对容易一些。

防治方法：毛毛虫、蛞蝓和蜗牛等较大的害虫，可以直接下手捉（若叶片受害严重则需剪掉整张叶片），因此室内种植时无须使用杀虫剂，温室里可以使用毒饵（家中有宠物的话用花盆碎片盖住毒饵，防止宠物误食）诱杀这些害虫。

蠼螋等晚上才出来觅食的害虫较难处理，可以使用专门的家用杀虫粉末或喷雾，在植物周围喷撒。

根部害虫

啃食根部的害虫很可能要到植物枯死时才会被察觉，但那时为时已晚，这就是此类害虫最令人头痛的地方。某些蚜虫及象鼻虫等害虫的幼虫都属于这一类。植物出现病态，如果能排除浇水不当的原因，而且植物地上部分也没有发现害虫，就基本可以确定是根部害虫在作祟。这时，可以将植物取出花盆，抖落盆栽土，查看植物根部。若有虫卵或害虫，这可能就是引起上述情况的原因；若无害虫但根稀少或出现腐烂现象，则植物很可能感染了真菌。

防治方法：取出植物抖动根部进行检查，若有害虫，重新移植前先将根部浸到溶有杀虫剂的溶液中，杀灭害虫，然后用溶有杀虫剂的溶液将盆栽土浇透，预防害虫卷土重来。

植物病害

病害会影响植物外观，甚至可能导致植物死亡，因此必须认真对待。植物感染真菌，只摘除受感染叶片并不能有效控制病情，最好尽快施用杀菌剂。植物感染病毒，最好将植株扔掉，以免病毒扩散，感染其他植物。

由真菌引起的病害
葡萄孢菌通常长在已死亡或受损的植物上，也可能是由通风不畅引起的。

有时，不同真菌感染表现出的症状非常相似，很难准确判断，但这并不妨碍控制真菌感染，因为用于控制常见病症的杀菌剂几乎对所有真菌感染都能起作用。当然，不同的杀菌剂对不同病症的效果也有差异，使用前需仔细阅读标签上的使用说明，确定这种杀菌剂对哪一种病害最有效。

叶面斑点

各种不同的真菌和细菌都能导致植物叶面出现斑点：如果受感染的叶片表面出现黑色小斑点，可能是感染了结有孢子的真菌，此时可以使用杀菌剂；如果叶面未出现黑色小斑点，可能是细菌感染，使用杀菌剂也会有些效果。

防治方法：剪除受感染的叶片，用溶有内吸式杀菌剂的水喷洒植物，天气好的话可增强通风。

腐根

健康的植物突然枯萎很可能是由根部腐烂引起的，主要表现为：叶片卷曲、变黄变黑，然后整株植物枯萎。腐根一般是浇水过多导致的。

防治方法：根部腐烂通常没有挽救措施。不过情况不太严重的话，尽量降低盆栽土湿度或许可以控制病情。

烟霉病

烟霉病通常发生在叶片背面，有时也会长在叶片正面，看上去像成片的炭灰，对植物健康不会有直接危害，但会影响植物外观。

防治方法：烟霉以蚜虫和粉虱分泌的"蜜露"（排泄物）为食，只要消除这些害虫断绝烟霉的食物来源，烟霉自然就会消失。

霉病

植物霉病分为很多种，最常见的是粉状霉病。病症为叶片上出现白色粉状积垢，好像撒了一层面粉。开始时霉菌只感染一两块区域，但会逐渐蔓延开来，很快就能感染整株植物。秋海棠属植物最易感染霉病。

防治方法：尽早摘除受感染的叶片，使用真菌抑制剂防止病情扩散。增强通风，降低植物周围的空气湿度，直到病情得到基本控制为止。

病毒感染

植物感染病毒的主要症状有：生长停滞或变形，观叶植物的叶片或观花植物的花瓣上出现异常的污斑。病毒可以通过蚜虫等吸汁害虫传播，也可以经未消毒的剪切插条的小刀携带传播。

目前尚无有效措施控制植物病毒感染，除了需要病毒形成斑叶的部分斑叶植物，其他植物一旦感染，最好将植株扔掉，以免感染其他植物。

⊕ 长势不良

在植物的生长过程中，并非所有问题都是由病虫害引起的，有时低温、冷风或营养不良等因素也会导致植物出现问题。

只有仔细检测才能发现导致植物长势不良的真正原因。以下所列举的一些常见问题有助于你在某种程度上确定主要原因，不过也需要特别留心其他可能的原因，如是否移动过植物，浇水是否适量，温度是否适宜，利用供暖设备调高温度的同时是否注意增加湿度并增强通风。集中各种可能因素，锁定直接原因，并采取相应措施避免以后出现同样的问题。

温度

多数室内盆栽能抵抗霜冻温度以上的低温，但却不能适应温度骤变或冷风。

低温可能引起植物落叶。冷天没有及时移回室内，或在搬运途中受冻的植物，通常都会出现这种现象。如果叶片皱缩或变得透明，说明植物可能冻伤很严重。

冬季温度过高也不好，可能会导致大叶黄杨等耐寒植物落叶或引起未成熟的浆果脱落。

光照

有些植物需要强度较高的光照，光照不足，叶子和花柄就会因向光生长而偏向一边，而且植物茎干会变得细

空气干燥的影响
干燥的空气会影响多数蕨类植物的生长。图中的铁线蕨表现出环境干燥的症状。

长。这种情况发生时，如果无法提供充足的光照，可以每天将花盆旋转45度（可在花盆上标记接受光照的部位），以便植物各个部位都可以接受充足的光照。

充足的光照有利于植物生长，但阳光直接照射或透过玻璃照射植物却会灼伤叶子，灼伤部位会变黄变薄。雕花玻璃像凸透镜一样具有聚光作用，灼伤更为严重。

湿度

干燥的空气可能导致娇嫩的植物叶尖泛黄，叶片变薄。

浇水

浇水不当会导致植物枯萎，这包括两种情况：若盆栽土摸起来很干，可能是缺水引起的；若盆栽土潮湿，花盆托盘中仍有水，则可能是浇水过多引起的。

施肥

植物缺肥可能导致叶片短小皱缩、缺乏生机，液体肥料可迅速解决这一问题。柑橘属和杜鹃属等植物种在碱性盆栽土中，会出现缺铁现象（叶子泛黄），用含有铁离子的螯合剂（多价螯合）施肥，移植时使用欧石南属植物专用盆栽土（尤其是专为不喜欢石灰的植物设计的盆栽土），可以大大缓解这一症状。

花蕾脱落

花蕾脱落通常是由盆栽土或空气干燥引起的，花蕾刚形成时，挪动或晃动植物也会出现这一现象。如蟹爪兰，花蕾形成后挪动植株，由于不适应，很容易导致花蕾大量脱落。

◯ 枯萎现象

一旦植物出现枯萎或倒伏的情况，首先应找出原因，然后尽快急救让植物恢复正常。

植物出现枯萎或倒伏现象属于比较严重的问题，不注意的话，植物很可能会死亡。植物枯萎的原因通常有三个：

* 浇水过多。

* 缺水。

* 根部病虫害。

前两种原因导致的枯萎通常很容易判断：若盆栽土又硬又干，很可能是缺水；若托盆中还有水，或盆栽土中有水渗出，很可能是浇水过多。

若不是这两种原因，可以检查植物基部。若茎呈黑色且已腐烂，很可能是感染了真菌，这种情况下，最好将植物扔掉。

若上述原因都不是，可以将植物取出花盆，抖落根部盆栽土，若根部松软呈黑色，且已腐烂的话，可能是根部发生了病害。另外还要查看根部是否有虫卵或害虫，某些甲虫如象鼻虫的幼虫也可能引起植物枯萎。

根部病虫害的急救

根部腐烂严重的话很难恢复原状，不过可以用稀释后的杀菌剂浇透盆栽土，数小时后用吸水纸吸去多余水分。若根系受损严重，要尽量去除原来的盆栽土，将植物移植到经消毒的新盆栽土中。

某些根部害虫，用杀虫剂浸泡盆栽土就可以消灭，但深红色的象鼻虫幼虫和其他一些难缠的根部害虫很难控制。这种情况下，可以抖动植物根部，撒上粉末杀虫剂，然后将植物移植到经消毒的新盆栽土中。病虫害不严重的话，移植后只要植物重新生长，就能存活。

第二章
四季代表性花草及养护

春季花草

迎春花

【花草名片】

◎**学名：** *Jasminum nudiflorum*

◎**别名：** 金梅、金腰带、小黄花、金腰儿等。

◎**科属：** 木樨科茉莉属，为多年生常绿落叶灌木。

◎**原产地：** 中国。

◎**习性：** 喜阳光，喜湿润，稍耐阴，耐寒冷，耐旱，耐碱，怕涝。

◎**花期：** 3~5月。

◎**花色：** 金黄色。

择 土

迎春花对土壤没有严格的要求，在微酸、中性、微碱性土壤中都能生长，但最适宜在疏松肥沃、排水良好的沙质土壤中生长。

选 盆

因为迎春花的颜色是金黄色，所以适宜选用淡蓝、紫红、黑色的花盆，让花盆和花的颜色相互协调，使盆花更具观赏价值。

栽 培

❶春、夏、秋三季均可进行扦插。❷剪下长约20厘米的嫩茎作插穗，插入土1/3深。❸浇透水，放在阴处或遮阴10天左右，再放到半阴半阳处，15天左右即可生根。

修 剪

迎春花的花朵多集中开放于秋季生长的新枝上，即在头年枝条上形成花芽。夏季以前形成的枝条着花很少，老枝则基本上不能开花。因此，每年开花以后应对枝条进行修剪，把长枝条从基部剪去，促使另发新枝，则第二年开花茂盛。为避免新枝过长，一般每年5～7月可摘心2～3次，每次摘心都在新枝的基部留2对芽而截去顶梢，促使其多发分枝。

新手提示：生长强健而又分枝多的植株，7月以后，可不再摘心。如果分枝过少，8月上旬以前还应再摘一次心。但生长细弱、枝条并不太长的植株，摘不摘都可以。

浇 水

❶迎春花喜欢湿润的环境，炎热的夏季每日上、下午各浇一次水，还应时常朝枝茎和植株四周地面喷洒清水，以增加空气湿度。❷迎春花怕盆内积水，在梅雨季节，连续降雨时，应把盆放倒或移至不受雨淋处。❸秋天注意经常浇水，以利于植株生长健壮。❹冬季气温低，水分蒸发少，应少浇水。

施 肥

❶栽培迎春花，定植时要放基肥。❷生长期每月施

1～2次腐熟稀薄的液肥。❸ 7～8月，迎春花芽分化期，应施含磷较多的液肥，以利花芽的形成。❹ 开花前期，施一次腐熟稀薄的有机液肥，可使花色艳丽并延长花期。❺ 冬季施基肥一次，平时不必追肥。

繁殖
以扦插为主，也可用压条、分株的方法繁殖。

温度
冬天，在南方只要把迎春花连同花盆埋入背风向阳处的土中即可安全越冬，在北方应于初冬移入低温室内，如阴面阳台处越冬。要想让迎春花提前开花，可适时移入中温或高温向阳的房间内，如放置在13℃左右的室内向阳处，每日向枝叶喷清水1～2次，20天左右即可开花；如置于20℃左右的室内向阳处，10天左右就可开花。开花后，将其移至阴面阳台，并注意不要让风对其直吹，即可延长花期。花开后，室温越高，花凋谢越快。

光照
生长期间要保证每日接受足够的光照。

新手提示：光照不足会导致植株窜高、黄化、不开花或开花少等。

病虫防治
❶ 迎春花若感染叶斑病和枯枝病，可用50%退菌特可湿性粉剂1500倍液喷洒进行处理。❷ 迎春花感染的虫害常为蚜虫和大蓑蛾，可用50%辛硫磷乳油1000倍液喷杀。

净化功能
迎春花花香馥郁，放在室内不仅可以起到香化居室的作用，同时还可以净化空气，给我们带来一个清新的环境。

摆放建议

迎春花适应性强，花色端庄秀丽，适宜做室内中小型盆栽，一般摆放在客厅、书房、卧室等处。

花言草语

迎春花是我国名贵花卉，与梅花、水仙和山茶花并称为花中的"雪中四友"。因不畏严寒、怒放花枝喜迎春天的特点而得名。迎春花适应能力强，不择风土，历来受到人们的喜爱，无论是春天娇嫩的黄花，夏天舒展的绿叶，还是冬日里婆娑的花枝，都有很高的观赏价值。迎春花的花语是相爱到永远。

《全国中草药汇编》中记载，迎春花的叶和花可入药。其叶味苦，性平，具有解毒消肿的功效，可止血、止痛。其花味甘、涩，性平，具有清热利尿、解毒的功效。外用研粉，调麻油搭敷于患处即可。

芍药

【花草名片】

◎ **学名**：*Paeonia lactiflora*

◎ **别名**：余容、将离、殿春花、婪尾春。

◎ **科属**：毛茛科芍药属，为多年生宿根草本植物。

◎ **原产地**：最初产自中国北部地区，以及朝鲜、日本、西伯利亚等地。

◎ **习性**：芍药喜欢冷凉荫蔽的环境，耐旱、耐寒、耐阴，适宜在排水通畅的沙壤土中生长，特别喜欢肥沃的土壤。

◎ **花期**：4 ~ 5月。

◎ **花色**：白、红、粉、黄、紫、紫黑、浅绿色等。

择土

可以选择肥沃、排水通畅、透气性好的沙质土壤、中性土壤或微碱性土壤。

新手提示：芍药的分株栽培时间最好选在9月下旬到10月上旬，也就是白露到寒露期间，这一期间的气候温度适合芍药的生长，可使新株有充足的时间在冬天到来之前长出新根。

选盆

可选择排水、透气性良好的泥瓦盆或陶盆，栽种芍药的土壤层越深厚越好，所以最好选择高盆。

栽培

❶ 挖出3年以上的芍药株丛，抖掉根上的泥土。❷ 将母株移至阴凉干燥处放置片刻。❸ 母株稍微蔫软后，用刀将根株剖成几丛，确保每丛根株上有3~5个芽。❹ 将小根株放置在

阴凉干燥处阴干。❺ 在盆底铺一层花土，土层约为盆高的2/5。
❻ 将阴十略软的小根株栽入盆中扶正，向盆中填土、压实。

修 剪

花朵凋谢后应马上把花梗剪掉，勿让其产生种子，以避免耗费太多营养成分，使花卉的生长发育及开花受到影响。

浇 水

❶ 芍药比较耐干旱，怕水涝，浇水不可太多，不然容易导致肉质根烂掉。❷ 在芍药开花之前的一个月和开花之后的半个月应分别浇一次水。❸ 每次给芍药浇完水后，都要立即翻松土壤，以防止有水积存。

施 肥

在花蕾形成后应施一次速效性磷肥，可以让芍药花硕大色艳。秋冬季可以施一次追肥，能够促使其翌年开花。

新手提示：在每一次施肥之后都要立即疏松土壤，这样能使芍药生长得更顺利。

繁 殖

芍药可以采用播种法、扦插法及分株法进行繁殖，主要采用分株繁殖的方法。

温 度

芍药喜欢温和凉爽的环境，比较耐寒，温度应该控制在15℃~20℃，冬季温度不宜低于-20℃。冬季上冻之前可以为芍药根部垒土，以保护新芽。

光 照

芍药对光照要求不严，但在阳光充足的地方生长得更加茂盛。春秋季节可多照阳光，夏天忌烈日暴晒，可放置于半阴处。

病虫防治

芍药常见的病患为褐斑病，其病原为牡丹枝孢霉。此病主要伤害其叶片，发病初期新叶背面出现绿色的小点，之后扩大成紫褐色近圆形斑，最后整个叶片枯焦。此病以预防为主，要在春季喷施一次石硫合剂；展叶期每隔10～15天喷施一次50%多菌灵可湿性粉剂800倍液，共用药3～4次。

监测功能

芍药能对二氧化硫与烟雾进行监测。当芍药遭受二氧化硫与烟雾的侵害时，其叶片尖端或叶片边缘就会呈现出深浅不一的斑点。

摆放建议

芍药在阳光充足的地方生长茂盛，因此最好摆放在阳台、窗台、庭院等向阳处。

花言草语

芍药为我国著名传统花卉，有着三千多年的栽植历史。《本草纲目》记载："芍药……处处有之，扬州为上。"宋代以后，栽植芍药的盛况已不局限在扬州。清代周篔《析津日记》载："芍药之盛，旧数扬州……今扬州遗种绝少，而京师丰台，连畦接畛……"可以看出那时栽植的盛况。宋朝陆佃所著《埤雅》在评花时把牡丹列为第一，芍药列为第二，将牡丹称作花王，芍药称作花相。由于花开得较晚，因此芍药也叫"殿春"。古时候男女往来，为表结情之意或不舍离别之情，经常互赠芍药，所以它也叫"将离草"。芍药的花语是美丽动人、依依不舍、难舍难分、真诚不变、情有独钟，在不同情境中代表的花语不同。

矢车菊

【花草名片】

◎**学名**：*Centaurea cyanus*

◎**别名**：荔枝菊、翠兰、蓝芙蓉。

◎**科属**：菊科矢车菊属，为一二年生草本植物。

◎**原产地**：最初产自欧洲东南部地区，德国把它定为国花。

◎**习性**：喜爱阳光，不能忍受阴暗和潮湿。喜欢凉爽气候，比较能忍受寒冷，怕酷热。

◎**花期**：4～5月。

◎**花色**：蓝、紫、红、白等色。

择　土

矢车菊适宜在土质松散、有肥力且排水通畅的沙质土壤中生长。盆土应尽量保证其良好的排水及通气性，土壤若黏性较重时，可混合3～4成的蛇木屑或珍珠石。

选　盆

栽种矢车菊时最好选用泥盆，避免使用瓷盆或塑料盆，因为这两种盆的透气性较差，易导致植株烂根。

栽培

① 选好矢车菊的幼株，以生长出 6 ~ 7 枚叶片的为最佳，移入花盆中。② 在花盆中置入土壤，土壤最好松散且有肥力。③ 轻轻压实幼株根基部的土壤，浇足水分。④ 将花盆放置在通风性良好且温暖的地方，细心照料。⑤ 入盆后需浇透水一次，以后的生长期需经常保持土壤微潮偏干的状态。如果土壤存水过多，矢车菊容易徒长，其根系也容易腐烂。

新手提示：矢车菊因不耐移植性，因此在移栽时一定要带土团，否则不易缓苗。

修剪

矢车菊的茎干较细弱，在苗期要留心进行摘心处理，以让植株长得低矮，促其萌生较多的侧枝。

浇水

① 每日浇水一次即可，但夏日较干旱时，可早晚各浇一次，以保持盆土湿润并降低盆栽的温度，但水量要小，忌积水。② 矢车菊无法忍受阴暗和潮湿，因此在生长季节每次浇水量要适量，避免因过于潮湿导致植株根系腐烂。

施肥

在种植前应在土壤中施入一次底肥，然后每月施用一次液肥，以促使植株生长，到现蕾时则不再施肥。

新手提示：矢车菊喜肥，但如果叶片长得过于繁茂，则要减少氮肥的比例。

繁殖

矢车菊采用播种法进行繁殖，春、秋两季都能进行，以秋季播种为宜。

温度

矢车菊喜欢凉爽的生长环境，比较能忍受寒冷，怕炎热。

光照

矢车菊一定要栽植于光照充足且排水通畅处，否则会由于阴暗、潮湿而死亡。

病虫防治

矢车菊的主要病害为菌核病，病害一般会先从基部发生，患病时，可喷洒25%粉锈宁可湿性粉剂2500倍液，也可喷洒70%甲基托布津可湿性粉剂800倍液。染病严重的植株要及时剪除，以防继续感染。

监测功能

矢车菊能对二氧化硫进行监测。如果空气中的二氧化硫太浓，矢车菊便会由于失去水分而变枯或倒下，无法正常开花或无法开花。

摆放建议

矢车菊喜光，可直接地栽成片，也可以盆栽摆放在阳台、窗台等向阳的地方，还可以作为切花装点客厅、餐厅和书房。

 花言草语

德国的国花矢车菊是幸福的象征。关于它，还有一个优美的小故事。

在一次德国的内部战争中，王后路易斯受局势所迫携着两名王子逃出柏林。半路上车子坏了，他们只得走下车。在路旁他们看到了一片片蓝色的矢车菊，两名王子开心地在花丛里嬉戏，王后还用矢车菊花编成了一个漂亮的花环，给9岁的威廉王子戴到了头上。之后，威廉王子成了统一德国的首位皇帝，然而他一直不能忘记童年逃难时看到盛开的矢车菊时激动的心情，还有母亲用矢车菊为他编的花环。所以他非常喜爱矢车菊，之后便将它定为德国的国花。

紫罗兰

【花草名片】

◎**学名：** *Matthiola incana*

◎**别名：** 草桂花、草紫罗兰、四桃克。

◎**科属：** 十字花科紫罗兰属，为一二年生或多年生草本植物。

◎**原产地：** 最初产自欧洲地中海沿岸，如今世界各个地区都广泛栽植。

◎**习性：** 喜欢冬天温暖、夏天凉爽的气候，喜欢光照充足、通风流畅的环境，也略能忍受半荫蔽，夏天怕炎热，具一定程度的抵抗干旱与寒冷的能力。

◎**花期：** 4～5月。

◎**花色：** 蓝紫、深紫、浅紫、紫红、粉红、浅红、浅黄、鲜黄及白等色。

择 土

紫罗兰对土壤没有严格的要求，然而比较适宜在土层较厚、土质松散、有肥力、潮湿且排水通畅的中性或微酸性土壤中生长，不能在强酸性土壤中生长。

新手提示：盆栽时的培养土可用2份腐殖土、2份园土及1份河沙来混合调配。

选 盆

栽种紫罗兰通常选用透气性良好的泥盆，尽量不用瓷盆和塑料盆。

栽　培

❶ 在花盆中置入土壤，轻轻摇晃，使土壤分布均匀。❷ 将紫罗兰的种子置入盆土之上，不用覆土，因为紫罗兰的种子喜光，但也不可暴晒。❸ 浇透水分，将花盆移置于阳光充足、通风性良好的地方养护。

修　剪

在花朵凋谢后应尽早将未落尽的花剪掉，以避免损耗养分，对植株的再次抽生新枝、开花及正常生长发育造成不良影响。

浇　水

❶ 紫罗兰的叶片质厚，气孔的数目比较少，而且整株都披生茸毛，有一定程度的抵抗干旱的能力，所以浇水不宜太多，令土壤维持潮湿状态即可，若水分太多，易导致植株的根系腐烂。❷ 通常应把握"见湿见干"的浇水原则，当土壤表层干燥变白时，需马上对植株浇水。

新手提示：紫罗兰幼苗长出 6～8 枚真叶时，控制浇水，会出现两种不同颜色的叶片。

施　肥

对紫罗兰不宜施用太多肥料，否则会造成植株徒长，影响开花。另外，也不宜对它施用过多氮肥，要多施用磷肥和钾肥。在生长季节可以每隔 10 天对植株施肥一次，在开花期间及冬天则不要施用肥料。

繁　殖

紫罗兰采用播种法进行繁殖，通常于 8 月中下旬到 10 月上旬进行。

温 度

紫罗兰喜冷凉、忌燥热。生长适温白天15℃~18℃，夜间10℃左右。夏天怕炎热，冬天具一定程度的抵御寒冷的能力，但如果气温在-5℃以下，则宜将其搬进房间里过冬。

光 照

紫罗兰喜欢光照充足，也略能忍受半荫蔽的环境，在生长季节需要充足的阳光照射与顺畅的通风条件，不然容易引起生理性病害，令植株生长不好。

病虫防治

紫罗兰的病害主要是花叶病、白锈病和菜蛾虫害。❶ 花叶病主要经由以桃蚜与菜蚜为主的40~50种蚜虫来传播毒素，也能经由汁液来传播。一旦紫罗兰出现病情，要马上灭除蚜虫，可以喷施植物性杀虫剂1.2%烟参碱乳油2000~4000倍液或内吸药剂10%吡虫啉可湿性粉剂2000倍液来处理。❷ 紫罗兰患了白锈病后，在生长季节可以喷施敌锈钠250~300倍液或65%代森锌可湿性粉剂500~600倍液来处理。❸ 紫罗兰受到菜蛾危害后，可利用菜蛾成虫具有趋光性这一特点，使用黑光灯来进行诱杀。在虫害发生之初，可以喷施20%灭多威乳油1000倍液或75%硫双威可湿性粉剂1000倍液来处理。

净化功能

紫罗兰吸收二氧化碳的能力比较强，对氯气的反应也十分灵敏，能用来作监测植物。此外，它还能把二氧化硫、硫化氢等有害气体经过化学作用转化成没有毒或低毒的盐类。

紫罗兰花朵所释放出来的挥发性油类有明显的杀灭细菌的功用，对葡萄球菌、肺炎球菌、结核杆菌的生长繁殖也有明显的遏制功能，可以有效保护人体的呼吸系统。紫罗兰淡雅的化香叮以令人身心轻松、爽朗愉快，非常有助于人们的睡眠，同时对人们工作效率的提升也很有帮助。

摆放建议

紫罗兰可盆栽摆放在客厅、阳台、天台等光线好的地方。

花言草语

据希腊神话记述，主管爱与美的女神维纳斯，因情人远行，依依惜别，晶莹的泪珠滴落到泥土上，第二年春天竟然发芽生枝，开出一朵朵美丽芳香的花儿来，这就是紫罗兰。紫罗兰的花语象征着永恒的爱与美。在欧美各个国家，紫罗兰非常流行且很受人们的喜欢。它的花香柔和、清淡，欧洲人用其制成的香水，非常受女士们的喜爱。此外，在中世纪的德国南部地区，还存在着一种把每年第一束新采摘下来的紫罗兰高高悬挂在船桅上，以庆贺春天返回人间的风俗习惯。

夏季花草

虞美人

【花草名片】

◎**学名**：*Papaver rhoeas*

◎**别名**：赛牡丹、丽春花、仙女蒿、蝴蝶满园春、小种罂粟花。

◎**科属**：罂粟科罂粟属，为一二年生草本植物。

◎**原产地**：最初产自欧亚大陆温带地区，现美洲和大洋洲都有分布，比利时把它定为国花。

◎**习性**：虞美人喜阳光充足、温暖、通风的环境，可耐寒冷，畏酷暑。对土壤适应性强，最适宜在有肥力、土质松散且排水通畅的沙壤土中生长。

◎**花期**：5～6月。

◎**花色**：红、粉、紫、白等色，有的一朵花兼具两种颜色。

择 土
最好选择有肥力、土质松散且排水通畅的沙壤土。

选 盆
家庭种植虞美人需准备两个盆，一个普通盆或营养钵用于育苗，一个排水效果较好的深盆用于移栽。

新手提示：由于虞美人的根系较长而柔软，所以移栽时要选用深一点的花盆。

 栽　培

❶ 将花土过细筛后放入普通盆或营养钵内。❷ 在花土表层均匀撒播虞美人的种子，然后将花盆或营养钵置于20℃的环境里。❸ 7～10天长出幼苗后，挑选1～2株较苗壮的苗留下，将其余弱小的花苗拔除。❹ 待幼苗长出3～4片真叶后，将幼苗连根带泥掘出。❺ 在深盆内铺一层花土，将根系带泥土的幼苗摆入深盆中扶正。❻ 向花盆内填土、压紧，期间轻提幼苗一次，以便其根系伸展开来。❼ 将移栽好的虞美人幼苗放在荫蔽处养护。

新手提示：撒播种子无须覆土。移栽幼苗最好选择在阴天，移栽前先浇透水，以免挖掘幼苗时伤到根系。移栽时应浅栽，以方便虞美人的长根向下生长。

 修　剪

虞美人幼苗长出6～7片叶时，开始摘心，以促进幼苗分枝。对于不打算留种的虞美人，在其开花期间应及时剪掉未落尽的残花，以利于聚集营养，使之后开放的花朵更大、更鲜艳，进而延长花期。

 浇　水

❶ 盆栽虞美人平时浇水不宜过多，通常每隔3～5天浇一次水。❷ 立春前后是虞美人的生长期，应适当增加浇水的次数，保持土壤湿润，但应避免水涝。❸ 冬天是虞美人的休眠期，浇水不宜过多过勤，以土壤不过分干燥为宜。

施肥

虞美人喜欢肥沃的土壤，在生长期内每2～3周施用一次5倍水的腐熟尿液，在开花之前再追施一次肥料，以保证花朵硕大、鲜艳。

繁殖

一般来说，虞美人适合采用播种法繁殖，春秋两季都可播种。

温度

虞美人畏酷暑，可耐寒冷，喜欢温暖的环境，生长温度以15℃～28℃为宜。冬季是虞美人的休眠期，可稍耐低温。

光照

虞美人喜欢充足的光照，一般将其摆放在光线良好的室内。但刚刚移栽的虞美人需遮阴，待其成活之后才可稍见阳光，以后再逐渐延长光照时间。

病虫防治

在栽植过密、通风不良、土壤过湿、氮肥过多的情况下，虞美人容易受到霜霉病的侵害，这种病可导致幼苗枯死，成株则表现为叶片上产生色斑和霜霉层、花茎扭曲、不开花。发病初期应及时剪除病叶，并喷施50%代森锰锌可湿性粉剂600倍液，或20%瑞毒素可湿性粉剂4000倍液，或50%代森铵可湿性粉剂1000倍液杀毒。

监测功能

虞美人对有毒气体硫化氢的反应异常敏感，能对硫化氢进行监测。当虞美人遭受硫化氢的侵害后，叶片就会变焦或出现斑点。

摆放建议

虞美人姿态优美、花朵鲜艳，家庭种植的盆栽虞美人适合摆放在阳台、窗台、客厅等光线充足、通风的地方，也可以制成瓶插摆放在书房、客厅、餐厅。

花言草语

据说，虞美人这种美丽的花卉是项羽的爱姬虞姬死后变的。另据《广群芳谱》记载，当人们击掌唱《虞美人曲》时，虞美人的叶片就会跟随掌声微微摆动，就像在跳舞一样，因此虞美人也叫"舞草"。虞美人是为了缅怀虞姬的，它的花语是生离死别、悲歌。

虞美人的植株葱绿秀美，婀娜多姿，随风而舞时犹如振翅欲飞的彩蝶，令人遐想万千。虞美人集淡雅和浓丽于一体，很有几分中国古典艺术作品里的佳人神韵。

蔷薇

【花草名片】

◎**学名**：*Rosa multiflora*

◎**别名**：多花蔷薇、雨薇、刺红、刺蘼。

◎**科属**：蔷薇科蔷薇属，为落叶灌木。

◎**原产地**：最初产自中国华北、华中、华东、华南和西南区域，在朝鲜半岛和日本亦有分布。

◎**习性**：喜欢光照充足的环境，也能忍受半荫蔽的环境。能忍受干旱，怕水涝，比较能忍受寒冷，具有很强的萌发新芽的能力，经得住修剪。

◎**花期**：5 ~ 8月。

◎**花色**：红、粉、黄、紫、黑、白等色。

择 土

需要两种土：一种是砻糠灰，一种是含有丰富腐殖质的沙质土壤。

选 盆

需要两个盆。最好选用透水、透气性良好的泥瓦盆或紫砂盆。花盆尽量选择尺寸大一些的，以便于根系伸展。

栽 培

❶ 在一个花盆里铺 8 ~ 10 厘米厚的砻糠灰土泥，浇水拍实。❷ 在蔷薇母株上剪一条20厘米长的嫩枝，去叶。❸ 将嫩枝插入砻糠灰土泥，扦插的深度为 3 厘米左右。❹ 立即浇透水。第一个星期应保持花盆内有充足的水分，以后可逐渐减少浇水的数量和次数。❺ 半个月后，将嫩枝连同新生的根系一并掘出，敲掉根部泥土，剪掉受伤和过长的根须。❻ 将

嫩枝移入装有沙质土壤的花盆里定植，定植深度不宜太深，以花土刚盖住根茎部为宜。

新手提示：在春天、夏初及早秋时节进行的扦插繁殖比较容易成活。为提高扦插的成活率，可在扦插前先用小木棒插一下花盆里的沓糠灰土泥，以防止硬物损伤嫩枝基部组织。

修　剪

❶ 蔷薇萌生新芽的能力很强，需及时修剪整形，以免植株遭受病虫害的侵袭。❷ 在开花后应及时把已开完花的枝条剪掉，以减少养分损耗。

新手提示：要及时修剪掉纤弱枝、干枯枝和病虫枝，以促进植株萌生新的枝条。

浇　水

❶ 移栽的新株需一次性浇足水。❷ 蔷薇怕涝，耐干旱，养护期间浇水不宜过勤过量。❸ 蔷薇开花之后浇水不宜过量，使土壤"见干见湿"即可。❹ 炎夏干旱期间应浇2~3次水。❺ 立秋至霜降期间应浇1~2次水。

施　肥

❶ 蔷薇嗜肥，新植株定植时应施用适量腐熟的有机肥。❷ 3月可以施用以氮肥为主的液肥1~2次，以促使枝叶生长。❸ 4~5月可以施用以磷肥和钾肥为主的肥料2~3次，以促使植株萌生出更多的花蕾。❹ 花朵凋谢后可再施一次肥，以后便停止施肥。

繁　殖

蔷薇可采用播种法、扦插法、分株法和压条法进行繁殖，其中播种法及扦插法比较常用。

温　度

蔷薇喜欢温暖，也比较能忍受寒冷，在我国华北和华北以南区域，皆可在室外顺利过冬。

光 照
蔷薇喜欢光照充足的环境，每天最少要有6个小时的光照时间。

病虫防治
在湿度大、通风不畅且光照条件差的情况下，蔷薇易得白粉病及黑斑病。一旦发现病情应马上剪除病枝，并喷施浓度较低的波尔多液或70%甲基托布津可湿性粉剂1000倍液，以避免病情进一步蔓延。

净化功能
蔷薇不仅可以吸收空气中的二氧化硫、氯气、氟化氢、硫化氢、乙醚及苯酚等有害气体，还可以吸收大气中的烟尘。另外，蔷薇所散发出来的香味和释放出来的挥发性油类，能显著遏制肺炎球菌、结核杆菌和葡萄球菌的生长与繁殖，还能令人放松神经、缓解精神紧张和消除身心的疲乏劳累感。

摆放建议
蔷薇可盆栽摆放在客厅、阳台、天台等向阳的地方。

花言草语

当今世界上大部分地区的蔷薇，都是在6000万年前从亚洲传播开去的，这可以从蔷薇的化石来证明。据记载，西汉时上林苑中就栽培有蔷薇，汉武帝盛赞"此花绝胜佳人笑"，宫女丽娟取黄金百斤作为买笑钱，"买笑花"从此便成了蔷薇的别称。

蔷薇的花语是美好的爱情与爱的想念，绽放的蔷薇会引发人们对爱情的向往。尽管蔷薇花会凋落，然而人们内心的爱却永远不会凋零。

合欢

【花草名片】

◎**学名：** *Albizia julibrissin*

◎**别名：** 夜合花、绒花树、合昏、马缨花。

◎**科属：** 豆科合欢属，为落叶乔木。

◎**原产地：** 最初产自亚洲和非洲。

◎**习性：** 喜欢阳光，能忍受干旱，不能忍受荫蔽和多湿，有一定的耐寒性。

◎**花期：** 6～8月。

◎**花色：** 淡红色、金黄色。

择 土

合欢对土壤没有严格的要求，能在贫瘠的土壤中生长，但以在有肥力且排水通畅的土壤中生长为宜。

选 盆

栽种合欢时宜选用泥盆，也可用瓷盆，但最好不要使用塑料盆。

栽 培

❶ 选好合欢的种子，最好在9～10月采种，采种时要挑选籽粒饱满、无病虫害的荚果。❷ 选好种后需将其晾晒脱

粒，干藏于干燥通风处，以防止种子发霉。❸ 播种前先用60℃的水浸泡合欢的种子，第二天更换一次水，第三天从中取出种子。❹ 种子取出后要与跟水等量的湿沙混合，然后堆放在温暖避风处，再覆上稻草、报纸等以保持湿度，促使它长出幼苗。❺ 幼苗出土后需逐步揭除覆盖物，当第一片真叶抽出后，要将覆盖物全部揭去，以保证其正常生长。

修 剪

每年冬天末期要剪掉纤弱枝和病虫枝，并适当修剪侧枝，以使主干不歪斜、树形秀美。

浇 水

❶ 合欢能忍受干旱，不能忍受潮湿，除了在栽种之后要增加浇水次数并浇透一次之外，以后皆可少浇水。❷ 给合欢浇水应以"不干不浇"为原则。

新手提示：夏季天热，水分蒸发量大时，可多给合欢浇水，每天上午浇一次，但水量不宜多。

施 肥

定植之后要定期施用肥料，以春天和秋天分别施用一次有机肥为宜，这样可以提高其抵抗病害的能力。

繁 殖

合欢采用播种法繁殖。通常于10月采收种子，把种子干藏到次年3～4月再播种。

温 度

合欢刚刚栽种时适宜的温度为20℃～30℃，生长期适温13℃～18℃，冬季能耐–10℃的低温，但不能长期低温养护。

新手提示：尽管合欢比较耐寒，但冬季室温不宜低于4℃，且要适当减少浇水，否则会影响植株生长。

光　照

合欢喜欢光照，不能忍受荫蔽，因此应放置在阳光充足的地方。

病虫防治

合欢主要易患溃疡病和虫害。❶ 合欢患上溃疡病时，可用50%退菌特可湿性粉剂800倍液喷洒。❷ 如果合欢感染了天牛，可用煤油1千克加80%敌敌畏乳油50克灭杀。如果合欢感染了木虱，则可用40%氧化乐果乳油1500倍液喷杀。

监测功能

合欢能对二氧化硫、二氧化氮及氯化氢等进行监测。它对以上这些有害气体有较强的抵抗能力，也有一定的净化作用，是兼具绿化与监测两种功效的树种。

摆放建议

合欢可以盆栽也可以作树桩盆景观赏，适合摆放在阳台、客厅等光线充足的地方，也可以制作成瓶插或盆景摆放在书房、卧室、门厅等处。

花言草语

合欢花在我国是吉祥之花，自古以来人们就有在宅第园池旁栽种合欢树的习俗，寓意夫妻和睦，家人团结，对邻居心平气和，友好相处。合欢花的小叶朝展暮合，古时夫妻争吵，言归于好之后，会共饮合欢花沏的茶。

合欢花具有宁神、养心、开胃、理气、解郁的功能，中医上主治神经衰弱、失眠健忘、胸闷不舒等症。对于合欢花的功效，后人有歌曰："欢花甘平心肺脾，强心解郁安神宜。虚烦失眠健忘肿，精神郁闷劳损极。"

月季

【花草名片】

◎**学名：** *Rosa chinensis*

◎**别名：** 月月红、月生花、四季花、斗雪红。

◎**科属：** 蔷薇科蔷薇属，为蔓状与攀缘状常绿或半常绿有刺灌木。

◎**原产地：** 最初产自北半球，近乎遍布亚、欧两个大洲，中国为月季的原产地之一。

◎**习性：** 喜欢光照充足、空气循环流动且不受风吹的环境，然而光照太强对孕蕾不利，在炎夏需适度遮光，喜欢温暖，具有一定的耐寒能力。可以不断开花。

◎**花期：** 5～10月。

◎**花色：** 红、粉、橙、黄、紫、白等单色或复色。

择　土

月季对土壤没有严格的要求，但适宜生长在有机质丰富、土质松散、排水通畅的微酸性土壤中。排水不良和土壤板结会不利其生长，甚至会导致其死亡。含石灰质多的土壤会影响月季对一些微量元素的吸收利用，导致它患上缺绿病。

选　盆

种月季以土烧盆为好，且盆径的大小应与植株大小相称。如果用旧盆，一定要洗净；如果用新盆，则要先浸潮再使用。

栽　培

❶选取一根优质的月季枝条（以花后枝条为好），剪去枝条的上部，将余下的枝条约每10厘米剪截一段，作为一根

插穗，保留上面 3 ~ 4 个腋芽，不留叶片或仅保留顶部 1 ~ 2 片叶片。❷ 将插穗上端剪成平口，下端剪成斜口，剪口需平滑。❸ 将插穗下端浸入 500 毫克 / 升的吲哚丁酸溶液 3 ~ 5 秒，待药液稍干后，立即插入盆土中。❹ 入盆后要浇透水分，放置遮阴处照料，大约一个月后即可生根。

新手提示：入盆后的前 10 天要勤喷水，保持较湿的环境；10 天后见干再喷，保持稍干的湿润状态。

修 剪

❶ 刚种植好的裸根苗应进行修剪，不管是在立秋以后还是春天之初，这样可使枝条的蒸腾量减少，更利于成活。❷ 冬天修剪不宜太早，否则会引致萌发，易使植株受到冻害。通常留存分布匀称的 3 ~ 5 个健康、壮实的主干，把剩下的都剪掉。

浇 水

新种植好的月季第一次应浇足水，次日浇一次水，7 日后再浇一次水，之后可根据天气情况来确定浇水的量和次数。

施 肥

月季不宜太早施用肥料，否则会损伤新生根系，一般在栽种一个半月后开始施用肥料。早期应多施用氮肥，以促使植株加快生长；在生长季节内，月季会数次萌芽、开花，耗费比较多的养分，应施用 2 ~ 3 次肥料。

新手提示：在气温较高的 7 ~ 8 月不能施用肥料，进入秋天后则应减少氮肥的施用量，增加磷肥和钾肥的施用量，进入冬天后应施用一次底肥，日常也可以结合浇水施用较少的液肥。

繁 殖

月季可以采用播种法、扦插法、嫁接法、分株法和压条法进行繁殖，其中以扦插法及嫁接法最为常用。

温度

月季喜欢温暖，比较能忍受寒冷，大部分品种的生长适宜温度白天是15℃～26℃，晚上是10℃～15℃。若冬天温度在5℃以下，月季便会进入休眠状态；若夏天温度连续在30℃以上，大部分品种的开花量会变少，花朵品质会下降，植株会进入半休眠状态。

光照

月季喜欢阳光充足，每日接受超过6小时的光照方可正常生长开花。在炎夏若光照时间太长或阳光太强烈，则不利于月季的花蕾发育，花瓣也容易干燥枯萎，要为其适度遮光。

病虫防治

月季的常见病为黑斑病，可每隔7～10天交叉喷洒50%多菌灵可湿性粉剂300倍液、70%托布津可湿性粉剂800倍液各一次。喷药时间一般为上午8～10点和下午4～7点。

净化功能

月季可以很好地将二氧化氮、二氧化硫、硫化氢、氟化氢、氯气、苯、苯酚和乙醚等有害气体吸收掉，还能强效净化汽车排放出来的尾气。另外，月季可以散发出挥发性香精油，能够将细菌杀灭，令负离子浓度增加，让房间里的空气保持清爽新鲜。

摆放建议

月季花颜色艳丽、花期长，可盆栽或插瓶摆放在窗台、天台、阳台、餐厅、客厅、卧室、书房等处，也可以直接在庭院里栽培。

秋季花草

菊花

【花草名片】

◎**学名**：*Dendranthema morifolium*

◎**别名**：金蕊、帝女花、九华、黄华。

◎**科属**：菊科菊属，为多年生宿根草本植物。

◎**原产地**：最初产自中国。

◎**习性**：喜欢阳光充足、清凉、潮湿且通风顺畅的环境，比较能忍受极度的寒冷和霜冻。

◎**花期**：10～12月，也有夏天、冬天和全年开花等不一样的品种类型。

◎**花色**：红、黄、紫、绿、白、粉红、复色及间色等。

择 土
菊花喜欢土层较厚、腐殖质丰富、土质松散、有肥力且排水通畅的沙质土壤，在微酸性至微碱性土壤上也可以生长。

选 盆
栽种菊花多选用淡色的浅口石盆，其石质为大理石、汉白玉等，这样看起来较为美观。

栽 培
❶ 在花盆底部铺上瓦片等物品，做成一个排水层，花盆底部应有比较大的排水孔，并需施进适量的底肥，然后置入土壤。❷ 将菊花幼苗植到盆中，轻轻压实土壤，并浇足水。❸ 把盆花摆放在背阴、凉爽的地方，待幼苗稍长高一点儿后即可移至朝阳处。

修 剪

栽植菊花需留意及时进行摘心、除芽和除蕾处理。❶ 摘心能促使植株萌生侧枝，掌控植株的高度。通常于菊苗定植后保留4～5枚叶片进行摘心，待侧枝生出4～5枚叶片时，每个侧枝保留2～3枚叶片再次进行摘心。❷ 除芽与除蕾能掌控开花的多少，盆栽独本菊通常仅保留顶芽，叶腋生出的小芽需尽早抹去，以促进顶端形成粗大壮实的花蕾；顶端除了挑选并留存花蕾之外，剩下的都需去掉。

浇 水

❶ 菊花比较能忍受干旱，怕水涝，因此要以"见干则浇，不干不浇，浇则浇透"为浇水原则，浇水不宜太多。❷ 夏天每日要浇2次水，以在早晚进行为宜；冬天则需严格控制浇水。❸ 花朵将要开放时，需加大浇水量。❹ 花朵凋谢后，需适度减少浇水量。

施 肥

栽植菊花时不能施用太多底肥，在其生长后期主要是施用豆饼的腐熟液和化学肥料等追肥。在形成花蕾期间，要增加磷肥的施用量，注意勿使肥液污染叶面，此后可以每周施肥一次，并适量浇水，这样能使花朵硕大、经常开放。

新手提示：为了抵御寒冷，进入冬天之前需施用少量肥料，过冬期间还需施用1～2次肥料。

繁 殖

菊花可以采用播种法、扦插法、分株法、压条法及嫁接法进行繁殖，其中以扦插繁殖与分株繁殖最为常用。

温 度

菊花喜欢清凉，怕较高的温度和炎热，比较能忍受寒冷，生长适宜温度是18℃~25℃。

光照

菊花喜欢充足的光照，略能忍受荫蔽。它在每日接受14.5个小时的长日照情况下可进行营养生长，在每日接受不多于10个小时的日照条件下才能萌生花蕾并开花。

病虫防治

菊花的病害主要是叶斑病、锈病和虫害，虫害主要为蚜虫与红蜘蛛危害。❶ 菊花患上叶斑病后，一定要及时摘下并毁掉病叶，同时喷施65%代森锌可湿性粉剂500倍液或75%百菌清可湿性粉剂500倍液来处理。❷ 植株发生锈病时，喷施65%代森锌可湿性粉剂500倍液即可。❸ 发生蚜虫危害时，可以喷施25%亚铵硫磷乳油1000倍液或40%氧化乐果乳油1500~3000倍液进行杀灭。❹ 发生红蜘蛛危害时，可以喷施40%氧化乐果乳油1000倍液或80%敌敌畏1000倍液进行杀灭。

净化功能

菊花可以将地毯、绝缘材料、胶合板等释放出的甲醛、氟化氢分解掉，也可以将壁纸、印刷油墨溶剂里的二甲苯和染色剂、洗涤剂里的甲苯分解掉。菊花吸收氯气、氯化氢、一氧化碳、过氧化氮、乙醚、乙烯、汞蒸气及铅蒸气等有害气体的能力也比较强，可以把氮氧化物转化成植物细胞蛋白质。另外，菊花所含有的挥发性芬芳物质，有清除内热、疏散风邪、平肝明目的功用，经常闻菊花香可以治疗头晕、头痛、感冒及视物模糊等病症。

摆放建议

盆栽菊花一般摆放在阳台、客厅、书房的向阳处，也可摆放在案几、电脑台和窗台上供人欣赏。

桂花

【花草名片】

◎**学名**：*Osmanthus fragrans*

◎**别名**：月桂、金桂、岩桂、木樨。

◎**科属**：木樨科木樨属，为常绿阔叶灌木或小乔木。

◎**原产地**：最初产自中国西南地区，广西、广东、云南、四川及湖北等省区都有野生，印度、尼泊尔、柬埔寨亦有分布。

◎**习性**：为阳性树，喜欢阳光，在幼苗阶段具一定的忍受荫蔽的能力。喜欢温暖、通风流畅的环境，具一定的抵御寒冷的能力。

◎**花期**：9～10月。

◎**花色**：深黄、柠檬黄、浅黄、黄白、橙、橘红等色。

择 土

桂花对土壤没有严格的要求，但适宜生长在土层较厚、有肥力、排水通畅、腐殖质丰富的中性或微酸性沙质土壤中，在碱性土壤中会生长不良。

新手提示：如果土壤的酸性太强，则植株会长得很慢，叶片会变得干枯、发黄；如果使用碱性土壤，2～3个月后便会造成叶片干枯、萎蔫或死亡。

选 盆

栽种桂花宜选用较深的紫砂陶盆或釉陶盆，尽量不要用塑料盆。

栽 培

❶ 先在花盆底部铺上一层河沙或蛭石，以利通气排水，

然后再铺上一层厚约2厘米的泥炭土或细泥，高达盆深的1/3。
❷ 将桂花的幼苗放进盆中（根部要带土坨），填入土壤，轻轻
压实。❸ 栽好后要浇透水分，然后放置荫蔽处约10天，即可
逐渐恢复生长。

修　剪

❶ 在冬天应及时剪掉纤弱枝、重叠枝、徒长枝及病虫
枝等，以改善通风透光效果。❷ 树冠太宽、生长势旺盛的植
株，可以把上部的强枝剪掉，留下弱枝。❸ 枝条太稠密、生
长势中等的植株，则需仔细疏剪，适当保留枝梢。

浇　水

❶ 桂花不能忍受干旱，可是也怕积聚太多水，因此在
栽植期间应格外留意浇水的量及次数，通常以"不干不浇"
为浇水原则。❷ 在新枝梢萌生前浇水宜少，在雨季及冬天
浇水也宜少。❸ 在夏天和秋天气候干燥时，浇水宜多一些。
❹ 刚种植的桂花应浇足水，并以常向植株的树冠喷洒水为宜，
以维持特定的空气相对湿度。❺ 在植株开花期间应适度控制
浇水量，但是不宜让土壤过于干燥，不然易使花朵凋落。

新手提示：平日浇水时，令土壤的含水量约维持在 50% 就可以。

施　肥

桂花嗜肥，有发2次芽、开2次花的特性，需要大量肥
料。定植后的幼苗阶段应以"薄肥勤施"为施肥原则，主要
施用速效氮肥。

繁　殖

桂花可采用播种法、扦插法、压条法及嫁接法来繁殖。

温　度

桂花喜欢温暖，具一定的抵御寒冷的能力，然而不能

忍受极度的寒冷。它的生长适宜温度是15℃~28℃，冬天要搬进房间里过冬，室内温度最好控制在0℃~5℃。

光照

桂花喜欢阳光，在幼苗阶段也具一定的忍受荫蔽的能力。盆栽植株在幼苗阶段时可以置于室内有散射光且光线充足的地方，成龄植株则需置于光照充足的地方。

病虫防治

桂花的病害主要为炭疽病和红蜘蛛虫害。❶当桂花患上炭疽病时，叶片会渐渐干枯、发黄，然后变为褐色。此时应马上把病叶摘下并烧掉，同时加施钾肥和腐殖肥，以增强植株抵抗病害的能力。❷红蜘蛛虫害在温度较高、气候干燥的环境中经常发生，被害植株的叶片会卷皱，严重时则会干枯、凋落，每周喷施40%氧化乐果乳油2000~2500倍液一次，连续喷施3~4次即可灭除。

净化功能

桂花抵抗二氧化硫污染的能力非常强，对硫化氢、氯化氢、氟化氢及苯酚等污染物质也有很强的抵抗能力。

桂花所散发出来的挥发性油类有明显的杀菌功能，可以很好地遏制葡萄球菌、肺炎球菌及结核杆菌的生长与繁殖，可以减少房间内不正常的气味，净化空气，令人精神愉快。

桂花的叶片纤毛可以截下并吸滞空气里的悬浮微粒与烟雾灰尘，可谓"天然的除尘器"。

摆放建议

桂花可直接栽种在庭院里观赏，也可以盆栽摆放在阳台、客厅、天台等光线较好的地方，还可以制成盆景、瓶插装点居室。

秋海棠

【花草名片】

◎**学名**：*Begonia evansiania*

◎**别名**：八月春、相思草、岩丸子。

◎**科属**：秋海棠科秋海棠属，为多年生常绿草本花木。

◎**原产地**：最初产自中国，在山东、河北、河南、江苏、四川、陕西秦岭及云南等地区皆有分布。

◎**习性**：喜欢温暖、半荫蔽、潮湿润泽的环境，不能忍受寒冷，畏强光直射，怕酷热与水涝，在有肥力、土质松散、排水通畅的沙壤土中生长最好。

◎**花期**：4～11月。

◎**花色**：红、粉、白色等。

择　土
最好选用高温消毒的腐叶土、培养土及细沙混合成的土壤。

选　盆
选择普通花盆即可。

栽　培
❶ 将混合好的培养土过细筛后放入盆内。❷ 把秋海棠的种子均匀撒播在盆内，无须盖土。❸ 用一块木板轻压盆土，使种子嵌入土壤。❹ 在盆口盖一块玻璃，以保持培养土的温度。❺ 把盆放在温度为 18℃～22℃ 的半阴的地方，20 天左右后便可萌芽。❻ 约 2 个月后，幼株可长出 2～3 片真叶，这时可将幼株移栽到稍大一点的花盆中。

新手提示：家庭采用播种法培育秋海棠一般选择在 4 ~ 5 月或 8 ~ 9 月进行，因为这两个时期是秋海棠的生长开花期，种子比较容易萌芽成活。

修 剪

为防止植株长得过高，在苗期需进行 1 ~ 2 次摘心，促使植株分枝，在生长期内应及时剪掉纤弱枝和杂乱枝。

浇 水

❶ 秋海棠喜欢潮湿润泽的环境，但忌积水。❷ 给秋海棠浇水应遵循"不干不浇，干则浇透"的原则。❸ 春秋两季是秋海棠的生长开花期，需要的水分相对较多，这时的盆土应稍微湿润一些，可每天浇一次水。❹ 夏季是秋海棠的半休眠期，可适当减少浇水次数，浇水时间应选择在早晨或傍晚。❺ 冬季是秋海棠的休眠期，应保持盆土稍微干燥，可 3 ~ 5 天浇一次水，浇水时间最好选在中午前后阳光充足时。

新手提示：给秋海棠浇水可记住"二多二少"要诀，即春秋多、夏冬少。秋海棠开花前可适当增大浇水量，开花后要相对减少浇水量。

施 肥

在秋海棠生长季节应每半个月施用一次腐熟液肥，在开花之前需追施一次肥料，这样可以让花朵更加艳丽。

繁 殖

秋海棠可以采用播种法或扦插法进行繁殖。

温 度

秋海棠喜欢温暖的环境，15℃ ~ 25℃的环境最利于它生长。秋海棠怕酷暑，当环境温度超过32℃时，秋海棠的生长会受到严重影响，所以夏季应将秋海棠置于半荫蔽处养护。此外，秋海棠不耐寒冷，冬季环境温度不能低于10℃。

光 照

秋海棠喜欢半阴蔽的坏境，光照时间不足容易导致叶片纤小变薄，光照时间过长或光线过强容易导致植株长不高、叶片变紫偏厚、花苞不开放。因此，夏天应注意避免阳光直射秋海棠，冬天要保证给秋海棠提供足够的光照时间。此外，还需要经常变动花盆的摆放方向，使整个植株均匀接受光照。

病虫防治

秋海棠容易遭受蚜虫、粉介壳以及红蜘蛛虫害的侵袭，容易患白粉病和细菌性立枯病。若出现病害，可使用各种杀菌剂抑制病虫害的传播。如栽培管理不当，秋海棠在高温、高湿的季节容易感染叶斑病，这种病害可导致植株萎蔫、叶片大量掉落。一旦发现叶片上有病斑，应立即剪掉病叶，并加强室内通风、降低环境湿度。

新手提示: 修剪病叶的剪子应事先用70%的酒精溶液消毒，避免细菌从创口侵入植株体内，造成二次感染。

监测功能

秋海棠能够对二氧化硫、氟化氢和氮氧化合物进行监测。秋海棠对这些有毒气体反应较为灵敏，一旦遭受这些气体的侵袭，其叶脉间就会出现白色或黄褐色的斑点，叶片的顶端先变焦，之后周围部位逐渐干枯，导致叶片枯萎脱落。

摆放建议

家庭种植秋海棠适合盆栽，小型盆栽可摆放在餐厅、客厅、书房的桌案、茶几、花架上欣赏，大型盆栽可用于装饰阳台、客厅。

五色梅

【花草名片】

◎ **学名**：*Lantana camara*

◎ **别名**：七变花、马缨丹、如意花、红彩花。

◎ **科属**：马鞭草科马缨丹属，为常绿半藤本灌木。

◎ **原产地**：最初产自美洲热带区域。

◎ **习性**：喜欢温暖、潮湿和光照充足的环境，能忍受较高的温度及干燥炎热的气候，不能抵御寒冷，不能忍受冰雪，具有很强的萌生新芽的能力，长得很快。

◎ **花期**：5 ~ 10月。

◎ **花色**：最初开放的时候是黄色或粉红色，然后变成橘黄色或橘红色，最后则会变成红色或白色，在同一个花序里经常会红黄相间。

择 土

五色梅对土壤没有严格的要求，具有很强的适应能力，能忍受贫瘠，然而在有肥力、土质松散且排水通畅的沙质土壤中长得最为良好。

新手提示：培养土通常用腐叶土来调配，并要施进适量的有机肥作为底肥。

选 盆

选用泥盆为佳，盆的大小根据植株大小来确定。

 栽 培

❶ 5月的时候，剪下一年生的健康壮实的枝条作为插穗，使每一段含有两节，留下上部一节的两片叶子，并把叶子剪掉一半。❷ 把下部一节插进素沙土里，插好后浇足水，并留意遮蔽阳光、保持温度和一定的湿度，插后大约经过30天便可长出新根及萌生新枝。❸ 种好后要留意及时浇水，以促使植株生长，等到存活且生长势头变强之后，则可以少浇一些水。❹ 每年4月中、下旬更换一次花盆和盆土。

修 剪

当小苗生长至约10厘米时要进行摘心处理，仅留下3～5个枝条作为主枝，当主枝生长至一定长度的时候再进行摘心处理，以令主枝生长平衡。植株定型之后，要时常疏剪枝条及短截。

浇 水

❶ 在植株的生长季节要令盆土维持潮湿状态，防止过度干燥，特别是在花期内，不然容易令茎叶出现萎缩现象，不利于开花。❷ 夏天除了要每日浇水之外，还要时常朝叶片表面喷洒清水，以增加空气湿度，促使植株健壮生长。❸ 冬天植株进入室内后要注意掌控浇水的量和次数，令盆土维持稍干燥状态就可以。

施 肥

在植株的生长季节要每隔7～10天施用饼肥水或人粪尿稀释液一次，以令枝叶茂盛、花朵繁多、花色艳丽。在开花之前大约每15天施用以磷肥和钾肥为主的稀释液肥一次，能令植株开花更加繁多。

繁　殖
五色梅可采用播种法、扦插法及压条法进行繁殖，其中以扦插法最为常用。

温　度
五色梅的生长适宜温度是 20℃ ~ 25℃。

新手提示：在北方种植的时候要于 10 月末把盆花搬到房间里朝阳的地方料理。

光　照
五色梅喜欢光照充足的环境，从春天至秋天皆可放在房间外面朝阳的地方料理，在炎夏也不用遮蔽阳光，但要保证通风顺畅。

新手提示：阳光不充足会造成植株徒长，令茎枝纤长柔弱、开花很少。

病虫防治
❶ 五色梅容易患灰霉病，在植株发病之初，可以每两周用 50% 速克灵可湿性粉剂 2000 倍液喷洒一次，接连喷洒 2 ~ 3 次就能有效治理，并留意增强通风效果，使空气湿度下降。
❷ 五色梅经常发生的虫害为叶枯线虫危害，在危害期间用 50% 杀螟松乳油 1000 倍液朝植株的叶片表面喷洒即可治理。

毒性解码
五色梅的花朵及叶片皆含有较低的毒性，不小心误食后会出现腹泻、发烧等中毒症状，另外，有一部分人还会对五色梅产生过敏反应。

化毒攻略
五色梅花色美丽，观花期长，嫩枝柔软，适合制作多种形式的盆景。在栽植期间要留意进行自我保护，并防止误食，尤其是有小孩的家庭更要格外防备。对五色梅会产生过敏反应的人，则不适宜在家里种植这种花。

摆放建议

　　五色梅花姿柔美，可露地种植，矮性品种多作盆栽或盆景，可以摆放在书房、客厅、书房等处，但要注意避免儿童触碰误食。

花言草语

　　五色梅为良好的赏花灌木，其开花时间比较长，花朵颜色丰富且鲜艳美丽。同时，它还有比较强的抵抗粉尘和污染的能力，在我国华南区域可以种植在公园里或庭院内做花篱、花丛，也可以作为绿化覆盖植被种植在道路两边或空旷的原野上；在北方区域则通常用花盆种植，也可以制成花坛供人们观赏。

冬季花草

梅花

【花草名片】

◎**学名**：*Prunus mume*

◎**别名**：红梅、绿梅、春梅、干枝梅。

◎**科属**：蔷薇科李属，为落叶乔木。

◎**原产地**：最初产自中国，主要生长于长江流域和西南区域。

◎**习性**：喜欢温暖、略潮湿，以及光照充足、通风性好的环境。比较能忍受寒冷，可以短时间忍受 –15℃低温，当温度为5℃~10℃时便能开花。

◎**花期**：12月~次年3月。

◎**花色**：红、紫、浅黄及彩色斑纹等色。

择 土

栽植梅花以排水通畅、有机质丰富的沙质土壤为宜。

选 盆

种梅花最好选用透水透气性好的泥瓦盆，也可用紫砂盆，一定不要用瓷盆和塑料盆。

栽 培

❶ 在盆底平铺一层碎盆片，以方便排水和避免养分流失。❷ 修剪掉过长的主根和少量的侧根，多留一些须根。❸ 先在盆中倒入少量的土，然后将母株放入盆内，添土。❹ 添土后轻轻摇动花盆，使疏松的土壤下沉，与根部结紧。❺ 最后浇足水，放置在阳光充足的地方。

修 剪

❶ 在栽植的第一年，当幼株有25~30厘米高的时候要

将顶端截掉。② 花芽萌发后，只保留顶端的3~5个枝条作主枝。③ 次年花朵凋谢后要尽快把稠密枝、重叠枝剪去，等到保留下来的枝条有25厘米长的时候再进行摘心。④ 第三年之后，为使梅花株形美观，每年花朵凋谢后或叶片凋落后，皆要进行一次整枝修剪。

浇 水

① 梅花不耐水湿，浇水要根据盆土的干湿情况来决定，应以"不干不浇，浇就浇透"为浇水原则，防止盆中积聚过多水分。② 大约在6月花芽分化期内，要减少浇水量，同时使花卉接受充足的光照，使植株开花繁茂。③ 夏天应浇足水，不然会导致梅花叶片凋落，影响花芽形成。④ 在梅花生长鼎盛期内要每日浇一次水，秋季天凉后要逐渐减少浇水，以促使枝条生长健壮。

新手提示：如果发现梅花叶片严重枯萎，可将整株梅花放入水中，浸40分钟后取出，即可恢复正常。在梅雨季节，梅花一般不用浇水，如遇阴雨连天，需要将花盆倾斜放置，避免盆中积水。

施 肥

梅花要在冬天施用一次磷、钾肥，在春天开花之后和初秋分别追施一次稀薄的液肥即可。每一次施完肥后都要立即浇水和翻松盆土，以使盆内的土壤保持松散。

繁 殖

梅花经常采用嫁接法进行繁殖，也可采用扦插法，通常于早春或深秋进行。另外，还能用压条法进行繁殖，这样比较容易成活。

温 度

梅花在环境温度为5℃~10℃时就可开花，虽然耐寒，在−15℃的条件下也可短暂生长，但不宜长时间放置阴冷处。

光 照
梅花喜欢有充足光照、通风性好的生长环境，不适宜长时间遮阴。

病虫防治
梅花易受蚜虫、红蜘蛛、卷叶蛾等害虫的侵扰，在防治时应喷洒50%辛硫磷乳油或50%杀螟松乳油，不能使用乐果、敌敌畏等农药，以免发生药害。

监测功能
梅花能够对甲醛、苯、二氧化硫、硫化氢、氟化氢及乙烯进行监测。梅花对这些有毒气体皆有监测能力，尤其对硫化物、氟化物的污染反应更为灵敏，受到硫化物侵害的时候其叶片上面会呈现斑纹，严重时还会变枯、发黄、凋落。

摆放建议
梅花适合摆放在宽敞的客厅、门厅、书房，也可以单枝插瓶摆放在案几、书架、窗台上，但不宜摆放在卧室内。

花言草语

传说隋朝赵师雄游览罗浮山的时候，曾在晚上梦到和一名衣装淡雅的女子把酒同饮，那名女子香气撩人，身边还有一个绿装童子在欢快地歌舞。天将亮的时候，赵师雄从梦里醒过来，见自己睡在一棵梅树之下，树上有只翠鸟在欢快地鸣唱，并无那素装女子与绿装童子。其实，梦里的那名女子便是梅花树，绿装童子便是那只翠鸟。当时，赵师雄看到月亮已悄悄落下，星斗已经横斜，更感到孤独寂寞、惆怅迷惘。此后，"赵师雄醉憩梅花下"这个传说便被用作梅花的典故。

仙客来

【花草名片】

◎ **学名**：*Cyclamen persicum*

◎ **别名**：萝卜海棠、兔耳花、兔子花、一品冠。

◎ **科属**：报春花科仙客来属，为多年生球根植物。

◎ **原产地**：原产于欧洲南部的地中海沿岸地区，现在世界各地均有栽培。

◎ **习性**：适宜种植在阳光充足、温和湿润的环境中，不耐寒冷和酷暑，忌雨淋、水涝。夏季一般处于休眠状态，春、秋、冬三季为生长期，喜疏松肥沃、排水性能良好的酸性沙质土壤，在我国华东、华北、东北等冬季温度较低的地区，适宜在温暖的室内栽培。

◎ **花期**：10 月 ~ 次年 5 月。

◎ **花色**：桃红、绯红、玫红、紫红、白色。

择 土

盆栽时，培养土可选用泥炭、蛭石和珍珠岩按 3：2：1 比例混合后的土壤，也可用等份的腐叶土和黏质土混合而成的土壤。

选 盆

适宜种植在透气性较好的素烧泥盆中。新买的素烧泥盆最好用清水泡 30 分钟后再使用，否则其大而多的空隙容易吸收土壤中的水分，导致植株供水不足。旧泥盆也最好用 1/5000 的高锰酸钾溶液浸泡消毒 30 分钟，清除盆内外的泥垢、青苔等物后再使用。播种时，选择口径为 8 厘米左右的花盆即可；第一次换盆时使用口径为13～16厘米的花盆较好；第二次换盆时使用口径为18～22厘米的花盆为宜。

栽 培

❶ 种子发芽适温为18℃～20℃。北方可在8月下旬至9月上旬播种，南方可在9月下旬至10月上旬播种。❷ 种子用冷水浸泡1～2天，或用30℃左右的温水浸泡3～4小时。❸ 在盆底铺上一些碎瓦片或者碎塑胶泡沫，覆土。将种子放进土壤中，种子上覆土2厘米左右。❹ 把花盆浸在水中，让土壤吸透水，取出用玻璃盖住花盆，将其置于温暖的室内。❺ 约35天后种子发芽，此时拿去玻璃，将花盆放在向阳通风处。❻ 当叶片长到10片以上时，将植株换入口径为13～16厘米的花盆中。换盆时根系要带土，以免损伤。栽种时，球茎的1/3应裸露在土壤外。

修 剪

在为仙客来整形时，主要是将中心叶片向外拉，以突出花叶层次；修剪时主要是剪去枯黄叶片和徒长的细小叶片，开花后要及时剪除它的花梗和病残叶。

浇 水

❶ 给仙客来浇水最好选择清晨或上午时分。❷ 第一次换盆前可用喷洒的方式浇水；待仙客来的叶片生长茂密时，最好选择盆浸的方式浇水。❸ 仙客来不耐旱，因此日常水分供应要充足，尤其是炎热的夏季，否则叶片会出现枯黄、萎蔫的现象。另外，补浇水后要修剪掉影响植株生长的黄叶和枯枝。❹ 仙客来忌涝，因此盆土只需保持湿润即可，花盆内要严防积水。夏天多雨季节最好将植株放置于避雨处。

施 肥

❶ 在仙客来的生长旺盛期，最好每旬为其施肥一次。❷ 在植株花朵含苞待放时，可为其施一次骨粉或过磷酸钙肥。

繁　殖

仙客来多用播种法繁殖。

温　度

仙客来不耐高温，温度过高会使其进入休眠状态。夏季应将其放置在阴凉通风的环境中，或者经常往它的叶片和周围土地上喷些水，以达到降温增湿的目的。

光　照

❶ 仙客来是喜光植物，冬春季节是花期，此时最好将它放于向阳处。❷ 炎热夏季需要为植株创造凉爽的环境，最好将其放置在朝北的阳台、窗台或者遮阴的屋檐下。

病虫防治

❶ 仙客来常见的病害是灰霉病、炭疽病、软腐病、萎蔫病、叶腐病等。灰霉病能使植株叶片和叶柄枯死、球茎腐败，可喷施70%甲基托布津可湿性粉剂800～1000倍液防治；炭疽病能使植株叶片枯死，可喷施50%多菌灵可湿性粉剂500～800倍液防治；叶腐病能使叶片从叶脉向叶缘腐烂，可用土霉素2000倍液涂抹受伤叶片防治。❷ 仙客来常见的虫害是仙客来螨，多寄生在幼叶和花蕾内，它能使植株叶片黄化畸形、开花异常，可用40%三氯杀螨醇1000～1500倍液或特螨克威2000倍液喷杀。

净化功能

仙客来对空气中的有毒气体二氧化硫有较强的抵抗能力。它的叶片能吸收二氧化硫，并经过氧化作用将其转化为无毒或低毒性的硫酸盐等物质。

摆放建议

适合放置在客厅、书房、居室等场所。

蜡梅

【花草名片】

◎**学名**：*Chimonanthus praecox*

◎**别名**：蜡梅、黄梅花、雪里花、蜡木。

◎**科属**：蜡梅科蜡梅属，为落叶小乔木或灌木。

◎**原产地**：原产于我国中部地区，各地均有栽培，秦岭地区及湖北地区有野生蜡梅。

◎**习性**：喜欢在阳光充足的地方生长，能耐阴、耐寒、耐旱，忌水湿，怕风。

◎**花期**：12月~次年1月。

◎**花色**：纯黄色、金黄色、淡黄色、墨黄色、紫黄色，也有银白色、淡白色、雪白色、黄白色。

择　土

蜡梅宜选择土层深厚、排水良好的轻壤土栽培，以近中性或微酸性土壤为佳，忌碱土和黏性土。

选　盆

蜡梅对花盆的选择性不高，瓦盆、陶盆、紫砂盆等都可以用来栽种蜡梅。蜡梅为深根性树种，应用深盆、大盆栽植。

新手提示：每2~3年换盆一次。

栽　培

❶ 上盆前，在整株蜡梅中选择一根粗壮的主枝，将主枝上的枝条从基部剪掉，只向上留三根分布均匀的侧枝，对主枝进行截顶。❷ 在花盆底部铺一层基肥，在基肥上盖一层薄土。❸ 将蜡梅放在花盆中央，扶正，用培养土压紧。❹ 浇透水。❺ 上盆后放到阴凉处缓苗一个月左右，再放到阳光充

足的地方进行养护。❻ 上盆以冬、春两季为宜。

新手提示：蜡梅怕风，风大会使叶片相互摩擦从而产生锈斑，所以上盆后最好把花盆放在一个背风向阳的地方。另外，花期尤其要注意不能受风，否则会出现花瓣舒展不开的现象，最终导致花苞不开，影响观赏。

修 剪

蜡梅开花后要及时修剪枝条，花枝长于20厘米的部分都要剪除，并且将前一年的长枝剪短，留1~2对芽即可。

浇 水

❶ 平时浇水以"不干不浇，浇则浇透"为原则。❷ 三伏天的气温偏高，此时要多浇水，以保证花芽正常发育，植株正常生长。❸ 花期前或开花期要注意适量浇水，浇水过多容易积水，花、蕾容易掉落；浇水过少又会使叶片上留下苦干发白的斑块，影响花芽的形成，造成花朵小且稀疏不齐，影响观赏。

施 肥

一般来说，每年5~6月间每隔7天施一次液肥。7~8月间可每隔15~20天施肥一次，肥水的浓度应稀一些。秋后再施一次肥，以供开花时对养分的需要，入冬后不用再施肥，否则会缩短花期。

繁 殖

蜡梅常用嫁接、扦插、压条或分株法进行繁殖。

温 度

蜡梅生长的适宜温度在14℃~28℃，但只有在0℃~10℃的温度下才能正常开花。冬季最好将植株放在室内，保持室温5℃~10℃。

开花期的温度不可过高，若超过20℃，花朵就会很快凋谢。

 光 照

❶ 蜡梅喜欢阳光，生长期要处在阳光充足的环境中，每天至少要让阳光直射4小时以上。❷ 花期忌阳光直射，可放在光照柔和处。

 病虫防治

蜡梅的病害较少，虫害较多，常见虫害如蚜虫、介壳虫、刺蛾、卷叶蛾等。如发现这些害虫，可用50%杀螟松乳油1000倍液喷杀。

新手提示：将花盆放在采光通风好的环境中，可减少病虫害的发生。

 净化功能

蜡梅具有一定的吸附功能，可以清除大气中的汞蒸气和铅蒸气，对二氧化硫、氟、氯、乙烯等有害物质有净化作用。同时，蜡梅的叶片上还有一种细小的纤毛，能够滞留空气中飘浮着的烟尘和一些微小的颗粒，是净化室内空气的好帮手。

摆放建议

蜡梅可以放在室内阳光比较充足的地方，比如朝南的阳台、窗台。也可以直接栽种在庭院里观赏，但注意不要栽种在树荫下，否则会导致花开稀疏甚至不开花，影响观赏。

花言草语

蜡梅可谓全身都是宝。蜡梅花经过一定的加工，可以制成味道醇香的高级花茶。将蜡梅花浸入生油中，可以制成蜡梅油。将蜡梅花烘干，则成了一味解暑、生津、止咳、生肌的名贵药材。蜡梅的根、茎还是镇咳、止喘的良药。

虎刺梅

【花草名片】

◎**学名**：*Euphorbia milii*

◎**别名**：虎刺、麒麟刺、麒麟花、铁海棠。

◎**科属**：大戟科大戟属，为多年生常绿灌木状多浆植物。

◎**原产地**：最初产自非洲的马达加斯加岛，如今世界各个国家都有栽植。

◎**习性**：喜欢温暖、潮湿和光照充足的环境，能忍受较高的温度，不能抵御寒冷，能忍受干旱，畏积水。生长得较为缓慢，每年仅生长约 10 厘米，但是寿命很长，用花盆种植时可以超过 30 年。

◎**花期**：自然开花时间是冬天和春天，如果光照和温度都合适，能一年四季开花。

◎**花色**：红色、黄色。

择 土

虎刺梅对土壤没有严格的要求，能忍受贫瘠，然而在有肥力、土质松散、排水通畅的腐叶土或沙质土壤中长得最好。

新手提示：培养土可以用相同量的园土、腐叶土和河沙来混合调配，也可以用 3 份草炭土和 2 份细沙来混合调配。

选 盆

各种盆皆可，盆的口径以 25 ~ 35 厘米为宜。

 栽 培

❶ 剪下长 6 ~ 10 厘米的上一年发育良好的顶部侧枝作为插穗，用温水冲洗剪口部位后晾干或涂抹上草木灰晾干。❷ 把插穗叶片及顶端的花朵摘掉，之后插到培养土中，插后浇足水并放在荫蔽的地方料理，经过 30 ~ 60 天便可长出根来。❸ 每年春天更换一次花盆和盆土。

新手提示：种植前要在培养土里加上适量的蹄角片作为底肥，以促进植株生长。

 修 剪

在植株开花之后或春天萌生新的叶片之前要尽早把稠密枝、纤弱枝、枯老枝和病虫枝等剪掉，并对枝条顶端采取修剪整形措施。

 浇 水

❶ 虎刺梅比较能忍受干旱，在春天和秋天浇水要做到

"见干见湿"。❷ 夏天可以每日浇一次水，令盆土维持潮湿状态，但是不能积聚太多的水。❸ 在植株开花期间要注意控制浇水的量和次数。❹ 冬天植株会进入休眠状态，浇水宜"不干不浇"，令盆土维持略干燥状态就可以。

新手提示：雨季要留意尽早排除积水，防止植株遭受涝害。

施 肥

在植株的生长季节要每隔半个月追肥一次，施用复合化肥或有机液肥皆可，不可施用带有油脂的肥料，不然会令根系腐烂，在秋后则不要再对植株施用肥料。

繁 殖

虎刺梅通常采用扦插法进行繁殖，在全部生长期内皆可进行，其中以5~6月扦插最容易存活。

温 度

虎刺梅喜欢温暖，不能抵御寒冷，生长适宜温度是18℃~25℃，当白天温度在22℃上下，晚上温度在15℃上下的时候长得最好。

新手提示：如果温度控制在15℃~20℃，则植株能全年连续开花。

光 照

虎刺梅喜欢阳光充足的环境，不畏炎热和强烈的阳光，一年四季皆要使其接受足够的阳光照射。

新手提示：在开花之前让植株接受足够的阳光照射，能令花朵颜色更鲜艳美丽，开花时间更长。

病虫防治

❶ 虎刺梅经常发生的病害为腐烂病及茎枯病，每半月用50%克菌丹可湿性粉剂800倍液喷施一次就能有效预防和治理。❷ 虎刺梅经常发生的虫害为介壳虫及粉虱危害，可以喷

施50%杀螟松乳油1500倍液来杀除。

毒性解码

虎刺梅整株都生有尖锐的刺，茎中所含的白色乳状汁液有毒，会对人的皮肤和黏膜产生刺激作用，皮肤接触后会发红肿胀、发痒难受，不小心误食后会出现恶心、呕吐、腹泻、眩晕等中毒症状，如果不小心进入眼睛，情况严重的会造成失明。另外，有研究显示，虎刺梅的乳状汁液中含有促癌的物质，如果长时间触及其汁液，有可能会导致细胞发生癌变。

化毒攻略

虎刺梅所含的有毒成分是苷类，主要散布于根、茎、叶片及汁液内，毒性比较小。由于它整株都披生着浓密的利刺，被误食的概率非常小，如果偶尔不慎被其刺到，通常也不会导致中毒，大多是在操作过程中皮肤触及汁液而造成中毒。因此，若家中有儿童及癌症患者则不适宜种植这种花。如果在家里种植，则要置于孩童不容易碰到的地方，宜置于房间外面，以避免孩童被利刺扎伤或中毒。

摆放建议

虎刺梅花期长，花色艳丽，适合盆栽摆放在窗台、阳台、案几、书桌、花架上观赏，也可以栽植在庭院中观赏。但因其全身长有利刺，为防止孩童被误伤，宜放置在儿童接触不到的地方。

第三章

能监测污染、净化空气的花草

八仙花

【花草名片】

◎**学名：** *Hydrangea macrophylla*

◎**别名：** 斗球、绣球、紫阳花、粉团花。

◎**科属：** 虎耳草科绣球属，为落叶灌木或小乔木。

◎**原产地：** 最初产自中国华中及西南区域，现在全国各个区域都广为栽植。

◎**习性：** 喜欢温暖、潮湿、润泽的半荫蔽环境，光照充足也可以，忌干旱和水涝，不能忍受寒冷。

◎**花期**：6 ~ 7月。

◎**花色**：粉红、蓝、白色。

择 土

宜选用排水通畅的酸性土壤。在酸碱度不一样的土壤中，八仙花的颜色也会有显著的不同，在酸性土壤中为蓝色，在碱性土壤中则主要是粉红色。

选 盆

最好选用透气性良好的泥盆，也可使用瓷盆，最好不要用塑料盆栽种。

栽 培

❶ 把植株移栽到新花盆中后，先将土压好。❷ 浇足水分，再将盆放置在荫蔽的地方。❸ 大约10天后，可将盆移至室外正常料理。

修 剪

❶ 八仙花的生命力较强，经得住修剪。当幼株长到10 ~ 15厘米的时候便能进行摘心，这样可以促其下部萌生腋

芽。❷ 摘心后，可挑选 4 个萌生好的中上部的新枝条，把其下部的所有腋芽都摘掉。❸ 等到新枝条有 8 ~ 10 厘米长的时候，再进行第二次摘心，这样能促进新枝条上的芽健壮成长，对翌年开花十分有益。❹ 花朵凋谢后应马上对老枝进行短截，仅留下 2 ~ 3 个芽，以促使其萌生新枝，防止植株长得太高。❺ 为了不让枝条再生长，也为了能安全过冬，在立秋以后应及时将植株的新枝顶部剪掉。在搬进室内料理之前，要把植株的叶片摘去，以防止叶片腐烂。

新手提示: 每年初春 3 月，都要从基部把瘦弱枝、病虫枝剪掉，留下健壮枝并对其进行短截，让每枝留下 2 ~ 3 个芽，以促使其萌生新的枝条，令其多结蕾、多开花。

浇水

❶ 八仙花喜欢潮湿，怕旱怕涝。在春、夏、秋三个生长期内，每日应浇一次水，令盆土经常处于潮湿状态。❷ 在炎热的夏天，花盆中的水分蒸发量较大，更要为其提供足够的水分，从 5 月到 8 月末，除浇水外，还要每日或每隔一日朝叶片表面洒一次水。❸ 冬天则要以"不干不浇"为浇水原则。

施肥

八仙花嗜肥，在生长季节通常需每隔 15 天左右施用腐熟的稀薄饼肥水一次。如果将 1% ~ 3% 的硫酸亚铁加到肥液里施用，就能很好地维持土壤的酸性；如果想让植株枝繁叶茂，就可以常浇施矾肥水；在孕蕾期内多施用 1 ~ 2 次磷酸二氢钾，则可以令植株花大色艳。

新手提示: 勿在炎热的伏天施饼肥，否则会导致病虫害及使花卉的根系受到损伤。

繁 殖

八仙花可采用扦插法、分株法或压条法进行繁殖。

温 度

冬季要把盆花移入房间里，室内温度宜控制在5℃上下，以促使其进入休眠状态。自12月中旬开始，应把盆花搬至朝阳的地方，室温需保持在15℃~20℃，以促进枝叶的生长发育。

光 照

八仙花喜欢温暖、潮湿的半荫蔽环境，耐阴，阳光直射会造成日灼，因此需遮阴。

病虫防治

八仙花不易受虫害，常见病害多为叶部病害，如白腐病、灰霉病、叶斑病等。所以要定期喷施药剂预防，发现病情后应及时喷施65%代森锌可湿性粉剂600倍液，病重叶片可摘除烧毁。

监测功能

八仙花对二氧化硫的反应非常灵敏，空气里的二氧化硫浓度达到0.05~0.5ppm（1ppm是百万分之一）后8小时，八仙花便会受到侵害，受侵害部位的叶脉会失绿，叶脉之间的叶片表面会变为白色，被损伤的叶组织会使叶片表面出现褐色斑点或斑块，同正常叶组织的绿色叶面有清晰的分界线。另外，八仙花长时间置于二氧化硫浓度比较低的环境中，叶片表面会褪绿，叶组织甚至会渐渐坏死。

摆放建议

八仙花适宜摆放在客厅、书房的窗台、桌案上。

连翘

【花草名片】

◎**学名**：*Forsythia suspensa*

◎**别名**：黄金条、黄花杆、女儿茶、千层楼。

◎**科属**：木樨科连翘属，为落叶灌木。

◎**原产地**：最初产自中国、朝鲜等地。

◎**习性**：喜欢温暖、潮湿且润泽的环境，喜欢阳光，较耐寒冷和干旱，稍耐荫蔽，忌积水。

◎**花期**：3～5月。

◎**花色**：金黄色。

择 土

连翘适宜在有肥力且排水通畅的钙质土壤里生长，以较有肥力的园土为最佳。

选 盆

最好选用紫砂陶盆或釉陶盆，不宜用塑料盆，因为它的透气性很差。

栽 培

❶ 连翘的栽植一般在春季进行。首先选取1～2年生的连翘幼枝，剪为长约30厘米的小段。❷ 在盆中放置2/3的土壤，松软度要适中。❸ 把幼枝斜向插进土里，深度为18～20厘米即可，并让上面露出土壤表面一点儿。❹ 最后再埋土并压结实，然后浇足水，要让土壤保持略潮湿状态，但勿积聚

太多的水。

修 剪

❶ 在每年花朵凋谢后应尽早把干枯枝、病弱枝剪掉，对稠密老枝要进行疏剪，对疯长枝要进行短剪，以促其萌发更多的新枝条。❷ 立秋以后应再进行一次修剪，这样可让植株次年枝繁叶茂、花多色艳。

浇 水

❶ 连翘比较能忍受干旱，在潮湿且润泽的环境中也能生长得较好，因此浇水无须太过频繁，每周浇水一次即可保证其生长。❷ 春天应及时给连翘补充水分，特别是在开花之后，要让土壤保持略湿的状态，不可太干，否则不利于植株分化花芽。

新手提示：连翘成活后浇水应掌握"不干不浇，浇则浇透"的原则，盆土积水和过于干旱都不利于植株生长。

施 肥

在春季和秋季每15～20天要对连翘施一次腐熟的稀薄液肥或复合肥，夏季应停止施肥，秋季可向叶面喷施磷酸二氢钾等含磷量较高的肥料，以促使花芽的形成。

繁 殖

连翘可采用播种、扦插、分株或压条的方法进行繁殖，其中扦插法最为常见。

温 度

连翘对气候无严格要求，喜欢温暖的环境，同时也较耐寒冷，可忍受半荫蔽的环境。

光 照

连翘喜欢阳光充足的环境，平日要为其提供良好的光照，但也不要长期暴晒。

病虫防治

连翘几乎无病害发生。虫害主要有钻心虫及蜗牛，钻心虫为害茎秆，蜗牛为害花及幼果。❶ 发现蜗牛时，可人工捕杀，或用石灰粉触杀。❷ 发现钻心虫时可用紫光灯诱杀，并用棉球蘸50%辛硫磷乳油或40%乐果原液堵塞虫孔。

监测功能

连翘能对二氧化氮、臭氧及氨气进行监测。连翘对上述气体的反应皆较为灵敏，当连翘遭受二氧化氮侵袭的时候，其叶脉之间或叶片边缘会呈现条状或斑状，新生的嫩叶在变黄以前可能先掉落；当臭氧从植株的气孔进入连翘的叶片时，在同叶肉细胞接触后会先损坏其细胞膜，进而导致细胞死亡，伤斑多数在叶片表面上，叶脉之间较少，还有可能呈现出黄色斑点和白色斑纹，或叶片表面被全部漂白；当空气里存在氨气的时候，连翘的叶片会很快发黄。

摆放建议

连翘的萌生能力强，同时喜欢阳光，可以摆放在客厅、阳台和书房等处。

花言草语

连翘花与迎春花乍看起来非常相似，但连翘的植株比较高，叶片也比迎春花大，仔细观察还可发现连翘的枝干是褐色的，而迎春花的枝干为绿色的。

连翘的果实药用价值很高，具有清热解毒、消肿散结的功效，是中国临床常用传统中药之一，常用来治疗急性风热感冒、痈肿疮毒、淋巴结结核、尿路感染等症，其种子油还可以制成化妆品。

万寿菊

【花草名片】

◎**学名**：*Tagetes erecta*

◎**别名**：万盏菊、臭菊花、臭芙蓉、蜂窝菊。

◎**科属**：菊科万寿菊属，为一年生草本植物。

◎**原产地**：最初产自墨西哥，如今世界各地都广为栽植。

◎**习性**：喜欢温暖、潮湿、光照充足的生长环境，能忍受寒冷和干旱。

◎**花期**：6～10月。

◎**花色**：橙红、橙黄、金黄、柠檬黄到浅黄等色。

择 土

万寿菊对土壤没有严格的要求，但是在土质松散、有肥力、排水通畅的沙壤土中生长得最好，同时土壤最好细碎如粉。

选 盆

栽种万寿菊最好选用素烧陶盆，塑料盆也可，以多孔盆为宜。

栽 培

❶ 将幼枝剪成10厘米的插条，顶端留2枚叶片，剪口要平滑。❷ 将生根粉5克，兑水1～2千克，加50%多菌灵可湿性粉剂800倍液混合成浸苗液，将插条的1/2浸入药液中5～10秒后取出。❸ 立即插入盆土中，深度约为1/2盆高。将盆土轻轻压实，然后浇透水分。

修 剪

万寿菊的开花时间较长，后期植株的枝叶干枯衰老，容易歪倒，不利于欣赏。所以，要尽快摘掉植株上未落尽的花，并尽快追施肥料，以促进植株再开花。

浇 水

❶ 万寿菊的浇水时间和浇水量都要合适，勿积聚过多的水，令土壤处于略湿状态就可以。❷ 刚刚栽种的万寿菊幼株，在天气炎热时，要每天喷雾 2 ~ 3 次，使盆土保持湿润。❸ 给万寿菊浇水应以"见干见湿"为原则。

新手提示：万寿菊喜欢潮湿，也能忍受干旱，但在湿度较大的环境中生长不好。

施 肥

万寿菊的开花时间较长，所需要的营养成分也比较多。它喜欢钾肥，氮肥、磷肥与钾肥的施用比例应为15：8：25，在生长期内需大约每隔15天施用一次追肥。在开花鼎盛期，可以用0.5%的磷酸二氢钾对叶面进行追肥。

繁 殖

万寿菊可采用播种法或扦插法进行繁殖。采用播种繁殖时，一年中都可进行。采用扦插繁殖时，以在5 ~ 6月进行为宜，此时植株易于存活。

温 度

万寿菊的生长适宜温度为15℃ ~ 25℃，冬天温度不可低于5℃。夏天温度高于30℃时，植株会疯长，令茎叶不紧凑、开花变少；当温度低于10℃时，植株也能生长，不过生长速度会减缓。

光 照

万寿菊性喜阳光，充足的阳光可以显著提升花朵的品质。

病虫防治

万寿菊易患茎腐病和叶斑病。❶万寿菊患上茎腐病后，茎会变成褐色，甚至枯萎。这时应立即拔除病茎并烧毁；发病初期可喷洒50%多菌灵可湿性粉剂1000倍液。❷万寿菊患上叶斑病后，叶片会出现椭圆形或不规则形的灰黑色斑点。这时可喷洒50%苯来特可湿性粉剂1000倍液或50%多菌灵可湿性粉剂800倍液。

监测功能

万寿菊能够对二氧化硫与臭氧进行监测。它对上述两种气体的反应十分灵敏，当受到二氧化硫侵袭时，它的叶片会变为灰白色，叶脉间出现形状不固定的斑点，逐渐失绿、发黄；当受到臭氧侵袭时，它的叶片表面会变为蜡状，出现坏死斑点，变干后成为白色或褐色，叶片变成红、紫、黑、褐等色，并提前凋落。

摆放建议

万寿菊的花期比较长，可盆栽摆放在窗台、书桌、案几上，也可单枝制作成切花插瓶。

花言草语

万寿菊属于一年生草本植物，从它的花朵中能够提取纯天然黄色素，是一种性能良好的抗氧化剂，现在已广泛应用于食品、饲料、医药等许多领域，是工、农业生产中非常重要的添加剂。天然黄色素属于纯绿色产品，没有任何有害物质，将来一定会成为人工合成色素的替代品。万寿菊的鲜花经过发酵、压榨、烘干等工序的处理后，还可制成万寿菊颗粒，再进行溶剂浸提法，即可制成色素精油。

黄毛掌

【花草名片】

◎**学名**：*Opuntia microdasys*

◎**别名**：黄毛仙人掌、金乌帽子、兔耳掌。

◎**科属**：仙人掌科仙人掌属，为多年生肉质草本植物。

◎**原产地**：最初产自墨西哥北部地区。

◎**习性**：喜欢温暖、干燥及光照充足的环境，比较能忍受寒冷，能忍受干旱，不能忍受潮湿。在阳光强烈、白天和夜间温差大、年降水量约为 500 毫米的地方长得最好。

◎**花期**：夏季。

◎**花色**：浅黄色。

择 土

黄毛掌的生长力很旺盛，对土壤没有严格的要求，但适宜在有肥力、排水通畅的沙质土壤中生长。

新手提示：盆栽的时候，可以用腐叶土、粗沙和石灰质材料混合调配成培养土。

选 盆

栽种黄毛掌适宜选用泥盆，因为它的透气性较好。

栽 培

❶ 将黄毛掌的种子置入培植器皿中，然后覆盖约 1 厘米厚的石英细沙。❷ 给沙土中喷洒些水分，令播种基质处于潮湿状态。❸ 大约 10 天后，黄毛掌的幼苗便会长出来，但这时它的根系比较少，长得比较慢，需要细心照料。

新手提示：幼苗长出后不宜多浇水，隔2～3天见沙土已干，喷洒些水分即可；生长期需充足的阳光；每月还要施肥一次。

修剪

在为植株更换花盆时要把干枯或老弱的根系剪掉，以降低营养的耗费量，促使其长出新根。

浇水

❶ 黄毛掌耐干旱，畏潮湿，平日浇水需把握"不干不浇，浇则浇透"的原则，不能积聚太多的水，否则会造成根系腐烂。❷ 夏天可每隔一周喷洒一次水，土壤非常干燥的时候可每个月少量浇一次水，切忌水量过多。同时，浇完水后一定要保证它通风性良好。❸ 冬天要少浇水，令盆土处于略干状态为宜。

施肥

在生长季节需每月施用一次肥料，以促使植株加快生长。冬天则不要施肥。

新手提示：需注意勿将肥液浇在其掌上，如果浇在了掌上，需立即用清水淋洗，以免腐烂。

繁殖

黄毛掌的繁殖能力很强，可以采用播种法及扦插法进行繁殖，播种繁殖通常于春天进行，扦插繁殖一般于4～5月进行。

温度

黄毛掌喜欢温暖，也比较能忍受寒冷，生长的适宜温度是20℃～25℃，在3～9月是15℃～25℃，9月～次年3月是8℃～10℃。冬天要将它搬进房间里过冬，室温不可低于5℃，不过它也可忍受短期0℃的低温。

光 照

黄毛掌在生长季节需充足的阳光，不适宜摆放在过分阴暗的地方，不然容易令茎节长得纤弱且无光亮。夏天如果在室外养护，能令植株的茎节长得更加健康、充实。

新手提示：冬天可把黄毛掌摆放于房间里光照充足的地方，同时需加强房间里的通风。

病虫防治

黄毛掌的病害主要是炭疽病和虫害。❶ 当黄毛掌患上炭疽病时，可以喷施10%抗菌剂401醋酸溶液1000倍液。❷ 黄毛掌发生的虫害主要是介壳虫及粉虱危害，这时喷施40%氧化乐果乳油1000倍液就可以将其杀灭。

净化功能

黄毛掌对二氧化硫和氯化氢的抵抗能力比较强，可以将一氧化碳、二氧化碳及氮氧化物吸收掉，同时在将以上有害物质吸收分解后还可以制造并释放出大量清新的氧气。另外，黄毛掌在晚上可以吸收很多二氧化碳，能使房间里的负离子浓度增加，令房间里的空气始终清爽新鲜。

摆放建议

黄毛掌生存能力极强，栽培简单，繁殖容易，是目前栽培比较普遍的仙人掌种类。一般家庭栽种采取盆栽方式，摆放在卧室、客厅、书房均可，但应注意远离儿童活动区，避免刺伤儿童。

太阳花

【花草名片】

◎**学名**：*Portulaca grandiflora*

◎**别名**：半支莲、死不了、午时花、草杜鹃、龙须牡丹、松叶牡丹、大花马齿苋、洋马齿苋。

◎**科属**：马齿苋科马齿苋属，为多年生肉质草本植物。

◎**原产地**：最初产自南美巴西。

◎**习性**：喜欢温暖、干燥、光照充足的环境，不能抵御寒冷，怕水涝，在阴湿的环境里会生长不好。花朵见到阳光就开放，清晨、晚上和天阴时则闭合，光线较弱时花朵不能完全盛开，因而又被叫作"午时花"。

◎**花期**：6～10月。

◎**花色**：红、粉、橙、黄、白、紫红等深浅不一的单色及带条纹斑的复色。

择 土

太阳花有很强的适应能力，非常能忍受贫瘠，在普通土壤中都可以正常生长，然而最适宜在土质松散、有肥力、排水通畅的沙质土壤中生长。

新手提示：可用3份田园熟土、5份黄沙、2份砻糠灰或细锯末，再加少许过磷酸钙粉均匀拌和成培养土。

选 盆

太阳花对花盆没有特别要求，用泥盆、瓷盆及塑料盆皆可，也可以用其他底部能排水的容器。

栽 培

❶ 在花盆底部排水的地方需铺放几块碎砖瓦片，以便

于排水。❷ 在花盆中放入土壤，然后将太阳花种子播入其中，浇透水分。❸ 太阳花播种后不用细心照料也能成活，只是盆土较干时需要浇一下水。

修 剪

当植株比较大、渐趋老化、枝叶徒长或开花变少的时候，可以采取重剪措施，仅留下高5～10厘米的枝叶，这样能令老植株得到更新，使其恢复原有的优良特性。

浇 水

❶ 太阳花喜干燥，畏潮湿，若水分太多会使根茎发生腐坏，在生长季节需把握"见干见湿"的浇水原则，不可积聚太多的水。❷ 在雨季及雨水较多的区域则需留意尽早排除积水，防止植株遭受涝害。

施 肥

太阳花通常不需施用肥料，在开花之前施用复合肥一次，能令植株生长繁茂，促进其萌生更多的新枝，令花开繁盛。如果每15天对植株施用1%磷酸二氢钾溶液一次，能令其花朵硕大、花色艳丽并能延长花期。

繁 殖

太阳花经常采用播种法与扦插法来繁殖。

光 照

太阳花喜欢光照充足，在生长季节要使其接受充足的阳光照射，夏天也不用遮蔽阳光，如果长时间摆放在阴暗的地方则生长不好。

温 度

太阳花喜欢温暖，能忍受炎热，在温度较高的条件下长得很快，生长适宜温度是26℃～29℃，即使温度再略高一点也能正常生长发育。如果温度下降，植株的生长就会变得缓慢；如果气温低于15℃，那么植株的生长就会停滞。

新手提示：太阳花不能忍受霜冻，遇到霜便会干枯而死，所以秋天长出来的幼苗冬天要在温室里过冬。

病虫防治

太阳花的病害很少，它经常受到的虫害主要是斜纹夜蛾及蚜虫危害。

❶ 对于斜纹夜蛾危害，在幼虫发生期可以喷洒40%乐斯本乳油800～1000倍液或50%辛硫磷乳油1000～2000倍液进行灭除。

❷ 对于蚜虫危害，在植株的花芽胀大期内可以喷洒吡虫啉4000～5000倍液，在萌芽后用吡虫啉4000～5000倍液加入氯氰菊酯2000～3000倍液便可杀死蚜虫，坐果后则可以喷洒蚜灭净1500倍液来处理。

净化功能

太阳花能有效吸收一氧化碳、二氧化硫、氯气、过氧化氮、乙烯和乙醚等有害气体，也能较好地抵抗氟化氢的污染。盆栽太阳花置于房间内时，能较好地吸收及抵抗家电设备、塑料制品、装修材料等释放出来的有害气体，减少它们对人体健康的伤害。

摆放建议

太阳花喜欢光照条件好的环境，可以盆栽摆放在阳台、窗台等光线较充足的地方，也可以直接栽种在庭院里观赏。

君子兰

【花草名片】

◎**学名**：*Clivia miniata*

◎**别名**：大花君子兰、大叶石蒜、剑叶石蕊、达木兰。

◎**科属**：石蒜科君子兰属，为多年生常绿宿根草本植物。

◎**原产地**：最初产自非洲南部，如今世界各个地区都有栽植。

◎**习性**：喜欢潮湿且半荫蔽的环境，怕强烈的阳光直接照射。喜欢凉快的气候，畏酷热、干燥，不能忍受积水和寒冷。

◎**花期**：主要在冬天及春天开花，有的品种也在 6 ~ 7 月开放。

◎**花色**：橙红、橘黄、黄等色。

 择 土
君子兰喜欢在有肥力、土质松散、腐殖质丰富、透气性好且排水通畅的微酸性土壤中生长。

 选 盆
栽种君子兰适宜选用透气性良好的泥瓦盆或陶盆。

 栽 培
❶ 在花盆底部铺上几块碎盆片，凹面向下，便于通气

排水。❷ 再填入一层 2 ~ 3 厘米厚的用碎盆片、碎石、粗砂等组成的排水物。❸ 将君子兰的幼苗根系理顺，然后将幼苗放在花盆的中央，一手将它扶正，一手将土壤填入花盆中。每填一层土，就要将苗轻轻向上提一下，并碰磕一下花盆，以便使根系舒展。❹ 入盆后立即浇透水分，同时在 5 ~ 7 天内可不用再浇水，以后保持盆土湿润即可。❺ 将盆置于阴凉通风处，7 ~ 10 天后方可移置阳光充足处养护。

修 剪

❶ 在栽植过程中，若植株的叶片变得干枯发黄，需尽早剪掉，以免耗费太多的营养物质。❷ 在修剪的时候应尽可能把叶片端部剪为和好叶一样，不能剪为直平头，以叶片端部呈尖状为佳。

浇 水

❶君子兰喜欢潮湿，然而也害怕积水，因此浇水量必须要合适，令土壤维持潮湿状态且不积聚太多水就可以。❷ 春天可以每日对植株浇水一次。❸ 夏天浇水可以用细喷水壶喷洒叶片表面和盆花四周地面，晴天以每日浇 2 次水为宜。❹ 秋天可每隔 1 ~ 2 天浇水一次。❺ 冬天每周浇水一次即可，或者次数更少。

新手提示：在浇水的时候需留意，不可使水流进叶心里，否则会引起烂心病。

施 肥

君子兰嗜肥，然而也不能施用太多的肥料，不然会对植株的正常生长发育造成不良影响，宜以"薄肥勤施"为原则。盆栽时，需在盆土中施入充足的底肥，以厩肥、堆肥、豆饼肥及绿肥等为主。

繁 殖

君子兰可采用播种法及分株法进行繁殖。

温　度

君子兰生长的最合适温度是15℃～25℃，当温度在30℃以上时，植株会进入半休眠状态；当温度在10℃以下时，植株的生长就会停止。

光　照

君子兰喜欢半荫蔽的环境，无阳光照射不可以，强烈的阳光直接照射也不可以，以在透光率为50%的环境中生长最为适宜。冬天在房间内料理时，需将花盆置于阳光充足处，在开花之前更需接受较好的阳光照射。

病虫防治

君子兰经常发生的病害是炭疽病、白绢病及介壳虫危害。❶当植株患炭疽病时，应马上用50%多菌灵可湿性粉剂800倍液来喷施，6天左右喷施一次，连喷3～5次就能产生效果。❷当植株患白绢病时，每周在植株的茎基部和基部四周的土壤上浇施50%多菌灵可湿性粉剂500倍液一次，连浇2～3次就能有效处理。❸君子兰经常受到介壳虫的危害，此时可以喷施25%亚胺硫磷乳油1000倍液来灭杀。

净化功能

君子兰能比较强地抵抗空气里的污染物质，对净化空气很有效果。它宽厚结实的叶片能强力吸收一氧化碳、二氧化碳、硫化氢及氮氧化物，还可以将硫化氢烟雾吸收掉，使房间内不清洁的空气变得洁净。

摆放建议

君子兰喜欢半荫蔽的环境，可盆栽摆放在客厅、书房、阳台。因君子兰夜间会消耗氧气、放出二氧化碳，对睡眠不利，所以神经衰弱和睡眠质量不好的人不宜在卧室摆放君子兰。

吊竹梅

【花草名片】

◎**学名：** *Zebrina pendula*

◎**别名：** 斑叶鸭趾草、吊竹兰、甲由草、水竹草。

◎**科属：** 鸭趾草科吊竹梅属，为多年生常绿蔓生草本植物。

◎**原产地：** 最初产自墨西哥，如今世界各个地区都有栽植。

◎**习性：** 喜欢温暖、潮湿的气候，能忍受酷热与多湿，不能忍受寒冷与干旱。喜欢光照充足的环境，也能忍受半荫蔽，但怕炎夏强烈的阳光直接照射。

◎**花期：** 7 ~ 8月。

◎**花色：** 紫红、白色。

 择 土

吊竹梅对土壤及土壤酸碱度的要求都不严格，有很强的适应能力，也比较能忍受贫瘠，然而最适宜在有肥力、土质松散、排水通畅的土壤中生长。

新手提示：用花盆栽植时，可以用同量的腐叶土、园土及河沙来混合配制成培养土。

选 盆

盆栽吊竹梅时宜选用泥盆，避免使用瓷盆或塑料盆。

栽 培

❶ 选择健康壮实的吊竹梅枝条五六株（上盆时要把五六株合栽），剪为长10 ~ 15厘米的小段，留下顶端的2枚叶片。❷ 将枝条插进盆土中，插入深度为枝条总长度的1/3左右

即可，浇透水分。❸ 将花盆放置在荫蔽处半个月左右，生根后即可正常护理。

修 剪

❶ 吊竹梅在合适的环境条件下长得很快，所以在生长期间要依照具体需求对枝蔓采取适度摘心、修剪、调整措施，令其分布匀称、造型优美。❷ 平日应留意进行摘心，以促使植株萌生新枝，令株形饱满。❸ 吊竹梅的根系比其叶片活得时间长，随着茎蔓长得越来越长，基部的叶片便会渐渐干枯、发黄、凋落。此时应将过长的枝叶剪掉，以促进基部萌生出新芽、新枝。❹ 盆栽两年之后，应把老蔓都剪掉，并于春天更换花盆时把根团外面的须根剪除，以促进其萌发新的茎蔓和根系。

浇 水

❶ 吊竹梅喜欢多湿的环境，在平日料理时应令盆土维持潮湿状态，不要过于干燥，不然植株下部的老叶易干枯、发黄、凋落。❷ 在生长季节植株对湿度有着比较高的要求，除了要每日浇水一次外，还需时常朝叶片表面和植株四周环境喷洒水，以促使枝叶加快生长。❸ 当植株处于休眠期时，需注意控制浇水量。

施 肥

吊竹梅对肥料没有很高的要求，可以依照具体生长态势适量施肥。在茎蔓刚开始生长期间，应每半个月追施浓度较低的液肥一次；在生长季节可以每 2～3 周施用一次液肥，同时增施 2～3 次磷肥和钾肥，以促进枝叶的生长，令叶片表面新鲜、光亮。

繁 殖

吊竹梅采用扦插法及分株法进行繁殖。

温 度

吊竹梅喜欢温暖，不能抵御寒冷，生长适宜温度是15℃~25℃，冬天要搬进房间里过冬，房间里的温度不可在10℃以下。

光 照

吊竹梅喜欢阳光充足的环境，也喜欢半荫蔽，畏强烈的阳光直接照射及久晒。在它全部的生长过程中，阳光都不适宜过于强烈，以散射光为宜，不然叶片容易被灼伤，叶片颜色会淡且缺少光泽；然而也不适宜将它长期摆放在过于阴暗的环境中，不然植株容易徒长，节间会增长，叶片上的斑纹也会变少或消失，影响美观。

新手提示：春天和秋天适宜将植株置于房间里有充足散射光照射的地方；夏天要为植株适当遮蔽阳光，防止强烈的阳光久晒；冬天则要将植株摆放在有阳光照射的地方，这样能令叶片颜色鲜艳、条纹清晰。

病虫防治

吊竹梅极少患病和遭受虫害。

净化功能

吊竹梅可以将甲醛吸收掉，也有比较强的抵抗氯气污染的能力。此外，它还能检测出家庭装修材料是否有放射性，若有放射性，其紫红色的花朵就会很快变白。

摆放建议

吊竹梅植株娇小可爱，具一定的忍受荫蔽的能力，适宜装点客厅、书房、卧室、厨房等处，可以摆放在花架或橱顶上让其自然低垂，也可以悬吊于窗户前。

下篇
阳台种菜

第一章
果实类蔬菜

西红柿

◎ 别　　名	番茄、洋柿子、六月柿、喜报三元
◎ 科　　别	茄科
◎ 温度要求	阴凉
◎ 湿度要求	湿润
◎ 适合土壤	中性排水性好的肥沃土壤
◎ 繁殖方式	播种、植苗
◎ 栽培季节	春季
◎ 容器类型	大型
◎ 光照要求	喜光
◎ 栽培周期	2个月
◎ 难易程度	★★★

口味独特，营养丰富

西红柿是营养价值非常高的蔬菜，还可以当作水果生食。

西红柿的品种在大小上差异很大，初学者在栽种的时候应该选择更容易栽种的小西红柿。

栽种时要注意选择排水性好的土壤，光照充足的位置以及花朵授粉时的方法。

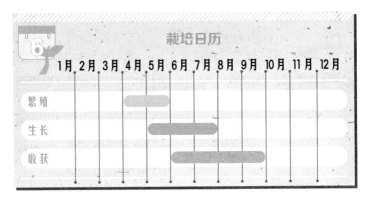

栽培日历

	1月	2月	3月	4月	5月	6月	7月	8月	9月	10月	11月	12月
繁殖				■	■							
生长					■	■						
收获						■	■	■	■			

 开始栽种 ///

第1步

　　首先要选择本叶长有7~8片叶子的苗，茎部要结实粗壮。将小苗放置在容器中挖好的土坑里。选取一根70厘米长的支杆，插入泥土中，注意不要伤到植物的根部，用麻绳将植物茎与支杆捆绑在一起。

为什么要嫁接呢?

　　在所有品种的幼苗中，嫁接苗的抗病力最强，虽然价格比较贵，但是比较适合初学者，所以我们在种植幼苗的时候最好选择嫁接苗，需要注意的是，栽种时嫁接处不要埋在土里。

支杆的长度为70厘米

第2步

植株生长1周后，将植株所有的侧芽都去掉，只留下主枝。

第3步

3周后选取3根2米长的支杆，插入容器中，将植株顶端与支杆进行捆绑。当第一颗果实大约长到手指大小的时候，进行追肥，以后每隔2周进行一次追肥。

立支杆

去掉侧芽

1周

第4步

8周左右西红柿就应该红了，将果实从蒂部上端采摘下来。

8周

2周追肥一次

第5步

当植株长到和支杆一样高时，将主枝上端减去，让植株停止往上生长。

注意事项

◎为什么花朵授粉在西红柿栽种中如此重要？

如果西红柿的花朵不进行授粉的话，就会造成只生长茎而不生长叶子的情况。这时候我们需要做的就是轻轻摇动花房，进行人工授粉，这样才可以收获美味的果实。

◎果实出现裂缝是怎么回事？

成熟的果实如果被雨淋了，就会导致果实的内部膨胀出现裂缝。所以要将容器移至避免淋雨的位置，这样才能保证果实不受伤害。

黄瓜

◎ **别　　名** 胡瓜、青瓜
◎ **科　　别** 葫芦科
◎ **温度要求** 温暖
◎ **湿度要求** 湿润
◎ **适合土壤** 中性排水性好的肥沃土壤
◎ **繁殖方式** 播种、植苗
◎ **栽培季节** 春季
◎ **容器类型** 大型
◎ **光照要求** 喜光
◎ **栽培周期** 2个月
◎ **难易程度** ★★

口感爽脆、生长迅速

黄瓜古称胡瓜，由西汉张骞从西域带回中原，由此而得名。黄瓜生长非常迅速，一般植苗后1个月左右便可以收获，适宜温度为18℃～25℃，不耐寒，春天要等到气温显著回升后再进行栽培。中国各地普遍栽培，且许多地区均有温室或塑料大棚栽培。现广泛种植于温带和热带地区。

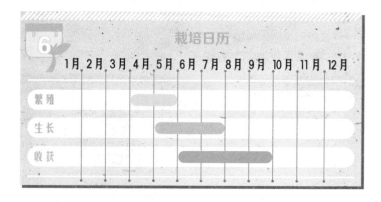

	1月	2月	3月	4月	5月	6月	7月	8月	9月	10月	11月	12月
繁殖				■■								
生长					■■■							
收获						■■■■						

开始栽种

第1步

　　首先要选出色泽好、枝干结实的幼苗。用手夹住幼苗，放到已经挖好坑的土壤中，轻轻覆土，注意嫁接品种要将嫁接处露在土外，在泥土中插入支杆，注意不要伤到植株根部。

第2步

　　1周后选择3根支杆间隔地插入泥土中，在支杆顶部进行捆绑。用麻绳将蔓与支杆进行捆绑，捆绑力度要放松。然后进行追肥，撒在植株根部与泥土混合的地方，以后每2周要追肥1次。

第3步

　　当第一茬果实长到15厘米长的时候要及时收获，这样可以使原植株更好地生长，此后当果实长到18～20厘米的时候收获即可。

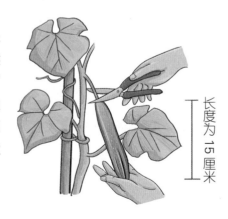

长度为15厘米

第4步

当植株长到与支杆一样高的时候，要将主枝的上部剪掉，使侧芽生长。剪枝一定要选择在晴天进行，以防止植物淋雨。

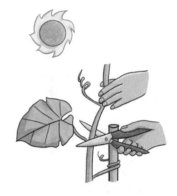

注意事项

◎植株的间距是怎样的？

黄瓜苗与苗之间的距离要保持在30厘米以上，否则会影响植株的生长。

间距为30厘米

◎黄瓜弯曲是怎么回事？

黄瓜弯曲是由肥料不足、温度过高所导致的，但是弯曲的黄瓜并不比直的黄瓜口感差。如果想要培育出直的黄瓜，那么就要认真地浇水、施肥啊！

肥料不足、温度过高

黄瓜弯曲

◎剪枝是为了什么？

黄瓜剪枝主要是为了增加果实的收获量。这样植物就更容易将营养输送到枝芽，从而使果实长得更多更好。

迷你南瓜

◎ 别　　名	麦瓜、番瓜、倭瓜、金冬瓜、金瓜
◎ 科　　别	葫芦科
◎ 温度要求	耐高温
◎ 湿度要求	耐旱
◎ 适合土壤	中性排水性好的肥沃土壤
◎ 繁殖方式	播种、植苗
◎ 栽培季节	春季
◎ 容器类型	大型
◎ 光照要求	喜光
◎ 栽培周期	3个月
◎ 难易程度	★★★

生命力强，容易培植

　　南瓜的种类很多，不过培育方式大致相同，盆栽栽种出的南瓜重量一般为400～600克。南瓜摘取后，放置一段时间会使其口味更甜更可口。南瓜不易腐坏，切开后即便放置1～2个月，营养和口感也不会变差。

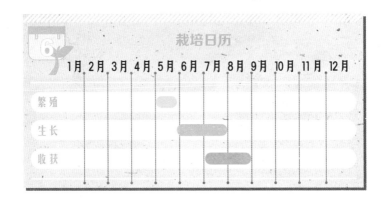

栽培日历

	1月	2月	3月	4月	5月	6月	7月	8月	9月	10月	11月	12月
繁殖				■								
生长						■	■					
收获							■	■				

开始栽种 //

第1步

南瓜的品种很多，南瓜蔓长的品种需要较大的栽种面积，因此要根据自己的实际情况选择合适的容器以及种植品种。用手按住苗的底部，将苗的根部完整地放入已经挖好坑的容器中，埋好土后轻轻按压。

第2步

3周后留下主枝和2个侧枝，然后将其余的芽全部去掉。

第3步

南瓜开花后，将雄花摘下，去掉花瓣，留下花蕊，将雄花贴近雌花授粉，注意带有小小果实的是雌花。

第4步

当最初的果实逐渐变大时，进行一次追肥，以后每隔2周追肥一次。

第5步

南瓜蒂部变成木质、皮变硬的时候就可以收获了。

每2周追肥一次

注意事项

◎必须要人工授粉吗？

南瓜的雌花如果不进行授粉，就会造成只长蔓而不结果的情况，在大自然中这种时候蜜蜂等昆虫往往会帮忙，但是在阳台上种植就无法实现了，人工授粉是确保成功结果的最好方式。

◎光长蔓不结果时怎么办？

南瓜对氮肥的需求量并不多，施用过多就会导致只长蔓不结果的情况出现，因此一定要控制好肥料的使用，以免收获不到果实。

不能施肥过多

氮肥肥料

茄子

◎ 别　　名　落苏、昆仑瓜、矮瓜
◎ 科　　别　茄科
◎ 温度要求　温暖
◎ 湿度要求　湿润
◎ 适合土壤　中性排水性好的肥沃土壤
◎ 繁殖方式　播种、植苗
◎ 栽培季节　春季
◎ 容器类型　大型
◎ 光照要求　喜光
◎ 栽培周期　6个月
◎ 难易程度　★★

传统佳蔬，营养丰富

　　茄子是我们日常生活中最常见的蔬菜之一，颜色多为紫色或紫黑色，也有淡绿色或白色品种，形状上则有圆形、椭圆形、梨形等多种，根据品种的不同，吃法也多种多样。茄子利用种子栽种不容易成活，作为初学者，我们最好选择成苗的植株进行栽种。每年的5~8月是收获茄子的季节，要注意及时采摘。

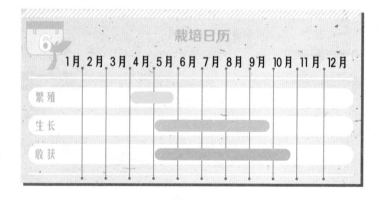

	1月	2月	3月	4月	5月	6月	7月	8月	9月	10月	11月	12月
繁殖												
生长												
收获												

开始栽种

第1步

选择整体结实、叶色浓绿，并带有花蕾的种苗。用手夹住种苗底部将其放在已经挖好坑的容器中，准备1根长60厘米的支杆，在距苗5厘米的位置插入土壤，并用麻绳将其与植株的茎轻轻捆绑，土层表面有干的感觉时要及时浇水。

第2步

2周后要将植株所有的侧芽都去掉，只留下主枝。当出现第一朵花时，留下花下最近的2个侧芽，其余的全部摘掉。选择1根长为120厘米的支杆，插到菜苗旁边，用麻绳进行捆绑，此后每2周要进行追肥。

立支杆

每2周追肥一次

第3步

为了让植株更好地生长，当果实长到10厘米左右的时候，即可用剪刀将果实从蒂部剪取。

第4步

7月上旬到8月下旬，将旧的枝剪去，新的枝就会长出来，接下来只要静心等待收获的到来就可以了。

注意事项

◎选择什么样的日子摘取侧芽呢？

一般来说，摘取侧芽要选择在晴天进行，侧芽可用手轻轻地掰掉，也可用剪刀剪掉。

◎花朵可以告诉我们什么？

茄子的花朵会告诉我们茄子的生长状况如何，如果雄蕊比雌蕊长，植物的健康状况就不好，原因可能是水分或者肥料不足，也可能是有害虫作怪。

雄蕊比雌蕊长

雄蕊

雌蕊

扁豆

◎别　　名	南扁豆、茶豆、南豆、小刀豆、树豆
◎科　　别	豆科
◎温度要求	耐高温
◎湿度要求	耐旱
◎适合土壤	碱性排水性好的肥沃土壤
◎繁殖方式	播种
◎栽培季节	春季
◎容器类型	中型或大型
◎光照要求	喜光
◎栽培周期	2个月
◎难易程度	★

快速成熟，营养丰富

扁豆花有红白两种，豆荚有绿白、浅绿、粉红或紫红等色。嫩荚能做蔬菜食用，白花和白色种子可入药。扁豆可以分为带蔓的和不带蔓的两个品种，不带蔓的扁豆栽培期为60天左右，自己栽种建议选择这种进行栽植。扁豆不喜欢酸性土壤，果实成熟后要早些摘取，否则就会影响到果实口感。

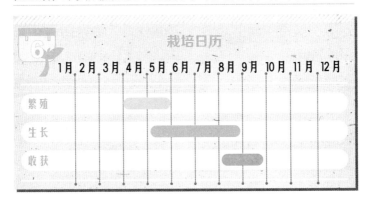

栽培日历

	1月	2月	3月	4月	5月	6月	7月	8月	9月	10月	11月	12月
繁殖				███								
生长					████	████						
收获								███				

开始栽种

第1步

在容器中挖坑，株间距保持在20～25厘米。每个坑里至多放3粒种子，种子之间不要重合，然后覆土、浇水，种子发芽前一定要保证土壤湿润。

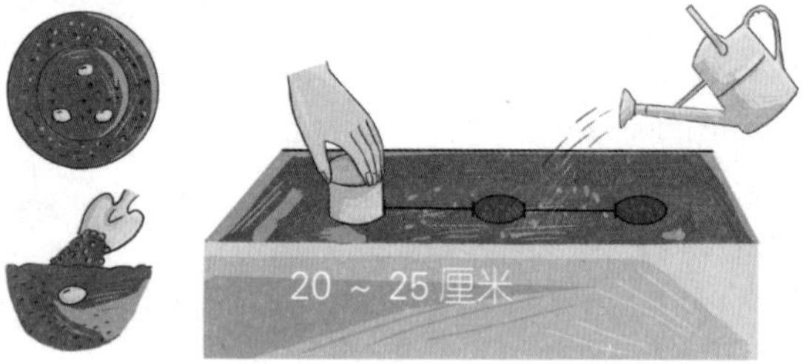

第2步

2周后将植物所有的侧芽都去掉，只留下主枝。当叶子长到2～3片时，3株小苗中选出最弱的剪掉，留下2株，然后进行培土，以防止小苗倒掉。

第3步

不带蔓的扁豆品种可以不立支杆，如果处在风较强的环境中，可以简单立支杆，用麻绳轻轻捆绑。当苗长到20厘米时，可追肥10克，与表层的土轻轻混合。

第4步

　　开花后15天左右就可以收获，扁豆尚不成形的情况下收获是最好的，会更加香嫩可口，收获晚了扁豆就会变硬。

土壤板结怎么办？

　　浇水会使土壤变硬，经常松土，可以有效改善土壤板结的情况。

注意事项

◎怎样防鸟？

　　扁豆的嫩芽是鸟类的至爱，如果不想办法的话，扁豆嫩芽可能会被小鸟吃光，在植株上罩一层纱网可以有效抵御鸟的侵袭。

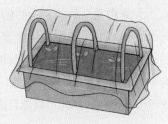

◎千万不要这么做

　　如果扁豆长得不好，就要及时进行处理，在处理的时候，千万不要连根拔起，这样可能会伤害到其他的植株，用剪刀从根部剪掉最好。

青椒

◎ 别　　名 大椒、灯笼椒、柿子椒、甜椒、菜椒

◎ 科　　别 茄科

◎ 温度要求 温暖

◎ 湿度要求 耐旱

◎ 适合土壤 中性排水性好的肥沃土壤

◎ 繁殖方式 播种、植苗

◎ 栽培季节 春季

◎ 容器类型 大型

◎ 光照要求 喜光

◎ 栽培周期 2个月

◎ 难易程度 ★★

营养丰富，美容养颜

青椒是一种非常耐热的作物，所以害虫侵扰少，培植起来比较容易。青椒中维生素C的含量非常高，是美容养颜的健康蔬菜，青椒中富含的辣椒素是一种抗氧化成分，对防癌有一定的效果。青椒翠绿鲜艳，新培育出来的品种还有红、黄、紫等多种颜色，因此不但能自成一菜，还被广泛用于配菜。

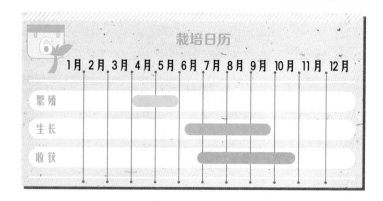

栽培日历

	1月	2月	3月	4月	5月	6月	7月	8月	9月	10月	11月	12月
繁殖				■								
生长						■						
收获							■					

开始栽种 //

第1步

选择有花蕾、结实、根部土块厚实的植株。用手夹住菜苗，放入已经挖好坑的容器中，并插入支杆，用麻绳将支杆与植物轻轻捆绑。浇水，直到浇透为止。

第2步

2周后将植株所有的侧芽都去掉，只留下主枝。第一朵花开后，花朵下边最近2个侧芽留下，其余侧芽全部摘去。找1根长为120～150厘米左右的支杆插入容器中，在距底部20～30厘米处用麻绳捆绑，原来的支杆保持不变。

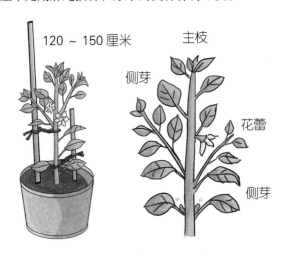

第3步

当出现小果实时要进行追肥，取10克左右的肥料撒入泥土，此后每隔2周追肥一次。

每2周追肥一次

第4步

当果实长到4~5厘米时就要进行第一次采摘了，较早收获有利于后面果实更好地生长。

4~5厘米

第一次采摘

第5步

青椒长到5~6厘米的时候进行第二次采摘，早些采摘可以减少青椒植株的压力。

5~6厘米

注意事项

◎彩椒栽培时间更长

青椒的品种非常多，不仅有青色的，还有红色、橙色、黄色、白色、紫色等颜色。鲜艳美丽的彩椒的栽培时间比普通青椒要长，但是肉厚味甜，深受人们的喜爱。

第二章
叶类蔬菜

油菜

◎ **别　　名** 油白菜、瓢儿白、青江菜、上海青、小油菜

◎ **科　　别** 十字花科

◎ **温度要求** 温暖

◎ **湿度要求** 耐旱

◎ **适合土壤** 中性排水性好的肥沃土壤

◎ **繁殖方式** 播种

◎ **栽培季节** 春季、秋季

◎ **容器类型** 中型

◎ **光照要求** 短日照

◎ **栽培周期** 1个月

◎ **难易程度** ★

栽种容易，口感脆嫩

　　油菜喜冷凉，抗寒力较强，种子发芽的最低温度为3℃~5℃，在20℃~25℃条件下三天就可以出苗，油菜不需要很多的光照，只要保持半天的光照就可以了。

　　撒种的时候，要注意不要栽植过密，否则会使得油菜没办法长大。油菜容易吸引害虫，要罩上纱网做好防护工作。

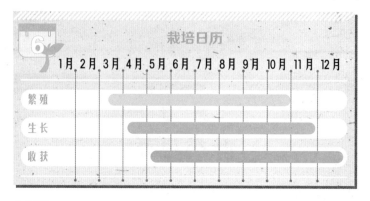

 开始栽种

第1步

将土层表面弄平，造深约1厘米、宽约1~2厘米的小垄，垄间距为10~15厘米。每间隔1厘米放1粒种子，然后盖土，浇水，发芽之前要保持土壤湿润。

第2步

油菜发芽后，要将发育不太好的菜苗拔掉，使株间距控制在3厘米左右。为了防止留下来的菜苗倒掉，要适量进行培土。

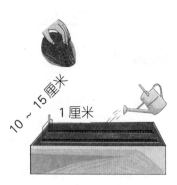

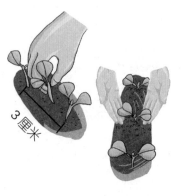

第3步

当本叶长到2~3片的时候，将肥料撒在垄间，与土混合，然后将混了肥料的土培到株底，并保持株间距为3厘米。

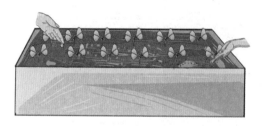

第4步

当植株长到10厘米高的时候在垄间施肥10克左右。

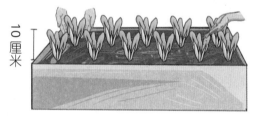

10厘米

施肥10克
左右

第5步

当植株长到25厘米的时候就可以收获了，用剪刀从植株的底部剪取。错过采摘时间，油菜生长过大，口感就会变差。

25厘米

适时采摘

苦菊

◎ 别　　名　苦苣、苦菜、狗牙生菜
◎ 科　　别　药菊科
◎ 温度要求　温暖
◎ 湿度要求　湿润
◎ 适合土壤　中性排水性好的肥沃土壤
◎ 繁殖方式　播种
◎ 栽培季节　春季、秋季
◎ 容器类型　中型
◎ 光照要求　短日照
◎ 栽培周期　1个月
◎ 难易程度　★

口感清脆，种植简便

　　苦菊是一二年生草本植物，初夏抽花茎，嫩叶可生食凉拌，或煮食及做汤。苦菊有很多品种，主要体现在大小的不同上面，盆栽种植最好选择小株。苦菊是一种非常不耐寒的蔬菜，在保证温度的同时要勤于浇水，这样苦菊才会长得更好。

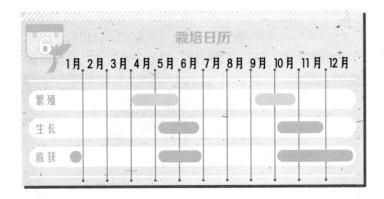

栽培日历

	1月	2月	3月	4月	5月	6月	7月	8月	9月	10月	11月	12月
繁殖												
生长												
收获												

开始栽种

第1步

　　先在土壤上造深约1厘米、宽约1～2厘米的小垄，垄间距为15厘米左右，每隔1厘米放1粒种子。注意种子不要重叠，然后轻轻盖土，浇水，发芽前要保持土壤湿润。

第2步

　　当小苗都长出来后，将发育较差的小苗拔掉，株间距要保持在3厘米左右。在小苗的根部适量培土，以防止植株倒掉。

株间距3厘米

第3步

　　当本叶长出3片的时候，进行第一次追肥，将肥料撒在垄间与泥土混合。往菜苗根部适量培肥料土。

第4步

当长到20～25厘米的时候，进行间苗，使株间距控制在30厘米左右，剩下的苦菊要培植成大株，因此要进行最后一次追肥。

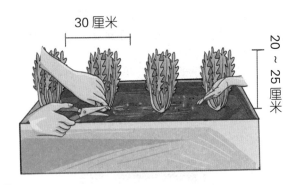

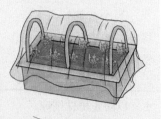

注意事项

◎虫子怎么这么多？

苦菊非常受害虫的欢迎，如果不尽快采取措施，辛苦栽种的蔬菜就会被虫子吃光了，在容器上面罩上一层纱网可以有效地防止害虫侵袭。

◎不需要烹调的菜

苦菊的茎叶柔嫩多汁，营养丰富。维生素C和胡萝卜素含量分别是菠菜的2.1倍和2.3倍。嫩叶中氨基酸种类齐全，且各种氨基酸比例适当。苦菊的食用方法多种多样，但生吃是最好的选择，这样可以更加全面地保持住蔬菜中的营养成分，口味也很清新。

西兰花

◎别　　名 青花菜、绿菜花、花椰菜
◎科　　别 十字花科
◎温度要求 温暖
◎湿度要求 耐旱
◎适合土壤 中性排水性好的肥沃土壤
◎繁殖方式 植苗
◎栽培季节 春季、夏季、秋季
◎容器类型 大型
◎光照要求 喜光
◎栽培周期 1个半月
◎难易程度 ★★

通身可食，口感爽脆

西兰花为一二年生草本植物，原产于地中海东部沿岸地区，在我国起初主要供西餐使用，现已成为常见蔬菜。西兰花营养丰富，含蛋白质、糖、脂肪、维生素和胡萝卜素，营养成分位居同类蔬菜之首，被誉为"蔬菜皇后"。西兰花可以利用的地方非常多，最初长出来的顶花蕾、后来长出来的侧花蕾和茎都可以食用。生长期可以从春天一直到12月份。

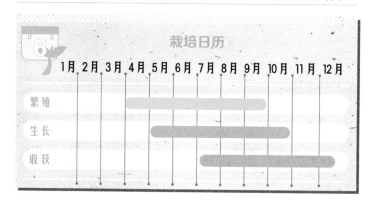

栽培日历

	1月	2月	3月	4月	5月	6月	7月	8月	9月	10月	11月	12月
繁殖				■	■	■	■	■				
生长					■	■	■	■	■			
收获						■	■	■	■	■		

开始栽种 //

第1步

选择长势端正、没有任何损害痕迹的小苗，放入已经挖好坑的容器中，培好土后轻压浇水。

第2步

2周后，要进行第一次追肥，将肥料与土混合，为了防止小苗倒掉，要适当培土。

第一次追肥

20 厘米　1.5 厘米

第二次收获

第3步

当顶尖花蕾的直径达到2厘米时便可以收获，然后进行第二次施肥，施肥10克，与土混合。

2 厘米

第4步

当侧花蕾的直径为1.5厘米的时候可以进行第二次收获，茎长到20厘米高时用剪刀剪取也可以食用。

生菜

◎别　　名 鹅仔菜、莴仔菜

◎科　　别 菊科

◎温度要求 温暖

◎湿度要求 湿润

◎适合土壤 微酸性排水性好的肥沃
　　　　　　土壤

◎繁殖方式 植苗

◎栽培季节 春季、夏季、秋季

◎容器类型 中型

◎光照要求 喜光

◎栽培周期 1个月

◎难易程度 ★

香脆可口，耐寒易种

　　生菜的生长周期非常短，栽培30天左右就可以收获了，生菜抗寒、抗暑的能力都很强，不需要过多的照顾，是懒人种植的最佳选择。但是生菜不可以接受太多的光照，否则就会出现抽薹的现象，夜间也不要放在有灯光的地方。

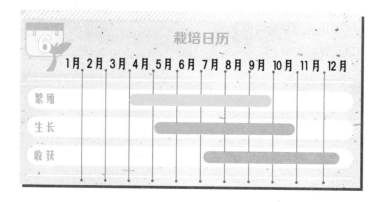

栽培日历

	1月	2月	3月	4月	5月	6月	7月	8月	9月	10月	11月	12月
繁殖												
生长												
收获												

开始栽种 \\

第1步

　　选择色泽好、长势良好的苗放入已经挖好坑的土壤中，要尽量放得浅一些，用手轻压土壤，然后浇水。如果同时栽种2株以上的话，植株间要保持20厘米左右的间距。

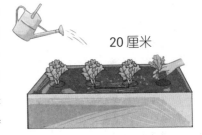

20 厘米

第2步

　　2周后，要进行追肥，撒在植株根部，并与泥土混合。

第3步

　　当菜株的直径长到25厘米的时候便可以收获了，用剪刀从外叶开始剪取，现吃现摘。

25厘米

注意事项

◎**生菜有很多种**

　　生菜的品种有很多，按照生长状态可以分为散叶生菜和结球生菜。在色彩上更是多种多样，将不同品种、色泽的生菜种子放到一起培植，还可以获得混合生菜。

茼蒿

- ◎ 别　　名　蓬蒿、春菊、蒿子杆
- ◎ 科　　别　菊科
- ◎ 温度要求　耐寒
- ◎ 湿度要求　湿润
- ◎ 适合土壤　微酸性排水性好的肥沃土壤
- ◎ 繁殖方式　播种
- ◎ 栽培季节　春季、秋季
- ◎ 容器类型　大型
- ◎ 光照要求　短日照
- ◎ 栽培周期　1个月
- ◎ 难易程度　★

淡淡苦香，营养健康

蔬菜市场上的茼蒿通常有尖叶和圆叶两个类型。尖叶茼蒿叶片小，香味浓；圆叶茼蒿叶宽大。茼蒿的栽种季节可以是春季也可以是秋季，种类主要是根据茼蒿叶子的大小而划分的，盆栽应该选择抗寒性、抗暑性都强的中型茼蒿。茼蒿剪去主枝后，侧芽还可以继续生长，因此成熟后可以不断地收获新鲜的蔬菜。

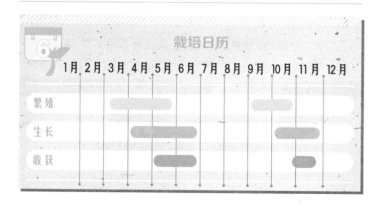

栽培日历

	1月	2月	3月	4月	5月	6月	7月	8月	9月	10月	11月	12月
繁殖												
生长												
收获												

开始栽种 //

第1步

在土层表面挖深约1厘米左右的小垄，每隔1厘米撒1颗种子，然后覆土、轻压、浇水。

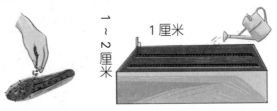

第2步

2周后，进行第一次间苗，当叶子长出1~2片的时候要再次进行间苗，将弱小的菜苗拔去，使苗之间相隔3~4厘米。为了防止留下的菜苗倒下，要往菜苗的根部适当培土。

第3步

当叶子长到3~4片的时候，要进行拔苗，使苗之间相隔5~6厘米。追肥10克，撒在植物根部与泥土混合。为防止留下的菜苗倒下，要适当培土。

第4步

当叶子长到6~7片的时候，就可以第一次收获了，从菜株的根部进行剪取，使株间距保持在10~15厘米，然后进行第二次追肥，将肥料撒在空隙处，然后培土。

10 ~ 15厘米

第5步

当植物长到20~25厘米的时候，进行真正的收获，可以将植株整株拔起，也可将主枝剪去，使侧芽生长。

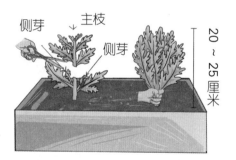

侧芽　　主枝　　侧芽　　20 ~ 25 厘米

注意事项

◎吃不完的茼蒿怎么办？

茼蒿的样子很具观赏性。在西欧，人们常常栽培茼蒿用于观赏。茼蒿开花的样子和雏菊很相似，非常艳丽可人。如果茼蒿吃不完的话，也可以将其当作观赏植物进行种植。

香菜

◎别　　名	香荽、胡菜、原荽、园荽、
	芫荽
◎科　　别	伞形科
◎温度要求	阴凉
◎湿度要求	湿润
◎适合土壤	微酸性排水性好的沙壤土
◎繁殖方式	播种
◎栽培季节	秋季
◎容器类型	中型
◎光照要求	喜光
◎栽培周期	全年
◎难易程度	★★

香味独特，营养丰富

　　香菜是我们经常吃的一种蔬菜，但它也是一种香草。香菜中含有丰富的维生素C、维生素A、胡萝卜素，以及钙、钾、磷、镁等矿物质，能够提高人体的抗病能力。其独特的香味还能促进人体肠胃的蠕动，刺激汗腺分泌，加速新陈代谢。

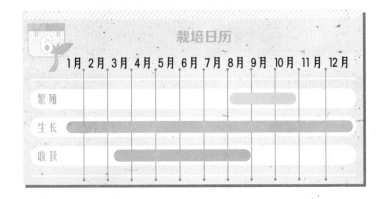

栽培日历

	1月	2月	3月	4月	5月	6月	7月	8月	9月	10月	11月	12月
繁殖												
生长												
收获												

开始栽种

第1步

种植香菜前，要将土壤翻松弄碎，然后施足有机基肥，让肥料与泥土充分混合后，浇透水。

第2步

香菜的果实内有两粒种子，为了提高发芽率，播种前我们需要将果实搓开。将种子均匀地撒播在培养土上，覆土约1厘米厚，浇透水即可。

第3步

当植株长出3～4片叶子的时候要进行间苗，将病弱的小苗拔去，保留苗壮的苗。

第 4 步

香菜是长日照植物，在结果的时候土壤千万不能干，否则会直接影响结果的质量。要时刻保持土壤湿润，让种子长得更加饱满。

保持土壤湿润

第 5 步

当植株长到 15～20 厘米高时，就可以采摘了，可以分批次进行。每采摘一次，就要追肥一次，以促进剩下植株的生长。

每采摘一次，追肥一次

15～20 厘米

注意事项

◎**控制浇水量**

香菜养护时保持土壤湿润即可，不要浇太多的水。

◎**浇水与施肥相结合**

当植株进入生长旺盛期的时候，应勤浇水，施肥也要结合浇水进行，生长期要追施氮肥 1～2 次。

保持土壤湿润即可

第三章
根茎类蔬菜

洋葱

◎别　　名	球葱、圆葱、玉葱、葱头、荷兰葱
◎科　　别	葱科，旧属百合科
◎温度要求	温暖
◎湿度要求	湿润
◎适合土壤	中性排水性好的肥沃土壤
◎繁殖方式	植苗
◎栽培季节	秋季
◎容器类型	大型、中型
◎光照要求	喜光
◎栽培周期	4个月
◎难易程度	★

防癌健身，增进食欲

　　洋葱鳞茎粗大，外皮紫红色、淡褐红色、黄色至淡黄色，内皮肥厚，肉质。洋葱的伞形花序是球状，具多而密集的花，粉白色，花果期为 5 ～ 7 月份。

　　初学者选择从幼苗开始栽培洋葱的方法比较合适，一般来说洋葱是春种秋收的，但是家庭栽种洋葱在任何时间都可以收获。洋葱适应性非常强，栽种失败的情况很少，初学者很容易就能掌握种植要领。

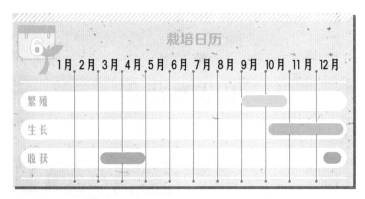

 开始栽种

第1步

　　选择不带伤病的幼苗，将土层表面弄平，造深约1厘米、宽约3厘米的小垄，垄间距为10～15厘米。将洋葱苗尖的部分朝上，将植株轻轻盖住，不要全盖了，幼苗的尖部留在土外。然后进行浇水，浇水的时候不要浇得过多，否则幼苗容易腐烂。

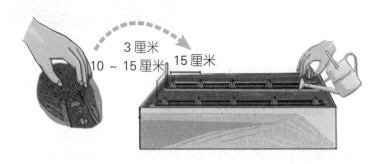

第2步

当苗长到15厘米的时候，进行追肥，将混合了肥料的土培向菜苗根部。

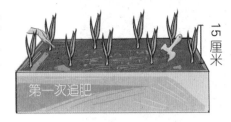

第3步

10周后，进行第二次追肥，根部膨胀后施肥10克，将肥料撒在垄间，与土壤混合。将混合了肥料的土培向根部。

第4步

当叶子倒了的时候，就可以收获了，抓住叶子拔出来就可以了。

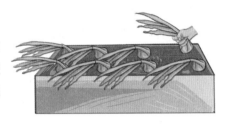

注意事项

◎空间要留足

洋葱一般是不进行间苗的，因此在栽种的时候，我们要留有足够的空间，让植株能够更好地生长。一般来说，苗与苗之间的距离达到10～15厘米是比较合适的。

土豆

◎别　　名	马铃薯、洋芋、地蛋
◎科　　别	茄科
◎温度要求	阴凉
◎湿度要求	耐旱
◎适合土壤	中性排水性好的肥沃土壤
◎繁殖方式	催芽栽种
◎栽培季节	春季、夏季
◎容器类型	大型、深型或袋子
◎光照要求	喜光
◎栽培周期	3个月
◎难易程度	★

营养丰富，诱人食欲

　　土豆原产于南美洲安第斯山地的高山区，可供烧煮做粮食或蔬菜，富含淀粉、蛋白质、维生素和无机盐。中国是现在世界上土豆总产量最多的国家。土豆是由种薯发育而成的，栽培期间要不断加入新土，所以容器要选用大的，也可用袋子做容器使用。土豆喜欢温凉的环境，高温不利于土豆的生长发育。土豆对土壤的要求不高，只要不过湿就可以了。

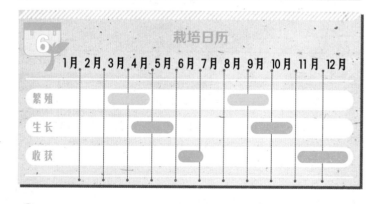

开始栽种//

第1步

　　将土的一半放入容器或袋子里，将种薯切开，切时注意芽要分布均匀，切开后每个重约30～40克。将种薯切口朝下放入挖好的洞中。种薯之间的距离控制在30厘米，盖土约5厘米深。

第2步

　　当新芽长到10～15厘米时，将发育较差的新芽去掉，只留1株或2株。按1千克土配置1克肥料的比例，将土和肥料混合，倒入容器中，然后进行浇水。

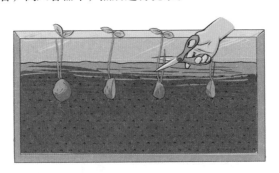

第3步

当植株出现花蕾的时候，要和上次一样进行追肥、加土。

第4步

13周后，茎、叶变黄干枯后，就可以收获了，将植株连茎拔出就可以见到土豆了。

注意事项

◎收获后的工作

土豆皮如果是潮湿的，就很容易坏掉，所以收获最好选择在晴朗的天气进行，然后将土豆皮晒干，这样土豆可以储藏很长时间。

将土豆皮晒干，土豆不容易坏掉

白萝卜

◎别　　名　芦菔、莱菔、青萝卜
◎科　　别　十字花科
◎温度要求　阴凉
◎湿度要求　湿润
◎适合土壤　中性排水性好的肥沃土壤
◎繁殖方式　播种
◎栽培季节　春季、秋季
◎容器类型　大型、深型或袋子
◎光照要求　喜光
◎栽培周期　2个月
◎难易程度　★★★

促进消化，甜辣爽脆

　　白萝卜是一种常见的蔬菜，生食熟食均可，其味略带辛辣。根据营养学家分析，白萝卜生命力指数为5.5555，防病指数为2.7903。白萝卜在春季和秋季都可以进行播种，但是白萝卜喜欢阴凉的环境，害怕高温，如果在春季播种很容易出现抽薹的现象，所以最好选择在秋季播种。白萝卜的叶子容易受到蚜虫、小菜蛾的侵扰，可以在菜苗上罩上纱网预防虫害。

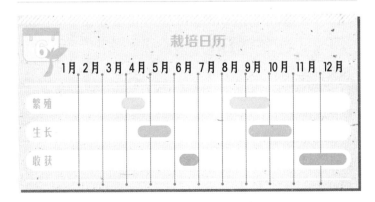

栽培日历

	1月	2月	3月	4月	5月	6月	7月	8月	9月	10月	11月	12月
繁殖			▬					▬			▬	
生长				▬					▬			
收获					▬						▬	

开始栽种 //

第1步

　　将土层表面弄平，挖深约2厘米、直径约5厘米的洞，洞与洞之间保持10～20厘米的距离。一个洞里撒5粒种子，种子之间不要重合，然后盖土轻压，在发芽前要保持土壤湿润。

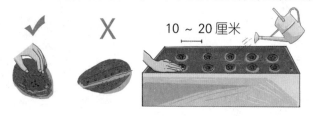

第2步

　　当本叶长出来后，要进行间苗，为防止留下的苗倒掉，要适当培土。

第3步

　　当本叶长出3～4片时，还要再次间苗，使一个洞里只剩1株或2株，间出的苗可以用来做沙拉。追肥的时候将肥料撒在植株根部，与土混合。为了防止留下的苗倒掉，要适当进行培土。

第4步

当本叶长出 5 ~ 6 片时，要进行第三次间苗，一个洞里只剩下一株。追肥 10 克，将其撒在植株根部，与泥土混合。

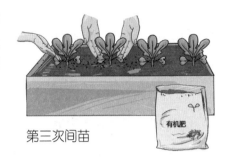

第三次间苗

有机肥

第5步

当根的直径达到 5 ~ 6 厘米时，就可以收获了，握住植物的叶子，然后慢慢将它拔出来。

收获

5 ~ 6 厘米

注意事项

◎白萝卜劈腿怎么办？

如果土壤中混有石子、土块，本应该竖直生长的根受到阻碍，就可能出现"劈腿"的现象。所以在准备土的时候，应该用筛子去掉不需要的东西，把土弄碎。另外，苗受伤也是"劈腿"的原因之一，间苗的时候一定要小心。

把土弄碎

胡萝卜

◎别　　名	红萝卜、黄萝卜、番萝卜、丁香萝卜
◎科　　别	伞形科
◎温度要求	阴凉
◎湿度要求	湿润
◎适合土壤	中性排水性好的肥沃土壤
◎繁殖方式	播种
◎栽培季节	春季、夏季
◎容器类型	中型
◎光照要求	喜光
◎栽培周期	2个半月
◎难易程度	★★

益肝明目，营养丰富

胡萝卜是二年生草本植物，以呈肉质的根作为蔬菜来食用，可炒食、煮食、生吃、酱渍、腌制等，耐贮藏。分布于世界各地，中国南北方都有栽培，产量占根菜类的第二位。可抗癌，有地下"小人参"之称。胡萝卜在发芽前土壤一定要保持湿润，而收获前土壤不要过湿。胡萝卜要定期施肥，

栽培日历

	1月	2月	3月	4月	5月	6月	7月	8月	9月	10月	11月	12月
繁殖			▬	▬		▬	▬					
生长				▬	▬	▬	▬	▬				
收获						▬	▬			▬	▬	

栽种期间要防止燕尾蝶幼虫的侵袭，在植物上罩上纱网是最为有效的办法。

 开始栽种

第1步

造出深约1厘米、宽约1厘米的小垄，垄间的距离为10厘米。每隔1厘米撒1粒种子，注意种子之间一定不可以重合。盖上土，浇水，在出芽前要保持土壤湿润。

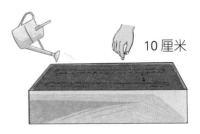

10厘米

第2步

当本叶长出来的时候，要进行第一次间苗，将长势不好的小苗拔去，然后施肥10克与泥土混合，适量培土，以防止幼苗倒掉。

第一次间苗

第3步

当本叶长到3～4片时，要再次间苗，间苗的时候要保持苗与苗之间的距离为10厘米。然后进行二次追肥。

第二次间苗

10厘米　10厘米

第4步

当胡萝卜的直径长到1.5～2厘米时，就可以进行收获了，将胡萝卜从土壤中拔出来即可。

注意事项

◎需要阳光的胡萝卜种子

胡萝卜种子需要足够的光照才能正常发芽，因此播种的时候，土层不可以覆得过厚，否则就会对胡萝卜的发芽造成影响。

◎需要培土的胡萝卜

在胡萝卜的生长过程中，要经常往植株根部培培土，这样可以防止胡萝卜的顶部出现绿化的现象。

◎收获前土壤要干燥

胡萝卜在临近收获的时候，要保持土壤干燥，这样胡萝卜会变得更甜，胡萝卜中的营养元素也会有所增加哦！

小萝卜

◎ **别　　名** 小水萝卜
◎ **科　　别** 十字花科
◎ **温度要求** 阴凉
◎ **湿度要求** 湿润
◎ **适合土壤** 中性排水性好的肥沃土壤
◎ **繁殖方式** 播种
◎ **栽培季节** 春季、秋季
◎ **容器类型** 中型
◎ **光照要求** 喜光
◎ **栽培周期** 1个月
◎ **难易程度** ★★

栽培期短，营养美味

　　小萝卜是萝卜的一种，生长期很短，块根细长而小，表皮鲜红色，里面白色，是普通蔬菜。小萝卜喜欢生长在比较阴凉的环境中，在冬、夏季节不适合栽种，在春、秋两季都可以进行栽种。过干或过湿的环境对小萝卜的生长都不是很好，以罩纱网的形式来预防病虫害最为有效。

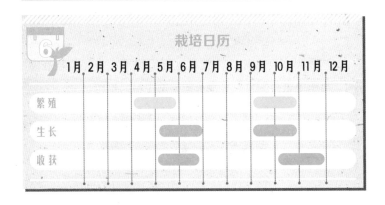

栽培日历

	1月	2月	3月	4月	5月	6月	7月	8月	9月	10月	11月	12月
繁殖				■					■			
生长					■					■		
收获						■					■	

开始栽种

第1步

将土层表面弄平，造深度约1厘米、宽度约1厘米的垄。每隔1厘米放入1粒种子，种子不要重合，然后培土、浇水，发芽之前保持土壤湿润。

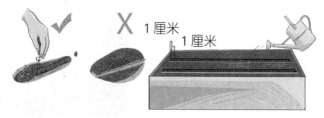

第2步

当芽长出来以后，将弱小的拔掉，使株间距控制在3厘米左右，为防止幼苗倒掉，要往根部适量培土。

第3步

当本叶长出3片后，就要进行追肥了，将肥料撒在垄间，与土壤进行混合，将混有肥料的土培向根部。

第4步

　　萝卜直径长到2厘米左右的时候就可以进行收获了，抓住叶子用力拔出小萝卜即可。

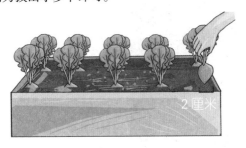

2厘米

注意事项

◎间苗时间的控制

　　小萝卜在生长期需要进行间苗，如果间苗的时间晚了，就会出现只长茎、叶，不长根的现象，因此一定要掌握好间苗的时间。另外，间出的小苗也是可以食用的，不要扔掉。

掌握好间苗的时间

◎植株的距离

　　如果株间距过小，还可以再次间苗，使株间距为5～6厘米。

◎漂亮的小萝卜

　　小萝卜的种类很多，大小也不一，缤纷的颜色一定会为你的阳台增色不少，你可以根据自己的喜好进行选择。

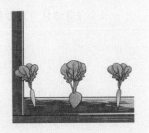

生姜

◎别　　名	姜、姜根、因地辛、百辣云
◎科　　别	姜科
◎温度要求	耐高温
◎湿度要求	湿润
◎适合土壤	中性排水性好的肥沃土壤
◎繁殖方式	播种
◎栽培季节	春季
◎容器类型	中型
◎光照要求	短日照
◎栽培周期	2个月
◎难易程度	★

暖胃祛寒，促进消化

生姜是一种著名的蔬菜或调料，可为甜味或咸味食物调味，还可用来制成果酱和糖果。嫩一点的姜可以制成咸菜，在日本，腌生姜是寿司和生鱼片的传统搭配辅料，稍老一点的生姜可以用来制姜汁。生姜喜欢高温多湿的生长环境，可以进行密集种植。对光照的要求并不是很高，但有充足的光

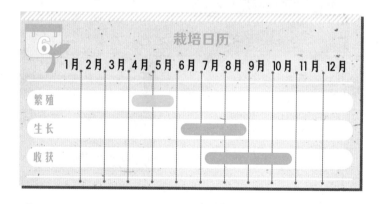

栽培日历

	1月	2月	3月	4月	5月	6月	7月	8月	9月	10月	11月	12月
繁殖				▬	▬							
生长						▬	▬	▬				
收获							▬	▬	▬	▬		

照最好。生姜不耐旱，需要适量的水分，但是如果浇水过多、湿气过重，又会造成根部腐烂。

 开始栽种 //////////////////////////////////

第1步

　　将准备好的土的一半倒入容器中，把土层的表面弄平，将种姜切开，注意使芽分布均匀，切开后每片有芽3个左右。将芽朝上放置，紧密排列。盖土，土层厚3厘米左右即可，发芽前要始终保持土壤的湿润。

第2步

　　当植物发芽后，要进行追肥，将混有肥料的土培向植株根部。

第3步

　　当叶子长到4~5片的时候，可以进行第一次收获。

第一次收获

第4步

8月的时候，当叶子长到7~8片时，可以进行第二次收获。

第5步

6个月后，当叶子变黄后，用铁锹将生姜刨出来，这是最后一次收获。

第二次收获

 注意事项

◎选择什么样的种姜？

种姜一般选择前一年收获后埋在土里越冬的姜，要求饱满、形圆、皮不干燥。和土豆不同的是，在市场上出售的生姜也可以拿来当作种姜。

◎天气转冷要这样做

如果你居住在气温比较冷的地区，天气转凉的时候要在土层表面盖草，最好罩上一层塑料布，这样可以避免冻坏植物。

新生长的姜

种姜

◎收获后种姜怎么办？

我们在收获新姜的时候种姜已经变得十分干燥了，但是不要扔掉，将种姜碾成碎末，就可以当作姜粉食用了。

精致生活

健康常识

张亦明 编

中医古籍出版社
Publishing House of Ancient Chinese Medical Books

图书在版编目（CIP）数据

健康常识 / 张亦明编. — 北京：中医古籍出版社，
2021.12
（精致生活）
ISBN 978-7-5152-2254-7

Ⅰ.①健… Ⅱ.①张… Ⅲ.①保健-基本知识 Ⅳ.
①R161

中国版本图书馆CIP数据核字(2021)第255354号

精致生活
健康常识
张亦明　编

策划编辑	姚强	
责任编辑	吴迪	
封面设计	李荣	
出版发行	中医古籍出版社	
社　　址	北京市东城区东直门内南小街 16 号（100700）	
电　　话	010-64089446（总编室）010-64002949（发行部）	
网　　址	www.zhongyiguji.com.cn	
印　　刷	天津海德伟业印务有限公司	
开　　本	880mm×1230mm　1/32	
印　　张	5	
字　　数	130 千字	
版　　次	2021 年 12 月第 1 版　2021 年 12 月第 1 次印刷	
书　　号	ISBN 978-7-5152-2254-7	
定　　价	298.00 元（全 8 册）	

　　健康是人类永恒的话题，健康也是人们正常生活、工作的前提，更是幸福快乐的基础。失去健康，一切都无从谈起。合理的膳食、适当的运动、愉悦的心情是健康的三大基石。紧张的工作节奏、无休止的应酬、日夜颠倒的生活习惯会使我们离健康越来越远！

　　健康是一种生活习惯，很多疾病的形成都是生活习惯所致，尤其是缠人的慢性病一旦形成，治疗起来很是麻烦，时间久了还会导致身体出现"事故"。据有关调查显示，中国国民健康知识的公众知晓率相对比较低。有专家认为，许多人并非死于疾病，而是死于无知。因此，科学普及和推广正确的健康常识很有必要。在日常生活中，我们经常自己归纳一些自认为正确的生活方式和健康观念，包括饮食、保健、偏方等，而事实上，这里面有很大一部分是片面的、不科学的，按其实践下来还很可能会有损健康。由于缺乏正确的健康保健常识，我们并没有意识到这些健康误区的存在，长年累月地生活在这些误区之中，日积月累的量变必然会引起质变，日常生活中的一个个小误区最终很可能会酿成大病。这也许有些让人难以置信，因为大家都这么做，也没觉得有什么不妥，怎么会错呢？正是因为大多数人都抱有这样的心态，所以才没有意识到这些做法是错误的，甚至从来没有去思考过这些做法是否有科学根据。事实上，很多人们习以为常的动作、持续了多年的生活习惯并不一定是正确的，而且恰恰相反，大多数人都可能陷入了这样或那样的健康误区，长年累月地生活在健康错误中，任由自己的健康一点点被损害。"千里之堤，毁于蚁穴"，如果我们不懂得健康常识，平日生活中的一个个小错误最终会酿成大病，甚至让病魔夺走生命。反过来说，如果我们平时多注重自身健康，适当掌握一些健康常识，多一点常识，少一些无知，有很多疾病都是可以避免的。

为帮助读者走出健康误区，学习科学的健康常识，我们总结了最新的研究成果，编撰了这本《健康常识》。本书体例简明、内容丰富、科学实用，并配以手绘图片，使读者对常识内容一目了然，真正做到了一册在手，健康常识全知道。书中内容涉及日常生活的方方面面，告诉你一年四季、吃穿住行、从头到脚、从里到外的保健方案和健康技巧。将日常生活中复杂的养生道理和健康常识用科学而又通俗的语言予以解答和阐述。掌握这些健康常识，时刻注意将其运用于自己的日常生活和工作中，摒弃不健康的生活方式，养成一种健康良好的生活习惯，这对于我们的身体健康极为重要。

健康是每个家庭、每个人的追求。要真正拥有健康，请摒弃错误的健康观念，牢记日常生活中容易被忽略的这些健康常识，这是让我们远离疾病的最有效办法。

目 录

第一章

饮食与健康——药食同源，会吃才健康

第二章

生活习惯与健康——小习惯，大健康

第三章

家居与健康——学会和生活约法三章

第四章

厨房细节与健康——让饮食健康不打折扣

第五章

运动健身与健康——学会做自己的健身教练

第六章

身体警报与健康——察"颜"观色识百病

饮食与健康

——药食同源，会吃才健康

全麦面包是面包中的"健康明星"

　　欧洲人把面包当主食，偏爱充满嚼劲的"硬面包"，亚洲人则偏爱口感松软的面包。专家表示，从热量上来说，脆皮面包热量最低，因为这类面包不甜，含糖、盐和油脂都很少，而"吐司面包""奶油面包"和大部分花式点心、面包都属于软质面包，含糖约15%，油脂约10%，含热量较高。含热量最高的是丹麦面包，它又称起酥起层面包，如同萝卜酥一样，外皮是酥状的，一般要加入20%～30%的黄油或"起酥油"才能形成这种特殊的层状结构，所以这种面包含饱和脂肪和热量非常高，每周食用最好别超过一个。全麦面包是用没有去掉麸皮和胚芽的全麦粉制作的面包。麸皮膳食纤维含量较高，可增加饱腹感；胚芽富含维生素B、维生素E等成分。真正的全麦面包不含小麦粉，即去掉麸皮和胚芽成分的精制白面粉。

脆皮面包热量最低，法式面包和俄式"大列巴"就属于这一类。

"吐司面包"、"奶油面包"和大部分花式点心、面包含热量较高。

含热量最高的是丹麦面包，常见的如牛角面包、葡萄干包、巧克力酥包等。

粗茶淡饭 ≠ 粗粮 + 素食

人们常说"粗茶淡饭延年益寿"，那么粗茶淡饭到底是什么？营养学家研究发现，它并非大多数人所指的各种粗粮和素食。

"粗茶"是指较粗老的茶叶，与新茶相对，尽管粗茶又苦又涩，但含有的茶多酚、茶单宁等物质却对身体很有益处。茶多酚是一种天然抗氧化剂，还能阻断亚硝胺等致癌物质对身体的损害。茶丹宁则能降低血脂，防止血管硬化，保持血管畅通，维护心、脑血管的正常功能。因此，从健康角度来看，粗茶更适合老年人饮用。

"淡饭"包含丰富的谷类食物和蔬菜，也包括脂肪含量低的鸡肉、鸭肉、鱼肉、牛肉等。"淡饭"还有另一层含义，就是饮食不能太咸。医学研究表明，饮食过咸容易引发骨质疏松、高血压，长期饮食过咸还可导致中风和心脏病。

粗茶中的茶多酚，除了能延缓衰老，还能缓解和减轻糖尿病症状，具有降血脂、降血压等作用。

粗茶淡饭是指以植物性食物为主，注意粮豆混食、米面混食，同时辅以各种动物性食品，并常喝粗茶。

"淡饭"是指富含蛋白质的天然食物，它既包含丰富的谷类食物和蔬菜，也包括脂肪含量低的鸡肉、鸭肉、鱼肉、牛肉等。

虾皮含钙量高，不宜晚餐吃

　　虾皮营养丰富，钙含量高，还具有开胃、化痰等功效。但需注意的是，正是因为虾皮含钙高，所以不能在晚上吃，以免引发尿道结石。因为尿结石的主要成分是钙，而食物中含的钙除一部分被肠壁吸收利用外，多余的钙全部从尿液中排出。人体排钙高峰一般在饭后 4～5 小时，而若晚餐食物中含钙过多，或者晚餐时间过晚，甚至睡前吃虾皮，当排钙高峰到来时，人们已经上床睡觉，尿液就会全部潴留在尿路中，不能及时排出体外。这样，尿路中尿液的钙含量也就不断增加，不断沉积下来，久而久之极易形成尿结石。所以，晚餐最好不要吃虾皮。

听说虾皮含钙量非常高，那么我今晚就多补点。不过不知道为什么每次晚上吃虾皮总感觉不是那么舒服？

虾肉富含优质蛋白质和钙质，而虾皮中含钙量则更高。

991 毫克

800 毫克

虾皮钙含量每 100 克　　成人的每日钙推荐摄入量

肝脏应和蔬菜一起吃

　　一提起动物肝脏，很多人是又爱又恨。爱它是因为它含有丰富的营养物质，对身体健康大有裨益；恨它则是顾虑它胆固醇含量太高，摄入过多会使血清中的胆固醇含量升高，增加患心血管疾病的风险，很多老人甚至对各种肝脏"望而生畏"。其实，只要在吃肝脏的时候和蔬菜、水果、豆类等一起吃，完全不必担心身体会吸收过多的胆固醇。

　　食物中的胆固醇，不会直接变成血液中的胆固醇——这需要一个吸收与合成的过程。人们在吃动物肝脏时，和富含膳食纤维、维生素和微量元素的蔬菜、水果和五谷杂粮等食物一起吃，可显著减少胆固醇在体内的合成和吸收，有效避免增高血脂、罹患动脉粥样硬化的风险。

蛋黄、动物脑、墨斗鱼、蟹黄等食物也是富含胆固醇的"大户"，在食用时都应该遵照前面的方法，注意荤素搭配一起吃。

只要在吃肝脏的时候和蔬菜、水果、豆类等一起吃，完全不必担心身体会吸收过多的胆固醇。

动物肝脏在烹调时，千万不要为了追求鲜嫩而"落锅即起"，烹饪的时间应尽量长一点，以确保食用安全。肝中含有的维生素 A 性质比较稳定，不必担心过分冲洗和长时间烹调而使其营养遭到破坏。

吃肉时应适量吃一点蒜

在平时的生活饮食中，吃肉时应适量吃一点蒜。这是因为虽然在动物肉食品中，尤其是瘦肉中含有丰富的维生素 B_1，然而维生素 B_1 在人体停留的时间很短，会随小便小量排出。如果在吃肉时再吃点大蒜，肉中的维生素 B_1 能和大蒜中的大蒜素结合，而且能使维生素 B_1 溶于水的性质变为溶于脂的性质，从而延长维生素 B_1 在人体内的停留时间。

吃肉时吃蒜，还能促进血液循环，提高维生素 B_1 在胃肠道的吸收率和体内的利用率，对尽快消除身体各器官的疲劳，增强体质，预防大肠癌等都有十分重要的意义。所以，吃肉又吃蒜能达到事半功倍的营养效果。

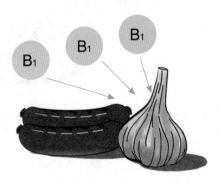

维生素 B_1 与大蒜素结合，可使维生素 B_1 的利用率提高 4～6 倍。

动物肉的哪些部位不能吃

虽然一些动物的肉质很鲜美，但是你知道动物的某些部位是不能吃的吗，否则可能会引起疾病。

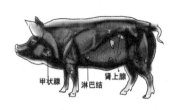

畜"三腺"：猪、牛、羊等动物体上的甲状腺、肾上腺、病变淋巴结是三种"生理性有害器官"。

羊"悬筋"：又称"蹄白珠"，一般为圆珠形、串粒状，是羊蹄内发生病变的一种组织。

禽"尖翅"：鸡、鸭、鹅等禽类屁股上端长尾羽的部位，学名"腔上囊"，是淋巴结集中的地方，因淋巴结中的巨噬细胞可吞食病菌和病毒，即使是致癌物质也能吞食，但不能分解，故禽"尖翅"是个藏污纳垢的"仓库"。

鱼"黑衣"：鱼体腹腔两侧有一层黑色膜衣，是最腥臭、泥土味最浓的部位，含有大量的类脂质、溶菌酶等物质。

酱油最好还是熟吃

　　酱油在生产、贮存、运输和销售等过程中，因卫生条件不良而造成污染在所难免，甚至会混入肠道传染病致病菌。而在对它们检测时，微生物指标的要求又比较低，所以，一瓶合格的酱油中带有少量细菌，也不是什么新鲜事。

　　有实验表明，痢疾杆菌可在酱油中生存 2 天，副伤寒杆菌、沙门氏菌、致病性大肠杆菌能生存 23 天，伤寒杆菌可生存 29 天。还有研究发现，酱油中有一种嗜盐菌，一般能存活 47 天。

痢疾杆菌
2 天

沙门氏菌
23 天

致病性大肠杆菌
23 天

副伤寒杆菌
23 天

伤寒杆菌
29 天

一瓶合格的酱油中常常会带有少量细菌。

人一旦吃了嗜盐菌超标的酱油，可能出现恶心、呕吐、腹痛、腹泻等症状，严重者还会脱水、休克，甚至危及生命。虽然这种情况比较少见，但为了安全着想，酱油最好还是熟吃，加热后一般都能将这些细菌杀死。

尽管酱油的营养价值很高，含有多达 17 种氨基酸，还有各种 B 族维生素和一定量的钙、磷、铁等，但它的含盐量较高，平时最好不要多吃。酱油的含盐量高达 18% ~ 20%，即 5 毫升酱油里大约有 1 克盐，除了调味以外，主要是为了防止酱油腐败变质而添加的。患有高血压、肾病、妊娠水肿、肝硬化腹水、心功能衰竭等疾病的人，平时更应该小心食用，否则会导致病情恶化。

芹菜叶比茎更有营养

芹菜营养十分丰富，其中蛋白质含量比一般瓜果蔬菜高 1 倍，铁元素含量为番茄的 20 倍左右，常吃芹菜能防治多种疾病。

嫩芹菜捣汁加蜜糖少许服用，可防治高血压；糖尿病病人取芹菜汁煮沸后服用，有降血糖作用；经常吃鲜奶煮芹菜，可以中和尿酸及体内的酸性物质，对治疗痛风有较好效果；若将 150 克连根芹菜同 250 克糯米煮稀粥，每天早晚食用，对治疗冠心病、神经衰弱及失眠头晕诸症均有益处。

不少家庭吃芹菜时只吃茎不吃叶，这是极不科学的，因为芹菜叶中所含营养成分远远高于芹菜茎。营养学家曾对芹菜的茎和叶进行 13 项营养成分测试，发现芹菜叶中有 10 项指标超过了芹菜茎，其中胡萝卜素含量是茎的 6 倍，维生素 C 含量是茎的 13 倍，维生素 B1 含量是茎的 17 倍，蛋白质含量是茎的 11 倍，钙含量是茎的 2 倍。

芹菜中含有丰富的铁元素和蛋白质。

花生可养胃，但不是人人皆宜

吃生花生有一个突出的好处就是能起到养胃的作用，因为花生不含胆固醇，富含不饱和脂肪酸和丰富的膳食纤维，是天然的低钠食物。每天吃适量生花生（不要超过 50 克），对养胃有一定好处。

吃生花生时要连着花生红衣一起吃，女性朋友，尤其是处于经期、孕期、产后和哺乳期的女性更应该常吃，对于养血、补血很有好处。同时，花生红衣还有生发、乌发的效果，常吃能使头发更加乌黑。

虽然吃花生有这么多好处，但是并不是每个人都适合吃花生，有些人最好别吃。

每天吃适量生花生（不要超过 50 克），对养胃有一定好处。但这并非人人皆宜。

1. 高脂血症患者

花生含有大量脂肪，高脂血症患者食用花生后，血液中的脂质水平会升高，而血脂升高往往又是动脉硬化、高血压、冠心病等疾病的重要致病原因之一。

2. 胆囊切除者

花生里含的脂肪需要胆汁去消化。胆囊切除后，储存胆汁的功能丧失。这类病人如果食用花生，没有大量的胆汁来帮助消化，常会引起消化不良。

3. 消化不良者

花生含有大量脂肪，肠炎、痢疾等脾胃功能不良者食用后，会加重病情。

4. 跌打瘀肿者

花生含有一种促凝血因子。跌打损伤、血脉瘀滞者食用花生后，可能会使血瘀不散，加重肿痛症状。

水果早上吃更营养

"早上吃水果是金，中午吃是银，晚上吃就变成铜了。"这个说法有没有道理？

水果是人们膳食中维生素 A 和维生素 C 的主要来源。水果中所含的果胶具有膳食纤维的作用，同时水果也是维持酸

香蕉含有很高的钾，对心脏和肌肉的功能有益，同时香蕉可以辅助治疗便秘、小儿腹泻等，适合餐前食用。

山楂无论是鲜果还是其制品，均有散瘀消积、化痰解毒、防暑降温、增进食欲等功效。但是，山楂不宜空腹食用，尤其是脾胃虚弱者，不可以在清早空腹进食，胃炎和胃酸过多者要少食。

新鲜菠萝含蛋白酶，如果空腹食用，菠萝的蛋白分解酶会伤害胃壁，少数人还会出现过敏反应，宜在餐后食用。

柿子中含有大量的柿胶粉和红鞣质，早上空腹食用，胃酸会与之作用，形成凝块，即"胃柿石"，严重影响消化功能，宜饭后或晚上食用。

红枣含有大量维生素 C，故有"天然维生素 C 丸"之美称。但是胃痛腹胀、消化不良的人要忌食，建议餐前食用。

碱平衡、电解质平衡不可缺少的。"金银铜"换言之就是早上吃水果营养价值最高，晚上吃水果营养价值最低。其中的道理是，人在早起时供应大脑的肝糖耗尽，这时吃水果可以尽快补充糖分。而且，早上吃水果，各种维生素和养分易被吸收。

　　但是从消化方面来看，有胃病的人不宜早上空腹吃水果。选择吃水果的时间要有讲究，并不是说早上吃就特别好，晚上吃就特别不好。

水果不可以取代蔬菜

有些人不爱吃蔬菜，以吃水果来代替。专家并不赞成这种做法，原因如下：

其一，水果的热量比蔬菜高，糖分含量也高，有些慢性病人，如糖尿病、血脂异常者需要控制摄取量。有些人用喝果汁代替吃水果，更加错误，因为少了重要的纤维素更糟糕。

其二，蔬菜中的矿物质含量比较高，尤其是深绿色叶菜，含有丰富的维生素、矿物质及植物性化学物质，每天不能少，相较之下，水果里含量较高的是维生素。

健康饮食的基础之一是"多元化"，也就是每天吃的食物种类愈多愈好。专家提醒，即使是蔬菜本身，也不是只吃绿色叶菜就能满足，还要摄取红、黄、橙、紫等各种不同颜色的蔬菜；水果也是，每天2种，经常换，才能充分摄取不同水果中不同的营养素。

（一）水果热量比蔬菜高。　　（二）蔬菜矿物质比水果高。

饮用水并非越纯越好

随着生活水平的提高，纯净水成了很多人的饮水首选。但有关专家表示，水并非越"纯"越好，纯净水不应长期饮用。

采用蒸馏、反渗透、离子交换等方法制得的水被称为纯纯净水指的是不含杂质的 H_2O。从学术角度讲，纯水又名高纯水，是指化学纯度极高的水，大多数发达国家早在多年前就用法律规定，纯净水不能当作饮用水。

但对饮水来说，水并非越纯越好。水中的无机元素是以溶解的离子形式存在的，易被人体吸收，所以水是人体摄取矿物质必不可少的重要途径。而纯净水无法为人体提供矿物质。因此，喝纯净水时，要多补充矿物质，多吃富含钙、镁、钾的食物。

净水，含很少或不含矿物质。由于水中细菌、病毒微生物已被除去，纯净水可生饮，口感较好。

专家介绍，与纯净水相比，天然矿泉水是健康饮水之冠。天然矿泉水含有一定的矿物盐或微量元素，或二氧化碳气体，具有保健价值，是一种理想的人体微量元素补充剂。

全脂奶比脱脂奶更有益健康

全脂牛奶的脂肪含量是 30%，半脱脂奶的脂肪含量大约是 15%，全脱脂奶的脂肪含量低于 0.5%，国外有一种"浓厚奶"，脂肪含量可高达 40% 以上。哪种奶更好呢？

这里建议：如果给老人选牛奶，不妨选半脱脂奶；如果给孩子选牛奶，就一定要选全脂奶。

瑞典科学家的最新研究表明，与脱脂奶制品相比，长期食用全脂奶制品不仅不会使人体重增加，反而有助于保持体

形。所以，即使在减肥时期，也要选择全脂奶制品，而不宜选择脱脂奶制品。

喝汤不当易致病

喝汤对人体有很多好处，现代饮食似乎进入了一个"汤补"的阶段。但是，汤喝得不对路，也会导致疾病。

我们知道，每种食品所含的营养素都是不全面的，即使是鲜味极佳的富含氨基酸的"浓汤"，仍会缺少若干人体不

不要喝 60℃以上的汤

喝温度太高的汤，有百害无一利。人的口腔、食道、胃黏膜最高能忍受 60℃的食品。超过此温度的食品，会烫伤黏膜。虽然喝汤烫伤后，人体有自行修复的功能，但反复损伤极易导致上消化道黏膜恶变，甚至诱发食道癌。因此，喝 50℃以下的汤为宜。

汤不能与饭混在一起吃

很多人喜欢用汤泡饭一起吃，这种习惯非常不好。在吃饭咀嚼的时候，口腔会分泌大量的唾液，润滑食物，同时唾液有帮助肠胃消化食物的功能。如果长期泡汤吃饭，日久天长，会减退人体的消化功能，导致胃病。

能自行合成的"必需氨基酸"。因此，我们提倡用几种动物与植物性食品混合煮汤，不但可使鲜味增加，也能使营养更全面。

饮茶不当也会"醉人"

人们都知道，喝酒过量会使人酩酊大醉，殊不知饮茶不当也会醉人。

茶叶中含有多种生物碱，其中的主要成分是咖啡因，它具有兴奋大脑神经和促进心脏机能亢进的作用，同时茶叶中还含有大量茶多酚，暴饮浓茶会妨碍胃液

饮茶不当也会醉人。

的正常分泌，影响食物消化。那些平时多以素食为主、少食脂肪的人如果大量饮用浓茶，就可能醉茶；空腹饮茶以及平时没有喝茶习惯，偶尔大量饮用浓茶的人，也可能醉茶。醉茶表现为心慌、头晕、四肢乏力等症状。发生醉茶时也不必紧张，立即吃些饭菜、甜点或糖果，都可起到缓解作用。

饭后八不急，疾病不上门

请饭后记住以下禁忌，以确保你的健康和安全。

1. 不急于散步

饭后"百步走"会因运动量增加，而影响对营养物质的消化吸收。特别是老年人，因心功能减退、血管硬化及血压反射调节功能障碍，餐后多出现血压下降等现象。

2. 不急于松裤带

饭后放松裤带，会使腹腔内压下降，这样对消化道的支持作用就会减弱，而消化器官的活动度和韧带的负荷量就要增加，容易引起胃下垂。

3. 不急于吸烟

饭后吸烟的危害比平时大 10 倍，这是由于进食后，消化道血液循环量增多，致使烟中有害成分被大量吸收而损害肝、脑、心脏及血管。

4. 不急于吃水果

因食物进入胃里需长达 1 ~ 2 小时的消化过程，才被慢慢排入小肠，餐后立即吃水果，食物会被阻滞在胃中，长期可导致消化功能紊乱。

5. 不急于洗澡

饭后马上洗澡，体表血流量会增加，胃肠道的血流量便会相应减少，从而使肠胃的消化功能减弱。

6. 不急于上床

饭后立即上床非常容易发胖。医学专家告诫人们，饭后至少要休息 20 分钟再上床睡觉，即使是午睡时间也应如此。

7. 不急于开车

事实证明，司机饭后立即开车容易发生车祸。这是因为人在吃饭以后，胃肠对食物进行消化需要大量的血液，容易造成大脑器官暂时性缺血，从而导致操作失误。

8. 不急于饮茶

茶中大量鞣酸可与食物中的铁、锌等结合成难以溶解的物质，人体无法吸收，致使食物中的铁元素白白损失。如将饮茶安排在餐后 1 小时就无此弊端了。

食物"趁热吃"未必好

有些人喜欢热食，吃什么都是越烫越好。殊不知生物在进化中都有自身最适合的温度，进化程度越高，要求最适宜的温度越严格。所以，食物要在合适的温度内被摄入，才能

研究发现，人体在 37 ℃左右的情况下，口腔和食管的温度多在 36.5℃～37.2℃，最适宜的进食温度在 10℃～40℃，一般耐受的温度最高为 50℃～60℃。当感到很热时，温度多在 70℃左右。经常热食的人，在温度很高的情况下也不觉得烫，但是在接触 75℃左右的热食、热饮时，娇嫩的口腔、食管黏膜会有轻度灼伤。

确保身体健康。

人的食道壁是由黏膜组成的，非常娇嫩，只能耐受50℃~60℃的食物，超过这个温度，食道的黏膜就会被烫伤。过烫的食物温度在70℃~80℃，像刚沏好的茶水，温度可达80℃~90℃，很容易烫伤食道壁。如果经常吃烫的食物，黏膜损伤尚未修复又受到烫伤，可能形成浅表溃疡。反复地烫伤、修复，就会引起黏膜质的变化，进一步发展变成肿瘤。

流行病学调查发现，一些地区的食管癌、贲门癌、口腔癌可能和热饮热食有关，就是说，某些黏膜上皮的肿瘤有可能是"烫"出来的。

黄瓜为当之无愧的体内"清道夫"

《本草纲目》中说黄瓜有清热、解渴、利水、消肿的功效，能使人的身体各器官保持通畅，避免堆积过多的体内垃圾，

黄瓜就像是人身体内的"清道夫"，认认真真地打扫着人的内环境，保持着它的清洁和健康。

生吃能起到排毒清肠的作用，还能化解口渴、烦躁等症。

现代医学则认为，黄瓜富含蛋白质、糖类、维生素 B_2、维生素 C、维生素 E、胡萝卜素、烟酸、钙、磷、铁等营养成分，同时黄瓜还含有丙醇二酸、葫芦素、柔软的细纤维等成分，是难得的排毒养颜食品。

黄瓜的美容功效历来为人们所称道。因为黄瓜富含维生素 C，比西瓜还高出 5 倍，能美白肌肤，

保持肌肤弹性，抑制黑色素的形成，经常食用或贴在皮肤上可有效地对抗皮肤老化，减少皱纹的产生。而黄瓜所含有的黄瓜酸能促进人体的新陈代谢，排出体内毒素。

不过，需要提醒的是，黄瓜性凉，患有慢性支气管炎、结肠炎、胃溃疡的人宜少食。如果要食用，应先炒熟，要避免生食。

食品添加剂——为生命添加危害

食品添加剂是一类为改善食品色、香、味等品质，以及为防腐和加工工艺的需要而加入食品中的化合物质或者天然物质。目前，我国有20多类、近1000种食品添加剂，如酸度调节剂、甜味剂、漂白剂、着色剂、乳化剂、增稠剂、防腐剂、营养强化剂等。可以说，所有的加工食品都含有食品添加剂。

食品添加剂可以起到提高食品质量和营养价值，改善食品感观性质，防止食品腐败变质，延长食品保藏期，便于食

（1）防腐剂。防止食品中滋生细菌，我国规定可以使用苯甲酸、苯甲酸钠、山梨酸、山梨酸钾。

（2）甜味剂。增加食品甜度，包括糖精、阿斯巴甜、甜菊糖、安赛蜜、甜蜜素等。

（3）抗氧化剂。防止食品中的油脂氧化。

（4）香精。增加闻到的香气，包括天然香精和化学香精，主要用于饮料、风味食品和乳制品。

（5）色素。为食品增加色泽，有胡萝卜素、焦糖色、柠檬黄、落日黄等。

（6）酸味剂。为食品增加酸味，用量最大的是柠檬酸。

（7）乳化剂。使食品中的水和油相溶，有天然大豆磷脂和合成物两大类。

（8）增稠剂。使液态的食品有黏稠的外观。

（9）增白剂。增加白色食品的洁白度。

（10）香料。增加食品的香味，主要用于方便面、肉类的加工食品中。

品加工和提高原料利用率等作用。但是，这些都没有从影响身体健康方面考虑食品的食用安全性。有些食品生产厂家为了提高食品感官性质、延长食品保质期，在食品中加入大量添加剂，因此，食品添加剂的过量使用是个普遍存在的问题。

超量和违规使用食品添加剂对人体健康危害十分严重。如过量摄入防腐剂有可能使人患上癌症，虽然在短期内不一定产生明显的症状，但一旦致癌物质进入食物链，循环反复、长期累积，不仅影响食用者本身的健康，而且对下一代的健康也有很大的危害。过量摄入色素会造成人体毒素沉积，对神经系统、消化系统等都可造成不同程度的伤害。因此，我们在饮食过程中一定要小心谨慎。

拒绝"三高"，食物为你排忧解难

"三高"是指高血压、高血脂和高血糖，它们是引发心脑血管疾病的罪魁祸首。"三高"的危害面日益广大，已逐渐引起人们的高度重视。

一、高血压

大多数高血压主要是由饮食引起的，大多体重超标的高血压患者通常只要减轻体重就可以大大降低血压。

要多吃蔬菜、水果和奶类。

要多吃坚果、大豆、豌豆、谷物等食品。

少吃蛋黄、肥肉、动物内脏、鱼子及带鱼等胆固醇含量高的食物。

每天喝生芹菜汁、水芹汁，对降低血压，预防高血压大有益处。

高血压可以通过合理膳食得到有效预防，饮食要清淡少盐，多吃蔬菜、水果、奶类及豆类食品。

二、高血脂

高血脂就是高脂血症。高脂血症治疗的主要方式是降血脂，选对食物就能得到很好的疗效，迅速降"高"。人们只要注意日常食物的选择，就能不给血脂"高"上去的机会。高血脂患者宜吃素但不宜长期吃素，宜低盐饮食，宜用植物油。脂肪摄入量每天限制在30～50

高血脂患者饮食力求清淡，适量饮茶，饥饱适度。

克，限制高脂肪、高胆固醇类饮食，如动物脑髓、蛋黄、黄油、花生等。限制食用谷物和薯类等碳水化合物含量高的食物。少吃糖类和含糖较高的水果、甜食。控制全脂牛奶及奶油制品的摄取量。烟酒是血脂升高的重要病因，高脂血症患者应尽早戒除，不吃或少吃精制糖，如白糖、蜂蜜等，少喝咖啡。

山楂有扩张血管、降血压、降低胆固醇的作用，是"三高"患者理想的食物；韭菜、黑木耳、银杏叶等降血脂效果非常好。

三、高血糖

高血糖往往会直接导致糖尿病的生成，抑制高血糖就要控制总热量，摄入适量的碳水化合物，获取充足的膳食纤维、维生素、矿物质和蛋白质，控制脂肪的摄入量。

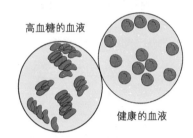

高血糖的血液

健康的血液

其实，人们只要在平时的饮食中多加注意，选择低糖、低脂饮食，就能有效控制血糖升高。

高血糖患者要合理安排膳食，坚持少食多餐，定时、定量、定餐，食物选择多样化，多饮水。多吃粗杂粮，如荞麦、燕麦片、

健康血液中的红细胞具有柔韧性，即使在很细的毛细血管里也能顺畅流动。然而，在高血糖状态下，红细胞却会失去柔韧性而变硬，多个红细胞重叠黏在一起，在细小的血管处容易阻塞，成为血栓的诱因。

玉米面等，以及大豆、豆制品和蔬菜。还要多吃菠萝、梨、樱桃、杨梅和柠檬等水果，宜在两餐之间食用，并时刻注意血糖和尿糖的变化。

茶类能帮助避免血糖升高。

杂粮中含有丰富的B族维生素、卵磷脂，能降低胆固醇和甘油三酯。

深绿色蔬菜能帮助降低血糖。

第二章

生活习惯与健康

——小习惯，大健康

崴脚当天切忌按摩

踝关节扭伤，俗称"崴脚"，是一种常见的关节外伤。在运动时，跳起落地没有站稳，或者急停急转，容易扭伤踝关节；走在不平整的道路上，或者下台阶没有踩实，甚至穿不合适的高跟鞋，也容易扭伤踝关节；而且，有些人会出现同一只脚反复的扭伤。据统计，在美国，每天大约有 2.5 万人会发生踝关节扭伤。

一旦出现踝关节扭伤，应该立刻停止活动，马上进行冰敷，以抑制局部韧带损伤后组织出血肿胀。在伤后的 24 小时内，都应该进行冰敷，而且切忌按摩，24 小时以后才可以开始采取热敷以及理疗等手段，以活血化瘀，促进瘀血吸收。同时，要经常抬高患肢，例如在睡觉时踝部垫高一些可以帮助消肿。

扭伤后切忌立即按摩，这样做会引起毛细血管破裂，加重毛细血管出血，形成血肿；还会进一步加重挫伤，并有可能会加重骨折移位。

停止活动

一旦崴了脚，应该立刻

马上冰敷

切忌按摩

24 小时后才可以开始

热敷

理疗

此外，踝关节扭伤以后，早期的固定非常重要，可以防止损伤部位的被动活动，减轻局部的损伤和出血。但由于普通人缺乏对于损伤程度判断的专业知识，还是要去医院进行检查后，由医生根据损伤的严重程度进行固定。

感冒初期吃西瓜，感冒重上加重

许多人都认为感冒与"上火"有关，而西瓜具有清热解暑、除烦止渴、泻火的功效，所以在感冒的时候会大吃特吃西瓜。其实，在感冒初期千万不要吃西瓜，否则会使感冒加重或延长治愈的时间。

中医认为，无论是风寒感冒还是风热感冒，在其初期都属于表征，所以应采用使病邪从表而解的发散法来治

西瓜能清火排毒，多吃点西瓜没准这感冒就好了……

感冒初期吃西瓜相当于服用清内热的药物，会引邪入内，使感冒加重或延长病程。

疗。如果表邪未解，千万不能攻里，否则会使表邪入里，导致病情加重。在感冒初期，病邪在表之际，吃西瓜就相当于服用清内热的药物，会引邪入里，使感冒加重。不过，当感冒加重，并且出现口渴、咽痛、尿黄赤等热证时，在正常用药的同时，是可以吃些西瓜的，这也有助于感冒的痊愈。

车上吃东西害处多

在车上吃随身携带的东西容易导致病从口入，给身体健康带来危害。

公路上，车辆来来往往，灰尘不断地吹进客车中，灰尘中含有许多细菌、病毒和寄生虫卵等，会对手中食品造成污染。汽车上的车门和车椅扶手，都可能被带菌者抓握过，因而自己的双手也难免沾染上大量细菌和病毒。如用手拿食品吃，细菌、病毒就会随食品进入人体。此外，汽车尾气中有部分铅尘悬浮在大气中，它们能随气流、飘尘进入车厢，沾染食品，吃了被污染的食品后，会对人的神经系统功能造成损害。

乘车时进食还会发生呛食、咬舌，甚至使食物误入气管，尤其是吃带核的食物，更易发生上述情况。

还要注意，走路时同样不能吃东西，后果同乘车吃东西一样对健康极为不利。

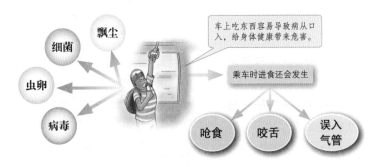

你刷牙的方法科学吗

生活中，每个人都要刷牙。据报道，勤刷牙不仅对牙齿有益，还可有效维持心血管系统的健康。但是，并非所有人都了解如何正确地刷牙。

（1）牙膏首选含氟牙膏，兼用其他牙膏。研究表明，氟能有效预防龋齿。不过，过量的氟对人体有害，使用含氟牙膏每次不宜超过 1 克，也可含氟牙膏和无氟牙膏交替使用。

（2）刷牙不可用力过大。用力过大会造成牙釉质与牙本质之间的薄弱部位过分磨耗，形成缺损，危害牙齿。用力过大的标志是刚使用 1 ～ 2 个月的牙刷即出现刷毛弯曲（在没接触热水的情况下）。

（3）过冷或过热的水，都会使牙齿受到刺激，不仅容易引起牙龈出血和痉挛，而且会直接影响牙齿的正常代谢。正确的方法是使用温水刷牙。

（4）有资料表明，科学刷牙的最佳次数和时间是"三、三、三"。就是每天刷 3 次，每次都在饭后 30 分钟后刷，每次刷牙都在 3 分钟左右。这是因为饭后 30 分钟正是口腔齿缝中细菌开始活动并对牙齿产生危害的时刻。

（5）有些人习惯采用的横刷法弊病较多，对牙体硬组织（牙釉质、牙本质）有损害，而且对牙周软组织（牙龈、牙周）也有伤害。应采取不损伤牙齿及牙周组织的竖刷法。

饭后马上刷牙有损牙齿健康

　　爱护牙齿的人，每天早晚两次刷牙已成习惯，有些人还习惯饭后马上刷牙。可是，研究认为，饭后马上刷牙不利于

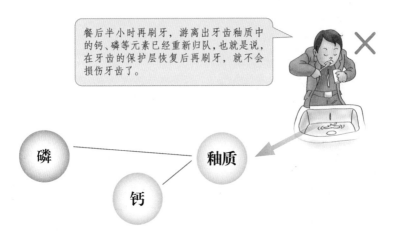

餐后半小时再刷牙，游离出牙齿釉质中的钙、磷等元素已经重新归队，也就是说，在牙齿的保护层恢复后再刷牙，就不会损伤牙齿了。

磷

釉质

钙

牙齿健康。人们用餐时吃的大量酸性食物会附着在牙齿上，与牙齿釉层中的钙、磷分子发生反应，将钙、磷分离出来，这时牙齿会变得软而脆。如果此时刷牙，会把部分釉质划掉，有损牙齿的健康。餐后半小时再刷牙，游离出牙齿釉质中的钙、磷等元素已经重新归队，也就是说，在牙齿的保护层恢复后再刷牙，就不会损伤牙齿了。牙医建议，饭后喝一小杯牛奶或用牛奶像漱口一样与牙齿亲密接触，可以加速牙齿钙质的恢复。

还有，每次刷牙的水最好是 $30℃ \sim 36℃$ 的温水，因为牙齿如果长时间受到骤冷或骤热的刺激，不但容易引起牙龈出血，而且直接影响牙齿的正常代谢，易诱发牙病，影响牙齿的寿命。

这些不良习惯会损害我们的牙齿

能够拥有一口洁白的牙齿是让人羡慕的。今天，牙齿的

常咬指甲、咬唇

这些多是青少年的一些不良习惯，会影响面部及牙颌的正常发育，造成牙列畸形。

剔牙

剔牙就像搔痒，会剔出瘾来，越来越用力，牙缝会越来越大，而牙龈只能不断退缩，使牙颈甚至牙根暴露，造成牙齿敏感且增加患龋齿和牙周炎的机会。

偏侧咀嚼

有些人经常用一侧牙齿来咀嚼，这样不仅会造成肌肉关节及颌骨发育的不平衡，出现两侧面颊不对称，严重者还会造成单侧牙齿的过度磨损及颌关节的功能紊乱；而另一侧则会失用性退化。所以，若患牙病，应及时治疗，牙齿缺失更要及时镶复。

咬硬物

有些人经常会咬一些坚果、硬物、开瓶盖、咬缝线等。殊不知，牙齿内存在一些纵贯牙体的发育沟、融合线，在过多咀嚼硬物后牙齿会出现类似金属疲劳的现象，从这些薄弱部位裂开，导致牙齿磨耗、折裂，严重者则需拔除。咀嚼过硬食物也会造成颞颌关节功能紊乱。

功能不仅是用来咀嚼食物这么简单，它还能展示人美丽的一面。牙齿好，你才能口气清新，笑得更灿烂。

日常生活中，我们就要注意克服不良习惯，好好保护我们的牙齿。

起床后先刷牙后喝水

早晨起床后，先喝一杯白开水已经成了大多数人都认可的常识，人们觉得这样既清肠，又能将唾液中的消化酶带进肠胃，吃东西时，可以更充分地分解食物。但实际上，不少人都忽视了一点，那就是喝水前最好先刷牙。

不可否认，早晨起来喝白开水是一种健康的生活习惯，但是，喝水之前，我们要做的第一件事应该是刷牙。因为夜晚睡觉时，牙齿上容易残存一些食物残渣或污垢，它们与唾液的钙盐结合、

夜晚睡觉时，牙齿上残存一些食物残渣或污垢，当它们与唾液的钙盐结合、沉积，就容易形成菌斑及牙石。直接喝水，会把这些细菌和污物带入人体。

沉积，就容易形成菌斑及牙石。如果直接喝水，会把这些细菌和污物带入人体。

不过，有些人可能会说，如果先刷牙，就会把唾液里的消化酶刷走，岂不可惜？

其实，唾液里的消化酶只有在吃东西的时候，才有分解消化食物的作用，不吃东西时，它处于"休息"状态。而人们在睡觉时，唾液分泌本就很少，因此产生的消化酶也很少。并且，人体的肠胃道里本身就有消化酶，唾液产生的只是很少一部分，它的消化作用微乎其微，即使在刷牙时被刷去，也不会影响人体对食物的消化。

每次刷牙后必须用清水把牙刷清洗干净并甩干，将刷头朝上置于通风干燥处。

凉水澡给健康埋下隐患

夏季大汗淋漓时，拧开自来水龙头冲洗的降温方法是不可取的。多数人都认为此法爽心健体，殊不知，这种"快速冷却"的冷水浴，常常会"快活一时，难受几天"。因为夏季人们外出活动时吸收了大量的热量，人体肌肤的毛孔都处于张开的状态，而冲凉会使全身毛孔迅速闭合，使得热量不能散发而滞留体内，从而

劳动后立即洗澡，容易引起心脏、脑部供血不足，甚至发生晕厥。

引起各种疾病。正确做法是选择温水浴，那样你才会真正感觉到通体清爽。劳动后不宜立即洗澡，无论是体力劳动还是脑力劳动后，均应休息片刻再洗澡，否则容易引起心脏、脑部供血不足，甚至发生晕厥。

巧制洗澡水，健体又护肤

想要自己在洗澡中，做好身体肌肤的全面护理吗？其实不用很麻烦，只要改变你的洗澡水，你的身体肌肤就会得到全方位的护理：

在 5 千克左右的温水中加入两片小苏打，待药片溶解后用来洗澡，有恢复体力和健美之功效。

在浴盆温水中加入 30 粒人丹（小儿减半），充分搅拌溶化。浴后皮肤沁凉，神志舒畅，有助于消暑提神。

31

在温水中加入十几滴风油精，用此水洗浴后会觉得浑身凉爽，精神抖擞，还可防治痱子。

在温水中加入20～30毫升的花露水，浸浴十几分钟。浴后体感凉爽，可治痱子。

洗脸时要注意"四不该"

洗脸是保养皮肤的第一步。洗脸时皮肤最外一层的角质层细胞胀大，于是沉积在皮肤上的灰尘、泥垢、油渍和汗渍等就被洗掉。日常生活中人们常做些"无效劳动"，洗脸时有四件不该做的事，既耗时耗物，又无益于皮肤健美。

不该用热水

热水能彻底清除面部的防护膜，所以用热水加肥皂洗脸之后，人的皮肤会感到非常紧绷难受。其实，即便是在严冬也用不着用热水洗脸，只用冷水就能把脸上的浮尘洗去，同时还锻炼了面部血管和神经，清醒了大脑。

不该用肥皂

面部皮肤有大量的皮脂腺和汗腺，每时每刻都在合成一种天然的"高级美容霜"，在皮肤上形成一层看不见的防护膜。偏碱性的肥皂不但破坏了它的保护作用，而且会刺激皮脂腺多多"产油"。你越是用肥皂"除油"，皮脂腺产油就越多，最后难以收拾。

不该用脸盆

且不说脸盆是否清洁，单说其中的洗脸水，在手脸互动之后，越来越浑，最后以不洁告终，远不如用手捧流水洗脸：先把手搓洗干净，再用手洗脸，一把比一把干净，用不了几把，就全干净了。

不该用湿毛巾

久湿不干的毛巾有利于各种微生物滋生，用湿毛巾洗脸擦脸无异于向脸上涂抹各种细菌。毛巾应该经常保持清洁干燥，用手洗脸之后用干毛巾擦干，又快又卫生。

别让大脑长期负重

工作强度大，经常加班加点，大脑就容易产生疲劳，就会对工作产生抵触，这时应该停止工作。此时，若强制大脑继续工作，则会加重心理疲劳，造成脑细胞的损伤，或使脑功能恢复发生障碍。

那么如何科学用脑呢？

不要在饥饿时和饭后工作

人处于饥饿状态下工作，脑细胞正常活动所需的能量不能得到满足，大脑的神经细胞就逐渐走向抑制，再加上空腹造成的饥饿刺激不断地作用于大脑，使注意力分散，工作效率就会受到影响。一般说来，饭后半个小时左右再工作为好。

要保持良好的工作情绪

工作时精神过度紧张、忧郁、焦躁，会引起脑细胞能量的过度消耗，并且使注意力无法集中、工作活动被抑制。所以，在工作时，要调节好自己的情绪，以最佳的状态投入到用脑的工作中去。

保证大脑的营养需求

大脑的神经细胞在进行工作时，要消耗大量的能量，除需要大量的氧气外，还需要大量的葡萄糖、蛋白质等营养成分。可多吃一些坚果，如松子、核桃等，多吃鱼、动物肝脏、深色的蔬菜等。

多活动

我们的脑袋只占体重的 2%，但是却要消耗摄入氧气的 20%。这就是长时间坐办公室用脑过度的人，会觉得特别容易疲倦的原因。要改善这种长期坐姿带来的慢性疲倦，除了增加身体的摄氧能力，做到每周至少 30 分钟的运动之外，还可以每 15 ~ 20 分钟小小伸展 15 ~ 30 秒，或者让眼睛离开电脑，全身放松，看着远处做几个深呼吸。

长期饱食损害大脑

日本专家发现，有 30% ~ 40% 的老年性痴呆病人，在青壮年时期都有身体肥胖或长期饱食的习惯。下面我们来看看长期饱食的坏处和如何做出改变：

经常饱食，尤其是晚餐吃得过饱，或喜爱吃过甜、过咸、过腻食品的人，因摄入的总热量远远超过机体的需要，致使机体脂肪过剩，血脂增高，脑动脉容易硬化，引起"纤维芽细胞生长因子"明显增加，这种物质能使毛细血管内皮细胞的脂肪细胞增生，促使动脉粥样硬化的发生。

长期进食过量，使体内的血液，包括大脑的血液大部分调集到胃肠道，以供胃肠蠕动和分泌消化液的需要，而人的大脑活动方式是兴奋与抑制相互诱导的，若主管胃肠消化的神经中枢——自主神经长时间兴奋，其大脑的相应区域也就会出现兴奋，这就必然引起语言、思维、记忆、想象等区域的抑制，就会出现肥胖和"大脑不管用"现象。

目前，还没有有效的药物来控制长期饱食引起的"纤维芽细胞生长因子"的增加，但通过调节饮食，可减少"纤维芽细胞生长因子"在大脑中的分泌，古人说的"人带三分饥和寒，岁岁保平安"也就是这个道理。

消除脑疲劳不能靠睡觉

很多上班族在一天劳累的工作后，常挂在嘴边的一句话就是："回家好好地睡上一觉。"

睡觉看似是能让人快速解除疲劳的最好方法，但仍然有不少人在醒来后还是犯困，甚至觉得更累。脑力工作者长时间用脑，容易引起脑的血液和氧气供应不足而使大脑出现疲劳感，这种疲劳为脑疲劳，常表现为头昏脑涨、食欲不振、记忆力下降等。此时，消除疲劳的最好方法不是睡觉，而是适当地参加一些体育活动，如打球、做操、散步等强度不大的有氧运动，以增加血液中的含氧量，使大脑的氧气供应充足，疲劳就会自然消失。

同样，对于心理疲劳，靠单纯的睡眠休息也解决不了问题，这时应及时宣泄自己的不良情绪，可以找朋友聊聊天或参加一些文体娱乐活动，将不良情绪释放出来，不要一个人独处。

现代人工作紧张压力大，常常会感到非常疲劳，因此学会有效消除疲劳很重要。

体力疲劳是因为代谢产物在血液和肌肉里堆积过多，影响肌肉正常功能的信息传到中枢神经，就产生了疲劳感。主要表现为四肢乏力、肌肉酸疼，但精神尚好，此时消除疲劳的最佳方法才是睡眠。

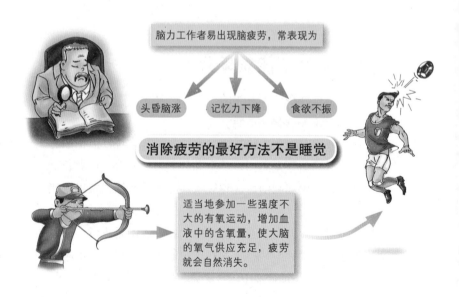

脑力工作者易出现脑疲劳，常表现为

头昏脑涨　　记忆力下降　　食欲不振

消除疲劳的最好方法不是睡觉

适当地参加一些强度不大的有氧运动，增加血液中的含氧量，使大脑的氧气供应充足，疲劳就会自然消失。

一次醉酒，数万肝细胞死亡

　　酒的代谢是在肝脏中进行的，健康成年人的肝脏，每天可以代谢 50 ~ 60 毫升酒精，当饮酒量超过肝脏代谢酒精的能力时，就会引起肝脏损害，导致酒精性肝病的发生。

　　40 岁以后，人的肝细胞数量开始减少，老年人的肝细胞数量比年轻人减少 20% ~ 30%。因此，老年人的肝脏对酒精的代谢能力明显下降，一次过量饮酒可使数万个肝细胞死亡。当肝细胞死亡数量超过肝细胞总数的 15% 时，就会发生脂肪肝，进而出现酒精性肝炎和肝硬化。

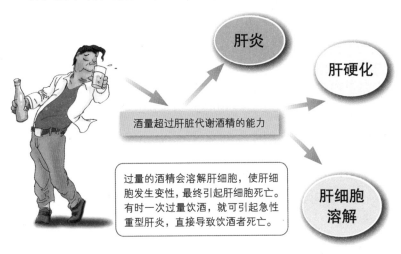

肝炎

肝硬化

酒量超过肝脏代谢酒精的能力

过量的酒精会溶解肝细胞，使肝细胞发生变性，最终引起肝细胞死亡。有时一次过量饮酒，就可引起急性重型肝炎，直接导致饮酒者死亡。

肝细胞溶解

饮酒过量大脑易萎缩

　　曾有不少科学研究结果表明，一天喝上一两杯酒或许能对心脏产生一些有益的作用。然而，美国科学家最近公布的一项研究结果则表明，即使适量饮酒也会对大脑产生不利影响。

研究人员介绍说，长期酗酒会降低人的脑量，这已是一个不争的事实，即使适量饮酒也会导致某些人发生中风。此外，长期酗酒还会导致人的大脑萎缩。

研究发现，无论是轻度还是中度饮酒都不能避免酒精对人的大脑产生不利的影

长期酗酒会降低人的脑量，引起大脑的萎缩。

响。一周饮酒量在 1 ~ 6 杯之间的人被视为轻度饮酒者，一周饮酒量在 7 杯以上的人则被视为中度饮酒者。根据磁共振成像检查的结果，轻度和中度饮酒者在饮酒后的确会引起脑量的萎缩。研究还发现，这种情况不分男女，也不分种族。

还要注意，酒后不要服用安眠药，这是因为酒里的酒精有麻痹和镇静作用，使人的血压降低，使人的心、脑血含量下降，产生低氧，严重者可能导致死亡。

不要用浓茶解酒

人们通常认为，醉酒后饮浓茶有利于解酒，而医学专家指出，用浓茶解酒等于火上浇油。

酒精进入人体内对神经系统有兴奋作用，会使心跳加快，血管扩张，血液流动加速。当人醉酒时，这种兴奋作用会加剧转变为一种不良刺激。而茶叶中所含的茶碱、咖啡因同样

具有兴奋作用，这对醉酒人的心脏来说，等于火上浇油，更加重了心脏负担。

咖啡因

茶碱

专家还指出，酒后喝茶，特别是醉酒后饮浓茶，茶叶中的茶碱等会迅速通过肾脏产生强烈的利尿作用，这样一来，人体内的酒精会在尚未被分解为二氧化碳和水时，过早进入肾脏，对人的健康产生危害。

醉酒后饮茶，人体内的酒精会在尚未被分解为二氧化碳和水时，过早进入肾脏，危害人体健康。

饮酒过量者，立即吃 3 ~ 5 根香蕉，可清热凉血，润肺解酒。另外，喝点蜂蜜效果也很好，因为在蜂蜜中，含有一种大多数水果中不含有的果糖，其主要作用是促进酒精的分解和吸收，因此，它有利于快速醒酒，并解除饮酒后的头痛感。

饭前先喝汤，胜过良药方

有人说"饭前先喝汤，胜过良药方"，这话是有科学道理的。这是因为，从口腔、咽喉、食道到胃，犹如一条通道，是食物的必经之路。吃饭前，先喝几口汤，等于给这段消化道加点"润滑剂"，使食物能顺利下咽，防止干硬食物刺激消化道黏膜。

我们要想健康，就一定要先喝汤后吃饭。但需要注意的一点是，饭前喝汤并不是说喝得多就好，要因人而异，一般中晚餐前以半碗汤为宜，而早餐前可适当多些，因经过一夜睡眠后，人体水分损失较多。进汤时间以饭前 20 分钟左右为好，吃饭时也可缓慢少量进汤。总之，进汤以胃部舒适为度，饭前饭后切忌"狂饮"。

最后，我们还要知道怎么熬汤最科学合理。

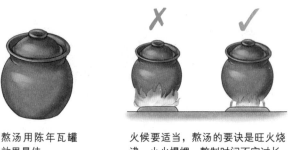

熬汤用陈年瓦罐效果最佳。

火候要适当，熬汤的要诀是旺火烧沸，小火慢煨。熬制时间不宜过长。

配水要合理，熬汤不宜用热水，水量一般是原料重量的 3 倍。

熬汤时不宜先放盐。

关门闭窗，留住了温度溜走了健康

三伏天，热浪一阵高过一阵，为了阻隔室外热气，让空调发挥最好的效用，你可能紧闭了门窗；冬天降临，采暖期到了，为了节能，防止热量散失，你可能又加强了房间的密封性，关门关窗。在关门关窗的时候，你可否想到，你同时也把健康关在了门外。

科学研究表明，一个密闭的房间，只要 6 个小时不通气，其氧气含量就会下降到 20%，会造成人体缺氧。现代社会，封闭的环境，除了会缺氧，还有另一个健康隐患。现代室内建筑采用了不少含有放射性物质的材料，如马赛克、大理石、花岗岩、瓷砖等，同时家具、办公

空气缺氧，人们会产生疲劳乏力、精神不振、胸闷、气短、头痛等症状，不少人甚至感觉到呼吸有压力，还有人会出现嗜睡、反应迟钝等现象。

设备等也会排放大量的有害气体，如果长时间紧闭门窗，通风不良就会使得各种污染物难以稀释和扩散。如果长时间吸入这样的有害气体，就会破坏人体的基本功能。

此外，通风不畅、冷气暖气开放、相对封闭的环境，容易使细菌、病毒、霉菌、螨虫等微生物大量繁殖，引发流行感冒、呼吸道感染等。

开门开窗，让室内空气流通，是健康的基本需要。实验表明，室内每换气一次，可除去室内空气中 60% 的有害气体。因此，不管天气多热多冷，都要经常开窗，以保持空气流通。

另外，保持室内空气清洁还有几点要注意：其一，开窗通风本身不能杀灭病菌，但是通风可以将有害气体甚至病原体通过空气的流通吹到室外。其二，不能盲目依赖熏香、臭氧空气过滤器等。其三，夏天空调开启后，应定时打开窗户通风。另外，空调开启持续时间最长不应超过 12 小时。

老人避免心脑血管病突发，做好"三个半分钟，三个半小时"

对于心脑血管病的高发人群——老年人来说，要注意"三个半分钟，三个半小时"。

"三个半分钟"，就是醒过来不要马上起床，在床上躺半分钟；坐起来又坐半分钟；两条腿垂在床沿又等半分钟。经过这三个半分钟，不花一分钱，脑缺血没有了，心脏不仅很安全，还减少了很多不必要的猝死、不必要的心肌梗死、不必要的脑中风。

"三个半小时"，就是早上起来运动半小时，打打太极拳，跑跑步，但不能少于3千米，或者进行其他运动，但要因人而异，运动适量；中午睡半小时，这是人体生物钟的需要，中午睡上半小时，下午上班，精力特别充沛，老年人更是需要补充睡眠，因为晚上老人睡得早，早上起得早，中午非常需要休息；晚上6至7时慢步行走半小时，老年人晚上睡得香，可减少心肌梗死、高血压的发病率。

总之，健康的钥匙在自己手里，我们不要在身体健康的时候，总以为能一直健康下去，所以不去在意，也不去关心它；当健康从身边悄悄地溜走，疾病缠身的时候，才懂得健康的珍贵，已经为时晚矣！健康要靠自己维护！

给身体"缓带"，隐患少了健康就会多一些

睡眠在养生中至关重要，但是很少有人关心睡眠的科学性问题。《黄帝内经》里提到"缓带披发"，这其实是在放松身体，睡眠养生更要如此，科学合理的睡眠方式应该是身体完全处于放松、宽松的状态。具体来说就是：

（1）睡觉时不戴胸罩

戴胸罩睡觉容易导致乳腺癌。因为长时间戴胸罩会影响乳房的血液循环和淋巴液的正常流通，从而导致体内的有害物质不能及时清除，久而久之就会使正常的乳腺细胞癌变。

（2）睡觉时不戴假牙

戴着假牙睡觉是非常危险的，极有可能在睡梦中将假牙吞入食道，致使假牙的铁钩刺破食道旁的主动脉，引起大出血。因此，睡前取下假牙清洗干净，这样做既安全又有利于口腔卫生。

（3）睡觉时不戴隐形眼镜

睡觉时戴隐形眼镜，会使眼角膜的缺氧现象加重，如长期使眼睛处于这种状态，轻者会代偿性使角膜周边产生新生血管，严重者则会发生角膜水肿、上皮细胞受损发炎。

（4）睡觉时不戴手表

睡觉时戴着手表不利于健康。因为入睡后血流速度减慢，戴表睡觉会使腕部的血液循环不畅。如果戴的是夜光表，还有辐射的作用，辐射量虽微，但长时间的积累也可导致不良后果。

少酒——挽救沉溺于壶觞的浑噩人生

我国的酒文化源远流长，无论是文人墨客、达官贵族，还是乡村草民，酒都在人们的生活中扮演着重要角色。大量事实证明，少量饮酒可活血通脉、增进食欲、消除疲劳、使人轻快，有助于吸收和利用营养，而长期过量饮酒会引起慢性酒精中毒，对身体有很多危害。

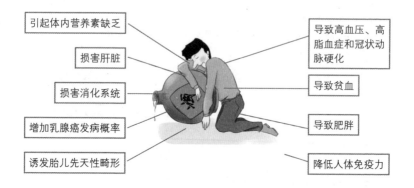

戒烟——拔除健康头上的达摩克利斯之剑

目前，我国不仅年卷烟产量和销量均居世界首位，而且还是世界上最大的烟草进口市场之一。据 WHO 估计，全世界有 500 万人死于吸烟导致的肺癌，其中中国有 100 万人，烟草已经成为我国人民健康的主要杀手。

拔除健康头上的魔剑
戒烟是唯一的出路

烟草燃烧后产生的烟气中92%为气体，如一氧化碳、氢氰酸及氨等，8%为颗粒物，内含焦油、尼古丁、多环芳香羟、苯并（a）芘及β-萘胺等，已被证实的致癌物质约40余种，其中最危险的是焦油、尼古丁和一氧化碳。吸烟对人体的危害是一个缓慢的过程，需经较长时间才能显现出来，尼古丁又有成瘾作用，使吸烟者难以戒除。吸烟可诱发多种癌症、心脑血管疾病、呼吸道和消化道疾病等，是造成早亡病残的主要病因之一。

吸烟对妇女的危害更甚于男性，妇女吸烟可引起月经紊乱、受孕困难、宫外孕、雌激素低下、骨质疏松及更年期提前。随着围产医学的发展，发现大量不良围产事件的发生与孕妇孕期吸烟有关。烟雾中的一氧化碳等有害物质进入胎儿血液后，会形成碳氧血红蛋白，造成缺氧；而尼古丁会使血管收缩，减少胎儿的血供及营养供应，影响胎儿的正常生长发育。吸烟还会导致自然流产、胎膜早破、胎盘早剥、前置胎盘、早产及胎儿生长异常等发生率增加，围产儿死亡率上升。

吸烟有百害而无一利，犹如悬在人们头上摇摇欲坠的达摩克利斯之剑，随时都可能斩落。为了自己和家人的健康，是时候拔除这把剑了。

幸福生活来自关爱"性福"的食物

医学专家认为：常食某些食物，有助于增强性功能。欧洲的性学研究家艾罗拉博士认为，现在至少有以下几种食物可以"助性"。

1. 麦芽油

麦芽油能够预防性功能衰退，防止流产和早产；防止男女两性的不育不孕症；增强心脏功能和男性的性能力等。所以，在日常生活中应该常食一些富含麦芽油的食物，如小麦、玉米、小米等。

2. 香蕉

香蕉中含有丰富的蟾蜍色胺——一种能作用于大脑使其产生快感、自信和增强性欲的化学物质。香蕉还含有菠萝蛋白酶酵素，这种物质能够增强男性的性欲。此外，它还含有钾元素和维生素 B，从而能增强身体的整体功能。

3. 海藻类

甲状腺活力过低会减少性生活的活力、降低性欲，而海藻中含有丰富的碘、钾、钠等矿物元素，正是保障甲状腺活力的重要物质。海藻类食物包括海带、紫菜、裙带菜等。

4. 大葱

研究表明，葱中的酶及各种维生素可以保证人体激素的正常分泌，从而壮阳补阴。

5. 鸡蛋

鸡蛋是性爱后恢复元气最好的"还原剂"。鸡蛋富含优质蛋白，它是性爱必不可少的一种营养物质，不仅能增强元气，消除性交后的疲劳感，还能提高男性精子质量，增强精子活力。

6. 蜂蜜

蜂蜜中含有生殖腺内分泌素，具有明显的活跃性腺的生物活性。因体弱、年高而性功能有所减退者，可坚持服用蜂蜜制品。

大脑很不喜欢你这些坏习惯——损伤大脑的十大"杀手"

脑为人体"元神之府"，精神意识、记忆思维、视觉器官，皆发于脑。脑对于人的重要性可见一斑，因此，科学用脑显得尤为重要。为了保持年轻而充满创造力的头脑，你必须摒弃不良的生活习惯。

需要特别注意的是，大脑是非常复杂的，它的某些损伤也许无法修复，所以我们应该加倍养护它。

1. 长期饱食

研究发现，长期饱食会导致脑动脉硬化，出现大脑早衰和智力减退现象。

2.轻视早餐

不吃早餐会使机体和大脑得不到正常的血糖供给。营养供应不足，久而久之会对大脑造成损害。

3.嗜酒、嗜甜食

酒精会使大脑皮层的抑制减弱，酗酒对大脑的损害尤其严重。甜食会损害胃口，降低食欲，导致机体营养不良，影响大脑发育。

4.长期吸烟

长期吸烟可引起脑动脉硬化，日久可导致大脑供血不足，神经细胞变性，继而发生脑萎缩。

5.不愿动脑

思考是锻炼大脑的最佳方法。只有多动脑，勤于思考，人才会变聪明。反之，越不愿动脑，大脑退化越快。

6.带病用脑

在身体不适或患疾病时，勉强坚持学习或工作，不仅效率低下，而且容易造成大脑损害。

7. 蒙头睡觉

随着被子内二氧化碳的浓度升高，氧气浓度会不断下降。长时间吸进潮湿的含高浓度二氧化碳的空气，对大脑危害极大。

8. 睡眠不足

大脑消除疲劳的主要方式是睡眠。长期睡眠不足或睡眠质量太差会加速脑细胞的衰退，聪明的人也会变得糊涂起来。

9. 少言寡语

经常说话尤其是多说一些内容丰富、有较强哲理性或逻辑性的话，可促进大脑专司语言的功能区发育。整日沉默寡言、不苟言笑的人，这些功能区会退化。

10. 不注意用脑环境

大脑是全身耗氧量最大的器官，只有保证充足的氧气供应才能提高大脑的工作效率。因此用脑时，要特别讲究工作环境的空气卫生。

小心！暴饮暴食易引发心脏病

　　不良饮食习惯会对健康造成损害是众所周知的事情，但当与朋友聚会时，大量的美食放在你的面前，你能把住自己的嘴吗？这时你也许会想，偶尔暴食一顿应该不会给身体带来什么不好的影响吧，于是，就开始大快朵颐。

　　有资料表明，大部分的冠心病都和吃有关系。不当的饮日常在餐桌上，应注意三少、两多：

少饮酒

饮酒会伤害心脏，尤其是烈性酒，应不喝。

少盐

盐摄入量多可引起血压增高和加重心脏负担，应少吃。

少脂肪

脂肪和胆固醇摄入过多，可引起高血脂和动脉硬化，应少吃。

多杂粮

杂粮、粗粮营养齐全，纤维素、维生素 B 族丰富，有益于心脏，这类食物应多吃。

多纤维

由于维生素 C、纤维素、优质蛋白、维生素 E 等对心血管均有很好的保护作用，这类食物应多吃。

食是导致心脏疾病的主要原因，因此，保护心脏最重要的场所就是餐桌。

饭局越多，患病机会也越多

审视一下自己是不是经常有饭局，或因工作应酬，或与朋友聚餐等，这极易对健康产生危害。

在外就餐时，大量的高蛋白、高脂肪、高能量食物进入我们的体内，会增强血脂的凝固性，使它沉积在血管壁上，促使动脉硬化和血栓的形成，又可导致肝脏制造更多的低密度和极低密度脂蛋白，把过多的胆固醇运载到动脉壁堆积起来，形成恶性循环。每天的热量供应集中在晚餐，会使糖耐量加速降低，加重胰岛负担，促使胰腺衰老，从而导致糖尿病的发生。

调查发现，20% 的受访者患有高血压和心脏病等代谢综合征，而 1 个星期外出用餐 4 晚上的男士，患代谢综合征的比例较非经常外出用餐者高 1 倍。

因此外出用餐时，要注意饮食均衡，尽量挑选少油少糖的健康食品，如蔬菜、鱼类等。

亲吻拥抱可促进身体健康

性行为研究者认为，接吻能使男女双方心跳提高到每分钟 110 次，从而促进血液循环。接吻带来的皮肤肌肉活动加强和充血过程加快，能减少皮肤皱纹，减轻脸部衰老。

渴望得到爱的双方，6秒钟的拥抱，就可以使双方得到爱的滋润。心跳加快，血压上升，幸福的暖流顷刻便会流遍全身。

接吻还可以使人呼吸加快，增加肺活量，改善氧气供应。接吻时双方性激素分泌加快，体内释放出的神经肽使身体的各个器官处于快乐状态，因此也不失为一种健身运动。

拥抱，是人们传递、寄托、交流、释放感情的最佳方式。夫妻之间多拥抱，家庭显得更加温馨、幸福；朋友之间多拥抱，友谊显得更加牢固、真诚；恋人之间多拥抱，爱情得到进一步的交融、升华；母子之间多拥抱，心灵得到进一步的慰藉、充实。

据心理学家研究发现，夫妻之间在性生活之外的身体接触，有助于爱情的巩固和发展，更可以使双方精神更加饱满、容光焕发、身心健康。假如丈夫因事而迟归，迎接他的妻子不是满腹牢骚的责问，而是对丈夫温情而热烈的拥抱，这一对夫妻，此时享受的一定是人间最大的乐趣和幸福。

房事也应依四季的变化来调节

一年四季的变化，不仅影响自然界的植物，而且影响人的房事。人的机体也是一个小天地，和自然界一样有四季的变化，而且受自然界变化的影响。人应该根据四季的变化来调节自己的房事，以适应自然界春生、夏长、秋收、冬藏的变化规律。

春季，万物复苏，人的生殖机能、内分泌机能也相对旺盛，性欲相对高涨。春天赋予人生发之气，适当的性生活有助人体气血调畅，是健康的。但必须注意，过分频密，势必损伤身体。

夏季，天气炎热，生物茂盛，人体气血运行加速，新陈代谢加快，身体处于高消耗的状态，房事应适当减少。如果这时过度房事，无疑会增加能量消耗，损伤阳气，不利于身体健康。

秋季，天高气爽，秋风劲急，万物肃杀。这时期，减少房事，以保精固神，蓄养精气。

冬季，天气寒冷，万物闭藏。人也不例外，冬季气温较低，人的新陈代谢也随之降低，与此相应，适当节制房事，以保养肾阳之气，使精气内守，避免耗伤精血。

性生活后立即喝冷饮是在饮鸩止渴

在性爱过程中，周身的血液循环加快，表现为血压升高、心跳加快、胃肠蠕动增强、皮肤潮红、汗腺毛孔开放而多汗等。因此，在性生活结束后，会感到燥热、口渴欲饮。有的人就急于去喝冷饮，或为了除去汗水而去洗冷水澡，这样对身体健康是十分不利的。

因为在性生活过程中，胃肠道的血管处于扩张状态，在胃肠黏膜充血未恢复常态之前，摄入冷饮会使胃肠黏膜突然遇冷而受到损害，甚至引起胃肠不适或绞痛。同样道理，在性生活过程中，周身的皮肤血管也充血扩张，汗腺毛孔均处在开放排汗状态，此时受凉风吹拂或洗冷水澡的话，皮肤的血管会骤然收缩，使大量血液流回心脏，加重心脏的负担，

性生活结束后马上喝冷饮对健康十分不利。

同时还会造成汗腺排泄孔突然关闭，使汗液潴留于汗腺而有碍健康。

如果感到口渴，不妨先饮少量温热的开水。在房事后 1 小时左右，当身体各系统器官的血液循环恢复常态之后，再喝冷饮或洗冷水澡为宜。

夫妻分床睡对健康更有益

从多方面来看，夫妻分床就寝有益双方的身心健康。对于感情基础深厚，但夫妻性生活处于相对平淡期的夫妻而言，分床而居相当于一剂良药，可以使双方重燃爱火。但如果夫妻本来关系就冷淡、紧张，分床久了，有可能使本来就冷淡的夫妻关系更加冷淡，加大裂痕，造成更深的隔阂，甚至会使第三者乘虚而入。因此，有矛盾的夫妻要把握好分床睡的尺度，不要让暂时的分开成为永久的分离。

（1）避免性生活过频。若分床睡，性刺激会大大减少，过着有节制的性生活，有利于养精蓄锐，保护肾气。

（2）保证充足睡眠。若分床休息，可避免对方的打扰，加强睡眠的深度、熟

要注意的是，分床而居是现代夫妻选择的一种生活方式，但并不适用于所有人。

度，保证睡眠质量。

（3）有利女方四期保健。妇女的月经期、孕期、产褥期、哺乳期称为"四期"，在此期间妻子需要得到最妥善的卫生保健。如果夫妻分床睡，则可避免种种不妥，有益于妻子的"四期"保健。

（4）有效避免传染疾病。若夫妻分床就寝，很容易实行有理智的隔离，有效地避免相互传染或交叉感染。

第三章

家居与健康

——学会和生活约法三章

充满阳光的居室更健康

　　灿烂的阳光能让人心情愉快，阴晦的天气会使人情绪低落。日照与健康有着密切的关系，所以我们一定要让居室充满阳光。

（1）日照：这是指阳光照在居室内的时间和强度。太阳光中含有紫外线，人的皮肤经过阳光照射后能产生维生素 D，能起到预防小儿佝偻病的作用；太阳光可杀灭空气中的致病微生物，提高机体的免疫力。人们经过研究发现，居室内每天光照两小时是维护人体健康和发育的最低需要，所以我们应把居室内在冬至日中午前后连续照射两小时作为居室日照的标准。在选择住房时，光照应该作为一个主要的参考因素。

（2）采光：指的是住宅内可得到的光线。采光的多少常和住宅的进深、窗户、地面面积比值有关。采光好的房间对身体的健康更有利。

（3）层高：指的是地面到天花板或房檐的高度。人们在室内生活，呼吸会造成一定高度范围内的空气成分的改变，这一范围医学上称为呼吸带；经测定，在呼吸带内，二氧化碳和其他有害气体的含量大大高

于其他地方，因此南方住宅的层高不应低于 2.8 米，北方以 2.6～3.0 米最为适宜。

住宅空气质量决定人体健康

　　生命源于呼吸，空气质量的好坏决定人体的健康与否，因此我们要保证住宅有良好的空气质量。

　　可选择一些能除异味的植物摆在家中，还能美化居室。

吊兰能有效地吸附有毒气体，1盆吊兰等于1个空气净化器，就算没装修的房间，放盆吊兰也有利于人体健康。

芦荟有吸收异味的作用，且能美化居室，作用时间长久。

仙人掌。一般植物都是白天吸收二氧化碳，释放氧气，到了晚上则相反。但是芦荟、虎皮兰、景天、仙人掌、吊兰等植物则不同，它们整天都吸收二氧化碳，释放氧气，且成活率高。

平安树，又称"肉桂"，它能放出清新气体，使人精神愉悦。在购买时，要注意盆土，如果土和根是紧凑结合的，那就是盆栽的，相反，就是地栽的。要选盆栽的购买，因其已被本地化，成活率高。

硬木家具有益健康

　　什么样的木料有益于我们的健康呢？下面就选购家具介绍几点健康常识。

　　专家认为，用檀香木、紫檀、黄花梨等名贵材料制成的传统硬木家具不仅从审美、文化等诸多方面给人们以艺术的享受，更重要的是具有一定的环保性能，这一点是现代家具

硬木家具有独特的药理作用，长期生活其间，有益身体健康。

硬木家具有益健康

助眠

养神

气血充沛

舒骨

舒筋

所不能达到的。不仅如此，传统的硬木家具还具有独特的药理作用，长期生活其间，有益身体健康。

人们对樟木的认识比较普遍，日常用于防虫的樟脑就取自樟木，用樟木制作的家具自然也有防虫的作用。而紫檀不同于樟木，香气比较淡，但好闻、优雅、沁人肺腑，衣服纳于其间，日久生香。另外，酸枝木与香枝木类也都有一些淡淡的清香，弥漫在空气中对人的身心都有益。

当然，在众多的硬木材料中，对身心最有益的首推海南降香黄檀，俗称黄花梨，亦称"降压木"，原产于海南岛罗山尖峰岭低海拔的平原与丘陵地区，《本草纲目》中称为降香，即有降血压、降血脂及舒筋活血等作用。

海南降香黄檀入药一般情况下是用其木屑泡水，可以降血压、血脂；用木屑填充做枕头更有舒筋活血之功效，尤其适合于老年人使用。用海南降香黄檀制成的家具，如床榻与椅凳之类，对睡眠与养神是最为有益的，悠悠降香吸入体内直达肺腑，长久使用会使筋骨舒活，气血充沛。

新房不要急于入住

　　一些人在购买了新房之后，便急于入住，这样做对身体是很不利的。盖房所用的建筑材料，都含有害物质，刚盖好的房子内，有大量挥发性有害气体，人若马上住进去，很容易因为吸入这些有害物质而患病。另外，家庭装修过程中需要使用各类装饰材料，特别是化学合成材料，其中所含有害物质在室内挥发后会形成刺鼻气味，对人的身心非常有害。刚装修好的居室应尽量通风散味，做好空气净化工作，一般需要 5～10 天，也可根据室内空气质量情况适当延长。室内使用含有苯、甲醛及酚等物质的涂料时，通风晾置时间需要 1 个月左右，才能搬进去居住。在通风晾置期间可以买些洋葱切碎放在盆里，然后放在新房的角落里，过一个星期便可以除去装修时的异味。

　　新居有刺鼻味道，想要快速除去它，可让灯光照射植物。植物在光的照射下，生命力旺盛，光合作用加强，放出的氧气更多，比起无光照射时放出的氧气要多几倍。

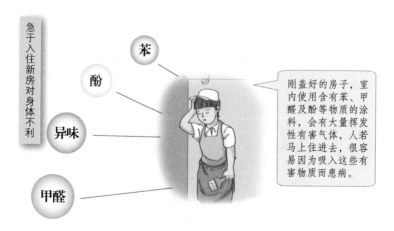

急于入住新房对身体不利

苯

酚

异味

甲醛

刚盖好的房子，室内使用含有苯、甲醛及酚等物质的涂料，会有大量挥发性有害气体，人若马上住进去，很容易因为吸入这些有害物质而患病。

如何进行家庭消毒

　　日常生活中，家庭成员不可避免地要与外界环境频繁接触，很容易将呼吸道传染病病菌带入家庭。家庭中常用的消毒方法有以下几种：

空气消毒

可采用最简便易行的开窗通风换气方法，每日上午 10 时空气最好，在此时开窗 10 ~ 30 分钟，使空气流通，让病菌排出室外。

餐具消毒

可连同剩余食物一起煮沸 10 ~ 20 分钟，或用 500 毫克 / 升的有效氯，或浓度 0.5% 的过氧乙酸浸泡消毒 30 ~ 60 分钟。餐具消毒时要全部浸入水中，消毒时间从煮沸时算起。

手消毒

要经常用流动水和肥皂洗手，在饭前、便后、接触污染物品后最好用 250 ~ 1000 毫克 / 升的 1210 消毒剂或有效碘含量为 250 ~ 1000 毫克 / 升的碘伏或经批准的市售手消毒剂消毒。

衣被、毛巾等消毒

将棉布类与尿布等煮沸消毒 10 ~ 20 分钟，或用 0.5% 过氧乙酸浸泡消毒 0.5 ~ 1 小时，对于一些化纤织物、绸缎，只能采用化学浸泡的消毒方法。

要使家庭消毒达到理想的效果，还需注意掌握消毒药剂的浓度与时间要求，这是因为各种病原体对消毒方法的抵抗力不同。

另外，消毒药物配制时，如果家中没有量器，也可采用估计方法。可以这样估计：一杯水约 250 毫升，一盆水约 5000 毫升，一桶水约 10000 毫升，一痰盂水 2000 ～ 3000 毫升，一调羹消毒剂相当于 10 克固体粉末或 10 毫升液体，如需配制 10000 毫升 0.5% 的过氧乙酸，即可在 1 桶水中加入 5 调羹过氧乙酸原液。

早晚开窗通风只会适得其反

很多人习惯于早晚开窗通风，其实，在这种时间开窗会适得其反。

专家说，清晨不宜开窗的原因是，天没亮之前，空气中的氧气并不多，因为晚上树木产生的二氧化碳排放到空气中，只有经太阳的光合作用后才能变成氧气。其次，清晨是空气污染的高峰期，此时空气中的有害气体聚集在离地面较近的大气层，当太阳升起、温度升高后，有害气体才会慢慢散去。

天黑前后，随着气温的降低，灰尘及各种有害气体又开始向地面

开窗换气的最佳时间是上午 9 ～ 10 点钟和下午 3 ～ 4 点钟，因为这两段时间内气温升高，逆流层现象已消失，沉积在大气底层的有害气体已散去。

沉积，也不适宜开窗换气。

室温 18℃～ 22℃最合适

　　严冬季节，室内温度到底多高合适？根据人体的生理状况和对外界的反应，18℃～22℃最为适宜。如果室温过高，室内空气就会变得干燥，人们的鼻腔和咽喉容易发干、充血、疼痛，有时还会流鼻血。如果室内外温差

室内温度为18℃～22℃最为适宜。

过大，人在骤冷骤热的环境下，容易伤风感冒。对于老人和患高血压的人而言，室内外温差更不能过大。因为室内温度过高，人体血管舒张，这时要是突然到了室外，血管猛然收缩，会使老人和高血压病人的大脑血液循环发生障碍，极易诱发中风。

　　一方面，室内温度过高，家具、石材及室内装饰物中有毒气体的释放量也会随之增加，而冬季大多数房间都门窗紧闭，有害物质更容易在室内聚积，影响人体健康。

　　另一方面，如果室温过低，人久留其中自然容易受凉感冒。而且由于寒冷对机体的刺激，交感神经系统兴奋性增高，体内儿茶酚胺分泌量增多，会使人的肢体血管收缩，心率加快，心脏工作负荷增大，耗氧量增多，严重时心肌就会缺血低氧，引起心绞痛。

不要在室内摆放太多家具

现在有些人喜欢在室内摆很多家具，留给人活动的空间就很有限，这对居住者的身心健康很不利。

如果屋子内的空间被各种家具所侵占，就等于大大减少了人的居住面积，会使人吸收不到充

屋内的空间摆放物品太多，会使人吸收不到充足的新鲜空气，也照射不到充足的阳光，居室空间越小，空气对流、交换速度越慢，纯净程度也就越低。

足的新鲜空气，也照射不到充足的阳光。居室空间越小，空气对流、交换速度越慢，纯净程度也就越低。人常年大多数时间活动在阳光不充足、空气不够新鲜的房间里，对健康的影响就可想而知了。

所以，为了保持室内空气的质量，一定不要在居室内摆放太多的物品和家具，在并不宽敞的房间里，摆上必用的物品就可以了，这样可以使居住者的生活变得轻松、舒适些，有利于身心健康。

如何减少家庭噪声

安装双层玻璃窗。双层玻璃窗可使外界噪声减至一半，特别是邻街居住时，隔音效果非常显著。

多用布艺和软性材料做家居装饰。布艺产品具有良好的吸音效果，而在多种布艺产品中，又以窗帘的隔音作用最为明显，因此应选用软而厚的布料作为窗帘来使用。多选用木制家具，也能达到一定的吸收噪声的效果。

要选用质量好、噪声小的家电。尽量不要把家中的所有电器集中放在一个房间内。冰箱最好不要放置于卧室内。如果家中有高频立体声音响，应将音量控制在 70 分贝以内。

临街窗台上最好养植物

临街居住的人，如果觉得吵闹或者灰尘大，不妨在阳台或窗台上摆放一些阔叶植物，叶面错落交叠的植物效果最佳，可以使户外嘈杂的声音在传入室内的过程中受到茎叶阻隔。

此外，由于临街居室很容易受到粉尘污染，在窗台上养些阔叶植物，还可以形成一道天然屏障。大多花卉通过光合作用，可吸收多种有害气体，吸附粉尘，净化空气，对大气中的一氧化碳、二氧化硫等污染物质起到很好的抑制效果。

适合窗外养植的植物有龟背竹、金绿萝、常青藤、文竹、吊兰、秋海棠、菊花等。但高层居民应该注意安全，避免花盆掉落伤人。

大多数花卉白天在光照下主要进行光合作用，吸收二氧化碳，放出新鲜氧气，而在夜间则主要进行呼吸作用，吸收

经常养花赏花，可使大脑处于舒展、活跃、兴奋状态，所有这些，对保护人的身心健康，增强人的免疫功能都能起到很重要的作用。

氧气，放出二氧化碳。花卉夜间在室内是与人争氧的，因此，卧室内最好不要过多放置花卉。

居室慎用电感镇流器日光灯

居室要慎用电感镇流器日光灯，它所发出的光线每秒会产生 100 次明暗变化，长时间在这种光照环境下，人的眼睛极容易疲劳，产生近视；如果灯、灯具、窗子

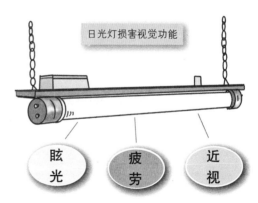

或其他区域的亮度比室内一般环境的亮度高得多，人们就会感受到眩光。眩光会使人产生不舒适感，严重的还会损害视觉功能。

留意家中六大卫生死角

出于对身体健康的考虑，我们必须留意家里的六大卫生死角，这六大死角包括：

牙刷

牙刷用上个把月，就会有大量的细菌生长繁殖其上，其中有许多致病菌。这些细菌会通过口腔直接侵入人体消化道和呼吸道，引起肠炎和肺部感染等症，同时还可通过口腔黏膜破损处进入人体血液，引起败血症及组织脓肿等。因此，应将牙刷放在阳光下曝晒，最好每月更换一把牙刷。

笤帚

笤帚所到之处表面上显得干干净净，却会扬起无数细菌。所以，家庭最好多备几把笤帚，厨房、寝室等分别用不同的笤帚。用后要及时洗净、晒干。

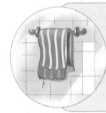

毛巾

一般家庭使用的毛巾都是放在室内甚至卫生间里，由于空气不够流通，毛巾每天要用几次，难有干的时候，极容易滋生、繁殖病菌，对人体健康不利，可导致皮肤病等。毛巾洗干净后要经常拿到室外进行"日光浴"消毒或进行高温消毒。

盆、桶

家庭使用的脸盆和脚盆，有的是分人使用的，有的是众人共用的，用久了以后都会积累污垢，滋生病菌，影响人体健康。所以盆、桶应经常洗净并晒干，以保证众人的健康。

地毯

有一种叫蜱螨的生物会大量繁殖在地毯上，专靠吃人皮肤上掉落的微型鳞状物维持生命，一旦接触人体，它们就会乘机侵入肺腑和支气管，小孩更容易因此患病。所以，地毯要经常吸尘、清洗、消毒。

拖鞋

尤其是供客人使用的拖鞋，极易由有脚病的客人留下病菌，家人或其他客人再使用后就会被传染上脚病，于己于人均极为不利。因此，拖鞋应常清洗，还要进行"日光浴"消毒，或用消毒液消毒。

抹布最好"各尽其责"

很多家庭用抹布，既擦家具，又抹水池、刀具和锅盆。而抹布自身的干净，就靠一个"洗"字来打发，这是远远不够的。据研究发现，每平方厘米的抹布上有各种细菌 1 万～1 亿个，其中大肠杆菌有 1 千～1 千万个。即使是表面看起来很干净的抹布，因为反复使用，也藏着大量有害细菌。

细菌

1 万～1 亿个

每平方厘米

大肠杆菌

1 千～1 千万个

即使是看起来很干净的抹布，也藏着大量有害细菌。

每周应将抹布煮沸或放在微波炉里灭菌 1～2 次，之后在阳光下暴晒 1 天，并经常更换。此外，抹布最好"各尽其责"，比如擦卫生间的抹布只用来擦卫生间，擦起居室的抹布只用来擦起居室，不要混在一起用。

学会正确使用洗涤剂

我们要学会正确使用洗涤剂，这样才能保证身体的健康。

消毒液

消毒液中起消毒作用的主要成分是氯系、氧系或者阳离子表面活性剂，根据不同的消毒物如水果、蔬菜、内衣、餐具等，有不同的使用方法。一般是先将消毒液按规定比例稀释，将消毒物放于消毒液中浸泡、擦洗，然后漂洗。消毒液可以与洗衣粉同时使用，但用量一定要控制。

卫生间用的洁厕剂

洁厕剂按配方组成大致可分为三大类：酸性产品、中性产品、碱性产品。目前市场上的洁厕剂以酸性产品为主，清洗效果最佳。次氯酸钠遇到酸时会释放出有毒的氯气，从而影响人体的健康。一般洁厕剂的生产厂家在洁厕剂的使用注意事项中常会注明：勿与漂白类化学品混用。洁厕灵是人们常用的一种洁厕剂，其主要成分是各种无机酸和有机酸、缓蚀剂、增稠剂、表面活性剂、香精等。一般除酸对皮肤有一定刺激和腐蚀外，其他物质对人体是安全的。因此，使用时勿与皮肤、衣物接触，一旦接触应立即用大量清水冲洗。

厨房用的各类洗涤剂

厨房里使用的洗涤剂通常有两大类：一类是用于清洗食具的洗涤剂（如洗洁精），因其重要成分是化学合成的烷基类活性剂，所以不仅对皮肤有刺激性，而且用于洗涤蔬菜、水果和餐具时，残留的烷基苯磺酸盐对人体也有一定的危害，必须用大量的水进行冲洗才能去除有害物质。洗涤后的水果、蔬菜应反复擦洗彻底去除

残留物，以免影响健康。另一类是用于清洗灶具、排气扇油垢的清洗剂。它渗透能力、脱脂能力均很强，碱性也强，使用时将清洗剂直接喷洒到油垢表面，人手不宜接触，因为它会对皮肤造成损伤。

洗浴用的各类日化产品

洗发液、沐浴液等是人们常用的日化产品，种类较多，有适合中性油脂发质、皮肤的，也有适合干性发质、皮肤的；有适合老年人用的，也有适合儿童用的。购买时应该根据不同情况进行选择。洗衣粉是家庭常用洗涤剂，一般是碱性的，不宜用来洗羊绒制品。因为羊绒表面有一层弱酸性保护层，羊绒组织结构中含有蛋白质，使用碱性较强的洗衣粉会使其受到破坏。

卫生间其实不卫生

　　家庭生活中不能少了卫生间，它是人们排泄大小便和清洁洗浴的地方。但卫生间很容易产生污染，人的排泄物、洗涤的脏水、清洁消毒的化学品、热水器的气体燃烧，再加上较密闭的环境、较大的湿度、较小的空间等，往往使卫生间的空气更容易污浊而成为家庭中的一个污染源。

卫生间的异味

卫生间中常有异味，许多人对这种异味只是出于嗅觉上的不适而不喜欢，实际上这种异味是一种有毒气体。卫生间的异味是由多种物质和因素共同形成的，其中有较高浓度的氨气、硫化氢、甲烷、二氧化碳和各种化学品中散发出来的混合有害气体。

卫生间是最容易让人患癌症的地方

卫生间的环境密闭、湿度大、空间小，这为致病细菌、霉菌、螨虫等有害生物创造了良好的滋生条件，导致产生大量室内致病源和变应原，使得卫生间成为最容易让人生病的地方。国外有的医学专家甚至认为，卫生间是最容易让人患癌症的地方，因为卫生间的化学物品实在太多了，而有的人又喜欢在卫生间里冥想和看报纸、看小说，这等于增加了自己患癌的机会。

氨气给你带来的健康危害

氨气是卫生间空气中的主要污染物，有强烈的刺激性气味。在冬季的建筑施工中，人们会使用含氨的尿素来作为水泥的防冻剂，因此一些建筑物中会释放出高浓度的氨，成为室内空气污染的有毒成分。氨具有很强的刺激性，可对皮肤、呼吸道和眼睛造成刺激，严重时可引起支气管痉挛及肺气肿。长期受到过多氨气污染，会使人出现胸闷、咽痛、头痛、头晕、厌食、疲劳、味觉和嗅觉减退等症状。

厨房里的保健小常识

必须勤擦、勤洗、勤消毒

　　厨房里的灶具、餐饮具、台面等，经常受到煤气、油烟的污染和侵蚀，容易发生油垢积聚、铁制器皿生锈，这些物品必须勤擦、勤洗、勤消毒。

炒菜时油温不要太高

　　食用花生油、豆油的发烟温度分别是150℃和160℃，精制菜油为200℃。为了减少厨房空气污染，降低住宅空气中苯并芘等致癌物质的浓度，除了要选用含杂质较少的精制烹饪油外，炒菜时应将油温控制在200℃以下。

不宜在厨房腌菜

　　雪里蕻、白菜、萝卜叶、韭菜等叶菜，在腌渍过程中会生成较多的亚硝酸盐，其生成量与室内温度及食盐浓度关系很大。一般在20℃的温度、4%的食盐浓度的条件下腌的菜，亚硝酸盐生成最多。因此腌渍时要把菜洗干净，放盐要适量，吃时要用水把含亚硝酸盐的咸汁洗掉。

厨房垃圾不宜过夜

　　厨房垃圾一般包括菜叶、菜根、剩饭、剩菜等。这些物质在适宜的温度、湿度条件下，很容易腐烂变质，特别是夏天。垃圾中的细菌不仅会污染厨房空气，还会随气流流入主室使室内细菌含量增加。所以，厨房垃圾应该当日清除。

厨房要有良好的通风换气措施

　　如在炉灶上安装抽油烟机和排风扇，要经常开窗通风换气，以便将炒菜时产生的油烟及时排走。每次做饭后也不要马上关掉抽油烟机。

　　在使用厨房抽油烟机时不宜紧闭窗门，因为抽油烟机在向外排油烟时，需要补充足够的新鲜空气，否则会造成室内负压，使排烟效果变差。

不宜用钢丝球擦拭铝锅

　　铝锅、铝盆、铝饭盒等，在使用一段时间后，表面变暗发黑，会生成一层氧化铝的保护膜。这个保护膜可防止和降低酸、碱溶液对铝制品的侵蚀，同时还增加了铝制品的硬度。如果用钢丝球把这层保护膜擦掉，会增加铝器皿的溶解性，从而对健康产生危害。

室内环境中的健康杀手

　　室内某些材料、装置所造成的空气污染、电磁辐射等也不容忽视，相对密闭的空间则会使这些污染的危害更加严重。

　　一般室内的二氧化碳大大高于室外，大气中的二氧化碳是 0.03% 左右，室内可达 0.1%。如果超过 0.2%，人就会感到发困、精神不振。

　　除醛类外，其他常见的挥发性有机物还有苯、甲苯、二甲苯、三氯乙烯、三氯甲烷等，主要来自各种溶剂、黏合剂等化工产品。此外，苯类等环烃化合物还可来自燃料和烟叶的燃烧。挥发性有机物具臭味、刺激性，能引起免疫水平失调，影响中枢神经系统功能，使人出现头晕、头痛、嗜睡、无力等症状，亦可影响消化系统，表现为食欲不振、恶心、呕吐，严重者还会造成肝脏和造血系统的损伤。

燃料的燃烧

生活用燃料有煤、液化石油气、煤制气及植物的枝干、茎、叶等。燃煤的厨房空气中含苯并芘每立方米 0.5 微克，二氧化氮每立方米 0.3 毫克，二氧化硫每立方米 6.9 毫克，一氧化碳每立方米 4.2 毫克，颗粒粉尘每立方米 0.8 毫克；使用液化气 1 小时、10 小时的厨房，一氧化碳密度分别可达每立方米 3.5 毫克和每立方米 8 毫克。

室内的装饰材料

包括塑料地板、化纤地毯、化纤窗帘、壁纸、塑料用品、家具等。其中的甲醛是一种挥发性有机化合物，无色，有强烈的刺激性气味，是室内的主要污染物之一，主要来自建筑材料、装饰品及生活用品等化工产品，如黏合剂、隔热材料、化妆品、消毒剂、防腐剂、油墨、纸张等。加强室内通风可降低甲醛浓度。

第四章

厨房细节与健康

——让饮食健康不打折扣

食用油贮存不要超过一年

食用植物油，简称食用油，主要包括菜籽油、花生油、芝麻油、豆油等。食用油因在贮存过程中容易发生酸化，其酸化程度与贮存时间有关，贮存时间越长，酸化就越严重。食用油在贮存时还可能产生对人体有害的物质，并逐渐失去食用油特有的香味而变得酸涩。人若食用了贮存过久的食用油，常会出现胃部不适、恶心、呕吐、腹痛、腹泻等症状。所以，食用油不可贮存过久。

那么，食用油贮存多长时间比较合适呢？研究表明，贮存一年以内的食用植物油一般符合国家卫生标准，对人体无害，而超过一年者，则多不符合国家卫生标准。故食用油贮存期应以一年为限。

食用油贮存时间过长会出现异味，所以你买回花生油或者大豆油以后，可将油入锅加热，然后放入少许花椒、茴香。待油冷却后，倒进搪瓷或陶瓷容器中存放，不但久不变质，味道也特别香。如果是猪

制作塑料时使用的添加剂本身是低分子量的有机物，用塑料制品长期存放食用油，有可能使这些物质在塑料制品的表面与油类相互作用，产生有害物质，造成食用油的化学污染，给人体带来危害。所以，塑料等容器是不能长时间贮存食用油的。

油，熬好后应加进一点白糖或食盐搅拌，然后密封。

　　保存香油时，可以将其倒入一小口玻璃瓶内，加入适量精盐，然后塞紧瓶口不断摇动，使食盐溶化。最后把香油放在暗处沉淀 3 日左右，装进棕色玻璃瓶中，拧紧瓶盖，置于避光处，随吃随取。为保证香油的风味，装油的瓶子切勿用橡皮塞。

好厨具帮你减少营养的流失

　　烹饪离不开厨具，而要在烹饪中减少营养的流失，离不开好厨具。

　　铁锅是所有烹饪厨具中出现概率最高的。经常用铁锅炒菜，对人体摄取铁质，预防缺铁性贫血有益处。另外，用铁锅烹饪蔬菜还可减少蔬菜中维生素 C 的损失。

从营养的角度审视日常烹调方法

　　喜欢下厨房当然是好事，可是如果不知道烹调中的禁忌，可就赔上时间又折营养了。在炒、炖、煮、蒸、焖、炸中，到底哪一种方法能让我们轻轻松松地吃出营养来呢？

炒

　　炒有煸炒、滑炒、软炒等多种方法，如在肉类中加上保护层，营养成分不会损失太多。但若在蔬菜类中用炒的方法,则维生素 C 损失较大,蛋白质受热会严重变性,影响消化吸收率。我国传统的旺火急炒可以减少营养素的损失。

蒸

蒸是将食物放进蒸锅内的箅子上(锅内加一些水),在一定的温度下进行烹调。它对食物营养素的影响同煮相似,部分 B 族维生素、维生素 C 会受破坏,但矿物质和无机盐等不会因蒸汽而遭受损失。

焖

焖的时间长短与营养素的损失程度有很大的关系。若时间长,则 B 族维生素、维生素 C 损失较大;时间短,B 族维生素损失较少。食物焖后消化吸收率会有所提高。

烤

烤分明火烤、暗火烤。明火烤是用火直接烤原料,如烤鸭,它会使维生素受到相当大的损失,脂肪也会严重损失。

炖

炖是食物在水或汤汁中进行一定时

间的烹制，使食物变得质软、可口。在炖的过程中，可溶性维生素和矿物质会溶于汤内，仅有部分维生素受到破坏。

溶解维生素

溶解矿物质

煎

用油量大，温度也高，对维生素不利，但其他营养素损失不大。要掌握好火候和时间，以免食物被煎煳而导致营养素流失。

对维生素不利

爆

在这个烹调方法中，动作快速，旺火热油，原料一般经鸡蛋液或淀粉上浆拌匀，下油锅划散成熟，然后沥去油再加调料，快速翻炒。因为有保护层，营养素不易损失。

营养素不易损失

卤

卤可使食物中的维生素 C 和矿物质部分溶于卤汁中，营养成分部分遭受损失，水溶性蛋白质也会跑到卤汁中，脂肪也会减少一部分。

损失营养素

损失脂肪

炸

炸是将准备好的食物放进 180℃ ~ 200℃ 的油锅中，至食物成熟所要达到的温度。炸使各种营养素均有不同程度的损失，如蛋白质会因高温炸焦而严重变性，营养价值下降；脂肪也会因炸破坏其营养成分，甚至妨碍维生素 A 的吸收。因此，可在食物表层加上保护层，如裹面粉、蘸蛋液、拍面包糠等，这样可减少营养素的破坏。

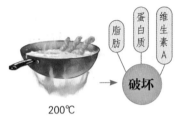

200℃

煮

煮是将食物置于水或高汤中，锅加盖与否均可，温度至 100℃。它对糖类及蛋白质能起部分水解作用，对脂肪则无显著影响，对消化有帮助。但水煮往往会使水溶性维生素 (B 族维生素、维生素 C 等) 及矿物质 (钙、磷等) 流失，一般来说，蔬菜用煮的方法烹饪会破坏掉其中的大量维生素。

切菜应迅速且不宜过碎

切菜时最好用锋利的菜刀，因为切割时会损伤蔬菜的组织，维生素 A 和维生素 C 均会遭到破坏。马铃薯泥中维生素 B_1 的保留率仅为 9%，维生素 C 和叶酸的保留率低于 50%；马铃薯片中维生素 B_1 的保留率为 63%，维生素 C 和叶酸超过 50%。加工之后，马铃薯丝炒 6 ~ 8 分钟，维生素 C 的保存率为 54%；

蔬菜切得越碎，放置时间越长，维生素损失越多。

马铃薯块煮 20 分钟，维生素 C 的保存率为 71%。这是因为越碎的食物与空气接触或受光面积越大，维生素 C 和 B 族维生素的损失也就越多。

此外，许多人在做饺子或包子馅时，常把菜汁挤掉，这也挤掉了蔬菜中大部分的维生素。这些看似不起眼的小动作，造成了营养的大量流失。我们在烹饪蔬菜时切不可因小失大，因过度讲求工艺复杂而增加营养素的流失。

热水洗猪肉使不得

有些人常把买回来的新鲜猪肉放在热水中浸洗，认为这样能洗干净。殊不知这样做会使猪肉失去不少营养成分。

浸出谷氨酸钠盐

肌溶蛋白流失

浸出有机酸

浸出谷氨酸

猪肉的肌肉组织和脂肪组织内含有大量的蛋白质。猪肉蛋白质可分为肌溶蛋白和肌凝蛋白两种。肌溶蛋白的凝固点是 15℃～60℃，极易溶于水。当猪肉被置于热水中浸泡的时候，大量的肌溶蛋白就溶于水中而流失了。同

肉中含有丰富的蛋白质，易溶于水，在水中泡的时间越长，颜色变得越白，肌溶蛋白和肌红蛋白流失得也就越多，营养损失也就越大。

时，肌溶蛋白含有机酸、谷氨酸和谷氨酸钠盐等各种成分，这些物质被浸出后，会影响猪肉的味道。因此，猪肉不要用热水浸泡，而应该用干净的布擦净，然后用凉水快速冲洗干净。

　　猪肉沾上脏物，用清水往往很难清洗，若用淘米水浸泡数分钟再洗，脏物即可洗净。

花生最好"煮"着吃

　　花生营养丰富，含有多种维生素、卵磷脂、氨基酸、胆碱及油酸、硬脂酸、棕榈酸等。花生的产热量大大高于肉类，比牛奶高1倍，比鸡蛋高4倍。

　　花生的吃法也是多种多样，可生食，可油炸、炒、煮，在诸多吃法中，以水煮为最佳。用油煎、炸或用火直接爆炒，对花生中富含的维生素以及其他营养成分破坏很大。另外，花生本身含有大量植物油，高热蒸制会使花生的甘平之性变为燥热之性，多食、久食或体虚火旺者食之，极易上火。花生中的白藜芦醇具有很强的生物活性，不仅能抵御癌症，还能抑制血小板凝聚，防止心肌梗死与脑梗死。花生集营养、保健和防病功能于一身，对平衡膳食、改善居民的营养与健康状况具有重要的作用。

抗氧化剂　白藜芦醇　植物固醇　皂角苷

保留植物活性化合物

水煮花生保留了花生中原有的植物活性化合物，如植物固醇、皂角苷、白藜芦醇、抗氧化剂等，对防止营养不良，预防糖尿病、心血管病、肥胖具有显著作用。尤其是β-谷固醇有预防大肠癌、前列腺癌、乳腺癌及心血管病的作用。

炒豆芽加醋好处多

在有益寿延年功效的食品中，排第一位的就是豆芽，因为豆芽中含有大量的抗酸性物质，具有很好的抗老化功能，能起到有效的排毒作用。为了使豆芽在烹饪中营养不流失，最好放点醋。

豆芽在烹饪时，油盐不宜过多。要尽量保持其清淡的口味和爽口的特点，并且下锅后要急速快炒，这样才能保存水分及维生素 B_2 和维生素 C，口感才好。

豆芽富含蛋白质，炒豆芽放醋，能够使蛋白质更快、更容易溶解，同时也更易被人体吸收。

溶解蛋白质

去豆腥味

去涩味

豆芽里含有的水溶性维生素比较多，特别是维生素 C，它一怕热，二怕碱，还容易被氧化，所以，在烹调过程中，如果放一些醋，就可使维生素 C 在酸性环境中不易流失，而且还不易被氧化。

醋还能很好地去除豆芽中的豆腥味和涩味，同时还能保持豆芽的爽脆和鲜嫩。

煮鸡蛋不要用凉水冷却

有些人喜欢把煮熟的鸡蛋置于凉水中冷却，认为这样容易剥壳，其实这种做法很不科学。因为鸡蛋壳内有一层保护膜，蛋煮熟后，膜会被破坏，当煮熟的蛋放入冷水中时，蛋发生猛烈收缩，蛋白与蛋壳之间就会形成真空空隙，水中的细菌、病毒很容易被负压吸收到这层空隙中。另外，冷水中的细菌也会通过气孔进入蛋内。其实，在煮蛋时放入少许食盐，煮熟的蛋壳就很容易剥掉。

易进病菌

冷水中的细菌、病毒很容易被负压吸收到蛋白与蛋壳之间的真空空隙中。冷水中的细菌也会通过气孔进入蛋内。

绿叶蔬菜忌焖煮

绿叶蔬菜质地鲜嫩，含有丰富的营养成分。但在烹制时，如果不懂得烹调方法，随意加盖焖煮，不仅会使蔬菜的颜色由绿变黄，而且会使蔬菜丧失许多养分，甚至使人在食用后

丧失养分

引起中毒

正确的做法：
旺火热油，急速煸炒。即先将炒锅烧热，放油烧至冒烟，迅速将切好的菜放入，旺火煸炒几分钟后，加盐、味精，炒透出锅，其色泽碧绿，脆嫩爽口。做汤菜时，可先将汤烧开，之后再放绿叶菜，切不可加盖，至汤重滚、菜转深绿色时即倒出。

引起中毒。

因为绿叶蔬菜都含有不同量的硝酸盐，在烹调时如焖煮时间过长，硝酸盐就会还原为亚硝酸盐。亚硝酸盐一旦进入人的血液，就会与低铁血红蛋白发生化学反应，生成高铁血红蛋白，使血液失去运送氧气的能力。这时，人就会皮肤、黏膜呈青紫色，组织低氧，甚至"窒息"，严重者可能死亡。

飞火炒菜有害健康

生活中，我们常常可以看到这样一种景象：厨师在用旺火爆炒一些菜肴时，原料刚放入锅内，锅的边沿立刻会蹿出许多火苗，或者在旺火中颠锅、翻炒时，锅沿也会冒出火苗。厨师把这种现象称为"飞火"。发生飞火时，厨师大多仍然烹调不止，许多人都把这种飞火烹调当作一种高超的技艺来欣赏。实际上，从营养学的角度来看，这种飞火烹调对人体健康是有害的。

由飞火烹制的菜肴常常有一些油脂燃烧后产生的焦味。这种燃烧后的残留物被人吃了以后，会对健康产生不利影响，还可能引起癌变等。

飞火主要是由两个方面的原因造成的。飞火越严重，产生的残留物就越多，对人体健康的影响就越大。然而厨师为了追求火候和口味，常常顾不了许多。

1. 原料进入高温油锅后，原料外表所带的水分经高温油的作用迅速汽化，形成一定数量的水蒸气蒸发出来，这时有少量的油脂以微粒形式与水蒸气一同向外逸出，遇炉内明火产生飞火。

2. 当菜肴原料刚下锅或者颠锅翻炒时，有少量的油脂沾在锅沿上，遇到炉内升腾的旺火被引燃。

每炒一道菜，请刷一次锅

烹调菜肴后，锅底上往往会有一层黄棕色或黑褐色的黏滞物，如果不及时刷锅就炒第二道菜，那么不仅容易粘锅底，出现"焦味"，而且对人体健康有潜在的危害。

菜肴大多是含碳有机物，其热解后会转化为强致癌物苯并芘。科学研究证实，包括脂肪、蛋白质在内的含碳有机物转化为苯并芘的最低生成温度为

菜肴中的碳有机物热解后会转化为强致癌物苯并芘。为防止致癌物对人体的危害，应"炒一道菜，刷一次锅"，并彻底清除锅底的残留物。

350℃～400℃，最佳生成温度为600℃～900℃。据测定，搁在炉火上无菜肴的锅底温度能达400℃以上。这就是说，锅底上的残留物质很容易转化为苯并芘。锅底的黏滞物继续加热，其中苯并芘的含量比任何烟火熏烤的食物都要高。尤其是烹调鱼、肉之类的富含蛋白质、脂肪的菜肴时，锅底残留物中苯并芘的浓度更高。如果不洗锅继续烹调菜肴，苯并芘就会混入食物中。不仅如此，鱼、肉等构成蛋白质的氨基酸如被烧焦，还会产生一种强度超过黄曲霉素的致癌物。

大米淘洗次数愈多，营养损失也愈多

一般做米饭或熬粥时须先淘米，以去除米中的泥沙、稗子、

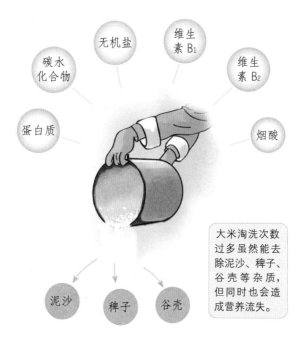

无机盐

维生素 B₁

碳水化合物

维生素 B₂

蛋白质

烟酸

泥沙　稗子　谷壳

大米淘洗次数过多虽然能去除泥沙、稗子、谷壳等杂质，但同时也会造成营养流失。

谷壳等杂质。但应注意淘米的方法，否则容易造成营养素的大量损失。

因为大米中所含的蛋白质、碳水化合物、无机盐和维生素 B_1、维生素 B_2、烟酸等营养物质大多易溶或可溶于水，淘、搓和浸泡容易导致营养物质大量流失。淘、搓次数愈多，浸泡时间愈长，淘米水温愈高，营养物质的损失就愈多。据测定，经淘洗的米（2～3次）维生素 B_1 会损失29%～60%，维生素 B_2 和烟酸会损失23%～25%，无机盐会损失70%，蛋白质会损失16%，脂肪会损失43%，碳水化合物会损失2%。因此，淘米时应注意以下几点：

（1）用凉水淘洗，不要用热水淘洗。

（2）用水量和淘洗次数要尽量减少，以去除泥沙为度。

（3）不要用力搓洗和过度搅拌。

（4）淘米前后均不应浸泡，淘米后如果已经浸泡，应将泡米的水和米一同下锅煮饭。

新茶储存有诀窍

温度、湿度、异味、光线、空气和微生物等都会造成茶叶色泽、香气的流失。所以，再好的茶叶，如果保存不当，也会变味。这里有一些储存新茶的诀窍可供大家参考。

（1）将干燥、封闭的陶瓷坛放置在阴凉处，把茶叶用薄牛皮纸包好，扎紧，分层环排于坛内，再把石灰袋放于茶包中间，最后密封坛口。石灰袋最好每隔1～2个月换一次，这样可使茶叶久存而不变质。

（2）将除氧剂固定在厚塑料袋的一个角上，然后将茶叶袋封好，效果也不错。

（3）将新茶装进铁或木制的茶罐中，用胶布密封罐口放在冰箱内，温度保持在5℃左右，长期冷藏。

蔬菜垂直竖放，维生素损失小

买回蔬菜后不宜平放，更不能倒放，正确的方法是将其捆好，垂直竖放。

从外观上看，只要留心观察就会发现，垂直竖放的蔬菜显得葱绿鲜嫩而挺拔，而平放、倒放的蔬菜则委黄打蔫，时间越长，差异越明显。

从营养价值看，垂直放的蔬菜叶绿素含量比水平放置的蔬菜多，时间越长，差异越大。叶绿素中的造血成分对人体有很高的营养价值，垂直放的蔬菜生命力强，维持蔬菜生命力可使维生素损失小，对人体有益。

大白菜这样过冬不会"老"

常见的大白菜品种主要有包头青、核桃纹青麻叶等，其中包心大而足的白菜是不宜储存的。大白菜的外帮耐寒、耐碰，能起保护菜心的作用，所以对外帮要多加保护，以保证菜心的安全。

如在厨房、过道、屋檐下或楼房阳台上储存菜，更要注意，菜堆面上的菜和迎风面的菜，以表层帮叶稍有冻僵为宜，但不能冻得起泡。

大白菜如果露天储存，气温下降到零度以下后，夜间应稍加苫盖。

1℃～2℃
通风
防受热

储存大白菜前要将外帮晾蔫萎，或者把大白菜菜根朝里、菜叶朝外码成双排，两三天翻一次。储存大白菜的地方要通风，储存的适宜温度为零上1℃～2℃。储存初期，要勤翻动，常通风，防止受热。

有条件的还可以挖一个半地下的小菜窖。但窖存大白菜要注意通风换气，使窖内空气保持新鲜。储存大白菜的过程中，要将腐烂变质的菜及时挑出来，否则会感染其他的菜。

玉米长时间保鲜妙法

玉米属于粗粮的一种，对于都市电脑族来说，经常吃玉米还可以起到保护眼睛的作用。但是，玉米对于保存条件的要求很严格，如不妥善处理，很快就会变馊了。所以，如果你喜食玉米，试试下面的办法使其保鲜吧。

玉米煮熟后不要马上捞出，而要先将冰块放入一个盛有冷水的盆中，再将玉米捞出放入冰水里浸泡约 1 分钟。这样可以使煮熟的玉米在 1 个小时左右保持新鲜。如果你煮的玉米比较多，在用了冷水浸泡的方法后，应再用保鲜膜把玉米包起来，存放到冰箱的冷藏室里，这样可以使玉米保持一天的新鲜。如果你在冬天也想吃到鲜嫩的玉米，就可以在玉米应季时多买一些，剥皮后装入保鲜袋，再放入冰箱的冷冻室冷冻，冬天再取出来煮的时候会和应季时的一样好吃。

冰水浸泡 1 分钟　　　　包上保鲜膜　　　　放入冰箱

韭菜、蒜黄巧保鲜

韭菜和蒜黄如不妥善保存，一两天就会烂掉。如果把它们放在冰箱里，其强烈的味道又会影响冰箱里别的食物。下面的两种方法可以帮助大家将韭菜和蒜黄保鲜。

1.清水浸泡

将新鲜的韭菜（蒜黄）码放整齐，然后用绳子捆好根部朝下放在清水中浸泡，这样可以使韭菜（蒜黄）保鲜3～5天。

2.白菜叶包裹法

将新鲜的韭菜（蒜黄）用绳子捆好，用白菜叶包裹后放在阴凉处，这个方法可以使新鲜的韭菜（蒜黄）存放3～5天。

这两种方法的原理都是防止韭菜（蒜黄）的水分流失，补充蔬菜所需的水分，所以能够保鲜。

面包不宜放在冰箱里

新鲜的面包买回家后该放在哪儿？很多人的答案是冰箱里。但最近有研究表明，放在冰箱里的面包更容易变干、变硬、掉渣儿，不如常温下储存营养和口感好。

面包之所以会发干、发硬、掉渣儿，是因为里面的淀粉发生了老化。面包制作过程中，淀粉会吸水膨胀；焙烤时，淀粉会糊化，结构会发生改变，从而使面包变得松软、有弹性；储藏时淀粉的体积不断缩小，里面的气体逸出，使面包变硬、变干，就是通常所说的老化。

导致面包老化的因素很多，温度就是其中的一个，它会直接影响面包的硬化速度。研究表明，在较低温度下保存时，面包的硬化速度快；在较高温度下保存时，面包的硬化速度慢；超过35℃，则会影响面包的颜色及香味。所以，

21℃ ~ 35℃是最适合面包的保存温度。

一种面包到底适合在常温下还是低温下保存，应从以下几个方面来判断：一是面包中是否添加了防霉剂，所使用的包装材料防水性好不好，如果这两点都符合，就可以放在常温下保存，面包不易变质；二是面包含糖和油脂多不多，如果是鲜奶面包或带有肉类、蛋类等馅料的面包，最好放在冰箱里保存，否则容易变质。

变干　变硬　掉渣儿

冰箱的冷藏室温度为2℃ ~ 6℃，会加速面包的老化，更容易使面包变干、变硬、掉渣儿。

第五章

运动健身与健康
——学会做自己的健身教练

运动时四种"不适"忽略不得

健身专家提醒人们，运动时出现的许多身体不适症状，应当引起高度重视。

运动时心率不增

人在运动时心跳会加快，运动量越大，心跳越快。如果运动时心率增加不明显，则可能是心脏病的早期信号，预示着今后可能有心绞痛、心肌梗死和猝死的危险。

运动中出现心绞痛

运动时，心肌负荷会增加，使心肌耗氧量增多。特别是一些伴有不同程度血管硬化的中老年人，在运动时心脏会相对供血不足，从而导致冠状动脉痉挛而产生心绞痛。遇到这种情况时要及时中止运动，经舌下含服硝酸甘油片后，心绞痛一般即可消失。

运动中出现头痛

少数心脏病患者在发病时不会感到胸部有异常，但在运动时会出现头痛。对此，很多人只以为自己没有休息好或得了感冒。因此，提醒那些参加运动的朋友，如果在运动中感到头痛，应尽早去医院做检查。

运动中出现腹胀痛

在运动过程中，突然出现腹部胀痛，多是大量出汗丢失水分和盐分所导致的腹直肌痉挛。发生腹痛时，平卧休息做腹式呼吸 20 ~ 30 次，同时轻轻按摩腹直肌 5 分钟左右，即可止痛。在运动中出汗过多时，及时补充 200 ~ 300 毫升盐水是预防腹部胀痛的关键。

运动后不宜大量饮水或吃冷饮

运动刚停下来便大量饮水，势必造成肠胃血管急剧收缩，使吸收功能减退，过多的水分积聚在胃肠里，导致胃部沉重胀闷。这不仅会加重胃肠负担，直接妨碍膈肌的活动，影响人体正常呼吸，还会使更多的水进入血液增加身体疲劳感。

大量饮水还会造成人体大量出汗，而排汗量增加会带走很多盐分，从而使体内水盐平衡被破坏，造成血液内盐浓度降低，使人产生头晕、疲劳、食欲下降甚至肌肉痉挛等症状。

运动后人体血管舒张扩大，血液循环加快，大量吃冷饮会使胃肠血管急剧收缩，引起胃肠功能紊乱，使食物不能很好地消化，导致腹痛、腹泻。同时，冷饮还会使运动后充血的咽喉部受到突然过冷刺激，引起咽喉炎、声嘶等。

因此，体育运动后不要大量饮水和吃冷饮，而应先用温水漱口，待身体平静后再慢慢饮白开水或淡盐开水，以补充失去的水分和盐分。

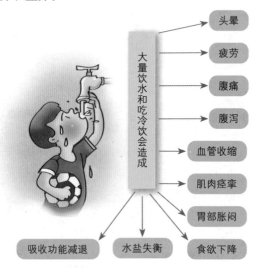

吃饭前后不宜剧烈运动

有的人由于做了很长时间的剧烈运动，会觉得很饥饿，于是见了饭菜就狼吞虎咽地吃起来，其实这样是很不好的。

因为食物的消化是靠胃肠的蠕动进行的，而胃肠的蠕动需要很大的能量，所以，只有在血液充足、供氧量充足的条件下，胃肠才能更好地消化食物。当人体刚做完剧烈运动的时候，血糖浓度相对降低，不能供给胃肠足够的能量，所以，胃肠的蠕动比较缓慢，不利于食物的消化和吸收。而且饭前运动还容易发生头晕，甚至发生低血糖性休克。

吃饭前后剧烈运动

休克 头晕

不利消化 不利吸收

饭后不宜做剧烈运动，一般在饭后1～1.5小时后再进行运动为宜。

刚吃完饭后做剧烈运动也是不好的，因为这时候胃肠要消化食物，需要血液供给糖类物质，如果马上去做剧烈运动，同样会使供给胃部的能量减少，这样也不利于营养物质的消化和吸收。

女性如何制订健身计划

30 岁的女人

50% 的有氧运动，35% 的力量练习，15% 的柔韧性训练。

30 岁的女性适合坚持一套固定的动作，做一些高强度的有氧活动以预防肥胖，增强耐力。

项目：每星期 4 ～ 5 次，每次 30 ～ 40 分钟慢跑、快走或交替训练（短时间强烈的爆发训练和长时间轻微的慢速训练交替）。

40 岁的女人

35% 的有氧运动，45% 的力量练习，20% 的柔韧性训练。

当女性进入 40 岁时，应该把活动重心转移到力量练习上，这样不仅能保持骨质的密度，增强肌肉组织，而且能提高新陈代谢，消耗脂肪，给身体增添活力。

项目：每星期 3 次，每次至少 30 分钟快步走，同时增加 15 分钟的力量练习，加上一些"30 岁女性健身法"的运动。注意：每次活动之前，要多花点时间抻拉四肢，保持身体的柔韧性。

50 岁的女人

30% 的有氧运动，30% 的力量练习，40% 的柔韧性训练。

50 岁和 50 岁以上女性最关键的是平衡和柔韧。随着年龄的老化，身体的平衡能力也跟着退化，关节组织的变化限制了身体的柔韧性。此外，更年期雌激素的丧失也可能增加女性患心脏病、中风和骨质疏松的危险。

项目：每星期至少 3 次散步和力量练习有助于维持骨质密度和心脏健康。

跑步一定要穿跑步鞋

"跑步一定要穿跑步鞋，否则会给脚部带来伤害，引发脚部疾病。"对于跑步，健康专家给了上述提示。

若你跑1千米，以步幅1米计算，总共要跑1000步，即每一只脚各跑500步，跑完全程到终点，两只脚各承受了5万千克的重量。

平坦　　柔软　　减震

运动鞋或旅游鞋的鞋底平坦而富有弹力，对跑跳能起到一定的缓冲作用，不仅轻便耐磨，而且防水性能好。

　　站立时双足承受我们的体重，而每跑一步，单足要承受2～3倍的体重。一个50千克重的人每跑一步，每个脚掌起码要承受100千克的重量。足部的劳累程度还不止如此。

　　这样说来，更应挑一双合适的运动鞋保护"劳苦功高"的双足。专家研究发现，不少脚部出现病症的人都有跑步的时候不穿跑步鞋的经历。不少人为款式而购买运动鞋，但是穿运动鞋同样要讲究针对性，因为每款运动鞋都是为个别运动而设计的。跑步不宜穿篮球鞋，也不适合穿鞋底几乎没有纹理及减震保护的休闲鞋。

另外，穿运动鞋和旅游鞋会使鞋内温度和湿度增高，如果久穿，就容易使脚掌皮肤患脚癣病等，还会使脚底韧带变松拉长，脚掌容易变宽，长期发展下去可导致平足。所以，不宜长穿运动鞋和旅游鞋。

快步走比跑步更能健身

有关研究表明，快步走比跑步更能健身。因为快走容易控制速度，对心肺的刺激小，不会给心脏等器官造成超荷负担，而且能增加肺活量，加大心脏收缩力，促进血液循环，使大脑获得充足的供氧，从而起到有效预防大脑老化的作用。

美国有位医学博士发现，每天 10 分钟快步行走，不但对身体健康

大多数人一定有过这样的体验：在街上或商场闲逛时，虽步伐缓慢，但回家后却感到十分疲劳。当人们情绪欠佳时，若能采取快步走的方式活动，烦恼就会很快消失。睡前如能进行一次快步走，有利于很快入睡，其效果不亚于口服镇静剂。

大有裨益，还能使消沉的意志一扫而光，保持精神愉快。

快步走路比慢步走路更能锻炼身体，因为它能促进血液循环，有利于提高氧气的消耗，增加心脏的收缩力。

人在行走时，肌肉系统犹如转动的泵，能把血液推送回心脏，而下肢是肌肉最多的部位，其作用最为重要。下肢如果行动过分软弱无力，就不能产生足够的推动力使心脏输送

血液。每天快步走 3 次，每次 15 分钟，不仅可以健身，而且可以有效防治肥胖症、糖尿病、下肢静脉曲张等疾病，对身体也不会有损害。

走多快才算是"快走"呢？研究报告指出，在 12 分钟内走完 1 千米的距离，这样的速度可以称之为"快走"，因为这个速度可以让心肺功能产生有效的运动。

游泳疾病要小心

红眼病

医学上称为"急性结膜炎"的红眼病，和游泳池有"不解之缘"。每年 6 ~ 8 月份的感染率是 1 月份的两倍，究其原因，没有经过充分消毒的游泳池充当了重要的"帮凶"角色。

红眼病可以通过接触传播，传染性强，传播迅速，沾染病毒的手、毛巾、水等都可以成为传播媒介。当眼部有痒感、异物感或灼热感，特别怕光，结膜充血，有脓性或黏液性分泌物时，应当马上就医，在医生指导下选用眼药。

妇科疾病

除了泳池，洗澡间也可能是一个污染源，不洁的纸巾、洗浴用品、洁具等都可能传染妇科疾病。

换衣服时，女性尽量不要让皮

肤直接接触凳子，换下来的衣服也要用干净的袋子装好。人们脚上的霉菌常粘在池边的地面上，如果随意坐在上面，很容易引起霉菌性阴道炎。所以，不妨先垫上浴巾再坐。要注意水域是否卫生，游泳后要尽快用清洁水彻底冲洗并擦干身体。

中耳炎

在充满消毒剂的泳池里游泳，对人的眼、耳、皮肤具有一定程度的刺激。游泳后，若出现耳朵疼痛，流水样的黄色分泌物，可能是感染了急性外耳道炎。更严重的情况是感染急性化脓性中耳炎，会导致耳痛、听力下降。

游泳时，当池水入耳后，可将头歪向进水的一侧，拉拉耳朵或辅以单脚跳动，让水自然流出，切忌用手或他物去抠挖。为防止池水进耳，最好戴上耳塞。游泳后一旦耳痛，可用复方氯霉素滴耳液或浓度 3% 的氧氟沙星滴耳液滴耳。

抽筋

游泳抽筋的主要原因有：一是事先准备活动不够，游泳时忽然进入剧烈运动状态，导致肌肉过度痉挛、收缩；二是游的时间太长，肌肉疲劳，乳酸聚集过多，导致抽筋。游泳持续时间一般应为 1.5 ～ 2 小时。

下水前必须做热身运动。热身主要以伸展四肢的运动为

主，如弯腰、压腿、摆手等。

运动时，别忘了带上好心情

　　运动心理学研究表明，运动的效果与情绪密切相关。带着愉快的心情去运动，可有效地激活机体内的免疫功能；带着不良的情绪去运动，免疫系统的功能则会受到抑制，长此以往，人就会生病。

　　专家告诫我们，在进行运动时要讲究心理卫生。

1. 要有明确的运动目的

运动前要有一种跃跃欲试的情绪，要有参加运动的积极性。

2. 要尽力使运动轻松化

可在运动前听听音乐，也可以找志同道合的亲人和朋友一起参加运动，在运动中相互鼓励，共同创造欢乐的气氛。

3. 最好掌握一些心理调节的方法

心理调节并不神秘，人人都可以控制自己的情绪和心境。例如，跑步前照照镜子，整理一下头发、衣领，看看自己的面容，让精神振奋起来，这是一种积极的自我心理调节。

4. 注意选择那些自己感兴趣的运动

选择自己感兴趣的运动，并尽量使运动与娱乐相结合。

盲目瘦身苦身体

有些体重正常的人一味追求体形,盲目加入"减肥"行列,这可能会严重损害健康,甚至危及生命。

很多模特为了达到最佳的上镜效果而拼命减肥,导致身体严重营养不良,气色很差,皮肤暗淡无光,常常头晕目眩。

(1)缩短寿命。肥胖症虽能增加早逝的危险,但不适当的减肥会带来更多危险。科学家发现,那些减体重的男性早逝的危险性比无体重改变的男性增加了很多。

(2)严重损害健康。减肥最常见的方法是限制饮食。但是膳食中蛋白质、脂肪、糖类三大营养之间的比例在 1：1：4 时吸收效果最好,如果单纯采用大幅度减少饮食的办法,会使机体代谢紊乱,引起其他疾病。

(3)长期盲目节食,会产生神经性厌食症。这是一种自我饥饿的心理疾病。这类人总以为自己太胖,所以通常一连几天或几周不好好进食,致使营养中断,体内代谢障碍,引起脑水肿、脑萎缩,最终出现心力衰竭而死亡。

科学无污染的色彩减肥法

想要减肥,只要用一只蓝色盘子盛饭菜就可以了。这可不是神话,是有科学依据的。因为蓝色是最让人没有食欲的颜色了,吃得少了,自然就瘦下来了。

你还可以把冰箱内的小灯泡换成蓝色，这样每次你拉开冰箱想拿食物的时候，满眼都是蓝色，就会不自觉地少吃一些。最强势的做法是，干脆把厨房装饰成蓝色，不仅能抑制食欲，还会使厨房看起来很有现代感。

当你需要节食的时候，可以使用一套蓝色或紫色的餐具，最好是碗筷俱全的那种。

生活中，我们会习惯性地避开蓝色、紫色或黑色的食物，这些颜色的食物会让人联想起有毒物质或者腐败变质的东西。曾有一家著名的糖果公司推出了亮蓝色糖果，结果没有受到消费者欢迎，反而收到了很多投诉，厂家只得被迫撤回已经推出的商品。事实上，留心观察就会发现，生活中蓝色、紫色的食物并不多，茄子、芋头、葡萄……屈指可数。即使是人造食物，譬如运动饮料什么的，也很少有蓝色，即使偶尔有卖，销量也并不好。

最能刺激食欲的是红色与黄色。一般快餐店都喜欢装饰成红色调，使用红色的餐桌和餐椅，就是为了刺激食客的食欲。黄色能带来快乐的感觉，餐馆使用温馨的黄色配饰能让顾客有宾至如归的感觉，有更多进食的欲望。麦当劳公司的红色和黄色包装曾被评为最佳食品包装，一方面因为设计很新潮，还有一个原因就是它能很好地勾起食欲。

如果想要减肥，可以多吃些白色食物，譬如豆腐、豆芽、鱼肉等，一方面寡淡的色泽不会勾起强烈的食欲，另一方面这类淡色食物本身含热量也很低。除了白色食物，绿色食物也是不错的选择，不含有高脂肪，却有丰富的营养元素。

静坐：有张有弛才是真正的生活之道

静坐是很好的养生之道，是松弛身体、调整五脏六腑机能的有效办法。通过静坐，能够使人体阴阳平衡，经络疏通，气血顺畅，从而达到益寿延年之目的。静坐保健需要注意以下几点：

1. 端正坐姿

端坐于椅子上、床上或沙发上，自然放松，两手放于下腹部，两拇指按于肚脐上，手掌交叠捂于脐下，去掉杂念，意在丹田（肚脐眼下方），慢慢进入忘我境界。

2. 选择清幽的环境

选择无噪声干扰，无秽浊杂物，而且空气清新流通的清静场所。在静坐期间也要少人打扰。

3. 选择最佳时间

静坐的最佳时间是晨起或睡前，时间以半小时为宜。工作繁重的上班族可以不拘泥于此，上班间隙如感到身心疲惫，就可以默坐养神。

4. 静坐后调试

静坐结束后，静坐者可将两手搓热，按摩面颊双眼以活动气血。此时会

顿感神清气爽，身体轻盈。

念"六字诀"——为懒人量身定做的强身健体功

"六字诀"是我国古代流传下来的一种养生方法，它最大的特点是原地不动就能轻松调理五脏六腑。大家在工作之余不妨都来试试。

首先做好预备功：头顶如悬，双目凝神，舌抵上腭，沉肩垂肘，含胸拔背，松腰坐胯，双膝微屈，双脚分开，周身放松，大脑入静，顺其自然，切忌用力。

1.念"嘘"字治肝病

操作方法：练"嘘"字功时，两手相叠于丹田，男左手在下，女相反；两瞳着力，足大拇指稍用力，提肛缩肾。当念"嘘"字时，上下唇微合，舌向前伸而内抽，牙齿横着用力。呼吸勿令耳闻。当用口向外喷气时，横膈膜上升，小腹后收，逼出脏腑之浊气。大凡与肝经有关之脏器，其陈腐之气全部呼出；轻闭口唇，用鼻吸入新鲜空气。吸气尽后，稍事休息，再念"嘘"字，并连做6次。

功效：本功法对肝郁或肝阳上亢所致的目疾、头痛以及肝风内动引起的面肌抽搐、口眼歪斜等有一定疗效。

2. 念"呵"字治心病

操作方法：练"呵"字功时，加添两臂动作，这是因心经与心包经之脉都由胸走手。当念"呵"字时，两臂随吸气抬起，呼气时两臂由胸前向下按，随手势之导引直入心经，沿心经运行，使中指与小指尖都有热胀之感。应注意念"呵"字之口型为口半张，腮用力，舌抵下颌，舌边顶齿，要连做 6 次。

功效：本功法对心神不宁、心悸怔忡、失眠多梦等症有一定疗效。

3. 念"呼"字治脾病

操作方法：练"呼"字功时，撮口如管状，唇圆如筒，舌放平，向上微卷，用力前伸。此口型动作，可牵引冲脉上行

之气喷出口外，而洋溢之微波侵入心经，并顺手势达于小指之少冲穴。循十二经之常轨气血充满周身。需注意的是，当念"呼"字时，手势未动之先，足大趾稍用力，则脉气由腿内侧入腹里，循脾入心，进而到小指尖端。右手高举，手心向上，左手心向下按的同时呼气；再换左手高举，手心向上，右手心下按。呼气尽则闭口用鼻吸气，吸气尽稍休息进行一个自然的短呼吸，再念"呼"字，共连续 6 次。

功效：本功法对脾虚下陷及脾虚所致消化不良有效。

4. 念"丝"字治肺病

操作方法：练"丝"字功时，两唇微向后收，上下齿相对，舌尖微出，由齿缝向外发音。意念由足大趾之尖端领气上升，两臂循肺经之道路由中焦健起，向左右展开，沿肺的经脉直达拇指端的少商穴内。当呼气尽时，即闭口用鼻吸气。休息一会儿，自然呼吸一次，再念"丝"字，连续 6 次。

功效：本功法对肺病咳嗽、喘息等症有一定疗效。

5. 念"吹"字治肾病

操作方法：练"吹"字功时，舌向里，微上翘，气由两边出。足跟着力，足心之涌泉穴随上行之脉气提起，两足如行泥泞中，则肾经之脉气随念"吹"字之呼气上升，并入心包经。同时两臂撑圆如抱重物，躯干下蹲，并虚抱两膝。呼气尽，吸气之时，横膈膜下降，小腹鼓起，吸气尽稍休息，连续做 6 次。

功效：本功法补肾，对肾虚、早泄、滑精等症有效。

6.念"嘻"字理三焦之气

操作方法：练"嘻"字功时，两唇微启，稍向里扣，上下唇相对不闭合。舌平伸而微有缩意，舌尖向下，用力向外呼气。两手心向上经由膻中向上托，过头顶，一边托一边呼气后，再由面前顺势下降至丹田。当念"嘻"字之时，四肢稍用力，少阳之气随呼气而上升，与冲脉并而悬通上下，则三焦之气获理，脏腑之气血通调。

功效：本功法对三焦气机失调所致耳鸣、耳聋、腋下肿痛、齿痛、喉痹症有效。

搓腰、转腰、扭腰，巩固先天之本

肾为先天之本，主宰一身之阳，只有肾阳足时，五脏六腑、四肢百骸才能得到温煦，血脉才能通畅，人才能健康。而腰为"肾之府"，护肾就要从保养腰部做起，这里提供三个方法：

1. 搓腰法——暖肾补肾

每天用手掌在腰部上下来回搓100 ~ 200下，不仅能温暖腰及肾脏，增强肾脏机能，加固体内元气，而且可以疏通带脉。持之以恒，还可以防治腰酸、腰痛、尿频、夜尿多等肾虚症状。

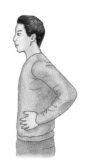

搓腰法

2. 转腰法——放松内脏

经常转腰可以放松内脏，缓解便秘，而且对高血压、高血脂、高血糖都有降低的功效。

具体操作方法如下：
（1）两脚分开站立，与肩同宽或略宽于肩，两手臂自然下垂，两眼目视前方。
（2）上半身保持正直，腿、膝也要伸直，不能弯。
（3）先将腰向左侧送出去，然后再往前、右、后顺时针转圈。整个过程要慢，双肩不能动，双膝不能弯，慢慢转动30 ~ 50圈。
（4）要领同上，再逆时针转30 ~ 50圈。
做的时候动作一定要慢，要连贯，并且呼吸自然，全身放松。另外，转腰最好在早晨及下午做，空腹时更好，做完后再喝一杯温开水。坚持半个月后，效果会很明显。

转腰法

3. 扭腰法——强壮腰腹

此方法虽然不能直接锻炼到腰部，但双腿的左右摆动最大限度地扭转了腰，而且腰部的拉伸是在完全放松、没有压力的情况下进行的，这样来回做上100下，对腰部有很好的按摩及疏通作用。

此外，还可以将双腿抬高或放低，用不同的角度左右大幅度地摆动双腿，这样能按压到整个臀部。一般小腹部有毛病的人，如患有各种妇科病或者前列腺炎的人，腰骶部及臀部的经络多数不通，而臀部的肌肉厚，按摩的效果不好，躺在硬板床上配合双腿的摆动按摩，能有效刺激臀部不通、瘀堵的区域。因此，腰不好及小腹部有各种不适的人，最好每天做1～2次，每次不少于100下，只要常年坚持，就会有意想不到的治疗效果。

具体做法如下所示：
（1）仰卧，双手与肩成一字形，双腿并拢伸直。
（2）双腿抬起，屈膝，与床成90°角。
（3）上身不动，双腿向右侧倒，直至右腿碰到床，再慢慢恢复原状，接着向左侧倒，直至左腿碰到床。

扭腰法

此方法在硬板床上或在地板上铺上垫子做，效果会更好。

有氧运动有益健康

有氧运动的保健功能越来越受到人们的重视。有氧运动有益身体健康，这一点毋庸置疑。

有氧代谢运动是以增加人体吸入、输送与使用的氧气为目的的耐久性运动。在有氧运动中，人体需要能量，而人体的能量来源于体内营养物质的化学反应分解释放。

有氧运动基本特征

1. 进行时间比较长

大量的短暂运动不是有氧运动，而是"低氧"运动，因为身体肌肉消耗体能的速度远远超过心肺功能所能供应的速度，身体肌肉暂时以低氧方式燃烧能量，并非有氧运动。大多短暂而剧烈的运动都属这一类。

2. 运动时间比较频密

有氧运动只做一次半次是没有意义的。有氧运动要持之以恒，次数较为频密。一星期之内不少于 3 次才能够显示出有氧运动的功效，才可以真正带动氧气输送全身，让心脏、大脑、肌肉等器官受惠。

5. 运动的速度是比较缓慢而持久的

有氧代谢运动的特点是强度低、有节奏、不中断和持续时间较长。一般来讲，它对技巧要求不高，加之常带有娱乐性，因而方便易行，容易坚持。有氧代谢运动的常见种类包括步行、跑步、骑车、游泳、跳健身舞、做健身操、扭秧歌及一些中低运动强度但能持续时间较长的运动项目。不论年龄和性别，有氧运动对促进身体健康、增强体质、治疗慢性疾病都具有重要的作用。

3. 出现和心跳加速排汗现象

运动时会感到心跳和呼吸加速，会有排汗现象。虽然如此，但是并不会感到辛苦。运动之时，心肺功能明显提升而身体热量显著上升，表示身体已经使用氧气燃烧能量，放出热能，要用排汗来散热。与此同时，身体又不太辛苦，未开始有低氧燃烧的阶段，是非常舒适的运动。

4. 运动完之后不会有肌肉酸痛

有氧运动刚好将化学能量（例如葡萄糖）燃烧成为动能及热能，不需依赖无氧燃烧，所以肌肉不会感到酸痛。如果运动过量，就会出现无氧燃烧（亦即低氧燃烧）的现象，而无氧燃烧会产生大量肌肉乳酸，残留在肌肉之内，产生肌肉酸痛的感觉。

有事儿没事儿拉拉筋，增寿延年的好方法

　　随着生活节奏的变快，都市流行病也正在年轻化。颈椎痛、腰腿痛、高血压这些老年病症居然在年轻人中流行，而且疼痛的部位更多。这些病症跟高科技的副产品，如电脑、电视、游戏机和汽车等现代生活工具有关。再者就是空调，在炎热的夏季，不管是商场、办公室，还是家里，随处可吹到凉爽的空调风，但是空调会吞噬健康，将寒湿不断灌入人体，堵塞气血的运行，形成痛症。

　　治疗病痛最有效的方法是拉筋法。十二筋经的走向与十二经络相同，故筋缩处经络也不通，不通则痛。拉筋过程中，胯部、大腿内侧、腘窝等处会有疼痛感，说明这些部位筋缩，相应的经络不畅。拉筋使筋变柔，令脊椎上的错位得以复位，于是"骨正筋柔，气血自流"，腰膝、四肢及全身各处的痛、麻、胀等病症因此减缓、消除。

　　此外，通过拉筋还可以达到排毒的效果。拉筋可打通背部的督脉和膀胱经，中医认为督脉是诸阳之会、元气的通道，此脉通则肾功能加强，而肾乃先天之本、精气之源，人的精力、性能力旺盛都仰赖于肾功能的强大。膀胱经是人体最大

现代病引发的疼痛

常吹空调引发疼痛　　　　缺乏运动引发疼痛　　　　办公一族常见职业病

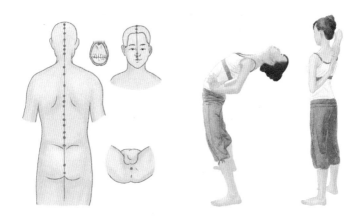

督脉就在脊椎上，而脊髓直通脑髓，故脊椎与脑部疾病有千丝万缕的联系。

人老筋先老，简单的拉筋对于预防疾病、延缓衰老有着非凡的功效。

的排毒系统，也是抵御风寒的重要屏障，膀胱经通畅，则风寒难以入侵，内毒随时排出，肥胖、便秘、粉刺、色斑等症状自然减缓、消除。膀胱经又是脏腑的俞穴所在，即脊椎两旁膀胱经上每一个与脏腑同名的穴位，疏通膀胱经自然有利于所有的脏腑。按西医理论解释，连接大脑和脏腑的主要神经、血管都依附在脊椎及其两边的骨头上。疏通脊椎上下，自然就扫清了很多看得见的堡垒、障碍和看不见的地雷、陷阱。

另外，拉筋对增强性功能也有帮助。拉筋能拉软并改善大腿内侧的肝、脾、肾三条经。这三条经不畅是生殖、泌尿系统病的主要病因，比如男人的阳痿、早泄、前列腺炎，女人的痛经、月经不调、色斑、子宫肌瘤、乳腺增生等，皆因此而生。所以男人要想增强性能力，女人要想治愈各种妇科病，最简便有效的办法之一就是拉筋。

肩周炎、腰椎间盘突出，病根在筋上

俗话说："筋骨相连""筋为骨用，筋能束骨"，很多时候筋出问题了，不能"束骨"了，骨头才会出问题。肩周炎正是由于正气不足，肝肾虚损，最终导致筋脉失养所引起的。腰椎间盘突出也是一样，由于筋的弹力减弱，不能把腰椎间盘里的骨头束统起来了，才导致它们相互错位。中医一贯讲究辨证诊治，所以这两种病找到根儿，还是要从"筋"论治。

对于肩周炎，可以采用以下几种传统疗法。

1. 拔罐疗法

常用的拔罐穴位有肩井、肩前、肩贞、天宗等穴位。每次选两个穴位，交替使用。

2. 刮痧疗法

刮痧疗法采用的工具——刮痧板有许多种，传统的方法是使用牛角板，因其消毒时易断裂，多不使用。主要使用玉制板，易于消毒，可反复使用。

刮痧时，应在施术部位涂抹刮痧油，减少刮痧时对皮肤的损伤，并加强活血化瘀、疏通经络的作用。常选用的经络有手臂外侧的肺经、大肠经。每周可刮 1 ~ 2 次。

3. 中药热熨、热敷

可以选用活血化瘀、舒
筋活络、消肿散结的中药热
熨、热敷，同时也可服用养
血荣筋丸、活血止痛散等中
成药。

4. 自我功能锻炼

功能锻炼对肩周炎患者来说十分重要，特别是适当做大
幅度肩关节的运动，对预防肩关节的粘连，肩部软组织的拘紧、
挛缩，大有好处。

一位肩周炎患者每天坚持使用拉筋法来锻炼，他还自创
了一套有效的方法：站在室外，双手像游泳一样运动，手向
前压水向后推水，结果过了三四天要命的肩周疼就康复了。

（1）弯腰转肩：患者
弯腰垂臂，甩动患臂，
以肩为中心，做由里
向外或由外向里的画
圈运动，用臂的甩动
带动肩关节活动。

（2）后伸下蹲：患者背向
站于桌前，双手后扶于桌
边，反复做下蹲动作，以
加强肩关节的后伸活动。

（3）爬墙：患者面向
站于墙前，双手上抬，
扶于墙上，努力向上
爬，要每天比前一天
爬得高。

　　腰椎间盘突出和腰肌劳损经常会合并出现，所以经常有很多人把二者混淆。如果把腰部平衡看作一个系统，那么腰肌主要负责动态平衡，而腰椎间盘是静态平衡的一部分。动态失衡（腰肌劳损）大多症状较轻而且可以逆转，而静态失衡（腰突症）却会引起更持久的症状而且难以逆转。如果在腰部肌群出现问题之后，没有得到及时纠正，不良刺激始终贯穿，旧的创伤和新的损伤交杂，就会逐渐从肌群的动态失衡转变为腰椎间盘突出等静态的结构失衡。

　　腰肌劳损是腰部筋膜和肌肉的退变，腰部多数会有压痛、痉挛、条索状粘连。处理方式主要是解除肌肉疼痛，恢复肌肉的弹性和功能，推拿、热敷效果较好。

　　腰椎间盘突出症是由于椎间盘突出压迫刺激硬膜囊或神经根导致的症状，属于椎间盘的一种退变。处理方式主要是改变突出髓核对硬膜囊或神经根的压迫刺激，通过理疗、牵引治疗和推拿、按摩等手法，消除这种刺激征，从而使症状逐渐消失。

第六章

身体警报与健康
——察"颜"观色识百病

我们必须养成与身体交流的习惯

如今，生活条件好了，物质水平高了，但生病的人却越来越多了。其实，只要做个生活的有心人，学会与身体交谈，与疾病切磋，我们完全可以不生病或者少生病，夺回被一点点偷走的健康。

身体比我们想象的要机警得多，因为它拥有一支规模庞大、装备整齐的防卫部队，每天都在巡逻，监视着体内的动向，只要有一丝一毫的风吹草动，它就会立刻拉响警报，引起我们的注意。

所以，听懂身体的预警是非常重要的。一般而言，身体

面对"外敌"的入侵，身体会用比较激烈的方式提醒我们，比如发烧、腹泻、呕吐等。我们因此意识到自己"病"了，然后通过吃药、打针等，很快把这些信号灭下去。这些症状消失了我们就以为身体已经安然无恙，又恢复了以前的生活习惯，根本不去想是什么引起了这些症状，以前的错误继续下去，疾病还会卷土重来。

的预警有两类，一类是针对自身情况发起的，另外一类是针对外界敌人发起的。

如果我们无法听懂身体的语言，不能和身体做真正的交流，那么，当它支撑不住、呼救呐喊的时候，只好给我们来点更厉害的警告。而病菌也会变得更为嚣张，因为我们在无意中给了它们很多帮助，协助它们不断攻击身体医生，把健康一点一点赶出了我们的身体。

当我们想尽办法关闭身体发出的这些信号时，也会把破坏身体安全的不良因素关在里面。许多人在电脑前工作时间长了会感到肩颈疼痛，这时候我们应该停下工作，休息放松一下，做做拉伸运动，而不是马上吃两片止疼片。

针对自身出现的状况发起的警报有多种情况。例如长时间盯着电脑会感到眼睛痛，这是身体在提醒你该眨眨眼睛休息一下了；看电视时间久了，脖子会感到酸痛，

身体的预警有两类

针对自身情况发起的　　　　针对外界侵害发起的

这也是身体的保护信号，提醒你该换个姿势活动活动了。身体信号是非常重要的，如果被忽视，就会影响身体的正常工

作秩序，最终导致各类疾病。

在任何时候，身体都是最忠诚的，它永远都不会做对你有害的事情，它总是尽力规避风险，调整自身进入最佳的平衡状态。

我们必须养成与身体交流的习惯，而不是在第一时间内吃吃药打打针把信号掐断。聆听身体的语言，积极配合身体的需要，做有利于健康的事情，这样才能避免在"症状得到控制"的掩盖下，身体的健康在不知不觉间被不良生活习惯掏空。

白带异常表明了什么

白带是女性生殖系统如子宫、阴道及卵巢分泌的黏液性液体，津津常润，白色透明，适量而无臭味，在排卵期或妊娠期白带量增多，这为生理性白带。而异常白带量多而浑浊，色、味、形异常，且伴有瘙痒或疼痛，中医称为带下病。

1. 白色乳酪状白带

白带呈白色、黏稠的乳酪状，并伴有外阴奇痒，见于真菌性阴道炎患者，多为白色念珠菌感染，糖尿病患者及长期应用广谱抗生素者易患此症。

2. 黄色水样白带

白带色黄，有恶臭，水样，伴有月经过多，应高度怀疑黏膜下子宫肌瘤。

3. 血性白带

生育期的妇女血性白带伴性交痛，应考虑宫颈炎。

4. 绝经后血水样脓性白带

俗称"倒开花"，白带恶臭，呈脓血样，并伴有不规则阴道流血，应警惕子宫内膜癌的发生。

5. 黄色泡沫状白带

白带色黄、呈泡沫状，伴有外阴瘙痒、疼痛、有恶臭等症状，见于滴虫性阴道炎。

总之，不论发生什么样的异常白带，均是女性生殖系统出现严重疾病的表现，女性应该高度警惕，及时到医院检查以明确病因，切莫耽误了治疗时间。

不可不知——肤色告诉你的疾病隐患

"最近你的肤色不太好看。"在办公室里经常听到这样的关心语。中医有句行话："病在里必形之于表。"对人体来说，皮肤是人体的护卫屏障。皮肤代替心脏承受了太多的危险与伤害，因而皮肤也就成为人们健康自查自测的一面镜子。

皮肤的颜色因年龄、日晒程度以及部位的不同而有所区别，主要由三种色调构成：黑色有深浅，由皮肤中黑色素颗粒的多少决定；黄色有浓淡，取决于角质层的厚薄；红色的隐现与皮肤中毛细血管分布的疏密及其血流量的大小有关。

一般正常的人，皮肤是红润的，观察皮肤颜色的变化对判断疾病有很大帮助。如果一个人皮肤的颜色与其平时的肤色相比有较大的改变，并排除了正常的外来影响，就要考虑疾病发生的可能性了。

下面就让我们一起从皮肤的颜色开始，看看我们身体中存在哪些危机：

1. 皮肤苍白

贫血者往往有不同程度的皮肤黏膜苍白。寒冷、惊恐、休克或主动脉瓣关闭不全等，会导致末梢毛细血管痉挛或充盈不足，引起皮肤苍白。雷诺氏病、血栓闭塞性脉管炎等疾病因肢体动脉痉挛或阻塞，也会表现为肢端苍白。

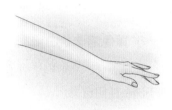

皮肤苍白

2. 皮肤发红

皮肤发红是由于毛细血管扩张充血、血流加速以及红细胞数量增多所致。在生理情况下见于运动、饮酒时；疾病情况下见于发热性疾病时，如大叶性肺炎、肺结核、猩红热等。另外，某些中毒，如阿托品等药物中毒，以及红细胞数量增多，如真性红细胞增多症等也可引起皮肤发红。

皮肤发红

3. 皮肤呈樱桃红色

十有八九是煤气或氰化物中毒。煤气中毒的病人，其血红蛋白与一氧化碳结合成碳氧血红蛋白，失去携氧能力，造成机体缺氧。当碳氧血红蛋白达到30% ~ 40%时，病人的皮肤就会呈樱桃红色。

皮肤呈樱桃红色

4. 皮肤暗紫

由于缺氧，血液氧合血红蛋白含量升高。当还原血红蛋白升高到每100毫升血液5克以上时，血液就会变成暗紫色。此时病人的皮肤、黏膜会出现发绀。皮肤出现暗紫的情况常见于重度肺气肿、肺源性心脏病、发绀型先天性心脏病等。

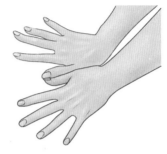

皮肤暗紫

5. 皮肤呈棕色或紫黑色

多半为亚硝酸盐中毒。大量食用含硝酸盐的食物后，肠道细菌能将硝酸盐还原为亚硝酸盐，亚硝酸盐是氧化剂，能夺取血液中的氧气，使血红蛋白失去携氧能力，从而造成组织缺氧，使低铁血红蛋白变成高铁血红蛋白，血液就会变为棕色或紫黑色，患者的皮肤黏膜表现为发绀。

皮肤呈棕色或紫黑色

6. 皮肤发黄

当血液中的胆红素浓度超过34.2微克／升时，皮肤、巩膜、

黏膜就会发黄。过多食用胡
萝卜、南瓜、橘子汁等食品
饮料，可使血液中胡萝卜素
含量增多，当其超过 2500 毫
克／升时，可导致皮肤黄染。
长期服用带有黄色素的药物
如米帕林、呋喃类药物时，
亦可导致皮肤黄染。

皮肤发黄

7. 皮肤发黑变粗

这可能是胃癌的信号，
不少胃癌患者在未发现任何
症状时，其腋下、肚脐周围
和大腿内侧的皮肤会变黑变
粗。有的患者面容和掌心皮
肤也略呈黑色。

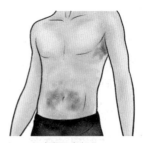

皮肤发黑变粗

8. 色素沉着

肝硬化、肝癌晚期、黑热病、
疟疾以及服用某些药物如砷剂、
抗癌药等都可引起程度不同的皮
肤色素沉着。仅在口唇、口腔黏
膜和指、趾端的掌面出现小斑点
状的色素沉着，往往见于胃肠息
肉病。

色素沉着

多汗不是好事，你要谨防五种病

炎炎夏日，身体出汗是正常的现象。但有的人，无论夏季还是冬季，吃顿饭、做点事或稍一紧张便汗如雨下，这可能就是某些疾病在作怪了。

1. 糖尿病

糖尿病的特征是"三多一少"，其中出汗多就是病症之一。糖尿病患者由于糖代谢障碍，导致自主神经功能紊乱，交感神经兴奋使汗腺分泌增加而出现皮肤潮湿多汗，血糖高导致代谢率增高也是多汗的原因之一。

多汗是糖尿病的症状之一

2. 甲状腺功能亢进

一般来说，甲状腺功能亢进患者的代谢增高，周围血流量增加，必然会促进机体的散热，出现多汗症状。

3. 更年期综合征

更年期综合征也有多汗现象，进入更年期的妇女，卵巢功能逐渐减退，可出现不同程度的自主神经功能紊乱以及血管舒缩功能障碍，从而导致多汗。

4. 低血糖症

低血糖症可导致病人面色苍白、出冷汗、手足震颤等。

5. 危重病

若大汗淋漓，汗出如珠，冷汗不止，这种现象可能是气散虚极的表现，中医学上称为"绝汗"，是病情危重甚至是病危的表现。出现这种情况时就要严加注意。

腰带宽一点，寿命短一点——肥胖带来的隐患

对于从事脑力工作的上班族，久坐很容易导致肥胖。俗话说："腰带宽一点，寿命短一点。"肥胖对健康与生命具有极大的危害。

肥胖对身体健康有很多危害，肥胖者在日常生活中就要警惕下列疾病的发生：

1. 糖尿病

中年以上明显肥胖者应注意是否患有糖尿病。

2. 甲状腺功能减退症

又称黏液水肿。表现为身体肥胖，脂肪沉着，以颈部脂肪沉着最明显，伴有惧寒、易疲倦、皮肤干燥、声音低哑等。

3. 肥胖生殖无能症

本病是因感染、肿瘤或外伤等损害，而使食欲、脂肪代谢及性腺功能异常，表现为肥胖，生殖器官不发育。此病如成年后发生，可出现性欲差、性功能丧失、停经和不育。

4.间脑性肥胖

此为间脑器质性病变的后果。除肥胖外，尚有内分泌功能障碍的表现，比如食欲波动，睡眠节律反常，体温、血压、脉搏易变，性功能减退，尿崩症等。

5.柯兴氏综合征

这是由肾上腺皮质功能亢进引发的一系列症候群。其症状是面色发红、血压升高、男性阳痿、女性闭经或月经紊乱。腹部和背部明显肥胖，四肢相对较瘦，称为"向心性肥胖症"。

人体自有气场影响着我们的生命

中医养生经常谈到气血，这里的气是指在人体内部巡行的气，是形成人体的最基本的物质基础。真气、元气、精气、正气、邪气都是对气的分别称谓。人们常说的豪气万丈、一

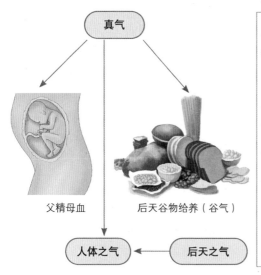

真气

父精母血　　　后天谷物给养（谷气）

人体之气　←　后天之气

真气是先天的父母精气和天地之气以及谷气合并而成的。《黄帝内经》说："真气者，所受于天，与谷气并而充身者也。"先天之气对人的成长十分重要。父母虚弱多病，孩子就会先天真气不足，体虚多病。人活着就是不断消耗人体真气的过程，真气耗尽人的生命也就结束了。不过先天真气的充足与否并不能决定人的寿命长短，后天的养护也非常重要。有的人先天真气是很充足的，但后天不注意保养，透支身体，也可能早早去世；有的人虽然先天不足但是后天很注意养生，也可能活出大寿命。

后天之气就是指天地之气，也就是我们时刻离不开的氧气，是从我们周围的气场获得的。谷气则是人体吸收营养物质所化生的精气，即水谷精微，也就是我们平常所吃的食物。人体的气就是由这三种气组成的。《黄帝内经·素问·脏象论》中说："人禀气而生，由气而化形。"庄子讲："人之生，气之聚也，聚则为生，散则为死，"都说明人是靠气来维持生命活动的。

息尚存、气息微弱，本质上其实都是在说人体内气的盛衰。

先天之气与后天之气相合而为人体一身之气。一般古书上说的元气大都是指人的先天之气。元气是由先天之精生成的先天之气。先天之精是肾精的主体成分，先天之精化为后天之气，形成有生命的机体。元气必须得到水谷之精的充养，方能够充盛，进而化生为充足的元气。

讲了人体的气，我们再来讲讲气场。气场其实就是人所生活的环境，人体后天所需要的气都是从周围的气场获得的，风水养生强调的就是"气"，好的气场可以使我们达到天时地利人和的境界，有利于我们身体的健康。所以，人要生存，好的环境非常重要。

百病生于气，调气亦可防百病

《黄帝内经·素问》中说："百病生于气。怒则气上，喜则气缓，悲则气消，恐则气下，惊则气乱，思则气结。"这里的"气"指人体内部的气场，意思是说，不同的情绪会对身体的气场带来不同的影响，而百病正是由气场改变带来的。

1. 怒则气上

人在发怒时，气都跑到了上边，到了头上，那么脑血管就很容易破裂。与此同时，人体下边的气也就虚了，表现出来的症状为大便不成形、吃什么拉什么。

2. 喜则气缓

人如果过度欢喜，就会出现心神涣散的症状，气就会散掉。如老人突然见到久别的儿女就容易"喜则气缓"，气往外散，再加上过节吃点好东西脾胃之气不足，心脏病就很容易发作。

3. 悲则气消

中医认为，心肺之气因悲而消减，忧愁过度易于伤肺，人一哭就神魂散乱，气就会短，哭的时候，越哭气越短。

4. 恐则气下

在日常生活中，我们常说有人吓得尿裤子了，就是"恐则气下"的一种典型表现。人受到惊吓或过于恐惧时，气就会往下走，人体一下子固摄不住就会出现大小便失禁的现象。

5.惊则气乱

人突然受到惊吓时会心无所依，神无所附，虑无所定，惊慌失措，气机紊乱。在中医看来，人容易受惊吓是胃病的一个表象。

6.思则气结

忧愁思虑的时候，人吃不下饭，睡不着觉，不言不语，沉默叹息，思虑过度的话，人体之气就会凝滞不通，影响消化，久而久之，脾胃就会出现问题。

总之，人体的健康由气来决定，不良的情绪会使气在身上乱窜，给人带来疾病。反之，如果我们注意调气疏血，让身体处于平和状态，那么就可以防治百病，与健康同行。

胸闷，是哪里出了问题

胸闷是一种主观感觉，即呼吸费力或气不足，轻者若无其事，重者则觉得难受，似乎被石头压住胸膛，甚至发生呼吸困难，它可能是身体器官的功能性表现，也可能是人体发生疾病的早期症状之一。不同年龄的人胸闷，其病因不一样，治疗不一样，后果也不一样。常见的胸闷有功能性胸闷和病理性胸闷两种。

功能性胸闷是指无器质性病变而产生的胸闷，常见的原因有：

1. 环境因素

例如，在门窗密闭、空气不流通的房间内逗留较长时间，会产生胸闷的感觉；或处于气压偏低的气候中也往往会产生胸闷、疲劳的感觉。

2. 精神因素

如遇到某些不愉快的事情，甚至与别人发生口角、争执等心情烦闷时常会产生胸闷。

功能性胸闷经过短时间的休息、开窗通风或到室外呼吸新鲜空气、思想放松、调节情绪，很快就能恢复正常。像这一类的胸闷，不必紧张，也不必治疗。

病理性胸闷是由身体内某些器官发生疾病而引起的，其原因如下：

1. 呼吸道受阻

如气管支气管内长肿瘤、气管狭窄；气管受外压，如邻近器官的肿瘤甲状腺肿大、纵隔内长肿瘤等。

病理性胸闷

2. 膈肌疾病

膈肌疾病可导致胸闷，膈肌疾病主要包括膈肌膨升症、膈肌麻痹症、膈疝、膈肌肿瘤及其他原因造成的膈肌损害。

3. 肺部疾病

如肺气肿、支气管炎、哮喘、肺不张、肺栓塞、气胸等疾病均可出现胸闷症状。

4. 心脏疾病

如某些先天性心脏病、风湿性心脏瓣膜病、冠心病等也可导致胸闷发生。

一般情况下，如发现有胸闷的症状，在排除功能性因素的情况下，通过休息、放松仍没有改善症状的，就必须引起重视，应该到医院去进行胸部透视、心电图、超声心动图、血液生化等检查以及肺功能测定，以便临床医师进一步确诊，以免延误必要的治疗。

正气一足，有病祛病，无病强身

正，即正气，是指人体的机能活动及抗病、康复能力。邪，又称邪气，泛指各种致病因素，包括六淫、饮食失宜、七情内伤、劳逸损伤、外伤、寄生虫、虫兽所伤等，也包括机体内部继发产生的病理代谢产物，如瘀血、痰饮、宿食、水湿、结石等。

一般来说，邪气侵犯人体后，正气与邪气就会相互发生作用，一方面邪气对机体的正气起着破坏和损害作用，另一方面正气对邪气的损害起着抵御和祛除作用。

邪气增长而亢盛，邪胜正虚，则正气必然虚损而衰退。

正气增长而旺盛，正胜邪退，则邪气必然消退而衰减。

在疾病的发展变化过程中，正气与邪气客观上存在着力量对比的消长盛衰变化，邪气增长而亢盛，邪胜正虚，则正气必然虚损而衰退；正气增长而旺盛，正胜邪退，则邪气必然消退而衰减。疾病的发生与发展过程，也就是正邪斗争及其盛衰变化的过程。正气与邪气相斗争的过程，就像国家之间打仗一样。一个国家要想抵御住外敌的入侵，最根本的办法就是强大自己的国防军，提高自身的防御能力。正气充足，病邪是不可能侵犯你的，这就是中医理论所说的"正气存内，邪不可干；邪之所凑，其气必虚。"

调摄胃气，才能祛邪扶正

想要强身健体，让自己正气充沛，从而不畏惧一切外来的"邪气"，我们就不能不重视调摄胃气。明朝著名医药学家李时珍认为，人体内的元气因脾胃而滋生，脾胃的功能正常运转，人体内的元气才能生长并充实。而人吃的五谷杂粮、果蔬蛋禽都要进入胃中，人体内的各个器官摄取营养，都要从胃而得来。

李时珍说："脾者黄官，所以交媾水火，会合木金者也。"

我国著名营养学家李瑞芬教授总结的秘诀是："一日多餐，餐餐不饱，饿了就吃，吃得很少。"只有这样，才能延缓衰老，延年益寿。

旨在强调脾胃是五脏升降的枢纽。脾胃如果正常运转，则心肾相交，肺肝调和，阴阳平衡；而脾胃一旦受损，功能失常，就会内伤元气，严重的还会导致患病。中医讲求"食助药力，药不妨食"，患病吃药时，必须要有合适的食物来滋养脾胃，才能使药物发挥更好的疗效。

要保养脾胃，调摄胃气，应该多吃五谷杂粮，尤其是豆类。现代医学认为，五谷杂粮里含有大量的膳食纤维，可帮助肠道蠕动，排除毒素，预防便秘。

在食物多样化的前提下，提倡清淡少盐的

李时珍在《本草纲目》中提到枣、莲子、南瓜、茼蒿、红薯等都有养脾胃的功效。

饮食，对脂肪和食盐的摄入量加以控制，这样能养胃保胃，促进健康。

指甲是人体疾病的报警器

我们的身体有没有病不能单凭身体感觉来判定，其实，如果我们留心一下，身体上某些部位的细微变化就有可能是某些疾病的征兆，如果能够掌握这些常识，对于预防某些疾病有着很重要的意义，比如小小的指甲上就能如实反映出人体的健康状况。

一般来说，健康的指甲应满足以下几个条件：

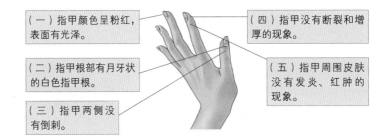

（一）指甲颜色呈粉红，表面有光泽。

（二）指甲根部有月牙状的白色指甲根。

（三）指甲两侧没有倒刺。

（四）指甲没有断裂和增厚的现象。

（五）指甲周围皮肤没有发炎、红肿的现象。

如果你的指甲颜色发白，还有些小斑点，那说明你身体里缺乏铁、锌等微量元素。

手指甲上的半月形应该是除了小指都有，大拇指上的半月形应占指甲面积的 1/4 ~ 1/5，其他示指、中指、无名指应不超过 1/5。如果手指上没有半月形或只有大拇指上有半月形，说明人体内寒气重、循环功能差、气血不足，以致血液到不了手指的末梢。如果半月形过多、过大，则易患甲亢、高血压等病，应及时就医诊断。如果半月形呈蓝色，说明血液循环受到损害，可能有心脏病，有时也与风湿性关节炎或自身免疫性疾病红斑狼疮有关。

"十指连心"——从双手看健康

从中医的阴阳论来讲，人的一只手就是一个阴阳俱全的小宇宙，手掌为阴，手背为阳，五个手指刚好是阴阳交错。手指一般代表头，手掌一般代表内脏，手背一般代表我们的背部。人内脏经脉的气出来首先到手指，所以手指非常敏感，一个人内脏的问题很快就可以在手上看出来。

1. 看手指

（1）拇指：关联肺脾，主全头痛

指节过分粗壮，易动肝火；扁平薄弱，体质较差，神经衰弱；拇指指关节缝出现青筋，容易发生冠心病或冠状动脉硬化；拇指指掌关节缝的纹乱，容易早期发生心脏疾病；拇指掌节上粗下细者吸收功能差；上粗下粗者则吸收功能好；拇指中间有横纹的，吸收功能较差，横纹越多对人的干扰越大。

（1）

（2）示指：关联肠胃，主前头痛

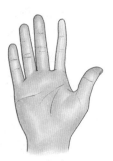

正常的指尖应该是越来越细，如果相反则提示吸收转换功能比较差；如果示指很苍白、弯曲、无力，一般提示脾胃的功能弱，容易疲劳、精神不振；如果在示指根部与拇指之间有青筋，则要注意是否有肩周炎。

（2）

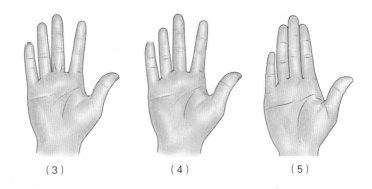

（3）　　　　　　　　（4）　　　　　　　　（5）

（3）中指：关联心脏，主头顶

心包经所过，主管人的情志、神志。如果中指细且横纹较多，说明生活没有规律，往往提示心脑血管方面的疾病；中指根部有青筋要注意脑动脉硬化，青筋很多说明有中风倾向。

（4）无名指：关联肝胆、内分泌，主偏头痛

无名指太短说明先天元气不足。

（5）小指：关联心肾，主后头痛

小指长且粗直比较好，一定要过无名指的第三个关节或者与第三关节平齐，如果小于第三关节或者弯曲，说明先天肾脏和心脏都不是很好；如果小指细小且短，女性很容易出现妇科问题，如月经不调等。

2. 观指形

（1）指的强弱

哪个手指比较差就说明与其相关联的脏腑有问题。

（2）指的曲直

手指直而有力，说明这个人脾气比较直。而我们经常说的"漏财手"，则说明消化和吸收系统不好。

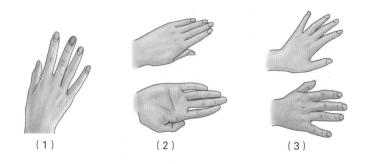

（1）　　　　　（2）　　　　　（3）

（3）指的长度

手指细长的人多从事脑力劳动，手指粗短的人多从事体力劳动。

（4）指的软硬

拇指直的人比较自信，但容易火气盛；拇指弯的人容易失眠多梦。

（5）指的血色

手指颜色较白说明气血不足，身体瘦弱，手脚比较怕冷；手指颜色较红说明气血充足，但太红反而气血不畅，人容易疲劳。

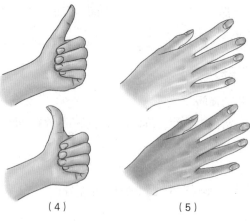

（4）　　　　　（5）

眉毛能反映五脏六腑的盛衰

很多人只知道眉毛对外貌的影响非常大，不同的眉形会让一个人的气质发生很大变化，却很少有人知道眉毛对于健康的意义。

中医认为，眉毛能反映五脏六腑的盛衰。《黄帝内经》中就有这样的记载："美眉者，足太阳之脉，气血多；恶眉者，血气少；其肥而泽者，血气有余；肥而不泽者，气有余，血不足；瘦而无泽者，气血俱不足。"这就是说，眉毛属于足太阳膀胱经，其盛衰依靠足太阳经的血气。

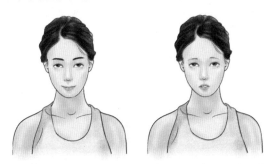

眉毛长粗、浓密、润泽，反映了足太阳经血气旺盛；眉毛稀短、细淡、脱落，则是足太阳经血气不足的征象。眉又与肾对应，为"肾之外候"，眉毛浓密，说明肾气充沛，身强力壮；眉毛稀淡恶少，则说明肾气虚亏，体弱多病。

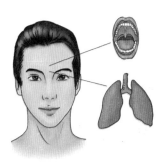

两眉之间的部位叫印堂，又称"阙中"，印堂可以反映肺部和咽喉疾病。肺气不足的病人，印堂部位呈现白色；而气血瘀滞的人，印堂会变为青紫色。

令人难堪的黑眼圈说明了什么

也许是天气热影响睡眠，也许是最近工作比较累，也许是昨晚开夜车的缘故，总之今天镜子里的你模样可憎，眼睛下面青乌一片，活脱脱一只大熊猫。黑眼圈成了俊男靓女们的克星，虽然黑眼圈让人很烦，但它是在警告我们身体健康出现了问题。

黑眼圈是以下四种病症的明显征兆：

肾病

各种肾病如肾炎、肾结石等都能清晰地反映在病人的黑眼圈上。另外，如高血压、糖尿病和酗酒等看似不相关的病症或行为，都会引起肾功能衰竭。

肝脏或者胆囊出现问题

肝脏和胆囊功能是否有问题可以通过检查它们功能的反应情况和在毛细血管中的渗透程度来确定。这些检查都必须经过在显微镜下的血管显影诊断仪器才能得到准确的结果。

心脏病

如果病人出现黑眼圈，并不时感到呼吸困难，心脏部位有刺痛感，那么就必须及时去医院找心血管医生就诊，并进行全面的心电图检查和化验。

身体"水肿"

由排泄系统障碍引起的排泄困难，将会导致机体的"水肿"。

眼皮跳也是疾病的先兆

在生活中，不少人都有过眼皮跳的经历。民间常有"左眼跳财，右眼跳灾"的说法，其实不然，眼皮跳实际上是神经兴奋度增高的表现。

对绝大多数单纯眼皮跳的人来说，最常见的原因是用眼过度或劳累、精神过度紧张。比如，用电脑时间过长、在强光或弱光下用眼太久、考试前精神压力过大等。

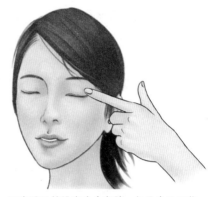

眼皮跳虽然没有生命危险，但是会让工作和生活质量大打折扣。

此外，眼睛屈光不正、近视、远视或散光，眼内异物、倒睫、结膜炎、角膜炎等也可导致眼皮跳。这些病因主要作用于神经的末梢部分，因此导致的症状往往局限于一侧的上眼皮或下眼皮跳动。然而，当眼皮跳逐渐发展为完全的眼睑痉挛或面肌痉挛后，则表明面神经的主要分支或主干受到刺激，作为病因的病变部位是在颅内或面神经出颅后的起始部位。最常见的病因为颅内行走异常的血管对面神经根部的压迫刺激。

绝大多数由眼肌疲劳、精神紧张等导致的眼皮跳动，只要通过放松压力、适当休息就能得到恢复。如果因屈光不正出现眼皮跳动，通常进行视力矫正就可以得到缓解。如果有眼部疾病，通过眼科医生治疗也能治好。如果眼皮跳动逐渐加重，导致眼睑痉挛或面肌痉挛，主要病因在颅内，则需要找神经外科医生进行治疗。

鼻涕眼泪多也是病态的征象

平时我们经常会听说这样的话："哭得一把鼻涕一把泪"，为什么我们哭的时候流眼泪，同时鼻涕也会流出来呢？《黄帝内经》里说，心是君主，是五脏六腑之主，眼睛是宗脉聚集的地方，是上液的流通渠道，嘴和鼻子是气息的门户，所以人一动感情，五脏六腑就会受到震动，宗脉也感受到了震动，泪道就会打开，眼泪鼻涕就一齐出来了。

先说眼泪多，如果你一出门一迎风就流眼泪，通常是肝肾阴虚的征兆，因为只有当肝肾阴虚，肾气不纳津时，受到冷风的直接刺激后才会流眼泪。有这种症状的人应该多吃一些核桃、莲子和枸杞，这些食物有益精养血、滋补肝阴肾阴的作用，有助于津液的正常分布。如果没有感冒，也没有哭，而鼻涕却很多，那很可能是肺、肾、脾的虚损造成的，平时在饮食中要注意补养自己的肺、肾、脾。

眼泪和鼻涕虽说一个出于肝，一个出于肺，但它们都是心之液，都能为心所动。

口水太多，病可能在脾肾

为什么说唾沫和口水过多，可能是脾肾出现了问题呢？《黄帝内经》中说得很清楚："五脏化液，心为汗，肺为涕，肝为泪，脾为涎，肾为唾。"意思就是说，出汗异常可以从心脏上找毛病，鼻涕多要看肺是不是出现了问题，眼泪不正常要从肝上找根源，相应地，口水和唾沫多就要从脾肾上找原因。

口水过多看看是否脾肾出现了问题。

口水多了不行，但少了也不行，如果嘴里总是干干的，这就说明你的津液不足，是内燥的表现。这个时候就要注意多喝水，多吃酸味的食物，以及多吃水果，苹果、梨子、葡萄等都是不错的选择，只要含水分多就可以了。

很多小孩子就特别爱流口水，如果大一点不流了一般是没有什么问题的，但是如果都七八岁了还在流口水，这就说明孩子脾虚，因为脾是主肉的，因为脾虚，所以嘴角不紧，不能抑制口水外流，家长一定要引起重视，该给孩子补脾了。

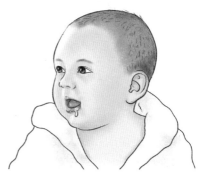

小孩子长到七八岁还不住地流口水，家长要注意给孩子补脾。

气象的变化到底是怎么影响人体健康的

对《红楼梦》比较有研究的朋友可能会注意到一个问题：《红楼梦》中大多数重要人物的病与死都在深秋和冬季。如秦可卿病死时是在年底，紧接着秦氏父子也相继死去，元妃、林黛玉都是在农历十二月去世的，第二年的深秋史太君"寿

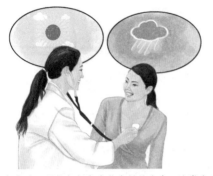

气象病，是指与气象变化有关的疾病。这类疾病的发作或症状加重受天气突变的影响。

终归地府"，冬天时，王熙凤也"咽气归册"，这些人都是死在了秋冬季节。

其实，关于气象病，我们在生活中是深有体会的，比如风湿病、关节病人对阴雨天气特别敏感，甚至可以起到"天气预报"的作用。这就是典型的气象病。每年的秋冬季节，温差变化最大，当日最低气温从零度以上降到零度以下，一两天后，因为感冒而就诊的病人就会大量增加。同时，患支气管哮喘的病人也会出现病情加重的症状，往往发生呼吸急促，甚至窒息。当北方强冷空气带来寒潮时，高血压、冠心病、克山病等心血管疾病的发病概率就会增加。有资料显示，最冷的元月，脑出血的死亡人数要比六月多两倍以上。而偏头痛则大多发生在大风、温度偏高、气压下降和温度变化较大的天气里。这些都是气象病的表现。

那么，都有哪些疾病容易受到气象变化的影响呢？下面我们就具体介绍一下。

感冒。感冒一年四季可发，但冬季为多发季节，特别是冷空气南下时，气温骤降，如果不及时增衣御寒，就容易感冒。另外，冬季冷空气过后，如果出现冷高压天气，由于天气晴朗，一天内温差较大，也容易着凉感冒。

心肌梗死与锋的活动有关（锋是一种天气系统，简单地说是冷暖空气交汇的界面）。锋的到来往往会引起天气变化，

气象变化与疾病之间确实关系密切，我国传统医学就有"时疫"之说，现代医学上也有"气象病"之称，而深秋和冬季正是气象病的高发季节。

从而影响人体自主神经系统和血液的理化性质，增加毛细血管及周围小动脉的阻力，提高血液黏性，缩短血凝时间，造成心肌梗死。

青光眼与锋的活动有关。锋经过时，天气变化会影响体温调节中枢，通过自主神经影响血压而使眼压波动，从而诱发青光眼。

溃疡病。多发于秋冬季节，特别是12月至次年2月。此外，紫外线对溃疡病患者十分不利。

偏头痛。当天气突变时（如久阴突晴、暴风雨等），由于痛感受器灵敏度提高，颅外血管扩张和颅内毛细血管收缩，可诱发偏头痛。

脑出血。大部分发生于锋经过前后及当天，发生于阴雨天气的概率也很大。

气象病的罪魁祸首多是北方的强冷空气和寒潮活动，在此类疾病的防治上，除了饮食进补外，更主要的是时刻注意防寒保暖，保养好身体，提高抵御疾病的能力，从而更好地适应天气变化，这才是最根本的。

警惕"无影无形"的电磁波

电磁辐射到底对人体是否有害？医学专家认为，一定强度的电磁辐射对人体健康有不良影响，人如果长期暴露在超过安全剂量辐射的环境中，人体细胞就会被大面积杀伤或杀死。因此，这种看不见、摸不着、闻不到的电磁波也成为继废气、废水、废渣和噪声之后的人类环境的第五大公害。

研究发现，电磁波功率越高，辐射强度越大，波长越短，频率越高，距离越近，接触的时间越长，环境温度越高，湿度越大，空气越不流通，则污染就越大。而老人、儿童、孕妇属于对电磁波敏感人群，这些人应当尽量避免长时间处于电磁波密集的环境里。

我们在日常生活中应该注意防范电磁波污染，不要把家用电器摆放得过于集中，或经常一起使用。特别是电视、电脑、冰箱等更不宜集中放在卧室内。各种电器的使用应保持一定的安全距离。

办公一族们使用各种办公设备、移动电话等都应尽量避免

如今，家用电器、电脑、移动电话等已成为人们日常生活的必需品，各种电器装置只要处于操作使用状态，周围就会存在强弱不等的电磁辐射。

长时间操作，需要长期面对电脑的人，应注意至少每一小时离开一次，采用眺望远方或闭上眼睛的方式，减少眼睛的疲劳程度。手机在接通的瞬间电磁辐射最大，所以这个时候最好不要把手机贴在耳朵上，手机天线的顶端也应该偏离头部。

日常饮食上要多食用富含维生素 A、维生素 C 和蛋白质的食物，这有利于调节人体电磁场紊乱状态，增强身体抵抗电磁辐射的能力。

遇险自救

张亦明 编

中医古籍出版社

Publishing House of Ancient Chinese Medical Books

图书在版编目（CIP）数据

遇险自救 / 张亦明编. —北京： 中医古籍出版社，
2021.12
（精致生活）
ISBN 978-7-5152-2254-7

Ⅰ.①遇… Ⅱ.①张… Ⅲ.①自救互救—基本知识
Ⅳ.①X4

中国版本图书馆CIP数据核字(2021)第256909号

精致生活
遇险自救
张亦明　编

策划编辑	姚强	
责任编辑	吴迪	
封面设计	李荣	
出版发行	中医古籍出版社	
社　　址	北京市东城区东直门内南小街 16 号（100700）	
电　　话	010-64089446（总编室）010-64002949（发行部）	
网　　址	www.zhongyiguji.com.cn	
印　　刷	天津海德伟业印务有限公司	
开　　本	880mm×1230mm　1/32	
印　　张	5	
字　　数	130 千字	
版　　次	2021 年 12 月第 1 版　2021 年 12 月第 1 次印刷	
书　　号	ISBN 978-7-5152-2254-7	
定　　价	298.00 元（全 8 册）	

前言

我们的生活看上去十分平静和安宁，很多意外看起来离我们很远，但事实上，每个人都处于一定的安全风险中。因为在现实生活中，意外随时随地都可能发生，各种各样的天灾人祸时时刻刻都在威胁着我们的安全。地震、洪灾、火灾、车祸等突发灾难时有发生，生活中的小磨难也经常不断，电梯失灵、大楼起火、飞机故障、汽车遇险、意外伤害、突发急病、食物中毒，等等。生活中挑战多多、灾难多多，我们应该怎么办呢？面对突发情况，我们不能抱有侥幸心理，而需要掌握必要的知识。懂得自救急救知识，学一些自我防卫技能，了解野外生存知识，让我们在各种各样的情况下都能积极应对。

各种突如其来的危险具有难以预测和不可扭转的特性，种种情况都需要及时实施救治。面对灾难，很多人因为缺乏自救和急救知识而惊慌失措，结果错过最佳的抢救时间，导致悲剧的发生。我们要有足够的能力来保护自己和实施救助，正确地处理和对待将起到非常重要的作用。想要有效地对伤者或病者实施救治，需要我们掌握科学的自救与急救知识，及时准确地采取救助措施，帮助伤者缓解疼痛，防止更严重的情况发生，避免后遗症。

人们遇到的危险并不仅仅来自各种无法预料的突发灾害，还有来自他人的冒犯和侵害。居家生活、工作、行车、户外旅行等不同情境下，遭到歹徒袭击、遇到色狼骚扰、被尾随等危险情况也时有发生。作为一个现代人，清醒地认识到自己身边存在的危险，掌握自我防卫的技能，增强自身的生存能力，是一种必备的素质。

随着时代的进步，人类活动的范围比以往更广，出行的频率也大大增加，任何人都不敢保证自己不会在某一刻落难于野外，置身于孤立无援的境地。如果这种情况发生，你该如何面对——是在绝望中苦苦等待奇迹的发生，还是利用自己的头脑和双手为自己开辟一条求生之路？任何一个聪明的人都不会选择坐以待毙，生存对于人类而言，是永远摆在第一位的，是最重要的。因此，每个人都应该掌握一定的野外生存技能。生存的心理学基础非常简单：不要慌张。假如你突然发现自己身处险境，要尽量避免自己产生慌乱的情绪，找到一个遮蔽良好的地方，坐下、认真思考如何生存下来，准备和计划充分可以帮助你战胜困难。

目 录

CONTENTS

第一章
日常意外急救

高空坠落伤

指人们不慎从高处坠落，由于受到高速的冲击力，使人体组织和器官受到一定程度破坏而引起的损伤。常见于建筑工人、儿童等。

危害

高空坠落时，足或臀部先着地，外力可沿脊柱传导到颅脑而致伤。由高处仰面跌下时，背或腰部受冲击，易引起脊髓损伤。脑干损伤时可引起意识障碍、光反射消失等。

急救措施

• 先除去伤者身上的用具和硬物。

• 在搬运和转送过程中，应保证脊柱伸直而且不被扭转。绝对禁止一个抬肩一个抬腿的搬法，这样会导致伤情加重甚至造成瘫痪。

• 创伤局部应妥善包扎，疑为颅底骨折和脑脊液漏患者切忌填塞，以免引起颅内感染。

• 颌面部伤者首先应保持呼吸道畅通，清除口腔内移位的组织，同时松解伤员的颈、胸部纽扣。若口腔内异物无法清除，应尽早行气管切开术。

• 复合伤伤者要保持平仰卧位，畅通呼吸道，解开衣领扣。

• 周围血管伤应压迫伤部以上动脉，直接在伤口上放置厚敷料，绷带加压包扎止血，还要注意不能影响肢体血循环。当以上方法都无效时，可谨慎使用止血带，并应尽量缩短使用时间，一般以不超过1小时为宜。做好标记，注明扎止血带的时间，精确到分钟。

● 有条件可迅速给予静脉补液，补充血容量。

● 迅速平稳地送往医院救治。

急腹症

是一组以急发腹痛为主要表现的腹部外科疾病。其共同点是变化大，进展快，若延误治疗会造成严重后果。一般应立即将患者送往医院。

症状

按腹痛的性质可分为吵闹型和安静型两大类。

1.吵闹型腹痛

是指阵发性的剧烈绞痛，患者大吵大闹，翻身打滚。

● 肠绞痛。多由肠梗阻引

起，伴有呕吐、腹胀和停止排便、排气，如阵发性疼痛转为持续性，表明肠壁有血循环障碍。

● 胆绞痛。右上腹和中上腹绞痛，可由胆囊炎、胆石症或胆道蛔虫症引起，疼痛剧烈或伴有高热和黄疸者，必须及时到医院急诊。

● 肾绞痛。可由肾结石或输尿管结石引起，疼痛由腰部向下腹部放射，可伴有血尿。

2.安静型腹痛

是指持续性疼痛，患者平卧，不敢随意翻身或做深呼吸，腹部拒按，否则会加重腹痛，仅是静静地呻吟，呼痛。

● 内脏炎症。疼痛位置固定，如胆囊炎在右上腹，阑尾炎在右下腹。

● 内脏穿孔。比较常见的如胃肠穿孔，往往疼痛剧烈，甚者会有虚脱、消化液刺激腹膜，会出现压痛、反跳痛和腹肌痉挛等腹膜刺激征。

● 内出血。肝脾破裂、宫外孕破裂等都可引起大出血，血液可引起腹膜刺激征；患者面色苍白，冷汗淋漓，脉细弱，甚或出现失血性休克。

此外，还有些腹痛可由内脏器官缺血引起，如脾扭转、脾梗死、肠扭转和卵巢囊肿扭转等，疼痛剧烈而持续，或有腹膜刺激征。

急救措施

急腹症患者去医院急诊前不要饮水或进食，也不要给止痛药，否则可能会引起穿孔或掩盖症状。

泌尿系统损伤

1.尿道损伤

症状

骑跨时发生的尿道损伤，主要表现为会阴部的肿胀疼痛，而且排尿时疼痛加重，后尿道破裂伴骨盆骨折，患者移动时疼痛会加剧，并伴有血尿、排尿困难和尿潴留等症，甚者会发生休克。

急救措施

● 及时输液、输血、镇静和止痛等以防治休克，合理应用抗生素预防感染。

● 尿道损伤较轻排尿不困难者，仅需多饮水，保持尿量。

● 根据排尿通畅程度决定是

否行尿道扩张术。

2.肾损伤

症状

主要是伤侧腰肋部疼痛，甚者可出现肾绞痛、血尿及不同程度的休克。

急救措施

肾损伤较轻者可通过非手术支持疗法，如绝对卧床休息、监测生命体征，补充血容量，并选用止血、镇痛、抗菌药物。严重肾裂伤、肾粉碎伤及肾开放性损伤，应尽早手术处理。

3.膀胱损伤

症状

有下腹部外伤史，排尿困难，或有血尿，体检耻骨上压痛等，应考虑可能是腹膜内膀胱破裂。

急救措施

及时送医院抢救。

颅脑外伤

症状

颅脑外伤后多有一段昏迷时间，有的患者不久便会苏醒。

1.昏迷时间较短

在几分钟到30分钟内清醒的多是脑震荡。有的伤者无昏

3

迷但对受伤前的事件丧失记忆，医学上称为逆行性遗忘。这类伤员要绝对卧床，并严密观察，因为一部分此类伤员会因颅内血肿压迫脑组织而再度昏迷，这时就需要急诊抢救。因脑水肿而有头痛症状的伤员可给脱水剂治疗。

2.昏迷不醒

脑挫伤、脑裂伤、颅内出血或脑干损伤的患者，要迅速送往医院治疗。

急救措施

• 送医院前让伤者平卧，不用枕头，头转向一侧，以防呕吐物进入气管而导致窒息。

• 不要摇动伤者头部以求使其清醒，否则会加重脑损伤和出血的程度。

• 头皮血管丰富，破裂后易出血，只要用纱布用手指压住即可。

自发性气胸

症状

自发性气胸起病急，病情重，不及时抢救，常可危及生命。常见症状为无明显外伤而突发越来越严重的呼吸困难，而且胸部刺痛，口唇青紫。青壮年常由大笑、用力过度、剧烈咳嗽而引发，老年人以慢性支气管炎、肺结核、肺气肿患者多见。

急救措施

• 患者应取半坐半卧位，而且不要过多移动，有条件的情况下可以吸氧。家属要保持镇静。

• 及早在锁骨中线外第二肋间上缘行胸腔排气，这是抢救成败的关键。可将避孕套紧缚在穿刺针头上，在胶套尾端剪一弓形裂口。吸气时，胸腔里负压，裂口闭合，胶套萎陷，胸腔外空气不得进入；呼气时，胸腔呈正压，胶套膨胀，弓形口裂开，胸腔内空气得以排出。同时应争分夺秒送患者去医院救治。

外阴损伤

症状

多由意外跌伤，如会阴骑跨在硬性物件上，或暴力冲撞、脚踢、外阴猛烈落地等引起，主要临床表现为疼痛及出血症状。

急救措施

• 出血量不多的外阴浅表损

伤，应局部清洁，加压止血，并严密观察随访以防加重。

• 出血量较多的外阴深裂伤，应注意局部清洁，加压止血，注射止血剂，并及时送医院处理。

• 无裂伤的小血肿，应注意加压止血，24小时内局部冷敷，24小时后改热敷。还可用枕垫高臀部，并严密观察血肿情况。经处理后，血肿可逐渐吸收。

• 大血肿且伴继续扩大者，在清洁创口、压迫止血的同时，可以止血补液。

产后出血

产后出血是一种严重的并发症，病情进展很快，可导致休克，甚至死亡。产后24小时至6周内有阴道出血者称晚期产后出血。

原因

常由胎盘或羊膜滞留、胎盘剥离不全、产道损伤、凝血机理障碍等引起。出血可阵发性大量向外排出，也可积滞在宫腔内，在压迫子宫底时突然排出。

症状

失血过多时产妇会自觉头晕、恶心、呕吐，同时呼吸急促、面色苍白、四肢发冷、血压下降、脉搏弱而快等。

急救措施

• 发现阴道出血，患者应取头低足高位，并监测血压和脉搏。

• 及时吸氧补液。

• 按摩子宫底，以挤出积留血块，并注射宫缩剂。

• 可在宫腔内填无菌纱布，以起到止血作用，并迅速送往医院处理。

自杀

自杀是一种社会现象，形式很多，如自缢、触电、服毒、跳楼、焚身、投河、刎颈、割脉和吸入煤气等。急救时应注意以下

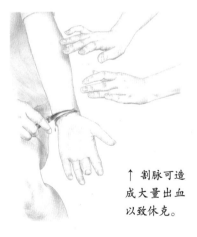

↑ 割脉可造成大量出血以致休克。

几点共性问题：

● 应及时疏散围观人员，避免过多的刺激，以免激化矛盾。

● 应关注自杀者的动态，防止其再次轻生。应及时通知家属并报案。

● 烦躁不安的自杀者，可适当给予镇静药物。

割脉

割脉可造成大量出血，若延误抢救时间，可能会造成休克死亡。

急救措施

● 迅速用多层无菌棉垫或消毒纱布压迫止血，或加压包扎伤口。

● 严重者可在心脏近端行止血带止血，或用血管钳夹持动脉止血。

● 为保证胸部和重要脏器的血液供应，自杀者应取头低足高位。

● 迅速送往医院急救。

自缢

自缢（俗称上吊）可造成颈部血管、神经、食管和呼吸道受压，继而引起呼吸障碍、脑部缺血缺氧和心跳停止。

急救措施

● 割断吊绳前应先抱住自缢者，以免坠地摔伤。

● 伤者呼吸停止，应立即进行人工呼吸。颈部组织影响人工呼吸效果时，可行气管切开术。

● 伤者心跳停止时，应行胸外心脏按压和人工呼吸，越早越好，可持续2~3小时，不应轻易放弃。

● 呼吸心跳微弱者，可静脉或肌内注射尼可刹米0.5~1毫升，以兴奋呼吸中枢。

刎颈

刎颈可能会造成颈部动静脉或气管、食管断裂，致脑部无血供及过多失血而休克死亡。其中血管断裂更为致命。

急救措施

● 最重要的是止血，无论动脉还是静脉破裂，均应迅速用无菌棉垫或消毒纱布压迫止血。

● 气管、食管破裂而出血不多应及时擦尽血污或食物残渣等，以防止异物吸入气道造成窒息。

● 立即送医院救治。

新生儿意外窒息

意外窒息是婴儿意外死亡的最主要原因，引起小儿意外窒息的情况主要有以下几种。

因喂奶引起的窒息：发生这类情况有的是因为喂奶的姿势不当，有的是因为婴儿的体质太弱，反向机能差（如早产儿），奶汁呛入气道无力咯出，造成奶汁的机械性阻塞。

漾奶窒息：婴儿饱食后仰放在床上，当婴儿溢奶、漾奶，尤其是呕吐时，奶或食物会误吸入气管内，造成突然窒息死亡。

睡卧姿势不当：有的家长让婴儿趴着睡，或怕婴儿摔下床，将婴儿包裹过紧，致使婴儿口鼻部被被子或枕头堵塞以致死亡。

缺氧窒息：寒冷大风天抱孩子外出时，怕孩子冷，将其头面部都盖得很严，结果造成缺氧窒息。

另外，小儿误吸异物进入消化道或呼吸道，也会造成窒息。

意外窒息的时间如果超过15分钟，往往会引起神经系统的后遗症，因此，婴儿窒息抢救的关键是及时发现，立即抢救。

急救前的检查

面色青紫，两眼上翻。

四肢抽动。

呼吸不规则。

如果孩子正在哺乳，可从口腔吐出泡沫奶。

急救措施

喂奶时发现婴儿有窒息的危险，应立即停止哺乳，如果有哭声说明有呼吸，否则应迅速把婴儿头部转向一侧，扒开其口腔，将手伸入口中清除咽喉奶汁。

对吐奶误吸的婴儿，应将其变换为头低位或右侧卧位，迅速清除口腔内的奶渍及分泌物，并用手轻拍婴儿背部，让婴儿咳出部分吸入奶，或用清洁吸管吸吮婴儿口鼻部残留奶，以保持呼吸道通畅。

如果婴儿呼吸心跳已经停止，应立即进行人工呼吸及胸外心脏按压复苏术。

进行急救处理后，应立即送医院进一步检查治疗。

急救时让婴儿保持头部低位，但不可将婴儿倒置。

预防措施

不要让婴儿与家长同在一个被子里睡，应给孩子准备一条单独的包被，有条件的家庭最好让孩子有一个单独的小床。

睡觉时不要用被子盖过婴儿的头部。

母亲喂奶时要将孩子抱起，喂奶后，要轻轻拍拍孩子，让孩子打嗝排气，放下躺着时以右侧卧位最安全。

尽量不要让婴儿趴着睡，不要用被褥、毛巾裹住婴儿，或缠住婴儿的双手，限制其活动。

抱孩子外出时，不要把孩子的头部盖得太严，如果要遮挡孩子的头部，宜用透气性好的纱布或丝巾。

小儿咬断体温计的处理

按规定测定小儿体温时应将体温计放在腋下或肛门部位测试。但是有一些家长却将体温计放入孩子口中测试，结果出现孩子咬断体温计、吞下体温计中的水银的意外事故。这种情况下，只要碎玻璃没有卡在食道中，情况就没有那么严重。因为水银是一种重金属，化学性质很不活泼，不会溶于胃液被吸收而导致中毒。而且水银的比重很大，到达胃里后，少则几小时，多则十几小时，就会进入肠道随粪便排出，故不容易造成汞中毒。但是，如果水银散落在地，则可在常温下立即挥发成气态汞，被吸入呼吸道后可引起中毒，所以对于散落在地的水银要及时清除，以防吸入中毒。

急救前的检查

含在口中的体温计被咬碎，水银是否外溢。

口中是否有碎玻璃。

急救措施

让孩子将碎玻璃吐出，并用清水漱口，清除口内的碎玻璃，只要没有大块碎玻璃被吞下，就不会有危险。

如果孩子已经吞下玻璃碴儿，可让孩子吞吃一些含纤维素多的蔬菜，使玻璃碴儿被蔬菜纤维包住，随大便排出。

可给孩子喝牛奶或生鸡蛋清。

注意观察孩子的大便和有无其他不适表现，如恶心、呕吐等异常征象，如果出现剧烈腹痛，应及时送医院抢救医治。

小儿脚夹进自行车后轮

家长骑车带小孩子时，如果小孩的双脚没有较妥当地放置在座椅的踏脚上，就可能发生孩子的脚被夹进车轮的事故。这类事故可能导致软组织挫伤，严重的甚至可发生骨折。

急救前的检查

夹进自行车轮的脚的外伤史。

伤处是否瘀肿、出血。

急救措施

把孩子的脚轻轻从车轮中弄出来，如果孩子的脚别得太深，不易取出，可剪断或掰弯自行车轮的钢丝。

仔细察看伤势，依具体情况进行处理。

伤势较轻，只擦破皮，一般不必包扎，也无须到医院，可涂上红药水或紫药水，避免沾水，过几天就会好了。如伤口较脏，可先用生理盐水（9 克盐加冷开水 1000 毫升）冲洗干净后再涂药。

伤势较重，局部疼痛、肿胀、出血者，可先用生理盐水冲洗，然后用消毒纱布敷盖，用绷带加压包扎，以不出血为度。有条件的送医院进一步处理。

若孩子出血严重，可用手指按压踝关节下侧、足背血管跳动的地方，直至出血停止；也可用消毒的纱布、棉花等做成软垫直接放在伤口上，紧紧绷扎，并速送医院治疗。

如孩子伤势非常严重，怀疑其骨折时，应严格限制患儿再使用患足行走或站立，迅速送医院检查处理。

注意防止孩子由于疼痛或出血导致休克，出现休克时，应采取抗休克的急救措施。

不要按揉孩子的伤脚，以免加重伤势。

儿童误食干燥剂

在适当的温度、湿度下，细菌、真菌会在食物中以惊人的速度繁殖，使食物变质、腐败，因此，厂商在许多糖果、饼干等食品包装袋中都放入干燥剂，以降低食品袋中的湿度，防止食品变质腐败。由于目前我国相关标准中未对食品干燥剂的使用品种、无害化程度、包装警示语标注做任何规定，因此食品生产企业对干燥剂的包装比较马虎，大多数纸袋包装的干燥剂很容易撕开，容易被孩子撕开误食。家长在将食品拿给孩子时，如果发现食品袋中有单独包装的干燥剂，必须同时取出干燥剂，防止被儿童误食。

急救前的检查

检查被误食的干燥剂的类型，常见的有硅胶（透明）、三氧化二铁（咖啡色）、氯化钙（白色粉末）、氧化钙（白色粉末）。

急救措施

如果孩子误食的是硅胶，这种干燥剂是无毒性的，因此不需做任何处理。

如果误食的是三氧化二铁，此类干燥剂有轻微的刺激性，让误食者喝水稀释就可以了；但如果病人误食的量比较大，产生恶心、呕吐、腹痛、腹泻的症状，则可能已造成铁中毒，必须赶快就医。

如果误食的是氯化钙，这类干燥剂具有轻微的刺激性，可让病人喝水稀释，不需就医。

如果误食的是氧化钙，由于其遇水会变成氢氧化钙，具有腐蚀性，应让病人在家里喝少量的水稀释，然后立即送医院做进一步处理。

误食氧化钙时，不宜喝过多的水，以免造成呕吐，使食道被再次灼伤。

第二章
重伤与危险情况下的急救

出血急救

体外出血

轻伤

擦伤（a）。这种伤害只是表皮受伤，是由摩擦或磨损造成的，一般流血量较小。

挫伤（b）。这种伤口刚刚达到表皮之下，通常是皮肤裂开或瘀青，不会大量流血。

重伤

切伤（c）。这是由利器切割造成的伤口，会大量流血，尤其是如果切到了动脉，往往很危险。

撕伤（d）。这种伤口形状不规则，一般是被戳破的，严重的情况下会大量流血。

↓ **各种各样的伤口**

a. 擦伤
b. 挫伤
c. 切伤
d. 撕伤
e. 刺伤
f. 穿孔伤

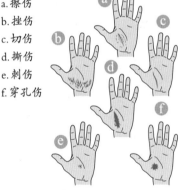

刺伤（e）。这种伤口面积小却很深，很难止血，尤其是伤口里仍残留刺穿物时，可能带来严重的甚至威胁生命的体内出血现象。

穿孔伤（f）。这种伤口是由某种利器直接穿透身体某一部位造成的，如尖刀、枪弹等。如果击穿了动脉，就会引发严重流血现象。

这些伤口都很容易感染。擦伤、挫伤和撕伤的伤口感染很容易发现，也比较容易处理。刺伤和穿孔伤的伤口很容易发生严重感染，如破伤风或气性坏疽等，比较危险。

如何止血

人体内大约有5升血液。如果动脉被割破，血液就会在心脏收缩的压力下喷涌而出，通常按心脏的跳动频率喷出。从动脉血管流出的血液是鲜红色的，从静脉血管流出的血液是暗红色的。

少量流血。少量流血的情况下，血液一般是从毛细血管流出的，通常是慢慢往外渗出或滴出，所以血流量不大，不会有很大危险。

动脉出血。动脉出血属于紧急事故。如果急救人员没有及时处理，伤者就会大量失血，导致血液循环停止（出现休克现象），大脑和心脏供血不足，带来致命危险。一般情况下，

动脉破裂的血流量往往比血管彻底断裂时的血流量小。要止住动脉出血，首先应该做的一件事就是确保伤者呼吸顺畅。当看到伤者动脉出血时，必须立即按住伤口。

静脉出血。静脉血液流动较缓慢，所以静脉出血没有动脉出血严重，但如果是大静脉出血，血液也会喷涌而出，如曲张静脉或者任何一个深部主静脉受伤都可能导致大量出血。

■止血方法

1.用手或手指直接按压伤口（a）。2.如果伤口很大，轻轻地将伤口压合（b）。3.找出身边最适合止血的工具，如把一块干净的手帕折叠起来就是很好的止血工具。4.如果是伤者的四肢受伤流血，必须将流血的肢体抬高（c）。如果伤者有骨折迹象，在处理伤口时必须非常小心。5.如果通过直接按压伤口的方法止住了伤口流血，接着在伤口周围涂上有消毒、清洁作用的敷料剂。6.用棉垫或纱布覆盖伤口（d）。

7.用绷带将伤口包扎好（e）。

使用绷带包扎时必须足够牢固以防止血液流出，但是也不能太紧而阻碍了血液循环。检查伤者体内的血液循环：看伤者是否有脉搏，或按压受伤手臂的指甲直到它变白为止，当松开时指甲应该呈粉红色。若血液循环不正常，松开手时指甲则仍然呈白色或青色且指尖感觉冰凉。如果伤者手臂受伤，也可以通过检查手腕的脉搏来确定伤者血液循环是否正常。

● 如果伤口仍透过纱布向外渗血，不要揭开纱布，否则会破坏刚刚形成的血凝块，导致更严重的出血。此时，应该拿一块更大的棉垫或纱布覆盖在原来的纱布上，再用绷带牢固包扎。

● 如果直接按压伤口并用纱布和绷带包扎后仍不能使伤口止血，甚至出血更严重的话，必须按压通向伤口的动脉。

清除伤口异物

必须仔细清洗伤口上的脏物和各种异物，如果伤口里有体积较大的异物，暂时不要动它。

不要试图从很深的伤口里取出异物，否则可能引起更严重的出血。

■如何处理伤口

先给伤口止血，如果伤口流血并不严重，可以直接将裂开的伤口包扎起来。

13

体内出血

体内出血通常很难发现，所以发现伤者伤势很严重时必须对他做仔细检查，如在交通事故中受伤或大腿骨折时。

体内出血的症状

- 嘴巴、鼻子或耳朵等处出血。
- 伤者身体肿胀、肌肉紧张。
- 身体呈乌青色。
- 伤者显得情绪不安。
- 伤者出现休克症状。

■体内出血急救措施

1.立刻打电话叫救护车，因为伤者急需被送往医院。2.每5分钟检查一次伤者的脉搏跳动频率并做记录。3.如果伤者休克，立刻采取相应的急救措施。

包扎

包括三角巾包扎和毛巾包扎法。可以用来保护伤口，压迫止血，固定骨折，减少疼痛。

三角巾包扎法

伤口封闭要严密，以防止污染，包扎的松紧要适宜，固定要牢靠。具体操作可以用28个字表示：边要固定，角要拉紧，中心伸展，敷料贴紧，包扎贴实，要打方结，防止滑脱。

包扎部位：头部、面部、眼睛、肩部、胸部、腹部、臀部、膝（肘）关节、手部。

使用三角巾包扎要领：

- 快——动作要快。
- 准——敷料盖准后不要移动。
- 轻——动作要轻，不要碰撞伤口。
- 牢——包扎要贴实牢靠。

毛巾包扎法

毛巾取材方便，包扎法实用简便。包扎时注意角要拉紧，包扎要贴实，结要打牢尽量避免滑脱。

头部帽式包扎

毛巾横放在头顶中间，上边与眉毛对齐，两角在枕后打结，下边两角在颌下打结。

面部包扎法

毛巾横盖面部，剪洞露出眼、鼻、口，毛巾四角交叉在耳旁打结。

单眼包扎法

用折叠成"枪"式的毛巾盖住伤眼，毛巾两角围额在脑后打结，用绳子系毛巾一角，经颌下与健侧面部毛巾打结。

单臀包扎法

将毛巾对折，盖住伤口，腰边两端在对侧髂部用系带固定，毛巾下端再用系带绕腿固定好。

双臀包扎法

将毛巾扎成鸡心式放在两侧臀部，系带围腰打结，毛巾下端在两侧大腿根部用系带扎紧。

膝(肘)关节包扎法

将毛巾扎带形包住关节，两端系带在膝（肘）窝交叉，在外侧打结固定。

手臂部包扎法

将毛巾一角打结固定于中指，用另一角包住手掌，再围绕臂螺旋上升，最后用系带打结固定。

双眼包扎法

把毛巾折成鸡心角，用角的腰边围住伤者额部并盖住两眼，毛巾两角在枕后打结，余下两角在枕后下方固定。

↑ **下颌兜式包扎法**

下颌兜式包扎法

将毛巾折成四指宽，一端扎系带一条，用毛巾托住下颌向上提，系带与毛巾的另一端在头上颞部交叉并绕前在耳旁打结。

单肩包扎法

将毛巾折成鸡心角放在肩上，在角的腰边穿系带在上臂固定，前后两角系带在对侧腋下打结。

双肩包扎法

毛巾横放背肩部，两角结带，将毛巾两下角从腋下拉至前面，最后把带子同角结牢。

单胸包扎法

把毛巾一角对准伤侧肩缝，上翻底边至胸部，毛巾两端在背

15

后打结，并用一根绳子再固定毛巾一端。

双胸包扎法

将毛巾折成鸡心状盖住伤部，腰边穿带绕胸部在背后固定，把肩部毛巾两角用带系作 V 字形在背后固定。

腹部包扎法

在腰带一旁打结；毛巾穿带折长短，短端系带兜会阴；长端在外盖腹部，绕到髂旁结短端。

足部靴式包扎法

把毛巾放在地上，脚尖对准毛巾一角，将毛巾另一角围脚背后压于脚跟下，用另一端围脚部螺旋包扎，呈螺旋上绕，尽端最后用系带扎牢。

呼吸障碍

伤者发生轻微的呼吸困难，如轻微哮喘，不需要采取急救措施，但是在不知道病因的情况下，必须去医院就诊。如果伤者出现严重的呼吸困难，可能有一定的危险，所以急救人员必须立刻对伤者实施急救措施。呼吸道梗阻属于严重的紧急事故，出现

这种事故时，只有在现场有经验丰富的急救人员并能够及时有效地采取急救措施的情况下才可能挽救伤者的生命。

窒息

窒息意味着血液缺氧，是由于空气无法自由进出肺部而造成的。喉咙被东西哽住、溺水、脖子被勒压、吸入煤气或没有氧气的烟雾、呼吸道被异物阻塞、喉咙水肿等都会导致窒息的出现。

如果窒息是由外部物体导致的，如塑料袋或者枕头，应该立即移开这些物体，再检查伤者的呼吸和脉搏。如果有必要的话，立即对伤者实施人工呼吸。

哽住

哽住通常是由于喉咙里或者主要呼吸通道里吸入异物导致的，如一块没嚼碎的食物或一块硬糖（a）。这种情况常常发生在人们一边吃东西一边笑或打喷嚏时。由此类原因导致的呼吸道梗阻，不能对伤者实施人工呼吸，否则会让情况变得更糟。当务之急是清除喉咙或呼吸道里的异物，清理完毕后，如有必要可以

再对伤者实施人工呼吸。

被哽住时的症状

• 用手掐住自己的喉咙，几乎所有伤者都有此动作（b）。

• 脸上露出痛苦和恐慌的表情。

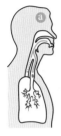

• 刚开始时，伤者会发出急促的呼吸声，接着呼吸声逐渐变得微弱，最后完全消失。

• 脸色发青或时而呈灰白色。

• 大约1分钟后，伤者可能会失去意识。

• 如果以上措施无效，再尝试以下方法。

■咯出异物

针对神志清醒的成年人：1.可以直接询问他们是否被异物哽住了。2.如果伤者仍能吸入少量空气，让他先慢慢地呼吸，然后再猛咳出异物。切记

不要猛烈呼吸，否则会使事态更加严重。

• 如果该方法无效，可以采用腹部推压的方法。

■让伤者弯下腰，用手猛拍他的背

此时不要因为担心会伤害到伤者而行动迟疑，性命攸关的时刻要当机立断。

针对神志清醒的成年人：1.让伤者弯下腰，使伤者头部垂到肺部以下位置。2.用手掌根部猛拍伤者肩胛骨之间的部位。

针对神志清醒的儿童：1.让伤者面朝下趴在你的双膝上。2.用手掌根部猛拍伤者肩胛骨之间的部位。如果有必要的话，

可以将这些动作重复4次左右。

针对昏迷的成年人和儿童：1.翻转伤者使他面朝你侧躺着。2.使他的头向后仰。3.用手掌根部对准他肩胛骨之间的部位猛拍4次。

针对昏迷的婴幼儿：1.使婴儿面朝下，用前臂托住婴儿的整个身体。2.同时用手掌托住婴儿的头和胸。3.用另外一只手的手掌根部轻拍婴儿肩胛骨之间的部位。

腹部推压

■实施腹部推压

针对神志清醒的成年人：1.急救人员站在伤者身后，用一只手臂绕过伤者的身体，拳头攥紧，放在伤者腹部中间即肚脐与肋骨最底边之间的位置（a）。2.大拇指向内。3.用另外一只手抓住自己的拳头（b），同时用力将伤者的身体向后拉（c）。4.突然用紧握的拳头用力向伤者腹部内和腹部上方挤压，注意用力得当。在对腹部上方施加压力的同时，向上推动伤者的膈肌——胸腔里一块可伸缩的肌肉。5.如果有必要的话，重复以上动作4次。

针对神志清醒的儿童：1.让孩子背对着站在你双膝之间。2.用一只拳头对准孩子腹部适当位置（肚脐与肋骨最底边之间）用力挤压，同时另外一只手放在其背部相对应的位置，两只手同时向孩子施加相对的推力。

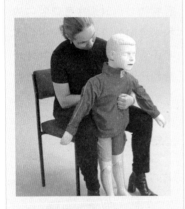

针对昏迷的成年人：1.让伤者平躺在地板上，下巴向上仰，头部向后倾。2.急救人员跪在伤者身边，或者最好跨坐在伤者大腿根部，面向伤者头

部。3.将一只手的手掌根部放在伤者的腹部中间即肚脐与肋骨最底边之间的部位，另外一只手压在这只手上。用力向伤者腹部内和腹部上方按压。4.重复以上动作4次。

针对昏迷的儿童：可采用针对昏迷的成年人的急救措施，唯一的区别是针对儿童时，急救人员在实施步骤3时只需用一只手。

针对婴幼儿：不论受伤的宝宝是否清醒，都让他平躺下来，然后用两个手指推压其腹部恰当的位置（肚脐与肋骨最底边之间）。

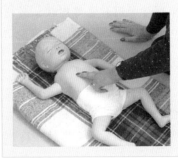

腹部推压法适用于所有被哽住的伤者，不论伤者是否昏迷。腹部推压可以使伤者肺部的压力突然增加，利用增加的压力把阻塞物顶出来，这与利用香槟酒瓶里的压力顶出瓶口软木塞是一样的原理。

只有在使用前面的方法无法奏效的情况下才可以采用这个方法，因为这种方法使用不当可能会导致内伤。当然也不必因噎废食，因为如果伤者的呼吸道完全阻塞的话，不及时清除呼吸道里的异物，伤者会很快窒息死亡。

对昏迷中的宝宝实施了腹部推压后，再将手指弯曲成钩状，清理伤者的口腔，彻底清除伤者呼吸道内的异物。

● 如果伤者神志开始慢慢恢复，但呼吸仍不顺畅，为避免出现呼吸道肿胀等症状，必须立刻叫救护车将伤者送往医院。

溺水

急救人员如果发现伤者已经溺水很长时间，不要轻易认为伤者已经溺死。人即使在冷水里淹没半小时后仍然能够完全恢复清醒状态。因为身体被水冷却后新陈代谢的过程变得缓慢，所以大脑运动减慢，可以承受的缺氧时间比平时更长。

■抢救溺水者

1.使溺水者的头露出水面，并实施人工呼吸（a）。2.尽快将溺水者拉上岸。3.检查溺水者的呼吸。4.检查溺水者的脉搏。5.如果仍需要做人工呼吸，必须先将溺水者的头转向一侧（b），清除溺水者口腔里的所有异物。这时溺水者口腔内的积水会向外流出。6.如果溺水者还有微弱的呼吸，使其处于最利于恢复呼吸的状态（c）。7.如果溺水者有呼吸，但身体冰冷，立即采取措施为其取暖。8.尽快送溺水者去医院。

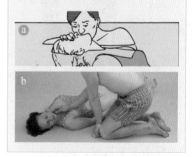

在抢救溺水者时，急救人员必须考虑周到，不要因为一时疏忽而给伤者带来任何危险。

吸入大量烟雾或煤气

一氧化碳中毒

一氧化碳是一种无色无味的有毒气体。汽车尾气中含有大量一氧化碳，以煤为燃料的炉子等也会产生这种气体。一氧化碳与血液中的血红蛋白结合会形成一种稳定的化合物——碳氧血红蛋白，这种化合物会减弱人体内的血红细胞传输氧气的能力。

如果一个成年人体内一半数量的血红蛋白都转变成了碳氧血红蛋白，那么他就会死亡。

■将伤者带到室外后应采取的急救措施

1.检查伤者的呼吸（a）。2.检查伤者的脉搏。3.需要的话，立刻对伤者实施人工呼吸。4.使伤者处于最有利于恢复呼吸的状态（b）。5.尽快送伤者

去医院。

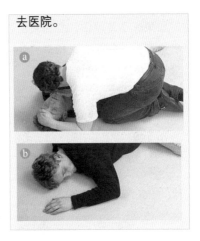

吸入烟雾

着火产生的烟雾会消耗火灾现场的氧气，导致人窒息。如果吸入烟雾，烟雾会严重干扰呼吸道，甚至迫使声带关闭，切断呼吸通道。另外，有些烟雾还含有有毒物质。

必须采取措施立即将伤者转移出火灾现场或呼叫消防人员和救护车。

一旦使伤者脱离烟雾区，并处理了他着火的衣物后，马上实施以下步骤。

■对吸入烟雾的伤者实施急救措施

1.检查伤者的呼吸道、呼吸状况（a）及脉搏（b）。

2.如果有必要的话，立即对伤者进行人工呼吸。3.检查并处理烧伤部位。4.送伤者去医院。

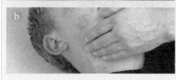

于最有利于恢复呼吸的状态。

7.立刻送伤者去医院。

因被勒压导致呼吸困难

压迫伤者颈部的动脉或阻断伤者的呼吸道都会导致伤者昏迷或死亡，也可能导致伤者脊柱受伤。

■对被勒伤的伤者实施急救措施

1.托住伤者的身体将其向上举起，放松勒在脖子上的绳套（a），这样伤者整个身体的重量就不会完全靠脖子来承担了。2.剪掉绳结下的绳圈（b）。3.检查伤者的呼吸。4.检查伤者的脉搏。5.如果需要的话，立刻对伤者实施人工呼吸。6.如果有必要的话，使伤者处

不论何时何地发现被勒伤的伤者都要立刻报警。尽量保留现场作为证据，并记录你观察到的与伤者有关的所有情况。

循环系统障碍急救

循环系统及其作用

大脑是人体中最重要的器官，人体的其他器官都是用来支持和维护它的。比如心脏，它能保持肺部血液循环，为全身其他器官输送血液。血液里含有大量氧气和葡萄糖，源源不断地输送给大脑。如果这一活动停止，人会很快死亡。大脑获得心脏输送来的

含有营养物质的血液是通过4条经过颈部向上流动的大动脉来实现的。这些动脉的细小分支，也源源不断向大脑皮质输送血液。如果其中一条动脉被阻塞或出血，就会出现严重后果。

　　肌肉也需要氧气作为动力，以便在大脑的控制下产生收缩使全身运动起来。心脏本身就是一块不断收缩的肌肉，也是人体内比较重要的一块肌肉，所以它尤其需要充足的氧气作为动力。心脏有两条冠状动脉为其输送血液，这两条动脉是心脏上方的身体主动脉（B）的分支，布满了整个不停跳动的心脏。冠状动脉（A）一旦变得狭窄，便会导致心绞痛，若发生阻塞，则会导致心脏病。

　　心脏通过高压向动脉输出血液，再以低压形式通过静脉收回血液。心脏内有两个心房，即左心房和右心房。右心房（从人本身的角度看）是从头部和身体收回血液（而不是从肺部收回血液），然后再输送到肺部。血液从肺部再回到左心房，然后通过左心室输送到身体其他部位。人

体的这一血液循环路线像一个8字形。动脉里的血液（有氧血）是鲜红色的，静脉里的血液（无氧血）是暗红色的。

a.头部和身体的血液回流至右心房
b.输送到肺部
c.输送到头部和身体
d.肺部血液流至左心室

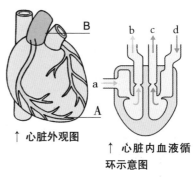

↑ 心脏外观图　　　↑ 心脏内血液循环示意图

心绞痛

　　心绞痛是一种心脏疾病引起的症状。它是由于心肌没有获得足够的血液来维持正常工作引起的。血液通过冠状动脉输送到心肌。如果这些动脉的某一个分支因为动脉硬化症导致血管窄小，那么就无法为心肌输送足够的血液，心肌也就无法获取其所需的氧气和葡萄糖。心绞痛通常发生在人体力透支或是情绪异常的情

况下。

■心绞痛的急救措施

1.让患者以最舒适的姿势坐下来,可以将一些衣物叠好当坐垫(a)。2.询问患者是否随身携带了治疗心绞痛的药。如果有且是药丸的话,让他放在舌头下面(只针对神志清醒的患者)。如果是喷雾药剂,就喷在舌头下面。3.解开患者紧身的衣物,便于患者呼吸(b)。4.安抚患者。5.休息一两分钟后,询问患者的疼痛是否减轻。

心绞痛的症状

●胸部中间有揪紧般的疼痛。

●疼痛扩散到左臂或双臂,穿过背部,上蹿到下颌。

●开始感觉筋疲力尽。

●呼吸困难。

●脸色发白,嘴唇发紫。

急救目标

急救人员所要做的就是尽量减少患者的心脏负荷。

不要让患者走动。

如果疼痛仍未减缓,就不是心绞痛而是心脏病。应该立即将患者送往医院,才能挽救其生命。

心搏停止

心搏停止是指心脏停止跳动。这当然是非常危险的,除非心脏能马上重新开始跳动,否则将很快导致死亡。

■心搏停止的急救措施

1.寻求支援。2.让现场其他人呼叫救护车。呼叫者必须说清楚患者心搏停止了。3.对患者实施2次嘴对嘴的人工呼吸(a)。4.实施胸部按压(b)。5.胸部按压15次后为患者吹入氧气2次,然后按照这样的频率重复进行。继续做抢救工作，直到医务人员到达。

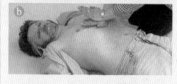

心搏停止的症状

• 心搏突然停止的患者会立刻摔倒在地，同时失去意识，一动不动。

• 患者没有呼吸。

• 患者没有脉搏。

• 患者皮肤呈灰白色。

心脏病

一旦冠状动脉的一个分支被阻塞，由被阻塞的分支提供血液的心肌便会坏死，这种情况下会引发心脏病。如果坏死面积很大的话，可能会导致患者死亡；如果坏死面积很小，患者就有可能恢复健康。在后一种情况下，坏死的肌肉将被瘢痕组织取代，心脏的功能也因此相应地减弱。虽然有些人经过几次心脏病发作最后都幸存下来，但是他们的心脏已经严重衰竭了。

心脏病的症状

• 胸部中间突然出现急速的疼痛感。

• 疼痛蔓延到手臂、背部和喉咙（a）。

• 患者濒临死亡。

• 眩晕或昏倒。

• 身体往外冒汗。

• 肤色苍白。

• 身体虚弱，脉搏跳动快速且无规律（正常的脉搏是每分钟60~80次）。

• 没有呼吸。

• 失去意识。

• 心脏可能停止跳动。

除非情况紧急，否则不要让患者移动，这会给心脏带来不必要的劳累。

不要让患者吃任何食物。

↑ **心脏病发作**

■ **心脏病发作时的急救措施**

1.让神志清醒的患者半躺在椅子上，头、肩膀和膝盖靠在椅子的扶手上（a）。2.安抚患者，使患者身体放松。3.寻求帮助，让现场其他人打电话叫救护车。呼叫者必须说清楚患者心脏病发作时的症状。4.解开患者脖子、胸部和腰上紧束的衣物（b）。5.检查患者的脉搏和呼吸。6.如果患者昏迷了，使其处于最有利于恢复呼吸的状态，并坚持不断地检查他的脉搏和呼吸。7.如果患者呼吸停止，急救人员必须对他实施嘴对嘴的人工呼吸。8.如果患者心跳停止，急救人员必须对他实施胸部按压。

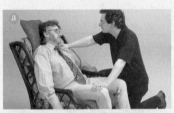

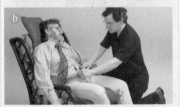

休克

休克是指人体血管里没有足够的血液或者心脏输出血液量不够多，以至于无法支持正常的血液循环。以上两种情况均会导致人体内血压下降，无法为身体的一些重要器官，尤其是大脑、心脏和肾脏等提供足够的氧气作为动力，使它们无法正常工作甚至彻底停止工作。此时，身体为了这些重要器官，可能会关闭通往其他一些不是很重要的身体部位（如皮肤和肠道）的动脉通道，但这也是有一定极限的，治标不治本。休克是非常危险的症状，如果不及时抢救，伤者会在短时间内有生命危险。

休克的原因

● 失血过多。不论是体外失血还是体内失血，如脊柱受伤或体内组织受伤导致的失血，都会导致休克。如果失血过多，会减少向身体某一部位输送的血液量，导致该部位的血管内血液量不足。一般都是动脉出血会引发这样的结果。

● 长时间呕吐或腹泻造成的体液流失。这种体液可能来自体内血液，从而减少了体内血液总量。

• 烧伤。大量的体液从体表流失或形成了水疱。

• 感染。严重的血液感染会导致血管扩张，使血液里的液体流失到身体组织里。

• 心脏衰竭。如果心脏衰竭，就无法继续保持人体正常的血液循环了。

休克的症状

• 由于皮肤中的血管被"关闭"了，所以伤者的皮肤呈白色且冰冷。

• 由于心脏试图保持体内循环系统的运作，所以伤者脉搏跳动迅速。

• 由于心脏跳动无力，所以伤者脉搏微弱。

• 由于对大脑和肌肉的血液供应减少，所以伤者有眩晕和虚弱的感觉。

• 由于血液里没有足够的氧气，所以伤者呼吸非常困难。

• 由于血液里的液体流失，所以伤者感觉非常口渴。

• 由于向大脑提供的血液量减少，所以伤者可能会出现昏迷现象。

急救目标

急救人员要做的工作就是采取措施防止伤者出现更严重的休克现象，使伤者能够有效利用可获得的有限血液进行血液循环。

■如何防止伤者出现更严重的休克现象

1.急救人员亲自或让现场的其他人打电话叫救护车。2.让伤者平躺在地板上，使头部一端处于较低的位置，利用地心引力帮助血液流向大脑，尽量不要让伤者移动，降低心跳频率（a）。3.为伤口止血。4.安抚伤者。5.解开紧束在伤者身上的衣物。6.将外套或毛毯折叠后放在伤者腿下，抬高腿部位置（b），让血液流向心脏。7.用一件外套或一条毛毯盖在伤者身上（c）。8.大约每2分钟检查一次伤者的脉搏和呼吸。

● 除非遇到特殊情况，否则不要移动伤者，以免加重伤者休克程度。

● 不要让伤者进食。

● 不要让伤者吸入烟雾。

● 不要用热水袋等给伤者取暖，这样做会使血液从身体的主要器官流向皮肤。

● 如果伤者想要呕吐，或者出现呼吸困难、昏迷等现象，应使伤者处于最有利于恢复呼吸的状态（d）。

● 如果伤者停止了呼吸，急救人员应立刻对他实施人工呼吸，有必要的话可以同时对伤者实施胸部按压。

挤压伤

有许多伤害是被重物砸到而造成的。这些伤害主要发生于严重的工伤事故和地震导致的房屋、矿井倒塌事故中。挤压伤除了具有骨折和刀伤等常见伤的共同特点外，还具有一些其他特征，这些特征将会影响急救措施的实施。被挤压的肌肉会将大量的毒素释放进血液里，这会使肾脏发生阻塞，影响其正常工作。同时大量的血液也会流入被压伤的肌肉里。

■ 1 个小时之内的急救措施

1. 尽快移开压在伤者身上的重物（a）。2. 如果当时只有你一个人在场，立刻请求支援。3. 叫一辆救护车。4. 检查伤者。5. 检查伤者是否有呼吸和脉搏（b）。6. 处理表层流血伤口。7. 治疗休克。8. 如果伤者已经昏迷，让他处于有利于恢复的状态。9. 记录重物压在伤者身上和脱离伤者身上的时间，以便向医务人员传达。

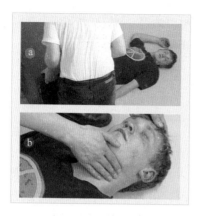

不要让伤者移动。

挤压伤的症状

● 在肌肉部位有重物挤压的感觉。

● 被压的肌肉周围有较明显的肿胀、瘀伤和水疱出现。

● 被压部位没有脉搏。

● 四肢冰冷，被压处颜色苍白。

● 伤者可能出现休克现象。

● 有骨折迹象。

时间的重要性

急救措施取决于压力存在的时间。

超过1个小时后，再移动重物会对伤者造成更大的伤害。

■伤者受伤超过1个小时的急救措施
1. 使重物保持在原处不动

并向伤者解释这样做的原因。
2. 呼叫急救中心并告知伤者的伤势。3. 安抚伤者。

脱臼

脱臼通常发生在身体关节部位，当关节的骨头被扭曲错位时就会发生脱臼现象，甚至还可能导致骨折。脱臼既可能是由韧带或关节囊等软组织拉伤引起的，也可能是由这些组织的非正常松弛而导致的。人体所有的关节都可能发生脱臼，但是有一些关节对软组织的依赖比较大，所以相应地就更容易发生脱臼。最容易脱臼的关节是肩关节，下颌和大拇指指关节脱臼也比较常见。

脱臼的症状

● 关节外部变形。

● 关节无法起作用。

● 关节周围肿胀并有瘀伤。

● 除非关节经常脱臼，否则会疼痛难忍。

肩关节脱臼

肱骨上端位于肩胛里较深的位置（a），很容易向下或向内发生错位（b）。肩关节脱臼通常是摔倒时摔伤手臂造成的。这时，关节囊会被拉伤，骨头会从关节处滑动脱位。

肩关节脱臼的症状

● 手臂看起来比平时长，肩膀上突。

● 伤者会不自觉地用另一只手托着脱臼的手臂。

■脱臼的急救措施

1.使伤者脱臼的手臂处于最舒适的位置。2.用一个枕头或坐垫托起胳膊，或用悬带或绷带吊起手臂，将受伤的手臂固定起来（c）。3.将伤者送往医院。

不要试图将伤者的骨头移回原位，这样做可能会伤害到骨头周围的神经和组织，同时使骨折更加严重。

由于伤者到达医院后需要打麻醉药物，所以在此之前不要给他吃任何食物或喝水。

体温异常

人体本身有很好的调节体温的机制，正常情况下都能将人体内部的温度控制在一定范围内。但是如果人体长时间处于很高或很低的温度下，体内的温度调节机制就可能无法继续将人体的温度控制在正常范围内，这就会使人体体温出现过高或过低的异常现象，如出现中暑或体温过低现象。

中暑

中暑是患者长时间暴露在高温下导致人体内的温度调节机制失灵造成的。中暑后，人体体温会从正常的37℃上升到41℃或者更高。此时，要想挽救患者的生命，就必须尽快采取措施降低患者的体温。

中暑的症状

● 患者感觉无力、眩晕。

● 患者抱怨太热并感觉头痛。

● 患者皮肤干燥、发热。

- 患者脉搏跳动迅速而有力。
- 患者神志不清。
- 患者出现昏迷症状。

■中暑的急救措施

1.寻求医疗救助并向对方说明事故详情。2.使患者处于半躺半坐姿势。3.脱去患者的所有衣物。4.用冰凉的湿布包裹患者。5.不断用凉水泼洒包裹在患者身上的布，使布保持潮湿。6.对着布扇风，使水汽蒸发，加速降低患者的体温。7.当患者的皮肤变凉或者温度下降到38℃时停止以上急救措施。8.小心患者体温可能会回升，有必要时重复步骤4～6。

针对昏迷的患者

如果患者昏迷，使其处于利于恢复呼吸的状态后再为其降温，然后检查患者的呼吸和脉搏。

中暑衰竭

中暑衰竭是人体内的水分或盐分过分流失导致的。

中暑衰竭的症状

- 皮肤苍白、湿冷。

- 身体虚弱。
- 眩晕。
- 头痛。
- 恶心。
- 肌肉痉挛。
- 脉搏跳动迅速。
- 呼吸微弱而急促。

■中暑衰竭的急救措施

1.让患者平躺在阴凉的地方。2.抬高患者的双腿（a）。3.让患者不断喝淡盐水（按1升水放半汤匙盐的比例）（b），直到患者的情况有所好转。4.打电话寻求医疗救助。

针对昏迷的患者

如果患者昏迷，使其处于最利于恢复呼吸的状态，然后打电话叫救护车。

体温过低

体温过低是指人体体温下降到正常体温37℃以下。如果因吹冷风等原因使温度不停地下降，那么人体就无法自行产生热量（如身体颤抖保持体温）。老年人或比较虚弱的人，尤其是瘦弱、劳累和饥饿的人待在温度很低或没有保暖设备的屋子里，就容易发生体温过低现象。

体温过低的症状

●患者的身体一开始会颤抖，然后就不再颤抖。

●患者的皮肤冰冷、干燥。

●患者的脉搏跳动缓慢。

●患者的呼吸频率很低。

●患者的体温下降到35℃以下。

●一开始患者会昏昏欲睡，然后出现昏迷现象。

●患者可能出现心跳停止现象。

急救目标

急救人员的主要目标就是尽快让患者的身体暖和起来。即使患者看起来已经没救了，也不要放弃采取急救措施。人体体温过低不会导致大脑在短时间内缺氧，所以此时患者存活的概率比一般情况下心搏停止的存活概率大。

■**在野外如何对体温过低的患者实施急救**

1.寻求医疗救助。2.尽快将患者带到室内或能避风的地方。3.用睡袋或其他隔热物盖住患者。4.和患者躺在一起，用自己的体温温暖患者。5.检查患者的体温。6.检查患者的脉搏。7.在条件允许的情况下，为患者提供一些热的食物和饮料。

■**在室内如何对体温过低的患者实施急救**

1.寻求医疗救助。2.如果患者神志清醒且没有受到其他伤害，就直接将他放到温暖的床上，用被子将其头部（非面部）也盖住。3.为患者提供一些热的食物及饮料。

针对昏迷的患者

●如果患者已经昏迷，急救人员应该对他实施嘴对嘴的人工呼吸和胸部按压。

●不要擦拭患者的四肢或让患者做大量运动。

●不要让患者喝酒，因为酒精有散热作用。

●不要让患者泡进热水里或

用热水袋取暖，这样做会让血液从人体的主要器官转移到皮肤表层的血管里。

冻伤

冻伤非常危险，因为它会冻结人体内的血管，阻断被冻部位的血液流通，最后导致被冻部位发生坏疽。

身体凸出的部位，如鼻尖、手指头和脚指头等最容易发生冻伤。被冻伤的身体部位一开始会变冷、变硬、发白，然后会发红、肿胀。

■冻伤的急救措施

　　1.将伤者转移到能避风的地方。2.用40℃的温水浸泡伤者被冻伤的部位。3.送伤者去医院接受医疗诊断。

要避免把冻伤的部位一直浸泡在水里，也不要去搓揉。

骨折

骨折的原因、部位

人体任何部位的骨头都可能因为各种原因导致骨折，如直接的暴力行为、弯曲或扭曲、过分用力、用力按压骨骼外的肌肉或一些会对骨骼造成伤害的疾病等。相对于年轻人的骨骼来说，老化的骨骼更容易断裂，所以老年人常常会发生骨折。

有些部位的骨折比较常见。下图列出了最容易发生骨折的一些身体部位。

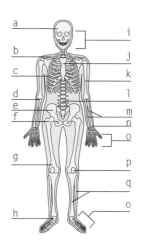

易骨折部位

a.头骨　b.锁骨　c.肋骨　d.肘

e.骨盆　f.股骨颈　g.股骨干

h.脚踝　i.鼻骨、下颌骨和颧骨

j.胸骨　k.肱骨　l.脊柱

m.尺骨和桡骨　n.手腕　o.脚趾和手指　p.膑骨　q.髌骨和腓骨

第三章
交通事故中的逃生

保护好自己和财产

不常旅行的人一般都会带大量的行李，其实，这是一个巨大的负担，不仅是重量的问题，需要时刻看守也是个问题。

保护贵重物品

旅行的时候最好穿普通的衣服，不要炫耀钱财和佩戴结婚戒指之外的珠宝。不要将笔记本电脑或者相机等放在一眼就能看清的包里。尽量使用装钱的腰带或者在身上不明显的地方装钱和文件。还需要随身携带一些必备药品和其他基本的物资以防行李丢失。

如果停留在高风险的地方，可能还需要用金属线制成的行李保护器来保护自己的行李，以防在大街上被人割开包偷东西。街头小偷常用的伎俩还有直接用刀子割断背包肩部的背包带抢包，这种抢包方式很难防御，因为小偷手里拿着刀，你所要做的就是尽量让自己看起来像一个不容易对付的目标，但是如果有人实在要抢包，把包给他就是，你失去的只是个包而已。

在公共交通工具中

这时候不仅要防止包被盗的风险，还要防止被其他人利用来进行犯罪。随时锁好行李或者拉好拉链。在行李上使用旁人不容易看懂的标签，以防不怀好意者得知你的身份。可以在行李上使

□**防扒方法一**

1.如果带有装钱的腰带，一定不要被人看见，要把它完全盖在衣服下。

2.将裤子穿在装钱的腰带上，并把衣服下摆扎进裤子。这样在走动中也不会暴露装钱的腰带。

用单位地址，这样更安全。

　　不要接受来自陌生人的信件、包裹或者礼物，也不要让自己的行李无人看管，哪怕一分钟也不可以。在机场、火车或者汽车站发现没人要的行李，立即报告有关部门，并远离它。

　　很多机场都会在收取少量费用的情况下为旅客用收缩性薄膜包装行李，这不仅能保证行李的安全，还能保护行李以防包装出现裂口和磨损。

寻找安全住处

　　什么地方安全？一家昂贵的宾馆可能是安全的。但是也有人潜入这种地方专门盗窃那些富人的东西。因此向旅行社咨询，即使你并不希望通过他们来预订，

也可以向他们咨询，或者向曾经经过这条旅行路线的人咨询，或者向值得信赖的当地人咨询。如果不是按照预期而是偶然来到某个地方，首先要确保饮用水、温暖和阴凉等基本要素，然后在选择居住的地方之前再花时间考虑当地存在什么威胁。

应对城市街道上的危险

　　当你在城市街道上步行、驾车或者骑车的时候，面临最大的危险就是另外的人。在喧嚣的城市街道上，你可能会对某些有恶意企图的潜在危险全神贯注，但是更常见的危险却是交通事故。

　　预防是避开交通事故的关键。警惕那些开车时打盹、看地

图或者打电话的司机。要注意，驾车的人经常看不见自行车，还有较老较小的车一般控制力都较差，而且刹车能力也有限。确保汽车状况良好并随时加满油，这样就不会在一些不想停下来的地方被迫停车了，从而可以避免不必要的麻烦。在车门储物袋内放置一样"秘密武器"（如防强奸警报器或者胡椒喷雾等），用以应付特殊情况。

道路暴怒

"道路暴怒"现象有上升的趋势，尤其是在道路拥挤时，或者司机不能承受日常压力以及碰

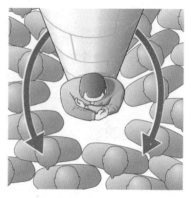

↑ 如果在拥挤的人流里，最好待在紧急出口处。要是能找到柱子或者类似的结构，就躲在它的背后。

到他们不能控制的局面而感受到极端压力和愤怒时。这是一个非常严重的问题，因为愤怒的司机控制着极其危险的"炸

□避免被汽车撞伤

1.当意识到汽车一定会撞上来的时候，跳起来，高度应该是能避开被车头撞上，尽量落到汽车引擎盖上。

2.身体蜷曲，将双腿抬高举起避开撞击，然后用双手护住头部，以防头部撞上挡风玻璃或者车顶。

3.下一步发生的撞击可能是与挡风玻璃或者与地面，但是无论如何，你受到的伤害肯定比直接被车撞上的伤害要小。

弹"——汽车。

如果你不幸成为道路暴怒的受害者，一定要保护好自己。最重要的是，不要与愤怒的司机进行眼神接触，而应该尽快离开。在下一个容易拐弯的地方拐弯，寻找另外的行进路线。

如果暴怒的司机一直尾随着你，不要回家，而是直接驾车前往警察局。如果愤怒的司机下车向你走来，一定要锁好汽车门窗，即使在他对你的汽车发动攻击的情况下也要视若无睹。他对你的汽车发泄愤怒总比在你身上发泄愤怒要好得多。

劫车

随着汽车安全系统越来越复杂，劫匪现在越来越倾向于攻击该系统最弱的环节——驾车者。劫车案件在红绿灯处和加油站越来越常见。如果劫车者的动机只是为了劫车，最好的办法就是让他劫，不要反抗，而要安全地离开。如果被强迫开车，你受到人身伤害的机会就会小很多，因为他们需要你的配合，你有一定程度的控制权。

搭便车者

让陌生人搭便车对司机来说有很大的风险。那些需要搭便车的人即使看上去比较沮丧，也有可能在后来成为麻烦或者危险。最好的办法就是不搭载任何搭便车的人。

应对危险的路况

在驾车的过程中你可能会遇到麻烦，当然你不能预测会在什么时候和什么地方陷入困境，但是你能够做好适当准备、保护好自己的车并保证把油箱加满油。告诉别人你前往什么地方，预计什么时候抵达，并且带好移动电话：尽管它是现代生活的"祸害"，但同时也是无价的可以拯救生命的东西。

号码112是世界通用的紧急电话号码，可以在任何国家和任何数字网络上使用。但是鉴于各种手机网络的特性，打这种电话的成功率没有保证，因此还是应该熟悉当地的紧急电话号码。如果你遇到困难，而且是一名单独旅行的女性，一定要告诉营救部门，因为营救部门往往会首先营救女性。

高速公路

如果汽车在高速公路上抛锚或者发生故障，你必须把车停到路边，并且离开自己的汽车。因为在这种情况下，很有可能有疏忽大意的司机撞上你停在路边的汽车。给修理厂或紧急服务部门打电话，在等他们抵达的时候，你应该停留在公路边。

在急转弯处

如果汽车在急转弯处抛锚，很有可能会发生与其他道路使用者撞车的事故。因此要在距离自己的汽车150米远的地方向其他司机设置警告装置，自己也要待在远离汽车的位置。如果没有警告装置，你就不得不亲自站在距离自己的汽车150米远的地方警示其他司机减速。

隧道

如果汽车在隧道中抛锚，最好迅速离开汽车。你可能会认为没有安全的地方供你停留以等待救援，但事实上，绝大多数隧道

里每隔一定距离都会在墙上挖一个洞作为安全岛供人躲避飞驰的汽车。不要穿着宽松的衣服，谨防被其他汽车挂住。

隧道里可能会有紧急电话，但是如果没有，你可能就需要步行走出隧道寻求援助了。移动电话在一些大的隧道里一般都是可以用的，因为里面也安装了天线。无论什么情况，都不要在隧道里停留太长时间，否则你可能被热量和汽车尾气击垮。

贫民窟

如果汽车在一个危险的地方抛锚，比如贫民窟，你可能受到来自当地居民的威胁。应对这种直接威胁的最好方式就是待在车内，避免眼神交流和攻击性行为。如果没有直接威胁，将所有的个人物品放在从车外看不见的地方，然后离开前往安全的地方，在自己的人身安全得到保障的情况下再安排车辆抢修等事宜。

偏远地区

如果汽车在一个偏远的地方抛锚，你可以尝试步行走到安全的地方。如果确定附近有某个地

□从掉进水的汽车中脱身

1.如果汽车掉进水中，要立即采取行动。利用任何可以利用的方式离开汽车比如将车灯打开，通过车窗或者汽车遮阳篷顶脱身。

2.摇下车窗逃生。如果车窗是电子驱动的，可能在这种情况下已经不能正常工作，这时候一定要保持镇定。

3.如果按常规的方式打不开车窗，可以用灭火器或者扳手等坚硬的物品将车窗敲碎。

去步行前往一个没有目标的地方。在野外情况下待在车内能够保护自己免遭绝大多数危险。

4.如果不能击碎玻璃，就用脚使劲踹，首先踹车窗边缘较薄弱的地方，还可以努力踹开挡风玻璃。

5.如果还是不行，可以试着打开车门。车门只有在车内几乎已经灌满水的情况下才能打开，因为这时候车门内外的压力基本上持平。

在海滩和水边

如果你计划把车停在靠近水的地方，必须考虑到潮汐的变化。不要仅仅因为看见别人把车停在这里

方能够提供安全和帮助，你完全可以这样做。否则，你应该留在停车的位置，并引起过往车辆的注意。不要冒迷路、受伤害或者消耗光食物、水和油料的危险而就认为这个位置是安全的，说不定你停放的车辆就会被潮水淹没，因为当地人可能只在这个地方暂时停车。应该找一份潮汐表或者在准备长时间停车之前进行咨询。

地表状况也有可能因为潮水的到来而发生变化。比如把车停放在看上去很硬实的沙滩上，退潮之后，沙滩就有可能变得松软或者呈粉末状，让你开不动车。

悬崖顶和斜坡

无论是停在悬崖顶上还是停在斜坡上，刹车都非常重要。你肯定不会希望自己的汽车滑走或受到破坏，因此，如果是自动车，请选择"停"，如果是手动车，一定要挂到一挡上，这些都是非常必要的防范措施。但是，如果你对刹车装置有疑虑，就不要简单地依赖变速箱。应该在坡度向下的车轮一侧加楔子，防止车轮打滑。

应付汽车故障

汽车抛锚很容易让人感到束手无策，但是车辆驾驶中出现机械故障则可能会引起恐慌，我们需要知道采取什么样的行动来减少自己和其他人的危险。

刹车失灵

在驾车之前对汽车进行例行检查的时候，都要检查制动装置是否正常。每次应该保持手制动装置的灵活性，因为一旦驱动制动装置发生故障，就必须依靠它来进行自我防护了。

如果发生刹车失灵，要首先调低挡速让车速慢下来。在很多斜坡上，都专门为刹车失灵设置了"逃生道"。如果你足够幸运正好在这样的地方，就可以利用逃生道。如果你迫切需要立即停车，手制动就可以完成刹车，但必须是在走直线的情况下进行紧急刹车，否则就可能翻车。另外的技巧还包括利用车身或者车底与雪堆、护栏等之间的摩擦减速，但是在没有进行过专门训练之前千万不要这么做，否则后果极有可能是汽车失控或者翻车等更严重的事故。如果是车队旅游，可以与其他司机联络，让另一辆车在失控车辆的前方，利用它的制动能力来减慢刹车失灵车辆的速度是可以做到的。但是这种技巧只能是非常冷静和勇敢的司机才能够尝试。

变速器失灵或节流阀堵塞

如果发动机停不了，除非生

□当刹车失灵

1. 不要让发动机熄火。如果可以，立即换低挡能在很大程度上减慢车速，这样你就能保持对车辆很好的控制。

2. 当车速减慢到40千米/时以下的时候，用手闸停车。在用手闸的时候牢牢控制住方向盘。

命受到威胁，否则不要踩离合器，也不要挂空挡，因为这样的话车子会立即超速运转，导致发动机被毁。相反，应该立即关闭点火器，这样车子将减速，这时候汽车制动和转向应该还是能正常使用的。如果不得不再次加速，就重新打燃点火器。

一些比较老的汽车或者柴油车在关闭点火器之后可能不一定管用，在这种情况下，刹车就是唯一的办法了。但是在准备毁坏发动机之前，关闭点火器还是值得试一试的。

转向失灵

这种情况容易发生在双向车道上。如果转向轮从齿条中滑出，你可以努力使其归位，归位

□借电启动汽车

1. 发动施救车辆的发动机，在其电池的正极上接电线，电线的另一端一定要远离车身。

2. 将这根电线的另一端连接到受助车辆电池的正极上，用另一根电线连接到受助车辆电池的负极上。

3. 将第二根电线的另一端连接到施救车辆电池的负极上。现在就可以发动受助车辆的发动机了。发动之后，按相反的顺序拆掉电线。

41

到什么地方不要紧，只要管用就行。如果这样不行或者车底下的转向齿条断裂或不发挥作用，你就必须尽快停车。如果没有锁死刹车系统，可以通过大力刹车锁住所有的车轮：这样将使汽车转向不足，而不是跟随失控的前轮，在很多情况下，这是一个更安全的选择。

车胎被扎

到目前为止驾车当中最常见的事故还是轮胎被扎。发生这种情况的时候，能够听见一声闷响，感受到车辆的颠簸，甚至还可能感受到视线高度的变化（对地面的高度）。高速行驶中轮胎被扎是非常危险的。把危险警示灯打开，刹车然后立即停下来——不要等到下个方便的地方，而是立即停下。

如果能在轮胎被扎之后几秒钟立即停车，你也许还能自己更换轮胎甚至是修复它。如果你还继续向前开，就可能会损坏车轮本身。也就是说，这样之后即使停下来，你也可能已经无法把轮胎从车轮毂上卸下来了。

轮胎充气

在危急情况下，可以使用打火机油和火柴对轮胎充气。如果

□ 节油阀堵塞之后

1. 如果发动机减慢不了，可以关闭和根据需要打开点火器来控制车辆。但是不要踩离合器，否则将可能烧坏发动机。

2. 如果路边有逃生道或者安全带，立即离开主道路，然后停车，避免给自己及他人带来危险。

3. 你可能需要利用汽车与马路牙子、护栏、雪堆或其他软物体之间的摩擦来减缓车速。但是注意不要发生猛烈撞击，以免构成危险甚至造成翻车。

轮胎已经完全陷在轮毂上，需要将轮胎卷边从轮胎环一侧撬出。这时你需要利用杠杆，如撬棍或者大的改锥，还需要花费大的力气，同时还可以利用管子等加大杠杆的作用。如果轮胎卷边已经全部从轮胎环上滑落，你就必须将其安装回去，同时留出一侧。

在轮胎环内喷少量（大约半杯）打火机油，然后旋转轮胎让打火机油在轮胎环内散开。用打火机或者火柴点燃打火机油，将手远离轮胎环，以免压伤手指。如果方法得当，将会产生响亮的爆炸声，然后轮胎被充好气，还有可能被稍微过度充气。这种方法还能用来让已经剥落的轮胎归位到轮胎环上。

警告：这是一个非常危险的过程。只有在生命受到威胁的危急情况下才能使用。

避免汽车打滑

控制打滑的秘诀就是多练习。你可能已经阅读过或者听说过大量这类知识，但是除非你此前进行了大量的练习，不然也不一定能够采取适当的行动。在"转向试验场"上进行练习，掌握一些基本技巧将给自己提供足够的应付打滑所需的经验。

打滑是指汽车任何形式的滑动，也就是说车轮不能很好地"抓"住地面，这也是驾车中比较常见的现象。最常见的打滑就

□如何控制前轮打滑

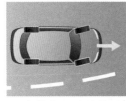  

1. 在转向不足的情况下，车辆前轮继续向前滑动，导致车辆没有拐向想要的方向。

2. 减小对前轮的转向控制力量，让其重新抓地并控制好车辆，这样你不可避免地会跑进拐弯处的其他车道。

3. 一旦重新抓地和控制之后，立即调整路线，让车辆转向你原先预想的方向。

□如何控制后轮打滑

1.当车辆后轮在拐弯处失去牵引力的时候，拐弯的角度将会超过自己的预期，甚至可能导致车辆打转。

2.将方向盘往反方向打，直到车辆前部重新回到自己的控制之下，这种情况下可能会拐一个很大的角度。

3.将方向盘重新平稳地回到中间位置，这样车辆就会慢慢回到正确的方向：继续控制好前轮，不要顾及后轮的情况。

是车轮空转和刹车打滑，这两种情况分别是由于过度节流或者刹车而导致轮胎失去牵引力。这种情况不一定会导致车辆变向，只需要简单地放松脚踩的踏板就能解决这个问题了。转向打滑更难以控制，主要有3种类型。

转向不足

在转向不足（有时被称为推头）的情况下，前轮抓地力量不足，车子转向角度没有达到要求。这种情况可能由车速过快或者刹车过猛引起。车辆转向不足很难制止。你可以加大油门或者放松方向控制，前者会加大本来就已经很快的速度，而后者将可能导致车辆偏离车道甚至进入到逆向车道上。

由转向不足引起的最常见的事故是由于司机为了让车辆有反应而继续转动方向盘，导致前轮迅速抓地，车辆迅速做出反应，有可能会冲进拐弯处

↑ 拖车后载重过多易导致失控，这时要把好方向盘，尽量让汽车沿直线开，不要试着制止打滑。

44

或者迅速转变为转向过度甚至是翻车。

转向过度

这种打滑发生在转弯时后轮失去牵引力的情况下。车辆后轮将向外侧滑，导致车辆转向超过预期，在一些极端情况下，甚至可能造成车辆打转。其原因通常是对后轮驱动的汽车施加了过大的动力，或者在拐弯的时候刹车过度。在转弯过程中间操纵手刹也会出现转向过度，这种情况通常被称为手刹转向。

如果出现转向过度，弥补办法就是将方向盘往外打，放开任何导致车辆打滑的踏板。在极端情况下，你可能会发现，前轮的方向可能会与正常情况下转弯时候的方向完全相反。将方向盘往正常拐弯训练时候的相反方向打被称为"反向锁"。

如果你的车是四轮驱动，或者车辆平衡得非常好，有的时候甚至在拐弯时会出现四个车轮同时打滑（被称为"四轮漂移"）。同样的基本原理也是适用的：松开节油阀或者刹车，如果有必要还要进行"反向锁"。

绝大多数现代的汽车，尤其是四轮驱动汽车的设计都倾向于发生转向不足的情况，这是因为转向不足被普遍认为对不具有防滑技巧的司机来说更安全。但是具有讽刺意义的是，转向不足对于经验丰富的司机来说是噩梦，这是因为相对不足来说，转向过度容易控制而且发生的时候还能被预感到。

光滑路面

在冰上或者雪上（或者汽车高速行驶下的其他路面上），无论开车多么仔细都容易打滑。克服这种问题的秘诀就是保持车辆轻微转向过度而绝不能转向不足。要在不同的车辆（前轮驱动、后轮驱动或者四轮驱动）上做到这一点，你可能必须参加一个专门的驾驶培训班。在雪地上，使用防滑链或者将轮胎压力减小到0.7巴（10磅/平方英寸）都会有所帮助，但是一旦恢复到正常路面驾驶之后，必须立即给轮胎充气。在冰面上，使用窄轮胎会比较好，但最好还是要利用

□ 从翻车中逃生

1. 用双手将自己撑离车顶，减小对安全带的压力，否则将不能解开安全带。

2. 你可能需要用坚硬的物品敲碎玻璃，然后用双臂爬出来。

3. 从车内逃生的时候，要注意车内、车窗框内以及地面上的碎玻璃可能对身体造成的伤害。

防滑钉或者防滑链。

拖车摇摆

如果不仔细开车，拖车、房车或者活动住房都可能会引起各种各样的问题。如果汽车减速过快，尤其是在下坡的时候，拖车就可能引起左右大幅度的摇摆，其解决办法就是稍微加速，但是这也是比较危险的。如果车辆行进速度较慢，而又想迅速转向，这将可能导致连接汽车和拖车之间的连接物弯折，造成拖车翻车或者撞上牵引的车辆。

即使你把轮胎的气压调得正好，也要定期检查轮胎面和轮胎结构，因为拖车轮胎很可能会爆胎。这是非常危险的情况，尤其是当路上还有其他车辆和你感到恐慌的时候。无论怎样，千万不能猛踩刹车或者试图迅速停车。应当逐渐踩刹车，如果拖车向旁边滑去，就要松开刹车，然后稍微加速，让拖车回到正确的路线上来。保持这个状态，直到速度已经彻底降下来，然后才能安全停车。

应对车辆失火

绝大多数车辆失火不是发生在仪表盘底下的发动机部位（油料泄漏），就是烟头不小心掉在了座位上引起的。还有很多汽车失火事件是车辆停在了草地上然后离开，因为发动机过热，点燃了车身底下的草。

如果你驾驶的是房车或者车辆拖拽着活动住房，你就必须加倍小心，因为这些车辆都带有丙烷罐，丙烷会给失火后的汽车提供另一种燃料。这种车辆也会因为其复杂的线路而容易发生用电方面的失火。车上一定要安装烟雾探测器或煤气探测器（也可以两者都装上）。

使用灭火器

有各种各样的灭火器可供选择，但是ABC（粉末型）灭火器是最实用的。准备一个又大又沉的灭火器不仅能避免灭火剂很快用光，还能被用作逃生工具和自我防卫武器。

灭火的时候，将灭火器对准着火的基部前后移动喷射直到火焰全部熄灭。不要对准火焰喷射，这样不能把火扑灭，只会浪费灭火剂。

如果座位着火，扑灭火焰后要立即把座位拉出窗外，因为座

↑ 如果发动机着火，应该只将引擎盖打开到必要的高度，将灭火器瞄准火焰的基础部位喷射。

位填充物可能还在闷燃，需要打开座位进行彻底检查，或者干脆扔掉座位。

发动机失火

发动机失火有可能是输油管漏油漏到其他较热的部位上引起的。经常检查输油管，在发现看上去可能会漏油的情况下要立即更换。如果发动机着火，要立即关闭点火器和油泵。

要安全扑灭发动机的火需要两人，一人使用灭火器，一人打开引擎盖。快速打开引擎盖非常重要，因为一旦火把开锁电路烧毁，引擎盖可能就打不开了。引擎盖一打开，新鲜空气一进入，火苗会立即蹿高，因此要准备好马上开始喷射灭火剂。不要试图通过向散热器或者车轮拱形结构

1.仪表盘着火会很快蔓延到发动机和油路系统上，因此应立即将火熄灭或者弃车逃离。

2.站在车外安全的地方，根据操作指示准备好灭火器。

3.快速把手伸进汽车，将灭火器瞄准火焰的基础部位喷射，直到火完全熄灭。

喷射灭火剂来熄灭发动机的火，因为这是不可能的，必须找到火源才能将火灭掉。

危险区域

如果准备灭火，一定要站在汽车的锥形危险区域外。对于一般的油箱位于车辆尾部的汽车来说，这种锥形危险区域就在汽车的后面。一旦油箱爆炸，将把致命的冲击波扩散到15～30米远的范围。不过部分汽车的油箱位于车头或者车身侧面，因此不要想当然地认为所有汽车的油箱都在车尾。

绝大多数危险都是与汽油有关，而不是柴油，因为柴油不容易起火。汽油只要轻微暴露在热量、火焰或者火花的情况下就可能发生爆炸。因此应让每个人都远离以汽油为燃料的汽车。

司机生存策略

如果汽车在偏远的地方或者恶劣天气情况下抛锚，你可能不得不等待很长时间才能得到救援。汽车将会给你提供一定的天然保护，但是在极端寒冷的情况下，保持温暖才是首要的任务。

生火

可以用镜子或者车灯反射镜

作为取火镜，或者用眼镜或双目望远镜将太阳光聚焦到一些引火物（如干树叶）上取火。

如果没有阳光，可以利用汽车电池和连接电线，或者你所拥有的任何电池和电线。如果电池够小，将两节电池握在一起，正负极相连，然后把两根电线分别连接到两端的正负极上。将电线的另外两端同时接触钢丝绒，就会产生很多火花。如果没有钢丝绒，可以直接将两根电线的末端相互接触，也能产生火花。如果引火物不好，可以添加一点油料助燃。

如果你的汽油发动机还在运作，你可以用手戴上手套或者垫上绝缘性能良好的材料抓住一根插头电线，然后把它从插座上拔下来。把它拿在插头或者发动机任何金属部位附近就会产生大量的火花，足够点燃一把引火物。（如果手套的绝缘性不是很好，你就会受到一个很强的电击。）至关重要的是，千万不要忽略了汽车点烟器的存在。

■**长途驾车必备物资**

⊙汽车驾照等文件资料
⊙地图
⊙手机以及紧急救助电话号码
⊙手电
⊙手电备用电池
⊙急救包
⊙备用轮胎，充足气
⊙连接电线
⊙拖索
⊙道路照明灯或者警示三角牌
⊙刮冰刀和除冰器
⊙油料容器
⊙基本工具包（包括可调节扳手、刀具、电线和管道胶带）
⊙毯子或睡袋
⊙防水衣服和手套
⊙大量清洗液
⊙瓶装水和高能量食物
⊙铁铲

把汽车从雪里面挖出来

在发动发动机之前，首先将排气管周围的雪挖开，然后一直挖到车身底下，保证任何从排气系统排放出来的废气能够散开。如果没有良好的通风，那些致命气体将很快充满整个车厢。

将车窗和车灯上的冰雪清除干净，但是也不要忘记清除引擎盖上和车顶上的雪，否则这些地

↑ 在极端寒冷的气候条件下，如果被困住，可以在柴油发动机底下生一堆小火。但是对汽油发动机千万不能这样。烧火的时候，要注意不要烧到线路、胶管和密封胶等。

方的雪很快就会被吹落到前后玻璃上。

如果在车轮附近挖沙或者沙砾这种不容易弄走的东西，可以努力前后迅速开动汽车。你可以通过汽车自身的重量来将汽车从车轮陷进去的地方拖出来：使用节油阀的时候一定要小心，向前的时候放松，然后向后退，直到最后把车从陷进去的地方弄出来。

确保容易被发现

汽车的颜色决定了汽车被发现的难易程度，例如雪地里的白色汽车和草地里的绿色汽车就不容易被发现。在汽车上放置一些颜色鲜亮的衣物，如外套和围巾等，让汽车容易被发现并得救。

选择安全的位置

无论什么时候乘坐公共交通工具，无论乘坐什么类型的交通工具，保持那种"如果……将会怎么样"的生存态度会使自己武装起来。根据自己的以往经验或者现场观察选择最安全的地方坐下。这里介绍的是一些关于如何选择乘坐的地方和如何乘坐的技巧。

火车、公共汽车和飞机

不要选择靠近桌子的位置，否则在发生碰撞或者紧急刹车的情况下，有可能由于桌子被猛烈撞击而间接受到严重伤害，还有可能被别的乘客撞上或者被桌子上的物品撞上。选择背后被自己的椅子保护，前面被对面椅子保护的位置是比较安全的。另一方面还要记住，如果是长途旅行，有可能会感到不适，比如极端的案例就是患上深静脉血栓（DVT），而不是被卷入交通事故

↑ 在登上很多公共交通工具之前，个人行李都需要被检查或者用 X 光透视。

中，因此更重要的是选择一个更舒适的能够伸腿并站起来适当走动的位置。如果既有面向车辆行进方向又有背向车辆行进方向的座位可供选择，选择一个背向车辆行进方向的位置可能更安全，但是这也可能要根据事故的性质来决定，另外还有很多其他因素也可能影响到你的安全。做出选择的时候，一定要根据环境进行判断。

靠近紧急出口的座位应该是你的首选，这甚至有可能比主要出口的位置更好，因为你对紧急出口拥有掌控权，能够第一个冲出这个出口。同时，无论是在飞机上还是在长途客车上，这样的座位会比其他座位有更大的活动

空间。在飞机上，紧急出口处的座位都被指派给能够对其进行操作的乘客，这一条就已经排除了年老体弱者和儿童坐在紧急出口处的可能性。在与航空公司联系的时候，你就可以提前预订靠近紧急出口处的座位。如果航空公司的规定是起飞前才确定位置的话，你可以提前抵达，看能否调换座位。

安全带和其他保证安全的因素

如果有安全带，只要坐在座位上就应该把它系好。在所有交通工具的交通事故中，安全带都能够大大提高生存的机会。

不要在车辆刚停下来时就从座位上站起来，这是最常见的导致受伤的原因，因为车辆刚停的时候，由于惯性还会向前冲，尤其是橡胶轮胎的车辆，而在一两秒钟之后，车辆又会后退回来。如站起来过早，就有可能被这种没有预计到的车辆移动晃倒。

在应该考虑到的所有因素中，最重要的就是随时注意可能发生的交通事故。一些有经验的

↓ 在有三节车厢的火车上，中间车厢由于在发生撞击时不会受到直接冲击而可能是最安全的。如果是在有更多车厢的火车上，应该考虑靠近尾部的车厢，但不是最后两节车厢。

→ 在单节车厢的火车上，乘坐靠近紧急出口的座位意味着在紧急疏散的时候你将是首先逃出来的人。

→ 在开放的铁路线上下火车的时候一定要注意，否则有可能被经过的其他火车撞上。

↓ 在公共汽车上，坐在靠过道的位置上比较安全，因为这样在紧急撤离的时候更方便，而且不容易遭到飞来的玻璃划伤。

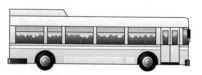

↑ 如果只能坐在汽车后排靠窗的位置上，必须时刻警惕过往的车辆。

↓ 在飞机上，没有证据显示飞机的哪个部位在空难中更安全，但是坐在靠近紧急出口的位置在撤离的时候会更方便。
位于机翼附近的座位最结实，也最平稳，但是靠近油箱。
靠近飞机尾部的座位噪声比较大，而且晃动比较厉害。
飞机前端的座位很多人都喜欢，但是在空难中往往是最先遭到破坏的部位。

旅行者在某些落后地区旅行的时候，宁愿选择坐在车顶上也不愿坐在车内。他们认为这样在速度较慢的车辆上一旦发生交通事故（很常见）会比较安全，而且比与其他乘客和他们所携带的家畜一起挤在车厢里更舒服、更健康。此外，这样他们还能照看好存放在车顶的行李，以免在车辆进站的时候在站内被盗。这种旅行方式可能并不适合你，但是，某些时候特殊的情况需要采取特殊的应对方法，因此，你对这样的选择至少应该持开放的态度。

安全存放行李

绝大多数人为了安全和方便起见喜欢把行李放在身边，但是松散的行李在发生事故的时候容易给乘客带来很大的危险，这也是事实。位于头顶的行李架是放置随身携带的小件物品的好地方，但是不要把重型的大件行李放在头顶的货架上，因为一旦发生撞击，它们就可能成为非常危险的"流弹"。那些在紧急情况下需要使用的物品要尽可能地放在身边。

公共交通工具上的陌生人

乘坐公共交通工具旅行的时候，其他乘客是敌还是友完全取决于你个人的态度。在这一过程中，你可能会从同行的其他旅客身上看见人类的所有行为，比如会碰到你想睡觉的时候却不停说话的人、感到孤独和害怕的人、喝醉酒的人、满口污言秽语的人，等等。有人试图偷你的东西，这也是有可能的。在与其他旅客接触的时候，要努力表现得自信，但千万不要看上去好斗，光明正大地使用肢体语言，坚定但不要具有威胁性。

尤其是女性更容易受到与性别有关的不必要的关注，这种被关注可能会让人感到不舒服，或升级为冲突，在某些极端情况下，甚至可能演变为性侵犯。第一条原则就是尽量不要单独旅行，但是如果别无选择，在不得不单独出行的情况下，要尽量保持在其他旅客或者司机的视线范围内，并且与你认为值得信赖的旅客建立良好的关系。

第四章
家庭事故中的逃生

防范入侵者

评估自己的房子被入侵的风险的最好方式就是假设丢了钥匙，然后在造成最小破坏和噪声的前提下找到进入房子的方式。

窗户锁

对很多窃贼来说，窗户是他们入室盗窃首选的入口。窗户即便锁上了，也没有门安全。钢化玻璃或者双层玻璃可能会止住窃贼，因为他们最不愿意打碎玻璃制造噪声，以免惊动邻居。但是，如果你嫌麻烦而不关好并锁好所有的窗户，窃贼绝对会毫不犹豫地从窗户进入房子。

现在几乎所有的双层玻璃窗都只是中间有一个钩子锁窗户。这种情况下，只要用铲子从窗户的一角插入将窗户弄变形，窗户就被撬开了。

为了避免这种情况，完全可以在窗户的角上添一把便宜的简单固定在表面的锁，安装的方法很简单，只要会使用改锥（螺丝刀）就可以。

门的安全

通常来讲正门都是最安全的，因此不会是窃贼轻易选择的入室路径。但是如果正门只有一把单一的弹簧锁，它就有可能成为窃贼的目标，因为弹簧锁从外面用一枚软刀片甚至一张信用卡往往就能打开。如果门上还装有榫眼锁或者死锁，那窃贼可能就不得不三思了。因为这样的话不仅仅门更难打开或者噪声更大，而且就算他通过窗户进入室内之后也无法带着盗窃到手的东西从正门出来。

后门或者旁门往往由于不容易从大街上看见而比结实的正门更容易成为窃贼入室的目标。而且后门和旁门往往都是有部分玻璃的门。很多家庭往往将这种辅助门作为前往花园或者车库的通道，因此经常不会上锁，或者把钥匙留在钥匙孔上。门上可能在上下两个地方都装上了门闩，但

是又有多少人会把门闩插上呢？

有很多种方法可以取得插在门内侧钥匙孔上的钥匙。但是如果门上有猫洞，这就更容易了。如果洞比较大，比如为了让狗出入，那么年幼的或者个子瘦小的窃贼完全可以通过这个洞悄无声息地进入室内，除非洞是开在厚厚的墙上而不是薄薄的门板上。尽管门上的猫洞连接的可能只是一个门廊或者温室，但是只要进入里面，他们就不太容易被邻居或者路人看见，然后就可以从那个地方放松地打开门或者窗进入主屋了。

□提高家的安全性

  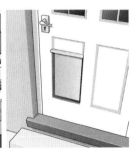

↑ 如果不得不把梯子放在家外面，必须将其固定在架子上并锁好。防止盗贼利用它通过楼上的窗户进入室内。

↑ 家里没人的时候，要将楼上的所有窗户关好并锁好。因为即便自己锁好了梯子，也可能有邻居没有锁好梯子。

↑ 如果门上有猫洞，千万不要将钥匙遗忘在钥匙孔上。为了增加安全性，最好给门加一把锁。

↑ 窃贼最先检查的两个地方分别是正门前的地垫底下和最近的花盆，看是否会留有备用钥匙。

↑ 如果窃贼入室，而你把所有值钱的物品和文件放在一起，你将使他们的盗窃工作简单容易得多。

↑ 如果你要出差，可以在部分房间利用定时开关自动打开和关闭电灯和收音机等，这样会让房子看上去有人。

外屋和梯子

就算你已经将地面楼层的门窗全部关好并锁好，但是如果将一些工具放在了没有锁好的杂物间，或者将梯子放在花园没有锁好，那你的房子还是很容易受到窃贼的光顾。你觉得你的邻居会对在你院子里进行工作的"工人"或者"窗户清洁工"产生怀疑吗？所以，最好给杂物间和外屋上锁并装上警报器，将梯子锁在适当的架子上。这些东西都可以从五金商店购买到，而且价格便宜。

吓退窃贼

窃贼们一般都希望在受到最小抵抗的情况下窃取财物。因此，如果在显眼的地方装一个防窃警报器，将侧门和后门都锁好，而院墙上也装有易碎的东西，那么窃贼一般不会浪费时间，而会寻找另外的目标下手。窃贼也不喜欢那种沙砾车道，因为在这种地方不弄出声音比较困难。但是如果你傻到直接将钥匙放在地垫下面或者明显的花盆里，窃贼还是会直接进入房间盗窃。

不要把房子或者车钥匙放在从外面就能看见的显眼的地方，那样的话窃贼只需要花少量时间就能用像钓鱼那样的方式拿到钥匙。

房屋防盗

虽然结实的锁头可能会让窃贼望而却步，但是也不能高枕无忧，应该时刻注意那些可能让你的房屋成为窃贼攻击目标的细节。你还可以采取进一步的措施保护自己的财产，尤其是在夜间入室盗窃者可能对自己或者家人构成人身伤害的时候。

安全照明

在房屋外仔细设置安全照明灯，最好是由活动传感器控制的灯，这在夜间对窃贼是一个很好的威慑。为了发挥最大功效，安全照明灯应该设置在能够照亮几乎整个可能是入侵位置的地方。这种灯不能只照到邻居或者路人，而让入侵者躲在背光的地方"作业"。

如果房前有花园，花园中能够挡住正门或者窗户视线的矮树丛也经常被窃贼利用。所以应将它们砍掉。（相反的，如果在矮树丛周围加一圈带刺的篱笆，对盗窃者会是一个威慑。）

做好应对最坏情况的准备

尽管已经做好了各方面的安全措施，万一窃贼还是进入了房间，卧室门上的门闩能够给你提供一点时间来打电话求助。因此应该在睡觉的时候把手机带进卧室，而不是放在别的房间充电，谨防入侵者切断电话线。

你还应该考虑在卧室里放手电，最好是较大的多功能的电池警用手电，这样还能将手电作为防身武器。注意，各个国家对针对入侵者的暴力抵抗手段的认可度是不一样的，因此要注意这方面的法律规定。

夜间使用警报器

最后，预先警告就是预先武装。如果你有一个防盗贼警报器，每天晚上上床睡觉之前要把它调试好。警报器不仅能吓住入侵者，也能让你察觉到有人在楼下活动，让你有时间打电话求助、穿衣服并做好准备对付正在上楼的入侵者。

如果家里没有安装警报系统，单独的使用电池的房间警报

□容易受到入侵的情况

↑ 如果你将大门开着就返回汽车取购物袋，就为窃贼提供了入室的机会。

↑ 如果将花园大门开着，当你转身的时候，盗贼就可能入室行窃。

↑ 不要将钥匙挂在窃贼能拿到的地方，更糟的情况是其中还有邻居家的备用钥匙。

↑ 长得靠房屋太近的树叶茂盛的灌木丛能够给窃贼提供藏身之所，让其能够寻找机会通过门或者窗户进入室内。

器可以作为很好的替代，只需要将它安放在楼梯上就行。

对付入室者

一般的窃贼都会在主人上班或者休假不在家时溜进房间进行盗窃，因为一旦双方发生正面冲突，窃贼就可能被认出来，这是任何窃贼最不愿意发生的事情。

也就是说，如果你中途回家意外碰到入室盗窃者，他不大可能会向你道歉，然后举起双手静待警察的到来。如果发现窗户被打开，或者大门被破坏，千万不要单独或者在没有准备的情况下进入室内。将这一切都留给警察，给警察打电话让他们过来处理也就是几分钟的事情。因为你不知道入室盗窃者是否还在室内，或者他们一共有多少人。

入室者的类型

无论如何，你更可能碰到的是顺手牵羊的小偷，而不是专业的窃贼。顺手牵羊者最有可能是寻找容易偷的物品来支付毒资的吸毒者，这类小偷比职业窃贼更危险，因为他们可能会孤注一掷，更可能会抓住一切机会逃脱。如果屋主妨碍他们的偷盗行为，他们就可能使用暴力。

当然，也有那种肆无忌惮的盗贼会准备通过欺骗或者恐吓的方式进入房间作案，这种状况下，受害者通常都是弱势群体，如年老者和弱小者。对付这种盗贼最简单的防范措施就是认真检查那些号称来自社会生活服务公司的上门服务者的身份证件，在开门的时候充分利用门上结实的门链，这样就能有效防范这类窃贼，让他（她）的阴谋不能得逞。如果这类窃贼难以对付或者使用暴力，放在口袋里或者安装在门上的警报器可以用来吸引路人的注意，也能震慑住窃贼。窃贼一般以男性居多，但是靠骗取

↑ 如果发现入室盗窃者没有带武器，不要使事态升级。给盗窃者逃跑的机会，同时找好位置，表明自己已经做好准备进行反抗。

受害者信任的骗子男女都有，他们一般两个一起作案，获得受害者的信任之后进入房间。

如何反抗

在这种情况下，很多人认为采取任何可以利用的方式来捍卫自己、家人和财产安全都是正当的，但是在许多国家，法律通常规定自我防卫要得当。

当发现有盗贼在家中的时候，尽管本能反应可能是与窃贼进行对抗然后将他们赶跑，但是最好的办法还是避免与入侵者发生暴力冲突。如果你决定亲自抓住窃贼，必须有信心赢过他们，并且确保不会以自己的自由（被捕）为代价。

1.记住，尽可能避免冲突，因为金钱不值得用生命去换。但是如果你确认你或者你的家人的生命有危险，就需要进行反抗。

2.橄榄球式的扭倒是一种有效的方式，这样可以让试图离开的人跪倒在地。

3.将肩部伸进入室者的两腿间，抓住其膝盖，将其击倒在地上。受到这种决定性的攻击后，入室者可能会完全不知所措。

4.入室者被击倒在地上之后，一定要让他不能动弹，同时大声叫喊寻求帮助。

5.只有在万不得已的情况下，才可用武器对付入室者。

合理的反抗

如果入室盗窃者在你家中对你进行攻击，你可以利用家中任何可用的东西，如煎锅、雨伞或者高尔夫球杆等进行反抗。同样地，如果盗贼手中拿了一把锋利的刀子，你操起厨房的菜刀进行反击也是可以的。但是如果你使用了超出法庭认为必要手段的武力，你就可能得不到法庭的同情。

要确保这两项（有信心取胜和不以自己的自由为代价）的一个有效途径就是加入一个自我防卫技能培训班，准备好应付可能出现的局面。这样你不仅能学会必要的技能，还能对自己的体能建立信心。有时参加武术培训班是非常有用的，但是这些专门的技能可能是致命的，因此要谨记，如果你以这种方式杀害或者严重伤害了入室盗窃者，你可能会被指控过度使用武力而受到惩罚。

如果你决定采取顺从路线，尤其是当你是女性的时候，入室者可能就会利用自己的力量优势，不过这时候如果你展示出勇敢和信心的话，就极有可能让入室者迅速逃离。只有根据你对当时环境的解读，才能立即做出决定。还要记住，入室者不知道家里都存放着些什么东西，也不知道屋主在发现了他们之后会做出什么样的反应，因此他们的神经都是高度紧张的。一个突然的巨大声响，如个人警报器的声音，可能远远出乎他们的意料。同样，如果盗贼夜间进入房间，突然用高亮度的手电射到他的眼睛上，会让他短暂失明，不知所措。

就算发生冲突已经不可避免，你积极的心理态度和自信的身体姿势也可能足以让你重新控制整个局面，但是你必须记住，如果窃贼向你挑衅，他就不大可能容易对付。另一方面，对于女性来说，如果你控制着整个局面，你的尖声惊叫就可能吓退入室盗窃者。在很多情况下，小偷或者攻击者被"当场捉住"都只是简单地想逃脱，那就让其逃脱。钱可以再赚，而人的生命是不可以重来的。

家庭防火技能及火灾逃生

绝大多数家庭只要采取简单的基本的防范措施就可以轻易避免火灾。厨房是最危险的房间，绝大多数白天的火灾发生于此。

↑ 夜间家庭失火可能置人于死地，通常是火灾产生的浓烟使人丧命而不是火焰。

如果家庭成员中有吸烟者，将大大增加晚上爆发火灾的可能性。没有防备的蜡烛、房间照明不科学、为了举办晚会而添加的一些设置、家里电器太多等都会增加火灾的可能性。正确认识潜在火灾的风险就已经完成了火灾防卫战的一半工作，下面介绍的大多数建议其实都是一些最基本的常识。

烟雾警报

如果确实发生火灾，有效的烟雾警报器能够让屋主有时间组织撤离、打电话报火警，甚至能够及时控制住火灾。在夜间，烟雾警报器还能挽救生命，因为火灾产生的烟和毒气能够在人睡着时还没有意识到家已经着火的情况下置人于死地。装在天花板上的烟雾警报器非常便宜，而且安装简单，但是如果不定期检查电池状况，它也就只能是个无用的摆设而已。

避免火灾

预防总比事后挽救好。因此，在炸制食物的时候，放油不要超过整个锅1/3的位置，人也不要离开锅。热油锅是厨房火灾最大的一种诱因。遇到油锅起火，首先关闭火源，然后盖上防火的毯子或者湿毛巾就可以扑灭明火。千万不要在油上面洒水，因为在油上面洒水会使火焰燃烧更猛烈，并且让热油飞溅，会引燃旁边的易燃物品。一块小的防火毯子可以应付厨房里绝大多数的意外失火，但这也是一种极易被忽略的厨房必备品。独自应付厨房失火的时候，一定要记住，烧热的油温度会持续很长一段时间，过早地拿开防火毯子可能导致其复燃。还要记住，一定要移开周围的易燃物品并关闭所有的用火设备。

最简单的对吸烟所致火灾的防范措施就是禁止在房间内吸烟。与厨房火灾迅速燃烧不一样，绝大多数吸烟导致的火灾都是逐渐燃烧起来的，有时候带火星的烟蒂不小心掉进家庭装饰品或者床上用品里几个小时之后才能燃烧起来。

预防由用电引起的火灾就要简单得多：在不用电器的时候切断电源，并将插头从插座上拔下

↑ 堵住门缝能有效挡住有毒烟雾进入你所在的房间，并可能让火由于缺氧而熄灭。

↑ 如果衣服着火，立即躺在地上打滚，或用毯子盖住火焰让其熄灭。一直待在较低的位置，这样有助于呼吸，移动到窗户边，等待消防梯营救。

→ 烟雾警报器是现代家庭中最基本的生存工具，能够给你提供宝贵的时间以逃生。电池烟雾警报器至少在每个楼层的天花板上安装一个，这是最基本的。

↑ 一场小的火灾也能在60秒之内让整个屋子充满浓烟。消防队员会有呼吸设备，而你没有，所以失火之后要立即离开房子。如果关闭着的门摸上去是热的，千万不要打开，说明火已经蔓延到了门外，这时候应该从窗户逃生。

← 拉、瞄、压、灭是一个需要记住的有效过程。瞄准要尽量低一些，让灭火器对准火的基部，从一侧开始往另一侧逐步灭火。

来，而且所用电器绝对不要超过插座负荷。即使将电器开关关闭，它也可能继续从插座上接收能源，因此要拔掉插头。处于休眠状态的电视、录像机或者数据盒都有可能发生电路短路或者电源电压出现剧烈波动，因此它们都是潜在的定时炸弹。电源线接触不好，或者插座超负荷使用的表现就是过热，很容易发现，必须立即处理。不使用电器时，一定要将其插头从插座上拔掉。如果听见了"噼叭"的声响、闻到了塑料烧焦的味道或者看见了火花，一定要找出原因。要确保地面上的电线没有受到家具的挤压，也要确保负荷较大的电线没有卷曲，因为这两种情况都有可能导致电线过热，从而引发火灾。

↑ 如果必须从楼上逃生，应该努力找到那些能够让自己距离地面更近的地方，减小自己降落的高度，而不是直接从楼上跳下来。

火灾逃生

如果发生火灾，首要任务是尽快转移所有人员。不要停下来穿好衣服或者找值钱的物品。绝大多数火灾死亡事故都是由于吸入了大量烟和有毒气体，而不是被烧死。家具一旦着火就会烧得很旺，迅速产生大量的有毒气体。为了防止吸入有毒气体，必须尽快离开，同时还应该尽量靠近地面，因为靠近地面的地方有更多的氧气。

不要想当然地认为头附近的空气只要没有烟就可以呼吸，因为很多火灾产生的有毒气体是无色的。首先你需要知道的是，你在呼吸有毒气体的时候喉部和肺部就会有灼烧感。塑料和家具装饰品的燃烧能够迅速产生大量的辛辣浓烟，即使趴在地上，你也会感到呼吸困难。在口鼻处捂一块湿布可以暂时当作口罩，即使干的手绢或者衣服也能滤除较大的有毒微粒。你必须清楚房间的布局，寻找逃生的路线，因为即使不是天黑的情况下，你也可能会被烟熏得看不见东西。

一旦脱离危险，立即通知邻居保持警惕，并打电话报火警。不要返回室内，财产都是可以重新挣回来的，但是生命不可以。

煤气泄漏事故中逃生

发生在家中的损失、受伤甚至死亡事件最常见的原因毫无疑问是火灾。煤气事故虽然不如火灾常见，但也同样是致命的。在绝大多数的西方国家里，罐装或者管道提供的煤气是取暖和供热系统的主要能源，因为煤气比煤炭和石油燃烧更高效环保。以前，家用煤气都是用煤炭加工而成的，有异味，但是现在的天然气无味，因此必须添加一种物质，其气味能在发生煤气泄漏的时候对我们发出警告。

煤气与水一样，总是能够在管道的裂缝、接头等地方泄漏出来。与水不一样的是，煤气具有高爆炸性。因此，你必须对煤气的味道非常熟悉，而且一旦闻到这种味道，就应该立即意识到发生了煤气泄漏事故。不要试图自己动手修复煤气泄漏的地方，因为这是一个非常精细的专业工作，新手对其进行处置会非常危险。

如果闻到了煤气味，应该立即打开所有窗户，让屋子通风，并尽快离开屋子到外边去。无论你是使用罐装煤气还是管道煤气，主供气阀通常都在室外，如果使用的是管道煤气，主供气阀通常会在煤气表旁边。这时候应该尽一切努力关闭供气阀。如果不知道供气阀在什么地方，现在就去找。

离开房屋之前，最好先打开门窗让房屋通风，并立即与服务供应商或者紧急服务部门联系。煤气泄漏可能造成巨大破坏。如果可能发生煤气爆炸，一定要在爆炸之前，及时把所有的人疏散出来，即便这是一个错误的警告，也比面对爆炸事故的严重后

□煤气泄漏的处置

1.如果闻到煤气味,立即关闭煤气表附近的总阀切断煤气供应。

2.打开所有窗户让屋子保持通风,并让泄漏的煤气散出去。

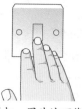

3.不要开灯,因为这可能会造成火花,进而点燃煤气。

4.立即向煤气供应商或者紧急服务部门报告泄漏事故。

果要好。

一氧化碳中毒

家庭环境中,不仅煤气供应是潜在的危险,有些燃气产品也有危害。如热水器等设备中燃气不能完全燃烧,而且又不能正确通风的情况下,就可能产生危及生命的一氧化碳。

一氧化碳是一个无声的杀手,在使身体中毒之前首先让人感到想睡觉。即使中毒没有致命,也可能对神经系统造成永久性伤害。这种气体无色无味,因此需要特殊的探测器来检测其是否存在。

为了保证家庭的安全,每年要至少对煤气设备进行一次检查和维护保养,尤其是在较长一段时间没有使用之后。通气管道绝对不能被阻塞或者被遮挡。鸟窝、常春藤或者长在屋外墙上的其他蔓生植物容易在夏季阻塞通风管道,而在秋天开始使用取

↑ 一氧化碳是无声的杀手。煤气取暖器和热水器应该定期进行检查。

暖设备的时候让家庭成为"死亡陷阱"。

　　一氧化碳中毒的初步症状就是突然袭来的睡意和头痛。对已经失去知觉的受害者，首要的紧急救助就是把他移到有新鲜空气的地方进行人工呼吸。

水灾中逃生

　　家中漏水的最大原因可能是水管上冻之后融化造成的爆管、洗澡水外溢和洗衣机故障等。水会以惊人的速度蔓延，并很快渗进建筑材料当中。主水管爆裂可能会带来灾难性的后果，因为这种高强度的水流有可能破坏到房屋基础。即使仅仅是在楼上洗澡，漏水仅需5分钟就可能会造

成电路短路或者楼下天花板的破坏，而且其破坏程度将有可能让你不得不重新进行装修。

自然水灾

　　如果你居住在容易发生自然水灾的地区，受水灾影响的风险就不是自己能够控制的了。你应该对水灾警报保持警惕，并熟悉

↑ 低洼的地区最容易受到水灾侵袭。

↑ 如果你家容易受到水灾侵袭，应提前准备一定量的装好沙的沙袋，在水灾的时候堵在门前防水。

当地为应付水灾制订的计划。像准备好装满沙的沙袋和重载塑料这样简单的防范措施还是有必要的，可以在发洪水的时候用来堵门。但是如果房子可能遭受大型洪灾，还是应该听取当地有关部门的建议。

如果必须离开房子，不要冒险蹚过流动的水流。即使水看上去并不太深，底下也可能有急速的暗流，导致你站立不稳，而且水底下还可能有造成严重伤害的危险的杂物。

溺水之后，被电击身亡是水灾导致死亡的第二大最常见因素。因此要远离输电线路，也不要试图使用已经被水弄湿的电器。你还应该检查是否有煤气泄漏的现象，谨防煤气管道被破坏。水灾极有可能会污染水源，因此存在水灾危险的时候，准备一些瓶装水以应急是一种明智的举动。

紧急逃生

在火灾和煤气泄漏事故中，你必须尽快让自己及他人离开房子。你应该清楚逃生路线，如果火已经挡住了这条首选逃生线路，你必须立即寻找另外的逃生路线。楼梯通常是经过加固的，能够在家庭失火的早期用来逃生。但是在很多情况下，尤其是防火门已经被打开，利用楼梯逃生基本已经不可能，这时候就不得不利用窗户逃生了。

利用窗户逃生

如果安装有窗户锁，应该把钥匙放在容易找到的地方，尤其是在黑夜或者危急的情况下。但是，如果处在不熟悉的地方，也打不开窗户锁，你可能就需要敲碎玻璃了。（如果你有这样的窗户，最好在窗框边上挂一把锤子，以防紧急情况下找不到钥匙。）

注意玻璃碎片，用厚衣服把胳膊包上防止被划伤。如果没有锤子来敲碎玻璃，可以用其他较小较沉的物品来代替，如床头台灯或者金属装饰品等。如果能将这些东西放进枕套里，先举过头顶，然后再用劲敲玻璃，这样击打的力度更大。

从一楼的房间窗户逃生比较简单，没有生命危险，但是即使从几层楼上的窗户逃生，跳下落地也不一定会让你丧命，除非头部着地或者掉在地面尖利的物体上，如带尖的栅栏上。

从楼上逃生

不要仅仅只是站在窗户上就开始向下跳，而应该试图找到一种方式来降低自己距离地面的高度。为了减少落地之后的冲击，可以先将床垫通过窗户扔下去，

□楼内逃生方法一

 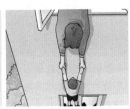 

1. 如果被锁在了房里，又不能打开窗户，就要想到打破玻璃逃生。将一个重物放进枕套或者一只袜子中，像用锤子一样用它来敲碎玻璃。

2. 为了减轻受伤的程度，强壮者应该先让弱小者下去，双手抓牢弱小者的手，尽可能地让他接近地面，而不是直接从窗户上往下跳。

3. 最后一个离开的人也应该双手攀住窗沿，放低自己的位置，减少下落的距离。落地之前记得屈膝，然后滚翻。

□楼内逃生方法二

1. 如果利用临时制成的绳索逃生，如床单或者衣服，一定要将绳索牢固地绑在能够支撑自己体重的固定的物体上。

2. 如果室内找不到这样的物体，结实的床架也是可以利用的，因为它足够大，不能穿过窗框。

3. 用双脚脚背夹紧绳索，双手交替下移迅速下滑。即使绳子很短，也能减少自己下落的距离。

然后再扔床上用品和其他任何能够起到缓冲作用的物品。当发现待在室内比冒险跳楼逃生的危险性更大的时候，要让孩子和老人先逃生。将他们的脚伸出窗外，抓住他们的手腕，尽量放低他们的身体，然后再放手让他们掉进刚才准备好的缓冲物上。如果你

□伞兵式滚动

1.这种滚动能用来防止高速猛烈撞击坚硬地面时受到伤害。这种方法简单易学。腿在膝盖和臀部处应该适当弯曲，手臂蜷缩。

2.接触地面的时候，用弯曲的双腿吸收最初的撞击力量，然后沿大腿和肩部滚动，让腿摆动到空中。

3.夹紧双腿和脚后跟，蜷缩的手臂将迅速把撞击的力量分散到全身，能够保护住脚踝和腿。

□背向滚动

1.如果没有横向的速度，你就不得不用双腿承受全部的撞击力量。必须在这种力量冲击到脊椎之前立即将它分散掉。因此触地之前，要及时弯曲双腿。

2.双脚触地之后立即后仰，双臂尽最大力量拍击地面，这样将减少撞击力对脊椎的影响，同时让身体分散撞击力。

3.一定要确保是在向后滚动，而不是简单地平躺到地面上。保持继续向后滚动，这是吸收下落撞击最安全也是产生冲击最小的方式。

此前制造了足够大的声音，这时你的邻居可能就已经过来了，能够帮忙接住或者安抚已经从窗户逃生的家人。

理论上，如果窗户位于二楼甚至更高的楼层，应该随时准备一根逃生用的打结绳索或者绳梯，但是很多屋主都不会考虑到这个问题。一个有效的替代方案就是利用床单和其他任何适用的东西连接在一起制作一根临时的绳索，从窗户延伸到地面上，但是这并不是一项能够很快完成的工作。如果确实有时间完成这项工作，一定要将绳索一端牢固地绑定在能够支撑身体重量的物体上。如果有必要，可以将床推到窗户的位置，因为床比窗框大，会卡在窗框上，也可以用来绑牢绳索。

从楼梯逃生

如果从窗户逃生并不可行，那即使是充满浓烟的楼梯也只能是唯一的选择了。用水完全浸湿夹克，将袖子从袖口扎好将能够保存一些可以呼吸的空气。楼道和楼梯中仅存的氧气只会在接近地面和台阶的地方，因此要放低身体，缓慢移动。快速跑动和站直身体只能让你吸入更多的有毒有害气体。

家中紧急避难

如果自然灾害突然袭击了你所在的地区，或者你所在的地区突然成了战争前线，或者国际恐怖分子在你的家门口放置了大规模杀伤性武器，你能在社会秩序恢复前为自己和家人找到避难的地方并提供安全的饮食保障吗？

一所普通的房子能够让你平安地度过严冬，但是当子弹和炸弹在周围炸开的时候，或者恐怖分子扔下"脏"弹污染你所在的地区的时候，这种房子就不一定能够提供很好的保护了。但是，如果你知道房子结构中最结实的部位，你就可以在那个地方储备食物和水，然后在发生紧急情况的时候撤退到那个地方。这样，你和你所爱的人将可能平安渡过难关。除非发动战争的人希望进行消耗战，否则战争可能迅速结束，恐怖袭击带来的污染也不会存在太长时间，因此，建一个避难的地方，然后准备好能够持续几周时间的紧急必备品将给自己提供生存的机会。

选择紧急避难所

在那种二层或者三层复式楼房中，一般来说楼梯底下能够提供结构性的保护。在抵御炮击的时候，还可以卸下房子内部的门然后固定在楼梯台阶上，这样也能起到加固的作用。虽然楼梯底下的空间一般比较狭小，也比较封闭，但这个空间还是能提供足够的保护，除非房子受到直接炮击。用垫子把地面和墙面都铺好，这样你就能有一个暖和的避难空间。

住在公寓的人可能就不会有楼梯底下这样的避难空间了。他们必须寻找一间至少看上去最坚固的房间，最好是没有窗户的，然后再搭建避难空间。将桌子放在房间的一个角落，把门和垫子放在桌子上和桌子没有靠墙的两侧，这样就搭建好了一个简易的避难的地方，但要确保桌子腿能

够承受住这些重量。如果桌子腿不够结实，可以将门板靠在墙上，使其与墙的夹角超过45°，这样也能构成一个三角形的避难空间，然后再在门板上铺垫子加强保护。

紧急必备品

要在家中搭建紧急避难所，也得确保家里有一定的必备品能够维持至少几天甚至几周的生活。在准备必备品的时候最大的限制因素可能就是没有存储的地方。如果你有幸拥有很大的地下室作为避难所，那么存放几周的生活必备品肯定不是问题。

水是首先要关注的问题，因为在没有水的情况下，人在3～4天的时间里就会死亡，但是如果水受到了污染，那又另当别论。随时在避难所里用密封的容器保存至少几天使用量的水储备是比较明智的，同时准备一些空的容器在危机爆发时水源被切断之前灌满水。还应该准备水过滤器和净水药片，以防危机持续的时间超过预期。准备一把烧水的水壶和一些蜡烛。蜡烛不仅能照

□临时避难所

↑ 很多房子最结实的地方就是楼梯底下的空间。尽管它比较狭小，不适合长期居住使用，但是在紧急情况下却可以救命。

↑ 没有窗户的浴室在危急情况下是安全的撤退地方，尤其是在遭到毒气攻击的时候容易对其进行密封。给浴缸放满水，谨防水源被切断。

↑ 如果没有其他的避难场所，在结实的桌子上放上门板和垫子也能提供一定的抵御爆炸和弹片的保护。

明，提供一定的热量，还可以用来加热罐头食品。不需要使用电池的手摇式收音机和手电筒也是很有用的。在民防情况下，政府通常会用广播作为首要手段来播发有关局势的最新情况。

　　在避难所内或者附近储备适量的不易变质的食物也是非常必要的。肉罐头、鱼罐头和豆类罐头等罐头类食品不需要加工就可以直接食用，因此远比干燥食品受欢迎。干燥食品需要烧火加水再加工之后才能食用，但是干汤粉却是很好的选择，既便宜又不占地方，冲好之后饮用，在你感到寒冷和垂头丧气的时候能够给你提供温暖和营养，让你重新振作精神。

　　如果当地存在核污染或者生化污染的威胁，要暂时把避难所所在房间的门、窗和通风口用胶带封上，但是要记住，这样一来房间里的空气就会很快耗尽。因此，如果发现蜡烛火焰开始熄灭，你就不得不冒险把胶带撕开。

第五章
基本的野外生存技能

心理和情感生存

当我们陷入生死攸关的境况时，我们面临的最大问题不是如何寻找水和食物，而是如何从心理上准备好应付这种局面。我们不得不依赖自己的本能，在那一瞬间可能冒出一系列强烈的相互冲突的心理活动。心理学家普遍认为，当碰到紧急事件的时候，人们往往会出现一系列典型的心理反应：震惊、否认、恐惧和气愤、谴责、沮丧、接受、继续前行或者在这些心理活动间相互变换。

情感反应

● 震惊 你对刚发生在自己身上的事情完全没有准备，处理这些信息有一定的困难。

● 否认 这是一种生存机制，你现在可能已经意识到了你所处的形势，但是你却拒绝承认其真

↑ 即使是最荒凉的野外环境也能给我们提供生存的线索。沙漠中的绿色灌木就暗示着能够找到水源。

实性，你欺骗自己说："不，这种事情不可能发生在我身上。"

● 气愤 你对你所处的形势感到非常气愤。你对所有事情没有按照预期发展而感到忐忑不安，你担心它们永远也不能恢复到正常。

● 谴责 谴责别人让你陷入这样的形势中来，这会让你好受些，但是从理性上说毫无意义。

● 沮丧 这是一种内在的气愤。你在寻找某种方式让压力更容易排解。

● 接受 现在你回到了"现实"。你面对的是现实，尽管它仿佛很遥远，但它确实存在。

● 继续前行 从心理上，你开始找到平衡，开始考虑你所处的形势及如何生存，不仅仅是在接下来的几个小时，有可能是接下来的几天甚至几周时间的生存。

不要恐慌

当处于生死攸关的情形下，无助的感觉能够迅速地转化为沮丧和孤独。不过最严重最难以应付的心理是恐慌。恐慌会让你做

出一些非常理的反应，导致局面恶化。在一些极端恶劣的情况下，不能保持冷静甚至可能威胁到你的生命，因为此时你已经失去了理智，不能做出正确的决定。在很多时候，你甚至意识不到自己已经陷入了恐慌。

战胜恐慌的第一步就是认识到一个事实：如果你不采取预防措施，就可能会陷入恐慌之中。在你还没有到神经紧张的状态时，逐步地分析所有事情，给自己一个正确评估所处局势的机会，这一点非常重要。

一次完成一个步骤

不要把所有问题叠加到一起，那样的话将会是一个大问题。坐下来安静几分钟，深吸几口气，考虑一下什么才是你最迫切需要解决的问题，然后全力以赴地着手解决这个问题。在这个问题解决之后，你才能继续解决接下来的问题。记住，一次进行一个步骤。

举一个非常恰当的例子。一个人在海上划着小皮艇，在暴风雨中准备返回海岸。如果当时他

↑ 出现一个问题就解决一个。一旦一个问题得到全面的解决，你就能全身心地投入到下一个问题中去。

考虑了可能碰到的所有海浪的话，他可能早就被淹死了。但相反的是，他每次只关心当前的海浪，在这个海浪来临时小心地掌舵，在这个海浪的问题还没有解决前从来不去想下一个海浪。就这样，他在海浪中拼搏了好几个小时，最后战胜了所有的风浪，并成功返回了海岸。

保持乐观也是一种生存技能

很多人认为保持乐观心理只是书里的语言，只要当确实需要的时候能记着就行。其实不然，学会控制自己的精神状态与摩擦生火一样也是一种重要的技能。你可以通过在日常生活中的各种场合保持冷静积极的态度来练习这种心理技能。无论什么时候，就算事情变得艰难，请切记每次只做一件事情，做完后才开始下一件。这样不仅能让你从容面对各种生死攸关的局面，还能让你觉得日常生活更加令人愉快，生活压力也会减轻。

当你确保能为自己及他人提供各种技能时，你自己就会有一个乐观的心态。受人赞誉的技能将增强你的信心，并帮助你战胜恐慌。

团队生存

人多确实更安全，而且当你受伤或者身体虚弱的时候，有人在身边会有很多明显的优势。当生死攸关时，团队还有很多其他的优势。最大的优势就是在一个团队里有很多人能够负责日常的生活所需。不仅仅是因为人多力量大，也因为不同的个人肯定具备不同的强项和弱项。比如说，在一个团队里，如果你特别擅长搭建营地，但是不擅长在野外寻找食物，那么你完全可以全身心地投入到搭建一个坚实帐篷的工作中，而不用担心别的，因为团队中的其他队员会提供其他生活所需，如水、食物和火种等。

但是团队也有团队的劣势。在团队中，你不仅要对自己负责，还要对整个团队负责。如果其他所有的队员都具备相当高的野外生存技能，而且你们身边有大量的资源，这样你们还不会面临什么生存困难。但是如果你是团队中唯一具备一定生存技能的成员，或者当地没有足够的资源可供利用，那么就很难保证整个团队有足够的饮用水和食物，也

很难令所有人感到舒适。另外，团队中某个队员有可能受伤，需要别人的照顾。毕竟，这种团队队员之间的联系是一种最脆弱的关系。

独自生存

如果你是独自去野外，你需要战胜的最大困难就是孤独。孤独可能会让你很快感到无助、恐慌，然后绝望。为了避免这种情况出现，请充分利用你的想象技能来战胜恐惧。想象自己被营救，并努力争取让自己得到营救。为那些需要首先考虑的事情制定一个清单，并坚持完成这些事情。全身心投入到当前手上的工作，无论何时只要消极念头一出现在脑海里就立即驱除它们。从你完成的每项任务中汲取力量，坚强的心理将能够帮助你战胜困难。

发出求救信号

毋庸置疑，当你在野外碰到困难的时候，你肯定希望能够平安回家，因此你必须了解你正

要前往的地方以及何时抵达目的地。这样，一旦出现异常情况，外界的人就能及时发现并准备营救你和你的队友。

如果你发现自己（单独或者与队友一起）在别无选择的情况下陷入一种生死攸关的局面，例如车祸等，你将不得不考虑求救的问题。无论你是在宿营地里还是在寻找食物和水源的路上，你所做的每个决定都必须确保任何前来营救的人员能够发现你。

为营救人员留下标记

人们离开事故现场却不留下任何线索提示营救者他们前往何处，这种事情经常发生。最好的方式其实是留在事故现场附近，但是如果事故现场不能长久停留，你最好还是离开。但是离开之前应该留下一些清楚的标记，显示存在多少幸存者、是否有人受伤、你们要去往何处等信息都是非常重要的。

一旦抵达一个比较安全的地方，并且已经决定留下来等待救援，那么要确保这个地方从空中非常容易被发现。你可以在地面上利用石块或者其他容易辨别的材料制造明显的标记。如果这个

↑ 如果在海滩上画标记，一定要确保其位置高出海浪最高水位线的位置，这样标记才不会被海浪冲刷掉。另外，用更容易被辨认的石头或者树枝做标记比在海滩上画标记更好。

↑ 利用石头在行进路线上进行标记，便于营救人员寻找。这种标记在离开事故现场的时候尤为实用。

↑ 当离开事故现场的时候，必须留下标记，以清楚地表明还有幸存者，还要标明你所前往的地方。

标记距离营地还有一定的距离，一定要用箭头标示出营地的具体位置。

在白天，另一个有效途径就是焚烧草和树叶，因为浓烟能很好地表明你所处的位置。

在夜晚，可以利用你所拥有的资源燃起大型的火堆，如果燃料充足，你可以燃起三堆大火，让它们呈三角形，每堆间隔大约10米。

□对飞机适用的基本信号

↑ 两臂向上前方伸直，就像要拥抱飞机一样。这个动作是请求飞行员向你飞来并让你搭载。

↑ 两臂侧平举。这个动作是要告诉飞行员让飞机保持一种盘旋状态。

↑ 手掌朝下，伸直手臂，两臂上抬张开呈翼状。这个动作是告诉飞行员下降。

↑ 将伸直上抬的手臂放下一点，这是上一个鸟翼动作的后半部分，这个动作是告诉飞行员下降是安全的。

↑ 左手臂伸直，挥动右臂。这个动作是告诉飞行员需要向你的左方移动。

↑ 左手臂伸直，继续挥动右臂。这个动作是告诉飞行员还需要继续向左移动。

↑ 将两手置于耳后，表明接收器还好用。

↑ 这个动作是告诉飞行员需要机械援助。

↑ 这个动作是告诉飞行员安全出口在左侧。

↑ 向特定方向伸直手
臂并屈膝，以显示该区
域是安全着陆区。

↑ 伸直两臂置于头上
并左右挥动表明"不
要着陆"。

↑ 伸直两臂置于胸前
并上下挥动表明"可
以着陆"。

生存心理学

如何认识心理压力

　　了解心理压力及其影响，对我们在极端条件下更好地生存有巨大帮助。

　　心理压力不是疾病，而是每个人都会有的一种心理状态。它是我们对外部压力产生的自然反应，是我们的身体对于突发状况或困境所做出的生理、心理、情绪以及精神的反应，无法通过治疗消除。

　　适当的心理压力能够帮助人去面对逆境，挑战困难。它刺激我们努力前进，考验我们对突发状况或困境的适应性和处理能力，还能反映出一件事对我们的重要程度——因为不重要的事不会让我们感到压力。所以说，心理压力对我们而言是有很多正面作用的，我们需要心理压力来帮助我们更好地把握命运。

　　但是，任何东西一旦超过限度，就会产生负面影响。过于沉重的心理压力无论对个人还是对团队，都会造成伤害。它有时是建设性的，有时是破坏性的；它能激励人，也能打击人；它能促使我们前进，也能让我们前功尽弃；它能激励我们在求生环境中成功应对并以自己最高的效率履行职责，也能使我们惊慌失措并把自己受过的训练忘得一干二净。紧张、犹豫、暴躁、健忘、消沉、焦虑、马虎、抑郁、孤僻、逃避、精神难以集中……心理压

81

力过于沉重，就会使人被这些负面状态困扰。所以，我们需要心理压力，又不能让它超出我们所能承受的限度。

每个人都必须清醒地认识到，压力是不可避免的。我们所遇到的任何困难都能导致压力产生。而且，困难常常"祸不单行"，有时会同时出现多个使人陷入困境的状况。这些状况本身不是压力，但压力因它们而生，因此它们被称为"压力源"。压力是人对压力源做出的自然反应。人体感受到"压力源"的影响时，就会启动自我保护功能，形成心理压力。能否生存下来，关键就在于我们是否具有正确处理压力的能力。只有正视压力、不受压力影响的人，才能在困境中生存下来。

学会使用地图

地图以平面图的形式表示各种复杂的地貌。有的地图十分简略，看上去就像一幅画，而有的地图则十分精确。在不同的国家，地图的精确度也不同。当你将跨越多个国家和地区旅行时，你就不可避免地要用到不同国家所绘制的精确度互不相同的地图。好的地图一般都会及时更新，你要确定自己所使用的地图是最新版的。

比例尺

地图比例尺大小的选择取决于你对地图所能显示信息的详细程度的要求。如果你所进行的是一次跨国探险活动，那么一张比例尺为1：2 500 000（1厘米：25千米）的地图就足够了。但如果你打算进行徒步探险活动，则需要精确度更高的地图，也就是说需要地图上显示更多详细的信息。对于地形条件比较复杂的跨国探险而言，比例尺为1：50 000或1：25 000的地图是较为合适的。比例尺为1：50 000的地图比较适用于旅程较长的探险活动，因为这种地图一般能显示较大的地理范围；而比例尺为1：25 000的地图则更适合在恶劣地形环境下使用。然而，在现实情况下，你常常

↑ 务必谨慎地挑选地图，确保该
比例尺大小的地图能够提供你所
需要的全部信息。

↑ 当你需要穿越市区的时候，拥
有一张城市市区地图之类的大比
例尺地图是非常有用的。

会发现自己所使用的地图的比
例尺和精确度并不理想。在这
种情况下，你只得再借助于其他
的导航方法来确定自己的路线和
位置。

标记

每张地图都会用一些符号来
标示出自然地貌特征以及某些人
造的地理特征。一般来说，大比

↑ 比例尺为1：25 000的地图意味
着地图上4厘米的距离代表实际1
千米的距离，能够提供较多比较详
细的信息。

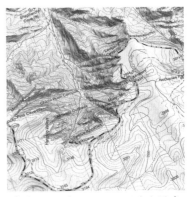

↑ 比例尺为1：50 000的地图意
味着地图上2厘米的距离代表实际
1千米的距离，这比较便于估量实
际中的距离。

例尺的地图通常都会详细地标出该地域的水路、公路、铁路以及可住宿的地点等信息，而小比例尺的地图通常不会包含这些信息。

无论是自然地貌特征还是人造的地理特征，都会用特定的符号来表示。这些符号通常都会在关键词列表中罗列出来，并注明其代表的含义。不同的国家在地图中所使用的标记符号也各不相同。大多数标记符号都是仿照实物的形态来表示的，当然也并不一定都是如此。因此，如果地图上有关键词列表的话，你还是应该先对照一下该表。地图上标出的物体肯定实际存在，而地面上存在的实物并不一定全都会在地图上标示出来。

地形

有些地图会以不同的颜色来表示不同的海拔高度，使得地图的层次感更为分明。在大比例尺地图上，同一等高线就意味着相同的海拔高度。不同的地形特征就是由等高线来表示

的。一般来说，大比例尺地图上等高线的间距在10~20米之间。在做重要的估算之前，要先确定等高线之间的准确间距。读地图的一项关键技能就是通过地图上的等高线看出实际的地形状况。很明显，等高线之间的间距越小，该地的地势就越陡峭。通过估算等高线之间的距离，你可以很快估计出该地的地势陡峭程度，在脑海中呈现出一幅大致是原物比例的图画。

网格系统

在许多大比例尺的地图上，你可以看到许多由数字或字母标示的南北向和东西向的线所组成的网格。不同国家的地图，网格系统的标准也会存在差别。

大多数地图上的一个网格代表1平方千米的实际面积，你可以使用地图上所标示的数字来命名某一区域。这样你就可以准确地通知其他人你所在的大致位置了。为了增加精确度，网格坐标可以从1千米的间距缩小到100米甚至10米的间距。

这样你就能更加精确地知道自己的位置所在。如果你认为自己很有可能在旅途中使用到网格基准（事实上，只要使用地图，就不可避免地要涉及网格基准），你就应该在出发前熟悉网格系统所表示的意义。有的地图可能没有网格线，但通常也会以纬线和经线来代替（纬线和经线同样可以作为一个基准坐标）。

地图的类型

以下所列举的一些地图都是最为常见的旅行地图。地形图一般都是由政府机构制作的，起初只是用于军事上，是精确度最高的一种地图。地形图通常会定期做一些更新或修订，因此买地图的时候，一定要注意核对所购买的地图是否为最新版本。

私人制作的地图要谨慎对待，除非你已经在实地使用过该地图或者你是一个读地图的高手。一些私人制作的地图通常只是标示出了某些信息，其精确度和可靠性远不如正规地形图。私人制作的地图通常并不是按比例

尺来绘制的，有的看上去就像一幅图画。因此，私人制作的地图并不适宜作为正式的导航工具来使用。

在有些地方，你可能只能买到一些绘制质量较差的地图。这个时候，你就不得不寻求一些其他的导航方法了。

国家地图（1：1 000 000）

国家地图所给的信息并不会非常详细，通常只是给出了该国的大致轮廓、国界线、主要城镇、主要的公路和河流等信息。由于国家地图所给出的信息十分少，因此有时候并不能确定地图上所标示的某条公路的真实情况，它既可能是一条六车道的高速公路，也可能是一条坑坑洼洼的破旧公路。

地区地图（1：250 000）

地区地图实际上就好比是公路路线图，因此并不适用于越野导航，仅仅可以在旅行初期规划行程路线的时候作为参考。除了标示出大的人口中心和主要公路之外，有些地区地图还会标出一些次人口中心和次要公路。另外一些地区地图还会标示出

该地区的主要山区或丛林。

专题地图（1 ： 50 000）

专题地图是最适合野外探险使用的地图。专题地图就是画出精确等高线的地形图。这种地图会显示出某地详细的地理特征，如悬崖、露出地面的岩层、植被等，甚至还会标示出森林中的某些小路。

大比例尺地图（1 ： 15 000）

大比例尺地图的精确度很高，因此十分适合做野外导航之用。大比例尺地图的纸张比较大，因此查看的时候也比较麻烦。但是这种地图所涵盖的信息确实十分详细，特别是在

↓ 地图所提供的信息能让你在脑海中大致勾勒出实际的地形状况。

一些地形条件复杂恶劣的地域，更需要这种大比例尺地图所提供的详细信息。

读地图

数千年以来，人们一直在没有地图的情况下成功地穿梭于世界各地。各种精确的地图仅仅是近代以来才发展起来的（最早只能追溯到200年前）。在各种精确地图的帮助下，导航越来越成为一项精准的技术。当然，如何读懂地图也成了一门学问。为了你自身的安全，你必须学会这一技能。

3 种不同的北向

大多数国家和地区的地图顶端都标有地球正北方向（地理北极的指向）。但是，网格比例尺地图通常使用网格北向。网格北向与地理北向的区别在于：地图是平面的，而地球表面实际是呈弧形的，故而两者所指向的正北方向并不一致。在中低纬度地区，两者之间的区别并不是很

大；而在高纬度地区，两者之间的区别就比较大了。第3个北向是北磁极。指南针的指针就始终指向北磁极（目前正位于加拿大北部的哈得逊海湾），而非地理北向。质量好的地图一般会将3种不同的北向全都标出，即网格北向、地球北向与磁极北向，并且会标出逐年的磁变数值。

学会看地图标记

地图上所使用的各种标记通常都会在关键词列表中注明其意义。同样的标记在不同的地图中会有不一样的意义，因此在确定行进路线之前一定要先弄清楚各个标记的正确意义。你应该熟记自己所使用的地图上的各种标记的含义，以免每次看图的时候都要查看关键词列表。只有熟记各种地图标记，读地图的效率才会高。看懂地图上所标示的等高线的含义是读图的一项最重要的技能。这并非一件很容易的事，需要多次练习才能掌握。

如果你并不善于读地图，那么一定要在出行前多加练习，争取能熟练而又准确地读图。你可以先拿当地的地图来练习，最好是那种标有海拔高度和各种地貌特征的地图。然后选定某一地点作为目的地，按照地图所标示的路线寻找，看自己能否准确地到达目的地所在的位置。

找到自己所在的位置

一个好的导航员能够准确而又迅速地重新部署行进路线。重新部署行进路线实际上就是积极识别周围所处环境的一个系统过程。该过程的第一步就是地图定位，即将自己所处的周围地理特征与地图上的标记相对照（比如说一片树林或一个湖泊），或者使用指南针来定位。无论是用哪种方式，你所使用的地图都必须要标示出正北方向以及地形状况。这样，你就可以识别自己所处环境的地理特征，并将其与地图相对照，然后不断排除那些不相符的地点。下面举一个例子来说明这一过程。比如你站在一个面南的陡峭岩石坡上，从山坡上看下去，可以看到一条向东流的S形的小溪。于是，你就可以排

■地形图

闭合的等高线表示某座山峰的最高点

支流

河流

公路

露出地面的岩层

等高线之间的疏密程度表示山坡的陡峭程度。等高线越稀疏，坡度越缓；等高线越密，坡度越陡。

乍一看，某地的地图与实地照片之间的关联并不是很明显。你得仔细辨别照片上所显示的该地的地理特征，然后将其与地图联系起来，才能发现两者之间的一些关联。你得学会找出周围环境所隐含的独特地理特征，并将其与地图相对照。这是读地图的一项基本技能，而且并不难学会。

简单地说，确定自己位置的过程即：先识别地形特征，再将其与地图上的标记相对照，逐次排除不符合的地点。你可以只找一个特征，如先从等高线的疏密程度来判断山坡的陡峭程度。然后再寻找其他特征做进一步的排除。最后，你就可以将照片中所反映的景物锁定到地图的某一点上了。

除所有不朝南的山坡和不向东流的小溪。这样一来就大大缩小了范围，然后再做进一步的排除：有几条位于面南陡坡下并且流向朝东的小溪是呈S形的。一般来说，通过这样几步排除工作，就能确定自己所在的位置了。如果有两条以上的小溪符合这一特征，那你就得再寻找其他的特征对照，直至找到与你所在位置的地貌完全相符的一点。

学会辨别方向

指南针

人们使用指南针作为导航工具已有数千年的历史了，其间指南针得到不断改进。指南针的指针指向磁北的方向（它随着磁北极的移动而移动，目前的磁北极正位于加拿大北部的哈得逊海湾）。

传统指南针的构造为：一个圆盘内装一个摆动的指针，圆盘四周标有360°的刻度和基本方位（东、西、南、北）。后来，又有人在其上装上一块棱镜，以

□实地定位

1.将指南针水平放置在手掌上，然后将前进方向线指向自己要去的方向。选择一个远处与你的前进方向相同的物体，并向它走去。

2.当你到达该物体的时候，再重复上述过程。将红色磁针与量角器底板上的平行经度线对准。

3.将前进方向线的箭头指向自己要去的方向，然后选择一个与前进方向一致的物体，并朝它走去。如果有需要的话，继续重复这一过程。

便更清晰地看到方位。为了更准确地判断地图上某一地点的所在方位，又有人在指南针上安装了一个量角器。第二次世界大战之后，北欧人发明了一种新型的指南针，称之为量角器指南针，即将指南针、量角器、直尺合而为一，也就是现在最常见的指南针。

量角器指南针是如今最流行的一类指南针，是一种多用途的导航工具，它具有如下功能。

- 地图定位。
- 测量地图上标示的距离。
- 找出你所在位置的网格基准。
- 确定你实际的行进方向。
- 确定自己在地图上的行进方向。

指南针的养护

指南针是一种重要的野外生存工具，且构造较为精细。因此，在旅途中，务必要小心保管。你可以把它挂在脖子上或放在腰包里，但要注意不要将指南针与有磁性的东西放在一起，否则会影响指南针的精确性。

找到正北方向

将指南针平放在手掌之上，并确保附近没有大的含铁金属物（因为这样有可能形成一个较大的磁场，从而影响指针的精确性）。指南针的红色磁针始终指向磁北的方向。为了找到真正的地球正北方向，你得知道你所在地区的磁偏角的数值（一般地图上都会注明），然后再将该数值应用到量角器中。根据你所在位置的不同，你可能需要加上或减去磁偏角的数值。在使用时必须对照地图来调整磁北和地球正北的偏差角度，才能得到正确的方向或位置。将红色磁针与量角器底板上的平行经度线对准，前进方向的箭头即指向正北。

寻找方位

如果你行进的路线上没有显著的地理特征如小路、小溪或山脊作为判断方向的参照物，那么指南针就是指示方向的唯一可靠工具了。

确定自己打算前往的目的地的方向后，将红色磁针与量角器底板上的平行经度线对准，前进方向线箭头所指向的就是应该行

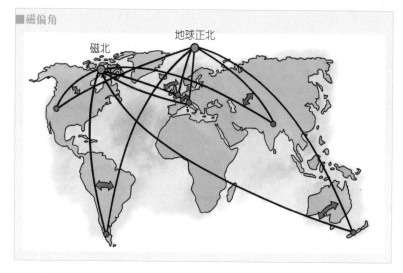

■磁偏角

磁北 地球正北

进的方向。

在用上述方法寻找方位时，一定要先以路途中的某一地理特征为标记。也就是说，你必须找出地面上的某一地理特征（比如说一棵树）作为参照物，让这一参照物与你的前进方向一致，并朝它走过去。然后不断重复以上过程，直至最后到达你打算前往的目的地。

在能见度差的天气条件下，人们很容易迷路。在这种状况下，要尽量避免在行进途中偏离方向。你可以借助近距离的一些地面特征来判断自己是否身处正确的位置，如露出地面的岩层。

如果是团队探险，可以先让几个人始终行进在众人的前面，但要保持在后者的能见范围以内。当能见度极低时，最好采取前面所说到的方法，即把人当作一个地面特征，前面的人可以用喊声来指示方向，这样一来，就不容易偏离正确方向了。

地图与指南针的使用

导航的实质就在于能够确定自己的位置并找到到达另一地点的正确路线。一个好的导航员在地图和指南针的帮助下，能够在任何状况下自信地寻找到正确的方向和路线。

↑ 正确使用地图和指南针有助于你规划行程路线、测定距离以及野外定位。

为了保证导航的精确性，你得知道自己的出发点、旅行地的方向以及已经走过的距离。大多数人通常都是因为弄不清以上这3个要素而迷路的。万一不小心迷了路，你所要做的就是重新确定自己的方位，千万不要到处乱跑，陷入恐慌。所谓确定自己的方位，就是将周遭环境的地理特征与地图相对照，逐渐确定自己所在的位置。

图上定位

图上定位是一项简单而又重要的技能。只要你能识别自身所处环境的一些地理特征，你就可以比较准确地进行图上定位。如果你不能识别自身所处环境的一些地理特征，那也没

有关系，可以借助指南针进行定位。首先你得知道当地磁偏角的数值。然后将指南针放在地图上，并让量角器上的平行经度线与地图上的网格线保持平行。接着转动地图，直至红色磁针与平行经度线重合。这个时候，前进方向线的箭头指向就是朝北的。至此，整个图上定位的过程就完成了。

地图与实地的对照

许多导航员都有过于依赖指南针的毛病，导致他们的导航思路过于狭窄。事实上，人们可以单独利用地图进行导航。这同样能让你找到正确的方向和路线，并且让你对旅途中的地形更了如指掌。如果单独用指南针进行定位，一旦出错了，则根本没有实

↑ 在使用指南针进行定位的时候，要在网格方向的基础上加上或减去磁偏角的数值，才能得出正确的方向。

□使用地图和指南针定位

1.用指南针的底板将你的起始点和终点连接起来，确保前进方向线的箭头是指向终点的。

2.转动方位角圆盘，直至平行经度线与地图的网格线平行。此时，指南针底板上的箭头指向网格北向。

3.在该箭头所指向的刻度值的基础上相应地加上或减去当地的磁偏角数值，所得出的数值就是你应该行进的方向。只要磁针与前进方向箭头是重合的，这一方向就应该是正确的。

物进行检验和对照。看懂地图上等高线所表示的含义是一项最重要的导航技能。在旅途中，你应该不断标出等高线的特征，以此来检验行进的方向和路线是否正确。一旦发现自己走错方向了，就要立刻回到原来正确的位置上，然后再从那个正确的位置上重新找到正确的方向。

确定路线

在能见度比较差的情况下（比如说夜晚），或者在缺乏显著地理特征的一望无际的大平原或大沙漠上行走的时候，使用指南针进行定位就是唯一比较可行的定位方法了。

用指南针测量网格地形图上两点之间的距离，将量角器底板置于你的起始点和目的地之间，确保前进方向线的箭头指向正确的方向，将量角器底板紧按于地图之上。接着将量角器按在地图上旋转，直至底板上的平行经度线与地图上南北向的网格线平行。然后将指南针从地图上移下来，并读取底板上前进方向线的箭头所指向的刻度。同时不要忘记将磁偏角数值计算在内。将指南针平放在手掌之上，然后整个人开始旋转，直至红色磁针与量角器所标示的北向重合。这个时候，前进方向线的箭头所指的方向就是你应该行进的方向。

↑ 野外探险的时候，即便你不负责导航工作，也应该尽量注意日出和日落的大致方向。

如何将磁北方向调整到地球正北方向

指南针的红色磁针总是指向磁北方向，而地图上所标示的又往往是网格北向。在高纬度地区以外，地球正北与磁北之间的差值被称为磁偏角。在地球的不同地方，磁偏角的数值不尽相同，或是向东偏，或是向西偏。

无论是指南针定位，还是地图定位，都涉及将磁北调整到正北的问题。在欧洲，你需要在网格北向的基础上加上磁偏角的数值，所得出的才是真正的地球北向。而在世界其他大多数地区，则是要减去磁偏角的数值。各地的磁偏角数值以及每年的变化数值，一般都会在地图上注明。

无论是进行图上定位还是实地定位，都会应用到磁偏角。有时候，人们会将两种定位方法结合起来使用，以便相互验证定位的正确性。在将图上信息应用到实地的时候，你需要加上磁偏角数值；反之，则减去磁偏角数值。

利用日月星辰导航

现代人由于有许多的导航工具可以使用，以至于经常忽视一些利用自然现象进行定位的方法。毫无疑问，利用地图和指南针进行定位是一种最为有效和准确的方法。但是，万一你手头没有地图或指南针（比如地图遗失了、指南针坏了），又该怎么办呢？

早在数千年以前，我们的祖

先就已开始利用观察天体的运动来确定方位了。如果你能通过日月星辰的运动来判断自己的方位，那么即便是在没有导航工具的情况下，你也同样能够找出正确的方向。因此，了解一些利用日月星辰来定位的方法是非常有必要的。

建议你出行前，练习以下几种利用自然现象进行定位的方法，然后再用地图和指南针来验证一下你所做出的判断的准确性，这会大大增强你自己的导航信心。对于一个好的导航员来说，无论他拥有多么精密的现代导航仪器，他都会时时刻刻考虑自然所提供的信息。总之，准确地进行野外导航是一项最重要的野外生存技能。

利用太阳进行定位

无论你在地球的哪个角落，太阳每天都是东升西落。因此，你可以通过观察一些与日出和日落相关的明显的地理特征来判定大致的方位。以下所描述的方法仅在晴天的时候比较有效。当然多云天气的时候，也可以凭借天空的明暗程度来判断太阳的位置。

在北半球的正午时分，太阳位于正南；而在南半球的正午时分，太阳则位于正北。如果确实是在正午时分左右，则以上判断应该是比较准确的。

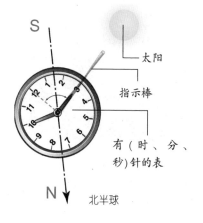

太阳

指示棒

有（时、分、秒）针的表

北半球

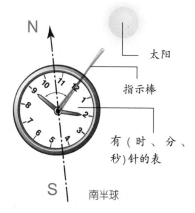

太阳

指示棒

有（时、分、秒）针的表

南半球

使用手表来找到正北方和正南方

这一定位方法所使用的手表一定要是有（时、分、秒）针的表，并且要设置成当地时间。进行定位的时候，要注意将手表持平。如果你是在北半球，请将时针指向太阳，并想象有一条线把时针与12点的夹角平分，这条角平分线所指的方向即为正南方。如果你是在南半球，请将12点的位置指向太阳，并想象有一条线把时针与12点的夹角平分，这条角平分线所指的方向即为正北方。

用树枝阴影法来找到正东方和正西方

树枝阴影法是一种很有用的定位方法。只要有阳光，无论是在哪个时段，也无论纬度高低，都可以使用这一方法来寻找方位。

树枝投在地上的影子移动的方向能够指示你所在的半球：顺时针移动，表明在北半球；逆时针移动，表明在南半球。很早以前，人们发现房屋、树木等物体在太阳光照射下会投出影子，这

□树枝阴影法

1.选择一根长90～120厘米的笔直的树枝，并将其插在有阳光的空地上。在树枝投影在地上的影子顶端放上一块石头。

2.等待15～20分钟之后，你会发现树枝的影子转移了。在树枝此时的影子顶端也放上一块石头。

3.用一根树枝将两块石头连接起来。这根树枝是东西走向的，其中第一个投影点表示西，第二个投影点表示东。

些影子的变化有一定的规律。于是人们便在平地上直立一根竿子或石柱来观察影子的变化，这根立竿或立柱就叫作"表"。人们通过用尺子测量表影的长度和方向，便可以明确时辰了。

如果你从早晨开始，将在某个地点驻扎一整天，你可以使用一种更为精确的树枝阴影法来定位。如前所述，先选择一根长90～120厘米的笔直的树枝，将其插在有阳光的空地上，并在早晨的树枝影子顶端处做上标记。然后以树枝为圆心，以投影在地上的阴影长度为半径画一个圆弧。随着不断临近正午，树枝的影子会不断地缩短。正午过后，树枝的影子又开始重新变长。当树枝影子的顶端与你早晨所画的圆弧重合时，在这一重合点上做上标记。将这一标记与你早上所做的标记连接起来的一条线便是东西走向的，其中早上的标记是偏西向的。

利用月亮来定位

与太阳不同，月亮的形状是会变化的，而且其亮度远不如太阳。因此，利用月亮进行定位并

↑ 没有被云层遮掩的月亮能帮助你辨别东西南北。

不是很方便。特别是在云层很厚的夜晚，天空中根本看不到月亮。

月亮本身并不会发光，我们所看到的月光是月亮反射太阳光所致。月亮绕着地球运动，受到地球的阻挡，其太阳反射面随之变化。因此，我们所看到的月亮有一个从蛾眉月到满月的过程。当月亮运行到太阳与地球之间的时候，月亮以它黑暗的一面对着地球，并且与太阳同升同落，人们无法看到它。月亮环绕地球一周的周期是29.5天。

如果月亮是在太阳还未完全落下的时候升起的，表明它的"脸"是朝西的，即西半边亮。如果月亮是在后半夜升起的，则

↑ 上图所示的是如何利用蛾眉月来辨别南北的方法。将面朝左的蛾眉月的两个端点连起来，画一条虚线。在北半球，该虚线与地平线的相交点即指正南；在南半球，该虚线与地平线的相交点即指正北。而面朝右的蛾眉月，则正好与之相反，即：在北半球，该虚线与地平线的相交点即指正北；在南半球，该虚线与地平线的相交点即指正南。

它的"脸"是朝东的，即东半边亮。同太阳一样，月亮也是东升西落的，无论是北半球还是南半球，都是如此。

利用月相来辨别方向

晴朗的夜晚，可利用月亮判定大致方向。农历初一新月时，月亮和太阳在同一方向，它与太阳一起升落，这时看不到月亮。初七八上弦月时，月亮在太阳东面90°，比太阳约晚6小时升起来，也约晚6小时落入地平线，即正午太阳在正南方时，月亮刚从东方地平线升起；太阳在西方地平线上时，月亮在正南方；半夜前后，月亮在西方地平线上。十五六（有时十七）望月时，月亮和太阳相距180°，太阳落时，月亮正从东方升起；第二天太阳升起时，月亮正从西方落下。二十二三下弦月时，月亮在太阳西面90°，它比太阳约早6小时升起来，也约早6小时落下去。即太阳从东方升起时，

↑ 北极星位于北极上空，通常根据呈"勺子"状的北斗七星来寻找北极星。

↑ 我们可以通过猎户座中间3颗并排的小星作一假想的横线即为天球赤道，该线即为东西方向线。

↑ 在南半球，人们通常利用南十字星座来定方位。

月亮在正南方；正午太阳位于正南方时，月亮正从西方落下。这样，就可根据不同的月相判定大致方向。

利用星座来定位

由于天空中的星座成千上万，而且星象也变化多端，因此利用星座来定位是最复杂的一种天体导航方法。此外，相同的星座和单体星在南北半球所呈现的星象是不同的，这也增加了利用星座来定位的难度。尽管如此，人们利用星座来导航已有数千年的历史了。

由于地球是不断移动的，因此同样的星座很可能呈现出不同的星象。与太阳一样，星座也遵循着东升西落的规律。

在北半球

在北半球，北极星无疑是最重要的一颗指示方向的星星了。在星空背景上，北极星距离北极不足1°，故在夜间找到了北极星就基本上找到了正北方。北极星属小熊星座，是其中最亮的一颗。由于小熊星座的众星中除北极星外都较暗，所以，通常根据北斗七星来寻找北极星。北斗七星是大熊星座的主体，其形状像一只勺子。从斗口边两星（指极星）的连线向斗口外延长5倍左右，便可找到北极星。北极星附近相当大的一片区域里，没有比它更亮的星了，所以，用这种方

99

法是极易找到它的。

在黑夜的天幕上，我们还可以利用猎户星座来定方位。猎户座的四周由4颗明亮的星组成一个大四边形，四边形的中央是3颗并排的小星，我们可以通过小星作一假想的横线即为天球赤道，该线即为东西方向线。

在南半球

在南半球，北斗七星有时会没入地平线以下，或者由于它离地平线近而被树木、村庄、山峰等遮挡。由于看不到北极星，可以利用南十字星座来定方位。南十字星座由4颗亮星组成，如将对角的两星相连，即成"十"字形。其中最亮的两颗星连线的延

长线即指向南方。如需更精确一些，可利用南十字星座旁边的半人马星座，将其中两颗亮星作一假想连线，在连线中间作一垂直线与南十字星座的指南线相交，交点离真正的南极只偏差1°。

利用其他自然特征导航

大自然能够提供许多信息来帮助我们辨别方向，这些信息源于静止的物体、动物和植物。当然，自然特征仅能帮助我们确定大致的方位。但是，在缺乏导航工具的情况下，如果你具备通过观察一些自然特征来判定方位的技能，你将会感到十分庆幸。将几种自然特征结合起

↑ 千万不要轻易判断峡谷中的风向，因为在那里地形状况对风的走向有严重影响。

↑ 树木底部的降雪量可以显示风向，因此你可以利用这一现象来导航。

来做出定位判断是比较理想的，那要比仅凭一种自然特征做出判断可靠得多。

风

世界上大多数地区，都有着规律的盛行风向。有些地区终年盛行同一方向的风；而有的地方则是某一季节盛行某一方向的风，盛行风向会随着季节的改变而改变。如果你能事先了解某一地区的盛行风向，则可以利用风向来定位。但要注意地形对风向的影响。比如，深谷和陡峭的山脊都会完全改变风向。判断风向的唯一可靠方法是观察天空中云的移动方向。

生长在空旷处的树木和灌木丛由于长期受到某一方向的风的吹袭，常常会朝一边倾斜。生长在热带地区的棕榈树则正相反，有逆风生长的倾向。尽管棕榈树与常规相反，但也能指示风向。

沙子和积雪也会留下风的痕迹。因为沙子和积雪长期在风的吹袭下不断向某一方向漂移，以致会逐渐形成一个个沙丘或雪垄。

一般来说，沙丘和雪垄的迎风面坡度较缓，背风面坡度则较陡。

植物

植物的生长需要阳光和水分，因此我们可以通过分析植物的生长地点和生长方式来辨别方向。由于阳光与水的相互影响，你得根据当地的气候状况判断出两者之中何者对植物的生长起主导作用。苔藓通常生长在背阴且潮湿的树皮和岩石上。在寒冷地区，高大的植物通常都生长在朝阳的地方，阳光照射到的一面通常也会长得比较茂盛。在依据植物的长势来判断方位的时候，你还得考虑到所在的

↓ 野生动物也能提供有助于辨别方向的重要信息。地面上的动物足迹往往能将你带往某个水源地。

半球。有一些植物，比如说生长在南非的北极树，有向北边生长的倾向。还有一些花是向阳的，会随着太阳的移动而转向。

多雪地带

在多雪地带，积雪厚的地方通常朝北，而积雪薄的地方则朝南。此外，背风地带的积雪通常比较厚，而迎风地带的积雪则相对薄一些。在了解这一地区盛行风向的基础上，再结合以上常识，你就可以相应地做出大致的方位判断了。

动物足迹

在干燥的地区，如果你看到动物的足迹都是朝着同一个方向的，则表明这一方向很有可能是通往水源地的。鸟类如果总是朝着同一方向飞，也有可能表明正飞向某个水源地，当然路途可能很远。在植被茂盛地区，动物的足迹通常会将你带往一个空旷的地方，这样你就能获得更好的能见度来规划你下一步的路线。

蚁穴

在澳大利亚，蚂蚁和白蚁所筑的巢穴是呈"土墩"或"薄形刀片状"结构的，而且其巢穴总是南北走向。这样一来，冬天的时候，其巢穴无论是在上午还是下午，都能使太阳照射到；而夏天的时候，该构造则能避免太阳的照射。

照顾好自己和他人

尽管你应该学会在没有野外生存工具包的情况下行事，但还是强烈建议你随身携带一个小的野外生存工具包。在其中放一些最基本的工具，这些工具将使某些任务更容易完成，或者让你事半功倍。

基本的野外生存工具

刀具是在危急情况下最常用的工具。下面列出的这些东西不太占地方，但会为你提供很大的帮助：

- 小刀
- 防水火柴
- 蜡烛
- 鱼线
- 各种型号的鱼钩
- 两个小的鱼饵
- 用来做陷阱的铁丝

- 净水药片
- 哨子
- 绳索
- 曲别针/缝衣针
- 医用胶带
- 橡皮膏（创可贴）
- 牙线（坚韧的丝线）
- 指南针
- 镊子
- 扑热息痛（镇痛药）

将这些东西全部放入一个小的容器中（这个容器在紧急的情况下还可以当小壶来烧水），将其密封并保持干燥。每次出发前确保将野外生存工具包放进自己的背包或者衣服口袋里。

↑　准备野外生存工具包时，一定要确保工具的体积足够小，以便能完全装入一个小容器里。这个小容器就是你的工具包，要能放进衣袋里。带上那些你可能在野外难以找到替代品的工具，如锋利的刀子、防水火柴、蜡烛、哨子、曲别针、缝衣针、坚韧的丝线、鱼钩、一些铁丝和指南针等。

预防为主

常识告诉我们应付疾病或者伤害的最佳途径就是预防。比如，你并不希望由于不小心被刀子划伤，尤其是在有危险的情况下，因为此时如果再出现其他的问题只会让危险局面恶化。

在野外生存的时候，必须遵循一些重要的指导原则。最重要的就是每次方便后必须仔细洗手。在紧急的情况下，很多任

务都是靠赤裸的双手来完成（如剥野生动物的皮毛或者取水等）的，你必须避免任何交叉感染，否则你自己或者你的队友很有可能会生病。

正确使用和保存锋利的工具，确保它们不会让你受到意外伤害。在使用诸如刀子或者斧子的时候，还要注意溅起的石头或金属碎片。

↑ 削木头的时候，动作要稳要慢，而且刀刃一定要向外。

↑ 切忌将刀刃朝着手或者身体。

↑ 绝对不要试图用膝盖折断树枝，它通常比看上去更结实，你的膝盖很可能会受伤。

↑ 跳起来踩断木头很容易让脚踝受伤。如果不能用刀砍，可以将它放入火中烧到你需要的长度。

在收集木头的时候，绝对不要试图用膝盖折断树枝或者跳起来踩断它们，你很容易低估了它们的韧性，而让自己受伤。通常的做法是借助锋利的工具，或者将其放入火中烧，直到达到你需要的长度。要学会借力，你的力气很有可能在别的地方还用得着。

在徒步行进的时候，每跨出一步都要千万小心，尽量不要去冒险。对于不熟悉的地形，最好的办法是绕道而行，而不是穿越。始终把安全放在第一位，尤其是当你受伤或者生病的时候，又或者身边没有别人能够给你提供医疗帮助的情况下。

大自然中的危险

无论何时，在野外注意危险的动物是非常重要的。避免自然危害最基本的原则就是随时保持警惕。

↑ 善于伪装的鳄鱼常常埋伏在水面，伺机将受害者拖进水中淹死。

远离危险的野生动物

你需要让那些存在潜在危险的动物知道你的存在，但是不要惊扰它们，通过哨子等让它们知道你在那个地方。只要你不威胁到它们或者它们的幼崽，它们就不会主动攻击你。只有当出现食物争夺的时候，它们才可能将你看成竞争对手。

↑ 用火焰或者盐赶走水蛭。一定要将水蛭完整地除掉，并用抗菌剂彻底清洁伤口。

当你进入到熊的势力范围时，你就威胁到了它作为食物链顶端的地位。它们具备敏锐的嗅觉，因此最有效的防范措施就是在远离营地的地方藏好食物及废弃物。将食物存放在距离宿营地至少300米远的地方，并且装在袋子里高高地吊好。将所有用过的卫生纸和女性卫生用品进行焚烧。将所有废弃物深埋在至少15～20厘米的地下。

虱类及其他昆虫

昆虫的危害性很大。在热带地区，蚊子是传播疾病的主要途径。即使是在温带地区，也有大量的昆虫能够传播病毒。在温带地区，最常见的（也是最容易被忽视的）就是虱类的危害。它们能传播各种不同的疾病，其中莱姆病是最值得注意的。在绝大多数地区，这种风险还是比较低的，但是在美国有将近1/3的虱类携带有这种病菌。

一旦虱类落在身上，它就会叮入皮肤吸血。大约12个小时之后，它将放出它的倒钩注入唾液破坏伤口附近的组织，就是这种唾液里可能会含有细菌或者病毒。

如果你感染了莱姆病毒，你可能会发现身上出现像牛眼睛一样的皮疹(也可能没有)，这种皮疹通常不发痒。你还可能会出现像患流感一样的症状，如头痛、发热、脖子僵硬和咽喉肿痛等。如果这种感染扩大，变得严重，它会影响心脏、神经系统和关节。如果得不到及时处理，它还可能影响到你的短期记忆，并最终致命。处理办法就是使用抗生素，目前还没有针对此病毒的疫苗。

发现身上有虱类的时候要立即除掉，不要等它自己跑掉。在虫子多的地方，每过1~2个小时要检查一下身上是否有虱类。

不要用香烟熏它，这样只会促使它释放更多的毒液，而应该用镊子夹住，直接将它从皮肤中拔出来。

自然药物

在野外如果你没有急救药品，不要恐慌：这并不意味着你不能对自己或者他人采取急救措施。有一些常见的疾病可以利用你身边能够找到的某些野生植物来进行处理。

小伤口

到目前为止，应用最为广泛的草药就是车前草。很多人将车前草叶子捣碎来治疗蚊虫叮咬引起的炎症。以前，人们曾把车前草叶嚼碎成糊状，用来处理小伤口。车前草茶治疗咳嗽也有效果，其做法是将晒干的车前草叶10毫升放入1杯开水中，待10分钟后内服。

感冒发热

在温带地区，接骨木是一种常见的灌木。接骨木是制作接骨木酒的原料，这种酒能预防冬季

↑ 伤口需要及时进行处理；如果流血，需要施加直接的压力来止血。

↑ 苔藓能够用来包扎伤口，并可控制出血。像泥炭藓这类的苔藓还具有杀菌的功效。

□ 制作治疗咳嗽的自然药物

1.干车前草叶能够用来泡制治疗咳嗽的茶水。将一把干车前草叶放入碗中。

2.烧一些开水，倒入装干车前草叶的碗中，让叶子浸泡约10分钟。

3.从碗中捞出车前草叶，一碗天然的治疗咳嗽的汤药就准备好了。

感冒。接骨木花（无论是新鲜的还是晾干的）可以像车前草叶一样用来内服，能够退热和缓解感冒症状。接骨木叶还能够驱赶苍蝇和蚊子，把叶子泡水涂抹在皮肤上也能达到这个目的。

腹泻

橡树皮可以用来缓解慢性腹泻和痢疾。你需要在春天的时候收集橡树嫩枝的树皮，然后晒干保存。为治疗腹泻，可将10毫升干橡树皮放入0.5升水中，煎煮3~5分钟，待冷却后内服。这种汤药具有杀菌和收敛的功效，也能用作外敷药物处理愈合缓慢的伤口，或者用作漱口水，治疗牙龈炎或者咽喉痛。

□ 制作治疗腹泻的自然药物

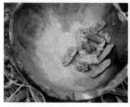

1.煎煮橡树皮的水是治疗腹泻和加快伤口愈合速度的良药，也可以治疗牙龈炎和喉咙痛。

2.将橡树皮捣烂，放入碗中，放水置于火上烧开。

3.让水保持沸腾3～5分钟，从火上移开，待凉后当茶饮用。

卫生的重要性

无论在何种情况下，个人卫生都是非常重要的，尤其要预防交叉感染。人们在对卫生的认识上存在一个普遍的误区，认为处于原始部落中的人都比我们脏，但事实上，在一些现今存在的原始部落中，卫生也像在现代社会一样重要。

在那些原始部落中，有很多东西可以替代肥皂、洗发水、牙刷和牙膏，这一点值得我们在野外生存中借鉴。要制作这些东西，需要做一些适当的准备。如果打算做较长期的野外生存，花一定时间和付出一定努力来创造卫生条件是非常值得的。

卫生纸

有关卫生的问题，出现得最多的可能就是"用什么东西来替代卫生纸"。大自然中有很多东西可以发挥卫生纸的用途。事实上，只要需要，你身边的任何东西都可以利用。其中一个很好的办法就是混合使用干的和湿的苔藓。首先用湿苔藓擦干净，再用干苔藓进行除湿。

如果当时没有大量的苔藓，或者情况紧急，你也可以选择大树叶。与使用苔藓一样，先用新鲜树叶，再用干树叶。但是必须确保你使用的树叶无毒，并且不会刺激皮肤。有的人喜欢用树皮的内层，但是取树皮内层要费一番工夫。

↑ 这个地方远离生活区，是理想的野外方便之处。

↑ 确保你挖的粪坑足够深，不至于让动物发现粪便的痕迹。

↑ 经常洗手，预防有害病菌侵入身体。

粪便处理

无论你采取什么方式处理粪便，请遵循如下原则：

● 为了避免污染，确保你挖掘的简易厕所距离水源至少25米。

● 粪坑深度至少在45厘米以上。

● 方便之后立即用土盖住粪便，如果盖土之后仍有臭味散

□挖掘粪坑

1.如果只在某个地方待上很短的时间，在距离干净水源25米开外的地方挖一个至少45厘米深的粪坑。

2.可以在粪坑上放置一两根原木，这样方便起来更舒适。还可以收集一些苔藓或者树叶，这样"卫生纸"也准备好了。

3.每次方便之后，在粪便上撒一层土壤保证臭味不向外扩散。取一些炭灰撒在粪便上也能很好地掩盖臭味。

发出来，必须重新掩埋。

• 用纸之后一定要焚烧。纸在分解之前能够保留很长时间，将严重破坏环境。

• 确保放在衣袋里的东西不会意外滑落。刀子掉进粪坑里是一件非常不愉快的事情。

• 每次方便之后都要彻底清洁手部和腕部。

尿布和卫生巾

绝大多数土著居民利用干燥的苔藓制作卫生巾，另外一些非常柔软和经过鞣制处理的动物皮革也常被用作卫生巾和婴儿尿布。也有部分土著居民用布包上具有吸水性的苔藓等野生植物制作卫生巾。经期妇女的卫生问题非常重要，否则她们往往会受到熊的攻击。

制作肥皂和洗漱用品

出门远行或者野外生存最容易忘掉的就是肥皂。其实在野外制作肥皂非常容易，而且对于保持卫生非常重要，尤其是在生死攸关的情形下。

即使带了生物可降解的肥皂或者洗发水，你也必须意识到它们的降解需要土壤，因此为了避免污染，应该在距离水源25米以外的地方挖一个坑将洗漱用水全部倒进去。

□制作天然的卫生巾

1.先收集大量干燥和松软的苔藓准备制作卫生巾。

2.将苔藓置于干净的布片或者柔软的动物皮上，将边缘折叠。

3.这样就做成了一个用途广泛、吸水性能良好的卫生巾。其中的布片或者动物皮可以洗净之后再利用。

□制作简单的肥皂

1.等待火堆燃尽冷却，从中收集部分炭灰。

2.将块状的炭用石块捣细成粉末状。

3.将炭灰与水混合，充分搅拌，滤出炭灰，留水备用。

4.加热油或者脂肪，然后将过滤之后的水倒入，再将混合物重新烧开。

5.捣碎一定数量的松针，并将其加入混合物中。继续加热，直到蒸发掉所有水分。

6.将混合物从火上移开，冷却。这样就制作出具有一定抗菌功效的肥皂了。

□制作抗菌型漱口水

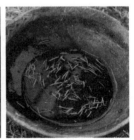

1.收集一定数量的新鲜松针，放入碗中。

2.用干净的石头捣碎松针。

3.加入开水浸泡约5分钟，过滤。

制作肥皂所需的原料如下：

• 木炭灰（含碱）

• 水

• 油或者脂肪（动物脂肪、植物脂肪均可）

• 松脂或者松针（这些东西并不是必需的，只是为了让肥皂具备杀菌功能和好闻的味道）

你还需要某种过滤的装置，如用一块布料将灰烬从水中过滤出来。最好用棍子对炭灰和水进行搅拌，因为炭灰的碱性很强，不要用手搅拌，以免灼伤皮肤。

当水被蒸发掉之后，剩下的混合物就是一种很好的肥皂了。你还可以通过改变其中炭灰、油和松脂的比例来调节其功能的强弱。

丝兰肥皂

另外一个制作肥皂的常用方法就是捣烂丝兰根。捣烂丝兰根的时候会有一种泡沫状的东西溢出，这种东西富含皂角苷。用这种泡沫可以制作肥皂和洗发水。

牙膏

如果能够发现山茱萸或者桦树，可以嚼一段它们的嫩枝，然后将剩下的纤维作为牙刷，将放有炭灰的水作为牙膏。但是刷牙之后必须用清水彻底漱口，避免刺激口腔。

可以在水中加入捣碎的松针，然后过滤用作漱口水。这种漱口水有一股好闻的味道，并具有一定的杀菌功效。

指甲和头发护理

卫生当然也包括修指甲和剪头发。保持指甲较短的一个简单有效的途径就是在光滑的石头上磨。磨指甲的石头应该具有金刚砂的质地。磨指甲可能是一个比较费时间的事情，但是总比指甲太长不小心被折断要好。至于头发，如果没有黑燧石之类锋利的石头可以用，就最好让它继续生长。

如果你找到了像黑燧石这样锋利的东西，最好不要用它们刮胡子。即使刮，也一定要保持高度警惕，因为它远比金属刀片锋利，而且还不规则，更没有现代剃须刀那样的保护措施。与其不小心伤到自己，还不如不刮胡子。

第六章

各种意外事故中的生存

空中事故逃生技能

虽然大部分人明确地知道乘坐飞机是很安全的交通方式，但是在坐飞机时还是比乘坐其他交通工具更害怕。一个原因是不熟悉，人们可能经常乘坐汽车、火车，但是乘坐飞机的机会就不会这么多。另一个原因可能就是人们认为坐飞机缺乏对周围环境的控制，再也没有任何一种交通工具比飞机让乘客发挥的能动性更小。你对何时出发或者坐在何处没有选择的权利，每一步都是被别人告知该怎么做。

通过简单地对自己能够控制的东西采取积极的态度就会使自己感觉好很多，而且这么做也能大大提高自己在紧急情况发生时的生存机会。

飞行中的安全知识介绍和安全卡

如果你本来就对乘坐飞机比较担心，安全知识介绍会让事情更加糟糕，因为你可能就会特别联想到自己碰到飞机严重颠簸、舱内失压、紧急迫降或者掉进海里等情况，其实这些情况发生的可能性都极小。即便如此，你还是应该认真了解并谨记这些安全介绍，这一点非常重要，然后仔细阅读介绍发生事故该如何应付的安全卡。这样不仅能让你在遇到事故的时候不至于感到

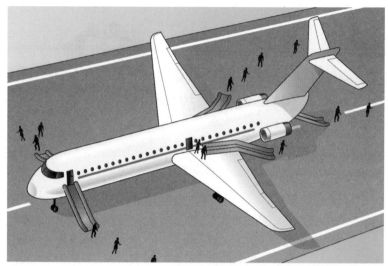

↑ 在紧急情况下，每个出口都会配备紧急滑梯，乘客能够利用滑梯迅速从飞机上撤离。

非常震惊，同时也能让你理解周围的人在做些什么以及为什么要这么做。

飞行中的安全知识介绍和安全卡将告诉你救生衣储存在什么地方。救生衣通常会放置在自己座椅的下方，一定要确保自己真正理解了，并在发生紧急情况的时候能够顺利将它取出。安全知识介绍和安全卡还会告诉乘客如果出现舱内失压的情况，氧气面罩会从头顶的控制板上自动脱落。

在高度超过3000米的地方，

↑ 消防队员抬着一位伤者离开严重的事故现场。化学灭火设备喷出的泡沫在他们周围还随处可见。

一般的人都需要补充氧气，要么通过给飞机舱加压，要么就是乘客戴上氧气面罩。因此客机必须携带通过氧气面罩供应氧气的应急设备，以防机舱氧气加压系统失灵或者机身被意外穿孔。这种氧气供应给飞行员提供了必要的时间来安全降低飞机的高度到一个不需要补充氧气的高度。正如电影里所表现的一样，由于子弹或者其他穿孔引起的舱内失压并不一定都是灾难性的，甚至失去一扇门或者窗户也并不一定会毁灭掉整架飞机。

熟悉环境

登机之后，立即熟悉自己周围的所有环境。尽管在出现事故的时候，打开紧急出口和使用灭火器都是乘务人员的工作，但是如果你知道如何操作使用这些东西也不会是坏事。离自己最近的乘务人员有可能在事故中受伤，或者被不冷静的乘客纠缠着脱不开身。

"空中暴怒"

不守规矩的乘客的极端行为通常被称为"空中暴怒"，将可能给乘务人员和其他乘客带来危险。出现这种攻击性行为的原因可能包括过度饮酒（酗酒）、被禁止吸烟、幽闭恐惧症、长途飞行造成的沉闷和厌烦、失去控制的心理感觉和丧失权利等方面的问题。

乘务人员都接受过应付这种局面的培训。如果你不幸被卷入了这种事情，要尽量保持冷静的眼神交流，利用开放的肢体语言，努力让麻烦制造者平静下来。千万不要让事态升级。

大气变化

有时飞机会由于湍流等大气变化而产生剧烈颠簸。通常情况下飞行员会对此进行预警，但是有的时候时间会来不及，因此最好是在飞行中随时做好准备。

确保放在头顶行李箱里的所有行李都安放稳当，而且每次打开行李箱门之后一定要关好，以减小物品滑落伤人的可能性。

在飞机上不要喝水太多，避免频繁或者在不方便的时候上厕所。坐在座位上的时候随时系好安全带，而不是只在安全带指示灯亮的时候才系上。

做好最坏准备

值得考虑的最坏的场景就是发生事故后从飞机上撤离。其窍门就是了解你的座位与每个紧急出口之间有多少排座位。一旦找到自己的座位后，一定要环顾四周，找到紧急出口的位置，然后数一数每个紧急出口与自己的座位之间的座位排数。这样在发生浓烟、失火或者电源失灵的时候，你就将是少数几个能够在摸索中找到紧急出口的人之一。自己行李中对生命至关重要的基本物品（如救生药物和呼吸器等）应该随时随身放在衣服口袋里，这样的话，一旦发生紧急事故，没有必要在忙乱中还要找行李。

一旦出现浓烟或者失火，你必须在90秒钟之内离开飞机，否则你基本上就已经没有机会逃生了。在脸上包一件衣服来过滤气体能够帮助解决呼吸困难的问题，尤其是在把它弄湿的情况下，效果会更好。

深度静脉血栓

在乘坐客机商务舱的时候你还可能面临患上深度静脉血栓（DVT）的危险，尤其是超重、过胖、饮酒过度或者有血管疾病史的人。这种病会形成血栓，尤其是在腿部，导致疼痛和肿胀，如果病情恶化，发生血栓易位，堵塞住肺部血管的话，甚至可能会威胁生命。这种情况的发生并不局限在飞机上，在都市生活中，这种情况也并不鲜见。连续坐的时间太长也容易导致深度静脉血栓。为了避免出现这种情况，可以每隔1个小时站起来到过道里溜达一会儿，在座位上坐着的时候，也可以做一些适当的腿部放松活动。

当前的医学观点认为，"飞行袜"能够有效降低患深度静脉血栓的风险，这种"飞行袜"能够从航空和旅行商店购买。深度静脉血栓尽管比较少见，但是即使自己不是高危人群也应该采取预防措施，这样就不必过度担心患上这种病了。

在空中紧急情况下逃生

在飞机上发生紧急情况的时候，一定要穿好自己的上衣，并且确保把所有最基本的必需物品放进口袋。从飞机上安全撤离的时候，那些不是必需的随身携带的行李应该留在飞机上。

最好是穿上比较宽松舒适、能够保证自己充分自由活动的衣服，而且把手臂和腿部完全盖住。天然纤维制成的衣服能够提供很好的保护。鞋子应该穿那种带鞋带的，这样可以保证在发生紧急情况的时候鞋子不会从脚上滑落。

系好安全带并调整好，保持双手抱头的姿势。一定要记住自己的座位与每个安全出口之间的座椅排数，看一下身边所有的乘客，争取努力记住谁是谁，并尽可能对他们建立某种印象，例如如果自己要出去，他们会做出什么样的反应等。

水上紧急着陆

如果飞机进行海上迫降，要等撤离了飞机之后再对救生衣和救生艇进行充气。要带上救生装备尽快从飞机上撤离。要谨记，在这种生死攸关的情况下，淡水可能是最重要的东西。在救生艇和飞机之间绑上绳索，等飞机上的人都撤离之后，或

□空中紧急情况

↑ 如果舱内失压，氧气面罩会自动脱落。首先戴好自己的氧气面罩之后，再帮助那些需要帮助的人。

↑ 当听到"抱头！抱头！"的通知时，根据图示采取行动，双手抱住头部，双肘抵在前排座椅的后背上。

↑ 如果紧急迫降之后发生了火灾，立即趴倒在地，避开浓烟和有毒气体，然后向此前已经确定的最近的紧急出口爬去。

□使用紧急出口

↑ 根据指示方向转动门上的把手就可以打开紧急出口。只有当飞机已经停稳之后才能打开紧急出口。

↑ 紧急出口门可能是双向打开或者从右侧打开。在安装紧急滑梯之前一定要确保门已经完全打开，不会挡住滑梯。

↑ 上滑梯之前脱掉鞋子，避免鞋子划伤滑梯。跳进滑梯的中央，双臂抱在胸前，双腿并拢。

者飞机已经开始下沉的时候再解开绳索，然后在飞机下沉的同时尽快划救生艇离开。

如果拥有多个救生艇，使用8～10米长的绳子将它们串在一起会更好。如果能把会游泳的人用这种方法连在一起也会对生存有所帮助。

如果需要搜寻失踪的人员，首先要确定风向，然后顺着风向进行搜寻，飞机和失踪人员都有可能顺着风向漂移。海浪没有关系，因为大家都在海浪里随波流动，但是风能以不同方式影响海上漂浮物的移动方向。

小心调整救生艇行进的方向并保持平衡。注意随身携带好必备物资，学会在救生艇倾覆之后如何将它翻转回来，因为救生艇很容易被打翻。

尽量保持身体干燥，越干越好，因为一旦衣服被浸湿之后，就会造成严重的后果。如果天气寒冷，要尽快考虑如何保暖的问题。因为如果你首先考虑的是其他迫切问题，而一旦冷下来就很有可能暖和不起来了。如果天气炎热，你也需要考虑被太阳晒伤或者脱水的后果，尽快给自己制造阴凉的地方或者把身体全部盖住。如果在海里游泳，要避免脸部迎着阳光的方向，或者用衣服将脸部皮肤包起来。很显然，如果有的话，最好戴上遮阳帽或者太阳镜。

尽快启动求救装置发出求救信号。如果有无线电装置，也要打开。记住：搜救飞机或船只很难发现幸存者，尤其是在比较小的救生艇上或者在海里游泳的时候。因此应该想办法让自己容易被发现。在身边放一面镜子，或利用无线电装置，准备好在看见救援船只和飞机的时候用它们向救援人员发出求救信号。

在紧急迫降中逃生

紧急迫降之后如果发生火灾，一定要趴在地上，避免吸入浓烟和有毒气体，然后按照紧急疏散指示灯（如果还保持工作的话）指示的方向，根据自己此前已经铭记在心的座椅排数，数着座椅向最近的紧急出口处移动。尽量超越和绕过挡在自己前进路上的其他人。这些乘客有可能

已经迷路，或者仅仅是行动比较迟缓。这些都不是你的问题，不要排队等候。

如果紧急滑梯已经安装好，不要坐在上面滑动，而是直接跳进去落在滑道的中央，然后迅速下滑。双臂抱在胸前，减少碰到其他物品和其他人的危险，也能避免自己受到伤害。

一旦从飞机上撤离之后，立即远离飞机，直到发动机已经完全冷却下来，泄漏的燃料已经完全挥发。检查一下受伤的人员，并给他们提供任何力所能及的帮助。首先要寻找某种能临时遮风挡雨的地方。如果需要，可以生一堆火，最好再弄一杯热的东西喝。如果有通信设备的话把它打开，让它能够正常工作。这些都完成之后，就可以放松一下了，让自己从震惊中恢复过来，至于其他的计划和行动，留到下一步再考虑。

等待救援

短暂休息之后，就应该寻找给养物资，并对其进行组织利用。记住水是最重要的东西。尽

□ **如果发生紧急迫降**

1. 不管局势多么严峻，飞行员都会尽力安全着陆，但是并不一定能够确保着地角度正确。

2. 无论是机头还是机尾首先着地，都有可能发生机身断裂的情况，从而威胁到乘客的生命。

3. 机身最容易在中间部位折断，这极有可能引发这个部位乃至飞机其他部位的迅速着火。

最大可能确定自己的方位，并通过电台把有关这个位置的信息发布出去，即使是根据推测的信息也不要紧。

如果已经离开飞机，在确定飞机是安全的前提下，尽量返回飞机所在的地方，因为飞机总比自己容易被救援人员发现。如果天气寒冷，还可以在自己另外搭建更好更暖和的住所之前把飞机作为临时住所。但是千万不能在飞机上取火做饭。

如果天气炎热，利用飞机做临时住所就会太热了。相反，应该在飞机外面利用降落伞或者毯子等搭建遮阳篷，让较低的一端距离地面50厘米，允许空气流通。

保存任何电器设备的电源。即使已经用电台发布了救援信号，也要用镜子或者手电等每隔一段时间向四周发射光线作为救援信号。

弃船逃生

发生船只失事的时候，做好准备就意味着增大逃生的机会。了解救生设备的位置很重要，了解如何准备最基本的生

↑ 需要弃船的时候，遵循船员的指导。如果足够幸运，救援人员会及时赶到。

存物资也同样重要，水是第一位的，但是食物、衣服和通信设备也同样重要。如果你发现没有合适的救生艇或者其他救生设备，你就需要寻找较大的可以在水中漂浮的物品，然后将必需的生存物资转移到上面。

遵循船员的任何指导。下水之后，立即远离失事船只。如果船只没有立即下沉或者爆炸的危险，可以先待在船只附近，还可以用绳索把救生艇和

船只连在一起，直到更多的物资被搬运上来。如果发现继续待在这个地方将会非常危险，就赶紧离开。

油料燃烧

如果发生火灾，而且水面上也有燃烧的油料，要尽量按照风向的反方向行进。燃烧的油料很容易被风吹动，因此火不会向逆风的方向蔓延。你需要在燃烧的油料之间的狭小缝隙里穿行，这样你可能就需要给救生艇放气，然后才能在这种缝隙中穿行。如果必须在火焰中穿行，可以用双手手臂煽风，这样在火焰中煽出空隙，能够保证自己正常呼吸，但是这种情况非常危险，不到万不得已的时候千万不要在火焰中穿行。因为火可能会把周围区域的氧气全部耗光，而且极高的温度可能会烧伤肺部，从而让人丧命。

如果救生设备是用嘴吹的气，你还可以吸入救生设备中的气体。尽管这种气体是从嘴中呼出的，但是其中的含氧量还是足够利用很多次。但是注意那种自

动充气的救生背心，其中的气体通常含有大量的一氧化碳。

水中求生

只要身体不下沉，哪怕会游泳也不要游泳。如果可能，尽量用背部靠浮力漂浮（借助救生设备、充满空气的衣物或者椅子坐垫等），以保存体能。只有在确定能够抵达一个安全的地方的时候才游泳。一直把头部没入水中，呼吸的时候才探出头，这样也能保持体能。即使自己是一名非常好的游泳者，也会发现在海上游泳非常困难。提前在风大浪急的海面上练习

游泳对此会有很大的帮助。

游泳，即使是稍微游一段距离也会迅速散失身体的热量，大大缩短自己生存的时间。如果你能够保持静态，就能够将身体周围的一点海水的温度升高一点点，尤其是衣服内的海水。每次你移动，这点温水就会被凉水替代，然后失去热量，从而消耗体能。鉴于此，应该尽量多穿衣服。如果你有包（帆布包、塑料救生包，甚至是垃圾袋），钻进里面也能有效阻止身体周围的海水流动，从而大大提高生还的机会。如果几个人穿着黄色救生衣待在一起组成一个圈，会对

□临时漂浮辅助设备

↑ 将裤脚打结，握住裤腰摆动，然后套进头部，直到裤腰没入水中，让两条裤腿充满空气。

↑ 椅子坐垫和枕头能够用来作为漂浮物，船上的这类物资都是为此目的专门设计的。

↑ 如果没有任何漂浮辅助设备，不要脱掉裤子，尽量减少蹬水的次数以保存体能。

□**紧急逃生程序**

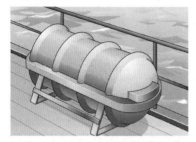

1.船只上除了一般的救生筏之外，还会配备一种圆柱形的并配有整套救生包的"抛掷型"救生筏。

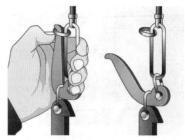

2.为了让救生筏下水，必须首先把固定救生筏的绳索解开。

3.把系艇索（连接救生筏和船只的绳索）系好后，在保证船只外的水面上没有其他物体的情况下，把救生筏扔到水面上。

4.将系艇索拉到最长，当系艇索拉紧之后再猛一用力，这样救生筏就会自动开始充气。

5.将救生筏拉到船边，然后让人依次进入救生筏，最好不要把自己弄湿。进入救生筏之前脱掉鞋子，去掉身上任何尖利的物品。

6.在所有人都登上救生筏之后，剪断系艇索，在海面上搜寻此前可能已经跳海逃生的人员，然后离开正在下沉的船只。

□用小划艇作救生筏

1.如果有绳子,从小划艇两侧的边上通过划艇底部绑上绳子,可以用来在小划艇翻转之后将它翻转回来。

2.如果有必要,把自己及所携带的东西都绑在小划艇上,让绑自己和小划艇之间的绳子足够长,以免发生翻转的时候自己脱不开身。

3.可以利用一块油布或者一件衬衣作为临时的船帆,这样会让小划艇移动更快,而且还能提供一小块阴凉的地方。

□用锚获取食物

1.在锚上套一件衬衫或者类似的布料用作滤网,然后将锚放进海中。

2.这样锚上的临时滤网就会兜住海中的浮游生物及其他的小动物,也可能兜住海藻的碎片。

3.对滤网捕获的东西进行分类,分辨出能够食用的部分。

大海中鲨鱼这种最令人恐怖的生物构成威慑。

海上生存

在只有少量给养物资的情况下生存，你必须照看好自己所拥有的东西，首先照看好救生艇。对于任何船只，如果把重量集中在中间部位会使船只保持平稳，不会进水，而如果把重量分布开来，则船只发生倾斜或者摇摆的概率较小。在风大浪急的情况下，如果将锚从船头抛进海里，会帮助船只保持平稳和抵御来袭的海浪，但是这样也会减缓船只顺风行进的速度。在炎热的气候条件下，早上的时候可以适当给救生艇放气，防止救生艇爆裂。

食物和水

要明智地利用现有的给养物资。在没有食物的情况下也能撑好几周的时间，但是如果没有淡水，只能撑几天的时间。尽量减少喝水，只要保证不脱水就行。如果天气炎热，经常用海水弄湿头发和衣服，减少排汗，但前提是这样做不会刺激皮肤。雨水、多年冰（蓝色）以及海洋生物身体内的液体都可以是海上生存所需的水源。在任何情况下都不要饮用海水。

如果没有食物，你可能需要自己捕获。首选的食物是鱼类、鸟类和浮游生物。可以用衣服过滤海水得到浮游生物，它们一般含有大量的蛋白质和碳水化合物，把它们身上的毛刺和触须去掉之后就可以食用。但是这样你可能会同时吃进大量的海水，而且对于这种浮游生物你还必须首先判断其是否有毒。

临时制作捕小鱼的鱼钩和鱼线也非常简单。如果没有线，也可以试着做一个鱼叉，但是不要试图用鱼叉去捕较大的鱼类。鸟类将非常难以捕获，你可以将其引诱到船上，然后用鱼叉或者绳套将其捕获。绝大多数海藻都是可以食用的，但是珊瑚一般都有毒，不可以食用。

鲨鱼

如果碰到鲨鱼时你是与很多

↑ 如果你看见来进攻的鲨鱼，而鲨鱼又不是太大，你就有进行防卫的好机会。可以用脚踢、用胳膊打或者用手掌根部挡开鲨鱼。

↑ 鲨鱼是大家公认的非常危险的动物。但是也要记住，每年在全世界只有少量鲨鱼攻击人的事件发生，而且并不是所有的鲨鱼攻击事件都是致命的。你无论向哪个地方游都不会有鲨鱼快，但是鲨鱼停住或者转向会非常困难，尤其是大型鲨鱼，因此你可以跳出鲨鱼游动的路线，尤其是向下方游，因为鲨鱼在嘴巴张开的时候看不见前方和下方。如果你受到攻击并且手上有刀的话，可以用刀去刺鲨鱼的眼睛或者鳃部等最敏感的区域，或者用手指去戳。如果幸运的话，鲨鱼就会被吓跑。

↑ 鲨鱼非常细心，会避开那些它们认为有很多肢体的大型目标。如果大家能够围在一起成一圈，面朝外，然后保持冷静，这样就会大大减少鲨鱼来进攻的机会。

人在一起，最好的建议就是大家待在一起围成一圈，面朝外。鲨鱼经常会对强大的、有规律的移动和很大的声音感到恐惧，因此如果鲨鱼游近，大家一起把手掌握成杯子状，使劲拍水，发出巨大的声响，可能会吓跑鲨鱼。

如果是单独一个人，尽量与鲨鱼保持在水平的位置而不是垂直的位置：这将稍微降低鲨鱼攻击的风险，因为鲨鱼会把你看成是一个活的目标，而不是一个容易受到攻击或者死亡的目标。鲨鱼拥有高度发达的嗅觉，能够在很远的距离感觉到血液和废弃物的味道。黄昏和黎明是最危险的时间，然后才是黑夜。很少有攻击事件发生在大白天。鲨鱼很少攻击颜色鲜亮的目标，但它们对颜色对比尤其敏感，即使是身上被太阳晒出来的那种印记也能分清。饥饿的鲨鱼容易把闪亮的物体当作小鱼来攻击。

其他有害动物

很多种类的鱼都有非常锋利的、防卫性的、能够刺穿人体皮肤的刺，其中还有一小部分鱼的刺带毒。任何鱼的这种刺都应该小心应付。像石鱼这种鱼会隐藏在浅海的海底，如果不小心很容易踩上去。而其他带刺的鱼可能被钓上来，在对其进行处理的时候很有可能把自己刺伤。如果有疑问，直接把这种带刺的鱼扔掉，因为某些毒素是致命的。如果自己不幸被这种刺刺伤，首先把刺拔除掉，然后立即冲洗伤口。先用热水清洗，然后再用热的敷布敷在伤口上，用热量去除毒素。

某些鱼如果被碰上会给你一个强大的电击，尽管这没有太大的危险，但也要注意。这种鱼中有一种名叫电鳐，生活在温带和热带海域的海底，还有一种名叫电鳗，生活在热带的江河中。如果在水中接近了这种鱼，会有一种触电的麻刺感觉。

水中急救

人落水中

不慎掉进水里应保持镇静以利于呼吸。游泳或踩水时，动作要均匀缓慢。倘若水很冷，保持体温很重要，尽量少动，以减低体热消耗。因为体温太低会丧命。

踩水保持平衡

● 踩水助浮。办法是像骑自行车那样下蹲，同时用双手下划，以增加浮力，保持平衡。看看身边有没有漂浮的物体可以抓住。

● 脱掉鞋子，并卸掉重物，但不要脱掉衣服，因为衣服能保暖，而且困在衣服之间的空气还可起到浮力的作用。

顺水向下游岸边游

不要朝岸径直游去，这样徒然浪费气力。应该顺着水流游往下游岸边。如河流弯曲，应游向内弯，那里可能较浅，水流比较缓慢。

高声呼救

保持镇定并高声呼救。若有人游来相救，自己应尽量放松，以使拯救者合理采取拯救措施。

营救落水者

尽快找一条结实绳子或布条、竿子等送过去。然后俯卧堤边，利用任何可利用的支持物稳住身子，或叫人抱住双脚，让溺水者抓住绳子拖回来。

抛救生圈

向溺水者抛救生圈或轮胎一类的东西，然后去求援。

划船过去

将船划近溺水者，小心别撞伤溺水者，从船尾把溺水者拖上来。

游泳抽筋

游泳中常会抽筋是长时间在水里浸泡使体温下降的结果。

应对措施

•仰面浮在水面，停止游动。

•拉伸抽筋的肌肉。脚背或腿的正面抽筋时要把腿、踝、趾伸成直线。小腿或大腿背面抽筋则把脚伸直，跷起脚趾，必要时可把脚掌扳近身体。

•抽过筋后，改用别种泳式游回岸边。如果不得不用同一泳式，就要提防再次抽筋。

被激浪所困

波浪拍岸之前，要破浪往海中游，或不让浪头冲回岸去，最容易的方法是跳过、浮过或游过浪头。泳术不精者很快就会精疲力竭，而精于游泳者也有可能出事。如果游术平平，经验不多，只宜在风平浪静的水中游泳。

应对措施

•波涛向海岸滚动，碰到水浅的海底时变形。浪顶升起碎裂，来势汹涌澎湃，难以游过。浪头未到时歇息等候，刚到时可借助波浪的动力奋力游向岸边，同时不断踢腿，尽量浮在浪头上乘势前冲。

•采用冲浪技术以增加前进速度。浪头一到，马上挺直身体，抬起头，下巴向前，双臂向前平伸或向后平放，身体保持冲浪板状。

•踩水保持身体平衡以迎接下一个浪头涌来。双脚踩到底时，要顶住浪与浪之间的回流，必要时弯腰蹲在海底。

营救溺水者

营救溺水者最重要的是讲科学态度，绝不能感情用事。即使是受过训练的救生员，也只在万不得已的情况下才下水救人。

↑ 落水后要踩水以保持身体平衡。双脚像骑自行车那样有节奏地下蹬，双手前后划动。

↑ 用身边可利用之物结成绳子，从岸上抛给溺水者，然后俯卧堤边，稳住身子，将落水者拖上来。

→ 腿部抽筋时，仰面浮在水面，将抽筋部位的肌肉伸直，必要时用手拉直。待症状缓解后改用别种泳式游回岸边。

↑ 在水中遇上危险，用力踩水使头部浮出水面，直举一臂做大幅度挥动作。

↑ 看到浪头逼近时可蹲在海底等浪头涌过后再露出水面，但要注意别正好碰上下一个浪头。

↑ 观察浪头的形势，采取对策向岸边奋力游。

↑ 为避过碎浪的动力可朝着浪头潜进水中。

没受过救生训练的人，往往力不从心，救人不成反而赔上性命。所以应尽量采用绳拉或划船营救的方法。

下水营救措施

● 下水救人应避开溺水者相缠，否则必须立刻用仰泳迅速后退。

● 将救生圈一类的东西扔过

↑　实施营救时，若溺水者有相缠企图，迅速用仰泳游开。一旦一只脚被抓住，用另一只脚把溺水者踹开。

↑　如被溺水者从前面抱住，可低下头来，抓住其双臂，向上推过头顶，脱身游开。

↑　如果被溺水者从后抱住，可低下头来并抓住其上面一只手的肘中和手腕子使其松动。然后把溺水者肘部往上推，手腕子向下拉，自己的头则从抬起的肘下钻出来，游到溺水者背后或干脆游开。

↓　对于神志清醒的溺水者，可递给毛巾的一端，仰卧水中，营救者自己拉着毛巾的另一端将溺水者拖上岸边。

↑　对于不省人事的溺水者，可用手抓住溺水者的下巴，伸直手臂牵引，用侧泳游回岸去。

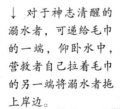

131

← 对于张皇失措的溺水者，可在其背后抓住其下巴，使之仰面向上，与自己头靠头，然后用肘挟住其肩膀，仰泳游回岸去。

← 如遇到激浪，营救者须使溺水者头部完全露出水面，然后抱住其下肋，用臂部顶住其腰部，侧泳游回岸去。

→ 如没有穿上救生衣，可仰面浮在水上以保持体力，记住用双手划水比踩水省力。

去，让溺水者抓住一头，自己抓住另一头拖他上岸。

从船上落水

不小心从船上掉进水里，极度紧张会使体力迅速减弱，以致神志混乱、筋疲力尽，身体失去平衡。

自救措施

• 给救生衣充气使自己浮到水面上。如穿着救生衣，把双膝屈到胸前以保持温度。

• 呼救并举起一臂，会较易被船上的人发现。即使自己已看不见船在何方，举起手臂也有助于船上的人寻找。

• 如没穿救生衣，脱去笨重的靴子或鞋子，丢掉口袋里的重物，但勿脱衣，以保存身体的热量，并尽可能仰面浮在水上。

自制浮囊方法

未穿救生衣而要长时间浮在不太冷的水中，最有效的方法是采用自制浮囊法。脱下裤子，在裤管末端分别打一个结，并拉开裤头顶端，从背后越过头顶举向前，在游动中使裤管充气，迅速按下水里。把裤管夹在腋下，即可助浮。空气可能慢慢泄出，必要时须再次充气。此法只能在不太冷的水中使用，在冷水里则切勿脱去衣服，才能保存体温。此法适用于会游泳的落水者及离岸边400米以外的水中。

掉入冰窟

在冰面上活动，万一掉进冰窟中，即使泳术不错，也会在几分钟内遇溺。即使头仍浮在水面上，也会因惊慌而呼吸困难，因寒冷而四肢麻木，陷入极度危险中。

营救措施

• 小心地从冰上向遇险者滑过去。将绳子、棍子一类的东西递给他。若无法靠近，可延长甩过去。

• 叫遇险者把双手平伸在冰面上，向后踢脚，身体保持水平。然后抓住棍子或绳子，另一手打破前面的薄冰，直至到达足以支承体重的厚冰。

• 如自己的位置不稳固，就不要抓住他或让他抓住，否则可能被他拉下水。滑到冰上后，叫遇险者趴下来，然后把他拉到岸上。

• 在两岸间拉一根绳子，叫遇险者自己用双手抓住绳子，自行攀回岸边。

踏破冰层落水

冬季冰面常常冻得不很结实，一旦有人从上面行走或溜冰，很容易掉下去。如不及时援救，体温会迅速下降导致死亡。

自救措施

• 尽力爬上冰面。

• 像踏自行车那样踩水助浮，同时用双手不断划水。慢慢呼吸，切勿慌张。

• 破冰向岸边移动，直至找到看来足以支持体重的冰面。将双手伸到较结实的冰面上，双脚往后踢，使身体浮起，而且尽可能保持水平。如果冰破裂，身体保持水平位置，继续向前推进。到达足以承受体重的冰面时，趴在冰上，滚向岸边。

□遇险自救

→ 将缆绳抛下，
把落水者拖上来。

↓ 将裤管末端打结。

↑ 拉开裤头从头后甩
过使之充气并迅速按
入水中。

→ 将两个裤管
分别夹在腋下。

134

↓ 可在河面较窄的
两岸间拉一根结实
的绳子，让遇险者
自行攀回岸边。

↓ 用长树枝之类
的东西，把一根
绳子送到遇险者
面前，然后伏在
岸边把遇险者逐
步牵引上来。

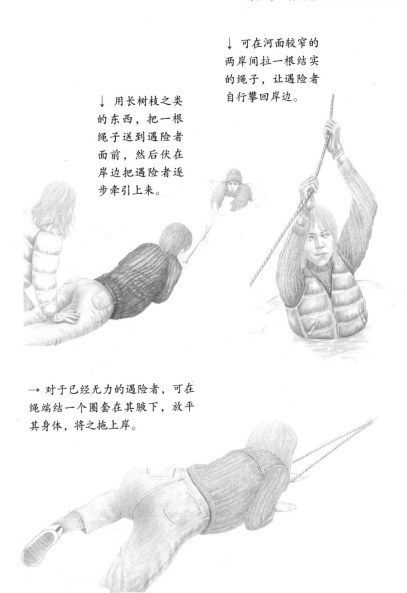

→ 对于已经无力的遇险者，可在
绳端结一个圈套在其腋下，放平
其身体，将之拖上岸。

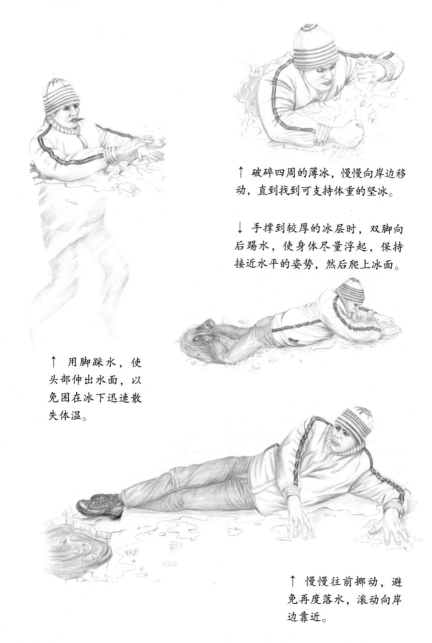

↑ 破碎四周的薄冰，慢慢向岸边移动，直到找到可支持体重的坚冰。

↓ 手撑到较厚的冰层时，双脚向后踢水，使身体尽量浮起，保持接近水平的姿势，然后爬上冰面。

↑ 用脚踩水，使头部伸出水面，以免困在冰下迅速散失体温。

↑ 慢慢往前挪动，避免再度落水，滚动向岸边靠近。

海岸生存

很多事故和紧急情况都发生在水域边缘，熟悉一些基本的技巧也许能够得以生还。

你可以采取很多行动来帮助自己：你应该能在穿着内衣的情况下游至少50米远，你应该在不浪费体能的情况下保持漂浮状态。你还应该了解有关波动作

□**对游泳者的救援**

1.救援人员或其他强壮的游泳者如果确信自己不会陷入同样的困境，可以通过游泳来进行救援。

2.救援人员会尽快游到遇险者身边：救援人员应携带不会影响自己行动的牵引着的漂浮物。

3.漂浮物已经套在了遇险者的腰部，帮助其保持漂浮状态，也为了帮助救援人员进行施救。

□**搬动遇险者**

1.实施心肺复苏术固然是第一要务，但是如果考虑到遇险者脊椎可能受伤，救援人员会在支撑其颈部和头部的情况下非常小心地把遇险者带回岸边。

2.抵达海岸之后，将遇险者迅速放在地面上，然后用心肺复苏术进行急救。

3.一旦遇险者恢复呼吸，救援人员会立即对其进行固定，防止造成进一步的伤害，然后等待专业的医护人员抵达。

□救援人员救援

1.救援人员可以利用较大的轻快的冲浪板进行救援，这样可以保证速度，同时保证他们能够清楚地看见遇险者。

2.遇险者可以利用冲浪板作为支撑，救援人员会对遇险者的状态进行评估，然后决定谁停留在冲浪板上以保持稳定。

3.遇险者可能被救援人员扶上冲浪板，然后救援人员推着冲浪板返回岸边，这种方式会更快，操作起来也更容易。

4.遇险者可能已经精疲力竭，这时候会有更多救援人员来帮助他回到岸上。

5.救援人员会全面检查遇险者的身体，看其状况是否稳定，有没有恶化。

6.让遇险者处于最有利于恢复和施救的姿势，检查其重要的生命特征，等待医疗救助人员的到来。

用、激流以及潮汐的基本知识。

动物的袭击

狗的攻击

被人袭击是一种情况，但这并非是我们在外可能遇到的唯一危险。我们还可能被狗攻击，而被狗攻击是非常可怕的，因为你没办法和一条狗讲道理。

狗会试图用爪子扒下它身前的任何障碍物后发起攻击，所以，用结实的棍子挡住它会有所帮助。狗发起攻击后会试图咬住你身体的一部分，通常是四肢。如果情况确实如此并且自己有时间，那就脱下自己的外套并用它包住自己的前臂，然后将这只保护好的手臂迎向狗。狗一旦咬住你手臂上的外套，你就抓住它的项圈，或者用石头或棍子打它的头。无论你对狗做什么，目的是确保使它失去攻击能力，否则只会让事情更糟。

如果有狗向你冲过来，要尽量阻止它的冲击势头，因为狗是想将你撞倒在地的。靠墙角站立可以避免狗将你撞倒，等到狗离你一两米时再在最后一刻迅速绕过墙角，在移动时要面对狗来的方向。这样狗会被迫放慢速度以转过身来，此时你就可以好好利用这点优势了。

如果狗的主人不在场，而且自己没有其他的武器，可以试着张开双手并尖叫着直接向狗冲去。鉴于人体与狗的身体的大小比较，加上出乎意料的突然反击，狗可能也会因害怕而跑掉。

蚊子叮咬

虽然在北极和气候温和地区的蚊子不是特别危险，但它们在热带地区却是致命的。它们可能带有疟疾、黄热病等的病毒。要尽一切可能防止被它们叮咬。

- 如果有条件，就使用蚊帐或频繁地涂抹驱蚊剂。如果条件不允许，就用手帕盖住裸露的皮肤，即使是用大的叶子也有用。

- 穿上长衣长裤，特别是在夜间。把裤管塞进袜筒里，袖口塞在手套或其他简易的能裹住手的东西里。

- 在特殊情况下，睡觉之前

在脸上和其他裸露的皮肤上涂抹泥浆。

• 在选择休息地点和宿营地点时不要靠近沼泽地、死水或水流缓慢的水源，因为这些地方是蚊子的滋生地。

• 在营地的上风处生起一堆燃烧缓慢又多烟的火，让它一直烧着驱除昆虫。

• 在自己睡觉的地方周围撒上一圈已冷的灰烬可以阻拦大多数爬虫。

• 疟疾是没有免疫疫苗的，所以必须根据说明在有效期内使用防疟疾药物。

水中的危险

鲨鱼

鲨鱼除非受到惊扰，否则一般不会攻击人。然而，它们具有很强的好奇心，因而会探究在它们附近的任何物体。如果你发现自己正在穿过的水域有大量的鲨鱼，尽量遵循以下建议，以避免激起它们的好奇心。

• 尽可能保持安静。

• 除去身上任何发光发亮的物品，如珠宝或者手表（在鲨鱼看来它们可能像小鱼）。

• 平静地游动，尽可能减少会惊扰它们的动作，不要溅起水花。在这种情况下，采用平稳的蛙泳要比自由泳安全得多。

• 千万不要让自己出血，因为这会导致鲨鱼发起攻击。

其他鱼类

有许多长刺的鱼是有毒的，它们的刺主要长在体外。石鱼和蟾鱼是其中的两种，它们生活在珊瑚丛中和浅水区。在欧洲，值得一提的是织网鱼。通常，建议大家不要触摸或者食用任何长刺的、形状古怪的或者长得像盒子的鱼。在确认它们无害之前，要小心地对待在暗礁旁或者热带水域里发现的任何东西。被任何有刺的水生动物刺上一下都应该像被蛇咬后一样处理。

飓风的应对

飓风，又叫台风、旋风，是发生在沿海的热带气旋。它的风力十分强劲，据统计常常能达到12级甚至更高。飓风在以超高的风速前进的同时常常还会带来暴风雨，席卷陆地上一切不牢固的建筑物和脆弱的生物。因此在海上生存时，一定要小心这种气象灾害。

飓风通常在夏季出现，当洋面气温非常高时，很容易形成一个低压中心，而周围的空气便会围绕这个中心流动，慢慢地，空气流动旋转的速度越来越快，甚至能达到每小时300千米以上，这时飓风就形成了。飓风的中心并不是一个狭小地带，它往往是绵延十几千米的广阔地区。处在

风眼统治下的这片地区暂时可以保持平静。

飓风以50千米的时速向大陆进发，在到达沿海地区时会造成极大的破坏。抵达大陆后，由于受到阻碍，风速会下降到每小时十几千米。

和海啸一样，目前人类抵御飓风侵袭的办法只能是实时监测，然后在飓风到来前指挥人们撤离海滨地区。人类通过卫星传送信号，实时观测海面，一旦发现有飓风形成，便开始跟踪飓风

↑ 发生飓风时，除了躲避，你能做的事情很少。不要待在可能被飓风摧毁的房屋内，如图示的木板房。

的行进方向和轨迹。当预测飓风即将抵达人类生存的沿海地区时，气象台会向社会大众发布警告，呼吁人们尽早做好防范措施。有时，飓风的形成可能是一转眼的事，不能被及早发现。这时，可通过对海面现象的观察，比如潮水的剧烈上涨、太阳在海上的壮观景象或者天空出现旗状的云层来达到预防的目的。

当得知飓风再过十几个小时就要来到时，一定要避开飓风的行进线路。不仅如此，还要撤离海岸和河岸，因为飓风在沿海的大陆附近是最具摧毁力的。

如果在海中航行时遭遇飓风，一定要收起风帆，堵好船舱，并保证所有船上的工具在刮风暴时不会被吹起卷走。

当飓风来临时，一定不要冒险在风中行走，这是很危险的做法。待在室内，最好是在建筑物的高层，或者地下室里。躲避风暴时要备好食物和饮水，因为飓风随时可能导致资源短缺。离开房屋到更安全的地方躲避风暴时，一定要关掉所有电源。

如果在野外，最理想的避险场所是山洞或者山沟里，也可以是牢牢扎根于地底深处的大树背后，或者一块巨石的背风面。千万不要选择那些人造围栏或者羸弱的小树苗，因为它们很可能在飓风肆虐下被卷走。如果没有时间找到合适的避难所，最好在飓风来临时躺在地面，减少阻力，同时还要避免被飓风卷起的杂物击中。如果事先携带了防风篷，在找不到更好的天然避难场所的情况下，一定要为自己留出足够多的时间转移到防风篷背风的那一面。

在出发前往野外时，如果有条件，应当随身携带无线电，随时获取来自电台的关于灾害天气的报道和建议。

飓风看上去已经过去时，不要急于到户外活动。因为有时只是因为风眼开始统治这片地区，所以看起来一切都归于平静了。然而，过不了多久，随着飓风的继续移动，风眼转移到了别的地区，取而代之的是飓风的另一侧继续狂风大作地统治这片地区。这时风向与刚才你躲避的方向正好相反，需要立即转移到避险处的另一侧。

龙卷风的应对

龙卷风产生于强烈不稳定的积雨云中，是云层中雷暴的产物，是一种伴随着高速旋转的漏斗状云柱的强风涡旋，也是最剧烈的大气现象。

龙卷风的形成

龙卷风的形成过程大致如下：

因为大气具有不稳定性，产生冷、热两种空气，所以会产生强烈的上升气流，受到急流中的最大过境气流的影响，这股上升气流进一步加强。

垂直方向上，风的速度和方向均有改变，这些风相互作用，致使上升气流在对流层的中部开始旋转，形成中尺度气旋。

中尺度气旋会向上、下两个方向伸展，与此同时，它本身会变细并增强。一个小面积的增强辅合，即初生的龙卷在气旋内部形成，产生气旋的同时，形成龙卷核心。

龙卷核心中的旋转与气旋中的不同，它的强度足以使龙卷一直伸展到地面。当发展的涡旋到达地面高度时，地面气压急剧下降，地面风速急剧上升，形成龙卷。

空气绕龙卷的轴快速旋转，受龙卷中心气压极度减小的吸引，近地面几十米厚的一薄层空气内，气流从四面八方被吸入涡旋的底部，并随即变为绕轴心向上的涡流。

因此，龙卷中的风都是气旋性的，中心的气压很低，比周围气压低10%。因为中心的低气压，龙卷风具有很强的吸吮性，可以把水吸离水面，使水柱和云层相接，这个也就是我们平时所说的"龙取水"。因为龙卷风内部空气极为稀薄，所以会让温度急剧降低，使水汽迅速凝结，这是形成漏斗云柱的重要原因。漏斗云柱的直径平均只有250米左右。

龙卷风的特点

龙卷风经常发生在夏季，一般在6～7月间，有时也发生在8月上、中旬。常在雷雨天出现，尤其多在下午至傍晚时段出现。

↑ 抵御龙卷风的最安全场所就是地道或者地下室。如果在户外，最好躲在沟渠或者下陷的地方，以躲避风和风中夹带的物体。

龙卷风的袭击范围很小。在地面上，龙卷风的直径通常在几十米至几百米之间，平均为250米，最大为1千米。在空中，龙卷风的直径可以达到几千米，最大有1万米。

由于受暖湿空气强烈上升、冷空气南下、地形的影响，龙卷风存在的时间比较短，一般只能维持几分钟，最长的也不过数个小时。

龙卷风的风力特别大，中心附近风速可达100~200米/秒，最大有300米/秒，比台风中心的最大风速还要大好几倍。

龙卷风的破坏力极其大。它所过之处，建筑物会被摧毁，大树会被连根拔起，车辆会被掀翻，有时候人都会被卷走，危害性特别大。

龙卷风刮起来的时候，会发出巨大的声音，就像纺纱陀螺或者机器运转发出的声音，这种声音在40千米以外都能听见。

尽管龙卷风在任何地方都可能发生，但是它大多数时候发生在美国西部的大草原上、密西西比河谷地，以及澳大利亚地区，并且很有可能发展成为飓风。在海上，产生的龙卷风还可能会引起海龙卷。

防护措施

为了将龙卷风对人身和财产造成的损失降到最小，在龙卷风到来前，一定要做好防护措施。

1.选择藏身所

要躲藏在最坚固的建筑物中，例如用混凝土或者钢筋加固过的建筑物。最好的藏身之处就是专门用来防御风暴的地下室或者洞穴里。你如果要躲在地窖里，一定要待在靠外墙或者经过特别加固的地方。如果你们家没有地下室，你可以去最底层，待在小房间或者结实的家具底下，不过不能躲在沉重的家具下面，以免塌下来被压住。切记，千万不能靠近窗户。

2.开、闭门窗

将家里所有面朝龙卷风方向的门窗都关得紧紧的，而另一侧的门窗则要全部打开。这么做能防止龙卷风刮到房子里，将屋顶掀起来，还能平衡房子内外的气压，防止房子因内外气压失衡而坍塌。切记，千万不要躲藏在轿车或者大篷车里，龙卷风会直接将它们卷到天上。

3.远离龙卷风

如果你待在房子外面，很容易被风里乱飞的各种杂物伤到，还可能被风卷到空中，就算你掉下来毫发无损也是很危险的。如果真的没办法回到屋里，当你知道龙卷风即将来临时，一定要马上远离，朝着和龙卷风路线呈直角的方向逃离，在地面的沟渠或者凹地里躲避起来，平躺并且一定要用手护住头部。

雷电的应对

遇到雷雨天气，无论是在室内还是在室外，都要有强烈的防范意识，做好避雷措施，以免遭受雷击的伤害。

如果你处于室内，一般来说是比较安全的。不过，在强雷雨天气时，要将门窗关闭。尽量不要使用电器，等到雷雨天气过后再使用，这样较为安全。

当你处于室外，一时无法进入屋内时，一定要尽快寻找避雷之所。如果你正在行走的途中，应该立刻停下，就近寻找山洞等避雷场所，选择的山洞至少要1米深，其四壁至少要和你保持1米的距离。不要躲藏在山洞的入口处，也不要躲在山地村庄的岩石突出处，因为闪电可能会穿越山峡，而这些岩石往往作为某一裂隙的尽头，恰好处于闪电经过的路线。也不要撑着有金属伞柄的雨伞在雨中行走，或是接触铁轨、电线、金属建筑和栅栏等导电物体，也不要靠近大的金属物体，这些都可能导致雷击。

如果你在高处，要尽量离开，寻找一处低凹地或者平地。如果你不能马上离开高处，要用一些干燥、绝缘的东西来保护自己，比如干燥的雨衣、塑料布、橡胶鞋和绳卷等，可以将它们垫在身下。不要坐在潮湿的地方，坐的时候也要弯腰、低头抱膝，膝盖抵住胸口，双脚离开地面，将四肢并拢，不要用手触地。尽可能降低高度，并且减少与地面

接触的面积。如果实在没有绝缘的物体，就尽量平躺在低处的平地上。人多的时候，不要挤在一起，分散一些会比较好。

简言之，选择避雷的场所就是要避开易致雷击的地形。像山顶、高大的树底下、电线杆下、树林边缘、屋檐下、开阔的水面、广阔的原野等，这些都是危险的地方，都要尽量避开。千万不要在雷雨天游泳，切记保持身体的干燥。

有时候，你会感觉到皮肤刺痛、头发竖起等，这是雷击将要

↑ 如果雷电在暴风雨中能袭击到地面，不要躲在树下，因为它们也可能会遭到雷击。

来临的表现，你需要做一些防护措施。如果你是站立着的，你可以马上蹲下，双手碰地，这样即使受到雷击，雷电也会通过你的双臂以最快速度被传导到地下，从而避免了对躯干的伤害，不至于引起心脏衰竭或窒息。

如果被雷电击伤，程度轻的话现场进行一般灼伤消毒包扎的救治就可以，严重的话要按电击处理，快速送到医院急救，并进行观察。

地震的应对

在自然界中，有一种很可怕、很暴力的自然灾害——地震。它区别于火灾、洪水等其他可以有效防范的自然灾害，往往会毫无征兆地突然发生。地震波及范围很大，破坏性很强，有时候还会引发山体滑坡、洪水、海啸等其他灾害。

因此，地震的预报工作一直是科学家长期投入的工作。通过科学家们长时间的监测，已经可以对一些轻微的地震进行探测，并且能预测部分大地震的发生时间，这使得事前的疏散工作成为可能。但是对于个人来讲，尤其是在野外，想要预测地震到来是极为困难的。

科学家们通过长期研究，发现在地震前夕，动物可以敏锐地感觉到地震来临，并且会变得警觉、紧张，并出现异常行为。例如，一切鸟类会出现惊鸣；哺乳动物会频繁发出警戒信号；冬眠的动物会提前返回到地面。

地震发生的原因及预防

地震是自然运动的结果，是地壳压力的一种释放方式。由于地壳中聚集的张力突然释放，影响了地表运动，因而形成巨大的冲击力。通常最容易发生地震的地方主要位于形成地壳的半硬性板块边缘。在地壳形成过程中，一板块插入另一板块底部时会发生强烈的地震。最深的地震则位于近海沟的深处，一旦发生几乎可以毁灭火山岛屿。因此，在听到地震预报或者感觉地震即将来临时，应当及时远离建筑物和耸立的高大物体。也不要进入山洞，以防山洞倒塌。不要待在山顶有碎石的山坡，或者在

↑ 地震之后建筑物都被摧毁了。

土堆下活动，以防被滑落的石块砸伤。

基本的求生方法

遇到地震时，千万不要慌张或者大喊大叫，因为在地震发生后的短时间内，是没有救援人员的。冷静下来，想办法自救，并且时刻鼓励自己，增强信心。因为在其他条件不变的情况下，意志和信念可以延长人的生命。

1.在地震发生时，逃到野外空旷处为最佳选择。行动中，尽可能远离那些会砸到你的东西，因此要留心周围的建筑物或者树木，它们有可能会被连根拔起。

2.如果你正处于建筑物中，可以选择角落或者有坚硬家具的地方，这样可以起到支撑和防护的作用。但是需要注意，即使建筑物不会被摧毁，周围的碎石块也有可能会滑落。

3.如果在车里，地震发生时，应加大油门驶离建筑物或者山崖等危险地带，尽可能地快速安全停车。停车后，蹲伏于座位下，即使有东西砸到车上，也会得到保护。当停止震动后，要留心观察周围的障碍物，预料可能出现的危险，包括破坏的道路或者坍陷的桥梁，以及被震毁的电缆。

4.在平原，尤其是黄土地面，可以趴在地上，这样会减少掉进裂缝的概率。

5.如果处于乱石岗，最好蹲在原地，以免晃动时摔倒。

6.如果在堤坝处，应该马上逃离，以免堤坝决口。最好平稳地往山顶移动，这样可以减少受伤的概率。

7.在山区时，山顶是最安全的。但是斜坡上的土石容易滑落，如果你被数千吨重的土块或岩石压倒，幸存的机会很小。最好像球一样在地上滚动，才可能得以存活。

8.当你处于海滩时，只要不在悬崖下，你就会相对安全。但由于地震会引发海啸，所以当地震停止后，应该尽快离开，向开阔地带转移。

9.地震来临时，速度是至关重要的，没有多余的时间去把其他人组织起来。如果必要的话，可以使用暴力让他们安全转移，或将其推倒在地。

10.如果被压在废墟中，要冷静下来，认真分析自己的处境，并开始制订逃生计划。如果覆盖物较少，就要自己想办法爬出来。移动覆盖物时要试着轻轻用力，以免引起新的倒塌。如果覆盖物太多，不能确定是否可以逃生，就应该耐心等待救援。当听到有人的动静时，应该立刻通过呼喊、有节奏地敲打发声等方式发出求救信号。

火山的应对

如果在野外时遇到火山，你需要先了解你所遇到的火山的类型、特性以及火山爆发对你的威胁，然后决定自己的下一步行动。这样才不至于手忙脚乱。

火山的类别

我们可以依据火山的状态来为火山分类。如果火山还处于活跃状态，在短期内爆发过，我们称之为活火山。如果火山长时间没有爆发过（至少是几十年），说明这类火山已经没有了爆发的能力，相当于一座普通的山，只剩下了一些残迹，这类火山被称为死火山。还有一类火山虽然长时间没有爆发了，但是它的形状仍完好无损，火山口也没有被堵塞，随时有爆发的可能，这类火山被称为休眠火山。

注意：这三类火山的定义都不是绝对化的，有些已经被人们定义为死火山的也有可能突然爆发，而有些活火山也可能很长一段时间都不会爆发。因此，不管你遇到什么样的火山，都要提高警惕。

火山爆发的类型

火山爆发时，由于地壳组织的不同会有不同的表现方式。

1.开缝式爆发

这种爆发方式是地底的岩浆直接从裂开的地面流出来，形成一面火墙。这种方式不会有太大的爆发力，也不会产生太多的火山灰尘和气体。火山爆发活动结

↑ 活跃的火山能够产生壮观的景象，但是你不应该在没有咨询当地专家的情况下就贸然走近火山口。

束后，流出来的岩浆会冷却，形成各种地形。

2.喉管式爆发

这种火山爆发方式是地底岩浆直接从火山口喷射出来，这样会形成很大的爆炸声，同时形成大量的火山灰和气体。这种爆发方式对环境的污染是最严重的。

3.熔解穿透式爆发

这种火山爆发方式是地底岩浆在向地面涌动时，由于温度太高会熔解地面的岩石，从而从地面溢出来。这种爆发方式没有太大的爆发力，也没有太多的气体产生。火山爆发结束后，岩浆冷却会形成碗底状的地形。

火山爆发的危险

火山爆发后会产生很多有害物质，这些物质会危害人的身体健康，甚至导致生命危险。

1.熔岩

从火山口流出的或者从地面溢出来的熔岩，其流动速度比较慢，不会给人造成太大的危险。但是由于熔岩的温度极高，它流过的地方所有生物都会被毁灭，

环境也会遭到严重破坏。

2.火山喷射物

火山爆发时会有很大的冲击力，从而喷发出大小、重量不同的各种物质，有些是石块，有些是像气体一样的小物质。这种小物质会扩散到空气中，污染大气。

3.火山灰

由于高温和高压，火山爆发会粉碎地下的岩石，形成岩石粉末，然后以灰状喷射出来。这种灰具有很强的刺激性，并且大量的火山灰积落到同一个房顶上，能把房子压垮。火山灰如果落到植物上面，会堵塞植物的呼吸通道，导致植物枯萎。并且这种灰是与二氧化硫等有害气体一起喷发出来的，人和动物一旦吸入，就会产生各种肺部疾病。如果火山爆发刚好遇到下雨天，那么，火山灰里面的硫黄就会融入雨中，形成酸雨。酸雨会灼伤人的皮肤、眼睛，还会毁灭庄稼。

4.气体球状物

这种火山爆发产生的物质，是火山爆发时岩浆内部包含的大量气体。随着其往地面喷射，致

使气体外面的岩浆层加厚，渐渐滚成的一个气体球。这种气体球会从火山口往地面滚动，凡是气体球经过的地方，没有任何生物能够生存。

5.泥石流

泥石流是火山爆发的副产物。由于火山爆发会导致地面裂开或者松动，这样火山附近的泥浆就会迅速地往下滑动，并且速度极快，会彻底地摧毁所有的生物、住房等。

火山爆发时的应对措施

1.面对火山喷射物

如果你离火山的距离不远，你要及时找到装备保护好自己的头部，以免被火山喷射出来的石子等砸伤。

2.面对火山灰

火山灰的危害比较大。首先你要保护好自己的眼睛，及时戴上眼镜以免火山灰进入眼睛，然后用湿布捂住自己的嘴巴和鼻子，不要让火山灰及其附带的有毒气体进入肺部。最后，当你离开火山爆发点，回到自己的避难所后，要迅速脱掉你的衣物，清洗自己的皮肤。

3.面对气体球状物

火山喷发时会有大量气体球状物喷出，气体球状物是有毁灭性的，如果附近没有坚实的地下建筑物可以躲避，你能够逃脱的唯一办法就是跳到水里，然后把整个身体潜到水中，直到气体球状物从你附近滚开。

火山在爆发之前会有一些征兆。如果地面运动频繁，并且时不时有气体溢出的声音，同时空气中弥漫着一股硫黄的气味，这种情况下火山爆发的可能性是十分大的。如果你所在的地方下了刺激性较强的酸雨，同时在火山附近有隆隆声或者火山口有绿色的烟雾、蒸汽冒出来，等等，这些现象也是火山爆发的征兆。

精致生活

宠物

张亦明 编

中医古籍出版社

Publishing House of Ancient Chinese Medical Books

图书在版编目（CIP）数据

宠物 / 张亦明编. — 北京：中医古籍出版社，
2021.12
（精致生活）
ISBN 978-7-5152-2254-7

Ⅰ.①宠… Ⅱ.①张… Ⅲ.①宠物－饲养管理 Ⅳ.
①S865.3

中国版本图书馆CIP数据核字(2021)第255359号

精致生活
宠物
张亦明　编

策划编辑　姚强
责任编辑　吴迪
封面设计　李荣
出版发行　中医古籍出版社
社　　址　北京市东城区东直门内南小街 16 号（100700）
电　　话　010-64089446（总编室）010-64002949（发行部）
网　　址　www.zhongyiguji.com.cn
印　　刷　天津海德伟业印务有限公司
开　　本　880mm×1230mm　1/32
印　　张　5
字　　数　130 千字
版　　次　2021 年 12 月第 1 版　2021 年 12 月第 1 次印刷
书　　号　ISBN 978-7-5152-2254-7
定　　价　298.00 元（全 8 册）

前言
PREFACE

　　毛茸茸的小动物，无形中就具有治愈人心的能量。宠物的陪伴使我们的生活充满温暖，让我们生命中那些孤独的时光，变得不再孤独，它们的陪伴甚至能使忧郁的人走出阴霾变得乐观。而对于宠物而言，我们能够陪伴它们的时间十分短暂，它们却倾其短暂的一生，给予我们许多的等候与陪伴，为我们留下了许多珍贵美好的温暖回忆。

　　猫是深受人们喜爱的宠物之一，品种繁多。早在约公元前2000 年，埃及人已将猫驯养为宠物。而在过去的百年间，人们才开始繁育出更多的品种，这些品种形态多样。

　　纵观历史，对于人类而言，猫这种动物的确充满吸引力。在漫长的历史长河中，人类一直都与猫有着一定的联系。人们曾把猫当作神明一样崇拜，还把猫当作最好的宠物来养。如今，猫这种动物仍然被许多人所迷恋，它们被年轻一族视为甜美、优雅、神秘的象征，在许多艺术作品中都可以看到猫的身影。猫已经渐渐成为人们生活中的伴侣或是家人，因此养猫知识也越来越多元。本书的"可爱喵星人"部分为喜爱猫咪的人士选择适合自身生活风格的猫咪品种并科学喂养提供专业指导，理解它们的习性，应对常见问题，帮助人们更好地呵护爱猫。每一只宠物猫都是独一无二的，本书能帮助你选择最适合的爱猫。

　　除了猫，宠物狗也越来越受到人们的追捧。网络上各种各样的萌狗视频和照片层出不穷；电影中忠诚护主的狗狗赚走了人们的大把眼泪；社会上各种狗狗爱主人的温情故事感人肺腑，这些现象增加了人们对于养狗的兴趣，也让大家觉得养狗是一件很简单的事，希望像电影中的主人公那样拥有一只能够非常懂人性的狗狗，可以陪自己玩。也有人会认为拥有一只"萌萌哒"的狗狗是一件很酷的事情。养狗的方式也很容易，可以购买一只品相好的品种狗，或者可以去宠物救助站领养，或者收养一只路边的流浪狗。

想要选择适合自己的犬种，就需要多掌握有关犬类的信息。本书的"明星汪星人"部分重点介绍了各种被大众喜爱的名犬品种，有哈士奇、柯基、金毛、萨摩耶、吉娃娃、贵宾等，书中提供了有关其原产地、体形大小、体貌特征、性格特征、宠物类型等信息，同时配有图片，可供参阅。对于如何选择、饲养和训练犬类，书中也有介绍。此外，读者还可以查到关于犬类的一般信息，如犬的发展历史、本性、生理结构和生命周期等。

目 录
CONTENTS

可爱喵星人

明星汪星人

可爱喵星人

选择适合你的爱猫

选择一只合适的猫

对于如今时尚的上班族饲主而言，猫咪的依赖性和独立性决定了它们是一种相当实际的动物。它们不需要你天天带着去散步，它们会自己清洁、整理、玩耍取乐。有的猫甚至能够在高层建筑里的公寓中过上一辈子，并且适应得相当好。这些都拜它们的个性所赐（如果它们血统纯正，那么品种也会对个性有所影响），它们还能够学会与其他的家养宠物和平共处。对大多数人来说，猫科动物的美充满了魔力。窗边守望的猫，夜里游荡的猫，在花园里玩耍的猫，甜蜜入睡的猫，它们的每一种面貌都是那么的优美。对我们来说，猫咪真的是一种易于照料并值得照料的小家伙。

选对适合你的猫

对猫的选择很大程度上取决于主人对某个特性的个人偏好，比如是喜欢长毛还是短毛，喜欢哪种特定的皮毛颜色或体形等。

除此之外，主人还应该考虑自己的预算，这也是一个非常重要的因素。那种父母或祖父母的血统能追溯到19世纪末的名种猫价格昂贵，路边的流浪猫则谈不上花钱购买，价位中等的猫则是那些杂交品种——通过不同品种之间随意或有计划地配种培育出的后代，或是一只纯种猫和一只非纯种猫的一次意外结晶。这样的品种既有比较纯正的血统，又有着顽强的生命力。

相对的，体形大小却不是什么大问题。和犬类不同，家猫在体形上相差不大，猫科动物不会长得像大丹（犬）那么大，也不会像吉娃娃那样小。生存空间的大小并不会对猫咪的生活造成困扰，因为它们的适应性非常强。有些品种的猫咪比较活泼，我们或许需要给它们更充足的空间，但是大部分猫咪都能够在小公寓里自得其乐，和住在大房子里没什么两样。

血统的选择

人们很久以前就普遍认同一点，那就是应当从声誉良好的育种者手中购买犬类。但是对比之下，人们对猫咪血统的

一只有血统书的纯种猫咪要比没有血统书的猫咪贵上许多，养起来也需要花费更多的时间和精力。

兴趣却是最近才建立起来的。几十年前，专业的育种者很少，并且除了蓝色波斯猫和暹（xiān）罗猫以外，广大普通群众对其他血统的猫并不熟悉。然而几乎在一夜之间，形势就有了根本上的变化，猫咪爱好者（纯种猫咪的饲主群体）开始活跃在公众面前。饲养并展示纯血统猫咪渐渐成为社会上流行的爱好。

从信誉良好的育种者手中购买血统明确的猫咪还有一个关键的好处，那就是整个交易过程有安全保障。

收养流浪猫

被主人抛弃的猫和出生在街头的猫为了谋生日夜流浪。它们回复到了野性状态，和其他的猫聚居在一起，并大量地繁殖后代。我们完全可以把那些流落街头的流浪猫或者野猫带回家里收养。有的野猫能够完全适应与人相处的生活。然而，这些流浪猫也更可能把传染病和其他疾病传染给主人。所以我们一定要认识到，医学检测和注射疫苗是养猫过程中非常重要的一个环节。另外，如果你想收养一只野猫，你还需要花上更多的时间和精力来与它培养感情，并让它逐渐适应这种比较稳定的生活。

皮毛类型

如果你想养一只长毛猫，那么为了防止它的皮毛变得杂乱、失去光泽，你每天都要花一定时间来给它理毛。可是话说回来，毛太短的猫也很不好应付，比如身上几乎不长毛的加拿大斯芬克斯猫，它们对温度的变化非常敏感，并且容易得皮肤病，这种猫也需要饲主的精心照料。

如果你所居住的地方气候炎热、潮湿，而且家里没有空调的话，建议你尽量不要尝试养长毛猫（即使它已经褪下厚厚的"冬衣"，换上了清凉的"夏装"）。斯芬克斯短毛猫的皮肤无法适应任何的气候变化，所以在寒冷的冬日，要特别注意保暖。

如果你对猫过敏，那么不管你养长毛猫还是短毛猫，结果都是一样的。大部分人对猫过敏的原因都源自猫类皮屑中的蛋白质，或者干涸在皮毛上的唾液。

性别和年龄

如果猫做过了绝育手术，那么公猫和母猫在行为模式上就没有太大的差别了。不过，做过绝育手术的公猫比母猫更懒一些。如果你的家里已经养了一只猫，那么当你想再养一只的时候，建议你最好选择一只和家里这只性别不同的。这是因为家里的这只"原住民"会为了保卫它的领地而加强对同性的敌意和攻击性。

一旦绝育手术将性冲动消除了，猫咪身上由血统所带来的种种特征就会表现得更加明显。暹罗猫对主人的依赖会更深，而波斯猫则会更加平和安静、追求享受。

公猫的体形比母猫要大一些。大体来说，一只完全成熟的、接受过绝育手术的公猫平均体重在5.0~7.5千克，会比一只正常的成年公猫稍微重一点。而母猫的体重则比公猫略轻

新加坡猫常年在新加坡街头流浪，在这种艰苦的环境中它们进化成了世界上最小的猫种。即便如此，它们也是一种相当强健的动物。

5

1千克左右。目前为止，产于美国东北部的缅因库猫是体形最大的纯种猫。雄性的缅因库猫体重可达10.0～12.5千克。体形最小或者说最娇小的品种是新加坡猫，这种猫体重只有2.7千克左右，但育种人往往都会小心喂养它们，保证它们的体重被控制在最小的范围内，以此确保饲育的成功。

选择一只成猫

成猫比幼猫更容易适应新的环境，特别是曾经生活在安定的环境中，并且接受过健康检查的猫。年纪大一点的动物都会有比较固定的行为模式，并且性情也比较稳定。猫咪可能会因为曾经生活在不幸福的环境中而脾气糟糕，换了一个环境之后它的脾气可能会有所改善。但是养成猫不像养小猫一样容易建立亲密关系。刚刚接受过绝育手术的公猫可能身上还带着一些过去与别的公猫战斗时所留下的伤疤，但是这些也算是很漂亮的"勋章"了。

选择健康的小猫

选择一只健康的小猫是非常关键的。领养流浪猫的想法应该谨慎。

暂且不论福利机构的"无性运动"，还没接受过绝育手术的猫咪们还算是过着挺悠闲的生活。猫的成熟期总是到来得早，使得4个月大的小猫也可能怀孕，因此下一代也就早早出生了。这种出生得早的小猫可能不太强壮，也可能很小的时候就要和母亲分离，更不太可能接受任何的疫苗接种。猫类流感和猫类肠炎之类的疾病很可能会侵害这些很小的幼猫，使它们夭折。另外，它们甚至可能会染上猫获得性免疫缺陷综合征（即猫类的艾滋病）。

有的饲主会让猫咪在接受绝育手术之前生一窝小猫，然后给这些小猫"找一个好人家"。他们可能会问收养者一些问题，同时谨慎地观察收养者是否有能力照顾好小猫。请从好的一面来考虑他们的心情，毕竟他们想让小猫过上最好的生活。

猫咪的窝

如果想领养一只被遗弃的猫咪或猫崽，那么你应该到福利机构或小动物保护协会去找。有几个很大、很有名的国家性的组织，也有一些收留弃猫和流浪猫的小规模的慈善团体。

这些猫咪都必须经过兽医的检查，否则这些机构通常不会把它们交给新主人。但是这些机构也可能没有足够的时间和资源为每一只猫咪做完整的检查。尤其对那些患了猫获得性免疫缺陷综合征的猫咪而言，这类检查的费用是非常昂贵的。虽然如此，常规的寄生虫检查和真菌感染检查还是要照常进行的，并且通常也会进行疫苗接种。

大型的福利机构通常会对猫咪进行彻底的检查，包括通过验血来检测它们是否患有猫获得性免疫缺陷综合征和白血病。另外，一旦某一只动物被领养者选中，他们还会拜访新主人的家，以观察居住环境是否适合。他们很注意这些细节，并会向领养小猫的饲主收费，使得那些想要领养小猫的人在买下小猫之前再三考虑。但是无论如何，这笔花费也一定比给流浪猫做健康检查所需的花费少。

有的宠物店也一样，只有当小猫接受了必要的兽医检查和疫苗接种之后才会把它们卖给饲主。但是对这些小猫来说，在出生后很短的时间之内就被带离妈妈的身边、放进店里、最后被卖到一个完全陌生的环境中，这会让它们的发育退化。出售的小猫年龄应该在6周龄以上。如果它们看上去比这个年龄小，那么最好不要购买。

怎样选择纯种猫

有的育种者会在当地的报纸上刊登广告。但是根据这种信息来源来购买猫咪是要碰运气的，因为广告并不能保证这些育种者的信誉。有的无良育种者会纯粹为了牟利而繁殖那些最受欢迎的品种，但是却根本不关心这些小猫的待遇，甚至连种猫的待遇都毫不关心。

有一种更好的办法，你可以问一问当地的宠物诊所，咨询一下附近地区有哪些育种者在繁殖和饲育小猫上比较专业。通常如果一个育种者手头没有你想要的品种，他会向你推荐另一位育种者。

在购买之前我们也可以先去展会上转一转。展会上有许多热情的卖主和育种者，他们会热心地向你介绍他们最喜欢的品种的优点和缺点，并且告诉你他们有哪些品种在卖。你也可以在猫类的专门期刊里找到关于这类展会的各方面信息。

这两只白色波斯猫充分地体现出了有着纯正血统的幼猫的魅力。如果你想知道在哪里能够买到这样的小猫，最好从各种名猫俱乐部中寻找。

如何选择一只健康的小猫

如果育种者信誉良好，那么他们很可能已经带小猫去看过兽医，给它们接种过猫类流感、猫传染性肠炎、猫类衣原体传染病以及猫白血病的疫苗。而且可能已经给小猫除过虫，这样它的皮毛上就不会有寄生虫（比如跳蚤）或真菌感染（比如癣菌病）。

在小猫刚出生的几天里，猫妈妈会通过初乳（最初几天的母乳）将自身已有的天然免疫力传递给小猫。这种免疫力能够持续到小猫6~10周大的时候，这时候就要用疫苗接种这种人工获得的免疫性来代替它。而在小猫长到8~9周大之前，最好不要以疫苗来干预小猫从母亲那里获得的免疫力。

如果你家里养了其他的猫咪，那么建议在小猫注射疫苗之前最好不要将它带回家。因为家里的猫咪很可能带有某种猫妈妈也不能免疫的猫类疾病，因此小猫这时是没有保护的。兽医所提供的小猫初次或每次注射疫苗的证明非常重要，这些证明意味着小猫的状态是很健康的，否则的话是不会给小猫接种这些疫苗的。

需要注意些什么

有经验的买家在挑选小猫的时候，自己就能迅速地给小猫做检查。如果你能见到整窝的小猫，那么你应该挑选一只身体发育适中、肌肉条件也中等的小猫。公猫的骨架看起来可能比母猫的要大一些。小猫的体重要比看起来沉，而且它们背部的脊骨处也应该是肉乎乎的，不要摸上去瘦骨嶙峋的。

如果你在小猫刚刚进食后的时间去看它们，它们很可能已经睡了。但是如果它们还想再玩一会儿，你就可以借此机会来评定一下它们合群与否。受过惊吓或孤僻不合群的小猫

这两只小猫你可能都想买。它们从小一起长大，所以看起来相处得很融洽。它们喜欢一起玩——当然你也会喜欢看它们一起玩。相处得好是好事，但是要记得给它们做绝育手术哦！

会冲到一边躲起来，还会发抖、吼叫，或者亮出爪子——甚至同时表现出这3种状态！这是它们害怕和不满的表现。而乐于与人接触却又有睡意的小猫则会发出轻轻的呼噜声，它们还会非常喜欢别人在自己的肚皮上轻轻地搔痒。活泼爱动、身体健康的小猫精力很旺盛，并且动作很有爆发力。它很警觉，并且在游戏中可能已经显示出了非凡的智力和领导力。不只是你在挑选小猫，某一只小猫也可能挑上你，它会找你和它一起玩，最后还会在你的膝头睡着。

小猫鼻子上的皮肤应该有着自然的温度，有点温暖还要略微有点潮湿。它的鼻子不应太热也不应干燥，鼻孔里不应有脏东西流出来。健康的呼吸应当深、长而自然，不应尖锐或有呼哧声。小猫的眼睛要清洁明亮，没有分泌物、眼泪，也不应有污点或红点。健康小猫的口腔中，牙龈应该呈漂亮的淡粉色，舌头上没有舌苔也没有溃疡。耳朵应该干净，没有耳垢。

小猫的皮毛

小猫干净的皮毛有着温暖的触感和自然健康的气味。没有寄生虫，没有粗糙的瘢痕，也没有病变。跳蚤是最典型的一种寄生虫，它会在猫咪身上留下坚硬的颗粒状粪便。在猫咪尾巴的根部、肩胛之间、下巴下面和腋窝里，最容易发现这种粪便。如果猫咪身上有跳蚤，那么会导致猫咪精神不振。

猫咪感染了寄生虫是有征兆的，它的皮毛会失去光泽、变得粗糙，腹部还会水肿发胀。严重的情况下，小猫还可能有贫血和痢疾的症状。这种情况下，主人要检查小猫的尾巴，看看有没有污迹，或者碰触那里看小猫会不会痛，这些都是腹泻的征兆。

如何检查成年的猫咪

大一点的猫咪的健康检查和上面所介绍的差不多。对于公猫，你要检查它是否已经接受了绝育手术。如果它最近才刚接受过绝育手术，它们的身上可能会留下瘢痕，但是这些瘢痕也仅仅能够影响它的外观而已。对于成年的猫咪来说，损耗最严重的地方在口腔。它可能缺牙坏牙，牙龈可能也有些毛病。但是兽医会搞定这些小问题的，他会教你如何在家里给猫咪进行护理。

不管你要买小猫也好成猫也好，不管猫咪年纪多大，也不管它多么可爱多么讨人喜欢，一旦你对它的健康状况产生了怀疑，特别是在家里已经养了其他猫咪的情况下，千万不要把它带回家。

为爱猫营造舒适的环境

迁入新家

养一只猫咪不能靠突发奇想，而是应该通过它在你家里生活的状态来不断地了解它的需求。要想让你的猫咪能够在新旧环境之间安然过渡，最关键的是在把新来的小猫接到家之前，做好细心的准备和计划。猫咪需要时间和空间来调整适应，如果它到家的时候你已经准备好了合适的用品，那么让它定居下来也很容易。

提前计划

要知道，你的家对于你的猫咪而言是一个新奇而陌生的环境，所以在你把它接回家前，最好先向育种者或者原来的饲养人打听一下它喜欢吃什么、喝什么，这样你就能提前准备一些食物。

在小猫短短的生命历程中，你接它回家的这一段旅程可能是它头一次体验身边没有别的猫咪做伴。即使是大一点的猫咪也会失去方向感，何况小猫呢？这一路上，你可以用平静的声音对猫咪说话。千万不要把它放出来（比如放出车），除非你身边还有其他人能阻止它跑掉。

到达目的地

新来的猫咪，尤其是小猫，总会成为家里的新焦点，家里人和朋友都想认识它，还想摸摸它并和它玩。

在这个兴奋的时刻，对孩子们来说是一种考验，因为他们往往把小猫当成玩具，而不是伙伴来对待。即使如此，也要尽量保证把新来的小家伙介绍给家里人时，周围不要有太多人围着。我们会很想直接冲进客厅把猫咪放出来，但是我们不能这样做。相反，我们要马上把它带到它的砂盆、睡觉的窝、吃饭喝水的食盆和水盆那里去，那里将成为它的固定地盘。这些东西都是日常生活中的一部分，它们能给小猫以安慰。这时，应该给它一些水和一点食物。

占领地盘

小猫总是充满好奇，它们喜欢探险，想要在新环境中体验各种新感觉。所以主人必须允许它们自己探险，允许它们在屋子里乱跑。有的时候，它们会钻到橱柜底下，躲起来不见了。不过最后，它们还是会自己钻出来，继续它们的探险。闲暇的时候，主人应

猫很快就能找到最舒服的地方，如果你不想让它们睡在你的床上，就只能把它关在门外！

该允许小猫四处活动活动。不过,明智的主人都会留心它们的小淘气,万一它们被锁在柜子里或困在架子高处,主人就能及时施以援手。出手解救猫咪时要冷静、温柔。如果主人过于激动,不但会让小猫迷惑,还可能使它们产生抵触情绪。如果你被你的新宠物咬了一口或者抓了一下,那么你多半就开始有点抵触它了,但是我们要知道,咬咬抓抓对于小猫来讲是很正常的。这时候一定要温柔地爱抚它,和它讲话。人类的声音能让小猫安心,有助于它们渡过旧环境和新环境之间的转换期。如果小猫玩累了,它们就会回到自己睡觉的小窝,主人这时候不要打扰它,让它好好睡一觉就好了。猫每天都要睡上很长时间,比其他动物睡的时间都要长,并且小猫每天的睡眠非常频繁。它们还需要充足的营养,以此维持成长所需要的能量和精力。

如果你已经养了一只猫或一条狗,那么你首先应该把新来的小家伙限制在一个比较小的领域——甚至把它养在笼子里,这样它才能安分地习惯自己吃饭、喝水和睡觉的地盘。之后的日子里,小动物们会渐渐习惯彼此的存在。你可以把新来的小家伙养在厨房或客厅里的笼子里,这能带给它安全感,并且能让它很快地学会与先来的动物和平共处。

如果你家里有小宝宝,那么最好在小猫的窝上面罩一个网罩。猫咪一般不会攻击婴儿,但是它可能会被暖暖的、熟睡着的小孩子吸引,并且喜欢蜷在他身边睡觉。

抱猫的姿势

如果你观察过做了母亲的猫妈妈,那么你一定知道它是怎么搬运那些幼小的猫崽的。它会咬住小猫颈部后面柔软的皮毛，轻轻地把小猫叼起来。这时候，小猫先天的本能就表现出来了，它会自然地把身体向上蜷成一个球一动不动。直到母猫把它放下之前，它都绝不会乱动一下。随着小猫的长大，这块柔软的皮毛就会渐渐消失，我们把它称为颈背或后颈。这种搬运小猫的方法就叫"拎脖子"。虽然你可以用这种方法抱起小猫，但是最好只在万不得已的时候，也就是必须立刻把它抓起来的时候，才考虑用这种方法，比如给小猫做手术时。尤其对于那些成猫，

抱猫咪或搬运猫咪的时候，应该托住它的下身和后腿。如果猫咪开始挣扎了，那么轻轻地把它放下来。它不想让人抱的时候一定不要强迫它，除非万不得已。

它们的柔韧性没有小猫那么好，这种拎脖子的做法会让它们非常紧张，甚至会吓得它完全不敢动。

　　如果你想抱小猫，最好的姿势是一只手抱着它的胸部，另一只手托着它的臀部，然后轻轻地把它托起来。这样的抱姿会让小猫有安全感，因为被这样抱着，它的身上就不会有凌空的部分。如果你想抱很久，那么一定要注意保持这个全方位支撑小猫的抱姿，这非常关键。当你和猫咪彼此都习惯了最舒适的姿势时，你就可以尝试用其他的姿势抱它了。抱猫的时候要尽量避免把它夹在胳膊底下，这会使它的身体、后腿和尾巴悬空。这样抱会使它的身体的很大部分都失去支撑，并且会给它的内脏造成很大的压力。很多小猫都不喜欢

被人抱太长时间，所以当它开始轻轻挣扎的时候，你就应该
轻柔地把它放下来。

窝和被褥

在适应期一开始的时候，主人应该注意给新来的小猫准
备一个取用方便的砂盆和一个水盆。在通风处放一只简易的
纸盒箱，在纸盒箱里放上一个旧枕头和一个小毯子就足够了。
这样做有它的好处，如果小猫的被褥里发现了寄生虫，直接
把所有的东西烧掉就可以了，主人也不会损失多少钱。

现在市面上也普遍流行一种丙烯酸纤维（一种化纤面料）
被褥。这种被褥不但卫生，而且很容易清洗。毛纺类面料不
适合给小猫做被褥，尤其是编织的毛纺品，因为小猫的爪子
容易勾在上面。有的猫咪似乎很喜欢吮吸和咀嚼毛线，这是
一个很不好的习惯，这种习惯性行为会引起喉部充血和消化
不良。

这只猫咪一点也不嫌弃为它设计的简陋的窝。这种纸盒 / 箱做的
窝有一个好处，就是当它被弄脏了或者生虫时，换起来很方便。

　　一旦新收养的小猫安顿好了，主人就会想要给它安排一个永久的窝。我们可以选柳条编成的小窝，也可以选塑料的窝，还可以弄一块布垫子。但是要注意，不管是什么材质的窝，都要易于清洗和消毒。每隔一段时间，这些被褥就应该换洗一次。很快，以前攒下来的那些垫子、垫着毯子的小房子和其他零星的小物品就能够派上用场了。你可以把这些东西放在小猫平时喜欢睡的几个地方。

猫砂和砂盆

　　如果小猫想到外面去玩却出不去，那么就要给它们买一个砂盆。当然，一旦小猫接种了全面的预防疫苗之后，主人就可以放它们在花园里自由地玩，而这个砂盆就没有用了。不过，晚上还是让你的猫咪待在家里比较好。小猫天生就非常爱干净，即使年龄再小，它们也会本能地把自己弄得干干净净，不会把垫子弄脏。在猫咪的适应阶段，如果你准备用笼子或者柳条箱来装小猫，那么这个箱子的大小应该能够容纳下一个砂盆。

　　可选的砂盆种类有很多，有最普通的塑料盒，也有带盖的箱子，这种箱子前面有给猫进出的小门，还有能够减轻气味的过滤器。买砂盆关键的一点在于它们必须易于清洗，而且要很结实，这样才能禁得住频繁的清洗和消毒。我们还必须把这种箱子放在一个易于清洗的地方。弓形虫病是一种传染病，在猫咪还没有表现出任何发病的症状时，引起这种疾病的寄生虫就可能留在猫咪的粪便里。这对于人类十分危险，尤其对孕妇更是如此。一定要在24小时之内把猫咪的粪便清理掉，并且要用足量的清水和清洁剂定时清洗砂盆，这样才能有效地抑制弓形虫病的发生。但是要注意，有的家用清洁剂产品里面含有某些化学成分，添加了这些化学成分的产品很好用，但是对猫咪来说却是有毒的。因此，选择清洁产品的时候我们应该谨慎地听从兽医的推荐。

猫砂

给猫咪使用的猫砂品种非常丰富，它们都有减轻气味、吸收尿液的作用。并且猫咪很容易就能拨开猫砂在里面方便，这可以说是依据猫咪的习性而设计的。最好不要使用木屑、刨花、灰渣和报纸来充当猫砂，另外，一些松木制品也会有刺激作用，因此这里也不推荐。

食具

如果你已经准备了美味又营养，适合给小猫吃的猫粮，那么就不必再特意费心地给它准备自制食物。你可以选择最实用的硬塑食盆、陶瓷食盆或者不锈钢食盆。这些食盆都很方便清洗和消毒。如果陶器有了裂纹或缺口，那么就要把它丢掉，因为裂口里会滋生细菌。不管是新盆还是旧盆，一旦给猫咪当作食盆用过，那么就不要再用它盛别的东西。很多人习惯在厨房里给猫咪喂食。如果家里还养了狗，那么也可以让猫咪在料理台上吃。不管什么情况下一定要严格注意卫生，以防弓形虫病的发生，这一点非常重要。喂食的区域也要定期清洗和消毒。这一点对猫咪来说也很重要，因为它们有着高度发达的嗅觉，任何腐坏的或者变硬了的食物它们都不会接受的。也因为同样的原因，给猫咪喝的水一定要每天更换一次。如果家里有到处乱爬的小婴儿或者蹒跚学步的小孩子，建议给猫咪准备一个封闭的喂食区域。

现在市场上有一种定时自动喂食器，专门为那些没办法定时给猫咪喂食的忙碌的主人们所设。主人可以预先订好时间，食盆上的盖子到时就会自动打开，露出食物。水盆里的水由蓄水箱自动加满，但是一定要记得常常给蓄水箱换水。

便携的笼子

想带你的猫咪出门？那你一定要买一个便携的笼子。最好不要跟别人借，因为不管是把小猫带回家，还是带它去看兽医——或者是任何别的地方，你都会用得着。每次带着你的宠物去看兽医时，你都能清清楚楚地见识到你的宠物逃跑的本事有多大！每一次带猫出门，主人们都会带齐各种各样的用具。有的时候不用任何笼子之类的东西带猫咪出行是非常痛苦的，整个过程每时每刻都充满了紧张感。

笼子的大小

买笼子的时候要考虑全面，不要因为那些装小猫的笼子小巧可爱就一时冲动买下来，要有长久的打算，谨慎地挑选。总有一天，可爱的"小毛球"会长成一只相当大的成猫。所以，规格至少在30厘米×30厘米×55厘米大小的笼子才能一

这个大笼子里面的空间相当大，但是这种笼子带起来非常笨重。

这种塑料笼子很容易清洗，但这种侧开口的设计在装小猫和往外抱小猫的时候会有困难。

直用到小猫长成大猫的时候。但是对于有些体形特别大的成年公猫，最好还是选择再大一号的笼子。如果要带小猫外出，它们通常会喜欢比较小的笼子，但是笼子也不要太小，因为猫也需要转身和伸懒腰的空间。同时还要让它们能够看到外面，这样它们就不会有那么强的压迫感了。

如果外出时间比较长（超过一两个小时），那么笼子里要放置砂盆、水盆和食盆。但是如果你要带小猫到非常远的地方去，比如带它去参加一个展会，那么一定要记住，笼子越大越难带。观察一下展会里的参展者，你就会发现经常有人因为笼子太大而累得腰酸背痛。

笼子的种类

我们可以选择简易的纸盒/箱，最好外面涂有一层塑料。这种纸箱买来的时候是扁的，有的还是组装的，比较适合携带生病的、甚至是患了传染病的动物，因为纸箱很便宜，用完之后就可以烧掉。但是这种箱子不适合长期使用，因为不能有效地进行清洗和消毒，而且也不耐用。传统一点的饲主可以选择柳条编织的篮子，这种篮子形状各异，而且通常会安装皮带扣和把手。这种篮子很漂亮，而且还可以当成小猫睡觉的窝来使用——这样一来装在里面旅行的时候小猫就不会害怕了，因为这就是它自己的床。

还有一些市面上很常见的产品。有一种金属线编织的笼子，尤其是白色塑料皮包裹的金属线编织成的那种更加畅销。这种笼子非常便于消毒，并且猫咪装在里面也能清楚地看到外面。笼子顶端的开口处有硬线编成的盖子，由一根独立的滑竿固定住。还有一种塑料的笼子，这种笼子上面有精心设计的通风口，而且能够拆卸以彻底地清洗，拆装都很简便。但是这种塑料的笼子质量不是很好，因为塑料制品很容易断裂，时间长了也容易老化。如果在日照强烈的地方使用，笼子里的温度很容易就变得过高。

顶端开口的笼子从设计上看最实用，因为这种设计能让猫和主人都省力。从上面把小猫抓出来移动到别的地方去，会使它比较顺从。侧开口的笼子容易使猫咪受惊，而且也不容易把它再放进去。

项圈、肩套和牵引带

项圈只是做装饰用的，并不是必备的用具。你可以在项圈上附上标签，这样在猫咪走失或受伤的时候就能把它认出来。用来识别身份的标签可以是一个简单的铭牌，也可以把写有猫咪的名字、主人的地址和电话的纸卷装在一个带有旋盖的小金属筒里。有一种磁卡能让给猫咪走的小门仅供你的猫使用，这种磁卡也能够附在项圈上。

大多数的项圈都带一个铃铛，猫一走动铃铛就会发出声响，这样一来，就能够尽量减少花园里的鸟儿和其他目标的无妄之灾。有的项圈里会填充一些能驱除跳蚤的药物，但是第一次给你的猫咪戴上这种项圈时要特别注意，它可能会引起猫咪的过敏反应。另外，千万注意不要把有防跳蚤功能的项圈和其他的防跳蚤装置混合使用。

项圈有两个明显的弊端。第一，如果为了注明身份而让猫咪经常戴项圈，那么它颈部的皮毛就容易磨损，尤其对长毛猫而言更是如此。颈部皮毛磨损严重的猫非常难看，很多饲养者都不会让这种事发生。虽然大多数鉴定人都能看得出颈部的任何一个痕迹是怎么来的，但是他们还是会给猫咪扣分。第二，主人会常常担心猫咪在树上或灌木丛里游荡时不小心把项圈挂在哪里拿不下来。但是，如果项圈是用软革、小羊皮或者柔软的织物做的，那么猫咪应该能够自己挣脱。要经常调整项圈的大小，以保证在紧急的时刻猫咪能够把头部从中挣脱出来，又不会宽松到把前腿拌住，卡在腋窝而造成伤害。

肩套和牵引带

当你带猫咪去散步或者带它到一个陌生的环境中时，你需要控制它的行动，所以需要用牵引带。有的

柔软的项圈上附了一只铃铛，它能帮助你找到你的猫，并且能给公园里的小鸟起到警示作用，从而大大降低猫咪捕猎的成功率。

猫咪配合度很高，暹罗猫尤其如此。如果在路上看到一只暹罗猫脖子上系着一根猫链大摇大摆地闲逛，你也不必奇怪！话说回来，大部分猫咪生来就对所有拘束性的东西十分抗拒，甚至会反抗，尤其是受到惊吓的时候。不管周围环境如何，在公共场合不用笼子带猫是很莽撞的行为。如果猫咪非常害怕，它可能会头脑非常混乱，甚至会伤害自己，还会逃跑。如果是比较轻松愉快的散步，那么也要注意猫链的长度不要超过1米，并且最好有同猫链相配的肩套，不要把猫链直接拴在项圈上。这不仅能让猫更容易控制，拴起来更舒服，而且更结实。猫咪都是出色的逃跑能手，不过尽量挑选合适的猫链还是可以适当防范的。

给你的猫咪戴牵引带和肩套的时候要尽量放轻松。先让它适应肩套，每天戴一小段时间。这样过了几天之后，再加上猫链，还是每天让它自己小跑一小段时间，但是注意要让绳子拖在地上。当猫咪逐渐对猫链放松警惕时，可以试着牵着它走一走，先在家里溜一段时间，再带到花园里，然后是街道，让你的猫咪习惯一下交通环境和人群，但不要太过火。

附加物和玩具

玩耍对于小猫就像健康对于小孩一样重要。如果家里只养了一只猫咪，那么主人一定要陪小猫玩，这很重要。通过玩耍，小猫的肌肉得到了锻炼，变得更健康，而且能时时刻刻保持头脑的清醒，眼睛也会更明亮。主人陪小猫玩耍，可以加深他们之间的感情，并且能使小猫更好地适应这个家庭。

至少要给你的小猫买一个抓咬用的猫爬架，并鼓励它用这个柱子代替家具和其他柔软的摆设来磨爪子。猫天生就会用树之类的表面磨爪子来控制趾甲的长度——这些趾甲是它们保护自己的主要武器，还能在攀爬的时候提供助力。你可以自己做一个室内用的猫跳架，把结实耐用的麻绳或者棉线缠在结实的栏杆上，然后把它固定在合适的底座上，这样猫跳架就做好了。你也可以用一块旧地毯来代替，但是对于猫咪来说并不是特别合适，因为地毯很快就会磨损，磨损就会产生一大堆毛，还需要经常更换。如果你不介意家里到处都是猫用的东西的话，你还可以选购一些给猫咪攀爬的玩具。这类玩具类型很多，大小不同，复杂度也各不相同。有的超过2米，周围还有缠着麻绳的支柱、蒙着地毯的栖木、小房子和桶。这些都能在宠物用品展会上看到，在一些专业介绍猫类的杂志的广告栏里和大型的宠物商店里也都能找到。

带着目标玩耍

小猫的游戏总是在模仿猎食的过程。小猫有时候会猛地扑向一片秋天的落叶，那么说明它将这片落叶假想成了一只鸟。它还会把椅子腿后面的乒乓球假想成一只老鼠，慢慢地跟踪它，实施突袭，或者在它周围绕来绕去。有时候小猫会把一个纸团抛到空中又把它抓住，再把它扔出去然后跟在后面追，追到了又把它抛起来，这也是一个模拟猎食的过程。

即使是再单调乏味的地方，小猫也能翻出一小片纸头，或者是丢在哪里的一只纽扣来玩，它们甚至可以跟一小片阴影玩得不亦乐乎。然而，在它接触日常家居用品的时候主人一定要注意，比如纽扣还有针头线脑之类的东西。把线吞进肚子里比吞下一根针还要危险，它能把小猫的肠子绕在一起打成结。

给小猫买玩具的时候一定要检查一下玩具是不是实心的。

图中是一个软乎乎、手感舒适的熊娃娃。让我们来祈祷这只熊娃娃的眼睛缝得足够结实，不然小猫可能会把它吞下去的。

有的玩具虽然很便宜，但是可能会掉塑料渣，小猫稍有不慎就会吞食进去。有的塑料对小孩是安全的，但是对小猫却可能是有毒的。其实，在家里就能找到给小猫玩的玩具。比如可以把纸团成一个团，主人扔出去，然后让小猫跑去捡回来；还可以用纸折一只"蝴蝶"绑在一条线上，主人扯着"蝴蝶"跑，小猫在后面追，或者也可以把"蝴蝶"吊在椅背上让小猫扑着玩。有的猫咪特别喜欢玩躲猫猫。如果大家一起玩，可以叫上家人和好友，拿一个乒乓球大家来传，小猫就会在地毯上扑腾着追个不停。

营养和饮食

饮食习惯

猫是食肉动物，这表示它们天生会捕猎其他的动物来吃。猫的牙齿和饮食偏好都在逐渐向着某个方向做顺应性的调整，它们捕食的对象渐渐变成昆虫、小型啮齿类动物、鸟类、两栖类和鱼。尽管猫也会吃一些植物，但是它们需要摄入一些特殊的营养物质，而这些营养物质只能在动物的组织器官中得到。正是因为这个原因，猫的食物中至少要有一部分肉类。主人不要尝试着让猫完全吃素了，这对猫是很残酷的。

食物中的营养能够给猫提供能量，还能提供给它们长身体和新陈代谢所需的原料。只有在得到了均衡的、适量的营养供给时，它们才能正常地发育、活跃地生活。在猫不同的生命周期里，它们所需要的营养结构和水准是不同的。这就是为什么现在市场上卖的猫粮都分成适合幼猫、成猫和老猫吃的3种。有的人相信，只要把猫喂饱喂好，它们就会很少将捕食的猎物带进屋子里来；而如果饿着它们，它们就会更勤快地捕捉老鼠。这种想法是毫无根据的。猫要捕食是不需要刺激的，猫的身体越健康，它捕食的本领就越高。

日常饮食

成猫一天要喂1~2次。每天喂猫都要在同一个地点，时间也要大致相同。最好把罐头和干猫粮拌在一起作为猫粮，这样味道会更丰富一些，而且猫咪在吃这种猫粮的时候既能用到颈关节又能用到牙。至于应该喂多少，主人可以参考制造商在罐头上或软包装上所注明的建议。根据猫咪的生活方式我们可以知道，一只重约4千克的成猫每天大概要吃掉400克的罐头猫粮，或者大约50克的干猫粮。喜欢在外面游荡的猫咪比每天都关在家里的猫咪吃得要多一些，到了冬天，它们吃得可能更多。不要在饭后给猫咪吃零食。如果猫咪不停地和你要吃的，那么主人喂食的时候就要注意，保持喂猫的猫粮在上述范围之内，但是不要只按照最基本的量给它喂食。如果你还是不放心，那么你可以咨询一下兽医的意见。虽然猫咪不像狗那样容易暴饮暴食，还容易发胖，但是这种状况确实也会发生在猫的身上。另外，千万不要长时间把猫咪吃剩下的猫食搁在一边不管，它会变干、变臭，还会引来苍蝇。这会刺激猫咪灵敏的嗅觉和味觉，使它们非常不舒服。猫咪吃完饭后一有东西剩下，立刻就把它打扫干净，然后把它们专用的食盆和碗仔细彻底地洗一遍。最好不要和猫咪同桌而食，否则它容易形成不好的习惯，在吃饭的时候它会缠着你不放。

营养均衡的饮食

猫的饮食要包含均衡的蛋白质、碳水化合物、脂肪、维生素、矿物质和水。如果你每天都能保证猫咪的饮食有规律，并且按照如下几条原则为它提供各种新鲜又经济的猫粮，那么它就能获得必需的全部营养，而且还不用额外补充维生素片等营养品。让我们来看一下市场上销售的猫粮在标签上都注明了哪些营养构成。

蛋白质

蛋白质由氨基酸组成，而氨基酸就像搭建身体的积木。蛋白质不但对身体的成长和复原起着重要的作用，它还能通过新陈代谢提供身体所必需的能量。猫咪的食物里应该含有多少蛋白质取决于它的年龄。随着猫咪慢慢地长大，它会越来越安静，不像小时候那么活跃，所以长大的猫咪食物中蛋白质含量就可以减少一点。另外，猫咪的肝脏和肾脏功能也会随着年龄的增长而衰退，身体在分解蛋白质的过程中所产生的毒素也会难以排除。但是对于小猫而言，因为它们正处在长身体、长肌肉的阶段，所以它们每餐至少要有50%的蛋白质含量，而年轻的成猫则需要30%以上的蛋白质含量。对比而言，它们需要的蛋白质要比同年龄段的狗超出20%左右。猫咪的消化系统能够非常高效地分解利用蛋白质，在吸收的蛋白质中只有5%会被排泄出去而浪费掉。猫咪必须规律地

这两只小新加坡猫崽平时的食物中有着充足的脂肪和蛋白质，这给它们带来了充足的能量。

摄取蛋白质，否则它们体重会减轻，状态也会变差。在野外，野猫捕食各种猎物以获取生存所必需的氨基酸。富含蛋白质的食物有：肉类、鱼类、蛋、牛奶和奶酪。如今，市面上卖的那些科学配方的猫粮都包含了猫咪所需要的所有营养。

脂肪和碳水化合物

脂肪是猫咪能量来源中第二重要的组成部分，在猫咪吃的干猫粮中，至少要有9%以上的脂肪含量。猫咪能够消化它们摄入的脂肪的95%，多余的脂肪就被储存在皮下，以隔离和保护内部器官。但是要注意，脂肪摄入量和通过正常活动消耗量的失衡会导致脂肪的堆积，猫咪会变得肥胖！脂肪在体内分解为脂肪酸，脂肪酸是构成和维护全身细胞壁的重要组成部分。另外，脂肪还能为猫咪运送脂溶性维生素，包括维生素A、维生素D、维生素E和维生素K。在猫咪的食物中，有几种脂肪酸是非常重要的，而这些脂肪酸在蔬菜类食物中几乎是完全没有的，它们来源于动物的脂肪和组织。

鸟和田鼠是猫类天然的食物来源，它们的碳水化合物含量相对较低（不包括存留在它们胃里的食物）。然而比起富含蛋白质的肉类和鱼类的价格，碳水化合物是一种相当便宜的能源，因此市场上销售的猫粮大多数都含碳水化合物。

在猫咪长身体、怀孕、哺乳的时候，以及精神紧张的时候，碳水化合物能够便捷有效地为身体提供能量。碳水化合物还是纤维的主要构成部分。尽管猫咪的身体不能消化纤维，但是纤维有很多作用，例如能使猫咪的粪便结成块。野猫从食物的皮毛、羽毛或胃中残留物里获得纤维，而家猫则大多数从市场上卖的猫粮中获得纤维，比如纤维素或者植物纤维。

猫咪食物中碳水化合物含量应该达到40%。

矿物质和维生素

蛋白质、脂肪和碳水化合物属于猫咪成长所需的大量营养素,而矿物质则属于微量营养元素,猫咪日常对它的需要量很小。猫咪能够自己合成维生素C,因此它需要从外界摄入其他种类的维生素。维生素A、维生素D、维生素E和维生素K共同作用,能使身体的各项功能更加完善。健康、均衡的饮食中含有所有这些维生素,包括维生素B的化合物。但是要注意,过度摄取维生素对身体是有害的。举一个例子:肝脏中的脂肪含量很高,所以猫咪很爱吃,但是只吃肝脏的猫咪对维生素A的摄入量过高,这些维生素A会储存在肝脏中,导致猫咪患上严重的关节炎,会影响到四肢和脊背,即使小猫也有可能患上这种疾病。

给猫咪的食物中要适量地含一些矿物质,并且这些矿物质要均衡搭配。猫咪对矿物质的需求量是以毫克来计算的,包括那些需求量较大的矿物质(如磷、钙、钠、钾和镁)也是一样。需求量较小的矿物质(微量元素)也是猫咪的身体所必需的,而猫咪每天对它们的需求量是以微克来衡量的。如果猫咪日常的饮食规律且营养均衡,那么它就不会缺乏矿物质,也就不需要额外给它补充营养品了。

举个例子来说,牛奶中含有钙和磷,而对于正在长身体的小猫而言,钙和磷是非常重要的营养元素。如果主人给小猫安排的饮食全部是肉的,而且没有适当地给它喝一些牛奶,那么很可能会导致小猫的骨头严重畸形,这是因为小猫摄入了过量的磷(含在肉类的蛋白质中),而钙质的摄入却不足。很多年以来,暹罗猫的育种者都习惯让小猫早早断奶,然后给它们肉和水作为食物,这是因为他们认为小猫喝了奶会拉

这只纯种的猫咪对它的食物一点也不感兴趣，它可能是病了，也可能是干脆不饿，或者是吃腻了这种每天都要吃的单调食物，想要试一些不同的口味。

肚子。这样做的结果就是小猫正在发育的骨骼常常出现问题。

食物的来源

如果你想给猫咪多准备几种猫粮，那么你可以买一些市面上卖的罐头或干猫粮。特意为猫咪准备一餐显然是很花时间的，但是我们可以给猫咪一些剩饭菜，既能丰富口味，又不需要花太多时间准备。然而还有一点非常重要，主人一定要仔细衡量给猫咪吃某种特定食物的优点和缺点，还要考虑到营养不均衡的饮食对猫咪的危害，比如给猫咪吃过多的肝脏和维生素 A。如果你想专门用自家做的食物喂猫咪，那么建议你最好先跟兽医沟通一下，尤其是关于食物的类型、种类和数量，更应该听从兽医的意见。

鲜肉

家养的猫咪通常吃的是家里做饭时剩下来留给它的碎肉和鱼，这些肉的营养通常都很高。而野猫则是把它抓到的小型啮齿动物整个吃下去——包括骨头、内脏和肌肉，从而摄取包含在这些东西里的所有营养。

如果你打算用生肉来喂养猫咪，那么你一定还要给它吃一些别的东西来搭配，比如面糊和蔬菜，以补充生肉中不足的碳水化合物类、矿物质和纤维，这些食物能提供与动物骨头、内脏相当的营养成分。

最好的肉和种类无关，只是蛋白质含量要高达20%。最好以生肉喂食，也可以稍微煮一下，因为肉中的大部分维生素会在烹饪的过程中被破坏，蛋白质也会失去活性。肉中含脂肪并没有问题，因为猫咪能很好地把它消化掉，并将它转化为能量。

可以给猫咪吃一些家禽，内脏也可以喂给它吃，但是一定要把骨头挑出去，因为骨头在烹饪的过程中会变脆，这会形成一定的危险。但是猪或小羊的大骨不仅可以给小猫咬着玩，还能锻炼它下颌的力量，保持牙齿清洁，从而降低猫咪老年后牙齿出现问题的概率。总之，尽量不要选择有添加剂的和盐分重的肉类，如火腿、培根和香肠。动物的内脏如肝和心都富含铁元素等矿物质，但是也同样富含维生素A，维生素A的摄入量过高会导致很严重的关节炎。

鱼

没有加工过的鱼肉蛋白质含量超过10%，而鱼卵的蛋白质含量则高达20% ~ 25%。要少给猫咪吃生鱼肉，因为生鱼肉中含有一种生化酶，它会破坏重要的维生素B。这可能会影响到猫咪的神经系统、胃肠消化系统和皮肤，从而引发一系列的症状。像青鱼、沙丁鱼这种油脂多的鱼营养性都很高，同时脂肪含量也很高，因此这种鱼要比浅色鱼（脂肪含量少）更好。每周给猫咪吃一次多油鱼能帮助它吐出胃里积攒的毛团，还能给猫咪提供脂溶性维生素。

蔬菜

吃袋装猫粮的猫咪是不需要吃蔬菜的。有时候它们会吃草，把草当成天然的催吐剂，同时草也有可能含有一些矿物质和维生素。市场上卖的猫粮和家里做的猫粮里都有可能放蔬菜，因为蔬菜是蛋白质和植物纤维的一种很便宜的来源。

奶制品

牛奶中富含蛋白质和脂肪，同样也含乳糖，在猫咪长身体、怀孕、哺乳等时期，所有这些营养都是非常有益的。奶酪和牛奶还能提供钙和磷等多种矿物质，但是猫咪不能天天吃，只能偶尔吃一些。牛奶喝多了会导致腹泻，老年猫咪更容易如此。糊状或切碎的蛋富含蛋白质和维生素A，但是一定不能生着喂给猫咪喝，因为其中含有一种生化酶，会破坏重要的维生素B族。

精制猫粮

在过去的几百年里，猫的饲养方法发生了翻天覆地的变化。今天，市场上已经有专门的猫粮销售，这些猫粮能够满足猫咪在各个年龄阶段的需要。猫粮有干的、有微潮的，还有罐头的，另外，还有味道最接近鲜肉和鲜鱼的速冻食品。如果是著名的大公司所生产的猫粮，那么你尽可以相信包装纸上所写的内容都是名副其实的。如果上面写着这是全营养食品，那么它的营养就是全面的，你只需要另给猫咪准备水就可以了，不必再额外准备维生素、矿物质，或者其他营养品。但是一分钱一分货，这种好的猫粮通常价格偏高。猫咪成长过程中有3个最重要的阶段：幼年、成年、老年，食品公司以科学的方法专门针对这3个阶段开发出了适合的猫粮，这种猫粮是最贵的。

买猫粮的时候一定要仔细检查标签上所标注的添加剂含量（越少越好）、配料和营养成分。但是要记住，虽然罐头食品中平均蛋白质含量只有6%~12%，但这通常是指每100克食物中的蛋白质总含量，而不是指食物脱水后的含量。罐头食品中10%的蛋白质含量相当于干猫粮中40%以上的蛋白质含量，因此前面所说的蛋白质含量是足够的。

如果你的猫咪平时只吃干猫粮，那么你最好经常给它换水，至少每天要换一次。

水

对于身体的很多功能而言，水的作用都是至关重要的。猫咪没有食物能存活10~14天，可是如果没有水，不出几天就会脱水而死。猫咪每天需要摄入的水分的多少取决于各种因

肉类是这两只小猫的主食。主人找到了适合这两只小猫吃的食物，如果它们两个每顿都可以一起吃东西的话，则能为主人省下很多时间和精力。有的猫咪喜欢尝试不同的口味，但是对于健康而言，口味丰富与否并不重要。

素，比如食物中水分的含量，以及气候和温度。猫咪每天其实并不需要喝很多水，很多猫咪似乎整天也不喝水，这是因为它们从每天的食物中已经获得了足够的水分。鲜肉和罐头中的水分高达75%，而干猫粮中的水分只有10%左右。因为家养猫咪大多是从非洲野猫和亚洲沙漠猫进化而来，因此它们的肾脏有着非常强的储水功能。话虽然这么说，主人还是要给猫咪提供足够的水，尤其是给猫咪吃干猫粮或半干猫粮的时候更应如此。

特殊配餐

关于适合特殊情况的特殊饮食，人们已经做了大量的研究，例如心脏病、消化系统紊乱以及肥胖。如果你认为你的猫咪需要特殊配餐，那么你可以去征求一下兽医的意见。大多数这种特殊配餐只能通过兽医开出处方才能得到。

老猫

猫咪在年幼和成年阶段需要摄入蛋白质用来长身体和更新磨损的组织，同时蛋白质也是重要的能量来源。随着猫咪逐渐衰老，它们渐渐不像年轻时候那样活泼了，身体里的重要器官纷纷亮起红灯，因此对蛋白质的需要也减少了。

如果这时候你还给猫咪吃它们小时候和年轻的时候吃的食物，它们的蛋白质摄入量就会过多。这会给猫咪的肾脏和肝脏增加负担，因为蛋白质必须经过分解最终排出体外。而随着年龄的增长，猫咪的肾脏已经不能再像年轻时那样充分活动了，而身体又要保持对水分的需要，因此猫咪开始频繁地排尿。这固然能排出一些有毒物质，但同时也带走了生存所必需的维生素和矿物质。

给老年猫咪吃的干食中蛋白质含量总体上应从以前的40%降至30%。同时还要相应地增加脂肪含量，以保证身体所需的能量供应，但是又要注意食物中不要含脂肪过多，这会引起肥胖。这时期的食物中不应含碳水化合物（例如淀粉和糖），因为这种东西老猫已经不能消化了，如果给它们吃了还可能引起痢疾或者其他毛病。有时候上了年纪的猫咪体重会大幅度减轻，即使它的胃口没有变小，甚至吃得更多。在这种情况下，你应该立刻咨询医生，这可能是甲状腺功能亢进造成的，是可以治疗的。

母性

猫咪怀孕的第一个征兆可能不是隆起的腹部，而是显著增加的食量。如果母猫在交配的时候状态良好，那么可能直到孕后7~9周的时候它的食量才会增加。到了这个时候，胎儿开始在子宫内成长，母猫腹内的空间就变得非常珍贵，因此这时猫妈妈要少食多餐，大约每天吃四餐，而总食量大概要比以前增加1/3。在这段时期，食物一定要最高品质、营养滋补，并且体积要小，这几点非常关键。

哺乳期

猫妈妈为了让小猫有足够的奶吃，每天要吃下的食物至少是平时的2倍。这时期的食物仍然要高质量、小体积——换句话说，体积越小、能量和营养越高越好。这种食物很容易找到，市面上有专门为哺乳期的母猫配置的特殊高能食品。如果没有，小猫的食物也可以作为替代品。

小猫

小猫只在刚生下来的3~4周内吃猫妈妈的奶。随着它们

这只棕色的缅甸猫崽失去了母亲，它正挤进一窝小狗中间吃"午餐"。

对周围环境的意识逐渐加强，它们会开始轻咬猫妈妈的食物，这就是它们即将断奶的征兆。母猫会持续为小猫哺乳直到它们长到3个月大。但是当小猫长到8周龄的时候，它们吃的食物大部分已由主人提供了。让小猫自己找食吃很容易引起消化不良，给它们足够的食物则可以确保它们的健康成长。

给小猫断奶应当一步步来，小猫要少食多餐，每餐给它提供一点点剁碎了的高蛋白质食品，方便它消化。给小猫断奶有种最方便的方法，就是给它吃那种很容易买到的营养结构很好的小猫专用猫粮，干猫粮或者罐头都可以。

在小猫真正开始断奶的阶段，最好给它吃罐头食品，因为它们可能比较容易被肉的香味所吸引。但是事实证明干猫粮也很有营养，用干猫粮喂小猫也很好。主人一定要仔细定好喂食的时间，这样猫妈妈和小猫就能安静地吃加餐，而不会受到其他动物和家人的打扰。

喂食次数和量

小猫长到8周龄的时候，给它们喂食要注意"少食多餐"。如果你喂小猫吃干猫粮（这种比猫罐头存放时间长），你可以不时给它的碗里加一点，让它慢慢咬着吃。当然如果发现小猫好像有发胖的迹象时，就不要再用这种喂食方法了。正常情况下一天喂小猫四餐或四餐以上，当它慢慢长到3~4个月大时，就可以逐渐减到一天3餐。当它长到6个月大时，减为一天两餐。

年轻的猫咪

当小猫慢慢长成成猫时（9~12个月大），每天可以只给它吃一次正餐。但是，要让年轻活泼的猫咪等上24小时才能吃下一顿饭，它们会非常容易饿的。因此主人常常在早晨给猫咪加餐，晚上再给它吃正餐。如果猫咪是这样喂的，那么主人就要注意晚上的正餐中要减去早上加餐的量，这样猫咪才不会因为摄入过多能量而导致发胖。大多数品种的猫咪长到1岁的时候就能达到成年的体形，而有些长毛的品种可能还会继续发育，直到4岁。

如果你家猫咪的确很晚熟，那么在它的整个成长期，一定要注意保证食物的高品质。要想保持最佳成长状态，猫咪每天要吃2~3餐，干食蛋白质含量要达到30%以上。

这两只12周龄的小猫每天需要吃3顿饭。

给猫咪做清洁

天性

　　猫天生非常注意整洁，它们会用舌头、牙齿、脚掌和爪子给自己做清洁。猫咪的舌头表面很粗糙，上面还有唾液，能帮助它除去身上的沙子和粘在皮毛上的脏东西。虽然猫咪的柔韧性非常好，但是它们还是有用舌头够不到的地方。这时候它们就用舌头舔湿前爪，然后用前爪擦拭身上，就像用毛巾一样。当身上慢慢干了的时候，猫咪再用它的小门牙轻轻地把毛咬回原来的样子，顺便把清洁过程中没有洗掉的异物除去。

　　猫咪的后爪就像一把宽齿梳子，猫咪用它将皮毛中较大的异物梳掉。猫咪的前爪能轻微地刺激头部的腺体分泌一种油质，然后猫咪会通过梳毛把这种油抹到身体的其他部分去。猫咪用自身的一种气味来打理皮毛，同样也用它来标识自己的领地。

换毛

　　在自然状态下，猫咪通常一年换一次毛，而换毛期一般是在春季。但是换毛期会随着光照和气温的变化而变化，在温暖的、有着人工供暖和人工照明设备的室内，猫咪似乎整年都会脱毛。它不会突然之间掉很多很多毛，而是在全身各处不连续的区域内都会有毛脱落下来，因此掉下来的毛几乎都不会被察觉——除非这些毛掉在了主人的地毯、家具和衣服上。

不管什么时候，只要猫咪开始清洁自己的皮毛，它都会把掉下来的毛舔掉，有些毛就这样被猫咪吞进了肚子里。这些吞进肚子里的毛逐渐形成一个毛团（毛球），它最后能在猫咪的肠里凝固成一个小球。大多数猫咪每隔几天就会吐出一个毛团来，但是有时候毛团可能会粘在胃肠里，造成猫咪吃什么都没有胃口，健康状态也会变差。严重的时候，甚至需要请医生来做手术取走它。猫咪随时都可能患上毛团病，而长毛猫咪患病的危险更大。偶尔给猫咪吃一些油脂多的鱼类有助于它吐出毛团。

如何给猫咪梳毛

身强体健的野猫通常都会把自己的毛梳理整洁。驯养和选择性育种导致猫咪的皮毛发生了变化（比如会变得更长），因此有的时候这种皮毛需要更多的护理，而猫咪自己又没办法把自己梳洗整洁，这时就需要主人的帮助了。同样的，年老的猫咪慢慢失去了为自己梳理的动力和力气，这时候它也会很喜欢主人帮它梳毛。

抚摩猫咪的时候，你可以先摘掉它身上积聚的已经掉下来的毛。随后再把猫咪的皮毛磨光，让它焕发出美丽的光泽。经验老到的主人知道，刚刚洗完碗的时候最适合给猫咪梳毛，这时候双手还微微有些潮湿，抚摩猫咪时能把脱落的毛粘下来，效果非常好。还可以带上薄橡胶手套，这和双手微潮的效果是一样的。

上图按顺时针方向依次是：窄齿／宽齿梳，篦子（篦跳蚤的细齿梳），去毛团刷，刮尾刷。

用具

　　给猫咪梳毛应该用哪种梳子取决于猫咪皮毛的种类，慢慢地你就会发现哪种梳子最适合你的猫咪了。如果你的猫咪是纯种的，那么你最好问一下育种者的意见。从育种者，尤其是培育参展猫咪的育种者那里得来的第一手经验能够为你省下很多时间和金钱。

　　最好在刚把小猫接到家里来的时候就开始经常给它梳毛，最好能当成每天的习惯来培养。长大一点的猫咪需要一点鼓励才能接受这种行为，但是如果你动作轻柔的话，它很快也会喜欢上的。观察猫咪日常的生活习惯，挑选一个安静的时机来给它梳毛。这时先把梳毛时要用到的所有东西都放在你够得到的地方，然后在膝盖上放一条毛巾，再把猫咪放在上面。不要在猫咪想玩的时候试图把它压在膝盖上，那样做根本没有意义。猫咪悠闲放松的时候根本不用抓它就会乖乖地躺下。

给短毛猫咪梳毛

　　短毛猫咪自己能打理好自己，当它自己清洁好之后，只有当你想带它参展的时候才需要亲自再给它梳一次毛。但是偶尔帮猫咪梳梳毛（比如一个礼拜两次）的确能控制好那些松脱的和脱落的毛，不让它们掉在家具上。理毛的时候还可以顺便检查猫咪有没有生跳蚤，或者它的耳朵和牙齿有没有生病的症状。给短毛猫咪梳毛的步骤比给长毛猫咪梳毛简单得多。给猫咪梳毛可以用圆头梳齿的铁梳或者天然的软毛刷，还可以用硬一点的毛刷（给雷克斯猫梳毛一定要用橡皮刷，这才不会擦伤它的皮肤）、丝绸或麂皮材质的抛光布。开始给猫咪梳毛的时候要先温柔地抚摸它使它放松下来。先用硬刷非常轻柔地顺着毛刷，把枯死的毛和皮毛里的脏东西刷掉。轻轻地刷猫咪的整个身体，但是在刷到耳朵、腋窝和腹股沟附近以及胃部和尾巴下面的敏感部位时要放轻动作。

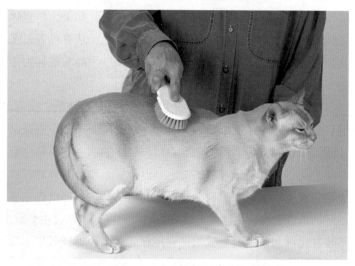

用铁梳梳理引起静电之后，可以再用软毛刷把毛梳理好。

下一步，用铁齿的梳子将即将脱落的毛梳下来。梳的时候，摩擦可能会使毛之间产生静电，静电会让毛发聚成一簇一簇的，还会让它自动长成一束的样子。出现了这种情况，可以用软毛梳子轻轻梳理。最后一步，用麂皮、天鹅绒，或者丝绸来把它的皮毛磨光。

麦麸干洗法

短毛猫咪一般是不用洗的，除非它要参加猫展并且它的毛色属于很浅的色系，或者它的毛变得油腻（有可能是坐在汽车里面的时候粘上的）。有的展览者会用麦麸来清洗他们的短毛猫咪，这可以除去油腻、污垢和皮屑。具体方法是：准备五六捧麦麸，把它放进烤箱里加热，使之保持在微微有点烫手的舒适温度。用这种热麦麸在猫咪身上摩擦，避开脸部和耳朵。手指张开，从皮毛间穿过，然后用柔软的毛刷把碎屑刷掉。如果猫咪的毛色较深，那么它马上就会闪闪发亮；如果是柔和的蓝色或奶油色，那么要经过几天的时间后，它们的皮毛才会焕发出最美的光泽。

给长毛猫咪梳毛

长毛猫咪都需要主人仔细地护理它的皮毛，不论波斯猫还是中长毛猫（虽然有人认为这种猫例如缅因库猫、挪威森林猫等能够自己保养皮毛）。并且不管血统是否纯正，这一点都不会改变。长毛猫咪长长的皮毛容易积聚起灰尘和碎屑，主人要帮它们清理卫生，还要把纠结在一起的毛梳开。这些清理工作必须每天都坚持做。如果一时没有做到，它的毛就会变得乱蓬蓬的，尤其是腋窝和腹部的位置，这会让猫咪很不舒服。严重打结的皮毛不容易弯曲，这会让猫咪行动不便，而且它动一动也会拉扯到某根毛发。纠结在一起的毛会使皮毛的质量变差，还有可能使猫咪患上毛团病。

给长毛猫咪梳毛的过程要比给短毛猫梳毛精细得多。一开始，要用圆头的宽齿梳把纠缠在一起的毛轻轻打开，把碎屑梳掉。在你拿梳子给猫咪梳毛之前先在自己身上试一下效果。如果你用它梳头没有感觉它太尖利，那用它给猫咪梳毛也会很合适。梳理死结和纠缠在一起的毛之前，可以先在上面撒一些无味的滑石粉，然后用手把这些结打开。撒些滑石粉还能方便你清除皮毛间过多的油脂和污垢，然后在刷毛的时候要彻底地把滑石粉刷掉。梳理尾巴时可以把尾巴分成两束，然后分别向两边梳理。梳理完毕时，顺着各个方向好好地抚摸一下猫咪。

清洗和整理

给猫洗澡是一件很费时的事，但是如果你想把猫带出去展示给别人看，那么洗澡就很关键了。除非在猫很小的时候就培养它洗澡的习惯，否则猫是天生讨厌洗澡的。因此，最好用双手一起来给它洗澡。

给猫洗澡的时候一定要保证房间温暖、空气流通，并且能防止猫咪逃走。最好里面能有一个大大的平底水槽。注意水槽四周要留下足够的空间，在旁边准备几条干毛巾。在开始洗之前，准备好所有需要用的东西。

不容忽视的细节处理

眼睛

猫咪的眼角会积留一些眼屎，主人可以用手仔细地把它们挑出来。扁脸猫的眼睛下方容易留下泪渍，我们可以从动

物医院或宠物商店购买
专门用具来清理。

口鼻

　　猫咪的下巴上会分
泌一种深棕色或黑色的
分泌物，这表示猫咪的
毛囊分泌的皮脂过多，
猫咪用这种皮脂来标记
气味。猫咪的尾巴根部
有时也会出现类似的状
况。如果主人发现猫咪

这只小猫正在挣扎着反抗刷牙，除
非牙膏是鸡肉、鱼肉等肉味的，那猫咪
才会比较愿意刷牙。

出现如上状况，通常需要医生的帮助。治愈后为了防止这种
情况再度发生，我们可以用医生提供的具有抗菌作用的特殊
洗毛液给猫咪洗澡。

牙齿和牙龈

　　随着现代各种各样猫咪食品的发明，猫咪患上牙龈疾病
的概率也逐步升高。保持猫咪牙齿的清洁干净能有效降低牙
龈疾病发生的概率。也就是说，清理猫咪的牙垢有助于降低
牙龈疾病的发病率。每年应给猫咪做一两次全面检查，如果
必要的话，有的兽医会给猫咪做全身麻醉然后对猫咪的牙齿
进行除垢和抛光。主人也可以每周给猫咪清洁牙齿1～2次。
特制的牙刷和猫咪喜欢的猫粮口味的牙膏能使这项工作容易
一些，但仍然不能保证成功。

　　在给猫咪开饭之前，我们可以用一条布条缠在食指上，
再蘸一点猫咪吃的汤水，然后轻轻固定住猫的头，用沾湿的
布条给猫咪擦牙。

耳朵

如果发现猫咪耳朵里面有耳垢，主人可以用纸巾沾上橄榄油、液态石蜡，或者从宠物店买来的专门清理猫咪耳朵的清洁剂，轻轻地把耳垢擦掉。千万不要擦到你看不见的地方，也不要用棉签来擦。如果发现猫咪的耳朵里积攒了大量的深棕色、干干的、像石蜡一样的东西，这说明你的猫咪可能生了耳螨，这时候一定要带它去看兽医。

爪子

有的暹罗猫和它们的旁系比如巴厘猫、东方短毛猫和东方长毛猫，它们不会把自己的爪子完全收起来，因此走在没有铺地毯的坚硬地板上时常常会受伤。不管是什么品种的猫，只要上了年纪，都会发生类似的情况。因为猫咪的趾甲会一直长，而上了年纪的猫咪平时的锻炼不够充分，也没什么磨爪子的机会，所以长长的趾甲就不能被完全收起来。这时主人可以帮猫咪修剪趾甲。常在户外活动的猫咪应只剪前爪，这样它们遇到敌人的时候不会完全没有抵抗力，遇到危险时还可以爬树逃跑。

如果猫咪非要剪趾甲不可了，最好找兽医帮忙，因为趾甲剪不好会发生危险。在猫咪浅色的爪上，我们能看到一道深色的血管。如果不小心剪到了这条血管（也就是剪到里面的嫩肉了），会造成猫咪大量失血，并且非常地疼。现在去趾术是很普遍的，并且常常是在给猫咪做绝育手术的时候一并进行的。这是个大手术，意味着将猫咪进行自我保护的最重要的武器去掉。一般只对养在室内的猫咪才做这种手术。

行为和智力

沟通的技巧

命令你的猫咪去做一件事和它会做某件事，完全是两回事。猫咪有着自己的天性和习惯，它们的行动优雅而安静，而它们的身体结构则让它们的行动充满速度和爆发力。当你试图和猫咪建立沟通的时候一定要记住，猫咪听从了你的命令去行动，并不是因为它觉得你是主人所以应该听你的话，而是因为它喜欢这样做。

各方面发育正常的猫咪都会习惯主人的抚摸，同时保持警觉、独立、充满好奇心。如果你的猫咪很腼腆又很依赖你，并且时常想引起你的注意，这表明它在小的时候（6～16周龄的时候）可能受过虐待，也可能还没能完全融入这个家庭。

向猫咪学习

交流是一个双向的过程：如果你细心一点，多观察你的猫咪，你就能发现它的叫声和肢体语言中微妙的变化。仔细听猫咪的叫声并和它这时的动作联系起来，你就会发现猫咪的叫声是和某些特定的含义相对应的，比如"我饿了"，或者"好舒服"。不同猫咪发声的方式和它的声音（咪噢、喵鸣等）都是多种多样的。暹罗猫的声音很丰富，几乎可以和主人"说话"，而其他的猫咪则做不到。猫咪吸气和呼气的时候会发出咕噜声，有时候它的咕噜声会连续很长时间不间断，说明它这时候很满足、很舒服。小猫大约1周龄的时候就会发出咕噜声，它们在吃东西的时候会发出咕噜声，这样猫妈妈就能够知道它状态不错。人们认为每只小猫的咕噜声生来就是不一样的，各有各的特点，所以猫妈妈能通过它们的咕噜声辨别是哪只小猫在和它"说话"。

猫咪通过吐口水、嘶嘶声和低吼来表达它们的恐惧、愤怒和不满。当猫咪盯住猎物时，它低吼的音调就会降得更低，变成催眠一般的咕哝声。有的猫咪见到猎物兴奋起来时还会发出"啾啾"声，并且会咽口水。紧张的高声嘶叫是猫咪之间传递信号的语言，而母猫发情时发出的嘶叫声尤其大。

"我要好好地伸个懒腰！"伸展运动能让猫咪流线型的身体保持柔软和警觉，让它处于随时可以行动的状态！

肢体语言

猫咪高兴时，它的耳朵朝前竖起，胡须放松。猫咪趴在熟人膝上休息时，会发出咕噜声，还会揉它的小爪子，就像它吃奶的时候对妈妈做的那样，摊开、再合拢。

如果猫咪的胡须朝前竖起、双耳后压、瞳孔缩成一条缝、全身（尤其是脊背和尾巴上）的毛竖起、身体拱起，这时猫咪正处于警戒状态。猫咪全身毛发竖起、脊背拱起是为了让自己看起来体形最大、最危险。双耳和胡须压平、眼睛椭圆、瞳孔稍微放大，这是猫咪害怕的信号。胡子是很敏感的器官，猫咪有时候用它来和其他的猫咪碰碰表示友好。

本能

猫是夜行动物，它每天至少要把16个小时花在休息上，虽然有时候它只是在假寐而不是真的睡着了。作为一个猎食者，猫咪追逐猎物的时候需要把能量瞬间爆发出来，所以它们要为此储存能量。一旦它们跑到外面去，就会本能性地捕猎较小的动物。就连在玩玩具的时候，猫咪也会显露出这种捕猎的天性。它们的听觉、视觉和嗅觉都刚好能满足潜近猎物和捕食的需要，而且它们的这些器官都比人类敏锐许多。猫咪的胡子是有触觉的，这是对其他感觉的一个补足，猫咪用它来感知近处的物体。另外，猫咪之间还会用胡子彼此轻轻接触表示友好。猫咪是一种友善的动物，它能和其他动物建立起友好的关系，如果主人允许它到户外活动的话，它还会加入到附近的猫咪群体中去。这种猫群里面是有等级的，那些没有绝育（阉割）的公猫和母猫会成为头领，并且控制的地盘最广。

标记自己的领地

公猫和母猫都会在物体上和人类身上蹭头部，当它们这样做时，是在温和地宣布自己的领土权。猫咪会在自己的地盘上留下一点点气味。它们身体的各个部位都有能分泌某种气味物质的腺体，而在耳朵、脖子和脑后部的这种腺体尤其发达。当猫咪在树上抓挠磨爪子的时候，这种气味也会由脚掌上的肉垫中散发出来。

猫咪的领土权

猫咪会本能地为自己开拓出一片用来居住和捕猎的领土。而在没有接受过绝育手术的公猫身上，这种行为更为明显，因为它们生命中最大的目标就是延续香火、繁殖后代。它可能会将自己的地盘扩大到方圆10千米的范围，并且通过武力来巩固自己在这片地盘上的地位，并获得与母猫交配的优先权。它的生命可能会精彩而短暂。

没有接受过绝育手术的母猫也会像公猫一样凶猛而有力地战斗，它们通过这种方式来扩张和巩固它们猎食的地盘。从大约4个月大开始，它们就开始周期性地吸引附近的公猫（这段时间被称为发情期），且不断地怀孕。

驯养的含义

对于家养的已经接受过绝育手术的猫咪来说，它的地盘主要是自己的家和花园这两块地方。没做过绝育手术的猫咪还会扩张地盘，向附近的猫挑衅。从小在一起长大的小猫通常会快乐、融洽地相处，除非周围的猫太多，这会引起它们捍卫领土的意识。如果家里已经养有一只猫咪，主人却又想再收养一只成猫，那么主人需要格外关注它们的相处状况，

　　这只猫咪正在自己的领地上留下尿液以作为分界线。如果这只猫接受了绝育手术（不论公猫还是母猫），它的尿液气味就不那么明显了，人类是察觉不到的。

有的时候它们的相处需要专门的引导。在接受过绝育手术的猫之间，领土权通常是通过凶猛的嘶吼、激烈的肢体语言，以及其他非暴力形式的行为建立起来的。可在没有接受过绝育手术的猫之间，则又是另外一种情况了。

尿液

　　猫咪通过在自己的地盘上射出有着强烈气味的尿液来向其他的猫声明"这是我的地盘"。

　　如果猫咪受到了惊吓，或者有不安的感觉时，它们也会这样做。比如如果有陌生的人或者动物进入了自己的家，它们就会做出这种宣示主权的行为。一般来说，没有接受过绝育手术的公猫的尿液气味是最明显的，也是最刺鼻的。没有接受过绝育手术的母猫也会撒尿，尤其是当它们处在发情期时。接受过绝育手术的猫咪当然也会撒尿，但它们的尿液通常不那么带有攻击性。

在极特殊的情况下，这些宣示领土的记号中还会混有一些粪便（这些粪便并没有拉在砂盆中）。这并不是简单的排泄行为，而是有明确原因的，是标记地盘的行为使身体的功能发生了紊乱。一只猫咪不断地重复这种标记地盘的行为，为的是给自己吃一颗定心丸，告诉自己"我还是有地盘的"。聪明的主人发现了这种情况，应该向兽医求助，进行医疗咨询。主人应该关心它、爱护它，通过家庭疗法应该能够解决这个问题。如果这种行为仍然继续下去，那么主人可以考虑请教动物行为学专家。

绝育手术产生的影响

绝育手术能够奇迹般地降低猫对扩张地盘的强烈欲望。它们对地盘的执着会满足于自己家附近的地方。尽管如此，不管雄性还是雌性，即使接受了绝育手术，猫咪还是会粗野地捍卫这最后一块地盘。

这两只绝育过的缅甸猫从小一起长大，它们愉快地相处，友善地分享彼此家里和花园中的领地。

对于公猫而言，绝育手术就是把能产生催情激素的器官——睾丸切除。最好在猫咪4个月大的时候给它做绝育手术，手术的时候要全身麻醉。术后不需缝线，24小时之内猫咪就能痊愈，猫咪身上也不会留下明显的创伤。但是从长期看来，猫咪的领地危机感、性行为和猎食行为都被人为地改变了。母猫的绝育手术就是切除它的卵巢和子宫，这样它就不会怀孕，不会发情，也不会四处吸引周围的公猫。母猫的绝育手术最好在它4～5个月大的时候进行。猫咪刚从麻醉中恢复过来时会有些虚弱。从长期看来，它会变得更加温和平静。绝育过的动物确实能更有效地消化和吸收食物，并且变得不像从前那样活跃。如果主人发现它们开始发福了，那么就要注意控制它们的饮食。

行为问题

猫咪也会感到孤独，孤僻的情绪会带给它们压力，而这种压力表现出来的症状有时是很难辨认的。有的品种的猫比其他的品种更加容易紧张，比如东方型的猫种，陌生的环境会对这种猫产生非常不良的影响，即使是第一次去猫舍寄宿，也可能对它们的个性造成影响。比较冷淡的家养短毛猫也同样会有烦乱的感觉，但是它们更倾向于表现得富有攻击性——它们可能会低声嘶叫，伸出爪子抓来抓去，甚至会咬人。和狗相比，猫咪紧张起来会表现得更明显，但有的时候它们表示紧张的信号还是不太明显，以致我们无法察觉得到。

压力过大的征兆

当猫咪觉得自己受到了攻击时，它们会把身体蜷曲起来。这时，它们会表现得冷漠而孤立，这就是它们精神压力过大的第一个表现。如果一只猫咪已经进入了战斗状态，那么它会尽可能地让自己的体形看上去大一些。然而在情绪低落的时候，它们会恨不得自己就像一只老鼠那么小。它们的皮毛会失去光泽，尾巴没精打采地蜷在身后，还会把整个身体缩成一团。如果这种状态持续得久了，猫咪就会开始发抖。猫咪有时候还会不停分泌唾液、呕吐，甚至大小便失禁，这些也都是猫咪精神紧张和压力过大的征兆。

当猫咪受到惊吓的时候，它们可能会反应积极，精神百倍，也可能会反应消极，蔫头耷脑。积极反应的典型特点有：瞳孔扩大、身体弓起、毛发竖起、发出嘶嘶的声音。猫咪不安的时候，它对任何攻击都会做出反应，比如声调提高，或者肢体接触，并且会表现得比对方更有攻击性。

然而猫咪对恐惧的消极反应则更加微妙，这就更难察觉了。它可能会把自己藏起来，或者让自己看上去小一点，它还可能会把耳朵背到脑袋后面，并且一动不动。胆小的猫咪开始可能会尽量放轻动作，并且尽可能不发出声音。这其中的原因很多，可能它小时候曾经被虐待过，或者仅仅是因为它缺乏适应能力。如果你在培育猫咪，一定要注意培养小猫的适应能力，以使它们更能适应日常的家居生活和噪声。

恐惧情绪的处理

如果只是轻微的恐惧情绪，那么主人自己就能够处理。胆小的猫咪需要安全、安静的环境来休养生息，可以给它准备一个有顶篷的小床。千万不要时刻盯着它，要等着它自己靠近你。你在走动的时候，步伐要尽量缓慢一些，和它讲话要轻声慢语，甚至要注意不要让陌生的人或事物靠近它，直到它慢慢适应了为止。

这只羞怯的猫咪很容易被轻微的响动或突发事件吓到，一旦如此，它就会蜷起自己，或者把自己藏起来。

要消除猫咪的恐惧情绪，重点在于弄清恐惧的根源在哪里。这个说起来容易可做起来并不简单，除非起因非常明显——比如某次带它去看医生时让它受惊了。恐惧的根源也有可能是某种持续的因素，比如小孩持续不断的骚扰，或者长期的噪声侵扰和监禁。一旦发现了原因在哪里，一定要马上把伤害猫咪的根源清除掉，然后猫咪就会慢慢地恢复信心了。

你也可以帮助猫咪克服恐惧情绪。猫天生有着发达的逃脱反应，如果它被关在了笼子里或者车里，它的第一反应就是赶快想办法逃走。你可以试着用安慰的话语控制这种自然的反应，或者可以循序渐进地让它适应这些情况，从而逐渐让它意识到遇到这种情况不必害怕。

经过了最初的情绪变化，猫咪会在48小时之内逐渐适应自己的窝或宠物医院的环境。如果在这48小时里人们碰了它，尽管可能只是轻轻的触碰，它也会把这种接触和最初的恐惧情绪联系在一起，导致此后即使有人喂它东西吃，它也会恼怒起来。因此，这段时间里一定不要惊扰它，它通常很快就会平静下来，并且开始向它之前讨厌的人做出主动亲近的表示。

宠 物

攻击性行为的处理

如果一只猫咪平时都很平静并且一贯表现良好，突然间却开始胡乱抓咬，这可能表示它不舒服、无聊或者受惊了，而此中的深层原因一定要引起注意。我们在一开始训练小猫的时候就要让它明白，它是不可以有攻击性行为的，即使是在游戏的时候也不例外，这一点非常重要。当它抓咬东西的时候主人要严厉地告诉它"不行"，或者马上停止游戏，也可以

平时要尽可能多陪猫咪玩，保证它达到足够的运动量，并且得到足够的关心，不然它无聊起来会有破坏性倾向。

在它的鼻子上轻轻地拍一下，这样就能把这种坏习惯纠正过来。一定要记住，猫咪都有着自由散漫的脾气，如果你在它不情愿的情况下强行地要求它遵照口令行事，比如在它睡觉的时候去打扰它，它可能会本能地攻击你。

训练和学习行为

警觉、聪明的猫咪很快就能够学会如何应付溺爱它的主人。人们还可以训练它们学会一些预先设定好的、重复性强的动作。训练的成绩很大程度上取决于主人在猫咪身上花费的时间和精力。小猫的游戏只不过是它本能的捕猎和生存技巧而已，要训练才能达到效果。

猫咪的很多捕猎行为都是天生的，同时它们也会向其他

的猫学习。而从小就被人类养大的、没有同伴的小猫是不会捕猎的。

每个小猫都有它特有的性格和技巧。你可以鼓励小猫尽情玩耍，并从中观察到它的性格和技巧中的强项和弱点。观察并巩固动物天生的特性，这是每一个成功的驯兽师背后的秘诀。每只猫咪都会表现出它们巧妙的平衡感和空间感，但是有的猫咪表现得尤为突出。小猫还能捡回主人扔出去的纸团。每当重复一次这个小游戏，你就可以给小猫一小块美味的食物作为奖励，这样很快你就能为拥有自己的"寻回猫"而自豪了！

你还可以用一些猫咪能听懂并且能相应地做出反应的口头指令来训练它，使它遵守一定的"家规"。

交流和沟通的建立

训练的第一步：要在猫咪和人之间建立起交流和沟通。如果要训练小猫的话，还要尽快给它起一个名字。如果新收养的是一只成猫，那么最好保留原有的名字，即使你可能并不喜欢它。你可以重复地喊猫咪的名字来引起它的注意，很快它就会学会对这个名字做出反应。此后，猫咪要学习其他特定的口令就容易多了。不断重复这个口头指令，以较低的嗓音坚定地说出指令。注意，绝对不能向它喊叫。

千万不能大声向猫咪喊，因为这会使它受到心理上的伤害，并导致一些行为问题。

保护家具

猫咪会抓树，当然也就会抓你的家具，它们这样做是为了磨爪子，或者给自己的地盘做标记，也可能仅仅为了舒服好玩。因此，如果你想要保护好自己的家具，那么就要给你的猫咪一个猫跳架。此外，为了吸引它抓这个猫跳架，你还要在竿上面涂抹一些猫薄荷。一旦猫咪开始抓窗帘或者咬沙发，你要对它说"不行"，声音要轻柔，语气要严厉，随后把它带到猫跳架那里，把它的爪子放到竿上。如果猫咪用了猫跳架，给它一点奖励或者鼓励性的抚摸。

训练猫咪使用猫洞

练习和激励是训练猫咪使用猫洞的关键。首先，要确保门上的猫洞所安装的位置方便猫咪进出，并且门板能够灵活转动。训练的时候，可以在离猫洞稍远的里侧放上美味的猫粮，然后轻轻地推猫咪穿过猫洞。然后，把门板轻轻抬起来，从这一端喊它钻回来。这样重复几次之后，猫咪就能学会自己走猫洞了。

不要让猫咪啃家养的植物，给它一罐猫薄荷。也可以尝试把柠檬水喷在植物的叶子上，这种方法也可以保护家里的盆栽。

猫咪的日常健康

猫咪生病的信号

猫咪的皮毛是它健康状况的晴雨表。它能够反映出猫咪平时饮食的质量，以及大致的身体状态。猫咪在健康的情况下，皮毛应该没有皮屑，顺滑光泽。健康的猫咪双眼炯炯有神，眼睛里没有堆积的眼屎，也没有血丝，并且不会频繁地眨眼。眼球下方的内眼睑应该呈淡淡的粉白色，而不是红色甚至红肿起来。健康猫咪的鼻子应该凉凉的，还有点湿湿的，因为猫咪的泪腺在这里，而且猫咪还会常常舔鼻子。

通常你只能仔细观察猫咪平时在周围环境里是怎样活动的，怎样观察周围，对周围如何反应的，通过这种观察来辨别它是否身体不适。主人就是猫咪健康状况的一面镜子，所以不要不敢面对猫咪的反常状况，不管状况有多微小。兽医可能一年才接触猫咪一次，他并不了解猫咪平时的习惯和行为状况。观察的时候尤其要注意留心猫咪饮食习惯的改变。

生病的前兆

猫咪生病了，第一个征兆可能就是它的行为或形象起了变化，这个变化只有你才能发现。如果家里一贯安静友好的

这只红色虎斑猫对身边的事物充满兴趣，健康正常的小猫就应该这样。

猫咪突然变得有攻击性，或者一贯外向活泼的猫咪突然变得安静下来，胆小而羞怯，那么主人就要好好观察它了，看看是不是有其他生病的征兆出现。如果猫咪对主人的呼唤少于回应，那可能是由于耳螨引起了发热，进而造成了耳聋。

毛

如果猫咪的皮毛干枯而没有光泽，并且还有不正常翘起的毛发，这说明猫咪的健康状况不佳。

粪便

如果你需要进一步观察猫咪的健康状况，那么可以检查一下它的粪便：健康的猫咪粪便应该是硬硬的，并且没有特别刺鼻的气味。如果你的猫咪很活泼，总想往屋外跑，那么尽量让它待在屋里，并且给它准备一个砂盆，这样你做这个检查就方便多了。

如果猫咪去翻垃圾桶，那它可能会吃到一些腐坏了的东西，这会引起它胃部的不适，还会引起痢疾。

如果你的猫咪拉肚子了，问题可能更严重，尤其当它不停地拉肚子时。同样，便秘也成问题，这会使猫咪精神紧张，尤其是当粪便中有血迹的时候更为严重。

眼睛

如果猫咪的第三层眼睑——瞬膜变得明显起来，那么猫咪的眼睛里一定进去了其他的东西。如果猫咪的眼睛发红、发炎或者总是有很多又黏又黄的眼屎，那么主人一定要注意。如果猫咪的瞳孔扩大，或者对强光没有反应，主人要立刻带它去看兽医。

耳朵

猫咪的耳朵里出现透明的蜡状分泌物，这是很正常的，但是如果蜡状分泌物呈深棕色，那么猫咪的耳朵里可能生了耳螨，需要找医生来治疗。另外还要注意种子，比如草籽。种子可能会落进猫的耳朵里，并且进入耳道，这会让猫咪的耳朵不舒服，总想摇一摇，抓一抓。猫咪的耳道和外耳耳郭的壁是非常纤细的，在它打架的时候很容易受伤。外耳穿孔会引起血肿，如果处理不得当，患处极易感染。

如果猫咪的耳朵摸起来很热，这说明猫咪的体温升高了。不过先别急着看医生，可能猫咪只不过是晒了太久的太阳，或者在暖炉边上趴了太久罢了！

呕吐

猫咪有轻微的呕吐症状是很正常的，主人不必担心。其中原因有很多，可能猫咪吃东西的时候太狼吞虎咽了，也可能因为它吃了自己抓住的什么东西，或者吃草来清理肠胃却引起了不良反应，也有可能是为了吐出胃里不能消化的毛。但是如果猫咪持续不断地呕吐，特别是当呕吐物中有血迹的时候，主人一定要高度注意，这时候一定要带它去看医生。

发热

猫咪体温升高的时候有一个明显的迹象，那就是它的耳朵会变得很烫。为了准确地读出它的体温，我们要测量它的直肠温度，也就是肛温，这个温度的正常值范围在38～38.5℃。除非你学习过如何正确地操作这种测量，否则最好还是让专业人员来做。

脉搏

猫咪身上脉搏最清晰的部位是前腿下方（也就是腋窝处）和后腿下方（也就是腹股沟处）。正常情况下猫咪的脉搏应该在每分钟120～170下，平均值在每分钟150下左右，具体的测量结果取决于猫咪是否刚刚运动过。

定期检查

聪明又细心的主人会给自己的猫咪定期检查身体，以此保证猫咪每天都在最佳状态。要注意观察猫咪是否有感染上

作为日常检查的一部分，主人可以随机检查一下猫咪的皮毛，翻开毛发直到看见皮肤。

螨虫或跳蚤的早期症状出现，这样才能及早预防病情的进一步恶化。聪明的主人会抓住合适的机会给猫咪做身体检查，比如和猫咪一起休息放松的时候，或者给猫咪做清洁的时候，都可以顺便给它做一个检查，就当作日常清洁的一部分好了。如果猫咪真的看起来很不舒服，或者有生病的迹象，那么你可以按照本书前面所介绍的步骤检查它身体的各个部分。这样，如果真的需要带它去看医生时，你也可以把自己所发现的异常情况详细地向医生做一个介绍。

皮毛和身体

即使猫咪是短毛的，你也要定期给它检查身体，这样才能尽早发现它的身上是否有肿块，或者是否被传染了跳蚤、扁虱、螨虫或白虱。如果你给它检查身体的时候，在它的身上发现了粗砂状的泥垢，那么就要给它做更进一步的检查了。把猫咪放在一张浸湿了的吸水纸上，然后用梳子梳理它的皮毛。如果掉下来的粗砂状泥垢在吸水纸上留下了红色的印记，那么说明这是吸血跳蚤的粪便。如果没有红色，那么这可能只不过是猫咪在花园里打滚弄上的泥而已。

如果猫咪身上有灰色或白色的小肿块，这说明它可能生了扁虱。扁虱会将头部深深地埋进猫咪的皮肤里，只把身体留在皮肤外面，这会让猫咪非常难受。拔除扁虱的时候动作要尽可能地快，并且一定要非常小心，一定要把它的头也一起拔出来，不然的话，留在皮肤里的头部会引起伤口化脓，还会导致钻心的疼痛。

五官的检查

检查猫咪的耳朵时应注意它里面是否清洁，有没有暗灰色的蜡状物以及草籽。主人要细心检查，不管多么小的擦伤都要仔细清洁干净，以防感染。另外，还要检查猫咪的嘴里是否有坏牙或脱落的牙齿，检查它有没有吞下口香糖、呼吸顺畅不顺畅，还要看一看它的脖子周围有没有肿块（腺体肿大）。

爪子

主人要定期检查家猫的爪子，看看是不是应该给它剪趾甲了，不能让趾甲长得太长。同时还要察看它脚掌上有没有伤口。

为宠物选择医生

你可以问一下收容所、猫咪原来的主人或者育种者所居住的地方附近哪里有比较好的兽医。你也可以问一下养猫的朋友和邻居，听听他们的意见。或者也可以咨询一下本地的爱猫俱乐部，让他们给你推荐。

如何选择合适的兽医

为你的宠物选择一个合适的医院和为一个病人选择好的医院同样重要，但是这两者之间可是完全不同的。因为人类医生们只负责医治人类的疾病，而兽医则要医治各种动物，小到仓鼠，大到奶牛。他们可能不会精通各个领域，也可能不了解最近猫类疾病又有哪些动态。

如果你有时间的话可以多联系几家宠物医院，如果你想登门拜访的话先打个电话预约。拜访时最好向对方要一张价目表，标明看诊的费用以及一些日常医疗的费用（如注射疫苗、验血等），以及驱虫药的价格。

要问哪些问题

在带猫咪去宠物医院之前，先要想清楚你想要兽医帮你什么忙。如果你的猫咪已经做过绝育手术并且很少出门，你一年带它去看一次兽医，给它重新打一次疫苗就可以了。这种情况下你要问一问那里的常规检查都有哪些种。如果你想让你的猫咪将来参加猫展，或者用它来育种，那么你在选择兽医的时候就要多考虑一下了，也许选一位在纯种育种和猫咪展出方面知识丰富的兽医比较适合。

一旦你发现了一家适宜的宠物医院，那么你应该事先想好要了解它的哪些方面。

首先，要了解它的营业时间。带猫咪去看诊之前是否需要预约？还是不需预约，直接带猫咪在诊所营业的时段去就可以了？虽然说讲效率的诊所不管采取哪种形式都能运营得很好，但是如果你平时要上班，那么你就要结合这两种考虑选择出方便的时间。同时你还要了解这家宠物医院周末是否放假，晚上有没有临时夜班。

其次，要了解它是否24小时都有急诊。如果有，他们是让其中某一位实习医师给猫咪看诊？还是让急诊人员来给猫咪看诊？如果你的猫咪是纯种的，需要特别看护，那么这个问题就很重要了。同样的，这家医院关于上门治疗是如何规定的？如果你想培育小猫，猫咪分娩的时候万一你需要兽医的帮助，那关于上门服务的规定就很重要了。另外，这家是一家宠物医院？还是专门给猫咪看诊和手术的诊所？如果这家医院是某个国家性咨询机构的成员，那么这里一定掌握着全部最新的保健资讯。

最后，了解一下它是否提供其他补充治疗方法，比如顺势疗法、脊柱指压疗法以及针灸疗法等。尽量寻找一种积极的、全面的治疗方法，因为这些治疗措施对于猫咪而言（尤其对上了年纪的猫咪而言）是非常有好处的。

免疫

　　就算你的猫咪再健康，它也有可能会被致命的传染病击倒，除非定期给它注射疫苗。如果猫咪接种了预防疫苗却仍然感染了传染病，那情况是相当严重的，因为没有哪种治疗方法能确保治愈它。兽医能做的只是对症治疗，并尽量减轻它的痛苦，除此之外就只能希望猫咪天生的免疫力能战胜疾病了。

疫苗

　　小猫刚生下来的头几天里，它的免疫力来自猫妈妈的初乳，这里面含有丰富的抗体。虽然经过这几天以后，普通的乳汁代替了初乳，但是这普通的乳汁里也含有一些抗体，所以在小猫吃奶的时候，猫妈妈的免疫力就通过乳汁传给了它。小猫一开始断奶，这种天然的保护就减少了。从那时起，小猫要自己加强免疫系统的活性，而不能再被动地从猫妈妈那里获得免疫力了。小猫可以通过暴露在传染病菌之下来增强免疫系统的活性，但是还有更安全更保险的办法，那就是注射疫苗。带猫咪去宠物医院注射疫苗是猫咪日常养护的关键环节。小猫长到9～12周龄的时候可以给它注射一次疫苗，然后在疫苗发挥作用之前，小猫要先养在家里1～2周，以防它暴露在传染病菌之下。之后，每年都要给猫咪打一次疫苗。有的小猫在第一次注射疫苗之后几天之内都会感觉状态不佳，有的成猫在每年一次注射疫苗之后也会出现这种状况，但是很少会出现大的问题。

摆脱烦恼

过去的30年来，人们对猫所患疾病的预防和治疗已经取得了巨大的进步。过去曾经极大地威胁过猫咪的疾病，放在今天已经不成问题，只要主人按计划给猫咪注射疫苗就可以了。

疫苗种类

各个国家推荐的疫苗种类各不相同。比如在美国，城市里的猫主人大多数被建议把猫咪养在家里，而推荐他们给猫咪注射的疫苗主要包括流感疫苗、猫传染性肠炎疫苗和狂犬病疫苗。有些主人把猫咪养在室外，他们应该给猫咪注射衣原体传染病疫苗、猫白血病毒疫苗和猫传染性腹膜炎疫苗。话虽如此，记住你的猫咪随时可能溜到外面去，不一定沾染上哪种你没给它接种疫苗的病菌。所以一定要听从兽医的建议。

致命杀手

猫咪可能患上的最严重的传染病有：猫流感（由两种病毒引起，发生于猫咪的上呼吸道）、猫传染性肠炎、衣原体传染病以及猫白血病毒。在有的国家里，狂犬病也榜上有名。虽然这些病菌不是猫咪可能会感染上的全部种类，它们却是至今为止对猫咪杀伤性最

这只两周龄的小猫还能从猫妈妈的乳汁中获得一些免疫力，但是猫妈妈自己也要按时接受疫苗注射。

大的几种最主要的病毒。

早在几年前，能够有效预防猫流感和猫肠炎的疫苗就已经研制出来了。而预防和治疗猫白血病毒的疫苗则是最近的新成果。至今为止还没有出现过狂犬病的英国，只有当猫咪要到有这种疾病发生的外国去时，权威的动物检疫机构才建议主人给猫咪注射狂犬病疫苗。

全身检查

只有当猫咪健康状态良好的时候医生才会给它接种疫苗，所以不管什么原因，猫咪状态不佳的时候就不要给它注射疫苗。每年给猫咪打疫苗的时候，让医生给它做一次身体检查，检查一下它的耳朵、牙齿、牙龈以及全身的状况。因为如果幸运的话，你的猫咪可能只有在此时才有机会看医生。你也可以趁此机会多准备一些驱除寄生虫的药品。

绝育手术

绝育手术并不只是为了"绝育"这一个目的，它还能免去母猫进入发情期后带来的许多麻烦。母猫的绝育手术又称卵巢切除手术，而公猫的绝育手术称为阉割手术。通过阉割手术，可以降低公猫排尿的频率，同时还可以使公猫尿液的气味不那么刺鼻。动物的行为有一部分是与性冲动相关的，还有一部分则与占领地盘的天性有关。

绝育手术可以在一定程度上改变这两种行为。接受过绝育手术的猫咪通常会变得情绪稳定，更喜欢与人亲近，而且会对这个家产生更深的感情。英国和美国的科学家的最新研究表明，不论雄性还是雌性，猫咪都可以在很小的时候接受绝育手术，并且不会产生副作用。有些小动物保护组织会在小猫被新家庭领养之前，大约8～12周龄的时候就给它做绝育手术，但是大多数宠物医院更愿意等小猫再大一些的时候再给它们做绝育，大约要等到它长到4～6个月大。因为绝育手术要在全身麻醉的情况下进行，所以猫咪在术前12小时之内不能进食也不能喝水。不管对雄性还是雌性，绝育手术都是创伤性的，即手术结果不可逆。

阉割手术

阉割手术就是切除公猫的睾丸，手术全过程要在全身麻醉的情况下进行。这个手术的切口很小，因此术后是不需要缝线的，术后24小时内猫咪就能恢复正常。小猫和成猫都可以接受绝育手术。如果你想要在家里养一只流浪的公猫，绝育手术则能让它更快适应家里的环境，还能使它不那么具有攻击性，减弱它的领地危机感，还可以让它减少四处游逛。这样也就间接地降低了它染上传染病或出交通事故的概率。

卵巢切除手术

接受了绝育手术的母猫是不会失去母性的，它会因此变得更加安全，因为它从此不再因为进入发情期而四处游逛，也不会成为未绝育公猫的"猎艳"对象。母猫的绝育手术即卵巢切除手术比公猫的绝育手术复杂。切除母猫的卵巢和子宫是为了不让它进入发情期。猫咪接受绝育手术时不应处于发情期。手术时会在猫咪腹部剔掉一小块毛，露出皮肤，在这里将会做一个小切口，术后缝合。母猫绝育后很快即能恢复正常，但是主人还是要对它多加照顾，注意给它保暖，提供便餐，这样持续大概一周，直至缝线拆除即可。

猫咪的寿命

从 10 ~ 12 岁开始，猫咪可能就开始进入老年期了。一开始这可能不会太明显，因为衰老的过程是逐渐发生的。猫咪身体各器官的功能不再像从前那样完善，关节慢慢地也会变得僵硬起来。随着时间慢慢过去，猫咪变得远不像往日那样活泼好动，而是在某处一坐就是好久。随后，一些老年猫咪的常见病——糖尿病、关节炎就出现了，从此主人就要不停地看护它，还要喂它吃药。

目前为止最长寿的猫咪叫普斯，是一只虎斑猫，据说它活到了 36 岁！最长寿的纯种猫叫 Sukoo，是一只暹罗猫，于 1989 年过世，活了 31 岁。这两只猫咪相对而言活得已经太长了。大多数猫咪的寿命在 14 ~ 16 年之间，有一部分可能能活到 20 岁。纯种猫咪的寿命是要精确计量的，它们的出生和死亡都要做准确的记录，它们还会有一个注册号。

这只双色波斯猫爸爸仿佛正在思考它同身边这只小猫的差别。

当你收养了一只12周的小猫时，你应该知道它的寿命可能在10～15年之间。也就是说，在今后这10～15年的生活里，这只猫咪将成为你孩子的伙伴，当然也是你的伙伴。猫咪特别长寿的情况是很少见的，很少有猫咪能活到你的孙子出生的那一天。借用一句爱犬界常说的话，猫咪是终身的伙伴，而不是一时的玩具。当你决定领养一只猫咪之前，一定要仔细考虑清楚这句话的含义。

绝育过的猫咪比没有绝育过的寿命要长一些，对公猫而言尤其如此。没有绝育过的公猫常常为了争地盘而打架，所以总是因此受到伤害和感染，这都会缩短猫咪的寿命。母猫的生活要安静许多，虽然它要生养小猫，但如果生活条件好、各方面要求都能满足的话，生育对它的寿命是没有影响的。

除了不同的年龄阶段需要不同营养结构的食物，上了年纪的猫咪的身体反应也会变迟钝，关节也慢慢僵硬起来。这些变化会影响猫咪身体的柔韧度和敏捷性，也会因此导致猫咪某些日常行为习惯的变化（比如给自己理毛）。

面对最终分离

时光飞逝，就像时钟的发条终有松懈的一天，生命很快也会走到尽头。年龄渐老的猫咪慢慢地习惯每天过着一成不变的平淡日子，这也说明它们的身体正逐渐衰退。对于一只猫咪而言，时刻保持高贵的姿态是很重要的，而且它们要比其他的动物更加贵气十足。但是猫咪身体的功能随着年纪的增长而逐渐老化，要保持优雅的姿态也越来越困难。有一些老年猫咪甚至不幸地失去了某些感官的功能，变得耳聋眼盲。因为身体柔韧性变差，猫咪清洁起身体来也越发困难，还有可能失禁，不论哪种情况都会让生来挑剔骄傲的猫咪情绪沮丧低落。

猫咪可能会在睡眠中自然死亡，但这种情况并不常见。如果猫咪患了某种慢性而痛苦的疾病，或者这种疾病让它无法再依天性生活下去，这时主人就要认真考虑，让猫咪继续活下去对它真的有好处吗？在主人的要求下，医生能够无痛苦地结束猫咪的生命。他会给猫咪注射过量的麻醉剂，让猫咪永远地沉睡下去。如果你想这样做的话，很多医院允许主人在这最后的时刻陪伴在猫咪身边，别人只能提建议，最后主意只能靠主人自己来拿，对于长久以来一直和你分享生活的它，安乐死也许是你能给它的最后一份礼物。

悲伤

猫的自然寿命只是人类寿命的一小段，然而在你生命中的一段特别的日子里，比如童年，一只猫可能会每天伴随着你。当你的猫咪死了时，你可能会把它埋在花园里，就埋在它最喜欢趴着打盹的那个地方。如果没有这样做，你也可以把它埋在宠物公墓里，在那里既可以土葬也可以火葬。

猫咪死后，你一定会经历一段非常悲伤的日子，至少在它刚死的时候你一定会很悲伤，就像身边的一个家人离你而去了一般。这是很正常的。你的确失去了家中的一员，而且还是非常重要的一个。那个在你生病的时候依偎在你身边的毛茸茸的小身体，你生病，它也跟着难过。你会想起它小小的呼噜声，充满了欢迎和信任。你不能告诉给别人知道的话，它都可以听你讲完，安慰你，直到你找到解决的办法。当你失去它的时候，你有悲伤的权利。

伤害和疾病

家庭护理

生病的猫咪要养在一个幽闭的地方，这里要温暖，不能让猫咪吹风，还要安静，另外还应便于清洗和消毒。前两个条件还比较容易达到，最后一个条件可能实现起来比较困难。很多现代的家庭都铺着地毯，这样很不容易消毒。铺地板的房间比较容易消毒，如果没有这样的单独房间，那么你可以考虑买一个可拆卸的大塑料旅行航空箱，这样能把它彻底地清洁一遍。

你一定要用兽医推荐的消毒液来消毒，这样才能避免猫咪食入含有煤焦油、木焦油、苯酚、甲酚、六氯酚等有毒物质的化学品。这些化学品虽然人类可以使用，但是对猫咪却是致命的毒药。如果猫咪患的病传染性极强，那么你在照料病猫的时候要在外面套上旧的衣服和鞋子，用过之后要彻底洗干净。用过的绷带和消毒用品一定要马上销毁。猫咪的呕吐物和粪便要立刻清理掉，然后将沾染过污秽的地方彻底消毒。

和蔼体贴的态度

我们可以用关心、爱心和细心帮助猫咪迅速地康复起来。

每天花一点时间和猫咪说说话，适当地和它保持身体接触，注意不能太用力，确保猫咪的饮食能满足它身体的需要。猫咪这时可能还不能自己行动，所以喂食、喂水、梳毛和帮它上厕所就都是你的责任了。这些事做起来都非常耗时，但在做的同时，你也和猫咪建立起了更亲密、更牢固的感情。

喂猫咪吃药

关于喂猫咪吃药该喂多少、每天喂几次，兽医会给你提出一些建议和说明。猫咪吃的药品分为以下几种形式：液剂、片剂、胶囊、滴剂和洗剂。要想成功喂猫咪吃下这些药的任意一种而不引起麻烦，秘诀就在于一定要对自己有信心。不过，有些猫咪会张牙舞爪地反抗你往它嘴里塞入任何异物。如果你的猫咪就是这样，那么你就要找人帮忙了。必要的话，可以把猫咪小心地用毛巾绑起来。

液体药物可以用诊所提供的塑料注射器喂猫咪服下。使用过后，注射器要彻底清洗，然后保存在灭菌剂中以备下次使用，可以选用给婴儿喂食用具消毒用的灭菌剂。将一次的药量吸入注射器中，牢牢固定住猫咪的头部，轻轻地将注射器插进猫咪嘴侧的上下唇之间。轻轻地推动活塞，慢慢地把药液推入猫咪口中，给它把药吞下去的时间。这样做能降低药液进入肺部的危险，对于正在生病的猫咪，药液进入肺部很快就会引起肺炎。如果你打不开猫咪的嘴，有一种像拉长的注射器一样的小玻璃药瓶能帮助你。药片就放在小玻璃瓶里，里面有一个活塞，能把药片推到猫咪的舌头后部。推的时候把这个药瓶抵在猫咪的上颚上，不要直接按在舌头上。药片送出后，把猫咪的嘴合上，抚摸它的喉部，直至它把药片咽下为止。

大部分滴剂都是设计成滴眼或滴耳的，每次滴一滴。如果不是，那么可以去药店买点滴器。一定要仔细阅读说明书，看清楚如何在使用前将药水吸入点滴器中。

图中这种特殊的注射器能从宠物医院或宠物商店里买到，给猫咪喂药的时候你会用得到它。

眼睑和耳膜都是非常麻烦的器官，所以一定要抓住猫咪的头，这非常重要。再找一个人帮忙的话能做得更容易一些。

使用滴眼剂的时候，一次滴1滴就够了；使用滴耳剂的时候，要牢牢地固定住猫咪的耳翼，将耳道打开，向耳朵里滴入2～3滴，然后轻轻地按摩猫咪的耳朵。滴耳剂通常是油性的，滴太多反而会形成油污。

意外伤害

猫咪在家里很容易发生危险。千万不要指望猫咪自己懂得分辨什么有危险什么没有危险，比如哪种植物是有毒的。它可能从任何一个匪夷所思的角落掉下来并成功着陆，但是这只限于一定高度之内。猫咪从阳台上掉下去也是会受伤的，严重程度和其他的动物从阳台上掉下去时一样。猫咪也像小孩子一样容易受到意外事故的袭击，你应该随时注意它在家里的安全。

我们应该懂得一些急救措施，这样在送猫咪看兽医之前我们能够先做一些处理。猫咪受伤严重的情况下，这一点点努力可能就是生与死的区别。当猫咪处于极大的惊吓或痛苦的状态中时，它会本能地抓咬东西。如果猫咪出现了这样的状况，要冷静地和猫咪说话，尽量为它保持一个温暖、舒适的小空间，直到它能接受专业治疗为止。在任何紧急情况下，第一条准则，不能恐慌；第二条准则，依靠常识进行急救。虽然你没有经验，但是你可以通过仔细观察来认识紧急事件。此时唯一要做的就是迅速进行急救，但是如果你对情况的紧急性没有把握，那么就要立刻寻求专业的帮助。所有的兽医诊所都必须提供24小时急救服务。首先给兽医打电话，查询他是否有其他紧急事件需要处理，或者至少也要提前通知宠物医院你马上就到。

在紧急情况下运送猫咪的话，纸盒箱是方便的选择。如果把受伤的猫咪放在担架上，它很容易掉下来。给猫咪盖一个毯子为它保暖，立刻给兽医或诊所打电话。尽量保持镇静，尽量温柔地对待猫咪。

紧急状况

紧急情况下你应该怎么做？如果猫咪处在可能发生危险的情况下，比如在车来车往的马路上，那么你要立刻把猫咪小心移开。轻轻地抓住猫咪颈后的皮肤把它提起来，并用另一只手支撑它的身体，注意避开受伤的部位。把它放在舒适的箱子或篮子里，如果猫咪失去了意识，要注意清理它口中的淤血和呕吐物，并把它的舌头拉出来，防止它窒息。猫咪躺倒的时候，应把它的头部放在身体的水平线以下，以方便残余的液体流出。

如果猫咪流血不止，非常严重的话，试着在伤处绑上止血绷带。如果伤处在四肢上，那么这个办法会很有用。否则的话，试着用指压法暂时止血。

窒息

如果猫咪呼吸困难，先用毛毯或毛巾把它包起来让空气不要流通，然后观察猫咪的嘴里是否有异物。你可以试着用小手电照亮食管，然后用镊子把异物拉出来，小心不要被它咬到。如果猫咪吞下了尖锐的物体，那么一定要找兽医来处理。如果猫咪吞下了一条长线，千万不要贸然拉它出来，让线留在那里或者把露在外面的线头系在它的项圈上，这样猫咪就不会在你去找兽医的时候把线吞掉。

异物

如果沙子、种子或其他物体掉进了猫咪的眼睛或耳朵里，你可以使用滴眼液、滴耳液或橄榄油来把它冲出来。千万不要用镊子。有时也可以用棉布轻轻地把异物从眼睛里擦出来。

如果猫咪的皮毛上沾上了油、油漆、化学物质等危险品，你要立刻用清洁剂的稀溶液或肥皂水把它洗掉。已经弄得很脏的皮毛应当仔细剪掉，并用肥皂和水清洗该区域。

死而复生的情况

完全休克的猫咪看起来可能和死掉了一样，但是如果你急救得法的话它有可能还能活过来。这种状况多发生在新生小猫身上。我们可以把手指放在小猫的腋窝里感受它的脉搏，这样就能很简单地判断它是否还有心跳。如果发现它已经没有脉搏了，那也不一定说明它已经死亡了，我们可以让它头部向下，用手指轻柔地按摩它的胸部，这样还可能让它重新活过来。

心脏病

因为心脏疾病而休克或死亡的猫咪数量（尤其是纯种猫数量）有所上升，而心脏病有很多种类型。看起来似乎很健康的猫咪可能忽然就会倒地死亡。我们认为这种情况是家族性的，但是遗传的模式还没有弄清，目前这是国际上正在大量研究的课题。心脏病发病不十分剧烈的时候，可以通过按摩猫咪的胸部来救治。

电击

猫咪在啃咬电线的时候可能会遭到电击。首先我们应立刻将电线从猫咪身上拿开，防止猫咪继续遭受电击。如果猫咪严重烧伤，从它牙龈和嘴唇就能看得出来，这时候要立刻寻求兽医帮助。

溺水

很少量的水就会导致猫咪溺水。只要水充满了肺部导致氧气无法进入血管，那么猫咪就会溺水。这时要拍打猫咪的背部，把水从肺部排出来，更多的时候要采取更

猫咪能游泳，土耳其梵猫甚至特别喜欢水，但是如果它的肺部进水过多它一样会溺水而死。

激烈的方法，比如拎住猫咪的后腿把它倒提起来摇晃，这样也能把水控出来。然后可以采取处理窒息等紧急状况的急救措施对猫咪进行急救。

动物咬伤

喜欢在户外自由散步的猫咪比关在家里的猫咪更容易和其他动物发生接触。在不同的动物之间，很容易因为领土权而产生争斗。被任何动物咬伤都是很危险的，包括狗、老鼠、蛇等等，因为动物的口腔里带有很多细菌。

猫咪被咬伤了并不是很容易就能发现的。通常如果猫咪受了伤，它会找一个安静、隐蔽的角落舔伤口。这是猫咪自己的急救措施，因为它的唾液有天然的杀菌作用。

有时候，在猫咪表现出来之前，你可能一直都不会发现隐藏的伤口。注意为猫咪保持温暖和舒适，并寻求兽医的帮助。如果延误了治疗，猫咪的患处可能会感染，那就会使病情变得复杂了，对猫咪的伤害也就会更大。要定时清洗伤口，并用合适的抗菌剂为猫咪洗澡。

脓肿

没有经过处理的伤口可能会感染，从而会引起脓肿，患处会肿胀得很大，里面充满脓水。如果不经过治疗处理，脓肿甚至可能恶化，这时没有经过处理的脓会进入血液，猫咪就有患败血症（血毒症）的危险了。最初的伤口很容易处理，正确的处理办法是带猫咪去看兽医，兽医会切开脓肿的患处，让脓水自然排净。

和人类的败血症一样，猫类的败血症也是很严重的疾病。它发作快，几小时之内猫咪就会高热不退。随后它可能会痉挛、呕吐、体温骤降到正常体温以下、昏厥然后死亡。

导致脓肿的最大原因就是其他动物咬伤或抓伤。猫咪和其他动物打架的时候总会形成这种伤口，所以大多数发生脓肿的部位都在头部和颈部、脚掌和尾根附近。

蛇咬

很多蛇都是有毒的，并且伤处的周围随后还会肿起，慢慢地猫咪会麻痹、换气过度并伴有抽搐，然后就会休克昏迷。

一旦验好伤，尽快在伤处绑一根止血带。最可能被咬伤的位置在腿上、脚掌附近，这时止血带应该绑在腿根处。

在蛇咬伤的地方绑好止血带是为了防止毒液进入血液。但是记住，止血带也阻断了腿上的血管。因此要每隔两三分钟就把止血带放松一次，保证腿部组织的活性，即使会有一定的毒素进入血液也只能如此。如果没有这样做，腿部组织可能就会因为受伤严重而完全残废了。

蜇伤

猫咪天生喜欢追逐小昆虫，还会不顾危险地向它们突然扑过去。被黄蜂蜇一下其实没什么大不了的，但是要记住，黄蜂可能会反复蜇上好几次！虽然猫咪动作很快，但是因为黄蜂会躲在猫咪的皮毛里纠缠不清，所以在把它赶走之前，猫咪还是会被蜇上好几次。相比而言，蜜蜂就不同了，它在蜇了之后就会马上飞走。蜜蜂蜇过别的动物之后自己就会死亡，因此它所有的毒液都会留在伤口里。另外，当猫咪吞食昆虫的时候，它的口腔和舌头也可能被刺伤。这种刺伤会引起口腔红肿，并且猫咪在呼吸和吞咽的时候也会有困难。如果刺伤在外面，那么猫咪就会很痛苦很难受；如果刺伤在内部，情况则可能更危险。

猫咪被蜇伤之后会出现过敏反应，这一点很令人担忧。

如果猫咪被蜜蜂蜇伤，并且已经引起了红肿，那么留在伤口里的毒刺应该是可以看清的。我们必须马上用镊子把毒刺拔出来。不管伤口在内部还是在外部，主人都应该立刻带猫咪去看医生。

如果猫咪被蜜蜂或者黄蜂蜇伤，我们要用抗组胺剂（防止伤口发炎的药品）的软膏或洗液把它的伤口处理一下。如果手边一时找不到这种药，我们可以用家中常备的其他消炎药品代替。如果是蜜蜂的蜇伤，那我们要用碱性物质来处理伤口，比如碳酸氢钠（小苏打）；但是如果是黄蜂的蜇伤，则应该用酸性物质来处理，比如醋。最后，注意一定不要让猫咪自己去舔受伤的地方。

中毒

猫咪都是冒险家，它们每时每刻都可能从有毒的东西上面走过。当它们给自己清洗的时候，毒素就会从爪子上被舔进嘴里，这样很容易引起中毒。

如果猫咪的爪子沾上了有毒物质，主人可以用猫咪专用洗液来清洗，然后用大量的清水彻底清洗，这样可以在带它看医生之前先减轻患处的疼痛。呕吐、疲乏、假性失明、痉挛、虚脱，这些都是中毒的迹象。如果猫咪出现了这些症状，要立刻送它去医院。

猫咪中毒后，不先给它保暖并保持安静，却想先自行处理以减轻它的痛苦，这是非常不明智的。如果你知道猫咪中了什么毒，带上一点样本，这样如果有解毒剂的话医生也能尽快配出来。

擦伤和瘀伤

如果猫咪身上有瘀伤，你摸到瘀伤的部位时它会表现得非常不舒服，这是你能够发现的状况。可尽管如此，瘀伤还是比割伤更让人难以察觉。如果伤处开始脓肿，猫咪也会出现类似的症状。和人类的瘀伤一样，有些瘀伤会很快在皮肤表面上表现出来，而有些位于皮下较深的瘀伤则会过上几天才能表现出来。如果你对处理这些瘀伤没有把握，那么就带猫咪去看医生。金缕梅对瘀伤和擦伤的治疗效果非常好。虽然在治疗的时候这种药物所使用的剂量已经非常小了，但是我们最好还是给猫咪的脖子上加上一个辅助治疗用的项圈，以防止猫咪把涂在患处的药物舔下来。

扭伤和跛行

猫咪有时走起路来可能会一瘸一拐，并且不停地舔受伤的地方。如果你觉得你的猫咪可能有哪里不太对劲儿，首先应该仔细地检查猫咪的爪子，看看上面是不是扎了刺，如果有的话，尽可能用镊子把它拔出来。然后，你要仔细地给伤处消毒，并且注意猫咪的一举一动。处理好之后要把猫咪暂时关在家里，如果它的伤口迟迟没有恢复，就要找兽医给它看一看了。

如果猫咪扭伤了，它是不会心甘情愿地安静下来的，它会一直亢奋地动来动去，这不仅会使扭伤恶化，还会妨碍伤处康复。

烧伤

猫咪会被做饭的香味所吸引而跳到做饭的地方去，甚至会钻进烤箱里，所以很容易被四溅的热水热油烫伤。另外，如果猫咪接触到了在房子里或者花园里翻出来的某些有害物质，不论接触的地方在内部还是外部，它都可能会被严重伤害。

一旦皮肤被烫伤，身体就会自动启动本能的急救措施。

体液会自动流向受伤的部位，随后伤处就会鼓起一个水泡。不要戳破这个水泡，它里面的体液能够防止感染。你可以用凉水冲洗伤处，直到那里的温度降下来为止。随后叫兽医来看诊。你还可以用一块消过毒的、干燥的布把受伤的地方宽松地包扎起来，以防感染。

病毒感染

病毒都需要一个宿主来为它们提供繁殖所需的能量。并不是所有的病毒都致病，对猫咪而言，那些致病的病毒是导致猫咪们病情严重的罪魁祸首，它们会使猫患上肠炎、流感或狂犬病。有的病毒适应力很强，它们能够在宿主的体内存活很长时间，是非常稳定的，比如导致猫咪患肠炎的病毒；而另一些病毒目前已经可以通过消毒来杀灭，比如流感病毒。有的病毒能在很短的时间内引起剧烈的急性病，而另一些病

毒在发病前会有一段较长时间的潜伏期，比如猫科动物免疫缺陷病毒（FIV）。

我们可以给猫咪注射疫苗来保护它们不受病毒侵害。虽然如此，目前临床上还是没有普遍推广能够预防狂犬病和猫传染性腹膜炎的疫苗。这两种疫苗全球范围内

这是一只淡紫色—巧克力色的杂交缅甸猫，它得了非常严重的结膜炎，这是感染猫流感的症状之一。

都有所应用。但在英国，只能为即将出口的动物接种狂犬病疫苗。在英国颁行了检疫隔离法之后，就可以强制性地给猫咪接种疫苗。如今，注射疫苗很好地预防了这些病毒性疾病的发生，其中就包括猫肠炎和流感。

传染病不一定等同于疾病。疾病指的是动物任何器官的正常功能所受到的损伤，通常都是被传染的，但也不一定每种疾病都是传染病。比如，猫咪可能会感染上猫类冠状病毒，但是不一定就会表现出一定的患病症状。并不是所有的传染病都有传染性，也就是说，不是所有的传染病都要通过接触去感染其他的动物。

衣原体传染病

衣原体是一种有机体，从生物学上来讲它位于病毒和细菌之间（和病毒不同，它是一个独立完整的细胞体，并且并不需要宿主），它会导致猫咪的上呼吸道感染，这种疾病的症

这只蓝色东奇尼猫有一只眼睛患有急性结膜炎和角膜混浊症，这是猫咪感染上衣原体传染病的症状。

状和流感非常相似。突发的上呼吸道疾病会导致猫咪的一只眼或双眼发炎红肿，严重时还会流出脓水。这种疾病发作更严重的时候还会导致猫咪鼻子流脓，同时还伴有味觉和食欲的消失。衣原体对抗生素类的反应很大，细菌也对抗生素很敏感。从1991年开始，有一种衣原体传染病疫苗就已经投入使用了。

猫流感（病毒性鼻炎）

这种病很麻烦，它会影响猫咪的上呼吸道。这类疾病主要由两种病毒引起：猫类萼状病毒和疱疹病毒。这两种病毒都会使猫咪咳嗽、打喷嚏。鼻部和眼部的脓会使猫咪很难受，喉部剧烈的磨痛让猫咪不愿吃食喝水。猫类萼状病毒经常会导致鼻子、嘴和舌头严重溃疡。猫类疱疹病毒可能会导致鼻部、气管和肺部发炎，这会使猫咪一刻不停地咳嗽、打喷嚏。

要注意给猫咪保暖，给它舒适的环境，还要鼓励它多吃东西，足量饮水，只有这样，猫咪活下来的机会才会大一些。给猫咪服用抗生素能降低继发感染的概率，但是不能杀死原始的病毒。最好的防治措施是给猫咪接种有效的流感疫苗。

猫传染性肠炎

这种病被人称作猫瘟或猫细小病毒综合征，是由猫泛白细胞减少症病毒（FPV）引起的一种高度传染接触性疾病。这种高死亡率的传染病最初的症状是重度高热。这种病毒能在细胞间快速传播，尤其在肠道里传染得更快。其他症状包括突然的情绪低落、厌食、呕吐、非常想喝水但是又喝不进去。痢疾并不是常出现的症状。随着迅速脱水症状的出现，猫咪很快就会昏迷乃至死亡。这种传染病发病之迅速，从最初短短的潜伏期开始直到死亡只要两三天时间，从呕吐症状出现到死亡甚至不会超过24小时。适当的急救措施能有所帮助：给猫咪保暖，不要让它受风，按照医生的建议为猫咪进行水化治疗。

猫白血病病毒

猫白血病病毒（FeLV）最早引起纯种猫育种者的注意是在20世纪70年代初。一开始人们害怕这种传染病会传染给人类，尤其是小孩。后来证明并非如此——这种病毒只能在猫之间传播。最初人们认为纯种猫比其他猫种更容易感染上猫白血病，但是这一点也一直没有得到证实。一旦接触到这种病毒，所有的猫都同样会迅速地感染上这种传染病。后来人们发现感染过这种病毒的猫的比例远比人们预想中的要高得多，它们最后也活了下来并且活到很老。以前有兽医声称患了猫白血病的猫应当尽早安乐死，这个发现证明这种说法纯粹是无稽之谈。

有的猫在患了猫白血病之后又很快感染上其他传染病，这些传染病总是非常严重而且无法治疗，因为猫白血病病毒会给免疫系统带来灾难性的破坏，对其他系统的影响则没有这么严重。

猫科动物免疫缺陷病毒（FIV）

这种病毒和人体免疫缺陷病毒（HIV，即艾滋病毒）很类似，这种病毒会慢慢地导致猫咪患上获得性免疫缺陷综合征（AIDS）。猫科动物的艾滋病毒并不会传染给人类，而人类的艾滋病毒也不会传染给猫。

FIV病毒会一点点地破坏猫的免疫系统。免疫力下降会导致猫咪很容易受伤，并且容易感染。虽然猫咪在感染后的初期里健康状况仍然良好，但是一些小毛病会慢慢变得无法医

　　猫传染性腹膜炎通过唾液和粪便传染，因此要定期给砂盆消毒，这对预防疾病是非常必要的。猫咪无论多大都有可能患上这种疾病。

治，最终导致猫咪的死亡。目前为止，还没有预防这种病毒的疫苗。

猫传染性腹膜炎（FIP）

　　其实，FIP病毒在很多猫的身上都能发现，并且只在少数情况下才会引起暂时性的腹泻。然而在感染上这种病毒的猫之中，有10%的病例会出现体内扩散的情况，病毒从肠道蔓延开来侵蚀到血管，从而导致非常严重的炎症——这就是猫传染性腹膜炎。猫咪的体内有一层膜把腹腔从中隔开，这层膜叫作腹膜，而一旦腹膜的血管感染上了病毒而发炎，治疗起来是非常困难的，并且多半不会成功。到目前为止，我们还没有清晰地观察到这种传染病发病的整个过程。几乎猫咪的每一个年龄阶段都可能发生传染性腹膜炎，即使是很小的幼猫也有可能染上这种疾病。

　　湿型猫传染性腹膜炎是这类传染病中最常见的一种。这种病发作起来非常快。猫咪一天之前可能还精神奕奕、活泼好动、胃口好、排便也很正常，可一旦感染上这种病毒，24小时之内猫咪就会变得没精打采，毫无食欲，还会出现呕吐和腹泻的症状。它的皮毛变得黯淡，而最突出的特征则是因为充水而胀得非常大的腹部。这种病是治不好的，安乐死是唯一的出路。

干型猫传染性腹膜炎在这类传染病中不太常见，并且很难诊断出来。这一类发病的征兆和其他疾病的前兆很相像。到了一定阶段之后，猫咪还会并发黄疸病，并且出现和猫流感相类似的症状，比如方向感的丧失、眼部出血导致失明甚至最终导致痉挛。

我们可以通过抗体检验来测试猫的身上是否携带这种病毒。如果猫的身上没有这种病毒，那么它的滴定度设为零。80%的猫测验结果都呈阳性，这表示它们曾经接触过这种疾病。有的育种者对外称自己育种的猫滴定度为零，但大部分兽医检测的结果都显示出了一定的滴定度，只不过这个值较低，一般被认为在正常范围之内。大部分的猫看起来都很正常，即使它们检测的结果显示出滴定度较高。

狂犬病

包括人类在内所有哺乳动物都是狂犬病的易发群体，因此被带病的动物咬到是非常危险的。一旦被传染上狂犬病毒，猫咪的食量和声音就会表现出非常明显的变化，有时还会出现意外的攻击性举动。狂犬病病发时猫咪不能喝水，因此狂犬病又被称为恐水症。狂犬病还有其他症状：口吐白沫、下颌瘫痪、方向感丧失。

目前狂犬病是可以治愈的，但是必须要在被疑似狂犬病患病动物咬过之后马上开始处理。一旦狂犬病那一段长时间的潜伏期已经过去，已经有症状显露出来之后，任何哺乳动物（包括人类）要想治愈狂犬病，可能性都是微乎其微的。很多国家都没有发生过狂犬病，包括英国。如今已经有预防狂犬病的疫苗了，并且在出现过狂犬病的国家里，狂犬病疫苗都是强制性注射的。但是现今，英国是唯一一个只为出口的动物注射狂犬病疫苗的国家。

猫海绵状脑病

猫海绵状脑病是由一种不能自生的蛋白质亚病毒引起的。它和牛的海绵状脑症（即疯牛病）很像。这种疾病对猫是致命的，并且病体死亡之前无法确诊。这种病似乎是通过吃了带病的肉传播的，比如吃了带疯牛病毒的牛肉。发病猫会有不正常的行为表现，包括不再能自己理毛、经常流口水、肌肉常常会颤抖，并且头部姿势常常不正常。但是，只有在病体死亡后才能确诊。

寄生虫

要预防寄生虫，首先就要了解寄生虫的情况和它的危害。我们每天打理猫咪的卫生时就要检查它的皮毛和皮肤，确保里面没有寄生虫。

寄生虫指的是寄生在宿主体内，以宿主为食物来源和庇护场所的动物或植物。它靠损害宿主来维持自己的生命，会造成宿主健康状态的下降，有时还会造成宿主死亡。有的寄生虫传染病，甚至可能从作为宿主的猫咪身上传染到猫的主人身上。

彻底清除寄生虫的准备工作简单可行，通过清除工作，我们可以根除跳蚤、扁虱、白虱、螨虫、癣菌等外在寄生虫，以及蛔虫等内在寄生虫。只要听从兽医的意见，严格根据兽医的指示行动，并且坚持按照一套严格的清洁制度来给猫咪做清洁，寄生虫也不是很难处理的。

跳蚤

　　如果猫咪生了跳蚤，它就会不停地抓挠身上，尤其是脖子；它还会下意识地不断清洁脊背上的皮毛，甚至可能会撕咬自己的整个脊背。发现猫咪出现了这种情况时，主人要用指尖和指甲轻轻地梳理猫咪耳后、颈部、脊背和尾根处的皮毛。如果梳理出了深棕色、近乎咖啡色的小粒粗砂，那么把这些粗砂放在潮湿的纸巾上。如果在纸上显出了红色的印记，那么说明这些粗砂是跳蚤的粪便，这些粪便里大部分是凝固了的血。

　　如果猫咪被咬得很严重，或者猫咪对跳蚤叮咬时所注入的毒素过敏，在跳蚤出没严重的情况下，猫咪被跳蚤叮咬的

　　这只猫咪正在接受常规的检查，看它有没有生跳蚤和虱子。主人可以在每周给它打理皮毛的同时做这个检查。

地方，可能会发现一小块一小块结痂的皮肤，带着即将脱落的痂子。猫咪会很疼，那些小块的皮肤微微有些下垂。这种现象会随着跳蚤的根除而迅速地消除。

跳蚤在猫的软毛中移动得非常迅速，即使已经看见也很难将它们捉住。猫、狗以及人类身上的跳蚤都可能会攻击猫咪。这些种类的跳蚤都会在猫的皮毛上产卵；有一些则可能会离开，在地板的裂缝中，或者在纺织类的衣物中、地毯里孵化幼虫。这些幼虫生长发育成跳蚤之后，会立即跳到那些可能在附近走来走去的人身上，以他们为宿主，靠他们为生。跳蚤有摄取食物和休息两个时期，能够存活2年以上，但是通常寿命为2~6个月。

一些抗寄生虫的药物，包括粉末、清洗剂和喷雾在宠物商店、超市和兽医那里都能够买到。如果跳蚤出没的情况非常严重，不仅必须对猫咪进行治疗，而且还要对整个环境进行处理。能够长时间起作用的喷雾对整个环境有可能是最有效的。而至于猫咪，最简单的也是最有效的一种方法就是使用杀虫剂，将之涂抹在猫咪脖颈处的一小块地方就可以了。这种限定区域的"点施"方法能够让猫的整个身体处于保护之中，药效长达1个月。

现代抗寄生虫的药物都非常安全，其中有一些甚至适用于非常幼小的猫咪，也很方便就能买到。

扁虱

扁虱和跳蚤一样，也是靠吸食血液为生。然而，和跳蚤不同的是，它们会永远寄生在猫的身上。从分布上来说，这种寄生虫通常生活在农村地区，但是，刺猬扁虱在城市地区很常见。扁虱会将它的头隐藏在宿主动物的皮肤里，贪婪地吸食血液。有的时候，扁虱可能会生长到扁豆大小，然后完成它的生命周期，再也不会对猫造成进一步的伤害。不过，扁虱可能会转移到一个家庭里的其他动物身上。要消除扁虱需要精确性，要避免扁虱的头部仍然埋在皮肤里。猫本身有可能会因为扁虱在它们的皮肤里而感到疼痛，并不耐烦地将扁虱挠抓下来，但扁虱的头部可能仍然留在皮肤里。这样通常会引发慢性感染，随之而来的就是脓肿和疼痛，这些都很难治疗。在除扁虱之前，兽医会用一些东西让扁虱放松其对皮肤的把持力。一些家用物品如外用酒精或者任何形式的酒精饮料可以取得相同效果。接着用镊子或者定做的除扁虱器（这些东西在宠物商店就可以买到）将整个扁虱小心翼翼地拔出来。

扁虱的叮咬还可能是一种被称作莱姆病（一种由螺旋体引起的炎症，由扁虱传播，症状通常是开始时出皮疹，接着出现感冒症状，包括发热、关节痛、头痛。如处理不善，可导致慢性关节炎和神经及心脏功能障碍）的细菌疾病的起因。这种疾病发生在英国，但是其在美国散播的范围也越来越广。猫咪患上这种疾病的症状包括：不愿意跳动，随之而来的是关节僵硬和急性疼痛、体温上升、无精打采、淋巴结肿胀，尤其是头部和四肢周围。验血可以确认这种疾病的病因，一般需要采取4~6个星期的抗生素治疗。如果能够预防扁虱，莱姆病就不会发生。绝大部分预防跳蚤的药物配制品也能够预防扁虱。

白虱

在猫的身上出现白虱还不是很常见，但是，如果环境很差或者猫到了一定的年纪，个别的猫还是有可能受到感染。

显示出猫咪身上有白虱的迹象是一些抓痕，通常不会过多，且伴随着出现皮肤干燥以及皮屑或皮垢异常增多。白虱用肉眼就非常容易看见。白虱的卵和幼虫直接产在猫咪的第3层毛上，看起来像被粘在那里一样。除跳蚤的药品对白虱也非常有效。

螨类

有4种螨类会侵害猫咪的皮肤和耳朵。其中一种叫作秋螨，这种螨虫出现在秋季。它的幼虫多数会侵害猫咪皮肤较薄的地方，例如脚趾之间、下腹部、腹股沟或者嘴唇和鼻子周围。

这些幼虫呈橘色，大小刚好在肉眼的视力范围内。它们会使猫咪变得烦躁不安且富有攻击性，让猫咪常常咬人抓人，并因此而更加烦躁，形成恶性循环。患处的溃疡呈圆形，并且有潮湿感，周围皮肤结痂。螨虫感染的传染性非常强，因此应该做好杀虫的准备工作。

耳螨很容易在猫咪之间传染，这种螨虫使猫咪更加烦躁：猫咪会不停摇头，用爪子把耳朵几乎按平，还会近乎疯狂地抓耳朵。猫咪这样的行为经常会在患处造成一定的创伤，从而导致二次感染。如果猫咪的耳朵生了螨虫，我们是能够发现的，其中一个征兆就是耳朵里会有积留下来的深棕色物质。因为耳朵的结构很精巧，最好是先让兽医来给猫咪进行治疗。然后，主人才可以轻轻地清洗猫咪的耳朵。

恙（yàng）螨不太常见，这种螨虫会让猫咪长出"活的头皮屑"。它们通常会引起轻微的烦躁情绪，猫咪会比往常更爱抓痒和清洁，感染上恙螨的猫咪通常有生"头皮屑"的迹象。其实，恙螨通常生在野兔身上，并且能够传染人类

（感染后会使胸部、腹部和臀部生皮疹）。治疗的方法就是杀虫——不光要给猫咪除虫，还要给人除虫！

还有一种非常罕见的疥螨病，这是由寄生螨引起的。这种病的患处通常位于头部，从耳根处开始蔓延。患了疥螨病的猫咪会变得相当狂躁，还会出现脱毛现象，并且整体的健康状况都会十分不佳。病情严重的情况下甚至会引发其他严重病。一旦发生二次感染，必须要给猫咪注射抗生素，而患处已经坏死的皮肤也要进行杀虫处理。

猫癣

猫癣是由一种真菌引起的，并且能够传染人类，尤其是孩子。人感染猫癣后，皮肤会呈现环形，有鳞状物的斑块，并且非常非常痒。如果这种病发生在猫身上，尤其是波斯猫，它们的皮肤会起很多小疙瘩，还会起皮屑。最糟糕的是，患处会发

这只小猫头顶上的这处已经确诊为猫癣。这种真菌寄生在猫咪的毛上，而不是寄生在皮肤上，它使猫咪的毛很容易脱落。

展成潮红的溃疡面，且有向外扩散的趋势。寄生的真菌生活在猫咪的毛上而不是皮肤上，这令毛很容易脱落。小猫以及身体状态没有达到最佳水平的猫咪很容易感染上猫癣，这给用于参展的长毛猫咪带来很大问题。

最开始兽医会用滤光器（伍德射线）做出诊断，在这项实验中，65%的病例都会发出荧光。虽然实验室中得出的实验结果更加可靠，但是所花费的时间也更长。整个治愈过程漫长而单调，并且没有捷径可走。我们要用杀除真菌的药剂给猫咪杀掉真菌，不但要用适合外用的液体杀真菌剂，还要给猫咪吃药片。同时，我们要对人和猫咪所居住的整个环境做一次彻底的消毒清洁，以根除所有的孢子。如果必要的话，我们还要就这一套消毒程序的问题请教专家。在美国和英国，科学家们致力于研究如何提高诊断的准确性以及治疗的效果。在一种疫苗的制造问题上，科学家已经取得了相当大的进展，但到目前为止还只是能缩短治疗的时间而已。

蛆虫

猫咪拉肚子的时候会招来苍蝇，伤口流出脓水来时也会吸引苍蝇。蛆虫在猫咪的皮毛间落脚。对于状况很糟糕的猫咪来说，它们都曾被苍蝇袭击过，比如那些流浪的野猫。蛆会在猫咪的皮肤上钻洞，并且会向深处钻上很长一段。猫咪的身体会自动产生一种毒素来治疗被钻了洞的皮肤，而这种毒素却可能会导致毒血症。如果你发现自己的猫咪传染上了蛆虫，那么一定要用肥皂和清水尽可能地把它洗干净，并且立刻去医院，千万不能耽搁。

蠕虫

猫咪可能感染上两种体内寄生蠕虫——线虫和绦虫。宠物商店和超级市场都有很有效的驱虫药卖，不需处方就能买到。但是，经验表明我们很难把握好准确的使用量，因此建议平时给猫咪驱虫时最好得到兽医的许可。预防寄生虫的药能给猫咪多方面的保护，现在市场上有片剂也有注射剂。规则地给猫咪驱虫，准确掌握好每次驱虫间隔的时间，能够保护猫咪不被寄生虫感染。驱虫应该每6个月做一次，通常在每年一次给猫咪注射疫苗时，也可以顺便给猫咪做一次驱虫。

1.线虫

线虫包括蛔虫、钩虫和肺蠕虫。猫咪感染了蛔虫是很难被发现的，除非感染的症状特别严重，这种情况下，猫咪甚至会排出一团活虫。如果你怀疑猫咪感染了线虫，首先你需要把猫咪的粪便样本送到医院进行精确的检查。蛔虫和钩虫通常寄生在小肠中。它们的生命周期非常相近，但是蛔虫会四处活动，以宿主正在消化中的食物为食，而钩虫会附着在肠道的内壁上吸食宿主的血液。这两种病的症状也有一点不同。蛔虫病严重的时候，猫咪会腹泻，毛发变得稀疏，并且通常能看得出来它不舒服。感染蛔虫病的猫咪胃部还会胀起来，像长了啤酒肚一样。钩虫病的主要症状则是贫血，从猫咪鼻子上的皮肤和牙龈的颜色就能明显地看出来。它的牙龈看起来特别苍白，几乎呈白色。另外猫咪会没有精神，并且会变得很瘦很瘦。

肺蠕虫的中间宿主是鼻涕虫和蜗牛，猫咪可能会因为吃了它们而感染。不过更可能是有的鸟或啮齿类动物吃了带有虫卵的鼻涕虫或蜗牛，而猫咪又吃了它们而感染上了肺蠕虫。不过这种寄生虫是很少出现的。经过一段在肠道和淋巴结中的复杂旅行，幼虫长成了成虫，并通过血管逐步进入肺里，会出现呼吸系统疾病的症状，与支气管炎和肺炎的症状很相似。

2.绦虫

绦虫病相对而言比较好诊断。绦虫的孕卵体节能附着在肛门附近的皮毛上，看起来就像"宽面条"一样。绦虫需要中间宿主，跳蚤就充当了这一角色，绦虫可以直接传染，跳蚤也能传染绦虫病。因此杀灭跳蚤非常重要。跳蚤的幼虫会吃掉含有虫卵的绦虫孕卵体节，随后当跳蚤的成虫在猫咪的身上吸血时，含有绦虫的部分就被猫咪感染了。如果猫咪在自己做清洁的时候抓到跳蚤吞了下去，那整个过程就完成了。第二种最容易让猫咪感染上绦虫病的是小型啮齿类动物的肝脏。如果猫咪抓到了一只这种动物，那被感染的肝脏和肠会被猫咪吃掉。

预防绦虫要根除跳蚤，还要禁止猫咪自己捕食。这两个几乎都是不可能完成的任务。虽然绦虫病仍然成问题，但猫咪感染之后症状似乎不那么严重，如果绦虫繁殖得越来越多猫咪就会腹泻，除此之外并无其他严重影响。

弓形虫病

弓形虫病是由一种名为弓形虫的原生动物引起的寄生虫病。除猫外，还可引起人和多种动物的感染，而且这种病的症状很难被发现。如果怀孕的母亲被传染上了弓形虫病，胎儿也会受到影响，造成各种先天性疾病如脑瘫等。感染了弓形虫病的猫咪几乎不会出现什么异常状况，虽然它可能会造成猫的感染。如果是年老的猫咪感染上了这种病，它的身体状况会变差，还会造成消化系统紊乱和贫血。很少有症状出现在眼睛上。

这种寄生虫未成熟的卵会通过猫咪粪便传染，因此在给猫咪换猫砂、清理砂盆的时候，一定要严格保持卫生，避免任何与猫咪粪便的接触。猫咪感染上弓形虫病后24小时之内就会有传染性，弓形虫的卵囊会通过猫咪传染，因此猫咪的

　　不时要注意一下，别让附近的流浪猫把你家的花园当成公共厕所来用。你的宠物可能没有传染病，比如弓形虫病，但是不请自来的家伙可能会有。

砂盆用过之后尽量早换新的，戴过的橡胶手套也是一样。

　　时时刻刻都要看着小孩不让他接近砂盆。同时邻近猫咪到你家花园来排泄下的粪便你也要尽快清理。

不同部位的感染

眼睛

　　对猫咪来说，结膜炎发病率相对较高，而且发病形式多种多样。从轻度感染到衣原体微生物引起的较严重的疾病都有可能引发结膜炎。

小猫出生后刚睁开眼睛的7～10天，直到3周龄左右，比较容易产生非常多的眼屎。这时它的眼睛好像被一种分泌物牢牢粘上了，这种情况是轻度的病毒感染引起的。通常猫妈妈会把小猫的眼睛舔开，但是有时候你要帮它这个忙。操作的时候，先将消毒过的药棉用冷水浸泡一下，然后用它来擦洗小猫的眼睛。擦洗的时候从眼睛靠近鼻侧的内角向外轻擦。如果这种情况持续好几天，那么主人最好请教一下兽医。

耳朵

猫咪一烦躁起来就爱抓挠耳朵，甚至可能把耳郭抓出个血泡来。如果处理不好的话，水泡会变形甚至会破，这会让猫咪的耳朵肿得和花椰菜一样！

鼻子

如果猫咪感染了猫流感这类病毒性传染病，它可能会不停流鼻涕。这时应带猫咪去看病。有些品种的猫咪（尤其是波斯猫）鼻孔特别脆弱，而扁平、短小的脸型使泪腺都聚在一处。猫咪的眼睛和鼻子可能常常会有分泌物，主人要经常留心。猫咪很少会出现哮喘，出现哮喘的原因是猫咪对每天接触的成千上万样物质中的某一样过敏了。同样，兽医要做出诊断，甚至要指出过敏原。一旦鼻子出问题，就要长期治疗。

胸、肺

如果包裹着肺叶的那层脆弱的膜发炎了，或者是猫咪胸腔内部发炎，统称为胸膜炎。猫咪可能会发生胸积水，原因可能有很多，包括心力衰竭以及其他伤害。通常情况下这些积水是没有危害性的，但是猫可能会感染上其他细菌，比如可能是伤口感染，或者是被咬了一口。猫咪的呼吸会慢慢变得困难，一让它做一些运动它就会气喘吁吁、眼睛睁大、一副痛苦模样。这种情况一旦发生，应立刻找兽医给它治疗，但是不论是胸腔排水还是抗生素治疗，很多猫咪都不会再有反应了，最终猫咪会死于脓胸。

皮肤

猫咪有时候会长青春痘（痤疮），下巴上会长出黑头来，这是由皮脂分泌过多引起的。猫咪用来分泌皮脂的毛囊可能会堵塞。如果猫咪尾尖上的毛囊堵塞了，这种情况被称为"尾栓"。这两种病症都要用抗生素和消炎药来治疗。如果你的猫咪是容易患这两种病的体质，那么你就要更加仔细地给这两个部位做清洁，以防止复发。如果有什么不明白的地方，可以咨询兽医。

清洁做得再好的猫咪也会生皮屑。如果你的猫咪真的生了皮屑，即使是短毛猫，也要请专业人士来给它洗澡。如果不管你怎么努力猫咪的皮屑还是没完没了地长出来，这可能表明猫咪的皮肤真的出了什么问题了。

消化系统

就算你的猫咪一直是个健康宝宝，从来不得病，它还是会有拉肚子和便秘的时候！

猫咪便秘可能是由很多因素导致的，毛团是其中一个常见的原因，有时候猫咪的食物太稀或者太干也会造成便秘。猫咪便秘了可以给它适当吃一些麦麸和谷类或者在食物中加一些液态石蜡。如果情况仍然没有好转，就只能带它去看兽医了，这可能表示猫咪患了其他更严重的疾病，比如巨结肠症。但是主人要注意，如果液态石蜡放得太多了，猫咪会腹泻。

市场上有猫用药品出售，而通过家庭护理也一样能达到很好的疗效。包括治疗期间不能给猫咪吃刺激消化系统的刺激性食物，尽量给猫咪吃一些煮熟的白肉（即浅色的肉，比如禽类）、鱼肉，不要给猫咪随便煮些米饭或者面糊就草草了事！有的猫咪喜欢喝酸奶，可以给它喝点。另外还有一种食疗方法，我们可以给猫咪的食物上撒一些脱水小块马铃薯，这个方法虽然看起来很像是"偏方"，但是绝对有效。

猫咪便秘或者腹泻的时候，它的肛门腺可能会堵塞、感染甚至肿起来（肛门腺是位于肛门两侧的小囊状腺体，内含液状、棕色、恶臭的液体，动物大便时通常会顺便将其内的秽物一同排出）。清理肛门腺可以在家里进行，但是这可不是什么好玩的工作，另外也需要技巧，所以建议主人最好让专业人士来帮忙处理。

腹泻和便秘除了会让猫咪感觉不舒服，如果情况严重还会造成脱肛。如果猫咪脱肛了是很好辨认的——猫咪的直肠会从肛门露出一部分。如果发现这种情况，千万不要自己处理！要立刻请一位兽医帮猫咪把突出的部分弄回它原来的位置，可能还需要缝一两针来把它固定。

明星喵星人

布偶猫

当布偶猫被抱起来的时候，它会变得软绵绵的，就像个大布偶一样，所以人们给它起了这个名字。关于布偶猫有一个很牵强的故事，是说第一只布偶猫小猫遗传了这个特征，同时也遗传了对疼痛的耐受性，因为它的妈妈乔瑟芬——一只白色的中长毛猫，曾经在交通事故中受过伤。其实布偶猫的这个特征倒不如说是它温驯的天性使然，也许这只是性格基因的一个巧合。这个品种于1963年在加利福尼亚培育成功。早期它还有一个名字叫"智天使"，也有一些变种被叫作"流浪儿"。虽然最初的育种者称布偶猫是由非纯种猫培育而成，但我们还是能看得出它的身上有伯曼猫和缅甸猫的基因。大多数布偶猫身上的显性白色点状基因形成了"白手套"类型，而伯曼猫的"白手套"基因是隐性的。

布偶猫的身体结实有力，四足大而圆，尾巴很长，而且尾巴上的毛很浓密。它的头很宽，脸颊也很宽，鼻子微微向上翘起，还有一双深宝石蓝色的大眼睛。已经获得认可的3个主要的类型为：色点、手套、双色。手套类的身上毛色为浅白色，和其他部位的色点形成对比，另外前足有手套样的白毛，后腿上有一直延伸到跗关节的白色毛。双色类的从下颌到胸部和整个腹部都是白色的，并且在鼻子的部位有一块三角区呈白色。

金吉拉

1882年，一只骨架纤细、毛色银白、没有一点斑纹的安哥拉猫同一只同色非纯种公猫配种，生下了一只母猫，这只母猫后来生下一只小猫，这只小猫成为世界上第一只金吉拉得名者，它的标本在伦敦的自然历史博物馆展出。

金吉拉的内层绒毛是纯白色的，背部、两肋、头部、耳朵和尾部的毛尖则是黑色。毛尖的黑色渐层应当分布均匀，这样才能形成浑身皮毛银光闪闪的特征。四肢上的毛可能会由于渐层的黑色略显暗淡，但是下颌、耳簇、腹部和胸部的毛必须是纯白色的。虎斑纹和棕色或奶油色印属于缺陷。关于金吉拉的大小曾经有过激烈的争议。有时这个品种会被描述为"精灵一般"，但是这和大小没有关系——金吉拉的身材

当金吉拉走动的时候，它的皮毛似乎在闪光，这也是为什么这种猫有时会被描述为"轻灵"或"精灵一般"。

通常是中等大小，并且身体相当结实。

渐变银色

渐变银色波斯猫是金吉拉和同色长毛猫杂交所产生的后代，杂交的目的是对金吉拉在体形和特质上进行改良。

渐变银色波斯猫外观的整体效果要比金吉拉色暗。内层绒毛为纯白色，针毛是白色，毛尖渐层为黑色（而不是蓝色），从背部向下肋渐变，面部和四肢的毛尖颜色较浅。尾端的毛尖也是黑色的，但是下颌、胸部、腹部、四肢内侧和尾根处的毛都是纯白色的。黑色的毛尖长达整根针毛长度的1/3。足底到脚踝处的毛可能全部呈黑色，腿部无皮肤裸露1/3。唇缘为黑色。展猫应当完全依照上述标准，身上无虎斑纹，无棕色或奶油色。在美国，用渐变银色波斯猫种猫和最好的波斯猫（黑色或蓝色）配种，这样产生的后代能重获金吉拉的遗传特征。渐变银色波斯猫为自然生发类型，从美国整个渐变银色波斯猫的历史来看，金吉拉和渐变银色波斯猫是从同一窝小猫中培育出来的。

与金吉拉相比，渐变银色波斯猫针毛上的暗黑色段能够很清晰地看出来。渐变银色波斯猫源自金吉拉的杂交品种。在英国，这种波斯猫经过很长时间才得到认可。

虎斑

虎斑基因是一个显性基因，它在欧洲家猫中向下一代传递，在很多非纯种猫的身上也很常见。参展猫的虎斑纹必须能达到一系列非常严格的标准，而最重要的一点是，身体两侧的虎斑纹一定要是对称的。虎斑主要有3种类型：标准虎斑、斑纹更明显的波纹虎斑以及斑点虎斑。不管哪种类型，沿着脊椎都有3条深色线，而颈部、尾部和四肢都有明显、均匀的环形色带。标准虎斑的两肋处有深色螺旋形色带，肩部有蝴蝶形花色，而腹部则是斑点状。

虎斑的颜色有很多种，从白色—红色，到棕色—银色（标准的棕色虎斑又叫大理石纹虎斑或大斑点虎斑），还有浅蓝色—奶油色。

土耳其梵猫

土耳其梵猫的祖先来自土耳其南部山区，就在土耳其境内最大的湖泊——梵湖湖边。这也许解释了土耳其梵猫为什么那么爱水——它们甚至被称为"土耳其游泳猫"。其实并不是所有的猫都讨厌水，但是土耳其梵猫似乎会特意去找水源，并且把游泳当成一种娱乐！土耳其梵猫主色为白色，有金棕色斑块。即使到了今天，你仍然能在伊斯坦布尔看到这种颜色的街头流浪猫。

20世纪50年代，有2名英国妇女到土耳其的梵湖地区旅游，她们买了一只身体白色、头顶有散状花色、尾部全部为金棕色的母猫。她们在伊斯坦布尔入住的旅馆经理告诉她们，还有一只公猫和她们的这只母猫有着一样的斑纹。于是她们将两只猫一起带回了英国，并且在4年以后成功地培育出了花色一致的小猫。这两名妇女后来再一次回到土耳其，她们又买了一只公猫和一只母猫来更新基因库。英国1969年最早认可这个品种为土耳其猫，后来更名为土耳其梵猫。

除了那一身精致的皮毛和洁白的毛色以外，土耳其梵猫和土耳其安哥拉猫之间并没有什么其他联系。这两个品种相比较而言梵猫要强壮一些，它胸肌厚实，身体修长、强健。土耳其梵猫的四肢长度中等，四足灵巧，趾间生有簇状丛毛，并且呈完美的圆形。它的尾巴毛茸茸的，与身体保持着完美的比例。当然尾巴是有色的，可能还有模糊的色圈。土耳其梵猫有着长而挺直的鼻子和一对向上竖起的灵巧的耳朵。

完美的皮毛应该呈粉白色，不能有任何黄色杂毛，尾巴是有色的，头顶的斑纹不应低于眼线也不能超过耳背。它的前额有一道亮白色，身上偶尔会有拇指印大小的色点。所有颜色都已被认可（在英国只认可金棕色和奶油色）。

至今为止，土耳其梵猫的品质已经达到了巅峰，曾经被英国超级猫展（British Supreme Cat Show）授予"顶级展品"称号。

暹罗猫

我们在暹罗（如今的泰国）发现了一份15世纪的描写猫的诗歌手稿，其中对海豹色重点色暹罗猫进行了描述，主要是它们深色的爪和尾巴——这表明当时人们的国家意识中已经有猫的存在了。海豹色重点色暹罗猫后来成为暹罗的皇家猫种，只有得到国王的特别恩宠才能在曼谷的皇宫获得这种猫。人们认为当皇室成员死亡时，猫能够帮助他们的灵魂进入轮回，因此人们会把猫放入墓中，和死者在一起。之后它会在墓室天花板上打洞逃出去，这些洞就被认为是灵魂已经顺利进入往生的证据。

暹罗猫的第一对亲本于1884年进入英国。后来人们为暹罗猫制定了标准（这个标准的猫被称为传统暹罗猫，也叫苹果头、蛋白石或泰国暹罗猫），要求它们变得更健壮结实，头部更圆一些。暹罗猫的眼睛很小，毛就像鼹鼠皮一样浓密而奢华。它的眼角明显向上扬，尾巴的末端还有一个突出的结，这是典型的东南亚猫种的遗传基因，但是照今天对纯种猫的标准看来，这些特点被认为是缺陷。但是也有人喜欢类型特点不那么极端化的暹罗猫，而不是展会上得到评委赞赏的那种，因此传统暹罗猫在这个圈子里仍然很受欢迎。

现代的暹罗猫身体纤长，弹性好，四肢修长，四足呈优美的椭圆形。而它的头部从三角形的大耳朵尖端一直到下颌部呈一个明显的楔形。

海豹色重点色

就像15世纪的泰国诗歌手稿中所描绘的那样，最原始的暹罗猫在那个时期已经很有名了。它的皮毛是浅黄褐色的，而鼻子和耳朵的色点是几乎为黑色的深色。猫咪的色点颜色

这只海豹色重点色暹罗猫有着继承自纯种暹罗猫的匀称的身材曲线，颈部纤长优美，身体和四肢修长。

深，而身体主要部分的皮毛则是白色，甚至是奶油色，二者之间有着强烈的颜色反差，这一点是非常重要的。深棕色的海豹色点应当严格限制在面部、耳朵、四肢和尾部。鼻部皮肤和脚掌肉垫是与色点相匹配的深棕色。

巧克力色重点色

海豹色重点色暹罗猫中有一些的颜色比其他的天生就要浅一些。这些特别的个体后来慢慢发展成为巧克力色重点色暹罗猫。棕色到了极限就成了一种牛奶巧克力棕色，而不再是海豹色重点色那种单调的深巧克力色，而身体的颜色是象牙白。

蓝色重点色

蓝色重点色实质上就是身体颜色为雪白色，而色点仅仅带有一点蓝棕色。蓝色是最早获得认可的颜色之一。它是海豹色重点色的一种淡化色。

淡紫色重点色

淡紫色重点色暹罗猫身体的主要颜色从只有一点点灰白色过渡到淡紫色的蓝灰色。色点的颜色略有一点淡紫色，而相对应的鼻子和脚掌肉垫则是淡

这只淡紫色重点色暹罗猫即使在照相的时候也要继续和人说话。暹罗猫是叫声最响、性格最外向的猫。

紫色—粉色的。淡紫色是巧克力色的淡化色。

雪鞋猫

　　雪鞋猫最大的独特之处在于它那4只圆圆的、雪白的脚。同时，雪鞋猫也是独一无二地将白色斑块与暹罗猫的色点类型结合在一起的品种。暹罗猫偶尔会有长出白色的四足的情况（长期以来这被人们认为是一种育种的失败），这种倾向鼓励了美国的育种者于20世纪60年代开始培育雪鞋猫。雪鞋猫继承了白色的斑块，同时也从美国短毛猫的身上继承了"大块头"。然而它修长的身体、身上的色点以及充满活力的特色则源自它的东方血统。它的身体匀称、健壮，如果身上的白色色块和深色色点能对称分布，那么将会更加引人注目。

　　理想情况下，雪鞋猫前足的白色应该与踝骨平齐，而后足的白色则延伸到跗关节，宛如一双礼服手套一般。雪鞋猫有时也被称作银缎猫，目前被认可的毛色有海豹重点色和蓝色重点色2种。

塞舌尔猫

　　塞舌尔猫是人工培育东方猫新品种的又一个范例。它是玳瑁色—白色波斯猫和暹罗猫杂交的产物。波斯猫的长毛特征并没有完全消失，而长短两种类型都获得了英国爱猫协会的认可。基本上，它有着东方型苗条的体形和特征，另外还有一身散布着各种色块的白色皮毛。塞舌尔猫根据白色与色块之间的比例分为3种不同的色块类型，每种都是蓝色眼睛。

宠物

俄罗斯蓝猫

据说俄罗斯蓝猫发源于北极圈的周边地区（很可能还和挪威有点关系），所以现在的俄罗斯蓝猫最典型之处在于它有着双层被毛。

从蓝猫最开始拥有猫迷的时候起，全世界的猫展上就有2种不同类型的蓝猫同台竞争。一种就是本土的英国短毛猫，而另一种则是国外的蓝猫品种。从名字上就能看出这两种类型的蓝猫之间有着很明显的差别。

人们认为蓝猫最初随着从俄罗斯北部的港口开来的商船到达西方，从那时起它被人们称作"阿契安吉蓝猫"。另外还有一个引进蓝猫的途径，那就是从挪威引入的蓝色虎斑。也许世界上还有其他地方的蓝猫在真正的蓝猫培育工作中起过作用。俄罗斯蓝猫也被称为马耳他蓝猫或西班牙蓝猫。到了19世纪末，蓝猫的品种已经足够参加早期的猫展了。但是不像今天的蓝猫这样，过去的蓝猫眼睛是橘色的。

后来的育种工作主要包括柯拉特猫和蓝色英国短毛猫这两个品种。就在第二次世界大战前后，人们发起了一场拯救濒临灭绝的蓝猫的运动，结果

评委在评判一只俄罗斯蓝猫的时候，最重要的一点是看它是否有顶级的皮毛纹理。好的皮毛摸起来应当下方浓密而上方短而纤细。

将蓝色重点色暹罗猫也引入了培育工作中，后来人们又在俄罗斯蓝猫刚出生的幼崽中意外地发现了暹罗猫花色的小猫。而在现今，蓝猫是不允许出现暹罗猫特征的。

蓝猫后来又被引入斯堪的纳维亚，又有很多优质的俄罗斯蓝猫被带到了美国，而美国的蓝猫标准色要比欧洲的略浅，显得明亮一些。

最好的俄罗斯蓝猫身上不能有任何白色杂毛或虎斑纹的痕迹，但是它的皮毛有一层淡淡的光泽，因为灰蓝色毛的毛尖常常是透明的。俄罗斯蓝猫体形中等，完美地将健壮与优雅结合在了一起，而且其面部表情柔和，得到了人们的爱称"无声的语者"，它是对人类充满感情的动物。

一位英国的俄罗斯蓝猫育种者认为"俄罗斯型"形容的是体形而不是颜色。她在伦敦港附近发现了一只双层被毛的白色母猫，于是她开始培育其他颜色的"俄罗斯猫"。但是后来这项计划似乎在英国渐渐停止了，但是在荷兰，有色的"俄罗斯猫"繁殖工作还在进行。

斯芬克斯猫

人们猜想无毛猫是在几百年前由墨西哥中部的阿兹特克人培育出来的。1903年，新墨西哥阿尔伯克基市的普埃布洛族印第安人将这个墨西哥品种的最后一对送给了一对美国夫妇。不幸的是，那只公猫被一群狗袭击致死，因此这个品种没能存留下来。现代的斯芬克斯育种工作开始于1966年的加拿大多伦多。

当时有一只普通的黑白双色短毛家猫生下了一只无毛公猫，一位专业的育种者买下了这对母子，于是斯芬克斯猫的这是一只黑白双色斯芬克斯猫，它长着这个品种特有的长而纤细的脖子、一对大得惊人的耳朵以及非常短的胡须。正是这种外貌，使斯芬克斯猫有时候被称作猫里的ET（外星人）。

育种工作就此展开了。

斯芬克斯猫并不是完全无毛的：它的皮肤上覆盖着一层柔软、暖和的绒毛，摸起来的感觉就像桃子表皮的茸毛一样。在它的眉间、足趾周围和尾尖或许还能够看得出一些毛。斯芬克斯猫体格健美、体形匀称，头部长略大于宽，脖子纤长。它有一对巨大的耳朵，两耳间距宽，耳朵很高，外缘和面部一起组成一个楔形。它的颧骨很突出，从侧面看，鼻梁上有一个明显的折痕。它四肢修长，有着优美的圆形爪，足趾很长（大概和小指一样长）。另外它还有一条长长的、形状优美的尾巴，越到末端越纤细。它的皮肤需要经常仔细地清洁和照料，因为它的汗液中有油脂和皮屑，这些都应该及时擦洗掉，如果疏于照料的话，脏东西就会堆积起来。这种猫的皮肤还很容易过敏肿起来。不过，对猫过敏的人却常常能发现自己能够和无毛的斯芬克斯猫和平相处。

因为斯芬克斯猫的基因组成是畸形的，因此有些认证机构和猫类协会拒绝认可这个品种。但是，斯芬克斯猫的确获得了官方权威机构国际猫协会的认可，也得到了欧洲一些独立性名猫俱乐部的承认，并且在比利时和荷兰也有很多斯芬克斯猫育种者。

明星汪星人

选择适合你的爱犬

如果你正确照料你的爱犬，它就会用忠诚和报答来感谢你的付出。因此，在你考虑购买犬之前，你应该问问自己以下的问题。如果你的答案全部是肯定的，那么下一步就应该考虑哪种犬最适合你。

仔细考虑过要添加新成员了吗

你是否做好了照料起一只犬的准备？这段时间可能会长达14年。

你确定这只陌生的长着可爱小脸的幼犬激起了你的购买欲望吗？

你能够每星期支付起用于购买狗粮的支出，并把这笔钱当作类似于买菜和保险方面的支出吗？

你能花足够的时间来训练和照料你的爱犬吗？

你的家中有足够空间来养犬吗？

你考虑过养犬会对家中的孩子们有怎样的影响吗？

你的家中有人整天与犬做伴吗？

当你度假时，会有人负责照料你的爱犬吗？

选择适宜你所在的环境的犬种也是件比较困难的事情，

因为有数百种不同血统的犬种和差不多同样数量的杂种犬可供选择。首先要决定的是你想要雄犬还是雌犬，还要考虑到是否需要花钱为雌犬做绝育手术，因为事实表明，每到一年两次的发情期时，雌犬都会有上百个追求者。

纯种幼犬

请拜访有名的养犬家。

挑选时应提出要求看看分娩该幼犬的雌犬，而且不要找那些手里有许多不同种幼犬的商人，要三思而后行。

买下幼犬后的第一件事就是请宠物医生给犬做检查。

问清养犬者是否为幼犬登记过，如果幼犬的健康状况有问题，应将其退回。

纯种成年犬

弄清楚对方卖犬的原因以及该犬的实际年龄。

在购买之前要尽量弄清楚该犬的习性和性格。

杂交犬

不要从宠物商店购买，应该尽量从营救中心购买。

从朋友那里和本地的宠物医生那里购买也是个不错的选择。

犬类不可貌相，别根据它长得顺眼或者不顺眼而进行选择。因为刚开始看起来顺眼的犬可能不久就会失去魅力。

营养和饮食

  合理并且营养均衡的食物会使犬类更加愉悦和健康，均衡的营养应包括蛋白质、碳水化合物、脂肪酸、维生素和矿物质等。找到最适合犬类口味的食物也是反复试验、不断探索的过程，因为有大量不同食物结构和热量的人工宠物食品可供选择。

  这些人工食品中会包含犬类健康成长所需的各种营养。其他所需营养可以从辅助食品中获取。很明显，犬类的体形大小和年龄决定了它需要哪些营养，你应该计算爱犬在生命中每个阶段所需要摄入的热量值。

  大多数成年犬的食物种类很多，很接近成年人的食物种类，通常包括肉类、蔬菜、谷类食物甚至新鲜水果，幼犬则需要在7个月大以前受到悉心照料。

饲养幼犬

  6~24周内，一只幼犬每日需要5餐，其后每日需要两餐。

  食物中应该包含少量生鸡肉、熟鸡肉或者牛羊肉、绿叶蔬菜和全麦饼干。食物应该用牛奶或者肉汁混合浸泡。这种特殊的食物对成长中的幼犬很有好处。

不建议主人突然改变幼犬的食谱。应询问售犬者在出售幼犬以前它们以什么食物为主。

逐渐在幼犬的食谱中加入新食物。头几天应该给它们喂瓶装矿泉水，以后再改用白来水。

饲养小窍门

不要直接将冰箱内的食物拿给爱犬吃，也绝不可给它们吃不新鲜食物或者罐头里剩下的肉。

应该一直给它们喝新鲜的饮用水。

骨头对于犬的健康来说并不是一种必备食物，也别给爱犬吃干而易碎的骨头。对犬类来说，带骨髓的大骨头是最佳选择，这种骨头含有大量的钙质，可使它们的牙齿和牙龈更健康。

不要给犬类吃糖果和甜食。营养软糖和饼干应该在两餐之间喂食。

生命周期

犬类与其他动物一样经历发情、交配、怀孕分娩的过程。

中型犬、较小型犬和杂交犬比大型犬的寿命要长。比如，大丹犬平均寿命只有7~8岁。小型犬平均寿命约为10岁，比大丹犬这样的大型犬寿命要长。

犬种越小，其幼犬越小。玩具犬每胎只生1~2只幼犬，而且分娩时很困难。大型犬每胎最多可生下约14只幼犬。

动物学家认为犬类会从父亲和母亲两方面各继承50%的遗传因素。

生殖系统

雄犬和雌犬的生殖系统与人类很相似。雌犬的生殖器官在体内。在肛门下可以看到阴道和阴户。子宫的侧面是输卵管和卵巢，卵巢释放的卵子与雄犬的精子会合后形成受精卵。雄犬的阴茎和阴囊悬于后腿之外。

发情期与交配

尽管犬种各不相同，但是雄犬通常在10个月左右进入性成熟期，并会在嗅到雌犬发情期散出的气味后与之交配，一整年都如此。

雌犬通常在长到6～12个月左右时进入发情期。这段发情期会持续3周，每年2次。

当雌犬准备交配时，它的阴户就开始膨胀，可能会见到分泌物排出。

2～3天后，雌犬把尾巴侧向一边，表示愿意接受交配。通常它会接受几次不同对象的交配以提高受孕率。

实际的交配过程，即雄犬排出精液的时间只需约1分钟。雄犬在交配时会用前爪钩抱住雌犬。

雄犬在性高潮之后射精。之后它会松开钩抱雌犬的前腿，但是身体未与雌犬分开，然后它会将一只后腿跨过雌犬的后背，背对雌犬。

这个时间可能会持续半个小时以上，应该等它们自然分开，尽管这对于受孕不起任何作用。

即使雌犬没有受孕，它的体内也会分泌黄体酮准备受孕。通常在其交配后的24～32天内，宠物医生能够判断出它是否成功受孕。

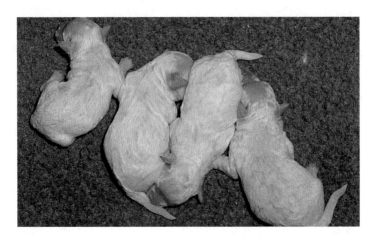

分 娩

雌犬通常愿意在温暖、黑暗且私密的环境中分娩。预产期临近时，雌犬的体温会下降到36℃，并且脾气会有些暴躁。

大多数准备分娩的雌犬会预先停止进食24小时左右。

大多数雌犬会把幼犬产在身旁。每只幼犬出生时身体上都覆盖着一层薄薄的胎膜，雌犬会把胎膜舔掉，这样新生的幼犬才得以呼吸。

尽管大多数幼犬的头部先产出，但是也会有约40%的幼犬打破常规。

雌犬会把每只幼犬身上的脐带咬断并吃掉胎膜。

第二只及其后的幼犬出生时间可能与第一只幼犬的出生时间间隔约两个小时，但是主人可以向宠物医生咨询它们的出生时间间隔是否应该如此长。在雌犬的分娩过程中，主人应随时准备打电话给宠物医生进行咨询。

刚出生的幼犬

刚出生的幼犬的眼睛和耳朵都是紧闭的，但它们的嗅觉很敏锐，这使它们能够准确找到母乳。

幼犬的眼睛在10~14天之内会张开，再过1周就可以注视周围了。

出生时幼犬的耳朵是折叠着的，耳孔封闭。12天之后才可以听到声音。

幼犬通常从母亲那里得到养分，这种情况会持续4~5周。应逐渐给其吃湿润且坚硬的固体食物。多数幼犬会在7周左右断奶。

幼犬通常会在3周后开始走路。

新生的幼犬不能控制它们自己的体温，也会因为体温下降而难受。应该在它们的窝里放红外线灯或者用电热毯来保持温暖。

幼犬在4周大的时候开始学会如何与人类相处，并且学会玩耍和作为家庭中的一员。

犬类与人类年龄对照表

犬类	人类	犬类	人类
6个月	10岁	7岁	44岁
1岁	15岁	8岁	48岁
2岁	24岁	9岁	52岁
3岁	28岁	10岁	56岁
4岁	32岁	12岁	64岁
5岁	36岁	14岁	72岁
6岁	40岁	16岁	81岁

行为、智力及训练

犬的生理结构

犬是一种体格强健且适应性强的动物，它们对所面临的许多种变化的适应能力非常强，即使是在野外生活也是如此。所有的犬类都拥有与其远祖一样的颅骨，尽管它们的外观各不相同。

骨骼

犬类的颅骨共有3种基本类型：长型颅骨，是指犬的颅骨较长，比如萨路基犬；中型颅骨，指犬的颅骨适中，比如指示犬；短型颅骨，指犬的颅骨很短，如巴哥犬。

脊骨和四肢骨骼呈管状。四肢通常很长，以适应快速奔跑的需要。

颅骨、骨盆和肩胛骨都很平坦。

长长的肋骨形成了能够保护胸部的保护腔。

肩胛骨与其他骨骼分离，这使犬类在奔跑时能够获得更多的行动自由。

脊骨呈管型，由叫作脊椎骨的单独的骨骼组成，这些脊椎骨连成一线。脊髓存在于贯穿脊管中心的背部导管中。

骨骼通过强有力的韧带、腱和肌肉紧密地连接在一起。韧带将骨骼连接起来，并控制身体活动。腱是连接肌肉和骨骼的坚韧组织的索状物。犬有3种肌肉：平滑肌、骨骼肌和心肌。

控制腿部运动的肌肉附着在平滑的腿骨上面。神经系统向肌肉传达紧张或者放松的命令，使四肢运动。

大脑

犬类的大脑，尤其是负责智力、情感和性格的大脑部分比人类的小得多。

犬类大脑的大部分区域负责指挥感觉器官，尤其是嗅觉器官。

视觉

犬类的视野比人类要开阔，这是由眼睛在头部的位置决定的。对于动物来说，除非眼睛位于头部正前方，否则它们的视野会很狭窄，而且对距离的判断力会减弱。

在光线暗的情况下，犬类的视力比人类要强，它们对光的敏感度要比人类高得多。

犬类有3种眼睑——上眼睑、下眼睑和隐藏眼睑。隐藏眼睑在下眼睑的内部，保护眼睛不受灰尘浸染。

听觉

犬类的听觉比人类更敏锐，而且

它们能听到来自远距离的声音。

犬类可以听到人耳听不到的高频率声音，并且对声音的敏感度也要高于人类。

研究表明一只犬可以精确辨认1/600秒的声源。

嗅觉

嗅觉是犬类身上发展程度最高的感觉功能。一只犬的鼻子中约有2亿个嗅觉接收器，而人类的鼻子中只有约500万个。

犬类大脑中负责嗅觉的细胞区面积大约是人类的40倍。

犬类的鼻子是潮湿的，这有助于它们捕捉气味。它们鼻中的分泌物携带气味信息穿过连接着嗅觉细胞的鼻膜，再传递到大脑中。

味觉

犬类的味蕾要比人少很多，它们只有约2000个味蕾，而人类有约10000个味蕾。

犬类的食管内壁很厚，这使它们可以吞下大块的固体食物。

皮毛

像人类一样，犬类的皮肤由两个基本皮质组成，即表皮层和真皮层。犬类身体外部的表皮层不像人类那样充满活性，这有助于保护皮肤。

犬类身上的毛囊比人类多得多，它们嵌入到真皮层中，周围是血管和润滑毛囊的皮脂腺。

除了少数几种无毛犬以外，几乎所有的犬类都有几百万根毛组成的厚厚的被毛，起保护作用。有时，在单根被毛的周围会长出更为柔软、更像羊毛的第二层被毛，这层被毛叫作绒毛层。

行为、智力

许多养犬者在"犬究竟是什么"这个问题上有一种错误的认识，而且对他们的宠物有一种不现实的期望——他们会假设犬类的理解程度与人类一样。犬类整合信息的速度和它们在头脑中对信息做出正确反应的速度因犬种的不同而有很大的差异，但是有一点要牢记：犬类绝不会弄明白人类复杂的语言、动作和感情。

犬类有多聪明

犬类能将两种概念连接起来，但是不能及时地将动作衔接起来。举例来说，假如你的幼犬在你下班回家之前把地板弄得一团糟，那么你就此对它进行训斥是毫无意义的。

犬类不能理解人类的语言。语气、语调、面部表情和肢体语言才是人类与它们沟通的最佳方式。

如果一只犬被学习的愿望刺激或者受到愉悦的激励，那么应该趁此机会对它加强训练，使它明白正确地做出反应之后会得到愉快的享受。

自然本能

尽管犬类自身的许多野外生存的本能在驯化过程中受到了抑制，但是大多数犬类都保留了保护领土的本能和食肉本能，只是保留的程度不同而已。

自然本能会使犬类保护它认作是家庭的地方，并且驱逐入侵者。多数时候，犬类在面对陌生人时会注意听从其主人的命令。

通常情况下，犬类需要在家庭中拥有自己的私密空间，它们会保留自己的隐私。这样的私密空间可能会是一张床，或是花园中某个特殊的角落。

行为问题

有时，尽管你选择了自己认为合适的犬来满足自己的需要，但是当犬类无法正确地融入家庭中时仍有可能会产生问题。这也许是由于你的爱犬还未能融入人类社会，也可能是自然竞争或者焦虑反应的结果。解决此类问题最好防患于未然，这么做比问题发生时再去解决要好得多。建议对所有种类的犬都进行早期训练，并且对于不同的犬种要进行不同范围的训练。一般应避免的问题包括紧张不安、焦虑、占有欲强以及危害社会的行为，包括攻击行为。

攻击行为

犬在各种环境下都可能发动攻击，比如在它进行自我保护时，或它想把自己的意愿强加给其他犬类甚至人类时。

养犬者可能遇到的一般行为问题还包括分离时的焦虑、随意便溺、恐惧症或者尾随车船等。在宠物医生或者在动物

心理治疗师的帮助下，大部分的疑难问题可以及时解决。重要的是应该及早寻求宠物医生或宠物习性顾问协会所推荐的会员的帮助。

犬的训练

所有的犬都有其所属种群的特殊性情以及遗传特性。例如，工作犬以快速的学习能力及温顺的性格而闻名。但是这也会因为犬种不同而有差异。犬类的行为会直接反映出其主人的照顾能力。如果正确进行训练，犬类会成为友善并懂得回报的伙伴。但是如果放任它们，它们马上就会测试出人们对它们的行为所能够接受的底线。

犬是一种家畜，天性使它们听命于群体中的领导。家犬会很高兴加入人类的群体，并被人类指挥。但是主人们应该控制它们的攻击本性，使其容易与人类和睦相处。正确的早期训练会有助于犬类成功地融入人类社会。

幼犬在4周大时学会与人相处，14周左右成为成年犬。在这段重要的时间内，主人应该尽可能多地让它们熟悉各种人类的行为。你的幼犬看到、听到、触到以及品尝到的事物越多，它就越容易与其他的犬、成年人和孩子们相处，它们就越能轻松处理成年后所面临的各种问题。研究证明，越迟触及人们的日常行为——比如说跟随着行人和来往车辆，犬会越容易对此行为增加恐惧感，并且以后会出现行为问题。

幼犬在8周大之前都不具有攻击性，但这不是说要把具有攻击性的幼犬与外部世界隔离开来，只是应该给它们警告。注意不要把幼犬放到有其他成年犬的地方。让它跟随你，或者把它带进车里都是很不错的选择！

幼犬的第一堂课

当新买的幼犬进入你的家中时，首先要记住一点，它只是一个刚刚离开妈妈的小婴儿，很可能会有点狂躁不安。开始时它需要消除恐惧，也需要温柔的鼓励。幼犬应听懂的第一个词不应该是"不许"，当它没有达到你的预期要求时，不应该向它吼叫甚至进行身体上的惩罚。带有奖励的训练是一种人道的而且成功的训练方法。

开始时，应教给幼犬一些简单的技巧，比如紧跟主人、坐下、原地不动或躺下等命令。一旦其服从命令，则发给食物，轻拍头部或者口头予以表扬。主人应该耐心一点，它们最终会学会服从的。

教你的爱犬听懂它的名字是什么，让它在每次听到你叫它时就跑向你。应该始终使用友善、平静的语气，不要呵斥它。

并排行走

缩短犬链，使犬链的长短适合你在幼犬的右侧牵着它步行。

带着幼犬安静地一直往前走，并用肯定的语调重复说"并排走"这个词。

经常检查一下幼犬是不是落后或者超前了。

坐下

在爱犬学会和你并排行走后，选择一块比较安静的地方，免得它在学习坐下的时候分心。

在爱犬后背的骨盆处温柔有力地施加压力，同时口中反复说"坐下"。

开始的时候，这个命令是要同手部动作结合起来的。你的爱犬会在看到身体示范的时候理解这句话的意思。

室内训练

如果主人没有足够的耐心进行室内训练，那么通常幼犬的生活会很悲惨。犬类有一种保持自己居住区整洁的本能，但是当便溺来临时，如果无法走到户外，它就只好就地解决。重要的一点是应该及早让它改正这个习惯，但光靠它们自己是不行的。

定期把你的爱犬带到花园中的角落处，和它待在一起直到它排净便溺。在它排净便溺后要好好夸奖它一番。

幼犬通常早起第一件事便是排便，这时应把它带到户外。

让它闻自己的排泄物这一方法不会解决任何问题。等下一次幼犬要蹲下便溺的时候，马上把它抱到花园中。

训练年龄较大的犬

不可能所有的主人都是从犬的小时候就开始训练它。比如那些来自营救中心等地方的年龄较大的犬都有早已形成的习惯，那么命令它们不去做某事就很困难。不过只要坚持不懈，较大的犬也会适应它的新环境，并且会听从新主人的指令。

年龄较大的犬需要温柔的方法和更加耐心的训练。

最不应该的是生气的时候扬手打它。

对于它们表现良好的行为，用丰盛的食物来奖励它们。

最好去寻求专家的帮助。不要犹豫，应该报名学习如何训练让犬服从的课程。宠物诊所通常有当地犬类训练中心的联系方式。

记住，年龄较大的犬在训练过程中会比幼犬更容易累。不建议把每天的日常训练安排得过满。

年龄较大的犬可能会出现行为问题，这时可以去咨询宠物行为顾问应如何处理。

训练会使你的爱犬感到安心，它会明白它的行为界限。若不经训练，犬会变得糊里糊涂。

照顾好你的爱犬

大部分犬类的需求都很复杂，但是如果你想让自己的爱犬成为家庭中健康和欢乐的一员，只需满足犬类特定的几种简单的需求即可。开始的时候准备几样必需的基本装备，这会使你的爱犬更容易习惯它的新家。

基本用品

所有犬类都需要一张远离风口的、干净舒适的床。很多物品都适合做床，包括柳条篮子、金属板条箱和塑料篮子等等。带毛毯的大硬纸板箱就更好了，不过有时需要进行更换。

应该为它们准备分别用来吃饭和喝水的碗。

应该准备用于训练的颈圈和名签，颈圈上面拴粗粗的犬链。犬链可以是皮革制造的也可以是尼龙制造的。一只具有潜在攻击性的犬则需要在出门时带上口套。

需要准备刷子和梳子对爱犬进行刷洗。

给爱犬找几种安全且做工精良的玩具，推荐橡胶质地的玩具，这样犬在咬嚼的时候不会有危险。

梳理与清洁

无论选择了什么样的犬种，你都需要从它们还很小的时候起就把为它们进行梳理作为日常事务。尽可能在梳理时做到使犬愉快一些。这会让你的爱犬知道谁是它的主人，并将之看作是一种放松和享受的体验，而不应该让它有恐惧或者不舒服的感觉。

除了刷毛和梳毛，基本的梳理还包括修剪趾甲，清洗耳朵、眼睛和牙齿以及洗澡、修饰被毛和剪毛。

基本用品中还应包括刷子、梳子、指甲刀、剪刀、棉毛织物、牙刷和犬类牙膏。厚厚的牙垢则需要宠物医生进行手术来清除。

给爱犬洗澡时要用犬类香波，因为人类使用的香波中可能会含有刺激性物质。洗澡时要给爱犬戴好棉毛耳套保护它们的耳朵，最后确认它们的被毛是否已经被彻底地冲洗过。

狗的肛腺在尾巴的下面，需要经常进行清洁。如果不及时清除其上残留的分泌物，可能导致那里生出脓疮。可以请宠物医生来帮你做此项工作。

训练

大多数健康的犬都喜欢训练，无论是大型犬还是小型犬。不过，大多数的犬都缺乏足够的训练，这会导致它们做出破坏性的行为。

所有犬种都需要每天至少半个小时的自由跑步练习。

训练时使用飞盘或橡胶球等玩具，可训练犬把扔出去的玩具找回来，使训练充满乐趣。

游泳是一种非常好的训练，但不要强迫你的爱犬下水。有些种类的犬喜欢在路面上随着自行车奔跑。

研究显示，相对于不养犬的人来说，许多养犬的人由于经常训练犬而很少遭到心脏疾病的折磨。

明星汪星人

西伯利亚哈士奇犬

◆ 体形大小：高51～60厘米，重16～27千克。

◆ 寿命：11～13岁。

◆ 体貌特征：双层被毛，浓密且长度适中。毛色有很多种，头部通常带有黑色条纹。

◆ 性格特征：忠诚，警觉，学习欲望强。

◆ 宠物类型：对乡村生活的人们来说是很好的伙伴犬。

西伯利亚哈士奇犬是楚克奇族游牧部落的宝犬，这个部落利用这种犬来拖雪橇，放牧驯鹿。在19世纪，毛皮交易商和淘金者们从美洲和加拿大旅经亚洲时，把这种犬带回了它们的原产地。1930年，美国犬舍俱乐部正式认可了这种犬，从那时起，人们将它们作为宠物犬、展览犬以及赛跑犬。只有数量很少的西伯利亚哈士奇犬进入英国，它们的英国主人希望用它们来工作。

金毛寻猎犬

◆ 体形大小：高 51 ～ 61 厘米，重 27 ～ 36 千克。

◆ 寿命：13 ～ 15 岁。

◆ 体貌特征：被毛平顺，带波浪卷，浓密且防水，腿上和尾巴上的被毛丰厚。大多是金色和奶油色。

◆ 性格特征：忠诚，友好。

◆ 宠物类型：对家庭极为忠诚，对孩子特别有耐心。容易训练。需要足够的锻炼、喂食和日常梳理。

金毛寻猎犬原产于英国，作为工作犬或展览用犬都很受人们喜爱。人们训练它们去寻找、捉住并带回野兔或野鸟等猎物。我们如今看到的这种犬是 18 世纪 60 年代时在一位特维茅斯爵士的试验与培育下发展起来的，1908 年这位贵族首次将黄色的平毛寻猎犬与斜纹软毛水猎犬配种后培育出金毛寻猎犬展示给世人。金毛寻猎犬是一种不会有任何攻击行为的犬种，因此适宜被训练作为导盲犬。

拉布拉多寻猎犬

- ◆ 体形大小：高 54 ~ 57 厘米，重 25 ~ 34 千克。
- ◆ 寿命：12 ~ 14 岁。
- ◆ 体貌特征：被毛短，粗硬。通常为黄色，黑色或者巧克力色。
- ◆ 性格特征：性情温和，渴望快乐。
- ◆ 宠物类型：非常受欢迎的宠物。可以信赖，适应性强，容易训练。对孩子和其他宠物友善。喜欢水。需要大量锻炼。

这种寻猎犬是由 19 世纪的纽芬兰犬种发展而来的，它们是被抵达多塞特地区普尔港的捕鱼船带入英国的。由于它们能够帮助捕鱼人将沉重的渔网拖上岸而令当地人刮目相看，并把它们当作工作犬来饲养。捕猎爱好者们也开始把它们当作枪猎犬，因为它们适合捕捉禽鸟。现在的拉布拉多寻猎犬是世界上最受欢迎的犬种之一，它们不再只被人们当作枪猎犬，在世界各国的警察队伍中可以见到它们变成了给人留下深刻印象的"嗅探器"，同时它们还是受到高度嘉奖的向导犬。

萨莫耶犬

- ◆ 体形大小：高 46 ~ 56 厘米，重 23 ~ 30 千克。
- ◆ 寿命：约 11 岁。
- ◆ 体貌特征：双层被毛，外部被毛直立而蓬松，可抵御气候影响，内部被毛柔软浓密。毛色是纯白色或者乳白色。
- ◆ 性格特征：友善，很喜欢做人类的伙伴。
- ◆ 宠物类型：需要非常有经验的、富有耐心的主人进行训练。需要大量锻炼和被毛梳理。

萨莫耶犬的名字来自住在中亚地区的一个游牧民族的名称，萨莫耶人非常尊重这种犬，用它们来放牧驯鹿，保护帐篷以及拖雪橇。这种犬的嗅觉很灵敏，有很好的跟踪和捕猎本能。由于它们的寿命长、精力旺盛而且坚定勇敢，因此有几位北极探险家把萨莫耶犬带到极地圈进行探险活动。这种犬通常带着微笑的表情，这种表情是由它们那向上蜷缩的黑色嘴唇造成的。

威尔士柯基犬

现存威尔士柯基犬共有两种：卡迪根威尔士柯基犬和彭布罗克威尔士柯基犬。这两种犬起初都用做牧牛，因为它们有一种特殊的驱牛技巧。卡迪根威尔士柯基犬身体较长些，耳朵较大，前腿稍带弧形。彭布罗克威尔士柯基犬体形较小，尾部通常很短。直到1934年两种犬才各自分开，由于曾受到皇室的宠爱，彭布罗克威尔士柯基犬更受人欢迎一些。如今的彭布罗克威尔士柯基犬较之卡迪根威尔士柯基犬体重更重一些，灵活性也差一些，驱牛的本领也大不如从前。

卡迪根威尔士柯基犬

◆ 体形大小：高27～32厘米，重11～17千克。

◆ 寿命：12～14岁。

◆ 体貌特征：头部像狐狸。眼睛大，呈暗色。耳朵大且直立，耳尖稍圆。脖颈部肌肉发达，发育很好。腿短而骨骼强壮。躯干相当长，胸骨突出。脚爪呈圆形而且大。像狐狸似的尾部很低。被毛短而粗硬。毛色很多，时有白色条纹。

◆ 性格特征：警觉，活跃，聪明。

◆ 宠物类型：精力十足的工作犬。优秀的看家犬。对孩

子不友好，有时会突然做出撕咬动作。不容易训练，对其他
犬类不友好。

彭布罗克威尔士柯基犬

◆ 体形大小：高25～31厘米，重10～12千克。

◆ 寿命：12～14岁。

◆ 体貌特征：头部像狐狸。眼睛呈圆形，呈棕色，倾斜。
耳朵直立，中等大小。腿短而骨骼丰满。躯干比卡迪根犬短，
胸宽且深。尾短。顶部被毛直，中等长度，内部被毛浓密。
毛色通常是红色、红褐色、浅黄褐色或黑色与黄褐色相间，
有时有白色条纹。

◆ 性格特征：开朗，活跃。

◆ 宠物类型：对孩子不友好，有时会突然做出撕咬动作。
不容易训练，对其他犬类不友好。优秀的看家犬。

英国斗牛犬

◆ 体形大小：高 31 ~ 36 厘米，重 23 ~ 25 千克。

◆ 寿命：9 ~ 11 岁。

◆ 体貌特征：被毛短而紧密，毛色多为纯色或者带有斑点，通常为黑色或者黑色与黄褐色相间。

◆ 性格特征：外表凶猛，实则温和。

◆ 宠物类型：对孩子很友善，但也很固执。

现代斗牛犬的祖先是由于人类斗牛的需要而被培育出来的，它们的外形更接近于今天的斯塔福郡斗牛㹴。这种犬的下颌深陷，能够紧紧咬住猎物并且不妨碍自身呼吸。如今，尽管斗牛犬的生命并不长，仍然被人们当作勇武有力的象征。但这种外表极夸张且脸上皱纹过多的犬种仍一如既往地受到养犬者的喜爱。

卷毛比熊犬

◆ 体形大小：高 23 ~ 30 厘米，重 3 ~ 6 千克。

◆ 寿命：约 14 岁。

◆ 体貌特征：头部稍圆。眼睛黑色，呈纽扣状。鼻部黑且大。耳朵悬垂，耳部被毛松散，耳部位置比眼部位置稍高。脖颈部相当长，呈拱形。四肢直，大腿骨宽。前胸发育良好。足部呈圆形，骨节发育较好，黑趾甲。尾巴优雅地蜷曲到背上，不可将尾巴剪短。被毛精致如丝般，有柔软的螺旋卷毛。毛色是白色。

◆ 性格特征：友好，开朗。

◆ 宠物类型：大多数家庭的理想犬，与人类易形成伙伴关系。容易训练，对孩子和其他犬类很友好。需要进行基本的日常梳理。

卷毛比熊犬的精确原产地尚不清楚。有证据表明西班牙人曾将它们带入加那利群岛，而到了14世纪，意大利水手们在加那利群岛上重新"发现"了它们，并把它们带回欧洲，从此它们成了皇室的珍宠。"Bichon"在法语中的意思是哈巴狗。这种犬一直以来就是人们的玩赏宠物犬。直到20世纪70年代，卷毛比熊犬才得到英国犬舍俱乐部和美国犬舍俱乐部的正式认可。

吉娃娃

◆ 体形大小：高15～23厘米，重1～3千克。

◆ 寿命：12～14岁。

◆ 体貌特征：两种被毛类型。长被毛的吉娃娃被毛质地柔软，尾部被毛蓬松。短被毛的吉娃娃被毛也是质地柔软，但是比较光滑，而且有光泽。被毛颜色有很多种，也可能是混合色。

◆ 性格特征：精神饱满，聪明，性情温和。

◆ 宠物类型：很喜欢与人类为伴，但需要细心的照顾。有小孩的家庭不宜饲养。

吉娃娃通常被人们认为是世界上最小的一种犬，据说它们的名字来自原产地墨西哥，在19世纪中期出口到美国。原来的吉娃娃犬个头较大，也较为强壮，它们与在美国得克萨斯州、亚利桑那州和墨西哥发现的一种小型犬进行配种后，最终培育出如今的吉娃娃。

博美犬

◆ 体形大小：高22 ~ 28厘米，重2 ~ 3千克。

◆ 寿命：约15岁。

◆ 体貌特征：外部被毛厚实且直立，内部被毛柔软蓬松。毛色有很多种，但不带黑色或白色。

◆ 性格特征：积极，快乐，友善。

◆ 宠物类型：动作敏捷的看家犬。对孩子很友善。被毛需经常梳理。

博美犬的名字来自原产地——波罗的海的波美拉尼亚。这种犬是在18世纪传入英国的，当时的博美犬要比现在的博美犬体形大一些，其体重可达15千克。到了19世纪，维多利亚女王对这种犬产生了兴趣，它的体形也比过去减小了一半。现在的博美犬因其体态娇小而受人喜爱，不过它们还是保留着过去的气质。

巴哥犬

◆ 体形大小：高25 ~ 28厘米，重6 ~ 8千克。

◆ 寿命：13～15岁。

◆ 体貌特征：外部被毛精致有光泽。毛色有银色、杏仁色、浅黄褐色、黑色，脸部与耳朵呈黑色，背上有黑色的条纹。

◆ 性格特征：聪明，宽容。

◆ 宠物类型：尽管其意志坚定，不容易训练，但对孩子很友善，是很好的看家犬。几乎不需要被毛梳理和锻炼，但需要合理的饮食。

巴哥犬（或称哈巴狗）的祖先2000年以前出现在亚洲东部地区，是由佛教僧侣所饲养。据说，这种犬在17世纪由荷兰的东印度公司的商船首次带入欧洲，从那里它被威廉奥林奇皇室从荷兰传入英国。到18世纪，这种犬成为皇室和贵族的时尚犬种。如今它既是受人欢迎的伙伴犬，也是一种很好的家庭犬。

澳大利亚㹴

◆ 体形大小：高约25厘米，重5～6千克。

◆ 寿命：约14岁。

◆ 体貌特征：外部被毛直且浓密、粗糙。内部被毛短且柔软。毛色是钢蓝或者深蓝灰色，身体和腿上是深茶色条纹。也有沙色（黄中带红）和红色的澳大利亚㹴。

◆ 性格特征：性格外向。

◆ 宠物类型：好的工作伙伴，容易训练。不会轻易容忍猫和其他犬类。

这种㹴犬在1899年首次在澳大利亚被展出，毋庸置疑，这种犬是凯安㹴、丹迪丁蒙㹴和爱尔兰㹴等小型犬的混合犬种，而且它们带有约克夏郡㹴的独有特征。杂交的结果最终培育出了这种小而灵活的工作犬，它们的被毛蓬松，外表坚强，视觉敏锐，反应迅速。它们喜欢捕捉田鼠、小型禽鸟、蛇等有害动物。

爱尔兰峡谷㹴

◆ 体形大小：高35～36厘米，重7～8千克。

◆ 寿命：13～14岁。

◆ 体貌特征：被毛粗糙，绒毛层毛柔软。毛色有蓝色，或棕色并夹杂麦黄色斑点。

◆ 性格特征：温柔，顺从，但被激怒后非常勇猛。

◆ 宠物类型：城市生活和乡村生活均可。与其他犬类不能友好相处。好的看家犬。几乎不需要训练。

爱尔兰峡谷㹴以爱尔兰威克洛郡一处峡谷而命名，它们曾是专门捕猎一种凶猛的狐狸和獾类的猎犬，也被人们用于斗犬比赛。这种适应性强且身体强健的㹴犬于1933年首次出现在犬展比赛上。如今，它们的脾气不再像以前那样暴躁，变成了人类的伙伴犬，而不是工作犬，不过被激怒的话还是会引发争斗。

曼彻斯特㹴

◆ 体形大小：高 38 ～ 41 厘米，重 5 ～ 10 千克。

◆ 寿命：13 ～ 14 岁。

◆ 体貌特征：被毛短且有光泽，质地浓密。毛色为亮黑色和鲜艳的红褐色。

◆ 性格特征：有辨识能力，偶尔会脾气暴躁，但是忠诚。

◆ 宠物类型：容易照料，是一种小巧的犬。活泼，精力充沛。很好的看家犬。

曼彻斯特㹴是少数几种被毛平滑的㹴犬之一。这种犬也有刚毛变种，但几乎灭绝，这有些像万能㹴。尽管它们应是最古老的㹴种犬之一，但曼彻斯特㹴是在20世纪20年代拥有了现在的名字。曼彻斯特㹴从来就不是非常受人欢迎的犬种，当用犬捕鼠不再成为时尚，它们也就不再风光。

斯塔福郡斗牛㹴

◆ 体形大小：高 36 ～ 41 厘米，重 11 ～ 17 千克。

◆ 寿命：11 ～ 12 岁。

◆ 体貌特征：被毛平滑，浓密。毛色可能是红色、浅黄褐色、白色、黑色或者蓝色，或者以上的颜色加上白色斑纹。

◆ 性格特征：非常聪明，英勇。

◆ 宠物类型：对孩子非常友好，是忠诚而肯于自我奉献的家庭宠物犬。需要尽职尽责的主人，需要用心训练。

与斗牛㹴不同的是，斯塔福郡斗牛㹴的祖先是大型斗牛獒犬。在19世纪早期，当斗犬比赛作为一项运动而流行时，人们为了增加獒犬血统中的攻击性而使其与猃犬交配。直到1935年，由于种类的多样性，以及好斗的本性，斯塔福郡斗牛猃才被人们正式认可。

松狮犬

◆ 体形大小：高46～56厘米，重19～32千克。

◆ 寿命：11～12岁。

◆ 体貌特征：被毛或平滑或粗糙。被毛粗糙的松狮犬毛多且蓬松，而被毛平滑的松狮犬，毛短而挺拔。毛色通常是纯色，包括红色、蓝色、黑色、浅黄褐色、乳白色或者白色。

◆ 性格特征：忠诚而冷漠。

◆ 宠物类型：优秀的警犬，意志坚强。对孩子不友好。

松狮犬曾经在蒙古和中国东北地区流行，它们是中国版的波美拉尼亚犬，外形很像狮子。这种犬直到20世纪初期才在西方社会中占有一席之地，荷兰东印度公司的探险家在18世纪就首次将这种犬带到西方。黑中透蓝的舌头和轮廓分明的嘴巴是它们的独有特征。

日本银狐

◆ 体形大小：高 30 ~ 36 厘米，重 5 ~ 6 千克。

◆ 寿命：约 12 岁。

◆ 体貌特征：被毛直而蓬松，内部绒毛短而浓密。毛色通常是纯白色。

◆ 性格特征：胆大，精力充沛。

◆ 宠物类型：很好的家庭宠物。容易训练，但不是小孩子的理想宠物。需要日常梳理被毛和适度的锻炼。

日本银狐与博美犬、萨莫耶犬惊人地相似。在其原产地日本以外的地区，日本银狐的名声是逐渐地传播开来的，人们曾认为这种犬是其他种类的银狐的后代，很可能芬兰银狐和挪威牧羊犬就是其祖先。

贵宾犬

◆ 体形大小：高 37 ~ 39 厘米，重 20 ~ 32 千克。

◆ 寿命：11 ~ 15 岁。

◆ 体貌特征：被毛多而浓密、粗糙，不脱毛，需要日常刷洗。需要用狮毛剪法对其剪毛。毛色是纯色，包括白色、乳白色与棕色混合色、黑色、杏仁色、蓝色和银色。

◆ 性格特征：可依赖，性情温顺，精力充沛。

◆ 宠物类型：容易训练，很好的家犬。可以信赖的警犬，对孩子友好。

　　贵宾犬在欧洲最初是作为枪猎犬使用，它们可以从水中找回猎物。现代的贵宾犬是最受欢迎的犬种之一。它们是一种快乐、聪明以及精力充沛的犬，喜欢玩耍和娱乐。目前共有3种类型的贵宾犬，只是在体形上有所区别。标准型贵宾犬是其中数量最多的一种。

迷你雪纳瑞犬

◆ 体形大小：高30～36厘米，重6～7千克。

◆ 寿命：约14岁。

◆ 体貌特征：被毛粗糙，似刚毛，内部被毛浓密。毛色为均匀分布的全椒盐色或纯黑色，或者黑色与银色相间。

◆ 性格特征：安静，适应能力强。

◆ 宠物类型：容易训练。对孩子和其他犬类友善。优秀的护卫犬，但有时可能会紧张。被毛需要定期修剪。

　　迷你雪纳瑞犬也叫茨威格雪纳瑞犬，它们是标准型雪纳瑞犬或大型雪纳瑞犬与猴面宾莎犬或迷你宾莎犬形成的变种。在美国和加拿大，迷你雪纳瑞犬被划为㹴犬。

西施犬

◆ 体形大小：高25～27厘米，重5～7千克。

◆ 寿命：13～14岁。

◆ 体貌特征：被毛可以是各种颜色。前额有白斑。

◆ 性格特征：警觉，活泼。

◆ 宠物类型：适应家庭生活。需要很少的日常锻炼，但被毛需要经常梳理。

西施犬是狮子犬的一种，原产于中国。西施犬身上有着很明显的佛教神话中狮子的特征，据说佛陀曾把这种犬当作宠物。现代的西施犬很可能是古代西藏犬和京巴的配种。

西藏猎犬

◆ 体形大小：高24～26厘米，重4～7千克。

◆ 寿命：13～14岁。

◆ 体貌特征：头部被毛如丝，比肩部被毛长。下部被毛精致浓密。毛色为纯色或者混合色。

◆ 性格特征：忠诚而独立。

◆ 宠物类型：非常聪明，但不是很容易训练。不会伤害孩子，很好的家庭护卫犬。需要日常锻炼。

1000年以前，一些远东地区的国家曾经培育出许多小型的塌鼻犬，在那时候的陶器和绢画上都绘有许多这样的犬。在古代佛教文化中，这类犬非常受人尊敬。由于它们的智慧以及与人之间的伙伴关系，僧侣们曾训练它们来转动祈祷轮，并作为自己的伙伴。西藏猎犬也可以算作宠物犬。

玛利诺斯犬

◆ 体形大小：高56～66厘米，重27～29千克。

◆ 寿命：12～14岁。

◆ 体貌特征：头部长且轮廓分明，口鼻部分到鼻部逐渐变细。眼睛稍呈菱形，黑色眼眶。双耳直立，呈三角形。颈部非常灵活，肌肉发达。骨骼强壮、有力。胸部深陷。脚呈圆形，脚掌富有弹性，爪子大且呈深色。尾巴的毛厚而密。外部被毛短而硬，内部绒毛层似羊毛。

◆ 性格特征：警惕性高，非常活跃。

◆ 宠物类型：有强烈的护卫本能。容易训练。对孩子友善。

相对来讲，玛利诺斯犬的数量也不算多，它们几乎可以算作短毛版的特武伦犬。被毛颜色通常是略带红色的红褐色，不过也有灰色或者浅黄褐色的玛利诺斯犬。在4种比利时牧羊犬中，它们是外观上最接近德国牧羊犬的一种。

特武伦犬

◆ 体形大小：高56～66厘米，重27～29千克。

◆ 寿命：12～14岁。

◆ 体貌特征：头部长且轮廓分明，口鼻部分到鼻部逐渐变细。眼睛稍呈菱形，黑色眼眶。双耳直立，呈三角形。颈部非常灵活，肌肉发达。骨骼强壮、有力。胸部深陷。脚呈圆形，脚掌富有弹性，爪子大且呈深色。被毛又长又直，在脖颈处形成环状。头部毛发较短。毛色是红色、浅黄褐色或者灰色，稍带黑色。

◆ 性格特征：警惕性高，非常活跃。

◆ 宠物类型：容易训练，但需要严格控制。很好的看家犬。需要日常锻炼和被毛梳理。

准确地说，特武伦犬应该算作一种浅黄褐色的格罗安达犬，在许多国家中将这两种犬仍然归为一种犬。不过在欧洲，这种犬被人们用作嗅觉探测器的使用频率很高，它们也非常胜任缉毒工作。

边境牧羊犬

◆ 体形大小：高46～54厘米，重14～22千克。

◆ 寿命：12～14岁。

◆ 体貌特征：被毛或粗糙或平整，毛色有多种，带有明显的白色斑纹。

◆ 性格特征：聪明。

◆ 宠物类型：不是一种很好的家庭宠物，需要小心地看管，也需要足够的散步时间。

边境牧羊犬得名于英格兰和苏格兰的交界处，这种犬是首届牧羊犬比赛的冠军。它们以具有"威慑力的眼神"而闻名，它们用这种带着威慑力的眼神"抓住"绵羊，使它们要么原地站住，要么退回羊群中。据估算，它们牧羊时一天要跑的路程约有64～80千米，这需要超强的耐力。

杜宾犬

◆ 体形大小：高 65～69 厘米，重 30～40 千克。

◆ 寿命：约 12 岁。

◆ 体貌特征：被毛平顺，短而硬。毛色是黑色、棕色或者浅黄褐色，但均带有黄褐色斑纹。

◆ 性格特征：聪明，忠诚，顺从。

◆ 宠物类型：如果被正确地训练和严格地管理，会成为非常优秀的护卫犬和家庭伙伴。

杜宾犬是在 19 世纪 80 年代被一位德国税务员培育出来的，他的目的是培育出一种中等大小的犬来保护自己进行税收工作。人们猜测他是用罗威纳犬、德国宾莎犬、魏玛犬、可能还有曼彻斯特㹴进行交配后得到的杜宾犬。杜宾犬是现存犬种中最好的护卫犬，世界上很多警察局和保安公司都使用这种犬。这种犬只在被激怒时会发起进攻，它们是一种凶悍而令人生畏的犬。

獒犬

◆ 体形大小：高 70～76 厘米，重 86～100 千克。

◆ 寿命：7～10 岁。

◆ 体貌特征：被毛短，排列紧密。可抵御气候影响。毛色有杏仁色与浅黄褐色相间，银色与浅黄褐色相间，或者深黄褐色斑纹，口鼻部分和耳朵呈黑色。

◆ 性格特征：性情温和，勇敢。

◆ 宠物类型：非常优秀的护卫犬。日常花费很多。

獒犬和圣伯纳犬一样，是现存体重最重的犬种之一。古时的图画证明了在公元前700年的亚述王国里就存在着一种口鼻宽的獒犬。在公元1世纪古罗马人进入英国时，发现了这种獒犬并把它们带回罗马用于斗犬赛。英国人用獒犬来看护农场，保护财产，防备盗贼。和其他大型犬一样，獒犬在美洲也颇受欢迎。

家庭教育

张亦明 编

中医古籍出版社
Publishing House of Ancient Chinese Medical Books

图书在版编目（CIP）数据

家庭教育 / 张亦明编. —— 北京 : 中医古籍出版社,
2021.12
　（精致生活）
　ISBN 978-7-5152-2254-7

Ⅰ.①家… Ⅱ.①张… Ⅲ.①家庭教育 Ⅳ.①G78

中国版本图书馆CIP数据核字(2021)第255357号

精致生活
家庭教育
张亦明　编

策划编辑	姚强
责任编辑	吴迪
封面设计	李荣
出版发行	中医古籍出版社
社　　址	北京市东城区东直门内南小街 16 号（100700）
电　　话	010-64089446（总编室）010-64002949（发行部）
网　　址	www.zhongyiguji.com.cn
印　　刷	天津海德伟业印务有限公司
开　　本	880mm×1230mm　1/32
印　　张	5
字　　数	130 千字
版　　次	2021 年 12 月第 1 版　2021 年 12 月第 1 次印刷
书　　号	ISBN 978-7-5152-2254-7
定　　价	298.00 元（全 8 册）

前 言

　　从来富贵多淑女，自古纨绔少伟男。自古以来，"穷养儿子富养女"就是中国父母养儿育女的"金科玉律"，其中包含着朴素而深刻的人生智慧，其道理可以从中国传统中男孩和女孩将来要在社会上承担的角色来解释。

　　男孩将来所承受的社会责任和压力都比较大，在家庭中，男人更是顶梁柱。要成为一个真正的男人，这一生不知要承受多少磨难、冷眼、屈辱和挫折。古人说，天将降大任于斯人也，必先苦其心志，劳其筋骨，饿其体肤，如此才能修身、齐家、治国、平天下。所以，无论家境多好，对男孩绝对不能宠，必须"穷"着养，让他吃得苦中苦，从吃苦中磨炼他的意志，培养其艰苦朴素、吃苦耐劳的作风，仁义孝道的思想，让他从小就明白生活的艰辛。如此，将来方可顶天立地，担负起社会和家庭的重任。相反，如果父母对男孩娇生惯养，在物质上过多地、轻易地给予，就会要么培养出一个花天酒地、不成器的纨绔子弟，要么培养出一个阴柔气十足的"娘娘腔"，缺乏男孩应有的阳刚之气。因此，父母真正心疼儿子，就要狠心"穷"着养，今天对男孩"狠心"，明天才能对男孩"放心"。而"穷养"男孩的实质是培养男孩自立自强的能力，成为勇敢出色的男子汉。"穷养"中的磨砺会成为蕴藏在男孩内心深处的取之不尽的资本，让他受益终身。正如心理学家威廉·詹姆斯所说："播下一个行动，收获一种习惯；播下一种习惯，收获一种性格；播下一种性格，收获一种命运。""穷养"的男孩，将来步入社会后更容易适应环境、承受逆境，具备独立支配自我的能力。父母望子成龙不能等，从小就要"穷养"男孩，为男孩将来坚定的心性打下基础。

在现代社会，"富养"女孩就是说女孩要精细地养，不能像养男孩那样粗放，在家庭经济条件许可的前提下，尽可能地满足女孩对物质的需求，让她享受公主般的待遇，要从小宠她、爱她。当然，"富养"并不仅仅是给她提供富裕的物质生活，而更应该是一种精神和教育上的富足，要培养她高雅的气质和大家闺秀的涵养，培养她的自信心，使她的审美观、生活品位从小就达到某一个高度。但凡那些举止优雅、充满自信的女孩，一般都出自家境比较优越的家庭。她们往往乐观、开朗、热情，有同情心，有主见，心智成熟，眼光独特，魅力不凡，她们更能抵挡外界的诱惑，更易领会什么是美，怎么才美。

本书不仅从生理学、心理学、教育学、社会学等角度详尽阐述了"男孩穷养，女孩富养"的育儿理念，而且从实践、方法、技巧和图解等方面深入讲解了男孩如何"穷养"、女孩如何"富养"。希望本书可以帮助广大望子成龙、望女成凤的父母在尊重孩子性别差异的基础上，更有针对性地教育自己的子女，培养出符合社会角色的优秀孩子。

目 录

第四章　美德是男孩的第二重身份

第五章　成就一生的好习惯

第六章　为女孩付出足够的爱心

第七章　让"小公主"有主见

第八章　交际才能让女孩赢遍天下

第一章

教育孩子，先走入他们的内心

男孩有冒险天分和英雄情结

中国人习惯上都希望自己的孩子能表现得有规矩、有教养，总是想方设法约束孩子的行动，尤其是对男孩，往往管教得更加严格。实际上，活泼好动、喜欢冒险是男孩的天性，他们需要广阔的空间和自由的行动来满足自己好动的渴望。

男孩具有冒险精神本身是个很不错的品质，但父母在照顾和教育时要付出更多的精力。男孩好像是天生就喜欢冒险，不带有任何理由。

一个刚刚学会走路的男孩，喜欢从上面的地方往下跳。他喜欢把自己藏起来，让全家人找不到他。他会尝试所有没吃过的东西，不管是什么，甚至是药片，他都会往嘴里塞。他喜欢玩火，喜欢玩小刀。他会故意惹怒老师，看到老师生气的样子，他会表现得很开心。

当男孩长大，有了自己的玩伴之后，他还会喜欢上一切富于冒险性的事物。他喜欢玩滑板，喜欢去郊外的山谷蹦极，喜欢在海上扬帆滑翔，甚至会热衷于飙车！有一位儿童心理学家说得好：任何一个男孩，在他小的时候一定或多或少受过外伤，如果一个男孩在小的时候没有受过伤，那简直是个奇迹。

也许正因为如此，古希腊哲学家柏拉图早在2300年前才这样写道："在所有的动物之中，男孩是最难控制对付的。"

男孩的冒险是一种天分，父母应该用几分欣赏的眼光来看待。大多数的男孩为了冒险，甘心摔跤、挨打，这种勇敢的精神值得肯定；他们喜欢搞破坏，会把电动汽车拆得乱七八糟，这种创造能力也值得肯定；他们有时候为了自己的朋友，会通过打架的方式来替朋友讨回公道，最后弄得伤痕累累，这样的正义感也很值得肯定。既然对男孩的行为感到无可奈何，那就来欣赏他吧。因为男孩除了冒险之外，还有一股英雄情结，这一点让喜好冒险的男孩显得尤为可爱。

有一位家长发现自己的儿子很爱管闲事，尤其喜好打抱不平。当儿子看到家里的小狗欺负小猫的时候，就会跑过去把小狗追得满屋乱跑。当遇到高年级学生欺负小同学的时候，他总是把拳头攥得紧紧的，一心想跳出来为那些小同学讨回公道。

事实上，打抱不平是男孩的一种本能反应。他们喜欢正义，同情弱小，崇拜奥特曼，常常幻想着自己能够身怀绝技，去和邪恶势力作斗争，让自己成为万人瞩目的英雄。

教育点：正确面对男孩的英雄情结

对于男孩的英雄情结，父母首先要理解他们，不要斥责他们一天到晚"无事生非"。父母可以对男孩的这种英雄情结加以适当引导，这样做不仅有利于他们男性气质的培养，更有利于他们尽快长成一个真正的男子汉。

在现实社会中，没有一个人会像奥特曼一样具有拯救人类、拯救世界的本领，男孩心中崇拜的英雄是虚幻的，他们幼小的心灵中并不了解真正的英雄应该具有什么样的气魄。如果父母不给予正确的引导，可能男孩还会把暴力倾向误认为是英雄的象征，这就违背了男孩崇拜英雄的初衷。所以，父母必须让男孩明白：英雄不只是打打杀杀。

父母应该多给男孩讲解一些保护自己的知识，让男孩明白，英雄并不是只靠自己的力量一味蛮干，而是要运用自己的力量和智慧，巧妙地让受难者得到解脱。虽然救人于危难是值得尊敬的，但是不考虑自己的实力，只会使情况越来越糟。

女孩渴望得到友谊和爱

艾里姆夫妇在《养育女儿》这本书中很明确地解答了这样一个问题：女孩更注重人与人之间的关系。无论走到哪里，女孩总是最先关注这些问题：

我们之间的关系如何呢？在这个圈子里，我的地位怎样呢？我要怎样做才能与人保持最融洽的关系呢？

或许是雌性激素的缘故，使得女孩温柔且有很强的同情心，她们天生懂得体谅和关心他人，但是她们的情绪天生就有变化无常的特点。女孩被称为"最具感情的动物"，这个称号她们当之无愧。

情感对女孩来说具有非同寻常的意义。她们在与人交往过程中所获得的美好体验，就会让她们幸福感十足。

女孩不像男孩那样富于攻击性，她们注重的是人际关系的和谐。这也使得女孩把友谊和家庭看得比成就和机会更重要。当男孩思考怎样才能打败对手的时候，女孩就已经开始衡量她与周围人的关系了。女孩小的时候，接触最多的就是父母，她们渴望得到父母更多的爱和关注。

当女孩还在摇篮里的时候，就强烈地希望父母与她交流。因此，当一个女婴感受不到父母对她的爱时，她就会哭闹不止。当父母凑过来逗逗她的时候，她就会停止哭泣，继而高兴地挥动着手脚。她因为得到了父母的关注而兴奋不已。

稍大一点儿的女孩最喜欢玩过家家的游戏，她会将自己的布娃娃们组成一个家庭：有爸爸，有妈妈，还有宝宝，然后一家人一起吃饭、一起看电视、一起做游戏。看上去这"一家人"其乐融融，幸福温暖。实际上，这也是女孩在表达她的梦想：她希望爸爸妈妈永远爱她。

女孩在成长的过程中离不开爱，父母应该让女孩时时感受到父母对她的爱。只有沐浴在爱和关注之中，女孩才能更快乐地成长。

教育点 1：给女孩一个温暖的家庭环境

不和谐的家庭关系对女孩的影响是复杂而重大的，它使女孩无法建立起对感情的信任以及获得爱的满足感。尤其是父母之间的关系不和谐，不仅会使女孩长期处于焦虑和无所适从的状态，还会严重影响女孩的心理发育和个性发展。如果一个女孩从小就没有在一个美好、宽容的环境里生活，那她长大之后也不会用正常的心态与人交往，就会表现得很冷漠。而如果一个女孩从小在爱的环境中长大，那么情况就大不相同了。

女孩未来的成功和幸福很大程度上取决于父母为她创造的环境，而不是教授给她的技能。父母与其送给女孩最珍贵的礼物，不如为她营造一种健康、和谐的家庭氛围。

教育点 2：让女孩学会爱自己

因为女孩注重关系，所以在利益和关系面前更容易向关系妥协，为此而放弃自己的正当利益，由此成为"软弱"的代名词。因此，在女孩小的时候，父母就应该对女孩灌输这样的观点：你可以体谅他人，但是一定要先考虑到自己，你最爱的人一定是自己。

我是大王——面对竞争，男孩跃跃欲试

走进男孩们的世界，我们会发现：在任何场合，男孩最关心的问题就是：谁是头儿？

当女孩新加入一个朋友圈子后，她首先想到的就是：我能和哪个小伙伴成为最亲密的朋友？但是男孩的想法与女孩截然不同，他会在心里盘算：谁是这群孩子的头领呢？

当女孩新来到一个陌生的班级时，她最关心的问题就是：这些同学不会欺负我吧？而男孩最关心的问题则是：班主任是谁？班长是谁？

心理学家认为，每一个男孩都有当领导的欲望，他们之所以每到一个地方都想迫切知道"头儿"是谁，是因为他们更想知道这个新领域的规则是什么，好确定自己的努力方向。

对于男孩来说，这种天性的特征只会向两个方向发展。如果引导得当，它会演化成男孩不断进取的力量；如果缺乏正确的引导，它会促使男孩走向相反的方面：

男孩自己不愿意努力学习，但又想考个好成绩，于是他就和同桌串通好，让同学把写好的答案做成小字条传给他。

男孩平常表现得很出色，但在竞选班长的时候还是失败了。男孩心里很憋屈，于是找了几个"铁哥们儿"把他的竞争对手狠狠地"教训"了一通。

竞争是男孩的天性。行为专家曾这样说："一场比赛结束后，你会看到一个被打败的男人在真诚地向对手祝贺，其实在这背后，这个男人想的是如何在下一次将对手打败。"

有竞争心理是对的，但是要通过正当竞争，将来才会成为真正的男子汉。作为父母，不用担心男孩这种过强的竞争心理，性别赋予了他们巨大的能量，这是男孩的优势所在。

告诉你的男孩要遵守竞争的原则：公平、公正、正当，然后放手让他去争吧，这样更有利于他长成真正的男子汉。

教育点 1：鼓励男孩的竞争行为

在当今的社会中，竞争是客观存在的，任何人都要面对竞争。有的男孩因为害怕失败不敢参与竞争，实际上，竞争是激发男孩提高能力的有效形式，通过竞争可以锻炼男孩良好的心理素质。为了让男孩在将来的社会中占有一席之地，父母一定要重视培养男孩的竞争意识。

有个男孩在美国的一所中学读书，有一次学校里要选拔队员参加足球赛，想入选的同学都要参加一个"淘汰竞争"

怎样培养男孩的竞争力

1. 发展男孩个性。

父母应鼓励男孩掌握足够的本领，从而形成完善人格。

2. 鼓励男孩勇于创新。

创新有助于男孩形成新思想，养成坚持探索的好习惯。

3. 鼓励男孩积极参与竞争。

培养男孩独立自主、敢想敢干的精神。

4. 鼓励男孩相信自己。

培养男孩的自信心有助于提升竞争力。

的测试，对于每个同学来说，机会是均等的。能否加入足球队，完全看自己在竞争中的表现。

"淘汰竞争"的过程如下：开始的时候先绕学校跑3000米，接着是三组400米，然后是四组100米往返跑……同学们都已经累得精疲力尽了，但是竞争远远没有结束，他们又开始了下一轮的竞赛。在赛场上，有的孩子抽筋，有的孩子晕倒，有的孩子呕吐……即便如此，没有哪个男孩愿意放弃或者主动退出。他们已经记不清自己跑了多少圈，但他们一直都在坚持着。

"只要没有到最后一分钟，谁都有机会。现在看那些跑在前面的，说不定下一轮就落后。"

这种"淘汰竞争"在中国很少见，其实它的意义不仅限于体能测试，更是一场关于意志的较量。通过竞赛性的活动可以使男孩体味竞争的快乐，学会承受失败的痛苦，品尝胜利的喜悦，这有助于培养男孩积极向上的品格。

害怕竞争没有任何意义，培养男孩的竞争意识应当从小开始，让他们逐渐形成良好的竞争力。

教育点2：培养男孩的领导能力

教育专家通过研究发现，很多机构的主管、领导之所以能够出类拔萃，离不开父母悉心的栽培，父母会用最简单的方法来培养孩子的领导才能，锻炼孩子的意志力和思考能力。这样的孩子在关键时刻不但不会向同伴妥协，而且会更加坚守自己的信念。

培养男孩的领导才能不但对他们的将来有好处，而且对他们目前在学校的表现也有帮助。男孩在学校及课余生活中所表现出来的领导才能，更有助于成就他们的未来。

实际上，每个男孩都有当"头儿"的愿望，而且一旦派给他们工作，他们总会全力以赴地做好。

另外，父母还可以通过语言来满足男孩的领导欲望，比如问问男孩："小督导员，我有哪些地方做得不好？""小督导员，对这件事情你有什么看法吗？"也许因为父母的这样几句话，男孩会高兴一整天，积极性也会大大提高，因为父母满足了他们的欲望，并且体现出了对他们的尊重。

我害怕——面对挑战，女孩习惯退三步

看看老师眼中的女孩是什么样子的：

她们很文静，也非常遵守纪律。她们上课认真听讲，作业完成得认真细致，在课堂上很少捣蛋，让人省心；

她们的语言表达能力很强，喜欢与人交往，朋友很多，而且乐于参加学校的文艺活动，等等。

女孩的生活轨迹就是这样的安定、平稳，不像男孩那样喜欢冒险和竞争，这是令父母感到欣慰的地方。

但是教育专家却提醒女孩的父母们：不能高兴得太早了。如果父母不注重女孩的心理发展，她们很可能会变得敏感、多疑；如果父母不重视女孩的心理培养，她们很可能会变得胆小、懦弱。一位母亲曾这样描述自己的女儿：她总是希望得到大人对她的评价，希望大人能够肯定她。

是的，每个女孩都迫切希望知道父母对自己的评价，以及父母是否爱自己，因为她需要用这些来衡量自己和家人之间的关系。当女孩认为父母不爱她了，就会产生很强的不安全感。如果女孩长期处在这种不安全感之中，心理健康就会受到很大的影响。相反，如果女孩认为父母是爱她的，就会产生极大的愉悦感和安全感，变得更加友善。

心理学家通过研究发现，女孩更重视和周围人的关系，在与他人关系不融洽的时候，她们就会表现出沮丧和难过。从她们出生的那一刻开始，就一直用"关系"来衡量她们周围的世界，并且思考怎样和别人保持好的关系。正因为女孩在意与他人之间的关系，所以她们会特别留意别人的一些语言和行为，并常常会在这些语言和行为中捕捉到不和谐的因素。比如看到父母的情绪不太好，她会首先反思自己是否做错了什么；如果小伙伴出去玩的时候没有叫上她，她就会觉得是别人不喜欢自己了。一旦女孩觉得自己的人际关系不好，内心就会很自然地产生一种悲观、失落的情绪。在女孩与他人的交往过程中，会受到一些这样的伤害：

1. 容易妥协

女孩为了让自己的内心充满安全感，需要更好地保持与他人之间的关系。

低年龄的小女孩之所以乖巧、听话，正是因为她们想用这些好的行为来稳固与大人的关系。

为了得到父母的赞扬，女孩会很听话。不仅如此，在与小伙伴的交往中，女孩也会表现得谦让和顺从，用这样的方式来赢得对方的好感。

在生活中，大多数女孩是这样的：好友如果说要去逛街，她就会跟着一起去；好友如果说想去看书，她也会跟着一起去，看上去好像没有自己的主见，没有自己的立场。

在与人交往的过程中，女孩会形成这样一种观念：不能拒绝别人的要求，否则会影响与他人的关系。不知不觉中，女孩把自己本应具有的独立性、自主性都丧失了，也常常为了满足别人的意愿而损害了自身的利益。这也是很多女性在感情、婚姻等方面处于被动地位的一个主要原因。

2.渴望被保护

父母对女孩的溺爱，最容易让女孩把自己定位成一个弱者。

父母总是认为，女孩身体娇小，心理相对比较脆弱，不如男孩那样经得起摔打和磨炼。所以，很多父母对女孩总是格外爱护，生怕女孩会受伤。但正是由于父母的过度疼爱使女孩产生了这样一种思想：无论遇到什么困难，都会有人帮我搞定的。在父母的溺爱中长大的女孩，对于苦难的承受能力特别差。

父母都希望自己的女儿健康成长，但父母对女孩溺爱的结果就是让女孩变得脆弱敏感，甚至不堪一击。如果想让女孩的内心变得强大，就不要向女孩灌输"你很弱小"的观点，而且女孩的年龄越小，效果越明显。父母要告诉女孩，最能保护自己的人只有自己，依靠自己的力量才是最幸福的。

教育点：培养女孩刚柔并济

有人说，女孩是用香料和糖做成的。为什么这样说呢？因为在女孩的世界里，到处都是美好的事物，女孩被赋予了很多美好的品质，比如乖巧、善良、善解人意等，这些都是女孩"糖"的一面。然而，再柔弱的小女生也会具备男性的一些特征，比如要强、独立、有进取心等，有时还会有些淘气和好动，只是这些表现得并不是很明显。

生活中，大多数父母都想把女孩培养成"糖"这一类，他们希望女孩能温柔善良、乖巧懂事，做个真正的淑女。在这样的教育下，女孩的独立性、竞争性以及创造性都会很差，因为她们的这些特性被父母无意识地扼杀了。女孩越来越向淑女的方向发展，更使得她们以"弱者"的姿态示人。

读到这里，可能有的父母会说，那我们以后干脆就把女孩往男孩的方向去培养好了，殊不知这样会过犹不及，也是不妥的。让女孩协调发展的教育才是最正确的。那么父母应该如何来做呢？

最好的方式是，父母分别明确自己的责任和义务，分工扮演不同的角色，在家庭中为女孩做榜样。

在家庭中，父母在不同的方面给女孩做最好的表率，并在关键时刻给女孩相应的指导和提示，让女孩的个性得到全面发展。

胆小、内向、敏感——请理解另类的男孩

前面提到，男孩大多是地地道道的"小冒险王"，他们表现得有英雄情结，并且攻击性强，我们印象中的男孩永远都是充满热情地去追寻自己想要的东西。

但是，生活中并不是所有男孩都是这样的。也有很多父母抱怨自己的男孩并非如此，他们胆小、冷漠、孤独。

有个男孩，在妈妈眼里看上去很"窝囊"。他在与人交谈的时候表现得词不达意，而且面红耳赤；碰到老师不愿意打招呼，情愿绕道而行；在公共场合很少发言，即便是自己了解的话题，也不轻易发表言论；平时学习成绩挺好的，可是一到考试就砸锅……就是这样一个看上去很胆小怕事的男孩，后来竟然迷上了玩滑板，他很喜欢在空旷的广场上驰骋的感觉。有一次，妈妈看到儿子站在滑板上飞驰的样子，第一次感觉到儿子居然这样帅气，妈妈在惊喜之余，狠狠地夸奖了儿子。儿子得到妈妈由衷的赞赏，对自己也燃起了信心，后来变得越来越像个男子汉了。

教育学家认为，男孩的这种"怪癖"，往往是由家庭因素

引起的。比如父母之间感情不和或者家庭遭受挫折，父母对孩子过于溺爱，都会使男孩变得"另类"。

教育点 1：培养男孩的勇气

富兰克林·罗斯福在 8 岁的时候还很胆小，脸上总是露出恐惧的表情。每次上课遇到老师叫他回答问题，他就会双腿发抖，嘴唇颤抖不已。

童年时期的罗斯福极度得自卑和敏感，他回避社交活动，也不敢结交朋友。唯一与众不同的是，他总是强迫自己和嘲笑他的人接触，强迫自己参加打猎、赛马等激烈的活动。他试图努力改变自己，他咬紧自己的牙床使嘴唇不再颤抖，他利用假期的时间到非洲追赶狮子，他要让自己变得强壮无比。

凭着这种不服输的精神，他没有因为自己的心理障碍而气馁。后来，很少有人知道他曾有过严重的心理障碍，只知道他是美国历史上一位深得人心的总统。

罗斯福的经历说明，男孩那些致命的缺点，是完全可以通过后天的努力来改变的。父母更应该有信心帮助男孩克服胆小的缺点，让他成为一个有用的人。

教育点 2：帮助男孩走出孤独

当父母发现自己的男孩感到很孤独时，要及时地帮助他。内向的男孩一般不会去争取在众人面前表现自己的机会，当遇到困难的时候，他们往往得不到别人的帮助，只好将烦恼、痛苦都压抑在内心，如此发展下去，这些负面情绪不仅会在男孩的内心深处留下阴影，并且会对他成人之后的社会生存造成困难。因此，帮助性格内向的男孩走出孤独是父母的一项重要任务。

帅气、粗心、孤僻——请理解另类的女孩

一般而言，女孩都很重视关系。女孩天生就很敏感，她们的依赖性比男孩要强，看上去也更加柔弱。但是，有些父母则不这样认为，因为他们的女儿要么大大咧咧，要么个性独立，要么有些孤僻。

婷婷是个很特立独行的女孩，她不像传统的女孩那样细心、敏感，她从小就大大咧咧，像个男孩一样不拘小节，所以她不会和同学因为小事吵起来，大家都喜欢和她一起玩儿。每当婷婷遇到困难的时候，她总是自己主动寻找解决的方法，不像其他小女生那样娇娇气气的。婷婷不爱哭，而且很大胆。有一次，教室的窗台上落下来一只半死的蝙蝠，别的女孩都吓坏了，而婷婷却走过去抓起小蝙蝠仔细地观察，并且向同学说道："这有什么好怕的？"婷婷唯一的缺点就是相对沉默，不像其他小女孩那样叽叽喳喳说个没完，也不喜欢和小女孩一起结伴而行，而是像个"独行侠"，一个人独来独往，看上去有点儿帅气。

很多女孩多多少少都带有婷婷的影子。面对这样"与众不同"的女孩，父母的心里肯定多少会有些忐忑不安：女儿的性格更像个男孩子，这对她将来的发展是否有好处呢？她的性格那样孤僻，将来该如何与人相处呢？

对此，父母必须要明确，每一种性格都有自己的优势和劣势，父母最重要的任务是把孩子性格的优势发挥出来，并且告诉他们如何避开性格上的劣势。

教育点 1：培养大大咧咧女孩的交际能力

教育专家通过观察发现，不管是男孩还是女孩，他们都喜欢与那些不斤斤计较，性格有点儿大大咧咧的女孩交朋友，而且

女孩两种不同性格的外在表现

1.大大咧咧的女孩很像男孩子。

这类孩子朋友多，不爱哭鼻子。

2.内向的女孩抵触交往。

这类孩子不喜欢热闹，性格一般比较内向。

他们有同样的理由：与这样的女孩一起玩不累，而且会玩得很开心。

父母如果发现自己的女孩有点儿大大咧咧，这说明女孩有很强的交际天分。父母要鼓励她多交朋友，并且重视培养她的交际能力，这对她以后的发展将有极大的帮助。

当然，父母在鼓励女孩多与人交往的同时，还应该引导女孩做一个举止优雅、谈吐有度的人。

教育点2：让孤立的女孩消除胆怯

如果女孩喜欢独来独往，不喜欢与人交流，父母首先要能接纳这一点，然后给予具体的帮助来让女孩消除胆怯。

父母可以在家里做些角色扮演游戏，帮女孩在家中练习

15

社交技巧，因为家是女孩最熟悉的地方。在家的时候，父母可以与女孩一起做一些角色扮演的游戏，例如：妈妈可以扮演乘客，让女孩来当售票员，进行乘公交车的游戏。在平日里还要多鼓励女孩回答问题，如："你的玩具娃娃叫什么名字？""我们到外婆家去，你要穿花衣服还是红衣服？"

　　除此之外，当父母与亲戚邻里谈话的时候，也要有意识地把女孩带入谈话的角色。比如邻居问："小佳，今天和爸爸妈妈去哪儿了？"妈妈可以这样说："我们去看电影了，是吧？小佳！"小佳也许会回答："是的！"这样可以自然地帮助女孩进入谈话的角色。虽然女孩需要帮助指导，但首先要尽量让她自己开口说话。

　　父母还可以给女孩提供一些学习交往的机会，如每次带女孩出门时与其他家长打招呼，去商店买东西与售货员交谈，拜访亲友，在家中招待客人等，都是让孩子学习如何与人交往的机会。父母不但要为女孩树立榜样，还要教会她交往技能。交往技能不是天生的，而是后天学来的，要让女孩有榜样可学，这样她就会慢慢地学会与人交往了。即使日后遇到陌生的环境和人，她也不会再感到胆怯了。

第二章

父母无法回避的现实

男女并不真正"平等"

历史上曾经有过很多次轰轰烈烈的妇女解放运动，但是男女真的平等了吗？没有，肯定没有。

古代的女人不能念书，不能为官，不可以抛头露面，社会地位比不上男人。女人没有什么社会义务，也就没有什么社会地位。

现代的女人和过去比起来，可以说是翻身了，再也不是从前的小脚形象，能上学了，也能工作了。男人能做的工作，女人也都能做了。即便如此，男女就真的平等了吗？

莉莉是一个很有想法的女孩，她很想去北京找一份写作的工作，可是爸爸坚决不同意，他无法理解女孩要辞去一份收入稳定、有保障的工作去冒险。爸爸苦口婆心地对莉莉讲："现在的生活已经很不错了，女孩还是安分一点儿好。"

莉莉从小就对自己的要求很高，可是爸爸却对她的这种上进精神并不在意。莉莉初中毕业的时候，爸爸没有要求莉莉以后学习多好，可是莉莉考上了不错的重点高中；高中毕业之后，莉莉又考上了不错的大学，接着还念了研究生。其实爸爸对莉莉的要求很简单，只要生活过得简单快乐就可以了。

莉莉的爸爸代表着一种传统的教育观，大多数人都认为，男孩子将来要去闯荡社会，所以要对他从小进行吃苦教育；而女孩子并不需要创业，所以没有必要让她从小去吃苦受累。

现在的社会打出了"男女平等"的大旗，认为不管是男

性还是女性，都应该在社会中承担同样的义务和责任，没有
必要进行教育的区别对待。再加上现代社会的竞争日益激烈，
男人很难承担一个家庭所需要的全部经济责任，女人也要出
去工作、挣钱，承担一部分养家的责任。传统女性的角色被
弱化，没有人会因为你是女人就对你降低要求，一切都靠实
力说话，按照统一的规则进行竞争。

如果让女人也过着和男人一样的生活，毫无疑问，女人
会走得更艰辛。由于女人在生理、精力、体力等方面与男人
有着巨大的差别，所以排斥女性走入社会目前仍是一种不可
避免的社会现象。

人们呼吁男女平等，是因为社会上存在着不平等的现象。
我们无法逾越这些矛盾，对于性别角色的认识直到今天都没
有普遍一致的定论。所以，父母不如改变教育方法，让自己
的孩子更适应目前的社会状况。

教育点：孩子需要性别角色教育

现在社会上已经有很多人提倡性别角色教育，所谓性别
角色教育，就是要男孩女孩发挥自己的性别属性，将来在社
会中找准自己的位置。即便是讲男女平等，也一定是在尊重
自然性别的前提下来谈平等。

可能有些父母会认为，只要生出来的是个男孩，将来就
一定会长成一个男子汉。其实不然，有的男孩由于缺乏性别
角色教育，即便从生理上来讲是个健康的男孩，但是在他的
内心，并不了解作为一个男子汉，自己应该做好哪些准备。

如果父母不注意帮助孩子了解自己的性别角色，一味娇
宠的宝贝女儿很可能就会变得越来越强势；相反，一些男孩
由于受到过多的保护，反而养成了文文弱弱、多愁善感的性
格，甚至给人的感觉有点儿"娘娘腔"。

培养新好男孩有绝招

方法一

多和男孩讨论，提高男孩的语言能力。

方法二

制定规则，避免男孩过度淘气，让其快速适应环境。

方法三

多参加活动，有助于男孩释放情感，发泄精力。

方法四

激发男孩的学习兴趣，引导男孩爱上学习。

此外，父母还要注意，不论你的孩子是男孩还是女孩，都应该引导他们在发挥自己性别优势的基础上，积极学习异性的优点，以促进身心的全面发展和人格的完善。

女孩所遭遇的就业性别歧视

也许有人会说，在现代社会中，性别已经不再能说明什么了。在工作的地方，只有业绩才能决定身份、职位、薪水。事实是否真的如此呢？

现在，有很多传播媒介都开始热烈地讨论一种愈演愈烈的职业现象，那就是性别歧视。

有调查表明，在我国目前正式取得专业职称的新闻工作者中，男女新闻从业人员的数量极不平衡，男性的数量明显高于女性。

研究人员从国内几所重点大学的新闻系了解到，从新闻专业的招生情况来看，女生与男生的录取比例为 3 : 1，而且在校期间，无论是学习成绩还是活动能力，基本上都是女生强于男生。

尽管如此，当这些学生毕业之后走向社会时，男生却比女生更容易找工作。最终，男生的就业满意度普遍高于女生。

在毕业后的求职道路上，女生往往比男生走得更艰辛。尽管女生并不比男生差，但是她们要比男生付出更多的努力。根据调查，80% 的女生曾表示自己在求职的过程中遭遇过性别歧视，34.4% 的女生曾有过多次被拒绝的经历。在各类招聘广告上，"限男生"这样的字眼儿实在是屡见不鲜。

然而，用人单位一般不会用性别不适合来作为拒绝招收女生的理由，他们一般会说：男生的逻辑思维比女生要强一些，所以研发之类的工作更倾向于招聘男生，而女生比较细心，更适合做后勤之类的工作。

实际上，这些用人单位更多考虑的是成本的问题，女性将来一旦结婚生子之后，会在照顾家庭、抚养孩子等方面投入更多的精力。所以，雇用女性成本就会相对增加。

市场经济给人们带来了自由选择职业的权利。公平原则的面前，只看能力，每个人的机会都是均等的。而事实上，这只是一个假象：

第一，到目前为止，男性仍然占据着主要的社会资源，使得职业的各个环节都带上了性别歧视的色彩。

第二，"男强女弱""男尊女卑"的观念使人们相信女性在能力上天生就不如男性。

第三，生育和哺养的重大任务，还有繁重的家务劳动，这些占用了女性的大量时间，让女性没有时间和精力进行业务上的学习，从而削弱了女性的竞争力。

第四，根据调查显示，在受教育程度方面，女性的平均受教育水平还远远低于男性。

性别不平等是客观存在的。作为女孩的父母，在女孩成长过程中会发现她们和男孩有很多明显的差异，并且主要表现在生活的细节之中。然而，差异并不能判断优劣。父母正视这些差异并加以引导，才能让女孩生活得更好。

教育点：最后的结果由女孩决定

许多父母出于对女孩的爱，不管什么事情都会帮她做好决定，尤其对比较柔弱的女孩来说，父母认为那是一种爱。

其实不然，爱默生曾说："你要教你的孩子走路，但是，应由孩子自己去学走路。"父母要把女孩看成是一个自立的人，使其能自行决定自己的行动，并且践行自己的决定。

父母要努力培养女孩的自主能力，给女孩自主的机会，充分调动女孩自身的积极性。

谢军是享誉世界的国际象棋特级大师，曾获得多项世界冠军。很多人羡慕她的辉煌成就，但很少有人知道她之所以能取得这样的成就，完全是因为父母给了她自主的机会。

1982年，12岁的谢军小学即将毕业，但她却面临着两难境地：是升重点中学还是学棋，在这个岔路口，谢军举棋不定。

小学6年中，谢军曾有7个学期被评为三好学生，这样品学兼优的孩子谁见谁想要，学校当然要保送她上重点中学。

但是，国际象棋的黑白格同样牵引着谢军和她的家人。在这个节骨眼儿，母亲的一席话给了谢军莫大的勇气，让年纪小小的她学会了自主，学会了对自己负责。

母亲叫来谢军，用商量的语气说："谢军，抬起头来，看着母亲的眼睛。你很喜欢下棋，是不是？"

这是母亲对女儿选择道路的提问，从某种意义上讲，也是对女儿将来命运的提问。

家庭是民主的，对于孩子的未来，母亲采取了审慎和商量的办法，充分尊重女儿的意见和选择。

谢军目光坚毅、严肃地看着母亲的眼睛，坚定地说出了7个字："我还是喜欢学棋。"

听到女儿的话后，母亲同意了她的选择，同时又严肃地说："很好，不过你要记住，下棋这条路是你自己选择的，既然你做出了这个重要的选择，今后你就应该负起一个棋手应有的责任。"

也许，一个12岁的女孩很难懂得和理解这段话，但是她一定理解了父母的良苦用心。

正是母亲的这段话，使谢军受益一生。假如当初没有这段话，或者是父母包办决定女儿的前途，都不会有今天的谢军，也不会有中国这位国际象棋"皇后"。

女孩虽然还小，但总有一天她要走向社会。现在不培养她自我判断、自主决定的能力，什么事情都由父母包办解决，一旦女孩离开父母，没有人为她做这一切，而她自己又没有这种能力，那时她该去依靠谁呢？

这个故事对我们的家庭教育有什么启发呢？父母又应该从中悟出些什么呢？其实，道理很简单，在家庭教育中，父母要像谢军的母亲一样，女孩的事情让她自己决定，父母只提供参考意见，即不要让女孩一味地顺从父母的决定，应让女孩用自己的意志取舍或选择事物，令其有自我决定的机会，并在决定事物的过程中，培养出肩负责任的自主性、独立性、积极性与自律性。

几乎没有几个父母是有意识地损伤女孩的自信心，或损伤她独立解决问题的能力，但不幸的是，这种无意识的伤害比比皆是。由于这个原因，父母要有意识地避免过分保护，给女孩独立决定自己事情的机会，让女孩学会如何做决定。

男孩面临前所未有的危机

1993 年的一天，上海大众汽车有限公司的前总经理方宏，从五楼办公室跳楼身亡，在此之前没有任何征兆，他看上去和平时一样谈笑风生。外界一致认为他是死于抑郁症。

2004 年 11 月，均瑶集团前董事长王均瑶因为患肠癌，在肺部感染后病情突然恶化，最终因呼吸衰竭抢救无效去世，年仅 38 岁。精神紧张和压力过大是导致患癌症的重要因素。

2005 年，著名画家陈逸飞因为劳累过度，消化道突然出血，经抢救无效去世，享年 59 岁。陈逸飞有着 10 年左右的肝硬化史，但拼命工作加剧了病情恶化。

中国目前有很大比例的上班族认为自己存在一定的心理健康问题。之所以会产生这些问题，根本原因就是当今的生存压力太大。生存压力主要来源于社会、生理、心理三个方面。职业方面的压力来自收入、升迁、同事关系等；生活方面的压力来自投资还贷、养育子女等方面。由于所要关注的内容太多，职场人士大多表示身心疲惫。

社会学家指出，男性中正在出现一种前所未有的危机，那就是难以挑起的生活重担。我们正在面临着一个转型的社会，我们从未遇到过的社会压力和激烈竞争扑面而来，这些都将不可避免地降临在男孩的肩上。父母应该如何教他们正确地看待和面对危机，是一个严肃的话题。

教育点：从小培养男孩的竞争意识

在这个世界上，想坐"前排"的人不少，真正能坐在"前排"的却不多。许多人之所以不能坐到"前排"，是因为他们仅仅把"坐在前排"当成一种人生理想，而没有采取具体行动。反之，那些最终坐到"前排"的人之所以会成功，是因为他们不但有理想，更重要的是他们把理想变成了行动。

男孩是否应该比女孩入学晚一年

关于孩子几岁入学的问题，历来都颇有争议。有些父母希望孩子能提早上学，尽管自己的孩子还没有到规定的年龄，但他们还是千方百计地将其塞进学校。还有一些父母与此相反，担心孩子太小无法承受学习压力，到了规定的年龄也不把孩子送去上学。实际上，过早接受教育和过晚接受教育对孩子都是不利的。

学习是一种脑力活动，因此受教育的最佳时期应该以大脑的发育状况而定。根据科学家的研究，儿童在6周岁的时候，大脑已经生长到1200克，达到成人脑重量的90%，智力的发展水平也已经达到17岁智力发展水平的70%。因此，这个年龄就是孩子入学的最佳年龄。

在这个年龄阶段，孩子在能力以及心理发育方面也日趋完善。他们已经可以对形状、颜色、大小作出准确的判断，而且对数字和文字的判断能力也已经发育良好，记忆力迅速发展，可以做简单的运算。此外，他们已经养成一定的自制力，习惯了集体性的游戏，有一定的求知欲和学习兴趣。总之，6岁左右的孩子已经完全具备了进入学校学习的条件。

虽然男孩长到六七岁时就到了入学的年龄，但是相对而言，男孩的发育比女孩要晚6~12个月，而且不善于做一些精细的动作，比如拿钢笔和使用剪刀。同时，这一时期的男孩活泼好动，很难长时间安分地坐在课堂上。由于男孩支配完成精细动作的运动神经以及认知技能的发育都迟于女孩，因此让男孩比女孩晚入学一年对他们大有裨益。

有位学者走访了很多教育机构，他发现在澳大利亚的很多学校和欧洲的一些大型国际学校，男孩的入学年龄基本上都会推迟一年。但是在当地，入学之前的所有儿童都必须上幼儿园，无论男孩女孩都需要在幼儿园的环境中体验与同伴共同合作的经历。

男孩在幼儿园的时间应该更长一些，这样当男孩入学之后，年龄会比同年级的女孩大一岁，这时的男孩在智力上已经和女孩在同等的水平线上了。

当然，也没有必要刻板地要求这一点。毕竟很多父母在教育孩子方面所持的观点是让孩子尽早入学，赢在起跑线上。一直以来，男孩到底什么时候上学就是一个存在争议的问题，并不是一个依靠理论就能决定的问题。父母还是要视男孩的实际能力而定。如果是女孩发育迟缓，同样也可以推迟入学年龄。

父母帮助孩子找对最佳的入学时间，不仅能有力地促进孩子的智力发展，而且有利于孩子的身心健康。统计显示，5～6岁入学的孩子，智商会明显高于7～9岁入学的孩子。

教育点 1：判断孩子最佳的入学时间有窍门

木木今年已经5岁半了，而且是12月的生日，按照国家的规定，儿童必须满6周岁才能上学。周围的阿姨都说应该让木木早点儿上学，因为他生日小，如果再等一年就有点儿晚了，而且木木又很聪明，上学之后成绩一定会很好。木木的妈妈有点儿犹豫了，什么时候入学最合适呢？

一位医院儿科的主任医师说：“规定6岁入小学是有科学依据的，是综合儿童的心理、生理等诸多因素而定的。

小孩的年龄与规定入学年龄相差三个月左右是没有什么问题的，但是如果上学过早，就会对视力、脊柱等的发展产生不好的影响。”

以前教育部规定，儿童的入学年龄应该在6周岁半，而现在改成了6周岁，已经提前了，如果孩子的年龄比国家规定的年龄小太多，是不适宜的。无论什么样的教育，都要遵循人的认知发展水平来开展，儿童如果上学过早，就相当于将不符合他智力水平的内容强加给他，多数情况下是学不好的，这样的孩子容易产生挫败感，极不利于孩子今后的成长。

建议父母从以下四个方面入手，观察孩子是否适合上学。

第一，观察孩子的智力水平是否和同年龄孩子的水平相当，比如算数、识字等能力。

第二，观察孩子的注意力是否能保持较长时间的集中。在儿童时期，注意力的集中时间是随着年龄的增长而增长的，年龄过小的孩子注意力就比较不集中。一般来讲，小学老师讲授一个知识点需要10分钟左右，这就要求孩子的注意力也能维持10分钟左右。

第三，观察孩子是否有足够的自制力。小学课堂不同于幼儿园，要正规很多，不能在课上随便说话、随便玩耍，不

建议父母从以下四个方面入手，观察孩子是否适合上学

1. 观察孩子的智力水平是否正常

2. 观察孩子的注意力是否集中

3. 观察孩子是否具备足够的自制力

4. 观察孩子是否有良好的身体素质

能老走神儿。如果孩子还不具备足够的自制能力，就会严重影响听课的效率。

第四，观察孩子的身体素质如何。如果孩子经常生病，上了小学之后，就会因为经常请假而耽误学习的进度。

教育点2：做好入学准备

每个孩子都有背上书包走入学校的那一天，他们将面临从幼儿园到学校的过渡，从没有作业到天天写作业的过渡。孩子从一个幼儿成为一名小学生，是儿童发展过程中的重要转折，社会、学校和家庭都对孩子提出了新的要求。怎样帮助孩子迈出第一步，顺利度过这一段"转型期"呢？这是父母应该认真考虑的问题。父母需要了解孩子在这段时间都发生了哪些变化：

1. 生活的主要内容发生了变化

孩子入学之前，他们的主要活动就是玩，整天都是和小伙伴一起做游戏。上了小学之后，主要的活动就是学习了。

2. 所扮演的角色发生了变化

孩子入学之后，他们的社会身份发生了改变。在学校里，他们是集体的成员，要严格服从集体的安排，遵守纪律，比如：要按时上学，认真完成作业。学习对于他们来说，既是权利，也是应尽的义务。

3. 周围的人际关系发生了变化

孩子在进入学校之后，将会与同学们朝夕相处，并且要独立处理很多事情，要自己独立完成作业，要自己整理书包，在课上要认真听讲，独立思考，因为没有人能帮助他们学习，很多事情只有靠自己了。这时的孩子开始从依附家庭转向独立生活了，并且是扩大社会交往的关键时期。

刚走入校园的小学生，最开始往往是心情激动，充满了自豪感，但是过不了多长时间，他们可能就会对上学失去兴趣，甚至感到学习的负担太重了。此时，父母不要着急，大约两个月之后，孩子才能真正适应学校的环境，走上正轨。

第三章

自控能力决定男孩的成就

教男孩认清错误

男孩犯了过错，如果父母能心平气和地启发男孩，不直接批评他的过错，男孩会很快明白父母的用意，愿意接受父母的批评和教育，而且这样做也保护了男孩的自尊心。

如果父母批评男孩时总是声色俱厉，如临大敌，在这种情况下男孩就容易受到伤害。所以，父母不如换一副表情，比如可以用凝重、严肃的表情来显示自己对待男孩错误的态度，语调大可不必高八度，相反可以比平常的声音更低沉一些。"低而有力"的声音会引起男孩的注意，也容易使男孩注意倾听你说的话，这种低声的"冷处理"，往往比大声训斥的效果要好。

贝利从小就显现出非凡的足球天赋。他常常踢着父亲为他特制的"足球"——用一个大号袜子塞满破布和旧报纸，然后尽量捏成球形，外面再用绳子捆紧。贝利经常在家门前那条坑坑洼洼的街面上赤着脚练球。尽管他经常摔得皮开肉绽，但他始终不停地向着想象中的球门冲刺。

渐渐地，贝利有了些名气，许多认识或不认识的人常常跟他打招呼，还向他递烟。像所有未成年人一样，贝利喜欢吸烟时那种"长大了"的感觉。

有一次，当贝利在街上向别人要烟的时候，父亲刚好从他身边经过，父亲的脸色很难看，贝利低下头，不敢看父亲的眼睛。因为他看到父亲的眼睛里有一种忧伤，有一种绝望，还有一种恨铁不成钢的怒火。

父亲说："我看见你抽烟了。"

贝利不敢回答父亲，一言不发。

父亲又说："是我看错了吗？"

贝利盯着父亲的脚尖，小声说："不，你没有。"

父亲又问："你抽烟多久了？"

贝利小声为自己辩解："我只吸过几次，几天前才……"

父亲打断了他的话，说："告诉我味道好吗？我没抽过烟，不知道烟是什么味道。"贝利说："我也不知道，其实并不太好。"贝利说话的时候突然绷紧了浑身的肌肉，手不由自主地往脸上捂。因为他看到站在他跟前的父亲猛地抬起了手。但是，那并不是贝利预料中的耳光，父亲把他搂在了怀中。

父亲说："你踢球有点儿天分，也许会成为一名优秀的运动员，但如果你抽烟、喝酒，那就到此为止了。因为你将不能在 90 分钟内保持一个较高的水准。这事由你自己决定吧。"

父亲说着，打开他瘪瘪的钱包，里面只有几张皱巴巴的纸币。父亲说："你如果真想抽烟，还是自己买比较好，总跟人家要，太丢人了，你买烟需要多少钱？"

贝利感到又羞又愧，眼睛里涩涩的。可他抬起头来，看到父亲的脸上已是泪水纵横……后来，贝利再也没有抽过烟。他凭着超人的自控能力和勤学苦练，终于成了一代球王。

男孩的判断能力远不及大人成熟，他们时常会犯错误。但是他们也具有区分好坏的基本判断能力。他们如果犯了严重的错误，内心深处一定会有所察觉。一方面，虽然不知原因，他们也会自问是否做错了。但另一方面，虽然意识到自己错了，如果父母在一旁呵斥，刚刚萌发的反省心也会一下子化为乌有，进而产生反感，甚至可能将错就错下去，如此就会带来相反的效果。

正确面对男孩的错误

1. 首先，对男孩犯的错误给予正确的指导而非一味指责，不然会使男孩产生逆反心理。

相信男孩有明辨是非的能力，并且给男孩消化自身错误的时间。

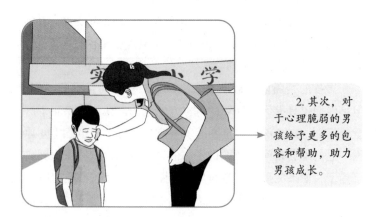

2. 其次，对于心理脆弱的男孩给予更多的包容和帮助，助力男孩成长。

教育点：对男孩的小毛病不要太挑剔

试想一下自己的生活：不论你用什么方法指责别人——你可以用一个眼神、一种说话的声调、一个手势，就像话语那样明显地告诉别人——他错了。你以为他会同意你吗？绝对不会！因为这样直接伤害了他的自尊心。这只会激起他的反击，绝不会使他改变主意。即使你搬出所有柏拉图或康德式的逻辑，也改变不了他的意见，因为你伤害了他的感情。

从心理学上分析，男孩是心理和行为的不成熟个体，父母必须对他们加以正确的指导和培养，在这个过程中如果父母能像朋友一样与男孩一起成长，效果会很好。但是，家庭教育中常见的问题是：父母对男孩寄予厚望，为了达到自己设定的目标，在男孩耳边不停地叮嘱、提醒。但这种做法往往收效甚微，甚至适得其反，使男孩产生厌烦情绪，还容易挫伤他们的自信心和自尊心。有些父母眼睛总是盯着男孩的缺点，翻来覆去地只讲缺点，不提进步。

其实，绝大多数男孩已能分辨是非善恶，只是缺少改正缺点的自觉和毅力。如果父母总是喋喋不休地数落男孩的缺点，反反复复地教训男孩，"我讲话你就是不听""怎么说你才能改呢"，他们就会将此视为不信任，甚至产生逆反心理。这样，别说做知心朋友了，连正常的亲子关系也会被破坏。

中国有一句俗话："子不嫌母丑。"反过来也一样，哪怕全天下的人都看不起你的男孩，做父母的也要欣赏自己的男孩、热爱自己的男孩、包容自己的男孩，只要父母这样做，天下就没有不成才的男孩。如果因为男孩生理或其他方面的缺点而嫌弃男孩的话，不但会给男孩带来伤害，也是没有尽到父母职责的表现。

让男孩学会抵制诱惑

每个人都会面对诱惑。成功的人之所以成功，就是因为他们能约束和克制自己的冲动。所以，父母培养男孩抵制诱惑的能力格外重要。

一个人的成功，最大的障碍往往不在于外界，而在于自己的内心。一个能获得成功的人通常都具备顽强的精神和胜于常人的自控能力。增强男孩的自控能力，可以帮助他们抵御外界的种种诱惑，保持心灵上的坚定和纯洁，更加有利于他们朝着心中的目标努力。

1960年，美国心理学家米卡尔曾做过一个"果汁软糖"的实验：他将一群4岁的孩子留在房间里，每人都发了一块糖果，然后告诉他们："我有事要出去一会儿，你们可以马上吃掉软糖，但如果谁能坚持到我回来之后再吃糖果，我会再奖励他两块。"说完之后，米卡尔就走了出去。实际上，他是在暗中观察这些孩子的表现。

有的孩子很急躁，看到米卡尔走了之后就迫不及待地吃掉糖果。而有的孩子就等到了最后。尽管对这些孩子来说等待的时间非常漫长，但是他们会想尽各种办法让自己撑下去。有的孩子闭上眼睛，避免看到那块诱人的糖果；有的孩子努力想让自己睡过去。

20分钟之后，米卡尔回来了，他奖励了这些能坚持到最后的孩子。这次实验并没有结束，米卡尔又对这些孩子进行了长达14年的追踪调查。

最后，米卡尔把自己的调研结果公之于众，他发现：自制力不同的孩子在情绪和社交方面的差异表现非常明显。在那次实验中抵制了诱惑的孩子长大之后对社会的适应能力较强，较为自信，人际关系也更好，能够更加从容地面对挫折；而那些不太能抵制诱惑、较为冲动的孩子则缺乏这些好的特质，并且表现出了一些负面特征，他们不太愿意与人接触，性格优柔寡断，容易因为挫折而丧失斗志，容易对人产生不满甚至是与人争斗。

面对如今这样一个信息多变、文化多元、物质极大丰富的现代社会，男孩们早已经眼花缭乱了。他们对周围的一切充满了好奇，任何诱惑都可能使他们沉迷其中。此外，由于男孩面临着沉重的学业负担，厌学情绪强烈，使得电脑、电视等成了男孩的避难所。如何让男孩拒绝诱惑、抵制诱惑，是每个家长都关心的问题。

要想让男孩学会抵制诱惑，父母首先要学会反思。当男孩出现了问题，父母可以先反思自己。很多父母将大部分的时间都用于工作、家务和娱乐，很少花时间和男孩耐心地沟通。当男孩的精神需求得不到满足时，他自然就会寻求替代品，于是电视、电脑成了男孩的精神麻醉剂。有的父母自己不和男孩交流，也不鼓励男孩多交朋友。男孩的充沛精力得不到发泄，就会被各种诱惑吸引，一不留神就会掉进诱惑的陷阱。所以，父母也要反思一下自己在平时是否考虑到了男孩的感受，给予了他们足够的精神满足。

教育点：帮助男孩培养自控能力

一个人要想成为能够主宰自己命运的强者，成就一番事业，就必须对自己有所约束、有所克制。因此，对男孩的自控教育是家庭教育必不可少的内容之一。

人的自制能力和自我管理能力并不是天生的，它和人的其他能力一样，都是后天开发出来的，每个人的自我管理能力都是可以不断提高的。尤其是男孩，他们的自控能力在日常生活中会逐渐提高。

让男孩对自己严格要求

你心目中的小小男子汉是怎样的？一个做什么都唯唯诺诺、没有原则的男孩是你想要的吗？俗话说："没有规矩，不成方圆。"对于男孩子的养育，尤其需要运用规则教育来强化他的性格角色定位。而现实中，因为爱子心切，父母常常在无意识的状态下，用自己漫无边际的爱淡化了男孩理应遵守的规则，还总认为诸如没有时间观念、不守规则的事情都只是小事一桩，没有较真的必要，殊不知这样才是真正害了孩子。爱孩子，就该教会他遵守规则。

"规矩"即是我们要遵从的社会规则，我们每个人都不是独立存在的个体，必然要和社会的各个阶层发生千丝万缕的联系，这就衍生出一种大众要信守的社会准则，使得我们每个人都不能游离于社会规则之外。

给孩子制定一定的规矩对培养孩子的自觉性是非常有效的。例如，教育他吃饭的时候不可以把饭粒撒到桌子上；在公共场合不可以大声吵闹，和其他小朋友游戏追逐；家人睡午觉的时候不要在屋子里吵闹；每个星期天都得把自己的房间整理干净等。

当孩子把规矩当成一种习惯的时候，他就会在潜意识里形成一种积极的状态。

教育点：对男孩罚小错才能免大过

教育男孩就要赏罚分明，孩子做得好要给予奖励，但孩子做错事时也一定不能姑息，哪怕只是小错，也要进行适度的处罚，这样孩子才能正视自己的错误，及时地改正。

　　孩子的判断能力远不及大人成熟，他们时常会犯错误。但是他们也具有区分好坏的基本判断能力，如果犯了严重的错误，他们内心深处一定会有所察觉。虽然不知原因，他们也会自问是否做错了。

　　相反，当孩子犯了小错误，父母就应"随时确认"，及时给予批评警告。有时，孩子未必能意识到自己的错误，如果不加以纠正，小错很可能演变成大错。因此，不断纠正小错误，才能做到防患于未然。

　　有一种父母，对孩子的小错总是姑息纵容。如果碰上心情好的话，甚至还要表扬两句。等到孩子把小错变成大过时，他们又变得异常愤怒，严厉地责罚孩子，殊不知这些教育孩子的观点、行为都是错误的！这些错误的观点和错误的行为只能收到适得其反的教育效果。

增强男孩的羞耻心

　　父母常常抱怨自己的男孩对于新买的玩具不懂得爱惜，到处乱抛，新鲜劲儿一过，又吵着买新玩具；不懂得尊敬长辈，没大没小，好东西要抢着自己先享受才行；等等。

　　但是，父母是否想过男孩的这些行为习惯是怎么形成的？作为男孩第一任老师的父母有没有责任？父母在生活中有没有奢侈浪费的行为？父母对老人是否尊敬，是否尽了孝道？我们敢当着男孩的面儿说我们的言行是问心无愧的吗？如果一个男孩有很好的辨别是非的能力，知道什么是应该做的，什么是不应该做的，就不会出现以上的行为。

　　有一个小男孩从小听妈妈给他讲古代的德育故事。男孩4岁的时候，有一次跟妈妈出去，在路上看到有两个小朋友在吵架，这个小男孩很自然地拉拉妈妈的胳膊，对妈妈说："这个小朋友，不可以乱骂人、乱打人。"一个 4 岁的孩子，没有任何为人处世的经验，他怎么能这样果断地作出自己的结论呢？关键就在于：妈妈平时教给他的是什么，他自然就会懂得。相信这样的男孩长大之后也不会在人生的路上走偏，因为他在幼年时就已经树立了明确的是非观和荣辱观。

父母与男孩朝夕相处，父母的一言一行、一举一动都

 确立榜样时的注意事项

1. 树立生动具体的形象。

父母可以采取直观的教育方式给孩子树立榜样，比如讲解名人轶事、游览故居圣地等。

2. 可以选取身边人、同龄人作为榜样。

同龄人作为榜样可以减少距离感，便于学习。

会在男孩的心灵深处埋下种子，对男孩的未来产生重大而深远的影响。男孩的思想观念、行为习惯、兴趣爱好都会或多或少受到家庭的影响。"男孩是父母的影子"这句话不无道理。历来出身书香门第的男孩自幼就会养成勤奋好学的习惯；武术高手的孩子自幼就能学得一身高超的武艺，这就是两个例证。相反，父母自己就有酗酒、赌博、小偷小摸、不讲社会公德等恶习，也很难培养出孩子的良好习惯和高尚情操。

还有的父母，自身缺少公德，经常出入灯红酒绿、纸醉金迷的场所，吃喝嫖赌无所不能，偷鸡摸狗，无所不为。特别是在家庭中，如果一天到晚吃喝玩乐，打牌、搓麻将、赌博，甚至吸毒等，对男孩的纯洁心灵会造成极大的创伤。

教育点：把美和丑的榜样指给他看

通过榜样的树立，使男孩有学习和模仿的对象。男孩年龄小，是非判断标准还很模糊，他们主要是按自己喜爱和厌恶的情绪来判断人物和事物的是与非。父母在生活中要耐心地从正面引导、纠正男孩的是非观，使男孩通过成人对其行为、言语的评价，逐步认识到自己行为的是非对错，从而提高分辨是非对错的能力。如男孩听见某些人说了脏话，于是就跟着学，这时父母就需要解释清楚，这句话是骂人的话，不礼貌，不文明，不要学说等。这样屡经教导，男孩便不致因从众心理而仿学不良行为，进而形成良好的个性品质。

不做"电视土豆"和"网瘾君子"

孩子整天围着电视、电脑，是让父母最不能忍受的一件事情。"你就不能下楼打打球？""再看都成'傻子'

啦！""眼睛近视了看你怎么办！"……无论是从健康的角度，还是从孩子学习的角度，相信很多父母都能说出一大串不要多看电视的理由，但孩子就是不听。这时候怎么办？

有一个妈妈的做法就很巧妙：

平时妈妈总是叮嘱儿子晚上 9 点半必须上床睡觉，不然就把电闸关了。可是儿子不听，有时候妈妈出门去买东西，他就在家看电视。听到妈妈上楼的声音，他就把电视关了回房睡觉，妈妈一摸电视还是热乎的。这简直就像地下工作者与敌人的斗智斗勇。找出证据又能怎样，还是不能让孩子从根本上对电视失去兴趣。

儿子看书的时候，妈妈说："儿子，你今天多看会儿书吧，到晚上 10 点睡，记得关上灯。"可是她关上屋门，孩子根本就没有看书，而是在里面看漫画或者睡觉呢。

看到打压行不通，妈妈就改变了策略。有一天晚上，孩子又在看电视。妈妈就对孩子说："儿子，今天你随意看电视吧，好看就多看会儿，记得一会儿帮我把电视关了。"结果她在自己屋里听，孩子还没看到一个小时就关了电视，进屋自己玩儿了。然后，妈妈就走进孩子的卧室问："怎么不看电视了？""唉，今天的节目没意思。"孩子说。

"那你今天看书吧，不许看到很晚，晚上 9 点半一定要关灯睡觉，注意身体，别太辛苦了。"结果，这孩子学到晚上 10 点才睡。

孩子都有一种逆反的心理，你越是说他，他越是不愿意去做；如果你跟他说不要太努力了，他又会努力起来。在电视权上，如果你一直是一个以正面打压为主的家长，那么要换一换方法了，从反面去刺激，鼓励他自己看电视，自己控制时间，往往更加有效果。

要给"电视迷"更多选择

孩子都有一种逆反的心理，你越是说他，他越是不愿意去做；如果你跟他说不要太努力了，他又会努力起来。

在电视权上，如果你一直是一个以正面打压为主的家长，那么要换一换方法了，从反面去刺激，鼓励他自己看电视，自己控制时间，往往更加有效果。

父母多带着孩子出去旅游、逛公园、游泳等，让孩子的兴趣爱好广泛一些，选择多了，他们在电视中沉迷的概率就会小一些。

教育点：七招让男孩远离电视、电脑

专家通过调查发现，男孩不上学的时候最常做的事就是看电视或电脑。

美国教育学家通过研究发现，男孩平均一天最少在电脑或电视前待上 2 小时，到了周末看电视的时间会更长。大多数美国男孩平时放学之后到晚上 10 点钟，家庭开机的时间平均是 3 小时 20 分钟，男孩每天看 2 小时电视，周末的时候更是高达 5 小时。

看电脑或电视的时间过长会给男孩的健康带来严重的伤害，比如容易造成过胖、变傻变笨、懒散被动、注意力降低等后果。在强烈的声光画面下，男孩的脑部只维持在原始区域运作，无法刺激他们思考区域的发展。

过度地看电视或电脑也会增加男孩的霸道行为，因为他们通过屏幕接收了太多的语言暴力和攻击性行为。因此，美国小儿科的医学会建议，别让2岁以下的男孩看电视，鼓励父母为男孩挑选优质的电视节目，而且最好一天不要超过2小时。

下面七招可以有效制止男孩成天黏在电视或电脑前：

1. 先跟男孩定好规矩，包括看电视、电脑的时间和次数。

美国斯坦福大学的教育学家宾森曾经建议父母"先说好规则，可以减少争执和赖皮的机会"，比如，父母可以在周末的时候就和男孩讨论下周要看哪些节目。至于其他的基本规则都要和男孩提前商定好，比如吃饭的时候不可以看电视、功课没有做完不可以看电视，这些都要事先和孩子说好，这样可以培养他们信守承诺的习惯。

2. 父母可以陪男孩一起看，并和男孩一起讨论关于电视的内容。

在男孩看电脑或电视的过程中，父母可以介入并且阐发自己的观点，这样做可以扭转男孩一些不正确的见解。如果在这个过程中和男孩进行充分的讨论，也会减弱电脑或电视的影响力。

值得注意的是，父母在陪同男孩看电视的过程中，千万不要忽略广告的负面作用。研究发现，男孩一年会看到大约4万条广告，其中包藏着许多高卡路里与油腻垃圾食物的宣传，不断诱惑男孩消费。所以，不要以为在广告时间就可以放松对男孩的引导，还要留意一下男孩看的是什么广告。

3. 以优质的DVD取代不好的电视节目。

人们发现，目前已经有越来越多的电视节目不能提供给男孩更多有益的内容了，为什么不考虑花钱买一些优质的DVD来给男孩观看呢？

4. 将电脑或者电视放在不显眼的角落里，同时把遥控器也收起来。

很多家庭习惯把电视机放在客厅最显眼的角落，而教育专家却提醒父母们，可以尝试将电视放在不显眼的角落里，以减少它给男孩带来的诱惑。

如果不习惯家里没有电视机的声音，不妨打开收音机，有趣的音乐和广播同样会使家庭气氛活跃不少。

5. 电脑和电视都不要放在男孩的房间里。

如果在男孩的房间里放置电视或电脑，只会让男孩和家中的其他成员更加疏远，同时也会影响他们做功课和睡觉的时间，更糟的是父母无从知晓他们是否接触到了不良的节目。

6. 不要把电视或电脑看作是男孩的保姆。

有的父母习惯于把男孩交给电视或电脑，觉得这样做男孩会更加安分。殊不知，这样做只会让男孩对电视、电脑备感亲切。父母可以让男孩来分担一些家务，这样就不用担心他看太多的电脑或电视，同时还增强了男孩的做事能力。

7. 建议父母以身作则，尽量少看电视。

很多父母不希望自己的孩子看电视，可是自己却戒不掉，而且振振有词地说："我白天工作那么辛苦，就靠晚上看电视来放松休息，不看电视，那我干什么呢？"如果父母是这样的想法，那就完全没有办法、也没有资格来要求男孩不看电视、不玩电脑。

父母不妨尝试着关掉电视机，利用剩余的时间开展一些其他的活动，让孩子感受到父母的生活是那样的充实、有意义，他们自然也就不敢浪费时间了。

充分信任男孩，不要过分约束他

我们常常强调"换位思考"，为对方着想可以减少误会、分享想法，是解决问题的最佳方式。但是这条规则至今还没有完全应用到成人与孩子的世界当中，虽然父母都是全心全意地爱孩子，却从来没有从孩子的角度去建设一个适合孩子生活学习的社会。

希望自己的教育能够起到真正的效果，这不是靠补习班和学习机就能实现的。任何广告上宣称的简便方法，都是在利用父母的求急心理。我们明白做任何事情都不能投机取巧，教育孩子尤其如是。孩子的成长是一个日积月累的过程，因而了解孩子对父母的期待，也是父母的必修课。充分地信任孩子，给他最广阔的舞台施展自己，才是父母最需要做的。

"你看人家小玲，父母什么都不用管，她一回家就自己学习，年年拿奖状。你倒好，给你买这买那，你什么时候拿过一张奖状给我们看看？怎么我们就不能摊上一个好孩子呢！"说这些话的父母，思考过已经在学习上感到挫败的孩子此时对父母的期待吗？

"多大一点孩子，还跟我们谈隐私，你小时候吃喝拉撒睡都是我一手照料的，现在看一看你的日记，了解一下你的思想状况，犯得着这样大吵大闹吗？你有没有一点儿尊重父母的意识？"说这种话的父母，思考过开始懂得羞怯、开始总结自己的生活的孩子此时对父母的期待吗？

孩子对父母有深厚的感情，他不一定通过言语表达，但是他一定会对父母有不同于常人的期待：别人可以忽视他的进步，但是父母的赞扬一定不能少；别人可以对他的愿望充耳不闻，但是父母一定要理解他的心意。

孩子对父母的期待，就像父母对孩子的期待那样真切、热烈，甚至让人觉得不能承受，但是父母似乎没有觉察。

朋友之间需要互相欣赏。如果总有人在你面前赞美别人，你也会觉得难过，父母与孩子之间更是如此。孩子不希望自己被父母拿去和别人比较，因为简单的比较得出的结论往往是片面的，但是却会深深伤害孩子的心。孩子希望父母能够看到自己的进步，看到自己的努力。即使没有努力的孩子，听到父母的赞扬也会朝着好的方向转变，而骂声只会让孩子越来越没有自信。

孩子对父母也许有更高的期待，希望父母是超人，可以拯救地球；希望父母是亿万富翁，可以租下整个夏威夷；希望父母是道德楷模，受到万人敬仰……这与父母期待孩子成为科学家、富翁和君子是一样的。高的期待是建立在最基础的认可之上的，孩子不能成为科学家，健康成长也值得欣慰；同样，父母不能做超人，但是相互尊重和信赖，还是应该做到。如果父母连最基本的期待都无法满足，彼此的心灵又怎能交流？

教育点：给男孩定的规矩越少越好

有些父母总是喜欢禁止男孩做这做那，比如不让读不健康的书，不让早恋，不允许玩游戏、网络聊天，等等。但是一味地严厉禁止，却不讲明利害，就容易产生"禁果效应"，增加男孩的好奇心，使他们在好奇心的驱使下甘冒风险去尝试那些也许并不甜的"禁果"，这反而使教育走向了反面。

在父母管教过严的家庭环境下长大的男孩，往往性格懦弱、

"囚禁"男孩的同时，父母也失去了自由

　　"囚禁"出来的男孩可能一生循规蹈矩，本本分分，他们失去了自己的创造力和想象力，也没有自己的主见和看法，只知道被动地去生活。

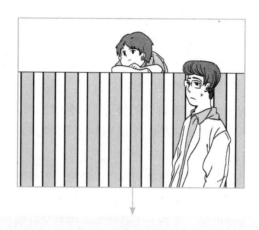

　　　　笼子里的男孩感叹：好不自由！父母也在慨叹：这样活着真累啊！

没有主见、遇事慌张。父母过度限制男孩的自由，处处指责，也会影响他们自身各方面能力的提高，限制男孩的发展。

　　有位教育家说，当男孩显露出某方面的天赋时，我们不但不加以引导和启发，反而用纪律的条条框框去限制它，使它符合我们的习惯，这是多么悲哀的事情啊。其实，我们在用条条框框去束缚男孩行为的同时，也束缚住了男孩的思维，让他们的习惯固定化，使男孩变成一台只会听话而不懂思考的机器，这是万万不能的。

　　所以，纪律不是一味地限制，这不许做，那也不许做，让男孩没有主动的权利。有时候纪律的另一个侧面，就是给予男孩适当鼓励，打破常规，自己去发现。

有出息的男孩宠辱不惊

决定一时抛弃功利性去教育男孩，可能并不难；但是要自始至终地秉持关照男孩心灵的教育思想，对很多父母来说并非易事。因为非功利的教育首先关注的是男孩本身的成长节奏和需求，可能不会让男孩在短期之内有学识上的进步。而社会给予父母诸多压力：特长生潮流、高分名校情结、就业竞争激烈等，在讲求效率和速度的现实面前，父母未必能够稳住阵脚。

我们相信，心胸的大小决定一个人事业的大小。在决定男孩心胸宽度和视野深度的少年时期，对男孩来说最大的收获关键不在于有多少荣誉证书，而在于学会今后做学问、做事情的道理和方式。因而早期教育需要父母接受一个事实：非功利教育的成果不会立竿见影，但是它是成功的基础。

据统计，1500 ~ 1960 年间，全世界 1249 名杰出科学家和 1928 项重大科研成果的创始者在年龄上有一个阶段划分：科学创造的最佳年龄区是在 25 ~ 45 岁，最佳峰值年龄在 37 岁前后。更为精准的数据是，在诺贝尔奖的大部分获得者中，物理学家的平均年龄为 35 岁，化学家的平均年龄为 39 岁。

当然，科学家只是社会精英中的一类，他们也是最能代表智商的一类人。普通人对科学家总有一种崇拜的情感，因为他们是人类的思维精英，可以办到我们办不到的事情。上面的统计显示，科学家往往在青壮年才能有所成就，还有更为典型的"大器晚成"的例子。

1859 年 11 月 24 日，达尔文在伦敦出版《物种起源》时，已年届 50 岁。他最早的科学著作也是在 45 岁以后才开始出版的。易卜生的《玩偶之家》，在他 51 岁才享誉世界。更为晚成的例子是美国遗传学家摩尔根，他的基因学说是在他 49 ~ 60 岁之间完成的，67 岁才获得诺贝尔奖。

这样的事实让我们看到，人生在青少年时期可能没有什么重大的收获，命运的转机很可能在你已经成年或是感到没有希望的时候到来。但是机遇只眷顾有准备的人，达尔文 22 岁就离家登上"贝格尔"号去环球科学考察，易卜生 21 岁开始自费发表戏剧作品，摩尔根 20 岁时以最优异的成绩获得了动物学学士学位，24 岁就获得了博士学位。他们从来没有放弃早年的努力，才会有后来的成功。但是仍然有很多人相信一个早年毫无建树的人，可能会在中年之后突然发迹，因而孩子的早期教育也并不是非其不可，如果孩子有"造化"，富贵荣华也会找上他的。这其实是一种推脱父母教育责任的思想，有哪位真正成功的人不是从一点一滴开始准备的呢？

宋应星的《天工开物》历时 18 年；司马光的《资治通鉴》历时 19 年；达尔文的《物种起源》历时 22 年；法布尔的《昆虫记》、李时珍的《本草纲目》历时 30 年；谈迁的《国榷》历时 37 年；马克思的《资本论》、摩尔根的《古代社会》历时 40 年；歌德的《浮士德》前后有历时 60 年……

这些著作问世的时候作者已经走进暮年，但是他们都是从很早就开始积累创作，经历了漫长的酝酿过程，到晚年才最终完成，绝非突然被幸运眷顾而成名。如果我们仅仅看到别人取得的成绩，而忽视他们努力的过程，相信出人意料的奇遇，那我们的一生也将在等待中度过。同样，如果父母放弃孩子接受教育的黄金时段，而盼望他日后自己成才，也往往不能如愿。成功不能一蹴而就，成才如是，教育亦如是。

教育点：避免过分夸奖男孩

过分地夸奖或炫耀男孩的长处，时间久了，易使男孩产生比谁都强的心理，不允许或不能接受别人超过自己的事实。所以，父母在夸奖男孩时一定要实事求是，不要夸大其词，并在表扬男孩时给他指出不足之处。

一天，卡尔·威特带着儿子到一个朋友家参加聚会。而此时，他的儿子已经因为超常智力被广为传颂。一位擅长数学的客人抱着怀疑的态度想考考小威特。卡尔·威特答应了，但他要求那位客人不管小威特答得怎样，都不可以过分地表扬自己的儿子。这位客人一连给小威特出了3道数学题，但小威特的聪明越来越使他感到惊异。而且每一道题小威特都能用两种以上不同的方法去完成。此时，客人已不由自主地开始赞扬小威特了，卡尔·威特赶紧转移话题，客人这才想起了两人的约定。但客人出的题越来越难，并最终走到他也难以驾驭的程度。客人非常兴奋，又拿出更难的题来"为难"小威特："你再考虑考虑这道题，这道题是一位著名数学家思考了3天才好不容易做出来的。我不敢保证你能做出来。"可是，没过半小时，就听小威特喊道："做出来了。""不可能。"客人说着就走了过去。但事实不得不让客人赞不绝口："真是天才，那么你已胜过大数学家了！"卡尔·威特连忙接过话说："您过奖了，由于这半年儿子在学校里听数学课，所以对数学很有心得。"客人这才领会到卡尔·威特的意图，点着头说："是的，是的。"

不要认为卡尔·威特对孩子太严苛，事实上他是非常赞同赏识教育的。只不过他认为，表扬不可过多过高，不能让孩子情绪过热。过多的赞美会让孩子产生错觉，要么认为自己比任何人都要出色，要么逐渐形成压力，为了夸奖而去做。卡尔·威特给父母们的忠告是：不能让孩子在受责备的环境中成长，但是也不能让他们整天泡在赞美里。

　　过多过分的夸奖会带给孩子不必要的困扰。夸奖具有启发性和鼓励作用，但夸奖过多会带给孩子压力，形成焦虑。所以夸奖应适可而止，要用欣赏、交谈、聆听等方式代替过多的夸奖。

第四章

美德是男孩的第二重身份

懂得孝顺的男孩前途无量

村外，有三位妈妈在井边打水。

井边坐着一位老人。

她们闲聊的时候，一位妈妈对另一位说道：

"我的儿子很聪明机灵，力气又大，同学之中谁也比不上他。"

另一位妈妈说："我的儿子擅长唱歌，歌声像夜莺一样悦耳，谁也没有他这样好的歌喉。"

第三位妈妈看着自己的水桶默不作声。

"你为什么不谈谈自己的儿子呢？"前两位妈妈问她。

"有什么好说的呢？"她叹口气说，"我儿子什么特长也没有！"

说完，她们装满水桶，提着走了。老人也跟着她们走去。水桶很重，她们走得很慢，不时地停下来休息一下。

这时，迎面跑来了三个放学的男孩，一个孩子翻着跟头，他母亲露出欣赏的神色。另一个孩子像夜莺一般欢唱着，几位母亲都凝神倾听。第三个孩子跑到母亲跟前，从她手里接过两只沉重的水桶，提着走了。

妇女们问老人道："老人家，怎么样？你看看我们的儿子怎么样？"

"哦，他们在哪儿呢？"老人回答道，"我只看到一个提着水桶的儿子啊！"

第三位母亲感叹自己的儿子没有特长，可是她忘记了，孝敬父母就是最大的特长。只有孝敬父母的孩子才懂得感恩，懂得去关爱他人。孝敬父母的孩子在人际交往中更容易赢得他人的信赖。所以，父母在养育孩子的过程中要让孩子首先懂得孝敬，这是他们人生中最高尚的美德。

教育点 1：孝敬父母就要原谅父母的过错

人们常常会说："天下无不是之父母。"其实这话是不对的，圣贤都会犯错，何况身为普通人的父母呢？当父母做错事情的时候，作为宽容大度的男孩，应该懂得去原谅父母，

 培养孝顺的男孩

孝顺是在一种良好的家庭氛围中熏陶出来的，父母的言行就是男孩行动的镜子。家庭生活中，父母要努力营造一个长幼有序、尊卑有别的家庭秩序。

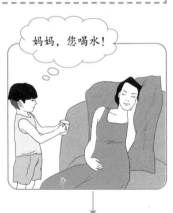

妈妈，您喝水！

首先父母要做好尽孝道的榜样，让男孩亲眼看见。

其次父母要支持孩子的孝顺之举，只有接受了孩子的孝心，才能转化为孩子继续保持孝心的力量。

用微笑面对父母的过错。

父母要让孩子明白,父母也可能做错事情,有时候不理解他们,但是父母这样做是无心的,本意不想去伤害孩子。这个时候孩子要主动去和父母沟通,了解父母的想法。站在父母的角度上思考问题,就会原谅父母的所作所为。

教育点2:孝敬的孩子懂得跟父母营造和谐的家庭氛围

我们都知道英文单词"family"。把这个单词拆开就是"father and mother, I love you!"(爸爸,妈妈,我爱你们!)

家是由爸爸、妈妈和孩子共同组成的,每个人都是家中必不可少的一部分,就像太阳、月亮和星星一样,这才是吉祥三宝,缺了谁都不行。

一个和睦的家庭不仅需要对彼此的爱,还要承担起对彼此的责任。家是一个可以躲避风雨的港口,但是港口也需要用心经营和呵护,这样才能挡风遮雨。

孩子在家中孝敬父母,在外边才会去关心他人,才会在将来的社会竞争中勇于担当。所以,父母要让孩子继承我们中华民族的美德。

忠诚——奠定成功的基石

忠诚体现了中国传统道德和中华民族人格的要义。从古至今,我们区分人格高下的一个重要标准就是看其是否具备忠诚的品格。男孩若能拥有忠诚的品质,自然就能赢得人们的敬重和信任,这是多少金钱都无法换取的。相反,一个男孩如果缺乏忠诚的品质,往往掩蔽不了,一不留意就会表露出来,从而被人鄙视,不仅失信于人,最终还会导致人生的失败。所以,父母在培养男孩的时候,要重视对他们的忠诚教育。

教育点 1：不要因为个人利益而背叛忠诚

忠诚有时意味着牺牲，一个品性忠诚的男孩不会因为个人利益而背叛自己的忠诚。"二战"时期一位法国农民用行为很好地证实了这一点。

路易是巴黎近郊的一位农民，他有一个妻子和 3 个孩子，一家 5 口人过着虽然清贫却快乐的生活。

经过多年的辛勤工作和清苦生活，路易终于积攒了一笔钱，买下了他们已经居住十多年的小农舍。

农舍虽小，却是红瓦白墙，屋后有一个精心调理的小花园，园里栽满了招人喜爱的各色植物。在把这幢小房子买下来的那一天，全家举行了一次小小的庆祝宴会。

不久，爆发了第二次世界大战。路易应召加入了军队，并成为一名技术精湛的炮手。路易的村子很快陷入敌手，村民们都随着逃难的人群远走他乡。法国人的一支炮兵部队依然占据着河对岸的高地，路易就在其中。

一个冬日，路易正在一门大炮前当班。一位名叫诺艾尔的将军走了过来，用望远镜仔细观望河对岸的小村。

"喂，炮手！"将军没有回头，威严地说。

"是，将军！"路易喊道。

"你看到那座桥了吗？"

"看得很清楚，将军。"

"也看到左边那所小农舍了吗？就在丛林后面。"

路易的脸色煞白："我看到了，将军。"

"这是德国人的一个驻地。伙计，给它一炮。"

炮手的脸色更加惨白。这时的风很大，天气寒冷，裹着大衣的副官们在凛冽的寒风中打着寒战。但是路易的前额上却滴下了大粒汗珠。周围的人们没有注意到这位炮手的表情变化。路易服从了命令，仔细地瞄准目标开了一炮。

硝烟过后，军官们纷纷用望远镜观察河对岸的那块地方。

"干得棒，我的战士！真不赖！"将军微笑地看着炮手，不禁喝起彩来，"这农舍看来不太结实，它全垮啦！"

可是，将军吃了一惊，他看到路易的脸颊上流下了两行热泪。

"你怎么啦，炮手？"将军不解地问。

"请您原谅，将军。"路易用低沉的喉音说，"这是我的农舍，在这世界上，它是我家仅有的一点儿财产。"

每一个忠诚的人都应当像路易一样，当国家利益与个人利益发生冲突时，为了国家利益毫不犹豫地放弃个人利益。所以，父母要告诉孩子不能因为自己的利益而抛弃自己的团体，不能因为自己的利益而损害朋友的利益。

教育点2：忠诚的孩子要忠于自己的使命

忠诚来自内心的使命感。一个忠诚于自己内心使命的男孩，无论在什么情况下都不会轻易地放弃自己的职责，也不会背叛自己的团体，更不会背叛自己的内心和目标。

在一个雪天的傍晚，莫里斯少校匆忙地走在回家的路上。路过公园时，他被一个人拦住了。"先生，打扰一下，请问您是一位军人吗？"这个人看起来很着急。"是的，我是，能为您做些什么吗？"莫里斯停下来问道。"是这样的，我刚才经过公园门口时，看到一个孩子在哭，我问他为什么不回家，他说他是士兵，在站岗，没有接到命令他不能离开这里。谁知和他一起玩儿的那些孩子都不见了，估计都回家了。"这个人说，"我劝这个孩子回家，可是他不走，他说站岗是他的职责，他必须接到命令才能离开。看来只能请您帮忙了。"

莫里斯心里一震，说："好的，我马上就过去。"

莫里斯来到公园门口，看见小男孩在哭泣。莫里斯走了过去，敬了一个军礼，然后说："下士先生，我是莫里斯少校，你站在这里干什么？"

"报告少校先生，我在站岗。"小男孩停止了哭泣，回答说。

"雪下得这么大，天又这么黑，公园门也要关了，你为什么还不回家？"莫里斯问。

"报告少校先生，这是我的职责，我不能离开这里，因为我还没有接到命令。"小男孩回答。

"那好，我是少校，我命令你现在就回家。"

"是，少校先生。"小男孩高兴极了，向莫里斯回敬了一个不太标准的军礼。

小男孩的举动深深打动了莫里斯，他的倔强和坚持看起来似乎有些幼稚，但这个孩子所体现的对使命的信守和忠诚却是很多成年人都无法做到的。

使命感是一种强大的动力。如果男孩忠于内心的使命感，就会拥有无穷的动力去战胜困难，走向胜利。所以，父母要培养男孩忠诚的精神品质。

宽容别人，就是在善待自己

一位哲人曾经说过："错误在所难免，宽恕就是神圣。"宽容和忍让能够换来最甜蜜的结果。一个人经历过一次忍让，他的心胸就会更宽阔一些。多一分宽容，就会多一个朋友，少一个敌人。如果没有宽恕之心，生命就会被无休止的仇恨和报复所支配。忍让和宽容不是懦弱和怕事，而是关怀和体谅，以己度人，推己及人，我们就能与别人和睦相处，甚至

如何培养宽容的男孩

在家庭教育的过程中，要培养孩子的宽容品性，父母应该做到以下几点：

对朋友一定要懂得宽容！

1. 父母做榜样，家庭成员之间互帮互爱。

2. 父母引导孩子学会为别人着想。

3. 亲近大自然有利于开阔孩子的视野和胸襟。

4. 学会从别人的角度考虑问题，承认对方表达的权利。

5. 鼓励孩子接纳新事物。

能够化敌为友。宽容别人，不仅能使他人得到解脱，露出微笑，也会给自己带来快乐。

因此，父母要培养孩子宽容的品质，当你的孩子懂得宽容别人的时候，就会得到更多的快乐，赢得更多的朋友。

一位哲人曾经说过："以恨对恨，恨永远存在；以爱对恨，恨自然就会消失。"面对别人的伤害，我们要以德报怨，时刻提醒自己，让伤害到自己这里为止。如果孩子能不计前嫌，学会宽容，就会赢得朋友，成就自己。

明末清初，苏州经历了一场罕见的大瘟疫，死亡人数不计其数。当时的苏州府为了制止瘟疫流行，组织了医局，请当地名医轮流坐诊，为前来求医的人治病。

一天，一个差役来到医局。他全身水肿，皮肤已呈黄白色。名医薛雪为他切脉检查后，认为他已病到晚期，没法治了，叫他回去料理后事。差役哭丧着脸出了医局大门，正巧碰上来接班的名医叶天士，叶天士重新为差役诊视一遍，发现差役的病是由长期使用一种有毒的驱蚊香而引起的。于是，他给差役开了一服解毒药。差役服后，不久便痊愈了。

很快，这件事传到了薛雪的耳朵里。薛雪觉得叶天士是有意贬低别人，抬高自己。两人同住在一条街，名声本不相上下，经常有好事者拿他俩比高低，故此早有嫌隙。薛雪越想越怒，一气之下，将自己的住宅起名为"扫叶庄"。叶天士闻讯后，也不示弱，把自己的书房更名为"踏雪斋"。从此两人不相往来。

几年后，叶天士80多岁的母亲病了。按病情应服"白虎汤"，但叶天士因担心药力太猛，母亲年老体弱经受不起，所以不敢使用，只是开了几剂药力较缓的药给母亲服用，结果病情总不见好转。

薛雪听说此事后，从侧面了解到叶母的病情，便对别人说："此病非用'白虎汤'不可。只要对症下药，药力猛一点怕什么？"有人把这话传给了叶天士。叶天士虚心采纳了这个意见，给母亲服用了"白虎汤"，病果然好了。为此，叶天士登门致谢，薛雪说："医者，贵在救人也，岂可以计私怨乎？"于是，二人从此结为好友。

宽容不仅是容忍他人的小错误，还包括为人豁达，不计前嫌，以礼待人等。父母要从小让孩子懂得"不计前嫌，以礼待人"是一种难能可贵的品质，也是一个人品德高尚的表现。

教育点2：宽容胜过报复

宽容胜于报复，因为宽容是温柔的象征，而报复是残暴的标志。所以，父母要让男孩懂得"以德报怨"。

小男孩哈根有一条非常可爱的狗。不幸的是，有一天下午，他的狗被邻居家的狗咬死了。哈根简直气疯了，发誓要打死凶手，为他的宝贝狗报仇。

"那条狗在这儿，"父亲对哈根说道，"如果你还想干掉它的话，这是最容易的办法。"父亲递给哈根一把短筒猎枪。哈根疑虑地瞥了父亲一眼，点了点头。

哈根拿起猎枪，举上肩，黑色枪筒向下瞄准。只见邻居家的大黑狗用一双棕色眼睛看着他，喘着粗气，张开长着獠牙的嘴，吐出粉红的舌头。就在哈根要扣动扳机的一刹那，千头万绪闪过脑海。父亲静静地站在一旁，可他的心情却无法平静。涌上心头的是平时父亲对他的教诲——我们对无助的生命的责任，做人要光明磊落，是非分明。他想起他打碎妈妈最心爱的花瓶后，她还是一如既往地爱他；他还听到别的声音——教区的牧师领着他们做祷告时，祈求上帝宽恕他们如同他们宽恕别人那样。

于是，猎枪变得沉甸甸的，眼前的目标变得模糊起来。哈根放下手中的枪，抬头无助地看着爸爸。爸爸脸上绽出一丝笑容，然后拍拍他的肩膀，缓缓地说道："我理解你，儿子。"这时他才明白，父亲从未想过他会扣动扳机。他要用一种明智、深刻的方式让他自己做出决定。哈根放下枪，感到无比轻松。他跟爸爸蹲在地上，解开大黑狗，大黑狗欣喜地蹭着他俩，短尾巴使劲地晃动，仿佛在庆幸自己免遭枪杀。

宽容是消除报复的良方。对于宽容的男孩来说，没有什么是不可以饶恕的。在他宽恕别人的同时，也会将自己内心的仇恨一并消除，从而获得更多的快乐。

克服疯长的"自私心理"

自私之心是人利己本性的过度膨胀，是万恶之源。贪婪、嫉妒、报复、吝啬、虚荣等病态心理从根本上讲都是自私的表现。其实，人的存在就像篓子里的一堆螃蟹，你中有我，我中有你，纵横交错，息息相关。如果一个人自私到将追求自己的幸福变成人生唯一的目标，那他的人生就会变得没有目标。自私的人在生活中总是会受到排斥和鄙视，所以父母在养育男孩的时候，要摒弃他们这些不好的德行。

那么，孩子在生活中自私的表现是什么呢？

1. 以自我为中心，不太会为别人着想，觉得世界都应该围着自己转。

2. 只顾自己的利益，不顾他人、集体、国家和社会的利益。

3. 不讲公德，随地吐痰、乱扔果皮纸屑、乱穿马路；平时在家里把音响开得震天响，以致打扰邻居。

4. 凡事不愿与人分享，有好的学习方法也不肯与同学们进行交流。

5. 在别人来请教问题的时候，表现得不热心，敷衍塞责。

根据自私的表现，父母要有针对性地让男孩远离自私，不自私的男孩才会受到欢迎和爱戴。

人虽然不全是为别人而生存，但也绝不是只为自己。如果一个人一味地争取最有利于自己的东西，只知道为自己着想，不懂得为他人提供便利，到头来受伤害的还是自己。

生活中，有很多只为自己活着的人，他们不肯为别人的生活提供便利，更不肯为别人放弃自己的·点点利益，像这样的人，别人也一定不会为他提供便利。我们的孩子生活在一个联系越来越紧密的世界里，不管是男孩还是女孩都无法孤立地生活，自私的人最后一定会因为自己的自私而受到伤害。所以，父母要让孩子明白，在工作和学习中千万不要只为自己着想，要懂得给别人提供便利，这样才能得到别人的爱戴，才能从别人那里得到帮助。自私自利的男孩迟早会被别人抛弃。

自私是大家都鄙视的一种德行，也是一种病态心理。自私的男孩只会让自己的路越走越窄，人生也越来越黑暗。那么，父母应该怎样做才能引导男孩走出自私的陷阱呢？

1. 引导孩子经常进行自我反省

自私常常是一种下意识的心理倾向，要克服自私心理，就要让孩子经常对自己的心态与行为进行自我观察。观察时要有一定的客观标准，即社会公德与社会规范。要引导孩子向一些正直无私的人学习，从英雄与楷模的动人事迹中净化自己的心灵。

2. 多做一些献爱心的事情

一个想要克服自私心态的人，不妨多做些利他行为。例如关心和帮助他人，给希望工程捐款，为他人排忧解难等。对于那些私心很重的人，可以从让座、借东西给他人等事情做起，多做好事，可在行为中纠正过去那些不正常的心态，从他人的赞许中得到快乐，使自己的灵魂得到净化。

3. 回避性训练

这是心理学上以操作性反射原理为基础，以负强化为手段而进行的一种训练方法。通俗地说，凡是下决心改正自私心理的人，只要意识到自私的念头或行为，就可用缚在手腕上的橡皮筋弹击自己，从痛觉中意识到自私是不好的，以促使自己纠正。

 要培养孩子的分享意识

　　自私的男孩不懂分享、吝啬帮助，最后导致自己深陷麻烦而没有人愿意伸手帮忙。

　　大度的男孩会热情帮助别人、分享快乐，最终获得精神上的满足。

懂得尊重别人的男孩，才能赢得尊重

要想收获别人的尊重与信任，首先我们应该懂得尊重与信任别人。很多时候，我们对待别人的方式，其实就是别人会对待我们的方式。以敬意与信任待人，又怎么会得不到别人同样的馈赠呢？

汉代名将张良，从小就是一个懂得尊敬别人、信守约定的好孩子。

有一天，张良悠闲地在桥上散步。有一位老人穿着粗布短衣，走到张良跟前，故意把穿在脚上的草鞋丢到桥下，并且看着张良说："小子，你去把鞋给我捡回来！"

张良愣了一下，但是看他年老，就到桥下取回鞋子，递给他。

老人坐在桥头，眼皮也不抬一下，就说："给我穿上。"

于是，张良跪在地上，老人心安理得地伸出脚让张良把鞋穿上，然后笑着离开了。张良非常吃惊地望着老人的背影。谁知，那个老人走了几步又转过身来，对着张良招招手，示意张良到他跟前去。张良乖乖地走上前，老头和蔼地对他说："我看你这娃不错，值得教导。5 天后天一亮，和我在这里见面。"

张良行了个礼，说："是。"

5 天后，天刚刚亮，张良来到桥上，那个老人已经坐在桥上等着他了，老人很生气地说："现在天已经亮了，年轻人这么不守信用，和长辈约会还迟到，一点儿起码的礼貌都不懂，长大后还能有什么作为。5 天以后，鸡叫时来见我。"说完老人就走了。

过了 5 天，鸡刚叫，张良就去了，老人又已经先到那里了。老人十分生气地说："我已经听见三声鸡叫了，你怎么才来，我已经在这里等你好长时间了，5天以后你再早一点儿来见我吧。"

又过了5天，张良半夜就到桥上等着那个老人。一会儿，老人来了，看到张良，他高兴地说："年轻人要成大事，就要遵守诺言，说什么时候到就什么时候到。"接着老人从怀里掏出一本又薄又破的书，说："读了这本书，就可以成为皇帝的老师。这话会在10年后应验。10年后天下大乱，你可用此书兴邦立国。13年后，你会在济北见到我。"说完之后，老人就离开了，以后再也没有出现过。

天亮时，张良仔细看老人送的那本书，原来是《太公兵法》，又叫《黄石兵书》。张良非常珍惜这本书，认真学习，并且时刻遵守老者的教诲，严格要求自己，立志要做一个信守诺言、懂得尊重别人的人。

从老人那里得到宝书的张良，从此以后，日夜研习兵书，俯仰天下大事，终于成为一个深明韬略、文武兼备、足智多谋的"智囊"。后来，他帮助汉高祖刘邦完成了统一大业，成了历史上有名的人物。

尊重别人、信守承诺，这样才能让别人尊重自己、信任自己，从而成就一番大事业。所以，父母应该把尊重别人的美德从小灌输给男孩。当他们遇见和自己关系不太要好的同学时，提醒他们每次见面都要主动打招呼，报以微笑与尊重，渐渐地他们也会成为好朋友。相反，当他们以不友好、不信任的态度对待别人时，即便那个人是他们的好朋友，他们的关系也会日渐疏远。所以，在日常生活中要让孩子懂得尊重别人，只有尊重别人，才能赢得他人的尊重。

教育点：教导男孩懂得尊重

孟子曾经说过："爱人者，人恒爱之；敬人者，人恒敬之。"男孩只有懂得尊重别人，才能赢得别人的尊重。尊重他人不仅是一种待人接物的态度，还是一种高尚的道德品质，是男孩走向文明的起点。

人无信不立——让男孩恪守他的承诺

一个成功的、对社会对他人负责的人，必然是以诚信为前提的。社会中的成功者大都是信守承诺的人。诚信如此重要，因而也是家庭教育中不可或缺的一课。在很多国家，诚信教育几乎贯穿人的一生。

在家庭中，父母经常教育孩子"不许撒谎"；到学校里

 培养诚信男孩，父母应该怎么做

1. 父母要以身作则，说话算数。

2. 当孩子撒谎时，要了解孩子撒谎的原因，然后对症下药。

3. 教会孩子选择朋友，远离"墨者"。

4. 对孩子的诚信行为给予及时的鼓励。

耳濡目染的是"诚实"二字；在公司里"诚信"是普遍的经营理念。

诚信是为人的根本。不讲诚信，就难以在社会上立足。所以，父母应让涉世不深的孩子懂得，人活在世上，必然要和周围的人打交道，而人与人之间的关系与友情，需依赖诚信维系。自古及今，人们往往痛恶尔虞我诈、轻诺寡信的行为；崇尚"言必信，行必果""一言既出，驷马难追"、说话算话的君子作风。为人处世恪守诚信，恪守自己的诺言才能交到知心朋友。有了知心朋友，在学习上才能取长补短，在事业上才能互相帮助、互相鼓励。

教育点：如何培养诚信的男孩

这是一个诚信的时代，作为养育孩子的父母，不但要提高自身的诚信修养，对周围的朋友和同事要讲诚信，而且要把这种品德潜移默化地传达给孩子，把孩子培养成一个讲诚信的人。讲诚信的孩子会赢得朋友，赢得信任，赢得工作和美好的生活，最终也将赢得一个漂亮的人生。

好男儿懂得说"对不起"

试想，当我们在路边散步时，突然被一个骑自行车的人撞倒了，正当我们怒发冲冠准备发火的时候，那个人真诚地对我们说了一声"对不起"，我们心中的怒火是不是就会瞬间消失了？在生活中，当我们相互之间发生了不愉快的事情时，如果我们都能做到讲礼貌，时时多讲两句"对不起"，许多事就可以大事化小，小事化无了。

孩子在成长的过程中学会说"对不起"，会有很多温暖出现在他们的生活中，说"对不起"的男孩更能显示出他们的气度和风度，一句"对不起"会化解很多尴尬，也会化解很多不愉快。说"对不起"不代表男孩的屈服和低头，而是一种魅力的展现。俗话说："男孩让世界低头是一种霸气，而让自己低头是一种魅力。"

父母让孩子学会说"对不起"，其实就是教育孩子要懂礼貌。文明的语言、礼貌的举止能够体现一个人的内涵和修养，也有助于一个人健康成长和事业成功。孟德斯鸠说："礼貌使有礼貌的人喜悦，也使那些受人以礼貌相待的人们喜悦。"而现实情况却是：我们经常听见一些青少年朋友出口成"章"（脏），张口一个"×的"，闭口一个"我×"，而且满脸凶相。鲁迅先生当年所尖锐抨击的"上溯祖宗，旁及姐妹，下连子孙，遍及两性"的"国骂"，竟然在一些未成年人的嘴里如同炒豆子一样噼啪乱跳，令大人们瞠目结舌。

荀子认为，没有礼貌，人就不能生存，事业就不能成功，国家就不能安定。礼貌待人是公共生活中人与人之间相互关系的行为准则和道德规范，它能使社会和谐而有秩序，从而维护着社会生活的正常进行。一个男孩需要有礼貌，这是他们做人的根本。

教育点 1：不能用粗鲁的方式教育孩子懂礼貌

· 你的孩子见人不知道该怎么接待！

· 看到长辈怎么也无法让他开口叫人！

· 你用尽了办法也改变不了孩子举止粗俗的习惯！

你是不是为了教育孩子懂礼貌，该打也打了，该骂也骂了，可是孩子就是没有一点儿长进？其实，父母不能抱怨孩子没有进步，而应该思考一下自己教育孩子的方式是否得当。很多父母总以为"用鞭挞以及别的强制性的体罚"去管教孩子是最合适不过的，殊不知你的一言一行在潜移默化地影响着孩子，你用简单粗暴的方法教育他，又怎能奢望他能以彬彬有礼的态度去对待他人呢？

因此，父母对孩子的教育方式不能简单粗暴。如果父母在教育孩子懂礼貌的方式上不肯用心，只凭一时的喜怒赞扬或批评孩子，或只是发号施令、训斥孩子，孩子或许一时会被父母的威风吓住，做听话状，但他稍大一些，就不会买父母的账了。

父母教育孩子时，不要用命令和打骂的方式，而应以友善的态度启迪孩子，避免枯燥的说教。孩子懂得了尊重与羞辱的区别，尊重和羞辱对他们便成为一种最强有力的刺激。也就是说，父母一旦让孩子懂得了讲礼貌的必要和益处，就等于教给了他们做人的准则，这个准则就会永久地发挥作用，成为他们发展自身修养的内驱力。

教育点 2：如何教男孩懂礼貌

父母如何才能做到这一点呢？

1. 改变自己对男孩的教育方式

男孩的领悟性很高，父母应尽量对男孩采取启发和开导的方式，多讲点儿道理，少点儿责骂，治理洪水的方式是"疏"，而不是"堵"，教育孩子也一样。

2. 让男孩多与人交流

有很多男孩子见人木讷扭捏，常给人一种没有礼貌的感觉，其实这是孩子的性格所致。这样的孩子一般都很害羞，怕见陌生人。父母应该多让孩子与人相处，比如家里来客人的时候让他主动给客人拿水果；也可以多让孩子和同龄人接触，培养他开朗自信的性格。

3. 告诉男孩怎样做才是一个讲礼貌的人

耐心地向孩子讲解礼貌的范围。你希望孩子成为一个怎样的人，就应该告诉他该怎样做。

第五章

成就一生的好习惯

优秀男孩刘朔说：习惯制胜

美国华盛顿大学曾组织过一次非同一般的演讲，演讲者是世界巨富沃伦·巴菲特和比尔·盖茨。

当现场的学生问他们"你们怎么变得比上帝还富有"的时候，巴菲特说："这个问题很简单，原因不在于智商，为什么那么多聪明人没有变得富有呢？为什么总是做一些阻碍自己发展的事情呢？原因在于——习惯。"

听完巴菲特的回答，比尔·盖茨马上表示赞同，接着说道："我认为巴菲特关于习惯的回答完全正确。"

两位世界巨富不约而同地道出了自己成功的秘密，那就是好习惯是成功的阶梯。

这个时候，你也许会问："好习惯？好习惯是什么呢？"

在了解好习惯之前，我们先了解一下什么是习惯。

《现代汉语词典》上的解释是："习惯是在长时间里逐渐养成的、不容易改变的行为、倾向或社会风尚。"那么什么是好习惯呢？

俄国著名教育家乌申斯基给了我们一个形象的解释。他说："良好的习惯是人在其神经系统中存在的资本，这个资本是不断增值的，而男孩在其一生中会享受它给自己带来的利息。"

中国人民大学附属中学毕业的优秀学生刘朔就是靠着从小养成的良好习惯，赢得了学习上的胜利。他毕业后顺利被香港科技大学录取。可见习惯的力量是强大的，父母要教导男孩养成良好的习惯，好习惯能成就男孩的一生。

教育点：男孩应养成哪些好习惯

教育就是培养好习惯，那么父母在教育男孩的过程中应该培养男孩哪些好习惯呢？教育专家给父母的意见如下：

1. 要养成社交的好习惯

人从一出生起就开始了人际交往，没有一个人能脱离与外界的交往、沟通而独自生存下去。良好的交往和沟通能力能让男孩的生活锦上添花。

因此，父母要鼓励男孩不要害怕与人交往，在平时注意养成各种与人交往的好习惯，比如见到邻居和周围的人要主动与他们打招呼；多给朋友们打电话；不要只玩别人的玩具，也应该学会拿出自己的东西与别人一起分享……

2. 要养成正确做事的好习惯

很多男孩总是事事依赖大人，做什么都以自我为中心，在父母看来这些孩子永远都长不大，那是因为他们还没有养成正确做事的好习惯。

正所谓方法为王，方法决定男孩做事的效率和效果。找到正确的做事方法并让它变成习惯，会让男孩终生受用。

要想男孩成为一个怎样的人，就要在今天起培养怎样的习惯。养成良好的做事习惯，男孩就能学会自己管理自己，有条不紊地做好每件事。

3. 要养成修身的好习惯

孔子在《论语》中提到：少小若无性，习惯成自然。意思是说，人的本性是很相近的，但由于习惯不同便相去甚远，小时候培养的品格就好像天生就有的，长期养成的习惯就好像出于自然。

在很多男孩的成长过程中，或多或少会有一些坏习惯，比如说谎、打架斗殴、骂人等。这些坏习惯对男孩自身成长非常不利，必须及早改掉。"千里之堤，溃于蚁穴。"不要对坏习惯放松警惕，坏习惯如同潜伏在男孩人生中的蛀虫，会吞噬掉他们的美好未来。一个男孩只有养成良好的修身习惯，才能和别人友好地相处，积极追求美好事物，将来才能成为社会上的可敬之人。

4. 要养成注意个人安全的好习惯

近几年，有关青少年安全事故的报道接连不断，安全问题应该引起男孩们的重视。现在，男孩所处的环境已不再是单纯的学校、家庭两点一线，而是处于纵横交错、复杂的社会网络中，与社会接触得更近了。

父母必须让男孩明白，现实中绝大多数的危险、意外是不可预料的，没有人能够绝对、完全地避免风险，他们只有学会一些紧急防护知识和应急措施，才能在危险、意外来临时，竭尽全力、镇静从容地应对，尽量减少伤害，及早安全脱身。

5. 要养成爱学习的好习惯

有这样一个口号："活到老，学到老。"学习已经成为每个人生命中的大事。男孩在平时的学习中，学会课前预习、学会记笔记、按时独立完成作业、学会自己搜集资料、把阅读当成乐趣、经常课后整理和复习、寻找适合自己的学习方法等都是爱学习的表现。

只要男孩每天学习一点点，每天进步一点点，每天收获一点点，就会发现自己因爱学习的好习惯而获得了快乐！

好习惯是训练出来的

拿破仑·希尔说过："习惯能成就一个人，也够摧毁一个人。"好习惯是成功的基石，它于经年累月中影响着我们的品德，塑造着我们的思维方法和行为方式，并且左右着我们的成败。所以说，一个人要想有所成就，就必须养成良好的习惯。

一个好的习惯可以产生巨大的力量，如果你反复地去做一件有益的事情，渐渐地，你就会喜欢去做，这样一来，所有的困难都显得微不足道了。习惯的力量是巨大的，它可以冲破困难的阻挠，帮助你走上成功的道路。亚伯拉罕·林肯通过勤奋的训练练就了他那简洁、明了、有力的演讲风格。温德尔·菲利普斯也是通过艰苦的练习练就了他那出色的思考能力和杰出的演讲能力。

兰德先生勤奋工作，成效卓著，48岁时年收入达到22.1万美元，是一般普通家庭的5倍，是典型的高收入家庭。望着自己的6辆小车，他很自满——不过，两辆是租来的，4辆是通过信用方式购买的，当然，房子也是按揭的。

表面来看，兰德先生勤奋而舒适，实际上，他生活在恐惧中：积累的财富太少，只够他家一年的开销，还不包括他身后的债。他不得不勤奋，开着他那要不断还钱的进口车，像蜜蜂一样早出晚归。他拼命工作，就是为了还债。

事实上像他那样的年收入，本该有至少不低于100万美元的净资产，而他没有。其实事情很简单，只需要他改掉乱花钱的坏习惯，改掉那从他父母就开始的坏习惯。

比如兰德夫妇两人一天吸3盒香烟，46年总共花了33190美元——超过他们房子的价钱！如果用这些钱投资基金，将有10万美元的收益；如果买烟草公司的股票，比如菲利普·莫瑞斯烟草公司的股票，只买不卖，会怎么样呢？第46年终了，价值会超过200万美元！

可是，他们从来都没想过这样的"小零头"！父母老了，自己也 48 岁了，依然在高收入的同时，还着原本可以早就不用还的债！

他抽烟的父亲只给了兰德先生唯一的好忠告：不要抽烟，一支烟也不要叼在嘴上。一支烟给兰德先生及家人形成了一天抽掉 3 盒香烟的习惯，又给他们带来了乱花钱的坏习惯，习惯的点滴而成，可以影响财富的积蓄过程。

当人到了 25 岁或 30 岁的时候，我们就很难发现他们会再有什么变化，除非他们现在的生活与少年时相比有了巨大的改变。

但令人欣慰的是，当一个人年轻的时候，尽管养成一种坏习惯很容易，但要养成一种好习惯同样也很容易；就像恶习会在邪恶的行为中变得严重一样，良好的习惯也会在良好的行为中得到巩固与发展。

把一种行为养成习惯最简单有效的方法就是重复多做。这是因为，习惯的养成实际上是动作的积累和脑神经指令的重复。一种行动做得越多，脑神经所受的刺激和记忆就越深，因而反应也会更加熟练，慢慢就形成了习惯。

北京有个孩子，特别喜欢吃橘子。他妈妈买橘子总是以 3 的倍数买，如 15 个或 21 个，吃橘子时，就由孩子来分，一人一个。有一回，橘子只剩下 3 个了，他把橘子拿在手里，没像往常一样送过来，而是用眼睛看着爸爸妈妈，意思就是说，就剩 3 个了，你们俩还吃呀？

他妈妈给丈夫使了个眼色：吃。结果爸爸妈妈在一边剥橘子，儿子在另一边流眼泪。他妈妈事后说："天呀，我把这个橘子吃下去，一点味儿也没吃出来。但要让孩子心里有别人，有好吃的大家一块分享，要让他从小就有份额意识和与别人分享的习惯，我必须那样做。"

孩子长大后考上了北京大学，亲戚朋友很高兴，这个给50块钱祝贺，那个给100块，一共给了500块钱。过春节时，他妈妈惊讶地发现，他把500块钱作为孝心送给了奶奶，这让她产生了一种欣悦之情。

这个孩子为什么变得这么有孝心，一般孩子看见老人给的压岁钱不多还不高兴，哪有给老人钱的？这就是从小培养起来的习惯。

 "21天习惯养成法"：把习惯的形成大致分三个阶段

第一阶段：1～7天左右。这段时间特征为：刻意、不自然，需要十分刻意提醒去做。

第二阶段：7～21天左右。这段时间特征为：刻意、自然。需要时刻留意，防止恢复到从前。

第三阶段：21～90天。此阶段特征为：不经意、自然。此时习惯已成自然而然，完成自我改造。

中国青少年研究中心副主任、著名青少年研究专家孙云晓研究发现，培养良好习惯一般需要六个步骤：认识习惯的重要、制订行为规范、榜样教育、持之以恒的训练、及时评估引导、养成良好的集体风气，其中，最重要的一步就是：持之以恒的训练。可见，好习惯都是训练出来的。

教育点：利用"21 天习惯养成法"帮孩子养成好习惯

想让孩子形成一个好习惯，父母就要先有一个好心态，不要期望着今天告诉孩子应该怎么做，明天孩子就能如你所愿表现出你所期望的行为。父母要明白"欲速则不达"的道理，要有充分的耐心，加上科学的方法，才能帮孩子养成良好的习惯。

行为心理学研究表明，21 天以上的重复会形成习惯；90 天的重复会形成稳定的习惯。即同一个动作重复 21 天就会变成习惯性的动作；同样的道理，任何一个想法重复 21 天，或者重复验证 21 次，就会变成习惯性想法。所以，一个观念如果被别人或者自己验证了 21 次以上，它一定已经变成了你的信念。这就是人们常说的"21 天习惯养成法"。

父母不妨采取"21 天习惯养成法"，对孩子加以训练，循序渐进，培养孩子的好习惯。

男孩需要母亲更多的耐心和信任

伟大的教育家井深大说："在教育这件事上，不要着急，既然播下了种子，就应该耐心等待。"可见，在养育孩子的问题上，父母应该付出更多的耐心。由于男孩的生理和心理特质跟女孩不同，他们在各方面的发育相对于女孩来说都比较迟缓，所以父母就需要在他们身上花费更大的耐心和信任。达尔文就是在母亲的耐心养育下成功的。

达尔文的母亲苏珊娜是一个有见识、有教养的妇女，她承担了教育子女的神圣职责。她教达尔文唱歌、跳舞，让他在一种自然的环境中找到自己的乐趣，呵护他的好奇心，耐心解答他提出的每一个问题，从来不对他提出的"傻"问题横加指责。

有一年夏天，苏珊娜带着达尔文兄妹俩在花园里玩耍。孩子们采了一些花儿，又去捕捉蝴蝶。苏珊娜拿起花铲给刚栽的几棵树苗培土。她铲起一撮乌黑的泥土，轻轻闻了闻，然后把它培在小栗树的树根旁。

达尔文好奇地问道："妈妈，您为什么要给树苗培土？"

妈妈回答道："我要树苗和你一样壮实地成长，树苗离不开泥土，就像你离不开食物。"

"为什么树苗离不开泥土啊？"

"因为泥土是万物成长的基础，有了它我们才能看到郁郁葱葱的树苗，才能有粮食，才能有蔬菜。这些都是在泥土中长出来的啊！"

"那么泥土里为什么长不出小猫和小狗呢？"达尔文开始刨根问底了。

苏珊娜笑着对达尔文说："小猫和小狗是猫妈妈、狗妈妈生的，是不能从泥土里长出来的。就像你一样不是泥土里长出来的，而是从妈妈肚子里生出来的。所有的人都是他们的妈妈生的。"

"那么，最早的妈妈是谁，她又是谁生的？"

"听说最早的妈妈是夏娃。她是上帝造的。"

"那上帝是谁造的呢？""亲爱的，世界上有很多事，对于我，对于你爸爸，对于所有人来说，都还是个谜。等你长大了，用你的知识就会找到答案了。"

就这样，妈妈的耐心保护了达尔文的好奇心，为他日后的成功打下了坚实的基础。俗话说："十年树木，百年树人。"教育孩子不是一朝一夕的事情，父母一定要有足够的耐心，才能将孩子培养成才。这就告诉父母，要反思自己在教育中急于求成的行为，不要急于谋求教育的成果。

等孩子有了理解能力，他自然而然地就能理解以前所记住的"材料"了。这种理解不能强求，只能靠孩子自身的能力去实现。井深大提醒父母们，在和孩子接触时，应该看到孩子具有旺盛的吸收能力，而不应该只图眼前的效果。

教育点：被信任的孩子才会相信自己

有一个感觉非常幸福的母亲，经常有朋友这样问她："你有什么好的教育方法，能把儿子培养得这么优秀？"

这位母亲说，她只有一句话秘诀："平时，我只是告诉孩子，妈妈相信你，你能行，你是最棒的！"这位母亲还说，她从来没有刻意地去塑造儿子，儿子自己能做的事情尽量让他自己做。比如自己穿衣，自己吃饭。虽然经常出错，但她经常微笑着鼓励他："没关系的，你能行的！"

让男孩相信自己能行，是他们成长路上不可缺少的一种心理品质。生活中，父母一句"孩子你能行"，其实是树立孩子自信心的一条有效途径。

有时候很多父母抱怨，现在男孩一旦做什么事，动嘴行，动起手来一塌糊涂。仔细分析会发现，这里面的原因和父母包办过多有关，是父母的大包大揽剥夺了孩子动手实践的机会。一些父母之所以从小不让孩子做事，是担心他们做不好，会添乱子，久而久之，孩子就养成了懒得动手的毛病。如果父母能从小就锻炼孩子的能力，经常鼓励孩子"你能行"，让孩子有充分施展的空间，让他们在体验成功中树立自信，这将是他们一生享用不尽的财富！

懒惰的男孩要不得

懒惰就是寄成功的希望于幻想，从而渴望不劳而获。懒惰的人总是被外界逼迫着做事，在被动中遭受着"不得不"

的折磨，在空虚中享受着自欺欺人的舒适。懒惰是男孩人生的腐蚀剂，它使原本甜蜜的生活变得苦涩，使原本光彩的人生变得晦暗。男孩的许多理想、目标、规划、希望、追求，都会因为懒惰而变得遥遥无期，无法实现。

天下的父母都不希望自己的孩子在懒惰中堕落，尤其是对将来要在生活中担当重任的男孩来说，懒惰无疑是他们成长的绊脚石。所以，父母要根据懒惰男孩的行为，督促他们改掉这个坏习惯。懒惰男孩在生活中的表现如下：

1. 能从事自己喜爱做的事，不爱从事体育活动，心情也总是不愉快。

2. 整天苦思冥想而对周围漠不关心。

3. 日常起居无规律，无秩序，不讲卫生。

4. 常常迟到、逃学且不以为然。

5. 不能专心听讲、按要求完成作业，文具常不配齐。

6. 不知道学习的目的，不能主动地思考问题。

7. 奢侈浪费，花父母的钱大手大脚。

8. 不思进取，每天得过且过。

男孩一旦养成懒惰的习惯，就会陷入一种极度疲劳的困境。这时候，父母只有提醒男孩改变懒惰的习惯，使外界的逼迫变成他们内心的自觉，才会改变这种让人郁闷的生活状况。这是因为大多数人都喜欢舒适，能站着拿到东西绝对不会跳起来，能坐着拿到东西绝对不会站起来，能躺着拿到东西绝对不会坐起来。然而舒适又是个极坏的东西，它是滋生慵懒的温床，腐朽、堕落等劣根大多因舒适而生。更重要的是，懒惰给人带来的不是真正的舒适，而是有负担的舒适，敷衍平庸的舒适，懒惰给人的感觉是痛苦的，它既不能给人以劳而有获的成就感，也不能给人带来信心愉悦的安全感，

培养勤奋的习惯，战胜懒惰

　　成功并不单纯依靠能力和智慧，还离不开自身孜孜不倦的勤奋努力，这就需要孩子战胜懒惰，养成勤奋的习惯。

你怎么看这么多书？

多看书才能考个好成绩！

1. 不满于现状，时刻保持进取心。

2. 学会肯定自己，将不足变为勤奋。

3. 从小事中培养自己的成就感。

4. 从学习中发现自己的兴趣，以便积极投入。

懒惰的人身心疲惫，是最累的。

城市附近有一个湖，湖面上总游着几只天鹅，许多人专程开车过去，就是为了欣赏天鹅的翩翩之姿。

"天鹅是候鸟，冬天应该向南迁徙才对，为什么这几只天鹅却终年定居，甚至从未见它们飞翔呢？"有人这样问湖边垂钓的老人。

"那还不简单吗？只要我们不断地喂它们好吃的东西，等到它们长肥了，自然就无法起飞，而不得不待下来。"

圣若望大学门口的停车场，每日总看见成群的灰鸟在场上翱翔，只要发现人们丢弃的食物，就俯冲而下。

它们有着窄窄的翅膀，长长的嘴，带蹼的脚。这种灰鸟原本是海鸥，只因城市的垃圾易得，而宁愿放弃属于自己的海洋，甘心做个清道夫。

湖上的天鹅的确有着翩翩之姿，停车场上的海鸥也确实翱翔得十分优美，但是每当看到高空列队飞过的鸿雁，看到海面乘风破浪的鸥鸟，我们就会为前者感到悲哀，为前者的命运担忧。

鸟因惰性而无法飞翔，人也会因惰性而走向堕落。如果想战胜你的慵懒，勤劳是唯一的方法。对于人来说，勤劳不仅是创造财富的根本手段，而且是防止被舒适软化、涣散精神活力的"防护堤"。

慵懒是人的一种劣根性，男孩如果想要做成一件事情，就必须与它抗争，超越这种劣根性的钳制。但是这种抗争和超越并不容易，一开始总要由一些外力来强制，进而才能逐渐内化为恒定的精神和行为习惯。

因此，父母应该帮助男孩改掉懒惰的习惯，让勤劳的习惯渗透他们的血液。一旦勤劳内化为男孩的一种意念，并且他们的意念与行为协调归一，所以恶劣的情绪便没有潜入的机会，更没有盘踞的空间。一个进入勤劳状态的人，心灵中就不会有慵懒。所以，克服慵懒最直接、最有效的方法就是使自己忙碌起来。

教育点：怎样才能培养勤奋的习惯，战胜懒惰的心理呢？

在日常生活中，父母应该怎样帮助男孩改变他们懒惰的习惯呢？父母可以建议男孩从以下几方面着手：

1. 不满足于现状，保持一颗进取心。

进取心是一种永不停息的自我推动力，它会使男孩的人生更加崇高。拥有进取心之后，那些不良的恶习就没有滋生的环境和土壤，久而久之，懒惰的习性就会逐渐消失。

2. 学会肯定自己，勇敢地把不足变为勤奋的动力。

男孩在学习、劳动时都要全身心投入，争取最满意的结果。无论结果如何，都要看到自己努力的一面。如果改变方法也不能很好地完成，说明或是技术不熟，或是还需完善其中某方面的学习。扎实的学习最终会让你成功的。

3. 做一些难度很小的事或你最爱做的事，也可以做一些你想了很久的事。不要只看结果如何，只要这段时间过得充实就该愉快。

4. 激发学习兴趣。兴趣是勤奋的动力，男孩一旦对某项事物产生了兴趣，便会积极主动地投入，消除怠惰。

一个人的发展与成长，天赋、环境、机遇、学识等外部因素固然重要，但更重要的是自身的勤奋与努力。没有自身的勤奋，就算是天资奇佳的雄鹰也只能空振双翅；有了勤奋的精神，就算是行动迟缓的蜗牛也能雄踞塔顶，观千山暮雪，渺万里层云。成功不单纯依靠能力和智慧，更要靠每一个人孜孜不倦的勤奋努力。

让他为丢三落四吃点苦头

孩子丢三落四是常见现象，这一点男孩比女孩更加明显。孩子做事拖拖拉拉、毛手毛脚，父母一边埋怨着"男孩就是不如女孩细致"，一边跟在孩子后面查漏补缺，恨不得天天跟在孩子后面，唯恐孩子因为忘了东西而耽误事。

很多父母都有去学校给孩子送忘记带的作业、学习用具的经历吧？孩子总是匆匆忙忙地赶着上学，发现东西忘了就打个电话给父母，于是父母就会冒着上班迟到的风险风风火火地先赶去学校给孩子救场。但不知道父母们有没有这样的发现：给孩子送了一次东西，孩子很可能过不了多久还会忘记带另外一样东西，还是会打电话向父母求助……

孩子之所以丢三落四，主要有三种原因：一是态度马虎，没有听完或听清别人的话，就急急忙忙去做；二是生活缺乏条理，东西总是乱放，没有合理的秩序安排；三是记忆力较差，对事情的考虑还不周全。用一句话来说，都是由孩子缺乏自我管理意识造成的。倘若父母事事代劳，那么孩子的自我管理能力就很难完善，也就很难改掉丢三落四的坏习惯。所以，建议父母不要总是抢着为孩子的行为"埋单"，有的时候，让孩子吃点儿苦头才是最佳的教育方法。

10年前，15岁的李元父母离异了，李元近10年来都是与爸爸一起生活。由于爸爸平日工作繁忙，无暇顾及孩子，所以李元在学校的表现一直不好，到了初中以后问题就更严重了：学习成绩跟不上，和同学、老师之间的关系处理得也不好，因此便产生了极度厌学的情绪。经过数次转学后，情况仍不见好转，于是李元便产生了辍学打工自立的念头。与大多数父亲不同的是，当李元的父亲听到孩子要辍学的想法之后，并没有急于干涉，而是和他商量签下了一份"自立协议"，协议中规定：如果李元在一个月之内找到了合适的工作，就允许他休学打工，给他自由；如果找不到合适的工作的话，那就必须回学校继续念书。一个月以后，李元便一脸沮丧地无条件答应继续回学校读书。原来，李元在这一个月找工作的过程中吃尽了苦头：因为没有学历，年龄太小，他先后去过超市、网吧、快递公司、写字楼和工地，但统统都被人拒之门外，甚至还有人把他当成了骗子和小偷，说了很多难听的话……而恰恰是这些经历，使李元充分认识到了学习的重要性。

后来，当有人问到李元的爸爸，为什么一开始没有制止孩子的行为时，他说道："现在就业形势很严峻，一个初中没毕业的学生怎么可能找到工作？但现在的孩子个性太强，给他们讲道理他们根本就听不进去，非得让他们吃点儿亏，他们才知道你说得有道理！"

在教育孩子的过程中，必须要让孩子吃点儿苦头，这比一味地说教管用。现在的孩子所受的教育大多是说教型的，孩子总是听大人高谈阔论地讲道理难免会觉得厌烦，他们没有过切实的感受，因而很难体会到这些道理的深刻内涵，而只有对于那些通过亲身实践、将自己的体会经验升华成的道理，孩子才能有切肤的感受。所以说，在实践中长的见识要比说教更为生动。父母不妨让孩子吃点儿亏，这样才能让他们多长点儿记性。比如孩子不做作业，做事丢三落四，父母不必代劳，当孩子挨了批评后，自然会收敛。

虽然很多父母都想让自己的孩子改掉丢三落四的坏毛病，可是一到丢了东西之后，他们便会心疼地安慰孩子，并且买新的代替。其实这是不对的，只有多让孩子尝尝"苦头"，孩子才能记住以后应该怎么做，从而提高自我管理意识。

教育点：孩子再忘了东西，父母别急着给他拿

龙龙回家后，一脸的害怕，原来他把新买的自行车又放到楼下，结果丢了。这是龙龙丢的第三辆自行车了。龙龙的爸爸知道后很生气，但话语中没有表露，只是告诉他既然这样粗心，那就自己想办法去学校吧。学校离家虽然不是特别远，但这段距离也让龙龙深深地记住了：做事情一定要细心。

一天，小磊的学校举行活动，规定要穿校服、戴红领巾。可是刚下楼不久，小磊就按对讲门铃，要爸爸给他送落下的红领巾。可是爸爸却一改往日快送的习惯，而是让小磊自己上楼取。上下5楼，对上学时间已是很紧的小磊无疑是一个考验，但他终究没有拗过爸爸，只好自己跑上跑下，一溜儿小跑，累得气喘吁吁，还差点儿迟到，才弥补了自己犯下的"过失"。但是从此以后，小磊开始把"认真、细心"牢牢地放在心上，做事再也不那么粗心大意了。

想让孩子改掉粗心、丢三落四的毛病，父母就要学会做个"懒爸爸""懒妈妈"。现在的孩子成了家中的"小太阳"，说什么是什么，即使不说父母也会帮着做好。衣来伸手，饭来张口已经成为事实，长期下去，孩子的依赖性就会很强，也就很难真正地进行自我管理。所以，父母在生活中要学会理智地"偷懒"，孩子忘了东西，父母就让他自己去拿，以此来培养孩子的独立性，放弃依赖性。如收拾书包，父母要尽可能地把这些小事交给孩子来做，让他们从小事中培养独立的习惯和责任意识。

如果孩子是因为思考不完善而导致丢三落四的话，父母可以适当地提醒孩子，但不要直接把结果告诉孩子，也不要

主动帮孩子把事情补充完善。

让孩子记住一个道理：在做一件事情之前的准备过程中，一定要考虑清楚这件事情的每个环节和每个细节，不仅要全面、周全，还要考虑到一些潜在的突发情况，只有真正做到有备而来，才能把事情做好，不至于因为突发状况而累己累人。

第六章

为女孩付出足够的爱心

女孩的世界，需要不断地确认被爱

一个阳光明媚的下午，小女孩在家里玩布偶，爸爸在一边看报纸。突然，爸爸站起身，放下报纸，好像想起什么事情一样，骑着自行车就离开了，从此再也没有回来过。这个小女孩一辈子记得那个下午，爸爸怎样离开家门，妈妈后来怎样痛哭流涕。直到她结婚后，每当看到丈夫拿起报纸，她的第一个反应就是去关上房门。她害怕丈夫也会和爸爸一样一去不回。

这个故事如果发生在男孩身上，结果会如何，无从考证。但女孩比男孩更容易受到影响是真的。就像一本小说的书名那样"男人是野生动物，女人是筑巢动物"。女人从小女孩开始，就有一种强烈的归属欲望。

育儿专家经常会提醒年轻的父母，不要把女孩单独留在家里太久，因为女孩比男孩有更强烈的不安全感；同时也有很多老师会说，不要批评女孩，因为女孩更容易不自信。

女孩经常会为了小事情和父母大吵一架，看起来像是在斤斤计较，其实是因为女孩更需要父母不断地表达对自己的关心，她们对爱永远有需求。

有这样一个故事：

有一个画画很有天分的小女孩，报名参加了一个课外辅导班。她的老师非常欣赏她，经常表扬她的作品，这个女孩的画越来越好了。

后来，由于老师有事情，就请了自己美院的一个同学来继续教孩子们画画。新来的老师在上课之前就和朋友了解过这个班的情况，他知道有一个女孩画得很好，不用特别操心。于是他开始代课之后，很少去看女孩的作品，也很少让同学们看女孩的新作。渐渐地，女孩觉得新来的老师不喜欢自己，就开始不去上绘画课了。

有一天，女孩的母亲问她："你怎么不去上绘画课呢？以前你不是最爱去上绘画课的吗？"

"妈妈，我觉得新来的老师不喜欢我。"

"怎么这样说呢？"

"以前的老师总是会关注我的作品，但是现在这个老师完全不在意我画得好不好。"女孩对妈妈抱怨道。看得出来，她真的很在意老师对她的看法。

"老师不关心你，一定就是因为老师不喜欢你吗？也许老师是觉得你已经做得很好了，才没有怎么管你。还有比你更需要辅导的同学等着他啊，所以老师顾不上你了。"

"可是我以前的老师就经常关心我的作品！"女孩哭了起来。

这时候，妈妈突然想到自己和孩子爸爸经常在女孩面前表扬表哥表姐，很少提到自己的女儿，于是决定和孩子好好谈谈。

"先别难过，妈妈给你分析一下你就会明白了。其实你最伤心的不是你自己的画儿画得不好，而是你现在的老师没有之前那个老师那样器重你，是吗？"女儿没有说话，看来妈妈分析得不错。

"其实每个人表达自己看法的方式不同，但是内心的想法是一样的。就像这两位老师，可能都很欣赏你，但是一个会自然而然地表扬你，另一个就会把对你完全放心看成是对你的表扬。"女孩似乎没有听懂，妈妈接着说道：

"就像妈妈和爸爸经常会在你面前表扬哥哥姐姐，那并不是因为我们更爱哥哥姐姐，我们表扬别人，恰恰是为了激励你。其实我们心中最爱的当然还是你。"

女孩脸红了，妈妈似乎说中了她的心事。

"不一样……"女孩开始思考妈妈说的这个问题，虽然她没有完全明白妈妈的话，但她将带着这个疑惑继续学习绘画，并在老师那里得到答案。

教育点：多多表达对女儿的爱

"我爱你"这句外国人天天挂在嘴边的话，中国父母怎么说都说不出来，好像我们天生就少了这根筋，但当我们听到女儿口中说出"爸爸我爱你"这句话的时候，心中还是会像吃了蜜一样甜，可见我们并不是不喜欢这样直白的表达方式。如果爸爸妈妈也能对女孩大声说出"我们爱你"，女孩肯定会很开心。

其实，表达爱的方式有很多种，说只是其中一种。我们的语言可以是肢体动作，也可以是白纸黑字。当女孩放学回家后，给她一个拥抱，一个吻；当女孩过生日的时候，给她写一张贺卡，表达对她的爱和感谢等，都能温暖女孩的心灵。

母亲是女儿最亲近的朋友

在家庭关系中，母女是最特别的一对。有人说女儿是父亲前世的情人，那么女儿就是母亲前世的情敌。今生做母女，既有妈妈与女儿之间的血脉之情，也有抢夺关爱和家庭地位的"斗争"。这样奇怪而有趣的关系，也只能母女之间才有。

现在独生子女居多，妈妈不像过去那样需要对好几个孩子负责，如果家里只有一个女孩的话，很容易产生问题。因为妈妈的注意力都集中在女儿身上了，有时候她一旦达不到妈妈的标准，就会被责骂。很多妈妈极力想建设好自己和女儿的关系，但到头来都是徒劳——因为妈妈没有把握好和女儿的距离，其实，你们只要做最好的朋友就好。

朋友就是相互理解、支持、尊重，并且能始终保持一定的距离。

对于每一个人来说，当自己产生喜怒哀乐的情绪时，总想和人一起分享。我们成年人有和人分享的心理需要，同样，女孩也需要有人和她分享生活中的喜怒哀乐。倾听并分享女孩的喜怒哀乐，有利于协调父母与女孩之间的关系，让女孩感到父母在关心、爱护她，从而取得女孩的信任。

教育点：认同女孩的心理特点

在家庭教育中，妈妈和女孩相处的时间明显多于爸爸，这时候女孩对爱的需求主要从妈妈身上得到满足。妈妈需要认识到女孩的心理特点：

1. 女孩希望有人耐心地倾听她们的告白。

女孩在找父母聊天时，和男孩希望得到父母的建议和帮助不同，她更希望父母能专注与感兴趣地倾听，分享她沮丧的感觉或宣泄她遇到的问题或者她的开心喜悦。

沟通对女孩来说很重要，她需要的是支持而不是解决问题的途径，因为在女孩的思维里，发泄完了，问题就解决了，情绪也就随之好起来了。

如果女孩在和你讨论问题的时候你不能了解她的感受，反而自以为是地提供一连串解决问题的答案或者敷衍应付，女孩就会变得不愿意继续交谈。

2. 大胆地帮助女孩，她会觉得更受珍视。

如果男孩不找你，你千万不要主动帮助他，因为他会受

成为女儿好朋友的几点建议

1. 母亲注意用动作和神情传达对女孩的爱。

2. 应当尊重孩子的隐私，不要当众数落孩子。

3. 千万不要欺骗女孩，失去孩子的信任。

你看看人家涵涵，这次又考得那么好，人家怎么就那么聪明呢？

4. 不要将自己的孩子与他人比较，给孩子压力。

到伤害。但是这个警告并不适用于女孩。女孩通常认为若有人肯帮助她，那是在她的帽子上添饰羽毛，让她觉得自己可爱又受珍视。

3.女孩喜欢被人珍视的感觉，请尽量表现你对她的爱。

相比男孩喜欢被需要的感觉，女孩更希望自己被珍视。如果女孩发现自己被人珍视和喜爱，就会让她有一种莫名的满足感。

如果女孩在爸爸妈妈那里得到更多的亲切、爱心和体贴，那么女孩就会更有安全感。和家人或者朋友畅所欲言，是培养双方关系的大好机会。父母应该给予女孩更多的爱，但必须有一个前提：在不把女孩看成"弱者"的基础上。只有在父母理性的爱的呵护下，女孩才能独立，才能更快地成长。当父母对女孩的感觉表示感兴趣、关心她关心的问题时，女孩就会觉得被爱。

4.分享女孩的沮丧与无助。

女孩面对压力的时候，会愈来愈不知所措和变得情绪化。她希望有人在这个时候了解并且帮助她。而父母这时候最应该做的就是和她一起谈论问题的细节，然后分担她的沮丧、迷惑和无助，这样女孩就不会再感觉孤单，而是感到舒服和快乐。

5.女孩更关注自己的人际关系。

相对于男孩而言，女孩更关注自己的人际关系，女孩们喜欢根据各自个性上的差异，组成一个个趣味相投的小团体。如果女孩不能被团体接受，她就会觉得被孤立了，从而产生自卑、怯懦等不良情绪。因此，父母应该鼓励女孩结交朋友，并对其加以适当的引导。

如果女孩的人际关系出现问题，如和好朋友吵架、父母对她提出批评等，都会直接伤害到女孩的心灵，她们会觉得自己的付出没有得到相应的回报或者父母不再爱她等。

另外，与同龄女孩交往时，她们会两两组成"最好的朋友"，而且会时不时地闹闹小矛盾，这时候妈妈千万不要给女孩讲一些"珍惜友谊"之类的大道理，最好的办法就是听女孩倾诉，然后让她自己解决问题。

妈妈要多给女儿关心和尊重

母女关系一直是家庭中很奇怪的一对关系，在女孩很小的时候，妈妈是女儿的主心骨，女儿什么事情都要妈妈的关心和帮助；但等到女孩10多岁之后，渐渐就不喜欢妈妈管这管那了，有时候还会对妈妈发脾气；等到女孩当了妈妈，两人的关系又会再度好起来，这时候是两个母亲之间的"惺惺相惜"。其实，在女孩的一生中，最亲密无间的朋友，最值得信任的人就是妈妈。一个家庭里没有爸爸会少一份安全感，没有妈妈则会少一种家的味道。在富养女孩的过程中，妈妈起着极为重要的作用。

很多初为人母的妈妈都会很好奇地问："女儿，妈妈该怎样爱你？"这个问题提得很好，说明妈妈们开始意识到爱不仅是数量上的，更是质量上的。在女孩10岁以前，妈妈的爱主要体现在生活方方面面的照顾上；而在女孩10岁以后，则主要体现在对女孩的信任和放手上。简单地说，女孩10岁以前，妈妈主要是关心她；女孩10岁以后，妈妈主要是尊重她。

因为工作太忙而忽略了孩子的妈妈，需要看看一些成功的女性是怎样看待这件事情的。比如郑李锦芬女士：

"我觉得两者必须要做好，我希望两者都可以兼顾。事业的成功可以为我们带来成功的喜悦与满足感，但是家庭的美满、和谐是我一辈子的事情。我是一个'贪心'的女人，我希望两者都可以兼得。""2007中国最佳商业领袖奖"颁奖礼上，当主持人问郑李锦芬"家庭和事业如何兼顾"时，温文尔雅的郑李锦芬毫不讳言自己的"贪心"，坦言事业和家庭对她来说同等重要。

作为安利亚太区执行副总裁和安利大中华区行政总裁，郑李锦芬的生活是和"常年奔波"这四个字联系在一起的，一天只睡五六个小时是常有的事。然而，郑李锦芬不仅事业有成，而且拥有一个幸福的家庭。她承认自己是百分之百的女性，谈起自己的丈夫和3个儿子，郑李锦芬充满幸福。她知道如何平衡家庭和工作的关系，她也深知营造一个快乐家庭的重要性。

只要没有非参加不可的应酬，一定要回家陪伴丈夫和3个儿子——这是郑李锦芬一个雷打不动的原则。在她看来，一个成功女性应该同时拥有成功的事业、家庭与自我。

郑李锦芬非常关心自己的3个儿子。"只要一个电话，我会立刻把他们的问题当作首要问题。我们也有很多交流，每一两个月，我会单独跟我的一个儿子共进一次午餐，就只有我们两个谈谈心。"说到这些，郑李锦芬幸福地笑了。而且，为了陶冶性情，在工作之余郑李锦芬还学起了粤剧。

除了成功的事业，生活的美好点滴，"贪心"的郑李锦芬一样也不放弃。

更重要的是，这并没有影响上司对她业务能力上的评价，安利全球总裁德·狄维士说："在我眼里，她就是最好的。"

同样是事业型女性的雅芳总裁钟彬娴，也曾经拒绝白宫的邀请，只为参加女儿的学校活动；杨澜曾经为了带孩子专门休息了一整年的时间。像她们这样的女性数不胜数。

现在的生活压力很大，妈妈的工作确实能补贴家用。但工作并不意味着将母亲的责任也推掉，有很多妈妈都能在工作和家庭之间找到平衡点，不过需要比别人付出更多。刚做母亲的年轻妈妈们，可不要抱着侥幸心理来对待女孩的成长。女孩在幼儿阶段需要妈妈的关心，越多越好。

当女孩渐渐长大成人之后，妈妈就要"懂得放下"，放下以往万事关心的习惯，让女儿有自己的生活空间。这也可以给妈妈们留出自己的空间。

当然，对女孩的教育并不是以 10 岁为一个临界点，过了 10 岁生日那天就要变成两种截然不同的教育。关心和尊重一直都要有，不过一段时间侧重前面，一段时间侧重后面而已。

教育点：感受和女儿一起成长的感觉

妈妈们在少女时代，肯定有过写日记的习惯。但是随着年龄的增长，要做的事情越来越多，就越来越没有精力去记录自己的心路历程了。

其实，做妈妈就是一个很好的重新开始的机会。不仅分娩的痛苦不亚于一次重生，教育女儿的过程也是一个自我成长的过程。妈妈不妨捡起手中的笔，或者开通一个博客，记录自己和女儿之间的点点滴滴。

写养育笔记的另外一个好处，就是帮助妈妈舒缓情绪。养育女儿是一个漫长的过程，妈妈肯定也会有很多情绪需要调整，很多委屈需要倾诉，写日记就是很好的渠道。而且，妈妈写过之后再回头看自己当时的心情，不仅会发现女儿在成长，自己也在成长。

我们常说换位思考，其实真正能做到换位思考是很难的。

人最困难的就是驾驭自己的感情，因为冲动的时候容易失去辨别力。妈妈有时候会对女儿说一些严重的话，或者做一些过分的事情，这些事情过去之后，妈妈是可以意识到自己的问题的。

所以，假如你想要给女儿一份贴心的爱，就拿起笔开始记录你们共同的成长吧。

父亲是女儿生命中的"高山"

母亲对女儿的照顾往往体现在生活的琐事中，而父亲对女儿的照顾则集中体现在精神引导上，很多杰出的女性都是在父亲的影响下改变自己的。比如我们熟悉的撒切尔夫人。

撒切尔夫人的父亲罗伯茨是英国某小城的一家杂货店主，他给女儿起名为玛格丽特。在玛格丽特5岁生日那天，父亲把她叫到跟前，语重心长地说："孩子，你要记住：凡事要有自己的主见，用自己的大脑来判断事物的是非，千万不要人云亦云。"从此，父亲着意把女儿培养成一个坚强独立的孩子。她7岁时，父亲带她到图书馆去，鼓励她看三类书：人物传记、历史和政治书籍。

罗伯茨刻意为女儿创造一种节俭朴素、拼搏向上的家庭氛围，因而玛格丽特早年的生活清淡艰苦。罗伯茨与女儿就各种问题进行辩论，以训练她机智沉着、语言犀利、充满感染力和穿透力的雄辩才能。11岁时，玛格丽特进入凯斯蒂女子学校。在辩论俱乐部的辩论会上，她的辩论思维敏捷、观点独到、讲话准确、气势磅礴。

入学后，玛格丽特看见同龄人的生活远比自己轻松。她回家鼓起勇气跟威严的父亲说："爸爸，我也想去玩儿。"罗伯茨平静地说："你必须有自己的主见！不能因为你的朋友在做某件事情，你也跟着去。你要自己决定你该怎么办，不要随波逐流。"见她仍有怨气，罗伯茨继续说："爸爸并不限制你的自由，但是你应该有自己的判断力，有自己的思想。现在是你学习知识的大好时光，如果你想和其他人一样，沉迷于玩乐，那样肯定会一事无成。我相信你有自己的判断力，你自己决定吧。"听了父亲的话，玛格丽特不说话了。

"孩子，永远都要坐在前排。"这是父亲经常对玛格丽特说的话。从小，父亲对她的教育就非常严格，而她自己也一直争取成为最好的。在学校里，她永远都是学生中的佼佼者，她以出类拔萃的成绩顺利升入最好的文法中学。

17岁的时候，玛格丽特开始明确了自己的人生目标——从政。然而，那个时候，进入英国政坛要有一定的党派背景。她出生于保守党派氛围的家庭，想要从政，还必须要有正式的保守党关系，而当时的牛津大学就是保守党员最大俱乐部的所在地。经过一番思考，一天，她终于敲响了校长吉利斯小姐办公室的门。

"校长，我想现在就去考牛津大学的萨默维尔学院。"当她说出这句话之后，就意识到将会遭到拒绝。因为她还有一年才毕业，而且完全不会拉丁文。校长果然拒绝了她，并且劝她打消这种想法。

倔强的她并没有沮丧，她相信自己可以做到，于是在得到父亲的支持后，她开始了艰苦复习、学习备考。之后，她提前几个月收到了高年级学校的合格证书，然后又参加了大学考试，最终如愿以偿地收到了牛津大学萨默维尔学院的入学通知书。她离开家乡走进了牛津大学。

进入大学只是第一步，学校要求学5年的拉丁文课程，她仅用 1 年的时间就全部学完了，而且成绩非常优异。另外，她不光在学业上出类拔萃，在体育、音乐、演讲及学校活动方面也很突出。她的出众赢得了校长的高度评价："她无疑是我们学校建校以来最优秀的学生，她总是雄心勃勃，每件事情都做得很出色。"

没有显赫的门第庇荫，没有夫贵妻荣的依傍，靠的只是自己的不断努力和顽强奋斗，终于在英国这个重门第、讲传统的国度里，玛格丽特一步一步地沿着成功的阶梯攀登，到达权力之巅。

玛格丽特，也就是撒切尔夫人，她是英国保守党这块"男人天地"里的第一位女领袖，英国历史上第一位女首相，而且是创造了蝉联 3 届、任期长达 11 年之久奇迹的女首相。是父亲的教诲改变了女儿的人生轨迹。

教育点：父亲和女儿保持的距离

很多人都听说过"恋父情结"这个词，父亲对女儿来说有着重要的影响，但是父亲也不能因为特别疼爱女孩，就忘记保持异性之间的距离。是的，就算她是你的女儿，她也是一个小姑娘，父亲和女孩相处不可太随便。

首先，父亲在女孩面前要保持整洁大方，不要在夏天赤膊打扮。

其次，父亲进女孩的房间一定要敲门示意，这是一种社交的礼节，也是尊重女孩隐私的行为，可以让女儿觉得爸爸很尊重她。

当然，父亲最不能做的事情就是离间母女的感情。女儿和妈妈闹别扭的时候，不管谁对谁错，都不要全部怪罪在一个人身上，爸爸最好做"和事佬"的角色。如果在女儿面前说妈妈的坏话，即使赢得了女儿的共鸣，安抚了她的情绪，到后来对女儿的成长也是不利的。

父亲要多给予女儿欣赏和信任

父亲是女孩生命中的第一位异性，如果父亲希望自己的女儿将来能充满自信地和异性相处，首先就要要求自己在和女儿相处的时候做到欣赏她、信任她。

从最简单的外貌来说，大部分家庭中的女孩都是长得比较普通的，但是后来我们会发现有的女孩越长越美丽，有的女孩却越长越没有气质了。这其中父亲的影响很重要。

婷婷喜欢颜色很艳丽的衣服，每次妈妈给她买衣服都会引起她的不满。"你选的衣服已经过时了，穿着像个老太太。"女儿的态度也让妈妈很生气。这时候爸爸出现了，他该怎样解决这个矛盾呢？

"我看看，哦，这件衣服的颜色可能对婷婷来说有点儿重了，她皮肤很白，可以穿一些浅颜色的衣服嘛！不过深色衣服也有一个好处，不容易弄脏，在学校穿也是挺好的。"

"婷婷，我觉得你上回穿的那件浅绿色的衣服很好看。"

"哦，其实还好，我最喜欢的还是那条吉卜赛风格的裙子，但没有什么机会穿。"女儿开始和老爸聊起来。

"是吗？但我还是觉得你穿浅色的衣服更有神采。不过我代表的仅仅是男性的审美眼光。"

听了爸爸的话，婷婷渐渐喜欢穿浅颜色的衣服了，她那条吉卜赛裙子终于收到箱子底下去了。

其实，很多问题都可以这样解决，当女孩坚持自己意见的时候，爸爸先代表男性来肯定女孩的观点，然后再说明自己认为更好的一面，女孩们大多都会乐于接受。

信任她，女孩才会更出色

父母是孩子最亲的人，如果连他们都不相信自己的孩子，对孩子来说是多么大的伤害，尤其是对于女孩来说，父亲的信任尤为重要。

1. 放手让她去做，做女儿背后的靠山。

2. 女儿成功时要给予赞扬，相信她是最棒的。

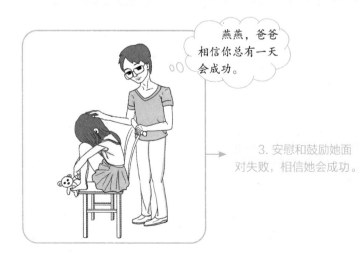

3. 安慰和鼓励她面对失败，相信她会成功。

当然，父亲对女儿的影响力绝对不仅仅限于穿什么衣服的问题，如果父亲希望女儿能够选择最适合自己的人生道路，并能够坚持下去，那么最好一直不停地给女儿鼓励和信任。有的父亲喜欢对女儿采取强压的政策，以为这样就能防止女儿走上人生歧路，其实这样做只会影响父女之间的关系。

1893年1月27日，宋庆龄出生在上海一个牧师兼实业家的家庭。父亲作为孙中山的朋友和同志，是她的第一个启蒙老师，母亲也是一位大家闺秀，对她和她的姐妹兄弟都有着很大的影响。

宋庆龄生性腼腆，和姐妹兄弟们在一起时，她总是最文静的一个。不过父亲为她营造的生活环境和气氛，使她于天性之外受到裨益。假期里，三姐妹和兄弟们在院子里玩耍，爬过院墙到别人的田地里嬉戏。他们到田野里奔跑，采集花草，捕捉虫鸟，无拘无束地尽情欢笑。

有一次，姐妹兄弟玩"拉黄包车"的游戏，宋霭龄扮作黄包车夫，宋庆龄扮成乘客，小妹小弟跟在身后又蹦又跳。正玩得开心时，不料"车夫"拉车用力过猛，双手失去控制，一下把"乘客"抛了出去。"车夫"愣在那里傻了眼，知道自己闯了祸；"乘客"又疼痛又委屈，满脸不高兴。

父亲知道这件事后，亲切地对宋霭龄说："做游戏也是要有分寸的，'黄包车夫'可不光是使力气呀！伤了乘客还怎么拉生意呢？"小霭龄觉得很不好意思。父亲又笑着对宋庆龄说："我们的'乘客'宽宏大量，这样勇敢坚强，真是了不起！"

其实，很小的事情上就能看出父亲在教育上的水准，就像孩子们玩游戏出了小问题时，有水平的父亲会安抚孩子的情绪，让孩子们继续玩耍但是不再犯同样的错误，而冲动的父亲就会充当裁判员的角色，行使自己的"家长特权"去审判孩子，影响孩子的心情和改正的自觉性。

如果站在欣赏和信任的角度去看待你的女孩，你会发现她身上有很多可取之处；如果你能及时让她知道这些是她的优势，她就能朝着这个优势一直发展下去。其实成年人之间也是需要不断鼓励和信任的，父女之间就更是如此了。

教育点：爸爸要多在女儿面前说妈妈的好话

爸爸千万不要在女儿面前说妈妈的坏话，这不仅不利于母女关系，而且会影响自己在女儿心目中的形象——试问有哪个好男儿会计较小事情，还在别人背后说坏话呢？

母亲是女儿的榜样，那么父亲就要保护好女儿的榜样。保护女儿的童心，保持母亲的形象，就是在培养自己和女儿的感情。

女孩也需要在玩耍中建立亲情

很多人认为，女孩不喜欢玩，就应该让她一个人安静地待着。看到女孩一个人文文静静的，就觉得是好事情。其实未必如此，有的女孩是天生文静的，让她一个人待着，给她几本书就很好；但大部分女孩性格是比较中性的，既不会很外向，也不会很内向。如果总是被单独放在一个角落里，她们很容易在心理上出现一些问题。

小艾的父母都是上班族，他们都受过很好的教育，对小艾也有很高的期望。但是繁忙的工作常常让父母留下小艾独自一人在家，为了消除小艾的孤独感，父母给小艾买了各种各样的玩具，光是宠物玩具，小艾就有好几十个。

独自一人在家的时候，小艾最喜欢玩过家家的游戏。她一会儿扮成医生给各种玩具看病，一会儿又扮成英语老师给它们上课。她还喜欢扮演爸爸妈妈，教育小玩具们要懂道理。但是，当爸爸妈妈回来以后，小艾就变得安静了，或者一个人在房间里不出来。

其实，小艾以前很喜欢和爸爸妈妈讲每天发生的事情，但是爸爸一回家就马上打开电视，看自己喜欢的新闻和足球；妈妈下班也直接进厨房，然后是洗衣、打扫，没有人听她讲话。渐渐地，小艾越来越不喜欢和父母聊天了。

故事中的小艾并不是天生内向的孩子，只是因为父母没有时间听她讲话，她才慢慢变得孤僻了，父母精挑细选的各种玩具不但没有帮她赶走孤独，反而将孤独的种子种在了她的心中。

女孩的内心敏感而脆弱，她们有时候喜欢故意惹父母生气，来证明自己对父母很重要。想要和女孩建立融洽的关系，父母就要在女孩小时候和她玩一玩游戏，在游戏中建立感情。

美国作家马克·吐温曾说：19世纪出了两个杰出人物，一个是拿破仑，另一个是海伦·凯勒。和前者相比，海伦·凯勒也许什么都没做，她只是学会了读书、写字和说话，但她赢得了所有听说过她的人的尊敬。将一个听不到、看不见、说不了的小女孩变成可以著书立说、通晓多种语言的作家，并且还坚强、乐观、懂得感恩、乐于帮助别人……这是人类对自我的征服，它的意义不亚于拿破仑征服欧洲。而游戏对海伦奇迹般的成长起着最重要的作用。

海伦一岁半时突然得了急性脑充血病，连续几天的高烧昏迷后，她看不见、听不到，甚至不久后连发声也不行了。很长时间里，海伦都陷入在痛苦的深渊里，既感受不到外面的世界，也无法让人了解自己的感受。她变得性情暴戾，厌恶与人交流，父母也不知道该怎样去帮助这个可怜的孩子。

在黑暗中磕磕碰碰了 7 年之后，天使来到了海伦身边。这个天使就是安妮·沙莉文小姐。安妮·沙莉文开始负责教海伦写字、手语。由于安妮曾经患过眼疾，在盲人学校学习过，深知黑暗的痛苦和盲人的无助，这对她教育海伦有很好的帮助。

安妮面对的是一个所有的表达窗口都被关闭的小女孩，要让她知道各种东西的名字、阅读文学作品、书写信件，难度可想而知。对海伦来说，学习每一个字母都是非常困难的，如果反复学习后还是不会，海伦就完全不再配合老师了。

难得的是，安妮对海伦非常有耐心，从来不会让海伦感觉受到嘲笑，而是把她当成一个普通孩子那样尊重她、信任她。安妮不断地和海伦玩游戏，去触摸水，触摸各种各样的东西。她们反复地熟悉对方的眼耳口鼻，只是为了帮助海伦知道这些东西的名字和意义。正是这样的游戏帮助海伦开口模仿发声，用触觉来领会发音时喉咙的颤动和嘴的运动，直到她可以流利地说出"爸爸""妈妈""妹妹"等。

两年之后，波金斯盲人学校的一位先生读到一封海伦写的完整的法文信时，满怀惊喜地写道："谁都难以想象我是多么的惊奇和喜悦。对于她的能力我素来深信不疑，可也难以相信，她 3 个月的学习就取得这么好的成绩，别人要达到这种程度，可能得花一年工夫。"

其实，安妮通过游戏来教海伦学习，不仅仅是让海伦在完全失明失聪的情况下学到实实在在的知识，更重要的是建立了相互信任的感情。而这种感情正是海伦主动学习、并且乐于回报社会的动力。

游戏不仅可以帮助女孩开发大脑，对女孩来说它更重要的意义是建立了亲子之间的感情，让女孩感受到自己没有被遗忘。

也正是因为如此，爸爸和女孩要多做一些游戏。爸爸在女孩眼中是高大威猛的代表，也是安全的象征，爸爸可以和女孩在玩游戏中增强她的安全感和归属感。

教育点：爸爸可以和女儿玩的游戏

这里我们搜集了一些名人经常和女孩们玩的游戏。

革命导师马克思在家里是一个很称职的玩伴。在女儿们小时候，马克思常利用工作的闲暇和她们一起做各种游戏。孩子们兴致勃勃地把椅子摆成"马车"，然后把父亲"套"在车前，孩子们挥舞着"鞭子"，"车"上"车"下一片欢腾。"爸爸是一匹好马"，这是孩子们对父亲的评价。

著名作家周德东先生经常和女儿玩猜谜的游戏，或者讲讲笑话，然后让女儿接着笑话讲下去。周德东是一个好爸爸，会玩很多有趣的游戏，因而他和女儿的关系也格外好。

另外，还可以带着女儿去大自然中采风，或者出差的时候带女儿一起。只要是比较安全、有益于女孩开阔眼界，并且能有爸爸参与的游戏，都可以尝试。

爱真正的她，而不是你期望的她

有人说婚姻是爱情的坟墓，那是因为，很多人走进婚姻殿堂之后才发现，原来自己爱的不是真正的他，而是想象中的理想化的他。

每个人都有一套自己的世界观，在别人看来很糟糕的事情，在另一些人看来可能就是好事情。有的女孩在别人眼中是高贵的公主，但是在自己的父母看来简直就是个麻烦大王。人们都喜欢按照自己的理想模式来看问题，往往忽略了事情的真实面目，这种习惯有时候是好的，比如有人喜欢从乐观的角度来思考问题，忽略了困难反而能发挥出超常的水平，但是这种个人主义的世界观用在教育上，就不是什么好的事情了。

你一厢情愿地认为你的女儿应该是上得厅堂下得厨房的淑女才女，但现实生活中的她不过是一个还没有长大的黄毛丫头，这时候很多父母都会心理失衡。

爱并接受你真实的女儿，对父母来说是最难做到的事情之一。因为我们在怀胎十月的过程中，就已经设想好了很多很多关于女孩的东西。比如常规性的期望有：温柔端庄，善解人意，勤劳善良等，有些女孩恰巧符合这些期望，但也有一些女孩就是精力旺盛，喜欢叽叽喳喳，喜欢乱扔东西，性格倔强。如果她身上有一些被我们视为缺点的东西，父母就会"耿耿于怀"，强行将女孩往自己要求的道路上引。

畅销150多个国家、总销售额超过10亿美元的芭比娃娃出自露丝·汉德勒之手。这个人物形象拥有魔鬼的身材、天使般的面孔、金黄色的披肩长发以及无数件名牌时装。除此之外，芭比更拥有高于星巴克、西门子的20亿美元的身价。

漂亮的衣服和各式各样的发型都是芭比娃娃的特权，在日本、中国，都有相应肤色和传统服装的芭比生产。

在芭比娃娃大获成功之后，它的设计者也因此成为著名的人物。但是令人遗憾的是，她坚持要按照芭比的模式来培养自己的孙女。

她要求孙女一定要保持像芭比一样魔鬼的身材，要随时保持最美的形象，而这无异于将一种酷刑强加在了孙女身上。

2001年，露丝·汉德勒的孙女丝塔茜在接受记者采访时表示："我要以自己的经历告诫全世界的女性，不要为了讨好男人追求芭比娃娃一样的身材，而不惜损害自己的健康。谁说女人一定要身材苗条？谁说肥胖的女人不美丽？"

父母总是会以爱的名义为女孩的将来编织着各种梦想，并且沉醉其中。几乎所有的父母都希望自己的女儿能嫁一个如意郎君，所以当看到自己的女儿和不怎么样的男孩交往时，不管他们是否真心相爱都想反对。父母总是担心自己的梦想会落空，如果女儿不是期望中的样子，就会认为这是不听话、不理想、不乖巧。

然而，父母越是陶醉于理想化的未来，现实就越会令其失望，失望又会反过来作用于父母的情绪，影响父母对女儿的看法，加深父母的失望，最后导致真实的女孩和你期望的女孩之间南辕北辙，亲子关系越来越糟糕。

所以，停止对女儿的各种幻想吧，爱你的女儿真实的样子，因为她有她自己的生命轨迹，这轨迹绝对比想象中的一帆风顺、风光无限，更值得期待。

教育点：回想你的童年和少年时代

父母对女孩有期待是没有错的，错就错在不懂得抛弃那些试图控制女孩的欲望。一对合格的父母懂得包容女孩的价值观，懂得放低自己做女儿坚实的后盾。这样的父母在教育上其实并不会花费多少心力，他们不必牺牲自己，也能教出出色的孩子。

如果父母发现自己被"代偿心理"蒙蔽了双眼，那么就请回想自己的童年和少年时代，比如"小时候，我也讨厌妈妈把她的想法强加给我。我不喜欢爸爸给我压力。"在这种回忆中，就能调整自己想要控制女孩、设计她的未来的想法。

第七章

让『小公主』有主见

强化女孩的自我价值感

女孩天生就是感性的动物，她们的情绪和行为总是极易受到外界环境的影响，前一分钟还因为某一个人的褒奖兴高采烈，后一分钟可能就会因为另一个人不经意的一句嘲讽而丧失信心、妄自菲薄。作为女孩的父母，一定要时刻注意，引导女孩正确认识自我，强化女孩的自我价值。

有一个年轻人，历尽艰险在非洲热带雨林中找到了一种高10多米的树木。这可不是一般的树木，整个非洲也就只有一两棵。如果砍下这种树，一年后让外皮朽烂，留下的部分就会有一种浓郁无比的香气散发开来；如果放在水中，它不会像别的木头那样浮起来，反而会沉入水底。

这种树被称作沉香，是世界上最珍贵的树木。

年轻人将沉香运到市场上去卖。由于很贵重，很少有人敢来买，也很少有人买得起。因此，他的生意非常冷清，经常是很多天连一个来问价的都没有。但他旁边一个卖木炭的生意却非常好，每天都有进账。

年轻人终于沉不住气了，他把沉香运回家，烧成木炭后再运到市场上，以普通木炭的价格出售。这一回，他的生意好极了，几天时间就卖光了。

年轻人认为自己颇有创意，顺应了市场需求，于是他很自豪地把这件事告诉了他的父亲。

他父亲是一位白手起家的商人，当听完儿子的讲述后，父亲禁不住泪流满面，因为儿子做了一件大蠢事。沉香价值

引导孩子从小事中获得自信

自信并不是只有取得重大成就时才能建立，让孩子在日常生活中一点一点积累，也会使孩子充满自信。

1. 引导孩子自己动手，在付出中体会自我价值并树立自信。

2. 帮助孩子树立积极心态，正确面对自己的优缺点。

不菲，只要切下一小块磨成粉末出售，其收入相当于卖一年木炭，而将沉香烧成木炭，就和普通木炭一样不值钱了。

有些人过分关心外界的环境因素，处处表现得小心翼翼，以至于轻易地否定了自己。试想，如果一个人连自己都不认可自己，又如何让别人认同你的价值呢？

一位哲人曾经说过："每个人都有自己独一无二的价值。我们的价值不是取决于别人对我们的态度，也不会因为我们遭受挫败而贬值，无论别人怎么侮辱你，诋毁你，践踏你，你的价值依然存在。"

父母要让自己的孩子学会正视自己的价值，不要因为别人对自己的评价和态度而改变对自己的看法。告诉孩子，无论别人怎么说，你的价值都不会因之而改变，只要能将个人价值与社会价值统一起来，做一些对他人有用的事，就能充分施展自己的才华，实现自己的价值。

教育点：从小事上让孩子感受幸福，获得自信

当一个人没有自信时，就会看不到自己的长处和优势，有时候甚至会贬低自己，全部否定自己，丧失了自我价值。首先，父母可以借助一些小事，让孩子体会到成功的愉悦，如让孩子帮助自己做一些力所能及的家务活，在学校对需要帮助的同学和老师伸出自己的双手，努力学好自己擅长的科目等。鼓励孩子坚持下去，以此来树立孩子的自信心。

其次，要引导孩子接受自己——不仅接受自己的优点，也接受自己的缺点，并帮助孩子树立积极向上的生活心态。当孩子表现出"人家都……所以我也要……（和众人保持一致的行为或装扮）"的态度时，父母要让孩子知道，他人的选择不一定是适合自己的，拥有自己个性、懂得坚持自我、不盲目跟风的女孩才是最迷人的。

为女孩创造一个"民主家庭"

随着物质生活条件越来越好，不少孩子的成长却出现了"三大三小"现象，即生活的空间越来越大，生长的空间越来越小；房屋的空间越来越大，心灵的空间越来越小；外界的压力越来越大，内在的动力越来越小。

这些奇怪的现象应该引起父母的注意，给孩子自由的成

长空间，不是一句空话！随便找一个学校的门口等着，一到上学、午饭、放学的三个时间点，一定会有很多父母聚集在学校门口等候小孩。

父母们纷纷感慨，"现在的孩子真是不听话，补习班昨天又没上""孩子们越来越不好教育了""电视上的那些学习机，对我们家孩子不管用"……

真的是孩子们越来越难教了吗？还是我们的教育方式出现了问题？

程君今年 7 岁了，刚开始读小学。

一次，程君在姨妈家认识了一个新朋友玲玲，她比自己小半岁，但是已经学习舞蹈 3 年了。玲玲在父母的鼓励下表演了一段拉丁舞，这下刺激了程君妈妈的神经。

"我们的女儿成天像个男孩子，和小区的孩子们打打闹闹，不成样子。我看见老马家的女儿去学舞蹈了，跳得很有气质，要不我们也送女儿去学习？"

和爸爸商量之后，妈妈马上就给程君报了舞蹈班。

但是天生好动的程君根本不听老师的指挥，不仅上课讲话，学习也不专心。不到两周，程君就说什么也不去上舞蹈班了，妈妈在家里急得直跺脚，但眼前的"假小子"一点儿改观都没有。

妈妈将程君送进舞蹈班，本来是想早点儿培养女儿的气质，但孩子就这样被糊里糊涂送进了舞蹈班，属于自己的课余生活突然被打乱了，因而学习的积极性也不高，妈妈想要达到的效果也完全没有达到。

程君现在正是好动的年纪，要让她安静下来，除非把她的注意力集中起来，寓学于乐。父母不考虑孩子的兴趣，盲目地将孩子送进培训班，并不能解决问题。

送孩子上培训班是如今的父母为孩子安排课余生活的首选。的确，很多孩子从班上学到了知识，但孩子的心灵却没有因此而变得成熟丰盈，到头来心灵还是没有得到足够的发展空间。

许多父母将培养孩子的重点放在增长知识上，为了让孩子学习，父母不惜节衣缩食，尽一切力量来改善孩子的学习环境。

父母纯粹的爱是什么？其实非常简单，如果父母真的想要孩子成长和学习，就给她空间，让她朝着健康、能干和情绪稳定的方向发展，这才是爱的真正意味。

然而，父母现在的情况是，以管教和约束为方式来教育孩子，这与爱的本意背道而驰。

薇薇今年高考，成绩还不错，可以挑一所重点大学。

这本来是皆大欢喜的事情，但是她整个暑假都过得不开心。原来，一家人在填报专业上发生了很大的分歧：薇薇想学自己感兴趣的教育学，但是父母总觉得新闻专业更适合女儿，他们希望她成为一名记者，于是坚决主张薇薇报新闻专业。

"这是你的人生大事，爸爸妈妈有经验，你就听我们的，我们绝对不会害你。"妈妈开导薇薇。

"正是因为这是我的人生大事，我才一定要坚持学自己喜欢的专业。你们总是说我没有经验，但是你们给我锻炼的机会了吗？从小到大，哪一次不是你们决定的，这一次我绝对不让步！"

最终，薇薇还是没能拗过父母，双方各做让步之后，薇薇报了一所离家最远的大学的新闻专业。

薇薇的反问值得父母深思。很多时候，父母都是因为"为了孩子好"这个想法，剥夺了孩子应有的成长空间，让孩子在父母设计的世界里成长。

教育点：孩子的人生由她自己做主

给孩子一个成长的自由空间，是现代教育家们共同呼吁的一个理念，其中就有著名教育家蒙台梭利。蒙台梭利将"自由教育"列入自己的基本理念，称这样的教育方法是"以自由为基础的教育法"。

正如蒙台梭利所主张的，让孩子拥有自由，关键是让她们领悟到纪律和秩序的重要性。怎样让孩子区别好坏，唯有说教显然是达不到目的的。

从一些小事上就让她自己去做决定，并让她承担自己做决定而带来的各种结果，久而久之，即使孩子在面对选择大学专业这样的问题时，你也可以放心地说："这是你自己的事，你自己决定就好了。"

对孩子管教过严，就像养在鱼缸中的热带金鱼，三寸来长，不管养多长时间，始终不见金鱼生长。女孩在父母的"鱼缸"中永远难以长成"大鱼"。要想女孩健康茁壮地成长，一定要给女孩自由活动的空间，而不是让她拘泥于父母提供的小小"鱼缸"里。随着社会的进步，知识的日益增加，父母应该克制自己的想法和冲动，给女孩自由成长的空间，让女孩健康快乐地成长。

放手之前，给女孩一些人生忠告

女孩固然喜欢黏着父母，因为她天生就渴望被了解，被亲近。但女孩同样是渴望自由的，尤其是随着年龄的增长，女孩更不喜欢大人打扰属于她自己的那片清幽的小天地，她们在夜深人静的时候总有那么多"不能说的秘密"，需要自己独自享受。

女孩的成长需要自由的空间。要想让女孩茁壮成长，就一定要给她们活动的自由，而不让她们拘泥于一个小小的"鱼缸"。许多时候，父母对孩子过度管教，会扼杀孩子本来的天性，令孩子窒息，甚至产生严重的后果。因而，在家庭教育的过程中，父母不需要刻意约束孩子，要给孩子足够的自由，对一些无关紧要的事情少管或不管，让她养成独立生活的习惯，要时刻信任孩子，尊重孩子的独立人格，放开手给孩子自由，让孩子自己说出她喜欢什么样的生活方式，鼓励她向不知道的地方前进，鼓励她发现自己的"新大陆"。

可是，孩子的人生经验太过浅薄，父母未免担心倘若放手的话，孩子会遭受挫折、承受委屈。所以，父母在松开手中的绳索之前，要给孩子一些人生的忠告。要知道，一句好的忠告会影响孩子的一生。

1955年，敬一丹出生于哈尔滨。她曾有过5年的知青生活，是一个地地道道的末代工农兵学员。或许正是那样的时代培养出了她朴素的美德。

妈妈一直是敬一丹最尊敬的人，在她十三四岁的时候，妈妈告诉她："享福不用学，吃苦得学一学！"这句话敬一丹记了一辈子。

敬一丹平常就落落大方、胸怀坦荡，她永远保持着一种淳朴自然、从容不迫的样子。她很清醒，知道自己的位置，所以人们在看节目时，总能看见不会装酷、一身朴素的她。

杨澜曾这样评价敬一丹："一般女主持人，都难脱一个'媚'字，而在我认识的众多女主持人中，敬一丹是不以'媚'取人的。"的确，观众永远不会在屏幕上看到浓妆艳抹或服饰华丽的敬一丹，她永远都是穿着色调素淡的职业女装，一副大度泰然的神情。

显然，母亲的一句忠告对敬一丹以后的人生发展起了莫大的作用。对于大部分父母也同样如此，在放手让孩子飞翔之前，多给她讲一些人生智慧，以便她在自由翱翔的时候能够坚定自我，不至于迷失方向。

教育点：父母要让女孩知道的几件事

1. 社会不会等待你成长

父母要让孩子知道，人生不售回程票，不是所有的东西都可以重来。人裹挟于社会中，犹如置身于你不得不身陷其中的舞台，你注定要扮演某个角色，虽非心甘情愿，却也无可奈何。在熙攘的社会中，如何尽快地为自己找到安身立命之处，是每个人不得不面临的选择，社会不会等待你成长，所以你要自动自发地走向成熟。要成为一个成熟的人，就要时刻抱着居安思危的心态，知足常乐，宽以待人，要懂得换位思考，理解他人，尊重他人。

2. 要适应生活中的不公平

告诉孩子，生活不可能给你任何你想要的，总有一些地方是生活不愿意满足你的。在那些不完美的领域，你不要一味地抱怨，因为无休止的抱怨过后就是低落和消沉。不要认为整个世界都对不起你，也不要质问为什么别人得到的总比自己多。殊不知，任何人都有不完美的方面，都有输于别人的地方，只是他们对此的态度不同罢了。忽略这些不完美而选择自己的优势去发展，或者通过自己的努力改变自己的劣势，或许会在适应的同时扭转了形势。适应并不意味着放弃努力，适应只是让你拥有一份平和的心态去面对生命中的风风雨雨。适应就是困境中的调和剂，给你一片缓冲地带以帮助你去进行新的选择和新的努力。面对社会上存在的不公平，青春躁

智慧女孩的成长箴言

1. 用成熟的心态处理问题。

2. 用努力和自身改变去适应生活的不公平。

3. 退一步海阔天空，牢记吃亏是福。

我最近的表现怎么样？有没有犯什么错误？

4. 不逞口舌之快，善于双赢。

5. 养成自省的好习惯，促使自己进步。

动的少男少女们要学会去适应，试着用更宽阔的胸怀去接受，然后再尽自己的努力去改变。当然，如果结局真的难以扭转，也没有必要苛责自己，因为你已经尽力了。

3. 牢记吃亏是福

有时候，最喜欢占便宜的人到最后未必能饱尝硕果，倒是最先吃亏的人会占到最后的大便宜。吃亏是一种福，聪明的人往往运用这种福祉为自己赢得更多的利益。告诉孩子，也许很多时候你会嫉妒身边和你一样水平甚至不如你的人却能得到你一直以来都梦寐以求的机会，你也许还会无数次地问这到底是为什么。可是，也许你并不知道，他在获得这个机会之前已经铺垫很多，谦让很多，也许正是他之前的宽容以及在你看来是"吃亏"的行为为他开启了更广阔的成功之路。父母应该让孩子明白，人最初退的一步是为了更好地向前走十步，甚至一百步！

4. 不要总是逞一时的口舌之快

父母要让孩子知道，在生活中，无论何时、无论何地，我们在处理一些事情的时候，都要考虑到别人的感受，在彰显自己优秀的同时，也要懂得给别人展现自己的机会，让别人觉得自己也很优秀，而不是让别人认为自己生活在你的光环下，这样才能营造一个融洽的氛围。真正的智者并不是在每次争辩中都占据上风的人，不是把别人都比下去的人，而是那些善于双赢的人。也许在一次的争辩中你成了赢家，但是与此同时，你很可能已经失去了对方的信任和好感。你与一个人的交往不可能仅此一次，也许下次再遇到他的时候，就是你需要他给予帮助的时候。有了上次的不愉快，接下来的合作还如何快乐地进行？提醒孩子，做事的时候要记得为自己留一条后路。

5. 保持自省的好习惯

时常反省，可以修正自己的言行和方向，借修正言行来使自己进步。如果能将这种习惯坚持下来，那么一定会帮助你在以后的道路上不断收获成功。父母可以建议孩子每天抽出一点儿时间来思考和检视自己的行为，如与人交往中，我有没有做不利于人际关系的事？在与某人的争执中我是否也存在不对的地方？对某人说的那句话是否得体？到目前为止，我做了些什么事？有无进步？时间有无浪费？目标完成了多少？等等。

让女孩做家庭的"女主角"

有的父母总是觉得孩子不会有什么自己的主见，她的想法和意见也不重要，在孩子表达出她的意愿和想法时，父母也总是不屑一顾。当父母就家里的某个决策讨论的时候，孩子在一旁插嘴，父母就大声呵斥："大人说话小孩子别插嘴""这是大人之间的事，没你小孩子什么事，一边玩儿去"……实际上，父母的这种态度已经对孩子产生了消极的暗示和影响，无疑是给热情高涨的孩子迎头泼了一盆冷水，使孩子自信全失，有的孩子甚至会觉得自己在家里一无是处，可有可无，进而衍生出一些本来可以避免的心理问题，如轻视自己、自我怀疑等。一旦孩子真的出现了心理问题，父母就要追悔莫及了。

诗人、国家一级作家骆晓戈教授是一位和蔼可亲的大姐，去大学任教前就是一位很受孩子们喜爱的师友。她的女儿岸子自浙江大学毕业后，凭过硬的自身条件被公派到美国留学。骆教授夫妇的教子之道非常值得推崇。曾有幸与他们共事几年，基本见证了他们夫妇对女儿岸子的教育。骆大姐家庭条件优越，唯一的宝贝女儿岸子身上却无骄娇二气，同事们都很喜欢岸子。

在骆教授的众多教育方法中，最大的亮点就是让孩子参与家庭决策。在岸子很小的时候，骆大姐要添置家庭共用品都会征求她的意见。比如买电视机，买多大的、什么品牌、什么颜色、什么价位等，甚至摆放在哪个位置都要和她商量。等到岸子稍大点儿时，骆大姐就向她详细通报家庭收入情况，夫妇俩还会认真地和女儿预算一周、一月和一年的支出。后来，全家小到衣服大到房屋的购买，岸子都有充分的发言权和决策权。

"当家方知柴米贵。"由于岸子从小就参与了家庭管理，确实知道"一粥一饭当思来之不易，一丝一缕恒念物力维艰"。所以，除了一日三餐和合身的衣装，她从不向父母伸手要这要那。在家里，岸子享有惯了平等的话语权，在外面，她也时刻做到了不卑不亢。尤其是通过长期参与家庭决策和管理，她就自觉不自觉地有了振兴家业和贡献社会的责任感，一直刻苦学习，表现优秀，成绩优异。

一般来说，能够经常参与家庭决策的孩子，性格较为开朗，能够在众人面前条理清楚、简明扼要地表达自己的见解和意见，能够主动关心别人、考虑别人的感受，有较强的集体责任感和责任心，待人接物也能处处彰显出自己的自信；而那些从来不参与家庭决策的孩子，考虑事情通常是狭隘的、以自我为中心的，集体意识淡薄，依赖心理强，做事的主动意识差。由此可以看出，让孩子参与到家庭决策中来对孩子的健康成长至关重要。

教育点：孩子再小，也是家庭中的重要一员

不管孩子年龄大小，父母都要有意识地让孩子参与到家庭决策中来，一来可以让孩子感受到他在父母心中的重要性，二来也能让孩子实现较好的自我认知，感受到自我价值。要知道，父母的肯定是孩子自信心形成的一个尤为关键的要素。

让孩子参与到家庭决策中来，首先，父母要主动培养孩子的参与意识。当父母平时在讨论问题或商量某个决策的时候，可以有意识地征询一下孩子的意见，如问问孩子"你觉得我们这么做怎么样？""你认为我们买什么牌子的电视机好呢？"当孩子说出自己意见的时候，父母要及时给予回馈，如果孩子说得有道理，就可以按照孩子说的实行；如果孩子的想法欠考虑的话，父母就要给孩子讲清楚为什么这次爸爸妈妈没有听他的意见，指出孩子需要完善考虑的地方。这样不但能逐渐使孩子关心家里的事情，同时还能提升孩子的思维，有助于他思考的全面性和理智性发展。需要注意的是，父母在和孩子沟通的时候，应当把孩子当作一个真正的商量对象，而不是怀着"玩玩""可有可无"的心态，和孩子说话的态度要和蔼，不能颐指气使，更不要对孩子的意见粗暴否定和冷嘲热讽，不要端出家长的架子，要让孩子感觉到，父母的确是想听他的意见的。

其次，并非家庭里的每一件事情都是适合孩子参与的。所以父母在让孩子参与之前，先要考虑好家里的哪些事情适合让孩子来参与，哪些是不适合的。通常来说，凡是参与的过程和结果有利于孩子身心发展的，就可以让孩子一同来参与，如家庭的计划开支、旅行计划等。

最后，在孩子的参与过程中要引导孩子发表自主的意见。有些孩子在年龄较小的时候，父母说什么他只懂得点头，或是说"我听你们的""你们说怎么办就怎么办"，这就说明孩子还没有真正有意识地参与进来，父母可以适当教给孩子一些参与的方法，如在买东西的时候，可以给孩子几个备选项目，让孩子从中选择，并让他说出他的思考过程和最终结论；或者当孩子就某项决策不知道从何下手的时候，父母可以给孩子提醒一些既往经验，让孩子从这个角度出发去主动思考。

总之，父母要抓住一切时机，时刻让孩子感受到，自己是家庭中不可或缺的一员。

让她自己管好钱罐

提到金钱，有人视之为万能之药，也有人视之为万恶之源。毕业于哈佛大学的文学家詹姆斯说："人类的一切罪恶不是源于金钱，而是源于人们对金钱的态度。"金钱本身并没有罪过，它只是人们谋生的手段，是交易的中介，而绝不应该成为人的主宰。拥有大量的金钱不代表你一定幸福，也不能代表你活得有价值。而真正能让自己活得自在、安宁的方法是善用金钱，让金钱为自己的幸福铺路。

然而，如今青少年理财的现状却令人担忧。据一项调查显示，上海 92.8% 的青少年存在乱消费、高消费的现象，具体表现为花钱大手大脚、盲目攀比，消费呈成人化趋势；93%的学生缺乏现代城市生活经常触及的基本经济、金融常识，甚至不清楚银行信用卡的服务功能，不知道银行存款的利率等。类似问题在其他城市也比较突出。这反映出青少年的理财观念尚未形成、理财能力不强等诸多问题。一位专家说："理财应从 3 岁开始。"理财并非生财，它是指善用钱财，使个人的财务状况处于最佳状态，从而提高生活品质。

据调查，生活中，青少年在理财方面最容易犯以下这些错误：

1. 如果手中有几百元，他们就觉得富裕了。

2. 储蓄对他们来讲并不重要。

3. 花掉的要比储蓄的多。

4. 只能节省一点儿购买小件商品的钱。

5. 认为钱的能量并不是很大，而且没有多少潜力可挖。

6. 花钱从来不做计划。

7. 不能正确地使用活期存款账户。

8. 不恰当地使用信用卡。

9. 从不了解钱的时效价值。

10. 现在享用，以后付钱。大多数青少年对钱的认识不够，没有忧患意识，眼前只知享受，认为以后父母会把钱送到自己手上。

11. 没把钱当回事儿。不少青少年总以为父母有的是钱，每天都能有大数目的零花钱，所以买东西从不考虑价格。

12. 买东西时，把身上的钱花个精光。

13. 向广告看齐。许多青少年的早餐不是"好吃看得见"的方便面，就是"口服心服"的八宝粥，他们不论是吃的还是用的都向广告看齐。

14. 向大人看齐。看见大人们经常泡桑拿、吃麦当劳，他们感到的是一种气派，于是心生羡慕，也学着去进行高消费。

15. 向明星看齐。据一家美容店老板介绍，她曾遇到不少崇拜明星的中学生来美容修发，还常常甩出 100 元的人民币。

16. 许多青少年在钱花掉之前，已经有过数次的购买欲望。

17. 买了许多东西，但很少有令他们长期满意的。

18. 滥用别人的钱。

19. 只在花钱时才有一种满足感。

理财能力是孩子将来在生活和事业上必须具备的最重要的能力之一。这种能力的培养应从少儿阶段就开始进行，抓得愈早，效果愈佳，否则将会非常被动。父母平时最好为孩子列一份"零用钱"清单，让孩子学会精打细算是一项巨大的教育事业。比如在对压岁钱的态度和使用方法的教育上就可以很形象地体现理财教育观念了。

生活中，父母应该正视现实，以积极主动的姿态确认金钱的重要性，让孩子从小懂得金钱的价值和使用技巧，正当投资、节俭等正确的积累方式及金钱与人格的关系等，树立健全的经济意识，成为拥有精明的经济头脑和管理能力的人。

 教孩子一点儿理财知识

对女孩的财商教育可分为以下几步进行：

1. 在孩子面前应注意不要说不利于正确理财的语言。

2. 让孩子做关于财商的作业。

3. 等女孩长到12岁，让她掌握一定量的理财词汇。

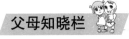

父母知晓栏

为孩子选择具有参考性的、容易理解的理财书籍。

教育点：教孩子一点儿理财知识

对女孩的财商教育可分为以下几步进行：

1. 注意自己和孩子的语言

不要在孩子面前说或者允许孩子说"我买不起"等诸如此类的话，正确的语言是"我怎样才能买得起"。

2. 让孩子做有关财商的家庭作业

孩子除了要完成学校的家庭作业外，还要做有关财商的家庭作业。现行的学校教育已不能满足孩子们未来的需要，所以应在学校之外接受有关财商的教育。孩子们的课外财商教育作业可包括玩"现金流"游戏，和女孩讨论家庭的收入和支出等。

3. 当女孩到了 12 岁以后，可以让她了解并掌握一些财经、金融词汇

现在有很多专门给父母如何进行财富教育支招的书籍，其中不乏具有操作性和参考价值的佳作，父母不妨买一两本来学一学。需要注意的是，这些书中有很多是从国外引进的，可能因为国情的不同，不一定具有参考性，还需要父母在购买的时候加以辨别。

第八章

交际才能让女孩赢遍天下

不懂倾听的女孩容易出错

懂得倾听的女孩最美丽。倾听所折射出的是一个人内在的品质，同时也是一种极其好用的交往工具。一个再聪明伶俐的孩子，如果不懂得如何与人交往，那也注定只能是一个"孤家寡人"，独自品味着"高处不胜寒"的孤独。因为一个人不懂得与他人相处，那么他的潜能就很难施展出来。即便他才高八斗，学富五车，也只能是个闭门造车的书呆子。倘若想走进他人的世界，灵活周旋于人与人之间，最重要的一点就是要懂得倾听。

倾听是一门艺术，有的时候，善于倾听他人，不仅能使自己更受欢迎，还可以避免很多误会的发生。欢喜和怨怼之间，可能仅仅只是一句话、一秒钟的距离，你应该记住的就是，永远不要在别人说话的时候打断，耐心听对方把话讲完。

一位母亲问她 5 岁的女儿："假如妈妈和你一起出去玩儿时渴了，一时又找不到水，而你的小书包里恰巧有两个苹果，你会怎么做呢？"

女儿小嘴一张，奶声奶气地说："我会把每个苹果都咬一口。"

虽然女儿年纪尚小，不谙世事，但母亲对这样的回答心里多少有点儿失落。她本想像别的父母一样，对孩子训斥一番，然后再教孩子该怎样做，可就在话即将出口的那一刻，她突然改变了主意。

母亲握住孩子的手，满脸笑容地问："宝贝，能告诉妈妈为什么要这样做吗？"

　　女儿眨眨眼睛，满脸童真地说："因为……因为我想把最甜的一个留给妈妈！"

　　那一刻，母亲的眼里隐隐闪烁着泪花，她在为女儿的懂事而自豪，也在为自己给了女儿把话说完的机会而庆幸。

　　倘若这位母亲没能把孩子的话听完，就会错过了解孩子真实想法的机会。父母在平日的家庭生活中也是如此。虽然父母在生活上非常关心孩子，可在真正静下心来倾听孩子的想法感受方面做得却很不够。孩子在学习和生活上有什么问题向父母诉说时，稍不如意，就会被父母打断，父母不让孩子把话说完，轻则斥责，重则打骂，对此，孩子只能将话咽回去。久而久之，孩子便关闭了向父母敞开心扉的那扇大门。

　　想教孩子学会倾听，父母首先要学会倾听孩子的心声。若孩子感受到父母能够耐心听他把话说完，则会产生一种被尊重、被关注的感觉。当孩子感到他能自由地对任何事物提出自己的意见，而他的认识又没有受到轻视和奚落时，他就能毫不迟疑、无所顾忌地发表自己的意见，因而更容易树立和保持自己的自信心，认识自己的能力并敢于说出自己的想法。

　　有些父母以为，递个耳朵过去听孩子说话就是倾听了，其实不然。这种做法只是机械地听孩子诉说，根本体会不到孩子在倾诉时的情绪，这种情况下，孩子的想法得不到父母的重视，他们只能把自己的秘密埋藏在心里，这样父母就很难知道孩子的所思所想，从而对孩子的教育就会无所适从。孩子的说话权得不到父母的尊重，久而久之，孩子就会与父母产生对抗情绪，以致双方相互不信任，沟通困难。一份调查显示，70%～80%的儿童心理卫生问题和家庭有关，特别是与父母对孩子的教育和交流沟通方式不当有关。另外，父母不懂得倾听孩子，也会从侧面限制孩子语言能力和社交能力的发展。

从心理学上讲，积极倾听并不是指默默地在一边，单纯地听对方说话。积极倾听的核心是以平等的姿态鼓励对方说出真心话。倾听者要暂时忘记自己或把自己的评判标准放在一边，不管你对对方的言语或行为持赞成、欣赏还是批判、反对的态度，都要无条件地接纳对方。积极倾听关注更多的不是话语，而是对方的心理。积极倾听不仅要感同身受地去体会对方的心情，而且要引导对方发泄情绪，宣泄那些不满、愤懑、悲伤。

善于倾听的人总是善于理解和沟通的。当一个为成功而喜悦的人面对一个微笑着倾听的朋友时，他会感到这位朋友是理解他的，也是为他而高兴的；当一个因失恋而愁眉苦脸的人面对一个表情凝重而专注倾听的朋友时，他会感到自己的痛苦朋友能理解，虽然朋友没能提出如何重获爱情的好建议，但他已感到自己得到了一点儿心理安慰。

教育点：教女孩学会倾听的艺术

倾听是孩子感知和理解语言的一种行为表现，对孩子来说，倾听将直接影响到其学习新知识、新本领的能力。那么，该怎样教孩子养成良好的倾听习惯呢？

首先，父母是孩子学会倾听的最好榜样。想让孩子学会倾听，父母就要先懂得倾听，父母的一言一行、一举一动都是孩子学习倾听的最好榜样。通常自家人在交谈时比较随意，时间长了势必影响到孩子。因此，即使在家里，爸爸妈妈也要特别注意交谈时的方式和礼仪，专心听对方讲话，不要同时做其他的事。

其次，父母要让孩子懂得，当他人快乐或难过的时候，用心去倾听对方，分享他们的快乐，分担他们的痛苦，他们就能毫无顾忌地向你敞开心扉。因为倾听，对方能够看到你的真诚和细心，也会对你更加信任和友爱。同时，倾听可以让自己很好地发现自身可能存在的问题和缺陷，有利于自己及时改正。

最后，培养孩子倾听的习惯，父母要从生活的细节着手，引导孩子掌握倾听的艺术。例如，父母可以告诉孩子，在听对方讲话时应耐心听完，不要抢话、插嘴，特别是在上课时要做到安静地听、专心地听，不做小动作，不影响别人，让孩子懂得影响别人听讲也是一种不礼貌的表现。

为什么我的女儿爱说个不停

有的孩子沉默寡言，有的孩子却整天说个没完：自言自语、一句话反复唠叨、不停地对别人说着自己的事情……还有的孩子就像个小"人来疯"，人越多，话就越多。可能有些父母认为，孩子能说是好事，能说就说明孩子思维活跃、反应迅速，其实不然。

有一对年轻的父母带着4岁的女儿找幼儿专家进行"幼儿发展评价"，却没想到平日总是说个没完的女儿语言能力评价结果竟然是"一般"。父母百思不得其解，专家当场问了孩子一个小问题："你哪一天过生日？"结果这个孩子竟然从自己的生日说到了姐姐的生日、爸爸的生日、妈妈的生日，然后又开始描述过生日时拿礼物、吃蛋糕，滔滔不绝地说了很多，在说话的时候常常是想到哪儿说到哪儿，先说她过生日的时候家里来了几个小朋友，接着又开始说妈妈过生日她给妈妈送了小礼物，然后又回到了她过生日的时候发生的趣事……

显然，这个小女孩虽然话总是很多，思维跨度大，但却欠缺条理性和逻辑性。倘若父母不加以纠正的话，孩子长此以往就容易出现说话缺乏中心主题、逻辑条理不清，让听者抓不住头绪，理解困难，有如写作文时下笔千言却离题万里，从而严重影响孩子与人的正常交往。

教育点1：帮孩子理清说话的条理

对于话多又欠缺条理的孩子，父母需要多加引导，让孩子逐渐规范自己的语言表达，避免不必要的重复，鼓励她清楚表达自己的想法。可以让孩子平时多记日记，多讲故事，以此来训练孩子表达的逻辑性。如果孩子惯于同时穿插讲述好几件事，父母就要跟孩子讲明白，在说话的时候要把一件事情讲完再讲另一件事情，还可以配合孩子的讲话内容，顺势引导，帮助她由头至尾地坚持把一件事情讲完整。

爱说话的孩子通常是讨人喜欢的，但是一个没完没了的话匣子也同样会招人厌烦。孩子的多话往往起源于牙牙学语的时期，在那个时期大人都是非常鼓励孩子说话的，说得多的孩子往往能受到一番夸奖，于是孩子就容易受到一种暗示：不断地讲话就能不断得到表扬和欣赏。

当孩子稍大一些，形成了尚算完整的语言系统时，多话的习惯也就随之形成了，孩子就会在不自觉中喜欢说，而不喜欢听。尽管他们说话已经不再如小时候那样能够受到那么多重视了，但是他们已经无法从多话的习惯中自拔，只有说话能让他们感到快乐，而沉默和聆听对他们来说是一件痛苦的事情。然而，父母、老师和同学无法理解多话的孩子的这种心理，只是一味地感到厌烦，渐渐地，孩子便成了老师和同学眼中不受欢迎的那个人。

教育点2：给多话的孩子找个情绪出口

多话的孩了往往是为了满足找寻快乐的欲望，父母要改正孩子多话的习惯，不妨给孩子找一个情绪的出口。父母可以多鼓励孩子发展自己的兴趣，找一些适合和孩子一起进行的活动，如书画、手工，或者棋牌类游戏，以此来转移孩子的注意力，减少他们无谓的说话，同时还能锻炼孩子的头脑，培养她们的才艺能力。

另外，父母也可以因势利导，帮助多话的孩子找到适合自己发挥"多话"特性的舞台，如对于高年级的孩子和中学生，可以鼓励他们多参加学校的辩论会、话剧社团和学生会，通过组织锻炼加强孩子的语言组织能力和思考能力，同时还能使孩子获得更多的听众，使孩子在赢得自尊和自信的同时，收获到内心的满足。

帮女孩养成赞美他人的习惯

常言道："良言一句三冬暖，恶语伤人六月寒。"作为女孩，要学会适时地给他人一句赞美，因为赞美的力量是无穷的。

台湾作家林清玄青年时代做记者时，曾写过一个小偷作案手法细腻，犯案上千起，却第一次被捉到的特稿。他在文章的最后，情不自禁地感叹："像心思如此缜密，手法那么灵巧，风格这样独特的小偷，做任何一行都会有成就的！"林清玄不曾想到，他20年前无心写下的这几句话，竟影响了这个青年的一生。如今，当年的小偷已经是台湾几家羊肉炉店的大老板了。

在一次邂逅中，这位老板诚挚地对林清玄说："林先生写的那篇特稿，打破了我生活的盲点，使我想，为什么除了做小偷,我没有想过做正当事?"从此,他脱胎换骨,重新做人。

回头想想,如果没有林清玄当年对小偷的一句赞美,恐怕也不会有青年今天的事业与成就。赞美就像浇在玫瑰上的水。赞美别人并不费力,只要几秒钟,便能满足别人内心的强烈需求。一个人若能真诚地赞美别人,就说明他能够用心发掘对方身上的闪光点,毫无疑问,这样的人是谦虚的,是自敛的。当你发自内心地表达对他人的欣赏时,一种愉悦和谐的氛围就自然而然形成了,相信在如此美好的氛围之下,不管是说的人还是听的人,内心都会是真诚和快乐的。

能够赞美他人的女孩,身体里就不会生出嫉妒的毒瘤,内心也会豁达宽广,人生之路自然也会更加宽敞。每个人都渴望得到别人的欣赏,而赞美就犹如照在人心灵上的阳光,只有获取充分的阳光,才能保证内心的温暖。所以,在人与人的交往中,适当地赞美对方,不但能增强人与人之间和谐、温暖、美好的感情,同时还能使自己存在的价值得以肯定,获得一种愉悦和成就感。

教育点:告诉女孩赞美别人时需要注意的问题

每个人都喜欢听赞美的话,被赞美时,心情会自然地轻松起来。如果说得好,会有利于双方的下一步交流;如果说得不好,则会适得其反。恰到好处的赞美与违心的拍马屁往往只有一步之遥,要让赞美的话在别人听来不是令人反感的拍马屁,就要在赞美别人的时候注意以下几点:

1. 真诚而得体

对别人的赞美需要真诚,而真诚离不开真实,要恰如其分地赞美对方,必须符合事实。如果要在一些细微的地方赞美的话,更需要对对方的工作、生活经历做一个大致的了解,以便准确地提出别人没想到你会提及的细小之处,这样往往能收到"润物细无声"的效果。

2. 赞美用词要得当

赞美的形成，在于一般双方都是面对面的。所以，内容上要具体，对象上要分明，有时尽管不直接涉及你所要赞美的客体，但对方早已心照不宣地知道你所指的是什么了。

同样，注意观察对方的状态也是很重要的一个过程，如果对方恰逢情绪特别低落，或者有其他不顺心的事情，过分地赞美往往会让对方觉得不真实，所以一定要注重对方的感受。

3. 赞美不可过分夸张

赞美需要修饰，但是过分、太夸张的赞美就会变成阿谀奉承，让人感觉不到真诚，只留下虚浮和矫揉造作。丁聪有一次被别人冠以"画家、著名漫画家、抗战时重庆的三神童之一"，他听后就极不舒服，批评说话者给他戴了这么多帽子。

4. 少说陈词滥调

一些人的赞美言辞中，常常充满了陈词滥调。比如久仰大名、百闻不如一见、生意兴隆、财源广进等。一些人在社交场合赞美别人时，只会鹦鹉学舌，说别人说过的话。

5. 在背后赞美

有时你当面称赞一个人时，他极可能认为那是应酬话、恭维话。而在背后说人好话，他会认为那是认真的赞美，毫不虚伪，于是真诚接受，并对你感激不尽。

引导女孩融入集体

克雷洛夫曾经说过："一燕不能成春。"一个人无论多么优秀，如果离开了别人的配合，就无法把事情做好，也无法在未来的社会上立足。我们的社会是由各怀特长的人共同组成的，每个人都有自己的优点，都是不可取代的，只有相互合作，取长补短，才能够共同取得成功。

整体大于部分的总和，集体的力量大于个人的力量，每个人的成长都离不开自己的集体，孤雁是不可能在蓝天中恣意翱翔的。争强好胜虽然可以表现出一个人强烈的上进心，但若成了集体之外的"独行侠"，不但难以把事情做得完美，同时还会给自己带来无谓的烦恼。

阿秀在读高中时非常喜欢运动，尤其是足球，她的内心

 教孩子融入集体生活

呀，你流血了！我陪你去医务室吧。

1. 培养孩子的群体意识观念。

2. 训练孩子的集体生活态度和方式。

3. 关心孩子所在的集体。

4. 支持孩子承担的集体责任。

5. 鼓励和指导孩子克服在集体生活中遇到的困难。

一直崇拜那些足球明星。虽然阿秀才上高二，但球踢得相当好，所以成了校队的灵魂人物。在比赛中，她积极拼抢，使对方的队员十分头疼。

阿秀被包围在赞美中，这使她在精神上越来越骄傲，思想上常以自我为中心。于是，阿秀和其他队员之间产生了隔阂，经常会有一些摩擦。不久以后的一场比赛却让她终生难忘，对她来说那是非常深刻的一课。

那是一场决赛，无论哪一支球队胜出，都将成为本市校队的第一。学校对此很重视，阿秀所在的球队要和另一个学校的球队展开决赛，争夺第一。

上场前，教练叮嘱阿秀要和其他队员配合，不要搞个人表演，阿秀痛快地答应了。比赛开始，阿秀仍像往常一样，全力拼抢投入比赛，在上半场快要结束时，她凭个人突破为自己的球队攻入一球。整个看台都沸腾了，阿秀感到前所未有的激动，带着喜悦结束了上半场。

下半场开始了，对方虽然先失了球，但是并未自乱阵脚，而阿秀所在的球队因为先进一球而思想上有些放松。尤其是阿秀，因为她想现在已经是下半场了，她们完全可以凭借一球而锁定胜局。因此，一种强烈的表演欲占据了她的大脑。

当阿秀接到队友的传球后，本来有很好的机会传给另一个队友，但是阿秀没有这样做，而是带球过人，想炫耀一下自己。她很轻松地过了一个人，正洋洋得意时，忽然上来三四个人把她围住，她连起脚的机会都没有，还被对方打了一个反击，结果丢了一个球。

阿秀心里非常生气，心想凭她的能力怎么会丢球呢？于是又去拼抢，得到球后仍然不及时传给队友，而是一个人带球向对方的大门冲刺，结果又丢了一球。同时也失去了给其他队员传球的机会。

反复几次都是这样，而此时的比分已是 2：1，她们输一球。比赛快要结束了，阿秀心里很着急，心想，如果再有一次拿到球的机会，她绝不放过。

果然有一个很好的机会，队友打了一个长传，阿秀拿到球后，对方只有一名防守队员，而阿秀方又有一名队员跑到对方球门前接应，这么好的机会，只要她将球传给队友，就很可能将比分扳平。可是阿秀想自己破门，于是她带球试图冲过那个防守队员，却被对方把球给拦了下来。由于阿秀的失误对方又得了一分。那一刻阿秀怔在球场上，周围的声音都听不到了，她的心中只有孤独、失落和沮丧。

如果事例中的阿秀能与队友密切合作，那场比赛应该是非常完美的，可是骄傲与争强好胜毁了这一切。

父母要让孩子知道，一个人的能力是有限的，不可能包打天下。即便你是一个非常优秀的人，也不要忘了天外有天，人外有人，一定有许多更优秀的人值得你学习。不要过于争强好胜，团结他人共同奋斗，你将获得真正的成功与快乐。

有一天，苏联儿童文学家盖达尔带着 5 岁的小女儿珍妮向少先队的夏令营营地走去，他准备为少年朋友们讲自己的童话故事《一块烫石头》。

正当孩子们都在聚精会神地听盖达尔讲故事的时候，小珍妮却旁若无人地在礼堂里走来走去，有时还使劲儿跺跺脚，发出恼人的声响，想要引起别人的注意。从她那洋洋得意的神情中，似乎可以看出她心里在这样想：我多么了不起，因为我是盖达尔的女儿！你们一个个都在听我的爸爸讲故事呢！

盖达尔看到女儿的所作所为后，停止了讲故事，提高了嗓门对大家说："请你们把这个不懂礼貌、不守秩序的小家伙撵出去！她妨碍了大伙儿安静地听故事。"小珍妮没有料到爸爸会如此"绝情"，连哭带喊地撒着野，但是谁都不同情她，她硬是被工作人员拖出了会场，一个人在一间小屋里对着墙哭了个痛快。

故事会结束了，孩子们对盖达尔报以经久不息的掌声，感谢盖达尔给他们讲的动人的故事，更感谢盖达尔给他们上了生动的一课。就在盖达尔即将离开会场时，两个少年向他怀里塞了一本精致的笔记本，在本子的扉页上写道："赠给公正无私的阿尔卡蒂·盖达尔伯伯。"盖达尔清楚地知道，5岁的小珍妮是想借助父亲的声望在大伙儿面前出风头，不想融入集体生活，这种莫名的优越感若不加以遏止，会使孩子成为一个难以融入集体的人。盖达尔对女儿的这一撒手锏，将她自恃不凡的骄气和优越感一扫而尽，这比枯燥的说教不知要强多少倍。

一个人只有融入集体中，才能得到充分的锻炼和发展，谁都不可能是一座孤岛，父母要教会孩子善于与他人合作，善于融入集体，因为一个人要取得成功，必须学会与别人一道工作，并能够与别人合作。

教育点：教孩子融入集体生活

集体对于孩子来说就像一个小小的社会，从他们迈入这个集体的第一天起，老师和同学就成了他们交往和沟通的新对象，只有和他们相处融洽，只有在这里打下良好的交往基础，掌握良好的交往技能，才能为他以后成为一个"社会人"提供条件。那么，父母该如何教孩子尽快适应并融入集体生活呢？

1. 让孩子懂得自己是群体中的一员。要让孩子明白，任何人的生活和成长都离不开群体，要懂得尊重他人，在他人有需要的时候伸出手来帮助他们。

2.注重训练孩子在与他人交往中的态度和方式。教孩子学会换位思考，学会理解和宽容，能够承受误解和委屈。父母要注意以身作则，真诚待人，不在孩子面前评价他人，保持一颗善良仁爱的心。

3.关心孩子所在的集体。父母应该经常了解班集体的情况，跟孩子一起讨论班上的各种问题，有条件的父母还可以参加班集体的活动，并予以大力支持。父母多了解孩子所在的集体，不仅能为孩子创造一个好的环境，也能让孩子感受到父母对她的关心和爱护。

4.支持孩子当班干部或承担一定的集体责任。职务不论大小，责任不论轻重，都对培养孩子的主人公精神有好处，而且能培养孩子的多种能力。

5.当孩子在集体生活中遇到困难的时候，父母要迅速从旁给予指导和鼓励，帮助孩子做出客观的分析、判断，既看到有利因素，又看到不利因素，指导孩子学会理顺关系，扭转不利处境。

训练女孩的肢体语言

知性女孩的美不同于性感、热烈的美，脱俗的精致外表下，总有那份从内在的文化涵养中不经意间流露出来的外在气质。

知性女孩的魅力很多都是在举手投足之间彰显出来的，以"无声胜有声"的力量和气势折服众人。想把自己的小公主打造成一个优雅的知性女孩，父母不妨多训练一些孩子的肢体语言。

肢体语言，是指经由身体的各种动作，代替语言借以达到表情达意的沟通目的。广义言之，肢体语言也包括前述的面部表情在内；狭义言之，肢体语言只包括身体与四肢所表达的意义。每个人都会在有意无意中运用身体语言表达自己的感情，如鼓掌表示兴奋，摊手表示无奈，与人谈话时，时而蹙额，时而摇头，时而摆动手势，时而两腿交叉。当由肢体动作表达情绪时，我们经常是处于一种不自知的习惯。

研究发现，一个人要向外界传达完整的信息，单纯的语言成分只占 7%，声调占 38%，另外的 55% 都需要由非语言的体态来传达，而且因为肢体语言通常是一个人下意识的举动，所以它很少具有欺骗性。因而，当一个人以肢体活动表达情绪时，别人也可由之辨识出当事人用其肢体所表达的心境。

想要训练孩子的肢体语言，父母不妨先学习解读一些基本的肢体语言：

1. 倾斜

如果你喜欢一个人，你往往会朝他倾斜过去。这是你对他或他的话感兴趣的迹象。当你非常感兴趣的时候，你的身体会朝前倾斜，而双腿往往会向后缩。如果某人坐着的时候朝你这边倾斜的话，那意味着他正对你表示友好。当你不喜欢某人，感到和他在一起很乏味，或者很不舒服的时候，你往往会向后倾斜。

2. 前后摇晃

出现这种动作通常表明，这个人非常不耐烦或者很焦虑。成年人在不舒服的时候会不自觉地前后摇晃，或者很焦虑的时候用这种方法让自己平静下来。

3. 偏着脑袋

如果你在和人讲话的时候，发现听者把脑袋偏向一边，通常说明他对你说的话很有兴趣，正在倾听你说的话。你已经吸引了他全部的注意力，他正在全神贯注地听你说话。

4. 耸肩挠头

当人们耸肩的时候，这意味着他们没有说实话，不坦率，或者觉得无所谓。正在撒谎的人往往会有快速的耸肩动作。在这种情况下，耸肩不是敌意的，而是下意识地在努力表现得很镇定，但是，实际上并没有达到这种效果。挠头则表示非常着急或者困惑。

5. 模仿别人的动作

要想知道自己对别人是否有吸引力，只要看看对方是否模仿你的动作就行了。如果你们彼此模仿对方的肢体语言，就说明你们中的一方或者你们双方对对方都有好感。模仿别人的意思是你希望像对方一样。

6. 烦躁不安

如果某人烦躁不安的话，说明此人正在暗示别人他感到很不舒服，或者某件事让他很烦躁。或许他没有说实话，或者他想离开自己所待的场所。

7. 朝前伸的脑袋

朝前伸的脑袋表示一种迫近的威胁。就像往前伸的下巴一样，这是一种攻击性的动作，暗示某人正准备对眼下的问题采取一种进攻性或者有敌意的方法。

另外，一个人的姿势也能反映出他对自己和对他人的看法。通常来说，自信的站姿往往是后背挺直，双肩向后打开，脑袋挺直，臀部收紧。姿势看上去很自信的人在和朋友们闲逛的时候往往和出席社交场合一样觉得很自在。他们会很生动地用双手和手臂来帮助表达自己的观点。此外，不同的姿势代表不同的情绪。

如果某人很伤心的话，他们往往会弯腰驼背，萎靡不振。收拢的双肩是顺从的表现，也是缺乏自信或者很沮丧的标志。据说这种人肩上的担子都很重。如果某人一直都保持这种姿势的话，那么就代表着此人在逃避某种情况或者整个生活。也可能意味着此人对你或者你说的话不感兴趣。此人的身体不朝前倾，而是往后退——这是对争吵的一种逃避行为。

如果某人身体朝前倾，脖子往前伸的话，可以肯定的是这个人在生气。下颌也可能朝前撅着，双拳紧握着，甚至肌肉都会很紧张，这是一种要进攻的姿势。如果某人走起路来匆匆忙忙，身体朝前俯冲，那么你就可以很快做出判断——此人在生气。

而当人们感到很无聊或者对什么事情都无动于衷的时候，他们会先把脑袋转开，然后最终把整个身体转开，十指会交叉在一起，而双手会安放在膝盖上。如果他们越来越觉得乏味的话，脑袋就会偏着，而且常常要用双手来支撑。

教育点：教孩子一些表示礼貌的身体语言

在对孩子进行肢体语言训练的时候，可以先给孩子讲解一些行为方式表示的意义和应用的场合，如：当别人给你倒水时，不要干看着，要用手扶扶，以示礼貌；给人递水递饭的时候一定要用双手；坐椅子的时候不要把椅子腿翘起来；吃饭要端碗，不要在盘子里挑拣；最后一个进门要记得随手关门；洗了手不要随意甩手，水甩到人家身上是不礼貌的；遇到那种往里往外都能开的门，拉而不是推；屋里有人的时候出门要轻手关门；去别人家里时不要坐在人家的床上；在酒桌上与别人碰杯，自己的杯子一定要低于对方的，特别是对方是长辈或领导时；盛饭或端茶给别人时，如果中间隔了人，不要从别人面前经过递，而要从别人后面绕过递；吃饭

147

的时候尽量不要发出声音；捡东西或者穿鞋时要蹲下去，不要弯腰撅屁股；走路时手不要插在口袋里……

拉女孩走出孤僻的"黑暗"

生活中，许多青少年性格孤僻、害怕交往，常常觉得自己是茫茫大海上的一叶孤舟，或顾影自怜，或无病呻吟。他们不愿投入火热的生活，却又抱怨别人不理解自己，不接纳自己。心理学家将这种心理状态称为闭锁心理，把因此而生的一种感到与世隔离、孤单寂寞的情绪称之为孤独。孤独的人往往将自己封闭于一个自我的狭小空间内，独自在这块小小天地里品尝寂寞，并且拒绝他人的善意介入。这样的人，到头来损失最多的还是他自己。

有位孤独者倚靠着一棵树晒太阳，他衣衫褴褛，神情萎靡，不时有气无力地打着哈欠。一位智者由此经过，好奇地问道："年轻人，如此好的阳光，如此难得的季节，你不去做你该做的事，懒懒散散地晒太阳，岂不辜负了大好时光？"

"唉！"孤独者叹了一口气说，"在这个世界上，除了躯壳外，我一无所有。我又何必去费心费力地做事呢？我的躯壳就是我做的所有事了。"

"你没有家？"

"没有。与其承担家庭的负累，不如干脆没有。"孤独者说。

"你没有你的所爱？"

"没有。与其爱过之后便是恨，不如干脆不去爱。"

"没有朋友？"

"没有。与其得到之后失去，不如干脆没有朋友。"

"你不想去赚钱？"

"不想。千金得来还复去，何必劳心费神动躯体？"

"噢！"智者若有所思，"看来我得赶快帮你找根绳子。"

"找绳子？干吗？"孤独者好奇地问。

"帮你自缢！"

"自缢？你叫我死？"孤独者惊诧了。

"对。人有生就有死，与其生了还会死去，不如干脆就不出生。你的存在，本身就是多余的，自缢而死，不是正合你的逻辑吗？"

孤独者无言以对。

"兰生幽谷，不为无人佩戴而不芬芳；月挂中天，不因暂满还缺而不自圆；桃李灼灼，不因秋节将至而不开花；江水奔腾，不以一去不返而拒东流。更何况是人呢？"智者说完，拂袖而去。

 教孩子摆脱孤独感，父母可以这么做

1. 引导孩子参加集体活动，承担集体责任。

2. 培养孩子的兴趣，让其发现自身爱好。

3. 鼓励孩子多交朋友，体会友谊。

4. 注重和孩子的情感交流。

　　这个故事告诉父母和孩子一个共同的道理：物有盛衰，人有生死。顺应自然，走出孤独的阴影，投入地活着，相信自己的能力，实现自我的最大价值，才是人生应取的态度。

　　由孤独走向自我封闭的原因多而复杂，比如学习上的挫折，缺乏与异性的交往，失去父母的挚爱，周围没有朋友等。此外，孤独的产生也与人的性格有关。比如有的人情绪易变，常常大起大落，容易得罪别人，因而使自己陷入一种孤独的状态；还有的人善于算计，凡事总爱斤斤计较，考虑个人的得失太重，因此造成了人际交往的障碍。

　　孤独和自我封闭给人们带来的是种种消极的体验，如沮丧、失助、抑郁、烦躁、自卑、绝望等，因此孤独对人体健康有很大的危害。据统计，身体健康但精神孤独的人在10年之中的死亡数量要比那些身体健康而合群的人多一倍。精神孤独所引起的死亡率与吸烟、肥胖症、高血压引起的死亡率一样高。

　　其实孤独归根结底是当事人找到某种理由或借口将自己封闭起来，作茧自缚的结果。

　　上小学三年级的小凡很内向，平时很少和同学说话。她像是一只落了单的孤雁，经常一个人躲在角落里，别的同学找她一起玩，她也只玩一会儿就悄悄走开了。

　　每天上课时，小凡似乎也在听讲，但是明显有些心不在焉。班主任很快发现了小凡的这些异常举动，她决定去小凡家里做一次家访。

　　这天班主任和小凡一起出了校门。一路上，小凡只顾低着头走路，班主任问了她一些家里的基本情况，老师问她三句，她才回答一句。班主任感到很纳闷，不知道这孩子是怎么了。

来到家里，见到了父母，小凡只说了一句："妈妈，我们老师来了。"然后就进了自己的房间，再也没出来。

班主任将小凡在学校里的反常表现告诉了爸爸妈妈，妈妈告诉老师："这孩子在家里也不怎么爱说话，上幼儿园的时候就不怎么和小朋友一起玩儿，现在上小学了还是这样，平时见到亲戚朋友也像不认识一样，她这个样子我们也拿她没办法。"

经过交谈，班主任了解到，小凡的父母都是生意人，白天很忙，晚上应酬又多，因此就请了保姆来照顾小凡，他们平时很少和孩子待在一起。

听完小凡父母的情况，班主任告诉小凡的父母："小凡现在这个样子和小时候缺少父母的关爱密切相关，你们平时还是多关心一下小凡吧。再任由她这么发展下去，她很可能会发展成孤独症的。"听到班主任这么一说，父母才意识到了问题的严重性。

孤独其实是人的自然本性，人既需要集体生活的欢娱，又需要偶尔的独处。但孤独也要有个度。有些人性格孤僻，不愿意和人交往，有时还会封闭自己，逃避社会。这种孤独便超过了"度"，心理学上把这种心理称为"孤独心理"。由这种心理产生的与世隔绝、孤单寂寞的情感体验，就叫作孤独感。这种过度的孤独是一种消极的情绪。

教育点：教孩子摆脱孤独的黑暗

孤独的孩子总是试图逃离社会生活。性格内向，胆小谨慎，从小不善言辞的孩子，总是在躲避他人。其实有孤独倾向的孩子并非天生孤独，只是因为她后天的社会性需要没有得到满足，比如对父母和亲人爱的需要没有得到相应的满足，对家、学校、团队缺少归属感，周围人的不认可又使她缺少价值感。

因而，教孩子摆脱孤独感，聪明的父母可以从以下几个方面着手：

1.引导孩子多多参加集体活动，并鼓励孩子在集体中担当领头的角色，承担一定的责任。当孩子在集体生活中和其他成员产生矛盾的时候，不要跟孩子说"以后不和他们玩了"之类的话，让孩子主动出击，想办法去解决问题和矛盾，父母可以从旁给予建议和指导。

2.培养孩子的兴趣，让孩子做自己最想做的事情。当孩子总是有喜欢的事情可忙的时候，自然就会乐在其中，忘记孤独。

3.鼓励孩子多交一些知心朋友，在朋友间的相互交流、帮助和分享之中体会友谊的温暖。

4.除了满足孩子生活中的物质需要，也要注重呵护孩子的精神感受，平时多注重和孩子进行情感交流，不妨多给孩子几个拥抱，大声地告诉孩子你爱她。

精 致 生 活

家庭理财

张亦明 编

中医古籍出版社

Publishing House of Ancient Chinese Medical Books

图书在版编目（CIP）数据

家庭理财 / 张亦明编. — 北京：中医古籍出版社，
2021.12
（精致生活）
ISBN 978-7-5152-2254-7

Ⅰ.①家… Ⅱ.①张… Ⅲ.①家庭管理—财务管理—
基本知识 Ⅳ.①TS976.15

中国版本图书馆CIP数据核字(2021)第256912号

精致生活
家庭理财
张亦明　编

策划编辑	姚强
责任编辑	吴迪
封面设计	李荣
出版发行	中医古籍出版社
社　　址	北京市东城区东直门内南小街 16 号（100700）
电　　话	010-64089446（总编室）010-64002949（发行部）
网　　址	www.zhongyiguji.com.cn
印　　刷	天津海德伟业印务有限公司
开　　本	880mm×1230mm　1/32
印　　张	5
字　　数	130 千字
版　　次	2021 年 12 月第 1 版　2021 年 12 月第 1 次印刷
书　　号	ISBN 978-7-5152-2254-7
定　　价	298.00 元（全 8 册）

前　言

　　也许你是一位上班族，公共交通的拥挤让你时常心生厌恶，看到马路上来回穿梭的私家车，你很想买，而当你每到月底看到自己几近空空的账户时，只能暗自收起看来算是奢望的想法；也许你是一位丈夫，还在和妻子过着到处租房的生活，你很想给你的她一座安定的、叫家的房子，而当看到自己总也攒不起来的银行存款时，你只能藏起这个看来不太现实的渴望；也许你是一位妈妈，还在为自己正在上高中的孩子的大学学费而发愁，看到孩子周围同学灿烂的笑容，你很想给他富裕无忧的生活，也许你总会处在疑惑之中：为什么工作了多年，还是没有多少积蓄？自己已经很节俭了，为什么还是买不起很多东西？为什么一到月底，总有还不完的信用卡账单？这时候的你，就需要好好反省自己的理财观念和方法了。可能会有很多人认为理财是有钱人的专利，没钱和钱不多的人无法理财。实则不然：有钱的人理财，可以让钱滚钱；没钱的人理财，可以让钱生钱。理财不是富人的专利，无论钱多钱少，都需要好好打理自己的钱财。国际上的一项调查表明，没有投资规划的人，一生中损失财产的比率为20%～100%。因此，作为一个现代人，如果不具备一定的理财知识，财产损失是不可避免的。

　　俗话说："钱是挣出来的，不是省出来的。"但是现在最专业的观念是：钱是挣出来的，更是理出来的。人们现在都更应重视理财，面对买房、教育、医疗、保险、税务、遗产等未来众多的不确定性，人们的理财需求进一步增长。无论你是在求学的成长期、初入社会的青年期、成家立业期、子女成长的中年期，还是退休老年期，都需要建立健康的理财观念，并掌握正确的投资理财方法。

实际生活中，几乎每个人都有一个发财梦。但为什么有时候明明际遇相同，结果却有了贫富之分？为什么大家都站在相同的起点，都拼搏了大半辈子，竟会产生如此截然不同的人生结果呢？其实，根本差异在于是否理财，尤其是理财的早晚。理财投资一定要先行，这就像两个比赛竞走的人，在信号枪鸣起时最先反应出发的，就可以在比赛中轻松保持领先的优势，等待后面的人来追赶，所以，理财要趁早。正所谓：你不理财，财不理你；你若理财，财可生财。早一天理财，早一天受益。

本书以简洁、易懂的语言介绍了基金、股票、保险、黄金、收藏、外汇、债券、期货、典当、储蓄等不同的理财产品，方法实用、指导性强，一看就懂、一学就会，上手就能用。

目录

第二章 盘活资产，让钱生钱

第三章　把钱用在该用的地方

第一章

设计理财蓝图，学习致富之道

为你的财务"诊诊脉"：你是否已深陷财务危机

理财体检，看看你的财务是否陷入"亚健康"

理财体检是相对于健康体检而言的，健康体检是检查身体，发现问题及时治疗，保证身体的健康。理财体检则是对自己的财务进行诊断，以便及时发现并消除自己理财过程中存在的误区与隐患，让自己的财务处于"健康"的状态，避免陷入财务危机。

那么，怎样对理财进行体检呢？下面四个问题可以帮你测测财务的健康状况。

一、自己该留多少钱备用

流动性资产是指在急用情况下能迅速变现而不会带来损失的资产，比如现金、活期存款、货币基金等。

流动性比率＝流动性资产 ÷ 每月支出 ×100%

专家指出，如果某人月支出为800元，那么这个人每月合理的流动性资产，也就是闲钱就应在2400～4800元。如果资产的流动性比率大于6，则表明这个人的闲置资金过多，不利于资金的保值、增值，也表明这个人打理闲置资金的能力不足；反之，若流动性比率过低，则意味着这个人已出现财务危机的迹象，也就是常说的资金"断流"。此外，一旦这个人出现家人病重住院之类的突发事件，如果闲钱过少，受到的影响更是不可估计。

二、每月该花多少钱

消费比率 = 消费支出 ÷ 收入总额 × 100%

这一指标主要反映个人财务的收支情况是否合理。

专家认为，如果个人消费比例过高，则意味着这个人的节余能力很差，不利于财务的长期安全，如比例达到 1，则表明这个人已达到"月光族"的状况。

如果比例过低，表明这个人用于日常花费很少，会影响他的生活品质，如果更低，就相当于我们常说的"铁公鸡"。

三、每月还贷多少钱

偿债比率 = 每月债务偿还总额 ÷ 每月扣税后的收入总额 × 100%

这一指标主要反映一个人适合负担多少债务更合理。

专家认为，债务偿还比率主要针对目前准备贷款或已经贷款的个人而言，俗话说"无债一身轻"，若一个人的债务偿还比率为零，则表明这个人的财务自由度非常高。

相反，若一个人的债务偿还比率接近或高于 35%，再加上 40% ~ 60% 的消费比率，那么这个人会随时面临财务危机，只能一方面减少消费，另一方面不断增加收入。

四、每月投资多少钱

净投资资产 ÷ 净资产 ≥ 50%

这是反映一个人投资比例高低的指标，其中，净资产是指包括房产和存款在内的总资产扣除个人总债务的余额。净投资资产是指除住宅外，个人所拥有的国债、基金、储蓄等能够直接产生利息的资产。

专家认为，个人投资理财应该是一种长期行为和习惯，目的在于提升个人的生活质量，而这首先要建立在有财可理的前提下。若一个人投资比例过低，表明这个人节余能力不足，这与这个人的债务偿还比率、消费比率、流动性比率都有关系。

若一个人投资比例过高，则意味着这个人的资金面临的风险更大，一旦出现问题，对日常生活影响更大。

现在，请你自我评估一下，看看自己的财务是否健康。如果答案并不乐观，那就要尽快想办法解决。除此之外，在不同的人生阶段你还要考虑下列的问题。

1. 结婚计划。

2. 购房计划。

3. 子女教育计划。

4. 老人的赡养计划。

5. 自己的退休计划。

综合以上各个阶段，你再检测一下，看看自己的财务是否还健康。若得到的回答是肯定的，那么恭喜你，你的财务通过了全面的测试，可以确定为健康了。若相反，你就要当心了，危机可能会随时光临。总之，保持财务的健康是你的"理财之本"，这条要切记！

【理财圣经】

理财体检也可以利用网络上提供的理财体检系统，在线填写家庭财务数据，如资产负债、收支明细等财务状况，自助完成对家庭财务隐患的诊断，让自己更清楚自己的财务现状。

如何使财富保持健康

风险管理

要做家庭状况风险评估，找出造成财务重大隐患的原因，再利用风险管理工具进行有效控制，达到家庭、个人财务的最终安全。

退休管理

要做好退休金规划。选择稳健的投资工具，细水长流地积累养老基金，确保自己退休后的生活质量。

财富管理

要明确财富管理的目标，可以根据将来资金使用的目的、时间和自己的风险承受能力，选择不同的投资工具，进行合理的配置。

查看收支，看看你的财务是否独立

对我们每一个人来说，离开财务独立来谈独立都是不成立的，因为只有财务独立才能算是真正的独立。如果你在经济上总是依靠别人，你的财务就会处于一种极其危险的境地。俗话说"靠山山倒，靠人人跑"，当你依靠的"财源"离开了你时，你就一无所有了。所以为了财务的安全起见，我们还是努力让自己的财务保持独立比较好。

财务独立说明你拥有足够的金钱供自己支配。有了金钱，你就拥有了大家羡慕的生活，你就有了发言权，不再是别人说一自己不敢说二的懦弱者。"富有的愚人的话人们会洗耳恭听，而贫穷的智者的箴言却没有人去听。"当前，收入已经成为成功的重要衡量标准之一，收入越高说明你的工作能力越强。在家庭中，你也将成为重要的经济支柱，家人对你的依靠性也更强，你做出的决定和提出的意见更会得到家人的大力支持。所以，只有财务独立，给家人提供足够的安全感和幸福感，家才会更温馨和谐。而且财务独立是保证你顺利理财的第一条件，只有满足了这个条件，你才能够理财，才能够向富人看齐。

时代在不断变化，人的观念也在不断变化。现在的财务独立已经不能套用过去的方式。下面先让我们来做一个小测试，查查你的收支，看看你的财务是否独立。

1. 你是否能够完全靠自己的收入养活自己？

2. 你现在还有没还清的负债吗？

3. 你的信用卡透支了吗？

4. 如果出现紧急情况，你自己能应付吗？或者是否有应对措施？

5. 你是否拥有一定量的稳定的投资收入？

以上提出的都是最基本的条件，如果通过思考，你的答案是：能靠自己来养活自己；身上也没有负债；信用卡并未透支；为了应付紧急突发事件，你为自己买了相应的保险或者留存了备用的存款；手头还有一定量稳定的投资收入。那么恭喜你，你的财务已经达到了基本独立。但如果有一条不符合，那你都不能算是财务独立，你的生活仍可能会因为一些意想不到的事件而被搞得一团糟，你的财务还是处于一种不安全的状态。

因此，就算是降低一下现在的生活水平，也要满足这些最基本的条件，这样你的理财致富计划才能顺利展开。

【理财圣经】

财务独立的第一步是攒钱，不管是以什么方式，都要把身上的零钱攒下来。可以到银行开立一个零存整取的业务，坚持每个月存进 300 元，无特殊情况不要动用里面的钱。

回顾往事，找出造成资产不断流失的漏洞

开始理财的时候，没有人不犯错误，即便是最成功的富翁也会告诉你，他也曾经做过很愚蠢的事情。但是，既然是错误，就需要指出和改正，否则它极有可能使你的资产不断流失。

米娜是一个单身小资，有一份很稳定的工作，薪金每月大约 1 万元。由于工资相对来说比较丰厚，她觉得生活也应该小资一些，所以包包、套装、靴子、饰品买了一大堆，把自己从里到外都包装了一番。没事儿就和朋友在品牌店五天一小聚，半月一大聚，时尚杂志不少买，潮流没少跟。但是，每到月底，她的钱基本上花光，成了真真正正的"月光族"。

米娜的不理智消费造成了她资产的严重流失，最后基本上没有留下任何资产。那么，你有没有犯米娜这样的理财错误以致造成资产流失呢？最好现在就回顾自己的理财往事，找出造成资产不断流失的漏洞。以下就是你必须要防范的几类错误：

一、支出上的错误

理财一般包括两个方面，"开源"和"节流"。"开源"指扩大收入来源，除了自己的工资之外，主要就是投资收入；"节流"则指节约支出。这里先说支出上的错误。

1. 没有理财规划，盲目支出。也许你从来不记账，从来不想钱花光了之后该怎么办。没有规划，胡乱地支出，会让你的生活变得很糟糕。为避免这种糟糕的情况出现，你还是拿出笔纸，整理一下，开始自己的理财之旅吧。

2. 不理性消费。不知道你是不是眼红同事那身漂亮衣服了？是不是还惦记着要买件名牌服装好在朋友、同事前卖弄一下？是不是只去够档次的餐厅？是不是一看到大降价就买个不停？是不是积攒了一堆便宜却不实用的衣服？赶快拿计算器好好算算吧，你花了多少没必要花的钱啊！

二、投资上的错误

1. 没有投资战略。这里也包括那些根本没想过要有投资战略的人。股市如同没有硝烟的战场，你事前没个"战斗计划"，能赢吗？输得最惨的人往往就是那些连准备都没准备好就冲入股市的人。

2. 投资过于集中。集中投资的确能让你快速致富的可能性增加，但是过于集中，恐怕就有负面的效应了。正所谓物极必反，如果投资过于单一，还是重新考虑一下投资组合吧。

3. 借钱炒股。很多人看到股市有利可图，为了能挣大钱，不惜冒着巨大风险去借钱炒股，这是愚蠢无比的举动！请切记股神巴菲特说过的这句话：借钱炒股，这是聪明人自取灭亡的最佳途径。

4. 频繁交易。请不要在证券市场上过于频繁地买进卖出，那将在无形中损失你的一大笔财产，不信你可以核对一下，盈利在扣除了手续费后，还能剩下些什么？

5. 按照"内部消息"和"可靠人士的指点"行事。与其信从那些小道消息和某某专家，还不如自己多花点儿时间去研究所要投资的股票来得现实。

三、心态上的错误

理财不光是要投入一定的精力，还要有良好的心态，否则很可能失去到手的发财机会。

1. 没空理财。懒人的借口总是很多，如果没空理财，那你为什么又在没钱可用时有时间后悔？

2. 只求稳定。有的人认为利息稳定的银行才是最安全的地方，但是银行并不能为钱保值，你的财富很可能因为通货膨胀而在无形中贬值。

3. 没有耐心，贪图速成。理财并不是一件一两年就能完成的事情，经营自己的财富要花一辈子的时间。如果没有耐心，想着获取财富能像"快餐"一样速成，那么你早晚会掉进风险的陷阱里。

以上就是理财过程中可能会犯的各种错误，倘若你发现自己身上已经存在某些错误，就应立即改正。如果你仍放纵它们，任它们自由自在，那就不要怪你的钱离你而去了。

【理财圣经】

每天坚持把自己的每一笔支出记在本子上，晚上睡觉之前花两分钟看看账本，看看自己所有的花费之中哪些是可有

应如何防止资产流失

在生活中，即便有理财规划，但若没有学会防止资产流失的话，财富也会不知不觉地溜走。下面让我们来一下怎样防止个人财产流失吧。

集中财富

财富会因为过度分散而起不到真正的财富聚集增值效应，只有集中才能为自己带来更多的收益。

合理使用信用卡

要合理刷卡消费，按时还款，避免自己成为"卡奴"，切忌使用信用卡过度消费，否则会让你的钱财越理越少。

慎重投资

投资有一定的风险，投资者需学会把控风险，这样能在很大程度上规避资产流失问题。

可无的，把它们标记出来，以后遇到同类的消费项目时多考虑一分钟。

按住胸口，看看你有没有理财的四大"心魔"

在很多人的眼中，理财就是投机，都渴望通过这条路一夜暴富，最终成为一名富翁。但是一个人理财成功与否，并不是由这个人的理财技术和手段决定的，而是由这个人的理财心态决定的。

2010年3月，王丽看到同事买股票赚了一笔钱后，自己也开通了一个账户。由于刚开始没有经验，王丽就跟着同事买了一只小盘股，这只股票在4月份涨得非常好，一个月就涨了30%。到了5月下旬，同事见股票已经涨到很高了，就把股票给抛了，并且建议王丽也抛掉。但王丽看着账户里的钱还在不断增加，并且听一位分析师说这只股票还有10%的上升空间，就没有跟着抛掉。

正当王丽还沉浸在股票将上升10%的喜悦中时，股市连续几天大跌，王丽的股票连续4天跌停。这下甭说赚钱了，她还得再赔一些钱进去，真是得不偿失，这让她后悔不已。

王丽太贪婪了，还盲目地听从所谓权威人士的意见，犯了理财的心理大忌。那么，你有没有理财的心魔呢？现在就按住胸口，看看自己在理财过程中有没有下面这些理财心魔。

一、没耐性

理财不可能在一朝一夕就看到结果，即便是出现复利效应也要经过很长时间。很多人没有那个耐性，却又羡慕别人的成功，自相矛盾的想法根本不可能让你获得财富。投资理财想要致富，前提条件就是时间，而且是很长的时间。缺乏耐性，你就不能得到更多的财富，在应对财务危机的时候也就显得更加无力。

二、太贪婪

越是贪婪的人，越容易遇上财务风险。因为他们根本不考虑投资理财中的风险，一味地追求财富，往往克制不住自己的欲望，反而被自己的欲望绊住。

贪婪会让人丧失理性判断的能力。与贪婪为伍，你很可能在它的怂恿下，头一热，就不顾一切地闯入股市。的确，股市能为你带来财富，可是它也有巨大的风险，而贪婪使人们忘记了这些，蒙蔽了人们的理智。

贪婪也会使投资者忘记分散风险。整天只想着如果这只股票翻几倍的话能赚多少钱，却忽略了股票跌的话怎么办。一看到某只股票的价格上涨得非常快，就立即买上个几百股，如果它继续看涨，你可能就会把绝大部分本金都追加到这只股票上以期获得更高的回报。可如果这只股票跌了，你又不想放弃，并相信总会反弹回来的，于是就一直持股，结果就被套住了。

投资理财是十分残酷的，也十分现实，只要有一个不注意，你就会面临痛苦的失败。

三、恐慌

有的投资者希望在一个完全有把握的情况下进行决策，对很多的不确定性都十分厌恶，在股市上遇到一点风吹草动就莫名恐慌。这种自我施加的心理压力，加大了投资决策的艰巨性，也破坏了投资计划的完整性，一旦遇到财务危机，就会手足无措，这样，你还能保住你的财产吗?

四、盲从

盲目跟风，就是大家共同犯错，就算对，也不只是你一个人对。这样跟着入市的投资者，永远只能跟在别人后面，匆忙买入或卖出，得不到什么收获。而且投资会涉及很多数据，而有的人不愿意自己去分析，经常跟从别人或者相信预测信息。其实，这些信息大多也是不科学的，理财者没有自己的主见，而是让别人来决定自己的行动，十分不可取。倘若出现财务危机，他们的心理防线会一溃千里。

【理财圣经】

　　每天花 10 分钟看看财经新闻，中午抽出 10 分钟看看理财书籍，日久天长，你就会积累下一些投资理财的相关知识，这样在理财的时候就不会那么没有主见了。

第二节

为你的财务"开开方"：制订合身的理财方案

理财之前，先确立人生目标

有人说："梦想有多大，舞台就有多大。"一个具有明确生活目标和思想目标的人，毫无疑问会比一个没有目标的人更有钱。对于每个人来说，知道自己想要干什么，并且明白自己能干什么，是向有钱人迈进的第一步。所以，理财之前，先要确立人生目标。

一个炎热的日子，一群女性正在一个公司的车间工作，这时，几位高层领导的视察打断了她们的工作。几位领导中的一位女性（总裁）走到车间主任刘月的面前停了下来，对她说："辛苦了，老刘！"然后，她们进行了简短而愉快的交谈。

领导们离开后，刘月的下属立刻包围了她，她们对于她是公司总裁的朋友感到非常惊讶。刘月解释说，20 多年前她和总裁是在同一天开始在这个公司工作的。

其中一个人半认真半开玩笑地问她："为什么你现在仍在车间工作，而她却成了总裁？"刘月说："20 多年前我为一个月 75 块钱的工资而工作，而她却是为事业而工作。"

同样的起跑线，却因为目标的不同，两个人的人生有了天壤之别。事实告诉我们，如果你为赚钱而努力，那么你可能会赚很多钱，但如果你想干一番事业，那么你就有可能不仅赚很多钱，而且还能干一番大事业，得到自我满足和自我价值的体现。总之，你必须有自己明确的目标，甚至有点儿野心也无妨，找到了目标，你就成功了一半。你要知道自己想干什么，然后将这些目标付诸行动，这样才能获得你想要的财富。但是很多人并不清楚这一点，他们迷迷糊糊地上了大学，迷迷糊糊地参加了工作，又迷迷糊糊地结婚生子，这一辈子就在迷迷糊糊当中度过，这样迷糊的人是永远不会赚取多少财富的。还有一些人有理想、有抱负，当下海热遍布全国时，他们就奋不顾身地下海；当出国风光时，他们就算挤破头也要走出国门镀点儿金；当公务员热兴起时，他们又忙着考公务员……这种人的生活忙忙碌碌，看似充实，实则毫无头绪。所以，我们需要确立一个明确的人生目标。那么，我们怎样才能快速找到自己的目标呢？这里给大家介绍一个小方法，步骤如下：

1. 拿出几张白纸或者打开一个文字处理软件。

2. 在纸的顶部或者文档的顶部写上："我真正的人生目标是什么？"

3. 写下你脑海中最先想到的一个答案（任何一个答案都行），这个答案不必是一个完整的句子，一个简单的短语就好。

重复第三个步骤，直到当你写出一个答案时，你会为之而惊叫，那它就是你的目标了。

找到目标后，还要根据自己的特长做一些适当的小修整，然后制订一份可行的计划。

一、发掘计划——凸显个人特长，自我定位

你可以根据专门的测试或者咨询专业人员，来把握自己的主要特点，然后根据相关的建议，将自己定位在一定的职业范围之内。

二、寻找计划——"多"中取精，挑一个好企业

在剔除一部分职业后，你心里对于自己将要从事的职业可能已经有了一个大体的想法，然后你就应当去寻找一个好的企业，从而开始自己的事业。

三、成才计划——努力工作，经营自己的事业

在进入最适合自己的行业后，你所要做的就是努力工作。切入点一旦找好了，接下来的事情就是如何把它变深、变大，从而让自己真正地投身到这个事业里，真正能从这个事业里得到成功。

很多人抱怨他们与理想的差距就只有那么一点点，而这一点点就改变了他们一生的命运。归根到底，还是因为当初没有很好地进行分析，没有确立自己的人生目标。只有确立了人生目标，才能做到有的放矢，从而获得理想的发展前景。

【理财圣经】

把自己的最终目标写在纸上，然后从后往前推，把目标分解成一个一个小目标写下来，贴在自己的床头，完成一个划掉一个。就这样一步一步往前走，总有一天会到达那个最终目标的。

确定合理的理财目标

每个人理财都需要设定一个合理的目标，这样才能更好地衡量自己的理财是不是有成效。因为不管我们做什么事情，

总是由目标为我们指引正确的努力方向，理财也不例外。如果我们确立了一个合理的理财目标，我们就可以很好地积累自己的财产，管理好自己的经济生活。如果有意外发生，我们也能够从容地去处理。

那么怎样的理财目标才算是合理的呢？一个合理的理财目标必须要现实、具体、可操作。

1.目标现实。也就是说确定的目标不像我们做的白日梦那样，只是毫无根据地想象自己要过什么样的生活。确立的

理财目标设定需要遵守三原则

目标要明确，必须定好达成的日期。

目标要量化，用实际的数字来表示。

电视上的三亚风光太美了，今年攒钱，春节去三亚玩儿

目标实体化，假想自己目标已达成的情景，可以加强实现目标的动力。

目标要符合实际，就像一个月薪2000元的人要在一年内买一栋别墅是不符合现实的事情。

2.目标具体。也就是说必须将目标具体化，就是订一个可以量化，可以达到的现实的状态。像有些人想要自己过得更好，这个就很抽象，因为"更好"只是相对应的说法，没有具体的可以测量的东西。

3.目标可操作。也就是目标具有可行性，可行性意味着目标可以达到但不能太容易，而且目标应该是分阶段的，可以一步一步地去实现。

一般来说，一个人在生活中的理财目标会有哪些呢？

1.购置房产，指的是购买自己居住用房的计划，这是我们每个人的人生大事，总觉得有了房子才有家。

2.购置居家用品，就是一般家庭大件的生活用品，例如电视、冰箱等。

3.应急基金，指的是为了应付突发事件而准备的备用金。这是对生活有准备的人都会考虑的问题。

4.子女教育金，指的是为了支付子女教育费用所用的准备金。

这些是每一个人都会考虑到的理财目标，有些人还会有一些特殊的目标规划，这里就不一一列举了。

那么我们该如何设定自己的理财目标呢？设定的理财目标最好是能用数字来衡量的，并且是需要经过努力才能达到的。

为了规划未来的生活，你必须先了解现在的生活。在确定理财目标之前，最好先建立一张家庭资产表，这样能更好地了解自己的财务情况，进而才能够制订出一个合理的理财目标。

在不考虑其他社会因素的情况下，理财目标的实现一般与下列几个因素有关。

1. 个人所投入的金额。所投入的金额并不单单指你第一次的投入金额，而是指你所有的投入金额。

2. 投资标的的报酬率。投资标的指的是储蓄、基金、股票、黄金、债券等。

3. 投入的时间。投入时间的长短与收获直接挂钩，时间越长，所得就越大。

那么现在就请你拿出一张纸，把自己的家庭资产彻底地盘算一下，制作一个家庭资产表，然后根据自己的收入和追求，制订一个有实效、合理的理财目标。每个人的追求不同，理财目标自然也就不同。

对于每一个人来说，理财都是一辈子的事情，都想让自己和家人过更加美好的生活。那么从现在开始，就确定自己的理财目标吧，相信有了目标的引导，我们就能更好地规划自己未来的生活了。

【理财圣经】

把自己的目标和实现这个目标所需要的时间写下来，拿给自己的长辈和朋友们看看，让他们看看你的想法是否切合实际，不要自己在那里闷头瞎想。

理财必须要制订理财计划

在理财的时候，许多人对理财计划没有一点儿概念。他们认为，理财不就是管理自己的财产吗，需要什么计划啊，再说计划是死的，情况是活的，做好了计划也可能会因为各种变动而执行不了，根本没必要花费那个心力。其实，财富就像一棵树，是从一粒小小的种子长大的，你如果能制订一个适合自己的理财计划，你的财富就会依照计划表慢慢地增长，起初是一颗种子，而在种子长成参天大树时，你就会渐渐发现，制订一个理财计划对自己的财富增长是多么重要。因为：

1. 我们中的大多数都是普通人，做事情很少有前瞻性，如果只看眼前的变化，很可能会随波逐流，容易被其他人所影响，从而没有办法积累自己的财富。

2. 拥有了理财计划，你才能有理财目标，有更加努力争取的方向。

3. 拥有一个理财计划，你才能知道自己花了多少钱，拥有多少钱，还能支配多少钱，才能根据不同的情况对自己的财产进行检查和重组。

4. 一个良好的理财计划，将为你以后的理财做好最好的铺垫，也可以让你的财产管理更理性，更具有长远性。

其实做个理财计划一点儿都不难。理财计划就是在你理财之前，将明确的个人理财目标和自己的生活、财务现状分析总结出来，写在纸上，然后再根据这些制订出可行的理财方案。它只需要你花费一些时间和几张纸，但是却能给你带来你想要的财富，怎样算都是划算的。

具体来说，在制订理财计划的过程中，必须考虑到以下四个要素：

一、了解本人的性格特点

在现在这样的经济社会中，你必须根据自己的性格和心理素质，确认自己属于哪一类人。面对风险，每一个人的态度是不一样的，概括起来可以分为三种：第一种为风险回避型，他们注重安全，避免冒险；第二种是风险爱好型，他们热衷于追逐意外的收益，更喜欢冒险；第三种是风险中立型，他们对预计收益比较确定时，可以不计风险，但追求收益的同时又要保证安全。生活中，第一种人占了绝大多数，因为我们都是害怕失败的人。在众人的心中往往把追求稳定放在第一位，但往往是那些勇于冒险的人走在了富裕的前列。

二、了解自己的知识结构和职业类型

创造财富时首先必须认识自己、了解自己，然后再决定投资。了解自己的重中之重，是了解自己的知识结构和综合素质。

三、了解资本选择的机会成本

在制订理财计划的过程中，除了考虑投资风险、知识结构和职业类型等各方面的因素和自身的特点之外，还要注意一些通用的原则，以下便是绝大多数优秀投资者的行动通用原则：

1.保持一定数量的股票。股票类资产必不可少，投资股票既有利于避免低通胀导致的储蓄收益下降，又可抵御高通胀所导致的货币贬值、物价上涨的威胁，同时还能在市场行情不好时及时撤出股市，可谓进可攻、退可守。

2.反潮流的投资。别人卖出的时候你买进，等到别人都买进的时候你卖出。大多成功的股民正是在股市低迷、无人入市时建仓，在股市热热闹闹时卖出获利。

这和收集书画作品是一样的道理。热门的名家书画，如毕加索、梵高的画，投资大，有时花钱也很难买到，而且赝品多，不识真假的人往往花了冤枉钱，而得不到回报。同时也有一些年轻艺术家的作品，虽然现在不值什么钱，但是有可能将来使你得到一笔不菲的回报。又比如收集邮票，邮票本无价，但它作为特定历史时期的产物，在票证上独树一帜，虽然目前关注的人不多，但它潜在的增值性是不可低估的。

3.努力降低成本。我们常常会在手头紧的时候透支信用

如何合理制订理财计划

列出现有财务状况

拟订财务目标

诊断现有财务状况

为财务状况开处方

一个良好合理的理财计划，将为你以后的理财做好铺垫，也可以让你的财产管理更理性，更具有长远性。

卡，其实这是一种最不明智的做法，往往这些债务又不能及时还清，结果月复一月地付利，导致最后债台高筑。

4.建立家庭财富档案。也许你对自己的财产状况一清二楚，但你的配偶及孩子们未必都清楚。你应当尽可能地使你的财富档案完备、清楚，这样即使你去世或丧失行为能力，家人也知道该如何处理你的资产。

四、了解自己的收入水平，调整分配结构

选择财富的分配方式，也是制订理财计划表中一个不可缺少的部分。这首先取决于你的财富总量，在一般情况下，收入可视为总财富的当期支出，因为财富相对于收入而言是稳定的。在个人收入水平较低的情况下，主要依赖工资薪金的消费者，往往对货币的消费性交易需求极大，几乎无更多剩余的资金用来投资创造财富，其财富的分配重点应该放在节俭上。

因此，个人财富再分配可以表述为：在既定收入条件下对消费、储蓄、投资创富进行选择性、切割性分配，以便使现在消费和未来消费实现的效用为最大。如果为这段时期的消费所提取的准备金多，可用于长期投资创富的部分就少；提取的消费准备金少，可用于长期投资的部分就多，进而你所得到的创富机会就会更多，实现财富梦想的可能性就会更大。

【理财圣经】

逐项把需要考虑的要素写在纸上，然后像考试一样忠实地把自己的答案写下来；你也可以请教专业理财顾问，按照他提供给你的表格设计你的理财计划。

理财计划要设计的内容

很多人认为理财就是单纯的理钱，其实不然，理财是对自己一生的财富进行规划，所以理财计划在理财的道路上显

得非常重要，你一定要考虑周全。那么，理财计划都应该包括哪些内容呢？

一、居住计划

"衣食住行"是人生的四大基本内容，其中"住"是最让人们头痛的事情。如果居住计划不合理，就会让我们深陷债务危机和财务危机当中。它主要包括租房、买房、换房和房贷等几个大方面。居住计划首先要决定以哪一种方式解决自己的住宿问题，如果是买房，还要根据自己的经济能力来选择贷款的种类，最后确定一个适合自己的房产项目。

二、债务计划

现代人对负债几乎都持坚决否定的态度，这种认识是错误的。因为几乎没有人能避免债务，债务不仅能帮助我们在一生中均衡消费，还能带来应急的便利。合理的债务能让理财组合优化，但对债务必须严格管理，使其控制在一个适当的水平上，并且债务成本要尽可能降低，然后还要以此为基础制订合理的债务计划及还款计划。

三、保险计划

人生有许多不确定性，所以我们需要用一种保障手段来为自己和家庭撑起保护伞，而一个完备的保险计划就是最好的保护伞。合理而全面地制订保险计划，需要遵从三个原则：

1. 只购买确定金额内的保险，每月购买保险的金额比重控制在月收入的 8% 为佳。

2. 不同阶段购买不同的保险，家庭处在不同的时期，所需要的保险也是不同的。

3. 根据家庭的职业特点，购买合适的保险。

四、投资计划

一个有经济头脑的人，不应仅仅满足于一般意义上的

"食饱衣暖"，当手头现有的本金还算充裕的时候，应该寻找一种投资组合，把收益性、安全性二者结合起来，做到"钱生钱"。目前市场上的投资工具种类繁多，从最简单的银行储蓄到投机性最强的期货，一个成功的投资者，要根据家庭的财务状况等妥善加以选择。

五、退休计划

退休计划主要包括：退休后的消费需求和其他需求，以及如何在不工作的情况下满足这些需求。单纯靠政府的社会养老保险，只能满足一般意义上的养老生活。要想退休后生活得舒适、独立，一方面可以在有工作能力时积累一笔退休基金作为补充，另一方面也可在退休后选择适当的业余性工作为自己谋得第二桶金。

六、个人所得税计划

个人所得税与人们生活的关联越来越紧密。在合法的基础上，我们完全可以通过调整理财措施、优化理财组合等手段，达到合法"避税"的目的，这会为自己节省一笔小小的开支。

七、遗产计划

遗产计划是把自己的财产转移给继承人，是把自己的财产物尽其用的一种合理的财产安排，它主要是帮助我们顺利地把遗产转交到受益人手中。

以上是制订理财计划要设计的七大内容，各方面都要考虑周全，没有主次之分，没有轻重缓急，都要一样地来对待。一个合理的理财计划是有很强的操作性的，所以设计这些内容的时候一定要具体化，落实到细节问题上，不能有模棱两可的选择，否则不仅会为自己带来一些不必要的麻烦，还会阻碍自己实现理财目标的步伐。所以我们一定要认真对待，全面考虑，想周全了再制订自己的理财计划。

【理财圣经】

平时多看一些理财故事，网络上、报纸上、电视的财经节目里都会有。看看别人是怎么安排自己的各项理财计划的，可以参考他们的安排先制订出一个雏形，然后再细细地推敲。

制订理财计划的步骤

财富是很多人追求的目标，有些人追得很有成就，而有些人却越追越没钱。这是为什么呢？因为他们总想一夜暴富，不想一步一步、踏踏实实地致富。虽然定了目标，做了计划，但是并不合理。合理的理财计划是要有准备的，那么应该如何制订这个有准备的理财计划呢？

一、盘查自己当前的财务状况

把自己的收入、储蓄、生活消费和负债情况都一一盘查清楚，掌握自己当前的财务状况，把所有的收入、支出情况都一一列出来，制作成一张个人的资产表，以此来当作自己理财的开始。这也是制订理财计划必须要做的事情，是制订理财计划的第一步工作。

二、确定自己的理财目标

根据自己的财务状况确定一个大的理财目标，然后把这个大的理财目标分解成一个个可执行的、具体的目标。一定要分阶段来分析自己想要达到什么样的财富地位，因为具体的理财目标是理财计划中的重中之重。

三、选择适合的理财方式

每个人的性格不同，处事风格也不同，要根据自身性格特点和当前的财务状况来选择一个适合的理财方式。因为不同的理财方式会带来不一样的理财风险，所以一定要慎重考虑。

四、制订并实施理财计划

在了解了自己当前的财务状况，确定了自己的理财目标，也选择了适合的理财方式后，接下来的工作就是制订自己的理财计划并且将其付诸实施。制订理财计划是一个人所有理财活动的先导，所以必须花一定的心思制订好理财计划，还要严格执行制订好的理财计划。

五、重估并修改理财计划

制订好的理财计划不是一成不变的，它要随着理财需求的变化不断地进行修改。所以，最好每年检查一次你的理财计划。如果可以，邀请别人跟你一起来讨论你的理财计划。因为旁观者清，他们能更客观地为你提供一些修改的建议。

以上就是制订理财计划的步骤，为了能让你更好地设定自己的理财计划，下面为你提供一个关于其内容的模板。

1.有理财的总目标（如要成为拥有多少资产的富翁）。

2.将理财分为多个阶段，在各个阶段设一个中级理财目标。

3.落实到最基础的目标。将各个阶段再仔细划分，一直落实到每天要达到一个怎样的低级理财目标。

4.规划好每个阶段如何实现。例如都通过什么方式、途径来实现这些目标。

5.考虑意外事件。如果遇到各种意外情况，计划应当如何调整，或者如何应对。

除了上面这些，理财计划要想制订成功还有一个关键性的因素，就是要"量体裁衣"，让它适合自己。每个人的人生经历不同、个人精力不同，因此各自设立的理财目标、阶段以及理财途径等都不同。

制订一份合适的理财计划是你对财产负责的表现。总之，想要修筑自己的财富城堡，这样一份理财计划是不能少的。

【理财圣经】

做每一件事都是有前有后的，只要自己真正亲自去执行，自然会知道它的步骤，因为没有上一步就做不了下一步，所以，无须去死记硬背这些步骤，只需要去做就行了。

理财并不像你想象得那么难：你必须掌握四大理财技能

准确把握财务状况

要想理好财，首先要准确地把握自己的财务状况。因为只有准确掌握了自己的财务状况，才能更好地规划自己的理财目标，更好地做到量入为出。

沈小姐刚刚大学毕业，在一家银行工作，目前还处于见习期。"我现在每个月收入只有 4000 元。很惊讶吧！"沈小姐说，"我第一次拿到工资时还很开心呢，但一想到回去房租就要交 2500 块，心情就跌到了谷底。"虽然这样，她每个月还是会到大型商场买衣服，换各种包包，渴了就买饮料喝……林林总总，每个月下来都差不多 2000 元了。

沈小姐的心情差不能怪工资太少，只能怪她没有准确把握自己的财务状况，没有量入为出，没有做好理财规划。一个月只挣 4000 元的工资，却要租 2500 元的房子，还到大商场买衣服，这对一个月收入只有 4000 元的人来说是非常奢侈的生活，是很不实际的理财方式。那么，对于你的财产，你了解多少？你能在 1 分钟之内说出你有多少存款、有多少投资、有多少负债吗？相信大多数人都不能。连自己的钱都不能做到心中有数，又怎么能奢求它给你带来无尽的财富呢？这就凸显出准确把握财务状况的必要性了。

财务状况大体上分为两方面，一个是资产情况，一个是负债情况。

资产情况是指一个家庭或者个人所拥有的能以货币计量的财产、债权和其他权利，名誉等无形资产因其不可计算性，一般不列入理财中的资产范围。资产都包括什么？它可以根据不同的分类方法划分出不同的种类。如可根据财产流动性的大小分为固定资产和流动资产，也可根据资产的属性分为金融资产、实物资产、无形资产等。不过在理财中，可将其做如下划分：

一、固定资产

指在较长时间内会一直拥有、价值较大的资产，如住房、汽车、较长期限的大额定期存款等，一般指实物资产。

二、投资资产

主要指进行旨在能带来利息、盈利的投资活动，承担一定风险的资产，如股票、基金、债券等。

三、债权资产

指对外享有债权，能够凭此要求债务人提供金钱和服务的资产。

四、保险资产

指用来购买社会保障中各基本保险以及个人另投保的其他商业保险的资产。

五、个人使用的资产

指个人日常生活中经常使用的家具、家电、运动器械、通信工具等价值较小的资产。

负债又包括哪些内容呢？根据时间的长短，可分为长期和短期负债。

一、短期负债

指一年之内应偿还的债务。

二、长期负债

一般指一年以上要偿还的债务。具体来说，这些债务包括贷款、所欠税款、个人债务等。

在了解了资产和负债的基本情况后，请对自己的资产状况做一下对比评估。如果目前你的资产和负债基本能保持平衡或者略有盈余，表明你的资产情况良好。若负债大于家庭资产，则表示你的资产情况有问题，应及时予以调整，必须要量入为出。做到量入为出，你就掌控了自己的消费，掌控了自己的欲望，掌控了自己的财富。尽量将负债控制在自己可掌控的范围内。

通常来说，一个人的资产情况要讲求平衡，完全是资产而没有负债是不现实的，而完全是负债，没有什么资产又是非常危险的。只有在平衡或者略有盈余后，资产情况才能呈现出最佳状态，才能更顺利地实现自己的理财目标。

【理财圣经】

坚持每天记账，每天分析自己的账本，尽量做到自己对自己的资产数量"心中有数"。

学会准确评估理财信息

在投资理财的过程中，很多想法和决策都是由一条条珍贵的信息触动的，很多投资的机遇也是依靠珍贵的信息捕捉到的。可以说，如果没有信息，就不会有那些投资成功者的财富！但是这些信息中，有的是正面的，它们可以促进你获得成功；而有的是负面的，它们不但不会对你的工作产生促进作用，还会产生阻碍作用；更有些信息本身就是假信息，它们会带你走上弯路甚至歧途。所以，为了不让自己的理财走上弯路，最好学会准确评估理财信息。

布朗先生是美国某肉食品加工公司的经理。一天，他在看报纸的时候，看到一个版面上有以下几条信息：美国总统将要访问东欧诸国，部分市民开始进行反战游行，英国一科学研究室称未来10年有望克隆人体，墨西哥发现类似瘟疫病例，等等。看到这些信息，他的职业敏感性马上让他嗅到了商业机会的气息。他意识到"墨西哥发现类似瘟疫病例"这条信息对自己很重要，他马上联想到：如果墨西哥真的发生瘟疫，那一定会传染到与之相邻的加利福尼亚州和得克萨斯州，而从这两州又会传染到整个美国。事实是，这两州是美国肉食品供应的主要基地。果真如此的话，肉食品一定会大幅度涨价。于是他当即派医生去墨西哥考察证实，考证结果是：这条信息是真实可信的，墨西哥政府已经在想办法联合美国部分州政府共同抵御这场灾难了。于是，他立即集中全部资金购买了加利福尼亚州和得克萨斯州的牛肉和生猪，并及时运到东部。果然，瘟疫不久就传到了美国西部的几个州，美国政府立刻下令禁止这几个州的食品和牲畜外运，一时美国市场肉类奇缺，价格暴涨。布朗在短短几个月内，净赚了900万美元。

布朗先生就是从报纸上的一条信息发现商机的，但是他并没有一看到信息就信以为真，立马着手布局自己的商业计划，而是派医生去证实之后才开始策划的。从中我们可以看到，理财的信息到处都有，只要你用心，就能在这些信息中发现巨大的商机，但前提是必须准确地评估信息的确实性。

况且在这个信息时代，小道消息几乎充斥每个角落，不只是旁人或路人谈及,还有那些电视财经档、报纸专刊……小道消息四处乱窜,随时飞入耳朵,稍不注意,它就会在你脑中钻洞,左右你的情绪和抉择。无数的股评、专家每天发表高见,让你心潮澎湃,难免做出冲动的举措,所以,要想成功地理财,就要学会准确评估理财信息。

如果你到现在还在听信亲戚朋友所谓决不外传的"密报",或是某财经强档节目主持透露的"内幕",又或是某火爆基金博客的"独家眼光",从而去申购或者赎回,那么,就请你趁早收手吧。因为以这种投资方式理财,连百万富翁也会迅速崩溃,对于一般的投资理财者,更无异于"谋杀"自己辛苦积累的财产,何必让自己白忙活一场呢?要知道,真相不可能出自知情人之口,这是投资理财游戏的规则。聪明的人会用理性和知识去判断自己所得到的消息的真正含义,而不是不经过考虑,听说股票会涨就追涨买进,听说股票会跌就割肉认栽。在这之中,很可能有些流言还别有用心,这就更需要我们明辨真伪了。所以,在理财的过程中一定要学会准确评估理财信息。

【理财圣经】

面对自己将要采取的理财措施,既要考虑收益,也要考虑风险。只要做到合理安排,遇事少冲动、多考虑,就能减少风险,达到预期目标。

合理分散理财风险

在理财的过程中,大家经常听到这句话:"别把鸡蛋放在同一个篮子里。"这句话是告诫各位理财者要注意合理分散理财风险,因为分散理财风险会让你走得更远、更长。

那么在理财时都存在哪些风险呢?

一、市场风险

市场风险是指因股市价格、利率、汇率等的变动而导致价值未预料到的潜在损失的风险。

二、财务风险

财务风险是指你投资了某个公司的股票或者债券,由于这个公司经营不善,导致股价下跌或者无法收回本金和利息,也就是说,投资得不到最初预想的收获。

三、利率风险

利率风险是指由于储蓄利率的上升,导致债券投资人的回报受损。

四、通胀风险

通胀风险是指因通货膨胀引起货币贬值造成资产价值和劳动收益缩水的风险。

五、行业风险

行业风险是指由于行业的前景不明带给投资者的风险。

六、流动性风险

流动性风险是指资产无法在需要的时候变换成现金,像房地产和一些收藏品就不太容易变现,它们的流动风险相对就比较高。

以上的风险是在理财中普遍存在的,不要因为看到这么多风险就害怕去投资理财。其实理财并不像你想象的那么难,只要合理分散理财风险,还是可以确保自己得到丰厚的回报的。要想做到合理分散理财风险,就不要把所有的钱都放在一种投资上面,要尽量做到全面兼顾。

常见的理财类型有:

一、投资债券

投资债券的时候,既要买国债,也要买企业债券。国债利率一般都高于同期的储蓄，也能够提前支取，可以按照你实际持有的天数计算利息。企业债券的风险要比国债大，但是利润大多会比国债高。

二、储蓄

储蓄是一种最便利、最安全、最稳定的投资项目，一般的人都会选择储蓄作为自己的理财投资，但是从中获利很低。在还没想好其他的投资项目之前，储蓄是最好的选择。

三、股票

股票是一种高风险的投资，但是有高风险必然会有高回报，只要你有一定的股票知识，不盲目跟风，有一定的分析能力，拿出一点儿资金试试也没关系。

四、消费

当银行利率很低，储蓄没什么回报的情况下，选择消费是比较明智的。因为在这个时候，国家政策总是支持扩大内需，所以该消费的时候就要消费。

以上所举的投资理财类型要组合起来进行投资，这样才能做到合理分散理财风险。不同的人会选择不同的投资组合，而不管你选择什么样的组合，最重要的是要适合自己。你只有寻找到适合自己的，才能在理财的路上走得更远。构建完自己的投资组合后，你就可以放手等待获利时机的到来了。不过每过一段时间，你应当检查一下自己的投资组合，看是否需要调整，以免经济市场出现重大变化时，自己来不及改变投资组合而受到影响。

不管你采用哪种投资组合方式，都要做到合理分散理财风险，要时刻谨记以下几点：

一、防范风险

虽然你分散了风险，但还是有风险存在的。理财讲究的

第一个条件就是安全，能规避的风险就要努力去避开它。

二、警惕被骗

现在社会上的诈骗案件很多，你要提高防骗的意识，警惕非法集资之类的诈骗行为。

三、多思考

理财过程中要多思考，尽可能地让自己的资产在最安全的条件下获得最大的理财效益。

【理财圣经】

分散理财产品的风险，应关注产品的长短期限搭配、投资目标市场在发达经济体市场和新兴市场之间的平衡等。

做好收支记录

对于大部分人来说，生活过日子，收支要想安排得合理，离不开收支记录。每天记一记，把自己的财务状况数字化、表格化，不仅可轻松得知财务状况，更可替未来做好规划。

考虑一个人的财务应该从两个方面来想：一是钱从哪里来，二是钱向哪里去，也就是一"收"一"支"。资金的去处分成两部分，一部分是经常性支出，即日常生活的花费，记为费用项目；另一部分是资本性支出，记为资产项目，资产提供未来长期性服务。比如花钱买一台冰箱，现金与冰箱同属资产项目，一减一增，如果冰箱寿命是 5 年，它将提供中长期服务。而经常性支出的资金来源，应以短期可运用的资金支付，如外出就餐、购买衣物的花费应以手边现金支付。

收支财务状况良好是实现理财目标的基础，只有对自己的财务状况做到心中有数，才能为实现自己的理财目标做好规划。要想了解自己的财务状况，就要做好收支记录。只要逐笔记录自己的每一笔收入和支出，并在每个月底做一次汇总，久而久之，就能对自己的财务状况了如指掌了。

同时，做好收支记录还能对自己的支出做出分析，了解哪些支出是必需的，哪些支出是可有可无的，从而更合理地安排支出。

逐笔记录收支情况，做起来还是有一点儿难度的。现在已经进入刷卡时代，信用卡的普及解决了很多问题。一来可免除携带大量现金的烦扰，二来可以通过每月的银行月结单帮助记录。

记录时要做到每笔收入和支出不论多少都登记在册，随时发生随时记录，防止遗漏。到了月底进行统计分析，看哪方面支出较大（大宗支出可逐月摊销），在下个月适当控制，做到收大于支，盈余逐月增加。结余到一定程度后，可考虑将钱存定期或购买大宗商品。

坚持记录一段时间之后，你就能做到对自己的收支状况一目了然：每月收入多少，额外收入有无增加，投资收入效益如何，各项支出所占比例多少，是否合理，每月是否有结余，结余是否逐月增加。做到安排开支时心中有数，该花的钱就花，能节约的尽量节约。

做好收支记录只是起步，是为了更好地做好预算。由于每个人的收入基本上是固定的，因此预算主要就是做好支出预算。支出预算又分为可控预算和不可控预算，诸如房租、公用事业费用、房贷利息等都是不可控预算，每月的家用、交际、交通等费用则是可控预算，要对这些支出好好筹划，使每月可用于投资的结余稳定在一定水平，这样才能更快捷、高效地实现理财目标。

做好收支记录，能让你自觉做到有计划地消费，科学地理财。同时还能让你从中获得有益信息，如日用品的价格等，做到货比三家，能省则省，并能起到备忘录的作用，记下购买商品和收入支出的时间、金额，做到有账可查。所以，做好收支记录是非常重要的，是理财路上的好助手。

【理财圣经】

多利用网上银行，它能让你方便快捷地查阅、管理自己的收支情况，至少每个月都要查询，这样才能清楚自己的钱都流去了哪里。

收支记录记什么

收入栏

收入

支出

1. 工资收入

2. 投资收入（存款利息、炒股等）

3. 其他收入（稿费等）

支出栏

1. 日常生活支出（一日三餐及水电费等）

2. 固定支出（电话费等）

3. 娱乐支出（看电影、外出游玩等）

4. 其他支出（服饰等）

5. 大宗支出（购买大件家电、子女教育、买保险等）

第二章

盘活资产，让钱生钱

有空没空养只"基"：让专家为你打理钱财

基金种类知多少

刚开始投资基金的新基民，往往一看到各种基金宣传单，以及报纸上各种基金的介绍和分类，就脑子发昏，没了方向。即使有某些评级机构做的评级做参考，也不太明白自己应该买哪一个品种里的哪一只基金为好。

其实，选择基金的第一步就是了解基金的种类，然后才谈得上选择适合自己的一只或多只基金，构建自己的基金投资组合。基金有很多种，根据不同标准可将投资基金划分为不同的种类，投资人可以依照自己的风险属性自由选择。下面，我们详细为大家介绍一下基金的种类。

一、开放式基金和封闭式基金

根据基金单位是否可增加或赎回，投资基金可分为开放式基金和封闭式基金。开放式基金是指基金设立后，投资人可以随时申购或赎回基金单位，基金规模不固定的投资基金；封闭式基金是指基金规模在发行前已确定，在发行完毕后的规定期限内，基金规模固定不变的投资基金。

二、公司型投资基金和契约型投资基金

根据组织形态的不同，投资基金可分为公司型投资基金和契约型投资基金。公司型投资基金是具有共同投资目标的投资人组成以营利为目的的股份制投资公司，并将资产投资于特定对象的投资基金；契约型投资基金也称信托型投资基金，是指基金发起人依据其与基金管理人、基金托管人订立的基金契约、发行基金单位而组建的投资基金。

三、成长型投资基金、收入型投资基金和平衡型投资基金

根据投资风险与收益的不同，投资基金可分为成长型投资基金、收入型投资基金和平衡型投资基金。成长型投资基金是指把追求资本的长期成长作为投资目的的投资基金；收入型投资基金是指以能为投资人带来高水平的当期收入为目的的投资基金；平衡型投资基金是指以支付当期收入和追求资本的长期成长为目的的投资基金。

四、股票基金、债券基金、货币市场基金、期货基金、期权基金、指数基金和认股权证基金

根据投资对象的不同，投资基金可分为股票基金、债券基金、货币市场基金、期货基金、期权基金、指数基金和认股权证基金等。股票基金是指以股票为投资对象的投资基金，债券基金是指以债券为投资对象的投资基金，货币市场基金是指以国库券、大额银行可转让存单、商业票据、公司债券等货币市场短期有价证券为投资对象的投资基金，期货基金是指以各类期货品种为主要投资对象的投资基金，期权基金是指以能分配股利的股票期权为投资对象的投资基金，指数基金是指以某种证券市场的价格指数为投资对象的投资基金，认股权证基金是指以认股权证为投资对象的投资基金。

五、美元基金、日元基金和欧元基金

根据投资货币种类的不同，投资基金可分为美元基金、日元基金和欧元基金等。美元基金是指投资于美元市场的投资基金，日元基金是指投资于日元市场的投资基金，欧元基

金是指投资于欧元市场的投资基金。

此外，根据资本来源和运用地域的不同，投资基金可分为国际基金、海外基金、国内基金、国家基金和区域基金等。国际基金是指资本来源于国内，并投资于国外市场的投资基金；海外基金也称离岸基金，是指资本来源于国外，并投资于国外市场的投资基金；国内基金是指资本来源于国内，并投资于国内市场的投资基金；国家基金是指资本来源于国外，并投资于某一特定国家的投资基金；区域基金是指投资于某个特定地区的投资基金。

【理财圣经】

不同类型的基金，风险和收益水平各有不同，交易方式也有差别。买基金前，投资人首先要弄明白自己要买什么类型的基金。

基金理财的四大好处

与股票、债券、定期存款、外汇等理财工具一样，基金也为投资者提供了一种投资渠道。那么，与其他的投资工具相比，投资基金具有哪些好处呢?

具体来说，投资基金的好处体现在以下几个方面:

一、稳定的投资回报

举个例子，在1965年到2005年的41年时间里，巴菲特管理的基金资产年平均增长率为21.5%。当然，对于很多熟悉股市的投资人来说，一年21.5%的收益率可能并不是高不可攀。但问题的关键是，在长达41年的周期里能够持续取得21.5%的投资回报。按照复利计算，如果最初有1万元的投资，在持续41年获取21.5%的回报之后，拥有的财富总额将达到约 2935 万元。

二、基金具有专业理财的强大优势

有统计数据显示，在过去的十几年时间里，个人投资人赚钱的比例仅占不到 10%，90% 以上的散户投资都是亏损的。正是在这种背景下，基金的专业理财优势逐步得到市场的认可。将募集的资金以信托方式交给专业机构进行投资运作，既是证券投资基金的一个重要特点，也是它的一个重要功能。

基金是由专业机构运作的。在证券投资基金中，基金管理人是专门从事基金资金管理运作的组织。在基金管理人中，专业理财包括这样一些内容：证券市场中的各类证券信息由专业人员进行收集、分析和追踪，各种证券组合方案由专业人员进行研究、模拟和调整，投资风险及分散风险的措施由专业人员进行计算、测试、模拟和追踪，投资运作中需要的各种技术（包括操作软件）由专业人员管理、配置、开发和协调，基金资金调度和运用由专业人员管理和监控，市场操作由专业人员盯盘、下达指令和操盘。在这种专业管理运作中，证券投资的费用明显小于由各个投资人分别投资所形成的总费用，因此，在同等条件下，证券投资的投资成本较低而投资收益较高。

三、基金具有组合投资与风险分散的优势

根据投资专家的经验，要在投资中做到起码的分散风险，通常要持有 10 只左右的股票。然而，中小投资人通常没有时间和财力去投资 10 只以上的股票。如果投资人把所有资金都投资于一家公司的股票，一旦这家公司破产，投资人便可能尽失其所有。而证券投资基金通过汇集众多中小投资人的小额资金，形成雄厚的资金实力，可以同时把投资人的资金分散投资于各种股票，使某些股票跌价造成的损失可以用其他股票涨价的赢利来弥补，从而分散了投资风险。

四、在生活质量的提升和财富的增长之间形成良性循环

在海外，往往越富裕的群体投资基金的比例越高，持有期限也越长，甚至一些商场高手或颇具投资手段的大企业领导人也持有大量的基金资产。在他们看来，自己并不是没有管理财富的能力，但相比之下，他们更愿意享受专业分工的好处。把财富交给基金公司这样的专业机构管理虽然要支付一定的费用，但却可以取得超越市场平均水平的回报。更重要的是，他们获得了更多的时间去享受生活，这种生活质量的提高又会提升他们本职工作的效率，增加自己的收入，最终在生活质量的提升和财富的增长之间形成一种良性的循环。

相比之下，中国的富裕群体要辛苦得多。一些人首先是对类似基金的理财工具不信任，凡是涉及钱的事情都要亲自打理。不只是富裕群体如此，普通收入群体也是如此。

也许真正到位的理财服务，不应该仅仅着眼于客户财富数量的增长，客户生活质量的全面提高才是真正的终极目标，而金融机构的价值也将在这一过程中得到更好的体现。

【理财圣经】

基金是一种以投资时间的长度换取低风险高收益的品种，是一种少劳而多得的投资品种。它能在获得财富、承受风险、投入时间之间取得很好的平衡，让投资人在享受物质财富增长的同时，拥有一份安心而悠闲的生活。

买基金前先问自己三个问题

基金是专业性较强的投资理财工具，"知己知彼，百战不殆"，作为投资人，对有些问题在投资基金之前应做到心中有数。

建议投资者在购买基金前先问自己三个问题：

我有房产吗？

我有余钱投资吗？

我有赚钱能力吗？

一般来说，个人资产在确保应急和养老安身之后，剩下来暂时无须动用的"闲钱"可以用来投资基金。

能承受多大的风险损失，投资期限和预期收益是多少，这些都需要了然于心。只有根据自身实际情况做出选择，才能减少投资的盲目性。

一、我有房产吗

可能会有人说："买一套房子，那可是一笔大买卖啊！"但是在你确实打算要进行任何投资之前，你应该首先考虑购置房产，因为买房子是一项所有人都能做得相当不错的投资。

实践证明，有些人在买卖自己的房屋时表现得像个天才，在投资基金时却表现得像个蠢材。这种情况并不让人感到意外，因为房主可以完全按照自己的意愿买卖房屋，你只要先支付20%或更少的首期房款，就可以拥有自己的房屋，这样利用财务杠杆给你增添了很大的经济实力。每一次当你购买的基金价格下跌时，你就必须在账户上存入更多的现金，但是在买房子时就不会发生这种事情。尽管房屋的市价下跌了，你也从来不用向银行提供更多的现金，即使房子坐落在由于石油开采造成下陷的地块内。房产代理人从来不会半夜打电话通知："你必须在明天上午11点之前送来2万美元，否则你的两间卧室就必须低价拍卖掉。"而购买基金的投资人却经常会碰到被迫赎回基金以补充保证金的情况，这是购买房屋的另外一个非常大的好处。

房地产跟基金一样，长期持有一段时间赚钱的可能性最大。人们买卖基金要比买卖房屋便捷得多，卖掉一套房子时要用一辆大货车来搬家，而赎回一只基金只需打一个电话就可以搞定。

二、我有余钱投资吗

这是投资人在投资之前应该问自己的第二个问题。如果手中有不急用的闲钱，为实现资金的增值或是准备应付将来的支出，都可以委托基金管理公司的专家来理财，这样既能分享证券市场带来的收益机会，又能避免过高的风险和直接投资带来的烦恼，达到轻松投资、事半功倍的效果。

但是在以下几种情况下，你最好不要涉足基金市场：

如果你在两三年之内不得不为孩子支付大学学费，那么就不应该把这笔钱用来投资基金。如果你的孩子现在正在上高三，有机会进入清华大学，但是你几乎无力承担这笔学费，所以你很想投资一些稳健的基金来多赚一些钱。在这种情况下，你即使是购买稳健型基金也太过于冒险而不应考虑。稳健型基金也可能会在三年甚至五年的时间里一直下跌或者一动不动，如果碰上市场像踩了一块香蕉皮一样突然大跌时，你的孩子就没钱上大学了。

三、我有赚钱能力吗

如果你是一位需要靠固定收入来维持生活的老人，或者是一个不想工作只想依靠家庭遗产产生的固定收益来维持生活的年轻人，自己没有足够的赚钱能力，你最好还是远离投资市场。有很多种复杂的公式可以计算出应该将个人财产的多大比例投入投资市场，不过这里有一个非常简单的公式：在投资市场的投资资金只能限于你能承受得起的损失数量，即使这笔损失真的发生了，在可以预见的将来也不会对你的日常生活产生任何影响。

【理财圣经】

不切实际地谈论自己有多么勇敢的人，最终很可能落得饥寒交迫的下场。投资人在购买基金之前最好不要忘记会有亏老本的风险，所以问问自己能够承担多大额度的亏损，能够承受亏损的时间有多久是十分必要的。

购买基金的三大渠道

现实中，出于对银行的信任，很大一部分基金投资者都是通过银行购买基金的。其实除了银行，还有证券公司、基金公司直销中心等渠道。不同的渠道，便利性、费用、提供的服务都有较大的区别，投资者可以根据自己的需要选择不同的渠道进行购买。

一、通过银行柜台和网上银行购买

银行是最传统的代销渠道，通常基金公司会将该只基金的托管行作为主代销行，你只需到该银行开户即可购买。

很多投资人比较喜欢到银行去购买基金，因为银行有着良好的信誉以及众多的网点，让人觉得安全放心而且便利。随着银行服务质量的逐渐改善，投资人也能得到比以前更好的服务。

但不要忽视银行代销也有一些不足之处，其代销的基金品种往往有限，各家银行代销的品种也不同，有时一家银行并不会代销一家基金公司旗下的所有基金，如果投资人要买多种基金，不得不往返于几家银行，而且如果一家银行不能代销某家基金公司的所有基金，投资人将来要做这家基金公司的基金转换业务也会有麻烦。所以投资人在银行申购基金，需要事前了解好这方面的情况，以免将来被动。通过银行申购基金一般不能得到申购费打折优惠，这或许就是银行方便所带来的代价吧。

特别突出的是网上购买方式。网上购买基金除了费率优惠之外，还能省去你跑银行的时间，更不用排队等候。只要在电脑前轻轻点击，交易就能轻松完成，这是目前最流行的交易方式。有些投资人，尤其是年纪较大的投资人对网上银行的安全性表示怀疑，其实这大可不必。现在网上银行设置了完备的安全认证系统，比如，中国工商银行预先设立了预留验证信息及口令卡，浦发银行采用的是手机即时密码，这些都有效地保护了我们的资金安全。当然，如果投资人还不放心，也可以使用 U 盾等数字证书系统。

二、通过证券公司购买基金

证券公司也是一个传统的基金代销渠道。证券公司，尤其是大型证券公司，一般代销的基金比较齐全，而且一般支持网上交易，这是它的巨大优势。对于投资人来说，网上就能解决所有问题，而且将来做基金转换等业务也比较顺畅，而且在证券公司申购基金能够得到打折的优惠。

证券公司渠道对于既是股民又是基民的投资人来说更方便些，他们不需要再开立资金账户，可以用原有的资金账户统一管理自己的股票资产和基金资产，方便、灵活地进行理财，更加灵活、合理地配置资产，防范风险。

三、通过基金公司直销中心购买

基金公司直销分为两种：柜台直销和网上直销。柜台直销一般服务高端客户，所以有专业人员提供咨询服务和跟踪服务，而且可以享受打折优惠。网上直销对于广大中小投资人是个便利的渠道，投资人只要办理了银行卡就可以采用这个渠道买卖基金。

由于基金公司在网上进行直销，大大节省了中间环节和

辨别基金优劣的三种方法

要看基金客户关系的管理

对于那些客户关系名声不好的基金，我们要选择回避。

要评估基金本身的风险

避免购买高风险的基金，在买入基金之前评估一下基金本身的风险。

通过基金费用比率辨别

我们投资于低收费的基金可以提高投资的成功率，那些最便宜的基金的表现也有可能超越相同类别的处于费用最高位置的基金。

费用，所以它们会将节约下来的费用给投资人，很多基金公司的网上直销费率可以打 4 折，这显然是个优势。而且它不受地点的限制，就是在外地也可以进行操作。它没有时间限制，24 小时都可以提供服务。由于它节省了代销的环节，所以相比通过银行和证券公司代销机构操作，赎回基金后资金能够更快到账。

基金公司直销也有其不足之处，例如，一家基金公司认可一种银行卡，如果投资于多家基金公司的基金，就需要办理多张银行卡，这比银行和证券公司渠道要麻烦。不过现在兴业银行的银行卡受到比较多的基金公司的认可，在一定程度上解决了这个问题。但是，由于在一家基金公司开户只能购买该公司的基金，不能购买其他公司的基金，所以要多买几家的基金，就要在多家基金公司开户。对于银行与基金公司之间的转账，银行会收取费用，对于收取标准，基金公司会有明示。

【理财圣经】

现在基金的销售渠道越来越多，而每个渠道都有自身的优点和不足，大家可以根据个人的情况进行选择。

六招帮你找到最好的"基"

基金投资最重要的一项就是挑选到一只最会"下蛋"的"基"。可是，市场上有一百多家基金公司，几千只基金产品，投资人如何从中选择呢？下面就给投资人提供一套行之有效的选"基"法。

一、通过基金投资目标选择基金

投资人在决定选择哪家基金公司进行投资时，首先要了解该基金公司的投资目标。基金的投资目标各种各样，有的追求低风险长期收益，有的追求高风险高收益，有的追求兼顾资本增值和稳定收益。基金的投资目标不同决定了基金的类型，不同类型的基金在资产配置决策到资产品种选择和资产权重上面都有很大区别。因此，基金投资目标非常重要，它决定了一个基金公司的全部投资战略和策略。

二、从资产配置看基金的获利能力

资产配置就是将所要投资的资金在各大类资产中进行分配，是投资过程中最重要的环节之一，也是决定基金能否获利的关键因素。随着基金投资领域的不断扩大，从单一资产扩展到多资产类型，从国内市场扩展到国际市场，资产配置的重要作用和意义日益凸显出来。目前国际金融市场上，可投资的种类越来越多，传统的投资种类大概为股票、债券两类。现在随着衍生金融商品的产生，投资变得越来越丰富多彩，加上全球经济一体化的加强，投资领域从国内扩大到国际市场，全球经济市场为改善投资收益与管理风格提供了客观机会，但也带来了挑战。

资产配置是基金管理公司在进行投资时首先碰到的问题。投资人可以通过基金公司大体的资产配置，了解一下该基金管理公司投资于哪些种类的资产（如股票、债券、外汇等），基金投资于各大类的资金比例如何。基金管理公司在进行资产配置时一般分为以下几个步骤：将资产分成几大类，预测各大类资产的未来收益，根据投资人的偏好选择各大资产的组合，在每一大类中选择最优的单价资产组合。前三步属于资产配置。资产配置对于基金收益影响很大，有些基金90%以上的收益决定于其资产配置。

三、通过基金的投资组合来把握风险指数

一个基金公司投资组合的成败关系到基金公司收益的大

局问题，如果该公司的投资组合没有最大限度地分散风险，就会给投资人的收益带来重大影响。

投资组合理论认为，选择相关性小，甚至是负相关的证券进行组合投资，这样会降低整个组合的风险（波动性）。从实务角度而言，通过投资于不同的基金品种，可以实现整体的理财规划。例如，货币市场基金／债券基金流动性较高，收益低但较为稳定，可以作为现金替代品进行管理；股票型基金风险／收益程度较高，可以根据资产管理的周期和风险承受能力进行选择性投资，以保证组合的较高收益；而配置型基金则兼具灵活配置、股债兼得的特点，风险稍低，收益相对稳定。可以利用不同的基金品种进行组合，一方面分散风险，另一方面可以合理地进行资金管理。

四、通过基金经理来看基金的发展潜力

一个好的基金经理能给投资人带来滚滚红利，而一个能力不强的基金经理则会让投资人血本无归。如何考察基金经理的管理能力？我们可以做一些技术性、专业性的分析，这样有利于增强分析的准确性和专业度，可以通过证券选择和市场时机选择两个方面来评估。

证券选择能力是衡量一个基金经理的重要指标。我们从另一个方面，即把基金收益的来源与基金经理人的能力联系起来考察，这种能力具体包括：基金证券选择能力和市场时机选择能力。

五、通过"业绩比较基准"看基金的投资回报水平

在证券投资基金领域要善于利用各种技术手段评估基金的价值及成长性。

1.业绩比较基准。基金的业绩比较基准，是近两三年才为部分投资人所了解的名词。对于很多人来说，接受业绩比

较基准，从而接受基金业绩的相对表现，是一件挺困难的事。当你头的基金跌破面值，甚至滑落到 0.90 元以下的时候，基金报告里却偏说该基金"跑赢了比较基准，战胜了市场"，是不是让人感到酸溜溜的？

比较基准是用来评价投资组合回报的指标。如果你买的基金是以上证 A 股指数作为比较基准的话，投资运作一段时间后，将基金实际回报和上证 A 指的回报做比较，可以评估基金管理人的表现。如果基金发生了亏损，但是上证 A 指下跌得更厉害，基金经理就可以宣布自己做得比市场好；而如果基金赚了钱，但没有上证 A 指涨得多，基金经理反而要检讨自己的投资水平。

2. 相对的投资表现。总之，引入"比较基准"以后，基金的业绩就成为相对概念了。在上涨的市场中，基金经理的压力很大，因为他必须更为积极地选股，才能保证自己战胜基准；而在下跌的市场中，也许只要保守一点儿，就可以战胜市场了。在近两年的中国股票市场中，由于大盘下跌的趋势比较明显，基金控制好仓位，战胜市场并不十分困难，所以绝大部分基金都是战胜基准的。

不过，就长期投资而言，战胜基准其实并非易事，因此，海外市场很多投资人已经放弃主动投资，而转向被动投资了。被动投资的典范是指数基金。比较基准对于指数基金的意义是完全不同的，在指数基金那里，作为比较基准的指数就是基金跟踪的标的，实际投资组合要求完全复制指数的成分股，而投资管理的过程就是使跟踪误差最小化。

现在我国大多数主动投资的基金，往往以获得超越基准的收益率为其投资目标，比较基准的选择充分考虑到基金的投资方向和投资风格。

六、通过基金评价来评估挑选基金

面对数百只开放型基金，许多投资人都感到很困惑，不知道如何挑选适合自己的基金。其实有一个很简单的途径，就是充分利用独立的专业机构的基金评价体系，来帮助投资筛选。比如晨星的基金评级、证券时报基金评价系统，这些机构一般多采用科学的定量分析方法，以第三方的身份进行客观的评价，而且定期在各专业财经报纸、网站等媒体上予以发布。

这些专业的评价系统一般都包括基金分类、基金业绩评价、基金风险评定与评级三部分，投资人可据此予以筛选。

1. 利用分类判定基金的风险、收益水平。通过基金评价系统中的基金分类，可以容易地找到符合自己投资目标与风险承受能力的基金。

2. 利用各期限的基金业绩排名与份额净值增长率来判断基金在同类型基金中的历史表现。评价系统一般都提供了不同时间段内基金的业绩增长情况，用以反映各基金短、中、长期的收益状况。投资人可以参照当时的市场状况，来分析基金的投资风格与应对市场变动的能力。

3. 基金的星级是一个反映基金投资管理水平的综合性指标。稳健的投资人可以把这个指标作为一个筛选器，尽量选取四星以上的基金，再结合其他的指标确定投资标的。当然，星级也仅是代表历史的表现状况，从动态的角度讲，投资人可以选取持续获得高星级的基金，或者星级连续上升的基金进行投资。

4. 风险控制水平也是衡量基金投资能力的一个重要指标。证券市场总是涨涨跌跌，不断波动，基金的风险等级反映了基金投资组合应对市场震荡的能力与资产的变现能力。从长期来看，风险的控制能力甚至是投资成败的关键因素。

【理财圣经】

　　投资者具备什么样的投资兴趣，有哪些投资上的偏好，对风险投资的认知程度如何，都会对选择基金品种产生影响。因此，投资者在选择基金产品前，不仅要进行短期和长期投资的收益评价，还要对购买基金成本的关注程度进行分析，从而利用合适的渠道，选择合适的基金产品，以合适的成本进行投资。

按部就班买基金

　　在基金群中千挑万选，终于找到了合适的基金品种，接着就是按照步骤买进它：

　　一、阅读相关的政策和法律文件

　　参与任何活动都有规则，购买基金也一样，你在购买前最好先仔细阅读一下有关基金契约、开户程序、交易规则等的文件，以及相关的禁止行为，这些都是你购买基金的前期准备。

　　二、开设基金账户

　　购买基金，首先要开设基金交易账户，因为基金账户是基金管理公司识别投资人的标识。根据规定，有关基金销售站点应当有关于开设基金账户的条件、程序的相关文件，以提供给购买者参考。一般情况下，投资人必须到基金管理机构，或者其相应代销机构去开设基金账户。不同的开放式基金，可能需要到不同的公司分别办开户手续，且每个投资人在同一个基金管理公司只能申请开设一个基金账户。

　　根据基金公司的相关规定，投资人在开立账户时要提供下列文件：

1. 个人投资人。

本人有效身份证件（身份证、军官证、士兵证、护照等）的原件及复印件。

指定银行账户的证明文件及复印件。

2. 机构投资人。

加盖单位公章的企业法人营业执照复印件及有效的副本原件，事业法人、社会团体或其他组织提供民政部门或主管部门颁发的注册登记证书原件及加盖单位公章的复印件。

法定代表人授权委托书。

法定代表人身份证复印件。

业务经办人身份证件原件及复印件。

指定银行账户的证明文件及复印件。

三、购买基金

认购基金是指投资人在开放式基金募集期间、基金尚未成立时购买基金单位的行为。通常认购价为基金单位面值加上一定的销售费用，投资人应在基金销售点填写认购申请书，交付认购款项，来认购基金，然后再在注册登记机构办理有关手续确认认购。

申购基金是指在基金成立之后，投资人购买基金的行为。这时通常应填写申购申请书，交付申购款项。款额一经交付，申购申请即为有效。

【理财圣经】

基金投资是一项习惯性的、规律性的投资活动，投资者在购买基金时，一定要根据相关规定按部就班地进行。

富贵险中求：股市只让懂它的人赚钱

股票投资：收益与风险并存

随着我国经济的稳步发展，投资股票的人越来越多。股票投资已成为普通百姓的最佳投资渠道之一，特别是对于希望实现财富梦想的投资人来说更是如此。

股票作为一种高风险、高收益的投资项目，具有以下特点：

1. 变现性强，可以随时转让，进行市场交易，换成现金，所以持有股票与持有现金几乎是一样的。

2. 投机性大。股票作为交易的对象，对股份公司意义重大。资金实力雄厚的企业或金融投资公司大量买进一个公司的流通股和非流通股，往往可以成为该公司的最大股东，将该公司置于自己的控制之中，使股票价格骤升。相反的情况则是，已持有某一公司大量股票的企业或金融投资公司大量抛售该公司的股票，使该股票价格暴跌。就这样，股票价格的涨跌为投资人提供了赢利机会。

3. 风险大。投资人一旦购买股票，便不能退还本金，因而具有风险性。股票投资人能否获得预期报酬，直接取决于企业的赢利情况。一旦企业破产，投资人可能连本金都保不住。

股票具有让人变成富豪的魔力。可以说，现在的世界富翁，财富大部分都来自股票投资，比如股神巴菲特的财产几乎全部来自投资股票获利。可见，投资股票真的是致富的绝佳途径。

股票投资同其他投资项目比起来有很多优势：

1. 股票作为金融性资产，是金融投资领域中获利性最高的投资品种之一。追求高额利润是投资的基本法则，没有高利润就谈不上资本扩张，获利性是投资最根本的性质。人们进行投资，最主要的目的就是获利。获利越高，人们投资的积极性就越大；获利越少，人们投资的积极性就越小。如果某一种投资项目根本无利可图，人们宁可让资金闲置，也不会将资金投入其中。当然，这里所说的获利性是一种潜在的获利性，是一种对未来形势的估计。投资人是否真能获利，取决于投资人对投资市场和投资品种未来价格走势的预测水平和操作能力。

2. 同其他潜在获利能力很高的金融投资品种相比，股票是安全性较高而风险性相对较低的一种。人们通常认为，风险大，利润也大；风险小，利润也小。既然要追求高额利润，就不可能没有风险。其实，不仅仅是股票有风险，其他任何投资都有风险，只是风险大小不同而已。

从近10年来的经验教训看，股民亏损的很多，但赚钱的也不少，一部分中小股民的亏损将另一部分中小股民推上了百万、千万甚至亿万富翁的宝座，亏损者的损失可谓小矣，而获利者的收获就堪称巨大了。

3. 股票投资的可操作性极强。一般说来，金融性投资的可操作性要高于实物性投资的可操作性。可操作性强与不强，其一体现在投资手续是否简便易行，其二体现为时间要求高不高，其三是对投资本钱大小的限制。金融性投资的操作方法和手续十分简便，对投资人的时间和资金要求也不高，适合大多数的投资人。在金融性投资中，股市（包括在证交所上市交易的股票、投资基金、国债和企业债券）的可操作性最强，不仅手续简便，而且时间要求不高，专职投资人可以一直守在证券交易营业部，非专职股民则比较灵活，一个电话即可了解股市行情，进行买进卖出，有条件的投资人还可以直接在家里或在办公室的网上获知行情。而且投资股票几乎没有本钱的限制，有几千元就可以进入股市。在时间上完全由投资人自己说了算，投资人可以一直持有自己看好的股票，不管持有多长时间都可以，炒股经验一旦学到手便可以终身受益。此外，国家通过行政手段不断规范股市各种规章制度，注意保护广大中小投资人的利益，从政策上也保障了投资人的财产安全。

【理财圣经】

当你进入股票市场时，就等于走进了一个充满各种机会与陷阱的冒险家乐园，其中大风险与大机遇同在。

开设账户的具体流程

开户一般包括开立两个账户，一个是证券账户，另一个是资金账户。这好比投资人手中有两个篮子：一个篮子装股票，即证券账户，也称为股东卡，记录投资人持有的证券（包括股票、债券、基金）种类及数量；一个篮子装钱，即资金账户，也称为保证金账户，用于存放投资人卖出股票所得的款项以及买入股票所需的资金。在投资人进行股票买卖时，买进股票记入证券账户，并从资金账户中扣除资金；卖出股票时则相反。

一、证券账户的开立

开立证券账户，就目前国内 A 股市场而言，可分为沪市证券账户和深市证券账户。

1. 办理沪市证券账户。

个人投资人须本人持身份证到上海中央登记结算公司或其代理点或可以办理开户手续的证券营业部，按要求填写开户申请表，提供完备的开户基本资料，并缴纳开户费 40 元。机构投资人办理沪市证券账户须提供完备的开户基本资料（一般包括法人证明文件《营业执照》及其复印件，法人代表证明书，办理人授权委托书及法人代表、代理人的身份证原件，开户费为 400 元），到上海证券中央登记结算公司各地的中心代理点办理。除了我国有关法律法规规定的禁止买卖证券的个人和法人（如证券从业人员、上市公司的高级管理人员等）外，凡年满 18 周岁的公民均可办理证券账户。

2. 办理深市证券账户。

个人投资人须持本人身份证到当地的深圳证券登记机构办理，有些可以代开深市账户的证券营业部也可以办理。机构投资人须到深圳证券登记机构当地的代理处办理开户手续。个人投资人及机构投资人所提供的资料、办理手续与开立沪市证券账户时类似。

二、资金账户的开立

1. 资金账户的办理。

个人投资人须提供本人身份证、沪市和深市证券账户，到证券营业部亲自办理，并同证券营业部签订委托代理协议，对于协议内容，客户一定要仔细看清楚，谨防其中有"陷阱"。若需他人代为交易，须双方一同到证券营业部，三方共同签订有关代理协议，并明确代理权限（如全权代理，只限于股票买卖，不包括资金存取），以免将来产生纠纷。

这里要提醒投资人的是，开立资金账户也是一个选择证券营业部的过程，就近、设施（如委托电话门数）、服务种类等都应成为选择证券营业部的参考指标。

2.办理指定交易。

对于想投资沪市股票的投资人来说，由于沪市现已全面实行指定交易，因此，投资人须持本人相关证件及沪市证券账户，到证券营业部签订指定代理协议书，才可进行沪市股票交易。

3.电话委托和自助委托的办理。

在与证券营业部签订委托代理协议书时，投资人可以同时选择开通电话委托、自助委托方式，这样，投资人就可以不通过柜台报单工作人员而自行买卖股票了。

4.银证转账业务的办理。

目前，证券营业部资金柜台前排长队存取款的现象依然存在。许多证券营业部与银行间联手开通了银证转账业务，使得客户的保证金账户与客户在银行的活期储蓄账户相联通，客户通过电话下指令，就能实现自己保证金账户与银行储蓄账户间资金的划拨。此业务也充分利用了银行营业网点多的优势，缓解了证券营业部排长队的现象。在开通银证转账业务的证券营业部里，客户可以自愿选择该项业务。

资金账户在投资人准备委托的证券商（公司）处开立，因为投资人只有通过他们才可以从事股票买卖。办理时，投资人须携带资金、身份证（或户口簿）及上述股票账户卡。开户资金及保证金的多少，因证券公司的要求不同而各异。

填写包括"证券买卖代理协议"和"开立委托买卖资金账户开户书"表格，如果要开立上海证券资金户，必须填写"指定交易协议书"，如果要求有代理人，则必须代理人与本人带身份证、股东卡一同前往证券营业部办理，资金账户里的资金按人民银行规定的活期存款利率计息。

【理财圣经】

要想练好基本功，使投资风险最小化，还需要了解怎样开设账户，这是进入证券市场的第一道门槛。

准备必要的炒股资金

俗话说"闲钱投资，余钱投机"，这是股票投资的基本原则。

股票市场是高风险、高回报的场所，风险时时刻刻都伴随着投资人。股票投资看似简单，谁都可以玩，实则不然，只有具备经济宽裕、时间充足、投资知识丰富等多种条件的人才适合进行股票投资。准备必要的资金是进行股票投资的先决条件，它包括两方面的要求：一是不要借贷炒股，二是准备一定的后备资金。

一、不要借贷炒股

有的人不具备炒股所必备的资金，其收入仅够养家糊口，却希望借别人的鸡给自己下蛋，靠借债投资股票，这是极不明智的做法，隐藏着巨大的风险。借钱炒股的人大都从民间借贷，利息大大高于银行利率，有的高达 30% ~ 50%。在股市赚钱并不像某些人想象的那样，一买一卖就可以赚成千上万。在股市上每年下来能得到高于银行存款的收益已属不易，年收益 30% ~ 50%，除非股市高手，一般人是很难达到的。

炒股要做好充足准备

股市有风险，投资需谨慎，因此，进入股市之前，不仅要有充足的资金准备，还要充分做好其他各方面的准备，如此才有可能取胜。

股票账户

投资证券市场首先要进行开户，建立自己的账户。

知识和资料的准备

可以阅读一些书，掌握一些基本用语，逐渐做到能看懂相关报纸、杂志，听懂广播，还有不少证券公司营业部经常会做的讲座、资料分享等，也是非常有用的。

确定投资方式

股票投资可分为长期、中期、短期。要根据自己的时间、精力、意愿等来决定采取哪种方式。

有的人看到自己在股市赚了几笔，就认为股市赚钱容易，妄自尊大，须知在牛市中三次赚的钱往往还不够熊市中一次赔的钱，何况借钱炒股一般只能进行短线投机，而短线投机的风险又是很大的。有时借期已至，但股票却套在其中，十分为难。所以，在任何情况下都不可倾其所有投入股市，更不可借贷炒股。

股票投资一定要在自己的资金限度内。股票投资的秘诀就是要利用自己的存款和资金，在有限的范围内（譬如在自己存款的 10% 内）低价买进、高价卖出。投资人还必须充满自信，但绝不做勉强的投资，无论行情多么被看好，股价还可能涨多高，也不能因一时感情冲动而使投资金额超过自己的财力，什么时候都要量力而行。俗话说："小心驶得万年船。"因此，借钱炒股票是一大陷阱，千万不要陷进去，一定要量力而行。

当你投入全部资金入市时，你会渴望每一分钱都能为你带来赢利，尤其是当你借钱炒股时，你满怀的希望就会转化为对成功的焦虑和对失败的恐惧，这些巨大的心理压力会迫使你的心理陷入困境，心被绷得紧紧的，丧失独立思考的能力。因为你输不起，输的后果不堪设想，这时恐惧就会取代贪婪，主宰你整个身心。如果股市形势对你不利，每一分钟都在遭受损失，资金不断减少，你就会满脑子都只是股价继续下跌、大难临头的景象。在这种情况下你怎么能看清大势，看清行情的本质呢？即便是再精明的人也会心烦意乱，根本无法正确估计形势，只有悔恨为何买入这种股票，一种灭顶的感觉淹没了所有的精明，于是急急忙忙认亏卖出。如果是牛市的话，股价回落调整时，很容易使你害怕赚来的钱要飞掉了而匆匆忙忙卖出，结果即使骑上了大牛股也会被"震"

出来，钱只赚了一点点。更有甚者不甘心认赔，继续等待，最后市场趋势变了，你还以为是调整，以致越陷越深，最后陷入恐惧之中，不能自拔。下面是一个股民的自述：

1997年上半年，股市一天比一天火，我终于决定借钱开户了，满世界凑够炒股的钱数时，已是4月中旬了。我当时也是新股民啊，根本没想到满目繁荣的背后，许多股票正在悄悄地退潮，我勇敢地冲进股市去替挣了钱要跑的机构们接盘去了。两三周连绵的暴跌和阴跌，把我打击得痛不欲生，日常的开支一减再减，但无论如何也弥补不了股票市值的日益缩水。数万元在悄悄地流走，债主又纷纷上门。那时候，我可谓万念俱灰，清空了所有的股票还账，最后自己只剩下一万来块钱了。我后悔自己一窍不通，盲目入市；后悔自己借钱炒股，自掘坟墓，每天暖洋洋的太阳照在身上，心里却冷得发抖。再看到新入市的朋友被满天飞的评论文章牵着鼻子走，因为深套而寝食不安时，就不禁想对他们说：你了解股市吗？你有没有一套成熟的操作手法和操作纪律呢？如果没有的话，还是先远离股市吧，先去把该学的学会再来。

在股市中拼杀的人，只有输得起才能赢得起，输得起是赢得起的前提。股民在股市里炒股只能投入自己输得起的钱，从而保持心理和智力的充分自由。只有这样，才能为股市成功打下良好的基础。

二、准备一定的后备资金

为了完全化解炒股风险，除了不能借贷炒股外，还需要准备一定的后备资金。成语"狡兔三窟"说的就是这个意思。为什么兔子要有三个窝？因为这样可以防止狐狸的侵袭。虽然它有三个窝，若不提高警惕，也会成为狐狸的美餐，但有三个窝至少安全性要相对高一些。

投资也是一样的道理，如投资人仅有一笔资金，这笔资金一旦发生了问题，就会周转不灵，不能坚持下去，要是求全，便只能平仓止损，把损失固定下来，当然，这也失去了反败为胜的机会。

这种情况在投资市场上经常出现。投资人若能坚持下去，有时只是多坚持一会儿，就可以赢利，但偏偏周转出现了问题，不得不暂停投资，这是一件很痛苦的事。若事后证明，能多坚持一会儿就可以突破难关，反败为胜，那么可想而知投资人会多么后悔。

经验表明，成功的投资人都会给自己准备几笔后备资金，这就好像踢足球一样。一支足球队有守门员、后卫、中锋、前锋，守门员接了球，传给后卫，后卫传给中锋，中锋再传给前锋。反过来，球在敌方脚上，己方的前锋拦截，截不到便由中锋拦截，若还没有截到的话，便连同后卫一起防守，最后是守门员把守最重要的一关，他们在不同的位置各司其职。

成功的投资人也要将资金进行分配，有前有后，分配成多笔资金。实际操作中，我们可以将用于投资的资金中的30%用来保本，做一些稳健低风险的投资，其中的50%可冒稍高的风险，20%用作高风险项目。有进取的，有保本的，有攻有守，有前有后，形成一套完整的投资计划。

保本的投资安全性相对较高，回报较稳定，可作为高风险投资的后盾，一旦高风险项目出了问题，还有保本的资金支持。例如，炒股失手，损失了一笔，但还有后备金，可以在保本的资金里拨出一些，继续再战。反过来也一样，若高风险的投资顺利，赚了大钱，则可以把一部分拨到保本投资当中，巩固投资的成果。

上面说的是从纵向的角度看多笔资金的重要性，当然，从横向的角度看有多笔资金同样很重要。多笔资金可以放在不同的市场上，一部分用在股票市场，一部分用在外汇市场，一部分投资债券、基金等。这些市场各有各的风险，任何时候都不可能全部赚钱或全部亏损，有些赚，有些亏。这样，多笔资金便可以互补不足。

【理财圣经】

人们常说"不打无准备之仗"，进入股市也是一样，要充分做好各方面的准备，才有可能取胜。除了炒股基本知识的准备之外，还要做好充分的资金准备。资金是炒股的前提，没有钱自然谈不上进入股市，但要多少钱才能到股市上"潇洒走一回"呢？这要看个人的经济能力而定。

选股应遵循的四项基本原则

面对风云变幻的市场、不确定的世界，我们要思考：什么能给我们带来相对稳定的预期？什么东西通过研究能基本把握住它的真实情况？不是每天的涨跌，也不是技术图形的好坏，能给我们相对确定的预期的只有上市公司本身。因为一个真正的好公司，经过多年的健康发展，不会一夜之间垮掉，而一个差公司也不可能在一夜之间真正地好起来。股票上涨的基础，归根结底离不开上市公司经营业绩的成长。虽然股市有时存在很大的整体性和其他各种风险，但是如果你选对了股票，就可能把这些风险大大降低，获得可观的收益。

那么在实践中，投资人应该如何挑选股票呢？

投资人在选股时要遵循一定的原则，具体如下：

一、利益原则

利益原则是选择股票的首要原则，投资股票就是为了获得某只股票给自己投入的资金带来长期回报或者短期价差收益。投资人必须从这一目标出发，克服个人的地域观念和性格偏好，进行投资品种的选择。无论这只股票属于什么板块，属于什么行业，凡是能够带来丰厚收益的股票就是最佳的投资品种。

二、现实原则

股票市场变幻莫测，上市公司的情况每年都在发生各种变化，热门股和冷门股的概念也可以因为各种情况出现转换。因此，选择股票主要看投资品种的现实表现，上市公司过去的经营业绩和市场表现只能作为投资参考，而不能作为选择的标准。投资人没有必要抱定一种观念，完全选择自己过去喜爱的投资品种。

三、短期收益和长期收益兼顾的原则

从取得收益的方式来看，股票上的投资收益有两种：第一种主要是价格变动为投资人带来的短期价差收益，另一种是上市公司和股票市场发展带来的长期投资收益。完全进行短期投机牟取价差收益，有可能放过一些具有长期投资价值的品种；相反，如果全部从长期收益角度进行投资，则有可能放过市场上非常有利的投机机会。因此，投资人选股的时候，应该兼顾这两种投资方式，以便最大限度地增加自己的投资利润。

四、相对安全原则

股票市场所有的股票都具有一定的风险，想要寻求绝对安全的股票是不现实的。但是，投资人还是可以通过精心选择，来回避那些风险太大的投资品种。对广大中小投资人来说，在没有确切消息的情况下，一般不要参与问题股的炒作，应该选择相对安全的股票作为投资对象，避开有严重问题的上市公司。比如：

1. 有严重诉讼事件纠纷、公司财产被法院查封的上市公司。

2. 连续几年出现严重亏损、债务缠身、资不抵债、即将破产的上市公司。

3. 弄虚作假、编造虚假业绩骗取上市资格、配股、增发的上市公司。

4. 编造虚假中报和年报误导投资人的上市公司。

5. 有严重违规行为、被管理层通报批评的上市公司。

6. 被中国证监会列入摘牌行列的特别转让（PT）公司。

上述公司和一般被特别处理（ST）的上市公司不同，它们不完全是经济效益差，往往有严重的经营和管理方面的问题，投资这些股票有可能受牵连而蒙受经济上的重大损失。

参与炒作 PT 股票的投资人，在这些上市公司通过资产重组获得生机之后有可能获得较好的收益。但是，如果这些上市公司在这方面的尝试失败，最终就会被中国证监会摘牌，停止交易，投资人所投入的资金也面临着血本无归的局面。总体上看，这些股票的风险太大，广大中小投资人对此要有清醒的认识。

【理财圣经】

股票投资是一种集远见卓识、渊博的专业知识、智慧和实战经验于一体的风险投资。选择股票尤为重要，投资人必须仔细分析，独立研判，并着重遵循一些基本原则，如此才会少走弯路。

股票的几种投资策略

无数实践证明，炒股票光凭运气可能短期获利，但难以长期获利。面对险象环生的股市，投资者不仅要有勇气、耐心和基本知识，而且要有投资的技巧和策略。以下就介绍几种股票投资的策略，希望对你的股票交易有所帮助。

一、顺势投资

顺势投资是灵活地跟"风"、反"零股交易"的投资股票技巧，即当股市走势良好时，宜做多头交易，反之做空头交易。但顺势投资需要注意的一点是：时刻注意股价上升或下降是否已达顶峰或低谷，如果确信真的已达此点，那么做法就应与"顺势"的做法相反，这样投资人便可以出其不意而获先见之"利"。投资人在采用顺势投资法时应注意两点：是否真涨或真跌；是否已到转折点。

二、"拔档子"

采用"拔档子"投资方式是多头降低成本、保存实力的操作方法之一，也就是投资人在股价上涨时先卖出自己持有的股票，等价位有所下降后再补回来的一种投机技巧。"拔档子"的好处在于可以在短时间内挣得差价，使投资人的资金实现一个小小的积累。

"拔档子"的目的有两个：一是行情看涨卖出、回落后补进，二是行情看跌卖出、再跌后买进。前者是多头推进股价上升时转为空头，希望股价下降再做多头；后者是被套的多头或败阵的多头趁股价尚未太低抛出，待再降后买回。

三、保本投资

保本投资主要用于经济下滑、通货膨胀、行情不明时，保本即投资人不想亏掉最后可获得的利益。这个"本"比投资人的预期报酬要低得多，但最重要的是没有"伤"到最根本的资金。

四、摊平投资与上档加码

摊平投资就是投资人买进某只股票后发现该股票在持续下跌，那么，在降到一定程度后再买进一批，这样总平均买价就比第一次购买时的买价低。上档加码指在买进股票后，股价上升了，可再加码买进一些，以使股数增加，从而增加利润。

上档加码与摊平投资的共同特点是：不把资金一次投入，而是将资金分批投入，稳扎稳打。

摊平投资一般有以下两种方法：

1. 逐次平均买进摊平。即投资人将资金平均分为几份，一般至少是三份，第一次买进股票只用总资金的1/3。若行情上涨，投资人可以获利；若行情下跌了，第二次再买，仍然只用资金的1/3，如果行情升到第一次的水平，便可获利。若第二次买后仍下跌，第三次再买，用去最后的1/3资金。一般说来，第三次买进后股价很可能要升起来，因而投资人应耐心等待股价回升。

2. 加倍买进摊平。即投资人第一次买进后行情下跌，则第二次加倍买进；若第二次买进后行情仍旧下跌，则第三次再加倍买进。因为股价不可能总是下跌，所以加倍再买一次到两次后，通常情况下股票价格会上升的，这样投资人即可获得收益。

五、"反气势"投资

在股市中，首先应确认大势环境无特别事件影响，此时方可采用"反气势"的操作法，即当人气正旺、舆论一致看好时果断出售；反之果断买进，且越涨越卖，越跌越买。

　　"反气势"方法在运用时必须结合基本条件。例如，当股市长期低迷、刚开始放量高涨时，你只能追涨；而长期高涨，刚开始放量下跌时，你只能杀跌。否则，运用"反气势"不仅不能赢利，反而会增加亏损。

【 理财圣经 】

　　炒股需要智慧，但更需要技巧和策略，好的炒股策略会让你的资产取得更可观的利润。

第三节

保险是人生的防护墙：小成本 PK 大损失

保险：幸福人生的保障

如果我们把理财的过程看成建造财富金字塔的过程，那么买保险就是为金字塔筑底的关键一步。很多人在提起理财的时候往往想到的是炒股，其实这些都是金字塔顶端的部分。如果你没有合理的保险做后盾，那么一旦自身出了问题，比如失业或大病，你的财富金字塔就会轰然倒塌。没有保险，一人得病，全家致贫。如果能够未雨绸缪，一年花上千八百块钱，真到有意外的时候可能就有一份十几万、几十万的保单来解困，何乐而不为呢？

虽然许多人能接受保险的观念，但又担心保费的问题，因此延误投保的时机。人生中许多不可错失的机会，就在这迟疑中错过了。聪明的人会开源节流，为家庭经济打算，投保就是保障生计的最佳方法。

遭到意外的家庭收入来源有四：亲戚、朋友、他人救济或保险理赔，其中，没有人情压力的保险当然是最受欢迎的。保险费是未来生活的缩影，比例是固定的，真正贵的不是保险费，而是生活费。倘若我们今天选择了便宜的保险费，相对的，代表来日我们只能享受最基本的生活水准。你一定不愿意让家庭未来的生活水准打折扣，那么今日的保险投资就是值得的，何况它只是我们收入的一小部分而已，以小小的付出，换得永久的利益和保障，实在很划算。

许多人认为，买保险是有钱人的事，但保险专家认为，风险抵抗力越弱的家庭越应该买保险，经济状况较差的家庭其实更需要买保险。成千上万元的医药费对一个富裕家庭来说可以承受，但对于许多中低收入的家庭来说则是一笔巨大支出，往往一场疾病就能使一个家庭陷入经济困境中，"对于家庭经济状况一般的市民来说，应首先投保保障型医疗保险。"

保险专家举例说，如果一个29岁以下的市民，投保某保险公司的保障型医疗保险，每年只需缴300多元（平均每天1元）的保费，就可同时获得3 000元/次以下的住院费、3 000元/次以下的手术费，以及住院期间每天30元的补贴；如果是因为意外事故住院，则还可以拥有4 000元的意外医疗（包括门诊和住院），而且不限次数，也就是说被保险人一年即使有几次因病住院，也均可获得相应保障；万一被保险人不幸意外身故或残疾，还可一次性获得6万元的保险金。保险专家提醒，保险和年龄的关系很密切，越早买越便宜，如果被保险人在30～39岁，相应的保障型医疗保险保费则会提高到400元。

人在一生中最难攒的钱，就是风烛残年的苦命钱。人们在年轻时所攒的钱里，本来10%是为年老时准备的。因为现代人在年轻时不得不拼命工作，这样其实是在用明天的健康换取今天的金钱；而到年老时，逐渐失去的健康也许要用金钱买回来。"涓滴不弃，乃成江河"，真正会理财的人，就是会善用小钱的人，将日常可能浪费的小钱积存起来投保，通过保险囤积保障，让自己和家人能拥有一个有保障的未来。

要想让保险更加切合我们的需求，充分发挥遮风挡雨的作用，就应该与保险规划师进行深入交流，让保险规划师采取需求导向分析的方式，从生活费用、住房费用、教育费用、医疗费用、养老费用和其他费用等方面来量化家庭具体应该准备的费用状况，绘制出个别年度应备费用图和应备费用累计图，同时了解家庭的现有资产和其他家庭成员的收入状况，制作出已备费用累计图。将应备费用累计图和已备费用累计图放在一起比较，得出费用差额图，确切找出我们的保障需求缺口。有的时候，缺口为零或是负数，那就说明这个客户没有保险保障的缺口。

找到缺口后，再根据这个缺口设计出具体的解决方案。根据不足费用的类别和年度分布状况，以及客户年收入的高低和稳定性，在尽量使保险金额符合需求缺口的前提下，选择各种不同的元素型产品，根据客户的支付能力进行相应调整，设计出一个组合的保险方案。以这种方式来做保险规划，是基于家庭真实需求和收入水平的做法，当然是最适合家庭的方案。而且，通过保险规划师每年定期和不定期的服务，进行动态调整，以此做到贴身和贴心。

所以说，保险是幸福人生的保障，有了人身的保障，才能进行其他投资。

【理财圣经】

俗话说"攘外必先安内"，如果你和家人的健康能够得到很好的保障，你们的财产能够得到充分的保护，生活也就轻松很多了。保险就是这样一个理财工具，它能为你的生活提供更多安全，带来更大改变。

选择优秀保险公司的标准

徐先生是一家外资公司的业务人员,由于工作需要,公司为他投保了一个3万元的团体意外险,但徐先生觉得保障力度太小,想再为自己投保一份商业保险,以获得更充足的保障。但是,他不知道该买哪个公司的保险,为此咨询了很多人,但他还是拿不定主意。

这事被他的亲戚和朋友们知道了,他的表妹在中国平安保险公司工作,立刻为他推荐平安的意外险,而他有个朋友在信诚保险公司工作,又为他推荐信诚的险种。目前,市面上还有中外合资的保险公司,徐先生觉得国外的保险公司可能服务更周到、更全面些。这就让徐先生为难了,他到底该买什么公司的保险?买多少?什么样的公司信誉度和服务更好,能为他提供更周全的保障?

徐先生毫无头绪,每个公司都有各自的优点和缺点,比较不出来哪个更好些,而网上对这几家保险公司的评价也是褒贬不一。保险肯定是要买的,可是要买哪一个呢?

最后徐先生觉得还是大一点儿的保险公司更靠谱,就买了中国平安的保险。可是,徐先生仍然觉得当初做决定真是个很麻烦的问题。

徐先生遇到的问题,同样也是每个想买保险的人都会遇到的。随着我国金融业的发展,各种保险公司如雨后春笋般现身市场,其中既有国有保险公司,又有股份制保险公司和外资保险公司,使得投资人有了很大的选择余地,但同时也面临着更多的困惑,应该怎样选择保险公司呢?投资人不妨从以下几方面来衡量:

一、公司实力放第一

建立时间相对较久的保险公司，相对来说规模大，资金雄厚，信誉度高，员工的素质高、能力强，他们对于投保人来说更值得选择。我国国内的保险业由于发展时间比较短，因此主要参考标准则为公司的资产总值，包括公司的总保费收入、营业网络、保单数量、员工人数和过去的业绩，等等。消费者在选择保险公司时不应该只考虑保费高低的问题，购买保险除了看价格，业务能力也很重要。较大的保险公司在理赔方面的业务较成熟，能及时为你提供服务，尽管保费较高，但是能够保证第一时间理赔，仅这一点，就值得你选择。

二、公司的大与小

作为一种金融服务产品，很多投保人在投保时，在选择大公司还是小公司上犹豫不决。其实，在这一点上要着重看保险公司的服务水平和质量。一般来说，规模大的保险公司理赔标准都比较高，理赔速度也快，但缺点是大公司的保费要比小公司的保费高一些；相比之下，小的保险公司在这方面就有所不足，但保费会比较低，具有价格上的竞争优势。

三、产品种类要考验

选择合适的产品种类，就是为自己选择合适的保障。每家保险公司都有众多产品，想要靠自己的能力淘出好的来，并不容易。找到好的保险公司就不同了，因为一家好的保险公司能为你提供的保险产品都比较完善，可以从中选择应用广泛的成品，亦可省去不少烦恼。而一家好的保险公司一般应具备这样几个条件：种类齐全；产品灵活性高，可为投保人提供更大的便利条件；产品竞争力强。

四、核对自己的需要

保险公司合不合适最终要落实到自己身上，你的需要是什么？该公司提供的服务是否符合你的要求？你觉得哪家公司提供的服务更完善？精心地和自己的情况进行核对、比较，这才是你做决策时最重要的问题。

【理财圣经】

选择什么样的保险公司决定了投资人将享受什么样的服务和险种。众多保险公司面前，任谁都难以抉择，但参考四大标准是必不可少的程序。

谁投保，谁就受益吗

常常有人认为"谁投保，谁受益"，实际上这是个误区，为了解开这个误解，我们先要了解什么是投保人和受益人。

投保人是指签订保险合同，对保险标的具有可保利益，负担和缴纳保险费的一方当事人，又称"要保人"，投保人可以是法人，也可以是自然人。一般情况下，签订保险合同的投保人即为被保险人，但投保人可以是被保险人本人，也可以是法律所许可的其他人。投保人应具有相应的权利能力和行为能力，无权利能力的法人或者无行为能力或限制行为能力的人，与保险人订立的保险合同是无效的。同时，投保人要具有保险利益，即对保险标的具有经济上的利害关系，否则不能与保险人订立保险合同。

受益人是指人身保险合同中由被保险人或者投保人指定的享有保险金请求权的人，投保人、被保险人可以为受益人。

在保险合同中由被保险人或投保人指定，在被保险人死亡后有权领取保险金的人，一般见于人身保险合同。如果投保人或被保险人未指定受益人，则他的法定继承人即为受益人。受益人在被保险人死亡后领取的保险金，不得作为死者遗产用来清偿死者生前的债务，受益人以外的他人无权分享保险金。在保险合同中，受益人只享受权利，不承担缴付保险费的义务。受益人的受益权以被保险人死亡时受益人尚生存为条件，若受益人先于被保险人死亡，则受益权应回归给被保险人，或由投保人或被保险人另行指定新的受益人，而不能由受益人的继承人继承受益权。

投保人、被保险人可以为受益人。

河北某省一家工厂，2000年5月由单位向保险公司投保了团体人身保险。该厂工人王某于2001年3月因交通事故死亡。事故发生后，保险公司迅速做了给付保险金的决定。但

学会分清投保人、被保险人和受益人

想买一份保险，却连投保人、被保险人、受益人三大主体的关系都分不清楚，面对客户经理专业的讲解，最终还是一头雾水，不知道哪栏该填哪个人，怎么办？下面让我们了解一下这三者的关系吧。

投保人
出钱的人

可为同一人

可为同一人

被保险人
（受保人、要保人）
保障对象

可以是同一人，前提发生医疗或重疾

受益人
收钱的人

投保时，被保险人填写时要慎重，因为一旦确定，就不可以再更改，但投保人和受益人可以更改，更改时必须经过被保险人同意。

该把钱给谁呢？保险公司犯了难，原来保险公司发现，保单上载明的"受益人"是该投保单位，但受益人王某对此未做书面认可。

厂方认为，王某虽未认可，但也没反对，应该算默认。按"谁投保，谁受益"的惯例看，赔偿金当然应该由厂方领取，那么真是这样的吗？

这个案例涉及的"谁投保，谁受益"有没有法律依据呢？实际上，投保人承担缴纳保险的义务，但并不一定就享有领取保险金的权利，受益权的获得是有一定条件的。《保险法》规定："人身保险的受益人由被保险人或投保人指定，投保人指定受益人时须经被保险人同意。"

由此可见，投保人可能是受益人，也可能不是。这要看被保险人是否同意。比如在上面的案子中，如果王某同意了单位的指定，那么投保人就是受益人，否则可能造成没有指定受益人的情况。如果没有指定受益人，按照《中华人民共和国保险法》的规定，应该将保险金作为被保险人的遗产，由保险人向被保险人的继承人履行给付保险金义务。在这个案子里，保险金就应该作为被保险人的遗产由死者王某的家属领取。

【理财圣经】

谁投保就是谁受益，这是现实中很多保险投资人的误解。其实投保人并不等同于受益人，所以，投资人在买保险前一定要明确指明受益人，以免在理赔时让自己受损失。

如何购买健康险

健康是人类最大的财富，疾病带给人们的除了心理、生理的压力外，还会带来越来越沉重的经济负担。有调查显示，

77%的投资者对健康险有需求，但是健康险包括哪些险种，又应该如何购买，不少投资者对此懵懵懂懂。

以下是保险专家为大家如何购买健康险提出的一些建议：

一、有社保宜买补贴型保险

刘先生买了某保险公司2万元的商业医疗保险。他住院花费了12000余元，按照保险条款，他应得到保险公司近9000元赔付。但由于他从社会基本医疗保险中报销了7000余元医药费，保险公司最后仅赔付了他实际费用与报销费用的差额部分5100元，这让刘先生很不理解。

专家解答：商业健康险主要包括重疾险和医疗险两大类，重疾险是疾病确诊符合重疾险理赔条件后就给予理赔的保险，不管投保人是否医治都给予理赔，而医疗险是对医治过程中发生的费用问题给予的补偿。如果没有医治并发生费用，医疗险也无法理赔。

医疗险又分为费用型住院医疗险与补贴型住院医疗险，刘先生购买的是费用型保险。

所谓费用型保险，是指保险公司根据合同中规定的比例，按照投保人在医疗中的所有费用单据上的总额来进行赔付，如果在社会基本医疗保险报销，保险公司就只能按照保险补偿原则，补足所耗费用的差额；反过来也是一样，如果在保险公司报销后，社保也只能补足费用差额。

补贴型保险，又称定额给付型保险，与实际医疗费用无关，理赔时无须提供发票，保险公司按照合同规定的补贴标准，对投保人进行赔付。无论他在治疗时花了多少钱，得了什么病，赔付标准都不变。

专家表示，对于没有社保的市民而言，投保费用型住院医疗险更划算，这是因为费用型住院医疗险所补偿的是社保报销后的其他费用，保险公司再按照 80% 进行补偿；而没有社保的人则按照全部医疗花费的 80% 进行理赔，商业保险补偿的范围覆盖社保那一部分，理赔就会较多。反之，对于拥有社保的市民而言，不妨投保补贴型住院医疗险。

二、保证续保莫忽视

江女士已步入不惑之年，生活稳定，工作也渐入佳境，两年前为自己投保了缴费 20 年期的人寿保险，并附加了个人住院医疗保险。今年年初，江女士身体不适，去医院检查发现患有再生障碍性贫血。经过几个月的治疗，病情得到了控制，医疗费用也及时得到了保险公司的理赔。

不料，几天前，江女士忽然接到保险公司通知，称根据其目前的健康状况，将不能再续保附加医疗险。她非常不解，认为买保险就是图个长远保障，为什么赔了一次就不能再续保了呢？

专家解答：虽然江女士投保的主险是长期产品，但附加的医疗险属于 1 年期短期险种，在合同中有这样的条款："本附加保险合同的保险期间为 1 年，自本公司收取保险费后的次日零时起至约定的终止日 24 时止。对附加短险，公司有权不接受续保。保险期届满，本公司不接受续约时，本附加合同效力终止。"

目前，不少保险公司根据市场需求陆续推出了保证续保的医疗保险。有些险种规定，在几年内缴纳有限的保费之后，即可获得终身住院医疗补贴保障，从而较好地解决了传统型附加医疗险必须每年投保一次的问题。对于被保险人来说，有无"保证续保权"至关重要。所以，大家在投保时一定要详细了解保单条款，选择能保证续保的险种。

三、根据不同年龄选择不同健康保险

购买健康险也应根据年龄阶段有针对性地购买，专家建议：学生时期，学生活泼好动，患病概率较大。所以，选择参加学生平安保险和学生疾病住院医疗保险是一种很好的保障办法。学生平安保险每人每年只需花几十元钱，就可得到几万元的疾病住院医疗保障和几千元的意外伤害医疗保障。

单身一族也该购买健康保险。刚走向社会的年轻人，身体面临的风险主要来自意外伤害，加上工作时间不长，受经济能力的限制，在医疗保险的组合上可以意外伤害医疗保险为主，配上一份重大疾病保险。

结婚成家后，人过30岁就要开始防衰老，可以重点买一份住院医疗保险，应付一般性住院医疗费用的支出。进入这个时期的人具备了一定的经济基础，同时对家庭又多了一份责任感，不妨多选择一份保障额度与经济能力相适应的重大疾病保险，避免因患大病使家庭在经济上陷入困境。

四、期缴更合适

健康保险也是一种理财方式，既可以一次全部付清（即趸缴），也可以分期付（即期缴）。但是跟买房子不一样，保险是对承诺的兑现，付出越少越好，所以一次性缴费就不太理性，理性的做法是要争取最长年限的缴费方式。这样每年缴费的金额比较少，不会影响正常生活支出，而且在保险合同开始生效的最初年份里保险保障的价值最大。

【理财圣经】

一旦健康出现危机，我们有可能会面临经济危机，为了防范这种经济危机，有必要购买合适的健康险。

你不得不规避的五大保险误区

虽然说不同的人生阶段，需要用不同的保险产品来安排保障，但是在人们的观念中往往会出现一些误区，其中既有整个过程中的观念错误，也有不同阶段消费中特别容易犯的错误。

一、寿险规划只能增加不能减少

有人认为，既然是阶梯式消费，就应该是爬坡式向上，保险产品只能越选越多，保额也应该逐渐累加，其实不然。随着人生阶段的不断向前，总体而言保险是越买越多，但具体到每一个险种上并非完全如此。

寿险规划的改变，并不只是意味着保单数量的增加。由于家庭责任、经济收入的变化，每一时期需要的保障重点已经在前文中有所阐述。

从中不难发现，年轻时意外险是必需的，而且额度很高，但到了年老后意外险变得不再很重要。寿险额度则是单身期较少，到家庭成长期和成熟期因家庭负担较重而变得很高，但到了老年再次降低。医疗类产品的变化也不是直线上升的，因为不同时期对具体的健康医疗类产品需求很不一样。年轻时主要需要意外医疗保险，到了 40 岁以后可能更多要考虑终身健康保险和终身医疗补贴。

到底是增是减，关键还是看需要。

二、年轻人买不买保险无所谓

在单身期，也就是保险的"初级消费阶段"，年轻人总是对保险抱着无所谓的态度。

1. 意外太偶然，轮不到我。

不少年轻人存有一种侥幸心理："世界这么大，哪有那么多的意外发生，即使有意外发生，也不一定轮到我。"但意外是突如其来的客观事故，它不是以个人的意志为转移的，它什么时候光顾、光顾到谁头上，谁也说不准。也正是因为意外事故发生的概率及其所具有的不确定性，年轻的时候才更应购买意外伤害保险。保险是分摊意外事故损失的一种财务安排，它具有"一人为众、众为一人"的互助特性，尽管意外事故发生给人们带来的是各种各样的灾难，但如果投保了一定保额的意外险，这份保障至少可以使受难者及家属在经济上得到相当的援助，在精神上得到一定程度的安慰。

2. 年轻人没必要买健康医疗保险。

有的年轻人倒是愿意买意外险，但对买健康保险非常排斥，他们总觉得："我这么年轻能得什么大病？小病自己应付应付就过去了。"

但实际上，在单身期不提倡年轻人买健康保险，并不是因为年轻人不适合买这个产品，而是考虑到经济因素。如果有预算，年轻人趁着年轻、费率低买一份消费型的健康保险其实是对自己很好的保障。如果预算充分，先买好一部分的终身医疗也不为过，最多以后再加保。

而且，年轻人在买意外险时一定要附加意外医疗，因为年轻人精力旺盛，户外活动多，很容易弄点儿小意外伤害，而且年轻人社保中对门急诊的保障程度又低，商业保险能对此做一定的补充。

3. 买保险不如做投资挣钱。

年轻人基本没有家庭负担，承受风险的能力较强，因此可以采用一些比较大胆的投资方式。但是这并不意味着年轻人要因此排斥一切保险。

年轻人可以不用购买储蓄性质的保险，但高保障型的产品必须稍作计划，只要每年缴纳的保费在合理的收入比例范围内，它对你的整体投资计划是不会有什么影响的，相反它还能为风险投资保驾护航。

三、家庭成长期间不爱惜自己

家庭成长期，财富的积累还起步不久，却又有了家庭和孩子的负累。新买住房要还月供，大宗家居用品尚需添置，到处都是需要用钱去"堵枪眼"的地方。此时此刻，夫妻双方可能在保险上有些"气短"，不愿意给自己买保险增加支出。

1. 我经济负担比较重，没有闲钱买保险。

但对于有家庭负担的人而言，保险不是奢侈品，而是必需品。没有对自己意外伤害、重大疾病和收入能力的保障，就根本不可能保护好自己的家庭，宁可在别的地方省出一点来，也要安排好保障。

但是，经济成本毕竟是需要考虑的，所以处在家庭成长期，预算比较拮据的家庭可以选择一些没有现金价值的产品，并根据自己的实际投保需要选择，这样保费会比较便宜。

2. 孩子重要，买保险先给孩子买。

"买保险，先要给孩子买"的说法并不科学，其实买保险应该让家庭支柱优先。因为家庭支柱一旦垮了，整个家庭就会陷入巨大的经济危机中，而保险能最大限度地降低这种危机。

四、家庭成熟期后走向两个极端

到了家庭成熟期，以下两个保险消费的误区比较明显。

1. 有钱可以替代保险。

到了家庭成熟期，家庭财富已经积累到最高点，很多人认为自己有能力应付生活中可能发生的一些财务困难，尤其对于从未有理赔经历的"有钱人"而言，可能会产生"保险无用论"的想法。

但是，积累财富不容易，为什么要把所有的重任都往自己肩上扛呢？比如一次重病需要 10 万元，虽然你的财力负担没有问题。但是，如果买了保险，很可能只用 1 万元就能解决问题，为什么不留下你的 9 万元呢？

相比于针对大多数人的"保障作用"，对于有钱人而言，保险的主要作用是保全其已拥有的财产。

2. 保险买得越多越好。

特别看重家庭的人，在家庭成熟期可能还会走向另一个极端，就是特别喜欢买保险，认为"保险买得越多越好"。

购买的保险越多，也就意味着要缴纳的保费越多。一旦自己的收入减少，难以缴纳高额保费的时候，就会面临进退两难的尴尬境地。理性的行为应当是，根据自己的年龄、职业、收入等实际情况，力所能及地适当购买保险。投保的费用以自己收入的 10% 左右为宜。

而且，医疗费用保险等产品由于采用了保险的补偿原则，需要有报销的凭证，因此即使你买了多份，也不能超出自己支出的范围来报销，等于是浪费了保费。

五、跟风买保险

跟风买保险，是各个阶段的人们都易犯的毛病。

市场上流行万能险，几乎所有保险公司都推出了形态各异的万能险，广告宣传得也很厉害。但保险不是时装，不是一个"买流行"的消费领域，千万不要跟风买保险。

第一步先要了解自己有没有这方面的保险需求，进而再去考虑要不要买这类保险。并不是适合别人的产品，就肯定适合自己。万能险对家庭闲置资金的要求较高，而且最好未来有持续稳定的资金可以继续投向万能账户，对于资金有限的个人和家庭而言，万能产品并不合适，不如花小钱去买保障性更高的产品。

　　以前分红产品、投连产品"出道"时，都出现过受"追捧"的热潮，仿佛一夜之间全民都在购买分红险和投连险。但后来的事实证明，大多数人都做了不正确的选择，"跟风"使得很多人遭受了经济上的损失。所以，保险消费一定要根据需要稳扎稳打，要把它当作家庭的"大宗耐用消费品"精心选择，切忌盲目跟风。

【理财圣经】

　　当买保险成为人们常规的资产保值增值手段后，不少投资人却无意间陷入了保险误区，使自己的理财效果大打折扣。因此，以上五大保险误区应注意规避。

卡不在多，够用就行：挖掘银行卡里的大秘密

如何存钱最划算

银行储蓄目前仍是大多数人的首选理财方式。在大众仍然将储蓄作为投资理财的重要工具的时期，储蓄技巧就显得很重要了，它将使储户的储蓄收益达到最佳化。

那么，如何存钱最划算呢？下面将针对银行开办的储蓄种类细细为大家介绍如何存钱最划算。

一、活期储蓄

活期存款用于日常开支，灵活方便，适应性强。一般应将月固定收入（例如工资）存入活期存折作为日常待用款项，以便日常支取（水电、电话等费用从活期账户中代扣代缴支付最为方便）。对于平常大额款项进出的活期账户，为了让利息生利息，最好每两个月结清一次活期账户，然后再以结清后的本息重新开一本活期存折。

二、整存整取定期储蓄

在高利率时代，存期要"中"，即将五年期的存款分解为一年期和两年期，然后滚动轮番存储，如此可生利而收益效

果最好。

在低利率时期，存期要"长"，能存五年的就不要分段存取，因为低利率情况下的储蓄收益特征是存期越长，利率越高，收益越好。

对于那些较长时间不用，但不能确定具体存期的款项最好用"拆零"法，如将一笔 5 万元的存款分为 0.5 万元、1 万元、1.5 万元和 2 万元 4 笔，以便视具体情况支取相应部分的存款，避免利息损失。

要注意巧用自动转存（约定转存）、部分提前支取（只限一次）、存单质押贷款等手段，避免利息损失和亲自跑银行转存的麻烦。

三、零存整取定期储蓄

由于这一储种较死板，最重要的技巧就是"坚持"，绝不可以连续漏存。

四、存本取息定期储蓄

与零存整取储种结合使用，产生"利滚利"的效果。即先将固定的资金以存本取息形式定期存起来，然后将每月的利息以零存整取的形式储蓄起来。

五、定活两便存储

定活两便存款关键是要掌握支取日，确保存期大于或等于 3 个月，以免利息损失。

六、通知储蓄存款存储

通知存款最适合那些近期要支用大额活期存款但又不知道支用的确切日期的储户，要尽量将存款定为 7 天的档次。

以上是针对储蓄种类一一讲解的，下面介绍一些提高储蓄的小门道，你可以把它们两者配合起来运用。

一、合理的储种

当前，银行开办了很多储蓄品种，你应当在其中选择不容易受到降息影响或不受影响的品种。如定期储蓄的利率在存期内一般不会变动，只要储户不提前支取，就能保证储户的收益。

二、适当的存期

存期在储蓄中起着极重要的作用，所以选择适当的存期就显得十分必要。在经济发展稳定、通货膨胀率较低的情况下，可以选择长期储蓄，因为长期的利率较高，收益相对较大。而在通货膨胀率相对较高时，存期最好选择中短期的，流动性较强，可以及时调整，以避免造成不必要的损失。

三、其他技巧

1. 储蓄不宜太集中。

存款的金额和期限不宜太集中，因为急用时你可能拿不到钱。可以在每个月拿一部分钱来存定期，如此，从第一笔存款到期后的每个月，你都将有一笔钱到期。

2. 搭配合理的储蓄组合。

储蓄也可看成一种投资方式，可以选择最合理的存款组合。存款应以定期为主，其他为辅，少量活期。因为相比较而言，定期储蓄的利率要比其他方式都高。

3. 巧用储蓄中的"复合"利率。

所谓银行的"复合"利率，就是指存本取息储蓄和零存整取储蓄结合而形成的利率，其效果接近复合利率。具体就是将现金先以存本取息方式储蓄，等到期后，把利息取出，用它再开一个零存整取的账户，这样两种储蓄都有利息可用。

如果只用活期存款，收益是最低的。有的人仅仅为了方便支取就把数千元乃至上万元都存入活期，这种做法当然不可取。而有的人为了多得利息，把大额存款都集中到了三年期和五年期上，而没有仔细考虑自己预期的使用时间，盲目地把余钱全都存成长期，如果急需用钱，办理提前支取，就出现了"存期越长，利息越吃亏"的现象。

而针对这一情况，银行规定对于提前支取的部分按活期算利息，没提前支取的仍然按原来的利率算。所以，个人应按各自不同的情况选择存款期限和类型，不是存期越长越划算。

【理财圣经】

现在银行都推出了自动转存服务，所以在储蓄时，应与银行约定进行自动转存。这样做，一方面避免了存款到期后不及时转存，逾期部分按活期计息的损失；另一方面存款到期后不久，如遇利率下调，未约定自动转存的，再存时就要按下调后的利率计息，而自动转存的，就能按下调前较高的利率计息。如到期后遇利率上调，也可取出后再存。

别让过多的银行卡吃掉你的钱

现在很多人都会拥有 5 家以上银行的储蓄卡，但是有些人每张卡上面的余额都所剩无几，由于现在商业银行普遍开始征收保管费——也就是余额不足 100 元，每存一年不但没有利息，而且还要倒贴大约 2 元钱的保管费。如果不加管理，无疑会让自己辛苦赚来的钱四处"流浪"，或是让通胀侵蚀其原有的价值。所以建议你整合一下你的账户，别让过多的银行卡吃掉你的钱。

"卡不在多，够用就行。"这是最明智的使用银行卡的方法。

那么，到底该如何整合自己的银行卡资源？保留多少张卡是合适的呢？

一、让功能与需求对位

在你整合你的银行卡之前，你必须先弄清楚你现有的银行卡都有什么特别之处，而其中哪些功能对你是必需的，哪些是可有可无的，哪些是可以替代的，哪些是独一无二的。

现在的借记卡大多都有各种功能，其中的代收代付业务主要有：代发工资（劳务费），代收各类公用事业费（如水、电、煤、电话费），代收保费等，由此给持卡人带来了极大的便利。善用借记卡可以省去很多过去需要亲自跑腿的烦琐事情，既安全又省时间。

另外，不同银行发行的借记卡还具有很多有特色的理财功能。例如交通银行太平洋借记卡，除了购物消费、代发工资、代收缴费用、ATM取现等基本功能，还具有理财通、消费通、全国通、国际通、缴费通、银证通、一线通、网银通、银信通等一些特殊功能。再比如北京银行京卡储蓄卡，除了普通提款转账、代收代缴之外，还可代办电话挂号业务。

对于功能的需求倾向，决定了你要保留哪些必要的借记卡。

而信用卡也是银行卡组合中很重要的内容，因为可以"先消费，后还款"，所以可以成为理财中很好的帮手。另外，信用卡可以有很详细的消费记录，这样你每个月就可以在收到消费对账单时，知道自己的钱用在了什么地方，这也有助于帮助你养成更好的消费习惯。

二、减肥原则

1.你应根据自己的实际用卡情况，综合比较，选择一张最适合自己的银行卡。如果你经常出国，那么一张双币种的信用卡就是你的首选；如果你工作固定，外出的机会少，那么就申请一张功能多样、服务周到的银行卡；如果你是个成天挂在网上的"网虫"，不爱出门，习惯一切在网上搞定，那么一家网上银行的银行卡就正好适合你！

2.一卡多用。不少人把手中的购房还贷借记卡只作为还贷专卡使用，实际上是资源浪费，完全可以注册为在线银行注册客户，买卖基金、炒股炒汇、代缴公用事业费等功能都可以实现，出门消费也可以刷卡，无论是投资还是消费，每月还贷日保证卡内有足够余额即可。

三、清理"睡眠卡"

仅用来存取款的银行卡没有留着的必要，只有存取款需求的人，开张活期存折就可以了，因为功能单一，活期存折不收取费用。

四、把事情交给同一家银行

申请信用卡时，可以选择自己的代发工资银行，这样就可用代发工资卡办理自动还款，省心又省力；水电煤气的扣缴，就交给办理房贷的银行，这样你每个月的固定支出凭一张对账单就一目了然了。

五、不要造成信用额度膨胀

信用卡最大的特点是可透支消费，而且年费比较贵。但如果你手中有若干张信用卡，那么总的信用额度就会超过合理的范围，造成年费的浪费，并有可能产生负债过多的后果，所以，使用一张、最多两张信用卡就足够了。当消费水平提高，信用额度不够用时，可以向发卡行申请提高信用额度，或者换信用额度更高的信用卡。

信用卡越多，你的压力越大，你会无休止地为信用卡担心。

在对银行卡进行大清理后，是不是觉得轻装上阵特别轻松？你的钱包再也不是鼓鼓囊囊的了，而你想密码的时候也不再是对大脑痛苦的折磨了。其实，减少不必要的卡，本身就是一个提高金钱利用效率的好方法！

【理财圣经】

只留1～2张多功能的银行卡，既可购物消费，也可异地支取现金，而且最好开通了电话银行、网上银行和银证转账，以便实现一卡在手，轻松理财。

工资卡里的钱别闲着

现在，各行各业的人手中都有一张工资卡，但是大家理财的时候往往会忽略掉它，特别是当卡里只剩下一些零头的时候，大家就更不会去理会这张卡了。其实，能够把工资卡里的钱充分利用起来，也是一个很好的积累财富的途径。所以，工资卡里的钱别闲着。

那么该怎样把工资卡里的资金用活呢？

一、活期资金转存为定期

因为工资卡的流动性比较大，所以不能把它作为长期的定期存款，而应该以一些短期的定期存款为主，或者每个月都坚持从里面取出一部分小额资金以零存整取的方式进行存款。这样，比作为活期放在工资卡里所获得的利息要多。而且现在各个银行都为储户提供了自动转存的服务，如果你觉得每个月都跑银行太麻烦的话，你完全可以设定好零用钱金额、选择好定期储蓄比例和期限，办理约定转存的手续。这样，银行每个月就会主动帮你把你规定的金额转为定期存款，就免去了你跑银行的辛苦。

现在各大银行都推出了活期转存定期的灵活操作业务，像民生银行就推出了"钱生钱"理财的业务，这项业务可以自动将活期、定期存款灵活转换，优化组合。

而交通银行推出的双利理财账户业务，在功能方面和民生银行的"钱生钱"很相似，但是有个硬性要求，就是工资卡里的活期账户最低必须留有5000元，其他的金额才能自动转入通知存款账户中，这个对工资卡里的闲钱利用率就显得不太高了。

工行的定活通业务就显得比较灵活，它每月会自动将你工资卡里的活期账户的闲置资金转为定期存款，当你的活期账户的资金不够你用时，定期存款又会自动转为活期存款，方便你的资金周转。

中信银行的中信理财宝也提供定活期灵活转变的业务，

有一点不同的是，如果你透支了工资卡里的活期账户里的资金，只要你在当天的营业结束之前归还，里面的定期存款就不用转换回活期，这样既保证了利息不受损失，又保证了资金的流动性，相对来说还是比较好的。

二、与信用卡绑定

因为工资卡每个月都会存进资金，如果与信用卡绑定的话，你就不用再担心信用卡还款的事，也不用再费时费力地到处找还款的地方，轻轻松松就可以避免银行的罚息和手续费，还能保持自己良好的信用记录，何乐而不为呢？

三、存抵贷，用工资卡来还房贷

因为工资卡上都会备有一些闲钱不会用到，所以如果你有房贷的话，你完全可以办理一个"存抵贷"的理财手续。现在很多银行都推出了"存抵贷"的业务，办理这项业务之后，工资卡上的资金将按照一定的比例当作提前还贷，而节省下来的贷款利息就会被当作你的理财收益返回到你的工资卡上，这样就可以大大提高你工资卡里的有限资金的利用率。

四、基金定投

由于工资卡上每个月都会有一些结余的资金，如果让这些结余资金睡在工资卡里吃活期利息的话，收益微乎其微，还不如通过基金定投来强迫自己进行储蓄。这个基金定投就是每个月在固定的时间投入固定金额的资金到指定的开放式基金中。这个业务也不需要每个月都跑银行，它只要去银行办理一次性的手续，以后的每一期扣款申购都会自动进行，也是比较省心、省事的业务。

以上是一些能够将工资卡里的闲钱用活起来的理财方法，你可以根据自己的收入特点和理财目标，来选择自己的理财方式和固定扣款的金额与周期，把自己工资卡里的闲钱充分调动起来，为自己带来更大的财富收获。

【理财圣经】

咨询自己工资卡所属银行的理财顾问，他会为你推荐一个方便你利用工资卡理财的方案。你也可以到专业的理财网站看看与你处境差不多的人怎么利用工资卡理财，然后选定一个自己的理财方案。

管好自己的信用卡

信用卡，顾名思义就是记载你信用的卡片。使用信用卡能给我们带来许多方便，但在使用的过程中，可能也会遇到很多问题，因此，在这里提醒大家要多加注意，管好自己的信用卡。

你有良好的信用记录，银行才愿意核发信用卡供你使用，而消费状况和还款记录都是银行评估信用的重要参考。个人的消费状况和还款记录，是银行评估消费者信用等级的依据，若信用记录良好的话，未来向银行办理其他手续时，将会享有更好的待遇或者优惠条件。所以你的信用有多重要，你就应该把信用卡看得有多重要。

首先，要妥善保管好信用卡。

信用卡应与身份证件分开存放，因为如果信用卡连同身份证一起丢失的话，冒领人凭卡和身份证便可到银行办理查询密码、转账等业务，所以卡、证分开保管能更好地保证存款安全。另外，信用卡背面都有磁条，它主要是供 ATM 自动取款机和 POS 刷卡机对持卡人的有关资料及账务结算进行读写，所以存放时要注意远离电视机、收音机等磁场以及避免高温辐射；随身携带时，应和手机、传呼等有磁物品分开放置，携带多张银行卡时应放入有间隔层的钱包，以免数据被损害，影响在机器上的使用。

其次，刷卡消费以后应保存好消费的账单。

现在有些不法商人会模仿客户的笔迹，向发卡银行申请款项。在签完信用卡后，收银台通常会给客户一份留存联，

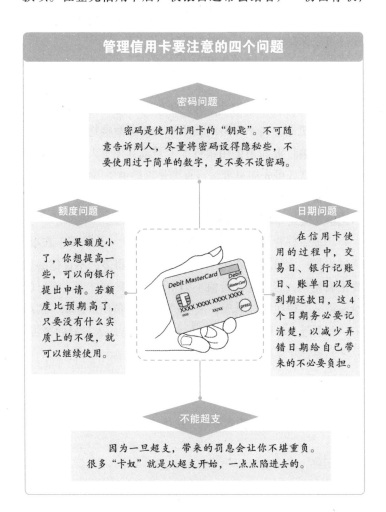

管理信用卡要注意的四个问题

密码问题

密码是使用信用卡的"钥匙"。不可随意告诉别人，尽量将密码设得隐秘些，不要使用过于简单的数字，更不要不设密码。

额度问题

如果额度小了，你想提高一些，可以向银行提出申请。若额度比预期高了，只要没有什么实质上的不便，就可以继续使用。

日期问题

在信用卡使用的过程中，交易日、银行记账日、账单日以及到期还款日，这4个日期务必要记清楚，以减少弄错日期给自己带来的不必要负担。

不能超支

因为一旦超支，带来的罚息会让你不堪重负。很多"卡奴"就是从超支开始，一点点陷进去的。

但有些人当场就把它丢掉，不做记录，也不留下来核对账目。其实这种做法相当危险，最好有个本子记录信用卡的消费日期、地点和金额，以及买过什么物品或用途等，另外要将留存联贴在记录簿上，每月对账单寄来后，核对无误再将留存联丢掉。有些款项的账单未到，要等下个月再核对，但一定要留存证据才不会付不该付的钱。此外，保存信用卡付费记录还可令你在将来对曾买过的东西一目了然。

除了在日常生活中注意用卡安全外，在网上用卡也要多留心。尽量选择较知名、信誉好、已经运营了较长时间且与知名金融机构合作的网站，并且了解交易过程的资料是否有安全加密机制。向不熟悉的或不知名的厂商购物，要注意避免因不了解厂商而被盗用银行卡卡号或其他个人资料。若用信用卡付款，可先向发卡银行查询是否提供盗用免责的保障。注意保留网上消费的记录，以备查询，一旦发现有不明的支出记录，应立即联络发卡银行。

当你做好管理工作之后，你就会发现，一张信用卡在手，比过去把一大堆钱拿在手上要轻便、安全得多。不过你必须要正确使用，否则它的价值不但不能得到良好体现，还可能给你添乱。现在不是出现了很多"卡奴"、信用卡诈骗、信用卡"恶意透支"吗？这些都是给使用信用卡的人最好的警告。总之，要管好你自己的信用卡！

【理财圣经】

在用信用卡之前，计算一下、计较一下、分析一下，就能让你的信用卡发挥最大功效，让你的钱得到最高效的管理。

第三章

把钱用在该用的地方

第一节

学会储蓄，坐收"渔"利

制订合理的储蓄计划

莹莹和小文是好朋友，两人的薪水差不多。小文每个月开销不大，薪水总是在银行定存；莹莹则喜欢买衣服，钱常常不够花。三年下来，小文存了三万，而莹莹只有一些过时的衣服。其实小文很早就有"聚沙成塔"的想法，希望储蓄能帮助自己将小钱累积成大财富。

一般来讲，储蓄的金额应为收入减去支出后的预留金额。在每个月发薪的时候，就应先计算好下个月的固定开支，除了预留一部分"可能的支出"外，剩下的钱应以零存整取的方式存入银行。零存整取即每个月在银行存一个固定的金额，一年或两年后，银行会将本金及利息结算，这类储蓄的利率比活期要高。将一笔钱定存一段时间后，再连本带利一起取出是整存整取。与零存整取一样，整存整取也是一种利率较高的储蓄方式。

也许有人认为，银行储蓄利率意义不大，其实不然。在财富积累的过程中，储蓄的利率高低也很重要。当我们放假时，银行也一样在算利息，所以不要小看这些利息，一年下来也会令你有一笔可观的收入，仔细选择合适的储蓄利率，是将小钱变为大钱的重要方法。

储蓄是一种最安全的投资方式，这是针对储蓄的还本、付息的可靠性而言的。但是，储蓄投资并非没有风险，这主要是指因为利率相对通货膨胀率的变动而对储蓄投资实际收益的影响。不同的储蓄投资组合会获得不同的利息收入。储蓄投资组合的最终目的就是获得最大的利息收入，将储蓄风险降到最低。

合理的储蓄计划最关键的一点就是"分散化原则"。首先，储蓄期限要分散，即根据家庭的实际情况，安排用款计划，将闲余的资金划分为不同的存期，在不影响家庭正常生活的前提下，减少储蓄投资风险，获得最大的收益。其次，储蓄品种要分散，即在将闲余的资金划分期限后，对某一期限的资金在储蓄投资时选择最佳的储蓄品种搭配，以获得最大收益。再次，到期日要分散，即对到期日进行搭配，避免出现集中到期的情况。

每个家庭的实际情况不同，适合的储蓄计划也不尽相同，下面以储蓄期限分散原则来看下常用的计划方案。

一是梯形储蓄方案。也就是将家庭的平均结余资金投放在各种期限不同的储蓄品种上，利用这种储蓄方案，既有利于分散储蓄投资的风险，也有利于简化储蓄投资的操作。运用这种投资法，当期限最短的定期储蓄品种到期后，将收回的利息投入到最长的储蓄品种上，同时，原来期限次短的定期储蓄品种变为期限最短的定期储蓄品种，从而规避了风险，获得了各种定期储蓄品种的平均收益率。

二是杠铃储蓄方案。将投资资金集中于长期和短期的定期储蓄品种上，不持有或少量持有中期的定期储蓄品种，从

常见的三种储蓄法

投资理财的渠道虽然较多，但储蓄依然是人们理财的主要途径，那么，如何做好储蓄呢？

目标储蓄法

想要通过储蓄做到更好的理财，应根据家庭经济收入实际情况建立切实可行的储蓄目标并逐步实施，以实现储蓄目的。

节约储蓄法

在生活中要注意节约，减少不必要的开支，合理消费，用节约下来的钱进行存储，做到积少成多。

计划存储法

可以根据每个月的收入情况，预留出当月必需的费用开支，将余下的钱区分，选择适当的储蓄品种存入银行，这样可以减少随意支出，使家庭经济按计划运转。

而形成杠铃式的储蓄投资组合结构。长期的定期存款优点是收益率高，缺点是流动性和灵活性差。而长期的定期存款之所短恰好是短期的定期存款之所长，两者正好各取所长，扬长避短。

这两种储蓄方案是利率相对稳定时期可以采用的投资计划。在预测到利率变化时，应及时调整计划。如果利率看涨，应该选择短期的储蓄品种去存，以便到期时可以灵活地转入较高的利率轨道；如果利率看低，应该选择存期较长的储蓄品种，以便利率下调时，你的存款利率不变。

【理财圣经】

制订合理的储蓄计划，能够减少储蓄投资风险，获得最大的收益。

如何实现储蓄利益最大化

在家庭理财中，储蓄获利是最好的一种选择。那么如何实现储蓄利益最大化呢？根据自己的不同情况，可以做出多种选择。

一、压缩现款

如果你的月工资为 1000 元，其中 500 元作为生活费，另外结余 500 元留作他用，不仅结余的 500 元应及时存起来生息，就是生活费的 500 元也应将大部分作为活期储蓄，这会使本来暂不用的生活费也能生出利息。

二、尽量不要存活期

一般情况下，存款存期越长，利率越高，所得的利息也就越多。因此，要想在家庭储蓄中获利，你就应该把作为日常生活开支的钱存活期外，结余的都存为定期。

三、不提前支取定期存款

定期存款提前支取，只按活期利率计算利息，若存单即将到期，又急需用钱，可拿存单做抵押，贷一笔金额较存单面额小的钱款，以解燃眉之急，如必须提前支取，则可办理部分提前支取，尽量减少利息损失。

四、存款到期后，要办理续存或转存手续以增加利息

存款到期后应及时支取，有的定期存款到期不取，逾期按活期储蓄利率计付逾期的利息，故要注意存入日期，存款到期就取款或办理转存手续。

五、组合存储可获双份利息

组合存储是一种存本取息与零存整取相组合的储蓄方法，如你现有一笔钱，可以存入存本取息储蓄户，在一个月后，取出存本取息的第一个月利息，再开设一个零存整取储蓄户，然后将每月的利息存入零存整取储蓄。这样，你不仅能得到存本取息的储蓄利息，而且利息在存入零存整取储蓄后又获得了利息。

六、月月存储，充分发挥储蓄的灵活性

月月储蓄说的是 12 张存单储蓄，如果你每月的固定收入为 2500 元，可考虑每月拿出 1000 元用于储蓄，选择一年期限开一张存单，当存足一年后，手中便有 12 张存单，在第一张存单到期时，取出到期本金与利息，和第二期所存的 1000 元相加，再存成一年期定期存单；以此类推，你会时时手中有 12 张存单。一旦急需，可支取到期或近期的存单，减少利息损失，充分发挥储蓄的灵活性。

七、阶梯存储适合工薪家庭

假如你持有 3 万元，可分别用 1 万元开设 1 ~ 3 年期的定期储蓄存单各一份；1 年后，你可用到期的 1 万元，再

开设一个 3 年期的存单，以此类推，3 年后你持有的存单则全部为 3 年期，只是到期的年限不同，依次相差 1 年。这种储蓄方式可使年度储蓄到期额保持等量平衡，既能应对储蓄利率的调整，又可获取 3 年期存款的较高利息。这是一种中长期投资，适宜工薪家庭为子女积累教育基金与婚嫁资金等。

八、四分存储减少不必要的利息损失

若你持有 1 万元，可分存 4 张定期存单，每张存额应注意呈梯形状，以适应急需时不同的数额，可以将 1 万元分别存成 1000 元、2000 元、3000 元、4000 元的 4 张 1 年期定期存单。此种存法，假如在一年内需要动用 2000 元，就只需支取 2000 元的存单，可避免需取小数额却不得不动用大存单的弊端，减少了不必要的利息损失。

九、预支利息

存款时留下支用的钱，实际上就是预支的利息。假如有 1000 元，想存 5 年期，又想预支利息，到期仍拿 1000 元的话，你可以根据现行利率计算一下，存多少钱加上 5 年利息正好为 1000 元，那么余下的钱就可以立即使用，尽管这比 5 年后到期再取的利息少一些，但是考虑到物价等因素，也是很经济的一种办法。

【理财圣经】

储蓄方式可以有各种组合，一笔钱划分为几部分分别存储，提前支取定期存款时办理部分支取，通过银行零存整取业务让利息生利息等手段，目的都只有一个，就是结合每个人自身条件实现储蓄利益的最大化。

会计算利息，明明白白存钱

你知道哪种存款方式最适合你吗？你的钱存在银行能得多少利息？想要明明白白存钱，首先需要了解银行的储蓄利息是如何计算的。

一、储蓄存款利息计算的基本公式

储户在银行存储一定时期和一定数额的存款后，银行按国家规定的利率支付给储户超过本金的那部分资金。利息计算的基本公式为：

利息＝本金 × 存期 × 利率

二、计息的基本规定

1. 计息起点规定。计算各种储蓄存款利息时，各类储蓄均以"元"为计息单位，元以下不计利息。

2. 计算储蓄存期的规定。

（1）算头不算尾。存款的存期是从存入日期起至支取日前一天止，支取的当天不计算，通常称为"算头不算尾"。

（2）月按 30 天，年按 360 天计算。不论大月、小月、平月、闰月，每月均按 30 天计算存期。到期日如遇节假日，储蓄所不营业的，可以在节假日前一日支取，按到期计息，手续按提前支取处理。

（3）按对年对月对日计算。储蓄存款是按对年对月对日来计算的，即自存入日至次年同月同日为一对年，存入日至下月同日为一对月。

（4）过期期间按活期利率计算。各种定期存款，在原定存款期间内，如遇利率调整，不论调高调低，均按存单开户日所定利率计付利息，过期部分按照存款支取日银行挂牌公告的活期存款利率来计算利息。

3. 定期存款在存期内遇到利率调整，按存单开户日挂牌公告的相应的定期储蓄存款利率计付利息。

4. 活期存款在存入期间遇到利率调整，按结息日挂牌公告的活期储蓄存款利率计付利息。

三、计算零存整取储蓄存款的利息

零存整取定期储蓄计息方法一般为"月积数计息"法。其公式为：

利息 = 月存金额 × 累计月积数 × 月利率

累计月积数 =（存入次数 +1）÷2× 存入次数

据此推算 1 年期的累计月积数为（12+1）÷2×12=78，以此类推，3 年期、5 年期的累计月积数分别为 666 和 1830。

四、计算整存零取储蓄存款的利息

整存零取和零存整取储蓄相反，储蓄余额由大到小反方向排列，利息的计算方法和零存整取相同，其计息公式为：

每次支取本金 = 本金 ÷ 约定支取次数

到期应付利息 =（全部本金 + 每次支取金额）÷2× 支取本金次数 × 每次支取间隔期 × 月利率

五、计算存本取息储蓄存款的利息

存本取息定期储蓄每次支取利息金额，按所存本金、存期和规定利率先算出应付利息总数后，再根据储户约定支取利息的次数，计算出平均每次支付利息的金额。逾期支取、提前支取利息计算与整存整取相同，若提前支取，应扣除已分次付给储户的利息，不足时应从本金中扣回。计息公式为：

每次支取利息数 =（本金 × 存期 × 利率）÷ 支取利息次数

六、计算定活两便储蓄存款的利息

定活两便储蓄存款存期在 3 个月以内的按活期计算；存

期在 3 个月以上的，按同档次整存整取定期存款利率的六折计算；存期在 1 年以上（含 1 年）的，无论存期多长，整个存期一律按支取日定期整存整取 1 年期存款利率打六折计息，其公式为：

利息 = 本金 × 存期 × 利率 × 60%

七、计算个人通知存款的利息

个人通知存款是一次存入，一次或分次支取。1 天通知存款需提前 1 天通知，按支取日 1 天通知存款的利率计息；7 天通知存款需提前 7 天通知，按支取日 7 天通知存款的利率计息；不按规定提前通知而要求支取存款的，则按活期利率计息，利随本清。基本计算公式为：

应付利息 = 本金 × 存期 × 相应利率

【理财圣经】

了解了各种利息的计算方法之后，以后存款的时候投资者应先自己计算一下，然后选择能获取最大利息的储蓄种类进行存款，让自己的存款利息最大化。

如何制订家庭储蓄方案

家庭作为一个基本的消费单位，在储蓄时也要讲科学，合理安排。一个家庭平时收入有限，因此对数量有限的家庭资本的储蓄方案需要格外花一番功夫，针对不同的需求，家庭应该分别进行有计划的储蓄。在前面我们已经提到了这方面的一部分内容，现在我们就来系统地谈一谈这个问题，我们的建议是把全家整个经济开支划分为五大类。

一、日常生活开支

在理财过程中，每个家庭都清楚建立家庭就会有一些日常支出，这些支出包括房租、水电、煤气、保险、食品、交通费和任何与孩子有关的开销等，它们是每个月都不可避免的。根据家庭收入的额度，在实施储蓄时，家庭可以建立一个公共账户，采取每人每月拿出一个公正的份额存入这个账户中的方法来负担家庭日常生活开销。

为了使这个公共基金良好地运行，家庭还必须有一些固定的安排，这样才能有规律地充实基金并合理地使用它。实际上家庭对这个共同账户的态度反映出对自己婚姻关系的态度。注意不要随意使用这些钱，而要尽量节约，把这些钱当作是夫妻今后共同生活的投资。另外，对此项开支的储蓄必不可少，应该充分保证其比例和质量，比如家庭可以按照家庭收入的 35% 或 40% 的比例来存储这部分基金。

二、大型消费品开支

家庭建设资金主要是用于购置一些家庭耐用消费品如冰箱、彩电等大件和为未来的房屋购买、装修做经济准备的一项投资。我们建议以家庭固定收入的 20% 作为家庭建设资金，这笔资金的开销可根据实际情况灵活安排，在用不到的时候，它就可以作为家庭的一笔灵活储蓄。

三、文化娱乐开支

现代化的家庭生活，自然避免不了娱乐开支，这部分开支主要用于家庭成员的体育、娱乐和文化等方面的消费。设置它的主要目的是在紧张的工作之余为家庭平淡的生活增添一丝情趣。比如郊游、看书、听音乐会、看球赛，这些都属于家庭娱乐的范畴，在竞争如此激烈的今天，家人难得有时间和心情去享受生活，而这部分开支的设立可以帮助他们品味生活，从而提高生活的质量。我们的建议是：这部分开支的预算不能太少，可以规划出家庭固定收入的 10% 作为预算，其实这也是很好的智力投资，若家庭收入增加，也可以扩大到 15%。

四、理财项目投资

家庭投资是每一个家庭实现家庭资本增长的必要手段，投资的方式有很多种，比较稳妥的如储蓄、债券，风险较大的如基金、股票等，另外收藏也可以作为投资的一种方式，邮币卡及艺术品等都在收藏的范畴之内。我们认为，以家庭固定收入的 20% 作为投资资金对普通家庭来说比较合适，当然，此项资金的投入还要与家庭个人所掌握的金融知识、兴趣爱好以及风险承受能力等要素相结合，在还没有选定投资方式的时候，这笔资金可以先以储蓄的形式保存起来。

五、抚养子女与赡养老人

这项储蓄对家庭来说也是必不可少的，可以说它是为了防患于未然而设计的，孩子的抚养和父母的养老都需要这笔储蓄来支撑。此项储蓄额度应占家庭固定收入的 10%，其比例还可根据每个家庭的实际情况加以调整。

上述五类家庭开支储蓄项目一旦设立，量化好分配比例后，家庭就必须严格遵守，切不可随意变动或半途而废，尤其不要超支、挪用、透支等，否则就会打乱自己的理财计划，甚至造成家庭的"经济失控"。

【理财圣经】

目前，储蓄依然是许多家庭投资理财的主要方式，在利率持续下调的形势下，如果能掌握储蓄的一些窍门，仍可获取较高的利息收入。

第二节

理性消费，花好手中每一分钱

一定要控制住你无穷的购买欲

一走进商场，看到琳琅满目的商品，我们的理智很可能就开始不听使唤了，一款时尚的手机，一个可爱的布娃娃，一串好看的风铃，甚至是一堆根本不需要的锅碗瓢盆，都可能被我们一股脑地搬回家。事实上，这些买回家的东西有的半年也不见得会用上一次，结果不仅霸占了空间，而且浪费了钱财。

小莉最近要搬家，在整理屋子时，居然找出了 9 个基本没用过的漂亮包包和 12 双只穿过两三次的鞋，有的鞋连商标都还在。这些东西"重见天日"的时候小莉自己都很惊讶，她根本记不清自己何时买了这些东西，就更谈不上使用它们了。其实这些东西大多是小莉一时冲动买下的，有时是经不起店员甜言蜜语的劝说，有时是受不了商家打折的诱惑，还有时是自己看走了眼……买回来之后，她却发现这些物品没有什么用武之地，所以只好将它们"打入冷宫"，然后渐渐遗忘了。虽然现在扔掉这些物品小莉觉得确实可惜，不过为了减少搬家的负担和节约空间，也只好如此了。

其实，有不少人会买一些根本用不着的东西，比如不断地买各式各样的本子，但发现几乎没有几个用得上，全是用来"展览"的。时间长了，这些不必要的开支就很容易造成自己的、家庭的"财政危机"。大部分人都做过明星或者贵族梦，可现实生活中他们既不是明星大腕，也不是富有的贵族，所以并没有大把的钱财供自己挥霍，还是要学会控制自己的购买欲，节省开支。

1.业余时间尽量少逛街，多读书看报，学习专业技能，这样既可以起到节流的作用，也能为开源做好准备。如果需要上街买东西，在逛街之前先在脑子里盘算一下急需购买的东西，用笔记下来，然后只买计划好的东西。尽量缩短逛街时间，因为在街上、在商场里逛的时间越长，越容易引起购买物品的欲望，最好是速战速决，买到急需的物品后，立即打道回府。

2.逛街时最好找个人陪同，特别是购买衣服时，不要听导购员夸你几句漂亮、身材好之类的话就晕头转向，立即掏腰包买下不合适的衣服。要多听听同伴的意见，当然自己也要有主见，不要一时耳根软，买回家后只能让衣服压箱底，造成不必要的浪费。

意志比较薄弱的人不要陪朋友购物，因为这种人在陪购时，往往经不住商品的诱惑，朋友没动心，自己反倒买回一堆不需要的东西。对打折或大甩卖、大减价的商品，购买之前一定要三思，不要因为价钱便宜就头脑发热，盲目抢购。因为这些物品往往样式过时或在质量上存在一些问题，买回来后使用寿命不长，反而得不偿失。

3.心情不好的时候千万不要上街购物，以发泄的心态购物，待情绪稳定以后，一定会追悔莫及。喜欢上某物品，先不要着急购买，克制一下迫切需要的心态。冷静几天后，如果还是想买，热情丝毫未减，这时再做购买的打算也不迟。

4.做好消费计划。有的人买东西缺乏计划性，常在急需的时候才匆匆忙忙跑进商店买东西，结果根本来不及选择、比价。有的人当季的衣服一上柜就掏腰包，以至于买到的永远都是高价货。还有的人买东西总喜欢零零星星就近购买，费时费力，还常花冤枉钱。做好消费计划可是一门学问，细到不能再细才好，包括购物时机和地点，再配合时间性或季节性，就会省下不少开销。比如，你可以把每一段时间需要的东西列一个清单，然后一次性购买，不仅省时，而且有利于理性消费。还要尽量减少购物的次数，因为货架上琳琅满目的陈列品很容易让你的购买欲一发不可收拾，结果便是无限量超支。

【理财圣经】

购买欲是造成我们"财政危机"的主因，所以我们要通过少逛街、做好消费计划等着手节省开支。

只买需要的，不买想要的

现在的商品琳琅满目、种类繁多，精明的商家又花样百出，喜欢用大幅的海报、醒目的图片和夸张的语言吸引你，时时采取减价、优惠、促销等手段，有时特价商品的价格还会用醒目的颜色标出，并在原价上打个×，让你感到无比的实惠。很多人都在这种实惠的假象中误把"想要"当"需要"，掏钱购买了一大堆对自己无用的东西。

如果你面对诱惑蠢蠢欲动，但是又发现物品的价钱超出你的承受能力，那么你应该分析"想要"和"需要"之间的差别，并在购物时提醒自己要坚持一个原则，那就是只买需要的，不买想要的。

把钱和注意力集中在有意义的或是有用的东西上才值得，如果是真的需要，那么可以在其他支出方面节省一些，在你的预算范围内，还能抽出钱来购买所需的东西；如果只是单纯的"想要"，想一想那些因你冲动购买而仍被置于冷宫的物品吧，你还要再犯相同的错误吗？

其实，人们对物品的占有欲与对物品的需求没有什么关联，你可能并不是因为需要某样东西才想去拥有它。此时不妨先冷静一下，转移一下注意力，当你过几天再回头看时，说不定发现自己已经不想要那个东西了。这样，尽管你买的东西比想要的少，但是能收益更多，并逐渐养成良好的消费习惯。

圣地亚哥国家理财教育中心提出了"选择性消费"的观念，即当你想购买某物时，你不应该对自己说："我该不该买这东西？"而应该问自己："这东西所值的价钱，是不是在我这个月的预算内？是否正是我所要花的钱？"换句话说，你要问问自己，这东西到底是不是必须得买的，而不是仅仅告诉自己这笔钱能不能花。

不要误以为这种选择性消费很简单，其实它并不简单，需要我们不断地练习。首先你要给自己一些选择，先列出物品的优先顺序，然后再列出一个购物清单。问问自己，用同样的金额，还可以购买哪些东西？至少去比较三个不同商品的价格、服务和品质，你将会看到什么事情发生？你的消费是可以掌控的，只要远离错误的习惯、冲动或者广告，你将能够购买真正想要的东西。如果养成了这个习惯，你就能够聪明地消费，并存下省下来的钱。

在你养成选择性消费的习惯之前，必须先知道怎么处理你的金钱。通常人们在还没改变消费习惯之前，是不会开始储蓄的。除非你能增加所得，否则要想多存一点儿，就必须

做到"精明消费"需要把握 3 个原则

有时候贵的并不一定是最好的，物美价廉才是我们最终的追求，要想买到物美价廉的商品，需要把握以下原则：

货比三家不吃亏

购物之前，特别是购买大件商品之前，必须货比三家，了解商品的市场价位。货比三家有利于更好地做选择。

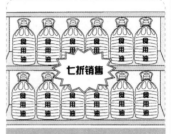

巧用促销巧省钱

如果购买的是必需品，在商家的促销时间购买可以巧妙地为自己省钱。

多在大型市场或批发市场购物

大型市场或批发市场商品的可选择余地比较大，且价格多实惠公道，可以更好地理性消费。

少花一点儿。为了克服花钱随心所欲的习惯，在消费前先要问自己几个必要的问题：

一、为什么要买

一般说来，月收入首先要保证生活开支，而后才能考虑发展消费与享受消费。杜绝攀比跟风要贯彻始终，否则，以人之入量己之出，势必使消费结构偏离健康态势，导致捉襟见肘。任何人在添置物品之前，尤其是购买那些价值较高、属于发展性需要的大件时，都会郑重地权衡一下是否必须购置，是否符合自己的需求，是否为自己的经济收入和财力状况所允许。

二、买什么

从生存需求来看，柴米油盐等属于非买不可的物品；从享受性需求来看，美味可口的高档食品、做工考究的精美服饰要与自己的经济实力挂钩；从发展性需求来看，音响是否高级进口、彩电是否超平面屏幕、沙发是否真皮等，虽是生活所需，但也并非"必需"；孩子的教育开支则应列入常备必要项。因此，添置物品应该进行周密的考虑，切不可脱离现实，盲目攀比，超前消费。

三、什么时间去买

买东西选择时机十分重要。如在夏天时买冬天用的东西，冬天时买夏天用的东西，反季购买往往价格便宜又能从容地挑选。有的新产品刚投入市场时，属试产阶段，往往质量上还不够稳定，如为了先"有"为快或为了赶时髦而急着购买，就有可能带来烦恼和损失。不急用的物品也不要"赶热闹"盲目消费，不妨把闲散的钱存入银行以应急，等到新产品成熟或市场饱和时再购买，就能一块钱当作两块钱花，大大提高家庭消费的经济效益。

四、到什么地方去买

一般情况下，土特产在产地购买货真价实；进口货、舶来品在沿海地区购买，往往比内地花费要少。即使在同一地方的几家商店内，也有一个"货比三家不吃亏"的原则。购物时应多走几家商店，对商品进行对比、鉴别，力争以便宜的价格买到称心的商品，只要不怕费精力、花时间。

花钱没有错，花钱可以买到你需要的东西，可以让你充分享受人生。但也不要随心所欲地挥霍，在花钱时先问自己一些问题，时常保持清醒的头脑，从自己的具体情况出发，有选择性地消费，这样你才能享受到更多花钱的乐趣。

【理财圣经】

面对多种商品以及打折、广告的诱惑，要想控制住蠢蠢欲动的购买欲，就得分析"想要"和"需要"之间的差别，只买需要的，不买想要的。

只买对的，不买贵的

一个穷人家徒四壁，只得头顶着一只旧木碗四处流浪。一天，穷人上了一只渔船去当帮工。不幸的是，渔船在航行中遇到了特大风浪，被大海吞没了。船上的人几乎都淹死了，只有穷人抱着一根大木头才幸免于难。穷人被海水冲到一个小岛上，岛上的酋长看见穷人头顶的木碗，感到非常新奇，便用一大口袋最好的珍珠、宝石换走了木碗，还派人把穷人送回了家。

一个富翁听到穷人的奇遇，心中暗想：一只木碗都能换回这么多宝贝，如果我送去很多可口的食品，该换回多少宝贝！于是富翁装了满满一船山珍海味和美酒，找到了穷人去过的小岛。酋长接受了富人送来的礼物，品尝之后赞不绝口，声称要送给他最珍贵的东西。富人心中暗自得意。一抬头，富人猛然看见酋长双手捧着的"珍贵礼物"，不由得愣住了：居然是穷人用过的那只旧木碗！

　　故事中，穷人和富翁之所以会有截然不同的结局，归根结底是因为这个岛上的酋长对于"最珍贵的东西"这个概念有着和常人不一样的理解。在他看来，珍珠、宝石是最不值钱的东西，而那只旧木碗则是最珍贵的宝物，因此，当富翁用山珍海味款待了他之后，他才会将"最珍贵的东西"献给富翁，以表达自己的感激之情。这里的珍珠、宝石和木碗的价值逆差在经济学中被称为"价值悖论"，用于特指某些物品虽然实用价值大，却很廉价，而另一些物品虽然实用价值不大，却很昂贵的一种特殊现象。

　　对于"价值悖论"的概念，早在200多年前，著名经济学家亚当·斯密就在《国富论》中提到过，他说："没有什么能比水更有用，然而水却很少能交换到任何东西。相反，钻石几乎没有任何使用价值，却经常可以交换到大量的其他物品。换句话说，为什么对生活如此必不可少的水几乎没有价值，而只能用作装饰的钻石却能索取高昂的价格？"这就是著名的"钻石与水悖论"。如果用我们今天的经济学知识来解释这一现象，其实并不是很难。

　　我们知道，一种商品的稳健价格主要取决于市场上这种商品的供给与需求量的平衡，也就是供给曲线和需求曲线相交时的均衡价格。当供给量和需求量都很大的时候，供给曲线和需求曲线将在一个很低的均衡价格上相交，这就是该商品的市场价格。比如说水，水虽然是我们生活中必不可少的一种商品，但它同时也是地球上最为普遍、最为丰盈的一种资源，供给量相当庞大，因此，水的供给曲线和需求曲线相交在很低的价格水平上，这就造成了水的价格低廉。相反，如果该商品是钻石、珠宝等对人们生活需求不是很大的稀缺资源，那么它的供给量就会很少，供给曲线和需求曲线将在很高的位置上相交，这就决定了这些稀缺资源的高价位。通俗地讲，就是物以稀为贵，什么东西见得少了，什么东西不容易得到，那么什么东西就会拥有高价位，这就是价值悖论的根本原因。

那么，价值悖论和理财又有什么关系呢？我们知道，理财包括生产、消费、投资等多个方面，而价值悖论原理在家庭理财中的运用就是针对消费方面来说的，具体而言，就是针对消费中如何"只买对的，不买贵的"这一微观现象而言的。

第一，不要什么东西都在专卖店里买。专卖店里的东西一般来说总是比大型商场或超市里的东西要贵很多，因此，我们要有选择地在专卖店里买东西。一些工作应酬必须穿的高档服装或是家电等耐用消费品，最好是去专卖店里选购，因为专卖店里的商品一般都有很好的质量信誉保证，因此在售后服务方面会比商场和超市要好一些。但是一些无关紧要的生活用品，比如运动鞋、居家服装等，就没有必要非要到专卖店里选购了，这样一来，我们就可以为家庭省去很多不必要的开支。

第二，选购电器不要盲目追求最新款。很多商家都会在你选购家电的时候向你推荐一些最新款式或最优配置的商品，这些拥有最新性能的商品由于刚刚上市，往往价格都比其他商品高出许多。这时候就需要消费者对自己的实际需求做一个初步的评估，切不可不顾自己的实际需求盲目追求最新款。尤其是在选购电脑上，除非你是一位专业制图人员或者专业分析软件的行家，否则不要一味地在电脑上追求最新配置。因为电子产品的更新速度实在太快了，或许你今天买的电脑是最优配置，但是明天就会有更新配置的电脑出现在市场上，消费者的步伐是永远赶不上产品更新换代的速度的。因此，我们在选购电子产品或者家电时一定要根据自己的实际需要，选择最适合我们的，而不是最贵、最好的。

第三，选购化妆品时要结合自身的肤质、肤色和脸形选择适合自己的，不要盲目追求高档产品。爱美是每一个人的天性，尤其是女人，似乎天生对美丽有着乐此不疲的追求，于是带动了整个化妆品行业的蓬勃发展。但是，女性朋友们在选购化妆品的时候千万不能盲目神化高档化妆品的功效，而应该先对自己的肤质、肤色、脸形进行鉴定，并根据鉴定结果选择最适合自己的化妆品，确保物尽其用。比如，护手霜有很多种，价位也从几元到几百元不等，但如果你仅仅是想让自己的玉手在冬天仍保持滋润白嫩而不至于干裂，完全可以选择几元一瓶的甘油或者更便宜的雪花膏，根本没必要买几百元的高档产品。

第四，购置房产要量力而行，不要一味追求面积。拥有一套宽敞明亮的大房子是现在很多人的梦想，尤其是对于那些初涉社会的年轻人来说，这更是一件梦寐以求的事情。但是，很多人在购房时都会有这样一个误区：房子越大越好。其实，这是一种虚荣的表现，更是家庭理财中的大忌。以一个标准的三口之家为例，选择一套 70 平方米两室一厅的住宅就足够用了，如果按照每平方米 5000 元的均价计算需要 35万。但如果他们选购的是一套 120 平方米的住宅，就将多花25 万，这还不包括装修费用、物业费用、取暖费用和打扫房间的时间成本。况且，由于人少，房间并不能得到充分的利用，实际上是一种资源的浪费。因此，我们在买房的时候一定要根据自己的需要买最适合自己的房产。

只要我们时刻将自己的实际需求放在首要位置，恪守"只买对的，不买贵的"的原则，我们就一定能让财富发挥出最佳的功效来。

【理财圣经】

理财关键点：只买对的，不买贵的。

消费陷阱，见招拆招

在我们的生活中，处处存在着消费陷阱，我们一定要擦亮眼睛，不要让那些刻意制造陷阱的人有机可乘。

陷阱一：抬价再打折。

田田上周末在某商场看上一双长靴，刚到膝盖的长度、镂空的花纹、中性的鞋跟设计，正是自己心仪已久的款式。田田一见商场在搞岁末促销，不由得心动，虽然后半个月手里只剩下1000元钱，但她还是狠狠心买下了这款打折后800多元的长靴。

三天后，田田陪好友到其他商场，看见同一款靴子价格竟然比自己买的时候便宜了100多元，店员说这个活动已经在所有专卖店搞了近一周了。田田听了后悔不已，想去换鞋，可自己已经穿了三天，也找不到适当的理由。

见招拆招：人为制造卖点已经不是什么稀奇的事情，消费者遇到这种情况时一定要保持冷静。

应对措施：

按照个人的需求和经济条件来选购商品。

货比三家。

陷阱二："免费"不免。

吴先生反映，自己好好的身体在一家检测身体微循环的免费摊位前被忽悠成了内分泌失调。摊主一通乱侃，最后向吴先生推销他们几百元一个疗程的保健食品，吴先生想方设法摆脱摊主的纠缠，迅速逃离了该摊位，之后吴先生还不放心地去体验中心认真检查了一遍。

见招拆招：为推销产品，厂商可谓花招迭出，打着"义诊"和"免费咨询"旗号把产品吹得神乎其神，特别是一些中老年人很容易走进陷阱。像商场中免费测试的柜台，在那里检测身体，没病也可能被说成大病。

应对措施：

保健品属于食品，不具备治病功效，不要被商家迷惑。

对承诺先购买保健品，再"实行返款"的厂商要特别警惕。

不要光顾免费摊点。

陷阱三：网上消费"钓鱼"。

老张说，自己曾当了回"大鱼"，让网上卖家放长线给卖了。事情是这样的：老张看上了一款手机，由于早已是此店的熟客，因此他下意识地将钱直接打到了店主账上。

见招拆招：网上不法分子惯用的行骗伎俩是，伪造各种证件和身份以骗取网民的信任，在网页上以超低价商品或优惠服务的广告"钓鱼"，先以少量的商品和费用将客户套住，然后反复地敲诈，当钱财到手后立即销声匿迹。

应对措施：

不要轻信广告和贪图便宜。

不论与卖家是否熟识，购买大件商品或进行大额交易，都应采取货到付款方式，并且要在当面验货和检查相关凭证以后再给钱。

陷阱四：短信服务"中大奖"。

网友木头苦于手机被短信小广告轰炸。木头用的是全球通的号码，据他说，估计自己的号码十有八九被泄露出去了，什么装卫星电视啊、你刷卡消费了、你收到祝福点歌了，每天都能收到十几条。最可恶的就是夜里两点多，小广告还在孜孜不倦地发着。

见招拆招：至今仍有个别骗子以免费服务、祝福或点歌、"中大奖"等为诱饵，骗取消费者的钱财。

应对措施：

当出现陌生者的短信时，要有所警觉，若贸然回复就正中了不法运营商的奸计。

在接到"中了某项大奖"的告知时要坚信"天上不会掉馅饼"。

碰到确实需要的信息服务时，应把服务内容和资费标准都了解清楚后再回复。要留意查验每月的资费清单，发现问题及时询问或向有关方面投诉。

陷阱五："缩水"低价旅游。

马上就是元旦小长假了，旅行社的超低报价和"黄金线路"再度成为招徕游客的吸引点。赶上旅游淡季，小花表示，在某网站上看到的"一元团"报价确实诱人，但曾经被导游忽悠买了上千元没用饰品的小花决定不再上当了。小花说，虽然团费很便宜，但是后面还有购物等着你，实际的服务项目和服务质量会大打折扣。

见招拆招：旅行社的报价越低，旅行中的个人额外开支可能会越多，同时交通和食宿的条件也相对较差。

应对措施：

出行前要对组团的旅行社和出游的线路进行筛选和判断。

一旦真的选择了低价旅游，不要因导游的脸色而勉强接受购物，否则到时候吃亏的还是自己。

【理财圣经】

商家总是会处心积虑地设计各种消费陷阱，消费时一定要擦亮眼睛，识别出陷阱并见招拆招。

第三节

精明省钱，省下的就是赚到的

省一分钱，就是赚了一分钱

省钱也是一门技术，不要以为钱多的人就不在乎小钱，也不要以为跨国企业等大企业就有多么"豪爽"。日本很多公司的产品都成功地打入了欧美市场，它们靠的就是节约精神。比如日立公司，它的成功可以归结于该公司的"三大支柱"——节约精神、技术和人。日立公司的节约精神举世闻名，正是这种节约精神给日立公司带来了巨大的经济效益。

在暑气逼人的炎热夏日，日立的工厂里不但没有冷气设备，甚至电扇都极少见。他们认为：日立工厂的厂房高30米，又坐落在海滨，安装冷气太浪费了。厂里还规定用不着的电灯必须熄灭。午休时留在房间里的员工一律在微暗的角落里聊天。只有当有事时，他们才伸手拉亮荧光灯。在日立总部也是这样，客人在办公室坐定，日立的职员才去拉灯绳开灯。

无独有偶，根据纽约大学经济学教授伍尔夫发表的统计报告，比尔·盖茨的个人净资产已经超过美国40%最贫穷人口的所有房产、退休金及投资的财富总值。简单来说，他6

个月的资产就可以增加 160 亿美元，相当于每秒有 2500 美元的进账。互联网上有人据此编了个笑话，说盖茨就算掉了一张 1 万美元的支票在地上，他也不该去捡，因为他可以利用这弯腰的 5 秒钟赚更多的钱。

然而，盖茨的节俭意识和节俭精神更让人敬佩。

一次，盖茨和一位朋友同车前往希尔顿饭店开会，由于去迟了，以致找不到停车位。他的朋友建议把车停到饭店的贵宾车位上，但是盖茨不同意："噢，这可要花 12 美元，可不是个好价钱。""我来付。"他的朋友说。"那可不是个好主意，"盖茨坚持不将汽车停放在贵宾车位上，"这样太浪费了。"由于比尔·盖茨的坚持，汽车最终没有停在贵宾车位上。

难道盖茨小气、吝啬到已成为守财奴的地步了？当然不是。那么到底是什么原因使盖茨不愿意多花几美元将车停在贵宾车位上呢？原因其实很简单，盖茨作为一位天才商人，深深地懂得花钱应像炒菜放盐一样恰到好处，哪怕只是很少的几元钱也要让其发挥出最大的效益。他认为，一个人只有用好了自己的每一分钱，他才能做好自己的事情。

美国有位作者以"你知道你家每年的花费是多少吗"为题进行调查，结果近 62.4% 的百万富翁回答"知道"，而非百万富翁则只有 35% 知道。该作者又以"你每年的衣食住行支出是否都根据预算"为题进行调查，结果竟是惊人地相似：百万富翁中做预算的占 2/3，而非百万富翁只有 1/3。进一步分析，不做预算的百万富翁大都用一种特殊的方式控制支出，即造成人为的相对经济窘境，这正好反映了富人和普通人在对待钱财上的区别。节俭是大多数富人共有的特点，也是他们之所以成为富人的一个重要原因。他们养成了精打细算的习惯，有钱就好好规划，而不是乱花。他们省下手中的钱，然后用在更有意义的地方。

　　节省你手中的钱，对你个人的意义很大。节省下来的钱可以放到更有意义的地方。如果拿去投资，也许你省的就不只是节省下的这些钱了。对一个企业而言，节俭可以有效地降低成本，增加产品的市场竞争力。

节约生活开支的 4 个窍门

懂得一些生活理财的窍门，会帮你节约一大笔开支，让生活变得有滋有味。

一次买齐这些天用的。

去超市集中购买日常用品

您好，欢迎办理淡季旅游。

春风旅行社

旅游安排在淡季

今日特价

每天关注商家的折扣信息

环保出行

珍惜你手中的每一分钱，只有这样，你才能积聚腾飞的力量，才有获取百万家财的可能。

【理财圣经】

不要轻视小钱，节省一分钱，就相当于赚了一分钱。珍惜你手中的每一分钱，这样你的财富会越积越多。

跟富豪们学习省钱的技巧

2008 年 3 月 6 日，《福布斯》杂志发布了最新的全球富豪榜，资本投资人沃伦·巴菲特取代了比尔·盖茨成为新的全球首富。当有人打电话祝贺这位新晋首富时，沃伦·巴菲特却幽默地表示："如果你想知道我为什么能超过比尔·盖茨，我可以告诉你，是因为我花得少，这是对我节俭的一种奖赏。"

盖茨针对巴菲特的言论回应时说道，他很高兴将首富的位置让给沃伦。上周末他们一起打高尔夫球时，沃伦为了省钱，居然用邦迪创可贴代替高尔夫手套，虽然打起球来不好使，但沃伦毕竟省了数美元。沃伦当选首富的主要原因，不是伯克希尔公司股票的上涨，而是在这点上。

事实上，巴菲特能荣登全球首富并不是靠不愿买手套这种省钱方法，但他的个人生活确实非常简单。他住的是老家几十年前盖的老房子，就连汽车也是普通的美国车，用了 10 年之后才交给秘书继续使用。他也经常吃汉堡包、喝可乐，几乎没有任何奢侈消费。真正的大富豪都是"小气鬼"，他们在生活中都是非常节俭的。

一、比尔·盖茨：善用每一分钱

据说有人曾经计算过，比尔·盖茨的财富可以用来买 31.57 架航天飞机，拍摄 268 部《泰坦尼克号》，买 15.6 万部劳斯莱斯产的本特利大陆型豪华轿车。但实际上,比尔·盖茨只有位于西雅图郊区价值5300万美元的豪宅可称得上奢华的设施。豪宅内陈设相当简单,并不是常人想象的那样富丽堂皇。盖茨曾说过:"我要把我所赚到的每一笔钱都花得很有价值,不会浪费一分钱。"

二、"小气鬼"坎普拉德

瑞典宜家公司创始人英瓦尔·坎普拉德是一个拥有280亿美元净资产,在30多个国家拥有202家连锁店的大富豪。在2006年度《福布斯》全球富豪榜上排名第四的坎普拉德,却被瑞典人称作"小气鬼"。有人这样描述他:至今仍然开着一辆已经有15个年头的旧车,乘飞机最爱选的是"经济舱",日常生活一般都买"廉价商品",家中大部分家具也都是便宜好用的家具,他还要求公司员工用纸时不要只写一面。

从这一个个"小气"的细节中,我们可以看出坎普拉德崇尚节俭的人生境界。在公司内部提倡节俭,他自己是当之无愧的"节俭"带头人,已经成为全公司上下学习的楷模。节俭是一种美德、一种责任,是一种让人自豪的行为,一种律己的行为。

三、李嘉诚:不浪费一片西红柿

李嘉诚在生活上不怎么讲究,皮鞋坏了,他觉得扔掉太可惜,补好了照样可以穿,所以他的皮鞋十双有五双是旧的;西装穿十年八年是平常事。他坚持身着蓝色传统西服,佩戴的是一块价值26美元的手表。

一次,李嘉诚在澳门参加一个招待会。宴席快结束时,他看到桌上的一个盘子里剩下两片西红柿,就笑着吩咐身边的一位高级助手,两人一人一片把西红柿分吃了,这个小小的举动感动了在场的所有人。

四、"抠门"的李书福

在吉利集团董事长李书福身上，最著名的是他那双鞋。一次在接受采访时，李书福曾当场把鞋脱下，表示这双价格只有 80 元的皮鞋为浙江一家企业生产，物美价廉，结实耐用。

他还边展示自己的鞋子边说："今天太忙没有擦亮，擦亮是非常漂亮的。"其实这双鞋已经穿了两年了。接着，他拉着自己的衬衣问旁边的助理："咱们的衬衣多少钱？""30 元。"助理回答。"这是纯棉的，质量很不错。"李书福说道。

据吉利内部人员透露，他们很难见到李书福买 500 元以上的衣服，让秘书去买西装时，他总是特别强调要 300 块钱一套的。平时，李书福也总穿一件黄色的夹克，在厂区干脆就穿工作服，好像就只有一套稍好点儿的西服，是他在非常重要的场合才穿的形象服。

五、王永庆：吃自家菜园的菜

王永庆是台塑集团创始人，个人资产虽然多达 430 亿人民币，但是他生活非常俭朴。他在台塑顶楼开辟了一个菜园，母亲去世前，他吃的都是自己种的菜。生活上，他极其节俭：肥皂用到剩下一小片，还要再粘在整块上用完为止，每天做健身毛巾操的毛巾用了 27 年。

【理财圣经】

省钱绝对不是小家子气，财富中的很大一部分是省出来的。

赚钱能力与省钱智力同等重要

赚钱能力的大小不是决定财富的唯一因素，财富多少也与省钱的智力高低有很大的关系。省钱是一种生活的智慧，勤俭节约自古以来就是中华民族的传统美德，"省钱是智慧，勤俭是美德"的道理大家都明白，如果你具备了省钱的智力，也就是会赚钱，节省一分钱，就等于赚了一分钱。因此，对于财富的积累来说，省钱智力与赚钱能力一样重要。

美国著名理财专家乔治·克拉森在其著作《巴比伦富翁的秘密》中论述：用收入的10%，养活你的"金母鸡"。

"治愈贫穷的第一个妙方，就是每赚进10个钱币，至多花掉9个。长此坚持不懈，这样你的钱包将很快开始鼓胀起来。钱包不断增加的重量，会让你抓在手里的感觉好极了，而且也会让你的灵魂得到一种奇妙的满足。

"它的妙处就在于，当我们的支出不再超过所有收入的9/10，我们的生活过得并不比以前匮乏。而且不久以后，钱币比以前更加容易积攒下来。"

相信很多人都会有这样一个愿望，就是无论自己年龄多大，都是一位经济条件优越，过着有品质的生活，打扮体面入时，散发着自信魅力的优雅人士。但是我们不得不承认，这样的幸福生活是需要用金钱作为物质基础的。所以，为了以后的幸福生活，请记住巴比伦富翁的致富秘诀：用收入的10%，养活你的"金母鸡"。

但仍然有很多人没有意识到省钱的重要性，他们挣的钱并不少，却总是毫无节制地消费，让自己的钱在不知不觉中流失。

文月和夏洁是同事，因为家离得近，所以两人经常一起去逛街。有一次，她们在商场碰到某名牌化妆品成套做优惠活动，文月在那些五颜六色的化妆品中开心地挑选着，结果拿了一大堆，而夏洁逛来逛去，却什么也没有拿。

文月惊讶地问："你怎么什么也没要？"

"我的化妆品还没用完。再说，我想存点儿钱买套房，所以得省一点儿。"

"可是现在很便宜呢，买了很划算！"

夏洁还是摇了摇头。

多年后，夏洁用节省下来的钱先买了一间小套房自己住，后来经济情况稍好点儿，她又买了几套小户型作为投资。正好赶上这几年房价狂飙，如今才30出头的夏洁，已成为一位名副其实的富婆了。再看看文月，依然守着每个月几千块的薪水捉襟见肘地过日子。

文月和夏洁两人的情况正好反映了不同的人在对待钱财上的区别。不懂省钱的人，月月挣钱月月花光，这种不考虑以后的人最后的结局就是穷忙活一场；而有些人养成了精打细算的习惯，对钱财好好规划，而不是乱花。聪明的人懂得省钱的智慧，懂得用辛苦赚来的钱为自己的幸福加分。

请你一定要记住，省钱智力与赚钱能力同样重要，节省一分钱，你就赚了一分钱。如果你对手中的财富不加珍惜，哪怕你有再多的钱，到头来，你也会一无所有。

【理财圣经】

对于财富的积累来说，省钱智力与赚钱能力一样重要。要想做一个既幸福又优雅的人，就要学会好好掌握自己努力赚来的辛苦钱，用你省下的这些钱去养活一只能为你成就财富、会下金蛋的"金母鸡"。

精致生活一样可以省出来

某校有一个从遥远的地方来的青年，据说，他要回一次家，得先坐火车，再坐汽车，之后是马车，之后是背包步行……总而言之，他的家是常人无法想象的遥远。

一个黄昏，他讲了他母亲的故事。这是一位在困窘环境中生活着的瘦削美丽的母亲，她经常说的一句话是："生活可以简陋，但不可以粗糙。"她给孩子做白衬衫、白边儿鞋，让穿着粗布衣服的孩子们在艰辛中明白什么是整洁有序。他说，母亲的言行让他和他的兄弟姐妹们知道，粗劣的土地上一样可以长出美丽的花。人们终于明白，为什么那个养育他成人的窑洞里，会走出那么多有出息的孩子。

和这个青年同一寝室的一位朋友，是富裕家庭里的"宝贝"。他的父母生了5个孩子，只有他一个男孩儿。他来上大学时，他的母亲一下子给他买了10套衣服，可是没有一件被他穿出点儿模样来。他总是随随便便地一扔，想穿了就皱皱巴巴地套上，头发总是在早晨起来变得"张牙舞爪"，怎么梳都梳不顺。他最习惯说的一句话就是："一切都乱了套。"他总也弄不明白，住对床的室友，怎么每一天的日子都过得有滋有味。他的床上，横看竖看都很乱，而对面那张床，洗得发白的床单总是铺得整整齐齐。

那个窑洞里走出的青年，就这样在大家赞叹的眼神中读完了大学，带着爱他的姑娘，到一个美好的城市过着美好的生活。

要拥有精致的生活，当然"随便"不得，追求高品质是每个人的生活目标，但高品质不等于高消费。我们既要自己高兴，又不能让钱包不高兴，其实合理、精明的消费完全可以经营出高品质的生活。

琳琳在结婚前装修了房子，那套美丽的新房给人的感觉是投掷万金，而她并不否认自己花费颇多，但也不无得意地说自己狠狠赚了一把。概括她的原话，大意便是：会花钱就是赚钱。此话怎讲？

原来，琳琳个性独立，创意颇多，在装修前她先是列了

不失品质的新节俭主义

所谓"新节俭",不再是过去的节约一度电、一分钱的概念,也不是一件衣服"新三年,旧三年,缝缝补补又三年"的口号,而是对过度奢华、过度烦琐的一种摒弃,其本身的意义就是"简单生活"。

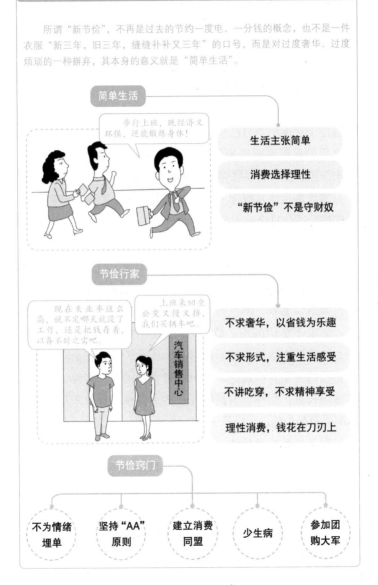

一份详细的计划书。不像其他人装修房子时，将一切都包给装修队，然后花上几万元落个省事清静，有空时才充当监工角色做一番检查。琳琳是将装修当成工作的一个重要调研项目来完成的，从选料选材、看市场，到分门别类挑选工人，她足足花了两个月的时间，最后，这个新房的装修花费总价只有广告上最便宜的价位的一半！

琳琳的喜悦不单单是省了这笔本不可少的开支，更大的价值在于完成一个自己全身心投入的工作时所带来的满足感。这之后的成就感同样加倍而来：闺中密友、邻居、客户纷纷前来取经，都抢着要研究那份详细的计划书。

精致的生活从服饰上可以看出来，服饰并不是新潮就好，合理搭配适合自己的才最好。

除了装修房子，琳琳也是个穿衣打扮的高手，在穿衣上既能穿出花样，又讲究经济实惠：花 1/3 的钱买经典名牌，多数在换季打折时买，能便宜一半；另 1/3 的钱买时髦的大众品牌，如条纹毛衣、闪色衫等，这一部分投资可以使她紧跟形势，形象不至于沉闷；最后 1/3 的钱花在买便宜的无名服饰上，如造型别致的 T 恤、白衬衫、运动夹克，完全可以按照她自己的美学观去选择。有时一件无名的运动夹克，配上名牌休闲长裤，那种"为我所有"的创造性发挥，才是最能显示眼光及品位的。

有条件就要过精致一点儿的生活，这是一种品位，一种格调。但是不能将精致生活同高消费、奢侈品等同起来，精致生活除了需要去打造，更重要的是需要用心去经营。

【理财圣经】

高品质不等于高消费，只要懂得精明的消费，花少量的钱也可以经营出高品质的生活。

科学生活，精打细算过日子

会理财才能当好家

从前有一位富翁，他惜财如命，从来不舍得花一两银子，虽然他有万贯家财，却从来不想着去使用这些金银。年老的时候，他将自己辛辛苦苦置办的家业兑换成了一麻袋金子放在自己的床头，每天睡觉时，他都要看看这些黄金，摸摸这些财富。

但是有一天，这位富翁忽然开始担心这袋黄金会被歹徒偷走，于是他跑到森林里，在一块大石头底下挖了一个大洞，把这麻袋黄金埋在洞里面。这下富翁感觉轻松了很多，也不担心自己的金银会被歹徒偷走了。平时，他总是隔三岔五地来到森林里看看黄金，只要能看到这些黄金，他心里就会感到无比的幸福。

然而，好景不长，富翁频频进入森林的举动引起了一个歹徒的注意，当歹徒发现富翁的这个秘密后，就尾随他找到了这麻袋黄金，并在第二天一大早就把黄金给偷走了。富翁发觉自己埋藏已久的黄金被人偷走之后，非常伤心，郁郁寡欢，不久就命丧黄泉了。

这个故事告诉我们一个很浅显的道理，那就是财富如果不能为我们所用，那就和没有财富是一样的。因此，理财就是要教我们如何用钱、如何花钱、如何让钱生出更多的钱，而不是单纯教我们如何省钱、如何存钱。

从广义上讲，理财是一项涉及职业生涯规划、家庭生活和消费的安排、金融投资、房地产投资、实业投资、保险规划、税务规划、资产安排和配置以及资金的流动性安排、债务控制、财产公证、遗产分配等方面的综合规划和安排的过程。它不是一个简单的找到发财门路的过程，更不是一项能够做出决策的投资方案，而是一种规划，一个系统，一段与自己生命周期同样漫长的经历。在理财的规划中，人们不仅要考虑财富的积累，还要考虑财富的保障和分配，因此我们说，理财的全部归根结底就是增加和保障财富。

古人言：金银财宝，生不带来，死不带去。因此，我们应该在自己的有生之年好好对金钱进行合理的规划，让这些财富取之有道、用之有道，为自己和家人的生活增添乐趣和幸福，让这些财富能够充分为我们所用。

然而，就目前的经济状况来看，我国还属于发展中国家，经济收入还处于较低水准，这就意味着中国绝大部分的家庭还处于低收入水平，家庭财务状况还不是很理想，这就意味着中国的家庭更需要一种经济实用，能让财富发挥出最大效益的财务规划手段，也就是家庭理财学。具体来说，家庭理财学在现阶段家庭理财中具有以下五种最重要的优势：

第一，家庭理财能够分散投资，规避风险。

众所周知，每一种投资都会伴随着风险，而我们所要做的，就是巧妙地将投资风险的概率降至最低，使之不足以影响我们的生活质量。在家庭理财中，我们应该遵循这样一种投资规则："不要把全部的鸡蛋放在一个篮子里。"也就是说，家庭埋财，我们要分散投资，规避风险。因为好的理财活动不仅能规避风险，还能收到增加收益的效果，这就需要我们对家庭财产进行合理的配置，规划出一套最实用的投资理财结构。那么，究竟怎样的投资结构才是最合理、最能规避风险的呢？怎样才能最大限度地进行资产合理化优化组合呢？一般来讲，最大众的投资搭配方式应该是：在家庭总收入中，消费占45%，储蓄占30%，保险占10%，股票、债券等占10%，其他占5%，这样的投资搭配结构既能保证我们的生活水准不降低，又能规避风险，还能适当增加收入，是一种较为稳妥的投资理财结构。

第二，家庭理财能够聚沙成塔，积累财富。

家庭财富的增加取决于两个方面：一方面要"开源"，即通过各种各样的投资和经营活动增加自己的收入；另一方面要"节流"，即通过合理规划财富，减少不必要的开支。家庭理财的一个至关重要的作用就是能够帮助我们将多余的财富进行合理规划，让"小钱"积累成"大钱"。很多人认为生活中的一些细微开支不需要算得那么清楚，但是长久下去，这将成为家庭中的一个漏洞，会在不经意间将家庭财富毁灭于无形之中。因此，必须用理财这个工具将这个漏洞彻底堵住，不该花的钱一分也不能花。只要我们养成合理规划消费的习惯，慢慢地我们就会发现，那些看似不起眼的小钱一样能成为家庭财富中一笔可观的收入。

第三，家庭理财可以防患未然，未雨绸缪。

人的一生不可能永远一帆风顺，生活中会有一些意想不到的事情让我们烦恼，甚至陷入窘境，因此，我们必须在平时注重家庭理财，对一些突发事件做到未雨绸缪，防患未然。

合理的家庭理财不仅能够增加一些家庭收入，还能让我们在遭遇突发事件时应对自如，不至于手忙脚乱。购买保险、注重储蓄……这些平时对我们的生活并不会造成很大影响的投资方式将会在特定情况下发挥不可估量的作用，为我们雪中送炭。

第四，家庭理财能够稳妥养老，安度晚年。

人总会有年老体弱的一天，人总会有干不动的一天，这就需要我们在年轻的时候对自己的晚年生活进行妥善的安排，让我们的晚年过得有尊严、有自信。现在，社会上大多数年轻人都是独生子女，如果让一对夫妇同时赡养四位老人，除非这对夫妇是腰缠万贯的富翁，否则是根本不可能的。所以，晚年的幸福生活归根结底还是要靠自己。因此，我们年轻的时候一定要做好理财规划，合理稳妥地进行理财，为退休后的晚年生活储备出足够的生活保障金，让自己有一个幸福、独立的晚年生活。

第五，家庭理财能够提高生活质量。

由于对家庭财富进行了合理的规划和安排，家庭成员的生活状况就有了很好的保障，在此基础上，随着理财规划的进一步合理化，家庭的风险抵抗能力将会越来越强。随着家庭收入的不断增多和理财规划的不断合理化，家庭的奋斗目标也将会一步步实现。从租房子到自己买房子，从坐公交车到自己买车，从解决温饱到能够自主旅游……奋斗目标一步步实现的同时，也让家庭成员的生活质量得到了很大的提高，这一切都离不开理财。

【理财圣经】

做好家庭理财，让自己和家人过上幸福的生活。

消费未动，计划先行

林太太是一个很会规划的人，平时总是将自己的工作和生活安排得井井有条，但是她有一个致命的弱点，就是一旦到了超市或者遇到一些"商家挥泪大甩卖"的活动，她总是会克制不住自己而买回一大堆并不需要的东西。

年关将近，为了让春节过得舒舒服服，林太太打算去商场买一些年货回来。她怕自己遗忘，还专门将自己想要买的东西列了一个清单，可是，当林太太到了商场以后，发现满眼都是打折促销，到处都是降价优惠。林太太到处看，觉得这些降价商品似乎都是自己所需要的，即使现在不需要，她觉得以后也会用上。于是，她不顾自己原先列好的那份购物清单，开始了乐此不疲的购物活动，再加上那些导购员的介绍和铺天盖地的广告造势，林太太最终超额完成任务，拎着大包小包的"胜利品"回家了。但是回到家，林太太看着这些"战利品"却后悔了，因为很多东西她根本就用不到。

从林太太的购物故事中我们可以看到，消费其实也是一门很高深的学问，在商品日益丰富的今天，我们的消费欲望总是在主观和客观条件的刺激下无限增强，但是我们的收入却不是总能在短期内有较大幅度的提高，因此，盲目而冲动的消费活动不但不能给家庭带来快乐和幸福，还会让家庭财政陷入危机，让正常的消费活动受到干扰和破坏。也就是说，冲动消费、盲目消费和跟风消费都是家庭理财中的大忌，必须要时刻警惕，而我们唯一能做的就是学会理性消费，做一个聪明的消费者。

消费活动要理性！在我们的日常生活中，有很多地方是要花钱的，衣食住行需要钱，婚丧嫁娶需要钱，买房购车需要钱，社交应酬需要钱……似乎我们的一切活动都离不开金钱。但是，正因为这样，我们才应该学会花钱，把钱花到刀刃上。事实上，消费活动并不单单指花钱购物，更多的是要物超所值，让金钱为我们的生活增加幸福的砝码。那么，如何做一个理性消费者呢？怎样才能将金钱花在最需要的地方呢？要解决这个问题，我们就必须对理性消费的特点进行更深一步的理解和学习，看看真正的理性消费者是怎样进行理财消费的。

一、消费前制订计划

俗话说"凡事预则立，不预则废"，也就是说我们做任何事情都必须提前计划好，这样事到临头才不会慌乱。工作如此，生活如此，消费也同样如此，我们不能只看到眼前的利益而忽视长远利益，也不能因为长远利益而让短期的生活陷进入不敷出的困境。因此，合理的规划和安排是理性消费的基础。

二、节约消费，勤俭持家

勤俭节约是中华民族的传统美德，也是中国人应该履行的一份义务和必须承担的一份责任，而对于家庭消费来说，勤俭节约更是致富之源、幸福之道。要想在理财中做到理性消费，就必须首先学会如何节约用水用电、如何节省不必要的开支等，这不仅是为了减少家庭支出，更是为了节约社会能源，履行公民义务。

三、勤学勤看，勤说勤算

做一个理性消费者就必须"勤"字当头，勤学、勤看、勤说、勤算，就是要我们勤快起来，为我们的消费行为提供最明智的保障。勤学是让我们积极行动起来，通过网络、杂志等途径学习新的理财知识，提高我们自身的理财能力；勤看是让我们货比三家，多打听一些打折促销的消息以及商品新的发展趋势，不要盲目做出决定；勤说是让我们不要惜字如金，要勇敢地和商家讨价还价，尤其是在购买大件商品时，砍下一个小小的零头就可能为我们省下几百元的支出；勤算是让我们精于思考，善于识别商场中打折促销和购物返券活动中的内幕，尤其是在买房购车这样重大的投资上，一定要在按揭还贷上精打细算，因为很多时候，消费者所认识的年利率并不是真正的实际贷款年利率，而是以月为基数所计算的利息利率，这样一来，消费者就会在无形中多还银行很多钱，这并不是欺诈行为，而是由消费者的误解所造成的。总之，理财"勤"为本，要想与商家斗智斗勇就一定要勤快起来，只有比商家更内行，才不会被花言巧语所迷惑。

四、物尽其用，钱尽其能

很多人在选购商品时由于对产品性能和专业知识不了解，很容易受导购员的影响而犹豫不决。因为对于商家来说，赚钱才是硬道理，所以他们很少会站在消费者的立场去考虑商品对于消费者来说到底有多大的实际用途。如果我们盲目听信广告或者商家的介绍，就很可能会陷入被动消费的泥潭中，导致我们的钱不能真正发挥出功效。因此，我们在选购商品之前首先应该将产品的性能与实际生活相比较，看看这些产品的性能到底对我们的用处有多大。比如，对于一般家庭，配置一般的电脑就已经够用了，而有些商家却在显卡、内存、处理器上将最优质的配置介绍给顾客，并不断向顾客讲解优等配置的种种好处，在这种情况下，很多消费者就会产生一种"一步到位"的消费冲动，将本来不适合自己的高档配置的电脑买回家，不但多花了几千块钱，很多功能还用不上，这对于理财来讲，就是莫大的浪费。因此，我们在选购商品

如何做到理性消费

"购物狂"这个词越来越多地出现在我们的生活中，我们卷入一次又一次的购物狂欢节里，心甘情愿地掏腰包并且还乐在其中，那么我们在消费的时候怎么做到理性消费呢？

合理使用信用卡

合理使用信用卡才能使自己的生活质量得到改善，而不是把自己的生活陷入一种还款的旋涡里。

面对大减价要淡定

如果你在超市大减价或者搞活动的时候冷静一点儿，想清楚是否真的需要这些东西，你就会少花很多的冤枉钱。

网上购物狂欢节要理性

网上的物品看似比实体店便宜很多，但质量难以保证。并且可能会因为贪便宜买回很多暂时用不到的东西，甚至永远用不到的东西。

时一定要以"钱尽其用"为原则，不要盲目追求高品质、高性能，让头回来的每一件产品都能真正发挥出它的功效，这才是消费的目的。

【理财圣经】

　　做好计划，理性消费。

做好家庭预算

　　国庆节还没到，刘太太就开始规划未来一个月的家庭理财计划了。她在纸上一笔一笔地记着：给丈夫换一个照相功能好的高档手机，因为丈夫的手机实在太落后了；给儿子买一双耐克牌的运动鞋，因为儿子已经不止一次在她面前提起这个要求了；给自己买一台手提电脑，这样下班后也可以在家轻松办公了；给双方父母的赡养费各 1000 元，这是家庭中每月都必须支出的一项；另外，国庆长假他们还计划去海南旅游，因为沐浴南国阳光一直是他们全家的梦想……刘太太将这些计划一一列在纸上之后就开始算费用，最后得出的费用是 23 580 元。

　　晚饭后，刘太太兴致勃勃地将计划拿给丈夫看，希望能从丈夫那里讨来一点儿赞扬，但是丈夫只是草草看了一下计划单，并没有表态。刘太太问："你觉得这样的计划不好吗？"

　　丈夫微微一笑说："你计划得很好，可是你考虑咱们的家庭收入了吗？"丈夫点了一支烟，慢慢地说："你我一个月的工资加起来也不过一万多块，可是你的这个计划却远远超过了咱们一个月的总收入啊！要我说，我们不妨这样规划。"说着，丈夫拿过计划单，用红笔在上面画着："手机无非就是为了联系方便，照相功能再好也是辅助功能，真要是想照相，还是真正的相机来得实惠。再说咱家不是有相机吗？这项开支完全可以省去。儿子的耐克运动鞋可以在国庆节商家打折促销的时候买，能比平常省去200元。你的手提电脑完全可以缓一缓，等到下个月再买。双方父母的1000块钱是必须给的，这一项很好。沐浴阳光享受海滩不一定非要去海南，我们可以选择只有三个小时车程的青岛，这样不是把机票全部省下了吗？这样一算，我们的预算支出才7000元，完全可以玩得尽兴。"

就这样，在刘先生的引导下，他们一家三口度过了一个十分快乐的长假，而且还节省了不少钱，这些钱留到下个月给刘太太买一台笔记本电脑足够用了。

这个故事向我们引入了经济学中一个十分重要的概念：预算。从国家宏观经济的整体性来看，预算是指国家、企业或个人未来一定时期内经营、资本、财务等各方面的收入、支出、现金流的总体计划。它将各种经济活动用货币的形式表现出来。从家庭理财学的微观角度来看，预算指的就是家庭预算。家庭预算是对家庭未来一定时期收入和支出的计划，预算的时间可以是月、季，也可以是年甚至多年。一般来说，家庭预算包括年度收支总预算和月度收支预算。按照"量入为出"的原则，制订年度收支总预算首先要明确家庭在未来一年要进行多少储蓄和储备，这样一方面能达到家庭资产按计划增长的目的，另一方面还能防备未来的各种不时之需。例如来自医疗方面的支出，是很难事先预见的，目前很多家庭还未享受到完善的医疗保险与保障，在预算中安排一定的资金留作储备就更显得重要了。在此基础上，对于一年的总体支出情况要做出安排。

刘太太的预算显然已经违背了"量入为出"的理财原则，

这样的预算实际上是不科学的，一旦家庭出现变故，这种预算的弊端就会很快显现出来，家庭将面临严峻的财务危机。另外，没有储蓄的家庭在实际生活中抗风险能力极弱，而刘太太并没有将储蓄放在一个至关重要的位置上，而是持有一种超前消费的观点，这就导致刘太太的预算远远超出了家庭的总收入。相比之下，刘先生的理财观念就实际一些，他的预算最后还省下了不少钱，这笔钱可以存入银行成为家庭储蓄的一部分，也可以留作下个月买手提电脑的开销，这才是一种明智的理财观念。

在我们的日常生活中，家庭预算无时无刻不引导着我们的生活，如果我们在生活中不懂得理财预算，有了钱就毫无节制地大手大脚乱花一气，没有钱就节衣缩食借债度日，不仅不能攒下家底，还会造成很严重的财务危机，让我们没有一点儿抵抗风险的能力。因此，我们必须要善于进行家庭理财预算，让我们的生活有计划、有规律。那么，如何进行合理的家庭预算呢？

第一，在态度上要重视起来，树立一种"像打理公司一样打理家庭"的严谨理财观，这样就能在有效地控制家庭成本的基础上，以一种更加适合自己的方式轻松快乐地生活。

第二，最好选择以月份为单位的家庭预算。相对于企业预算而言，家庭预算更应该侧重于以月份为预算单位，这样更便于随时调整预算，增加对一些突发事件的抗风险能力，同时也能根据实际需要增加一些预算之外的开支，灵活性相对来说更大一些。

第三，注重细节，锱铢必较。家庭预算在经历了一段时间较为粗放的理财之路后，应该逐渐将预算的注意力转变到对细节的管理上来。这样做出的家庭理财预算目的性强，贴近生活，切实可行，才可以称之为有效的家庭预算。

第四，预算要遵循"张弛有度，有备无患"的原则。俗话说："人算不如天算。"日常生活中我们经常会遇到一些计划之外的开销，比如疾病、车祸、亲朋好友的结婚份子钱等，这些原本不在我们预算计划内的开销往往让我们措手不及。因此，我们在制订预算的时候，一定要在严密的基础上预留出一部分活动资金。要知道，家庭预算就好比打仗，有备无患方能百战不殆。

第五，要根据不同家庭的特点分门别类进行预算。每个家庭都有不同的开支科目，例如有的家庭供房的支出较大；有的家庭还在租房的阶段，要计划购房首期的房款；有的家庭需要赡养父母，赡养支出较重；有的家庭把生活的重点放在旅游上，旅游基金要求高；有的家庭都是公务员，有较完善的保障制度；有的家庭是个体经营者，需要通过保险等方式进行自我保障。因此，要针对自己家庭的实际情况，将预算科目进行分类，这样的预算才是切实有效的家庭预算。

综上所述，家庭预算一定要切实可行，一定要有理有据，只有这样才能让你和你的家人在一种有保障、有计划、有安全感的环境中充分享受现代化生活所带来的乐趣。

【理财圣经】

做好家庭预算，让生活更有计划、更有规律。

能挣会花，打造品位生活

"能挣会花"，究其本意，是"好钢要用在刀刃上"，然而现实生活中却常能听到对此的"别样"理解。比如，有人认为没必要把钱看得太重，能花钱说明能挣钱，节俭其实是没本事的表现；还有人认为有钱就应该花，活着就要尽情享乐，人生就应"潇洒走一回"。

生活品位，不一定要花钱才能得到，只要自己动动脑筋、动动手，一切都是随手可得的品质。

一对新婚小夫妻在深圳合租了一套月租 2500 元的房子。丈夫在科技园一家软件公司做测试，月薪 10000 元，妻子当时正在找工作。房间是一间大的一间小的，两屋之间有块巴掌大的方厅。结果这对小夫妻却要住小间，够省的吧，可他们生活得很幸福！

每天晚上妻子都在家里做饭，把菜一一准备好，就等丈夫一进家门马上起锅炒菜，稀饭、蒸饺或者炒两碟小菜吃得喷喷香。后来，妻子有工作了，月薪 4500 元，工作地点比较远，她每天早上 6 点多开始准备晚上的饭菜，准备到能马上下锅炒制的程度后再去挤公交车，而丈夫也在一旁帮着煎鸡蛋、热牛奶做早餐。每逢周五晚上两个人就手挽手去买菜，家里的冰箱储藏的蔬菜、冰冻鱼，几乎都是超市晚 9 点后买一赠一的包装。

周六，有时候妻子会和一盆面，丈夫准备一小盆饺子馅，两个人一边看电视一边包饺子，除了当天吃的以外，还会在冰箱里面冻上一部分。在没有风的春天，两人就喜滋滋地接些饮水机里的纯净水，步行去莲花山打羽毛球，或者就在附近的荔枝公园里随便走走。每天两人都是一脸幸福的样子。平时的晚上，两个人吃完晚饭后，虽然总是妻子洗碗，可是丈夫不像有的男人那样在屋里看电视或玩游戏，而是站在厨房门口和妻子聊天。

按照他们两个的生活方式试验了一下，结果一个月除去租房的 2500 元后才花了 2100 多元。他们两个人的朋友们也基本都是这个收入，有时候他们也会呼朋引伴到家里来聚一聚，烧菜高手负责买菜下厨，低手负责打扫卫生，照样玩得不亦乐乎，一次聚会六七个人花费才几十元，这在以前是不可想象的。可是快乐的程度却丝毫没有降低，而且心里踏实，摸摸口袋，还是鼓鼓的。

幸福并不是靠什么金钱堆砌的，而是两个人用心来共同维护的。

和上边的一对小夫妻比起来，对于品位一族来说，进行高消费是常见的事。但生活当中，有许多不必要的消费是我们常会忽略的，甚至有许多事物不需要花钱就可获得！其实，只要用心去揣摩，你会发现有很多生活上省钱的绝招。

在一些重要节日前，应该尽早开始做购物的打算，在价格还未上涨前购物较划算。另外，为了在购物时避免拥挤的现象，最好的逛街购物时间应选择早上或是周一、周二时，这些时间人最少，你会有更多的闲情和好心情来挑选自己真正满意的东西。

碰到朋友生日或一些节庆送礼时，总是大伤脑筋不知该送什么，而且多多少少也会心疼又要花钱了。其实，送礼不一定要花大钱才有诚意，偶尔亲手制作手工艺品，自己设计卡片造型，发送免费"电子"祝贺卡或是与好友一同做蛋糕、小点心等，更能让别人感受到你的用心。而且在生活中很多东西都可以废物利用，不一定什么都要花钱才能买得到。

同样是在用钱用物上加以节省，节俭和悭吝是有区别的。巴尔扎克笔下的吝啬鬼葛朗台之所以丑陋，就在于他为金钱泯灭了人性和良知，是十足的"守财奴"。而勤俭节约则不同，其目的是更好地支配钱，做金钱的主人而不是奴隶。同样，把花钱是否"潇洒"作为评价人生是否有意义的标准，也没有丝毫道理。如何花钱才能使人生有意义，关键要看用钱干了什么，是为社会做贡献、为人民办好事，还是大肆挥霍、追求刺激、图一时快乐。有人摆"黄金宴"，虽一掷千金

巧用省钱妙招，打造品位生活

购买折价商品

我要节省生活费用，把钱存起来，攒钱做自己想做的事。

生活开支

要有省钱的决心

　　一般商品都会有打折出售的时候，认准商品购买时机，既可以买到心仪商品，又能节省很多钱。

　　心里树立起省钱的信念，把自己每天的作息时间安排紧凑，让自己没有闲暇的时间去思考别的，这样也就无形中减掉了很多花钱的机会。

马上就要抢购了！

收藏一些限时抢购的网站

　　自己在网上购物的时候，可以先去收藏的网站看看是否有自己需要的东西在做特价销售，这样就有机会买到物超所值的东西。

但不如粪土，因为他们是为了"摆谱显阔"。相比之下，把自己几十年的积蓄全部用于扶助农民脱贫和科学研究的人，花钱方式却要"潇洒"得多，也高尚得多。

对自己"小气"，在个人生活上"抠门"，是好品行。生活告诉我们，挥霍无度会使一个人膨胀的物欲和有限的现实条件之间的矛盾不断尖锐。其结果，要么是使人因欲望不能满足而灰心丧气、意志消沉，要么诱使人变得利欲熏心，最后铤而走险，走上犯罪的道路。诸葛亮曾说："非淡泊无以明志，非宁静无以致远。"一个人能让自己从欲望中解脱出来，把勤俭当作生活的准则去践行，就能实现比权力和富贵更高的价值。

古人就有"俭以养德"的说法。而今，把勤俭作为公民的一项基本道德规范，把艰苦奋斗作为军人的道德规范，对于加强兵民思想道德建设，倡导艰苦奋斗、勤俭节约之风，更有着深刻的现实意义。因此，最后有必要对"能挣会花"做个准确的解释："能挣"的本意是"用自己所能去争取"，靠自己的勤劳获取应得的利益；"会花"就是"花有所值"，而不是进行毫无意义甚至有损美德的消费。

【理财圣经】

生活品位，不一定要花大价钱才能得到，只要自己动动脑筋、省省钱，同样可以过上高品质的生活。